永定河文库

（嘉庆）

永定河志

（清）李逢亨　纂　　永定河文化博物馆　整理

学苑出版社

编辑委员会

总　序

永定河是北京的母亲河，是华北最大的一条河流，是中华民族人类起源、诞生、成长、交融、发展的重要文化带，号称"天府雄流"、"神京巨川"。

据最新的考古成果表明，永定河流域自约200万年以前就开始有了人类生存、劳动的遗迹，是世界东方人类的诞生地区之一。在永定河漫长的成长、迁徙和流变的历程里，人类在认识、适应和改造环境过程中，利用自然资源、人文资源和社会资源，创造和积累了丰富多彩的永定河文化。

北京市门头沟区，地处永定河的中游，负载着承上启下、连接北京与塞外、服务首都的责任和义务。1988年，永定河文化博物馆的前身门头沟区博物馆率先提出了永定河文化的研究命题，并组织区内外文史研究者和爱好者，开始了第一批永定河文化的社会考察，编辑发行了《永定河文化》内部期刊。进入本世纪以来，门头沟区和北京市的永定河文化发掘、探索和资料编辑工作，全面发展起来。2005年，成立了北京永定河文化研究会，为北京地区专业和业余永定河文化的研究与推广，搭起了桥梁和平台。

近年来，我们将永定河文化作为本地区的主体文化，投入资金和专业人员，深入开展永定河文化资源的发掘、整理和研究工作，在区内外众多专家、学者和文史爱好者的多年努力下，相继收获了一些丰硕的果实，编辑出版了一些永定河文化相关的书籍和资料集成，受到了社会各界的欢迎。

2011年8月15日，经区委、区政府研究，并报经北京市文物局批准注册，门头沟区博物馆正式更名永定河文化博物馆，并挂牌，标志着门头沟区永定河文化资源的整理、研究和展示、推广、应用，进入了一个新阶段。

《（乾隆）永定河志》、《（嘉庆）永定河志》和《（光绪）永定河续志》，三部清代官修的永定河专项志书，详细地记录了截止到清末以前，特别是有清一代近200年永定河的治理档案、史实和研究成果，是研究永定河文化，发掘永定河资源，开发治理永定河和发展永定河沿岸社会经济重要的历史典籍。永定河文化博物馆聘请专家学者和相关工作人员，经过一年多的认真辛苦工作，圆满地完成了这三部书整理编辑和出版，使其成为门头沟区永定河文化史籍资料整理和研究的最新成果。对此，我表示热烈的祝贺。

历史古籍的标点整理工作，是一项非常认真、辛苦和严肃的工作，也是当代学者学习、使用和发掘中国古代文化资源的重要过程，对于我区开展永定河文化的研究和利用必将产生深远影响。本次标点整理工作聘请了北京市的水利专家、博物馆专业研究者和历史学者，按照严格和全面古籍整理的程式及要求，分别进行了标点、注释、校勘和简化字横排等工作，达到了雅俗共赏，在保证质量的基础上，最大可能的方便学者和地方广大文史爱好者阅读使用。我以为，这种工作态度和精神，是值得大力提倡和推广的。

当前，门头沟区正全面学习和落实中国共产党第十八次代表大会的工作报告和会议精神，努力实现"五位一体"党的建设总体布局和中国特色社会主义事业的总体布局，坚持中国特色社会主义理论，实践科学发展观，落实功能定位，紧抓新机遇，大力推进旧城改造，实施以旅游文化创意产业为主体的生态新区整体规划，实现跨越式发展。古籍整理工作，可以更加深入地开阔我们的视野，发掘和利用文化资源，推动文化创意产业向中华传统文化的纵深发展，我们期待着更多新成果的涌现。

永定河文化是一个丰富的文化宝藏。三部《永定河志》的编辑出版，仅仅是《永定河文库》的第一批资料文献。我们相信，永定河文化博物馆的同志们，一定会再接再励，进一步团结区内外研究、探索永定河文化的专业和业余专家、学者、爱好者，以及社会团体，促进永定河文化的研究和资料收集整理工作不断取得新进步，以文化的发掘、弘扬和利用的最新成果，投身到全区社会经济发展的大潮中，做出积极的贡献。

中共北京市门头沟区委常委、宣传部长

2012 年 12 月

总　目

总

目

（嘉庆）永定河志

总

目

（嘉庆）永定河志

整理说明

　　永定河是华北最大的一条河流。其本为海河水系，自北运河入海河，经天津城区入海。1970年到1971年，国家在天津市区的北部开挖永定新河，自屈家店北拐，至北塘镇，北运河、潮白新河等汇入，再往东，与蓟运河汇流，直接注入渤海。永定河成为一条有独立出海口的内陆河流。1985年，永定河被国务院列入全国四大防汛重点江河之一。

　　永定河上源来自桑干河与洋河两大支流。南源桑干河上游恢（灰）河，始自山西省宁武县管涔山天池（分水岭），历来多被称为正源。北源洋河始自内蒙古自治区兴和县。新中国成立后，官厅水库以下至天津出海口称永定河，以上仍称桑干河和洋河，全河统称永定河。其流经山西、内蒙、河北、北京、天津五省市57个区县，总长747公里，流域总面积47016平方公里。其上游属黄土高原东部、内蒙古高原南缘，流经大同盆地、怀来盆地，至官厅水库。中游出官厅水库，穿过军都山蜿蜒曲折的西山峡谷地带，至三家店出山前。从三家店以下，至地势低平坦荡的北京小平原，在河北省中东部地区汇合拒马河、白沟河、大清河、子牙河等多条河流入海，是为永定河下游。

　　永定河是人类和华夏民族起源和诞生的重要地区之一，东方人类的发祥地泥河湾，北京人的遗迹，东胡林人的墓葬；中华人文先祖神农、黄帝、蚩尤的城寨遗址，就在永定河及其支流的沿岸；中华远古三大部落在此经过征战而融合，奠定了华夏文明的肇始之基。

　　永定河是北京的母亲河，她创造了北京冲积扇平原，诞生了北京城。她哺育了北京地区的先民，给人类带来丰沛的水资源、不粪而肥的沃土。流域内茂密的森林，丰富的煤炭、石材、沙粒，既为北京地区（乃至整个华北地区）最初文明的发祥奠定了物质基础，更为北京、天津等城市的形成和发展提供了生存空间。

　　北方古老的游牧民族，诸如犬戎、匈奴、东胡、乌丸、鲜卑、高车、突厥、契丹、女真、蒙古等各部，由永定河上游桑干河、洋河源，经大同盆地、怀来盆地进入华北地区。自先秦至明清，中国历史上多次民族大融合，无一不是借助永定河河道走廊而完成。如果从更宏大的角度来审视，中华古老文明又是借助这条通道播向更遥远的地方，西北向晋陕，直达西亚；北向内外蒙古，通达欧洲；东北向东三省，乃至远东、北美。因此，永定河流域既是华夏文明的发祥地之一，又是华夏文明传播之源头。

永定河形成于300万年以前的第四纪更新世后期。自古以来名称多变，曾经有浴水、治水、灢水、湿水、清泉水、高梁河、桑干河、卢沟河、浑河、小黄河等名称。自康熙三十七年［1698］始，钦赐"永定"至今三百多年，成为关乎京津冀三地民生最为重要的河流。

12世纪初叶（辽末金初）以前，永定河流域中上游植被丰厚，河水清澈，有"清泉河"之称。"历史文献中亦少有水灾的记载，还能载舟行船，有航运之利。"（吴文涛《历史上永定河筑堤的环境效应初探》引自《中国历史地理论丛》2007年第四期）其河道出西山后，在北起今北京城海淀区清河、西南到今河北省涿州市小清河—白沟河的扇形地带摆动，形成广阔的洪积冲积扇。"商以前，永定河出山后经八宝山，向西北过昆明湖入清河，走北运河出海。其后约在西周时，主流从八宝山北南摆至紫竹院，过积水潭，沿坝河方向入北运河顺流达海。春秋至西汉间，永定河自积水潭向南，经北海、中海斜出内城，经由今龙潭湖、萧太后河、凉水河入北运河。东汉至隋，永定河已移至北京城南，即由石景山南下到卢沟桥附近再向东，经马家堡和南苑之间，东南流经凉水河入北运河。唐以后，卢沟桥以下永定河分为两支：东南支仍走马家堡和南苑之间；南支开始是沿凤河流动，其后逐渐西摆，曾摆至小清河—白沟一线。自有南支以后，南支即成主流。"（段天顺等《略论永定河历史上的水患及其防治》。《北京史苑》第一辑，北京出版社，1983年。）

金元以后，由于人口的繁衍，城市规模的不断扩大，人们为了生存发展，向永定河流域无限量的索取木材、石材、煤炭、水力……等资源，人类赖以生存和发展的自然生态环境遭到了极为严重的破坏。"大都出，西山突"，茂密森林砍伐殆尽，植被破坏，水土流失。永定河"清泉河"的美名不复存在，代之以"浑河"、"小黄河"、"无定河"令人生畏的恶名。她以"善淤善决"而著称。母亲河暴怒了，她以无比凶悍的力量冲毁城市，吞没村庄，荡平河湖沼泽，吞噬无数生命，一次次报复性的惩罚她所养育的儿女！人们热爱永定河，感激她的养育之恩，既对她充满着不可名状的恐惧，又对她怀着无限的企盼，希望她由"无定"而"永定"。于是，金

李逢亨传略

李逢亨（1744—1822）字恒斋，号培园，原籍湖北天门，后随其父李莲村移居陕西平利（今属安康市），早年随其叔父李岩就读兴安州（今安康市）文峰书院。清代治河、水利专家。他聪慧好学，品学兼优，精通《禹贡》，乾隆四十三年（1777），拔贡中选，曾任翰林院《四库全书》馆誊录。

乾隆四十九——五十年（1783—1784），任直隶布政使理问。从乾隆五十年始，补河工委用。乾隆五十三年（1787）署直隶蓟州州判。同年因丁忧，离职守丧三年。五十六年（1790）起复，仍署蓟州州判。五十八年（1793）调任霸州州判，据嘉庆《永定河志·卷十四·职官表》："嘉庆四年（1799），由霸州州判升任三角淀通判"。"嘉庆六年（1801），由三角淀通判升任南岸同知"。直至嘉庆十四年（1819）十二月——十六年（1821），调任直隶河间府知府，暂离永定河工。

其第一次任职永定河河工期间，因"三汛安澜"，嘉庆帝于嘉庆十二年（1807）八月颁上谕："南岸同知李逢亨，着加恩赏四品顶戴，记名，以知府用"（前引书卷首嘉庆谕旨）。又，嘉庆十三年——二十一年（1816）获"四品顶戴"荣衔。均因在永定河工汛期守护抢险，身先兵夫，"不辞劳瘁"，受到上司保举。在河间府知府任上，"刻意勤政，为民伸冤，受到百姓爱戴"。

嘉庆十六——二十年（1811—1815），由河间府知府升任永定河道道员。此为其第二期永定河工任职。期间，由他全面负责永定河工，曾多次因"三汛安澜"，获交部议叙的表彰。嘉庆十八年（1813），受到"赏戴花翎"的奖励。嘉庆二十年（1815）五月——二十一年（1816）十月，曾任山东、河南河道总督，受到"三品顶戴"的恩赏。

嘉庆二十一年（1816）十月——二十四年（1819）七月，再任永定河道道员。二十四年七月永定河漫口，嘉庆帝上谕称："本年永定河漫口虽有水势异涨，该道不多备料物，以致抢护不及，咎无可辞"，饬令革职。同年九月，谕旨称："以其年已衰老，此次永定河漫工本有疏防之咎，业经革职，着即饬令回籍。"至此，李逢亨已是七十六岁高龄老人，离开永定河工，回到陕西平利。

李逢亨回到平利，将多年积蓄的薪俸购买了砖坪（今岚皋）都司王瑛故宅一院，损赠给五峰书院（该书院原租赁此宅），仍为桑梓的教育事业做出贡献。道光二年（1822）病逝，终年七十八岁。他死后"同朝震动，一时走使数千里，吊问者不绝于道，而乡人老幼贤愚，咸咨嗟流涕，临哭昼日"。道光皇帝，诰封其父为"荣禄大夫"，崇祀乡贤于府城。第二年，移灵葬于兴安拉桥附近，并立"兵部侍郎兼都察院右副御史、总督河南山东河道、提督军务"加三级培园《李君神道碑》（此碑现存安康博物馆）。

李逢亨在其始任永定河道道员期内，完成了嘉庆《永定河志》的编纂工作，为我们留下了一部永定河治理的信史。其在嘉庆《永定河志·例略》中谈到编纂缘起时云："治水之书，自《史记·河渠书》后，多专言黄河，至于永定河，见于《水经注》、《北河纪》、《水道提纲》、《直隶河渠志》诸书，只列众水之一，未有勒为专书者。臣备员永定河工十有五年，仰蒙圣恩，由通判洊授道员，夙夜谨凛，未由答鸿施于万一，因思在官言官之义，谨旧章及现在情形，以备稽考。"虽然这部书不是第一部官方修订的永定河史志，但仍不失开创之意，长期被水利和学术界称为永定河第一部志书。因其成书后很快刊印，影响了永定河以后的治理和续志的编修工作，在永定河水利发展史上发挥了巨大的作用。

由于作者长期任职河工，深知永定河治理之难。自康熙三十七年以降，至嘉庆二十年已逾百年，清朝永定河治理已经形成了一定的制度、规模、乃至理念。实践中获得经验教训，使治河务者必须理性思考："惟是治水之道因时、因地以酌其宜，庶于修防有所裨益。"正因当时人们尚未实现永定河的根治，仍然在艰难中探索前行。故云："欲于补偏救弊之中，稍寓易危为安之策，今将节年身体力行，平日相度熟等，行之可图永远，著之于左，以备采择。"（以上引语见本书末作者所著《治河摘要》），道出了作者编纂本书的初衷。

（本传略资料来源：嘉庆《永定河志》、《清史稿·职官表·河道总督》、《清代职官年表册二·总督、河道总督》、《国立故宫博物院图书文献处清国史馆传稿：701003597 号》、《中央研究院历史语研究所内阁大库档案 027523 号》、《中国第一历史档案馆藏：清代官员履档案全编》第 2 册。）

例　略

　　谨按，治水之书，自《史记·河渠书》后，多专言黄河。至永定河，见于《水经注》、《北河纪》、《水道提纲》、《直隶河渠志》诸书，只列为众水之一，未有勒为专书者。[1]臣备员永定河工十有五年，仰蒙圣恩，由通判洊授道员，夙夜谨凛，未由答鸿施于万一。因思在官言官之义，谨辑旧章及现在情形拟为一书，以备稽考。简端恭录列圣谕旨、宸章暨皇上谕旨、御制诗文，以示亿万斯年遵循之道。此后则分为八门：曰绘图，曰集考，曰工程，曰经费，曰建置，曰职官，曰奏议，曰附录，凡三十二卷。

　　一，水道，必览图始明。永定河发源山西，至西山出口，由京南至天津入海，凡千有余里。今绘源流全图，自石景山而上，凡经行之处，注地以实之；两涯会入之水，注水以别之。石景山以下，一切堤埽、闸坝汛界、廨署，及减水引河、汇流河淀，随地附载焉。又，下口迁移凡六次，如统绘一图，形势易混。今按次分绘，庶条理井然，兼可悟因时制宜之道。至沿河州县，犬牙相错，今绘分界图，使知河堤所隶，即民社所关。况附堤十里村庄拨归汛管，亦必划清，以昭修守也。

　　一，古今纪桑干河者，莫详于魏郦道元《水经注》及国朝原任礼部右侍郎齐召南《水道提纲》二书。顾地名、水名，当遵今制。今为集考，首叙河道源流，其上游以《水道提纲》为主，参以直隶及晋省诸图志；出口而南，则悉据现在情形。次为河源、河道考证，节录《水经注》，而以今地名释之。次叙历代河防，用知唐代以前资其灌溉，辽、金而后尝急堤防，而本朝建堤、设官，规模宏远，非前代补苴之为所可比拟也。

　　一，工程。按，现今石景山、南岸、北岸、三角淀四厅所辖，分为四段。每前叙堤工起止，并所辖汛属；后按各汛挨号编次，每号内注载汛房、兵铺。如有埽工、月堤、闸、坝，俱从开列。附堤十里村庄，例出夫防汛，亦附录焉。其各段疏浚及石工、土工则例、桥闸诸式，按段编入，以备稽考。至修守事宜，则现在所遵行者，总叙于工程条后。

一，经费。详载道库钱粮，以稽出入。凡岁修、抢修、疏浚及另案工程动用银两，赴都请领。兵饷，则州县地丁批解藩库，河道咨领给发。至河淤、险夫、柳隙各地亩租银，由州县征解。香火地租附入，以从其类。祀神公费、香灯银两等项，亦分列备考。

一，碑亭以奉列圣宸章、谕旨，行宫以待翠华临幸，敬列于建置之首。词庙之奉列圣敕建，钦颁匾联暨皇上敕建，钦颁匾联者，敬谨详载，而各祠庙附焉。至衙署、公廨，皆因修防而设，详载以昭职守。

一，永定河设官，自康熙三十七年［1698］始，至今或裁，或复，或增设，或改设，靡不因时因地以制其宜。谨效班固《百官表》式，为三表。以年为经，以官司为纬，备载新旧职官姓名。表前叙设官、裁、复各由，及驻扎地方、所管工段。表后载各官廉俸额数及吏役工食银数。

一，奏议内，抬头俱照原奏格式。惟康熙、雍正、乾隆年间，奏议奉有列圣谕旨、朱批者，敬谨三抬。

一，奏议中，或创或因，具见随时损益之道，备录之，以昭典则。性初建堤工及设官、设兵诸原奏，因年久，卷牍残缺，就其存者录之。

一，永定河见于前人著述及题咏者甚众，是书专主治河，无取挦撦。惟采石景山至三角淀古迹、碑记有关河务者，汇为附录。

永定河道臣李逢亨谨拟

卷首　谕旨　宸章

谕旨　宸章（御制文　御制诗）

谕　旨

康熙三十一年二月至六十年二月谕旨[1]

康熙三十一年［1692］二月，奉上谕：

浑河堤岸久未修筑，各处冲决，河道渐次北移。永清、霸州、固安、文安等处，时被水灾，为民生之忧。可详加察勘，估计工程，动正项钱粮修筑。不但民生之忧永远有益，贫民借此工值，亦足以养赡家口。钦此。

康熙三十七年［1698］二月，谕内阁：

霸州、新安等处，此数年来水发时，浑河之水与保定府南之河水常有泛涨，旗下①及民人庄田皆被淹没。详询其故，盖因保定府南之河水与浑河之水汇流于一处，势不能容，以致泛滥。此二河道，着左都御史于成龙往；保定府南河，着原任总督王新命往。作何修治，令其水自分流，详看绘图议奏。今值农事方兴，不可用百姓

---

① 旗下：指清初清军入关后在北京周围各县圈占的土地，即旗地，它与内务府管辖皇庄、王公的王庄有区别，是满族正身旗人所得"分地"［每丁五垧］。受地旗人平时生产，战时充兵；"壮丁"编入庄田，劳动生产，受主人剥削和役使。旗地清初法令不得买卖。康熙初准在旗内买卖，乾隆时允许越旗买卖。且有"旗、民不交产"的禁令，即旗地不得卖予民人。此外关外盛京［辽宁］也有旗地。旗地一般由户部备案，管理归地方州、县。此制度在辛亥革命后才完全废除。本志多处提到永定河淤淹浸占旗下、民人农田，官府重新划拨旗地及河淤地亩招佃征租。

之力。遣旗下丁壮备器械，给以银米，令其修筑。伊等往时，部院衙门司官、笔帖式，① 酌量奏请带往。于十日之内即令启行。钦此。

康熙三十九年［1700］，奉上谕：

永定河、子牙河、清河等河，并高家堰等河，所遣大臣、官员，亦有捐助银两者，亦有本身效力勤劳修完河工堤岸者，交与工部。将所捐银两数目，并修完工程职名，俱查明奏闻。钦此。

康熙四十一年［1702］六月，大学士伊桑阿、马齐、张玉书、吴琠、熊赐履，学士来道、常寿、铁图、纪尔塔浑、王九龄、曹鉴伦、刘光美等奉上谕：

朕因永定河南岸不时冲坍，特旨令将南岸修筑石堤，看来甚有裨益。今黄河南岸，自徐州以下至于清口，通行修筑石堤，可否永远有益？若果有益，现在国帑不为缺少，朕于钱粮一无所惜。修筑此堤，应于何处采取石料？作何转运？约几年可以告成？着张鹏翮齐集河员，详议具奏。钦此。

康熙四十二年［1703］二月，谕永定河分司：

朕观黄河险要地方，应下挑水埽坝。现今永定河，朕亲指示挑水等工，俱有裨益。尔遵照朕指示式样，前往烟墩、九里冈、龙窝三处，筑挑水坝数座，试看有无裨益，虽被冲坏无妨。完工之日，令该地方官尽心防守。如有蛰陷，不时修葺。可将此旨传与总河张鹏翮，速派贤员，令其多备料物、夫匠，于朕回銮之前完工。需用钱粮，与尔无涉，不可经手。工完，将用过钱粮记明具奏。如遇桃汛水发，即行停止。钦此。

---

① 笔帖式，官名，源自蒙古语"必阇式"或满语"巴克什"。清顺治入关后汉译为笔帖式。康熙时各部院衙门都设置笔帖式，掌管满汉奏章翻译、部院文书缮写等事务，七、八、九品官职，多由满、蒙、汉军旗人担任。笔帖式出任河工的目的是"历练"、"升迁"，故清廷规定笔帖式出任河工须由其所隶属的八旗都统出具"家道殷实"的具结［证明］，方可赴任。

康熙四十三年［1704］四月，吏部为钦奉上谕事。康熙四十三年四月二十一日，大学士马齐奉上谕：

今日，巡抚李光地启奏："永定河关系紧要，看得分司郭治不能河务。若河有差误，郭治与臣两人性命甚轻，但皇上以永定河之故，不惜库帑费用繁多，不避寒暑风雨，屡次巡查指示，并无济益。乞皇上另选人员补授。"你问李光地：用何等之人方好？再问分司：齐苏勒、色图浑人如何？笔帖式内有知河务可用者？奏闻。钦此。

问得李光地回奏："仍设分司二员、笔帖式四十员，于河务有益。"

又问李光地：你先启奏裁汰分司一员，笔帖式一半，今又说复设，为何？

李光地回奏："我一时懵懂，具题裁汰。今日皇上问及河务，臣甚惶愧。乞皇上仍照前设立分司、笔帖式。"问得"齐苏勒、色图浑，在分司任内三年，行走勤慎。档子房笔帖式葛铉、皂保、崔廷栋、色白赫，候补笔帖式缺，崔廷栋候补通判缺等因，"具奏。

奉旨：齐苏勒已经六年，止赴分司。色图浑在永定河三年，再留三年。皂保以主事品级，补授永定河分司。连葛铉、崔廷栋、色白赫，将旧笔帕式补十员，照伊升用班次，照常补用。再补新笔帖式十员。着尔等速赴往河工。钦此。

康熙四十三年［1704］四月，吏部尚书兼直隶巡抚李光地奉上谕：

永定河分司已经另补有人，分司郭治着补为南岸同知。新设同知汤彝，着改为北岸同知。俱令掌管钱粮收发。如雇夫办料，有应行文地方官之处，分司行同知转行料理。钦此。

康熙六十年［1721］二月，大学士马齐等《议复工部、〔山〕东〔巡〕抚李树德》一折启奏，奉旨：

这事情，九卿遣堂官，甚是。朕屡次南巡，曾细阅河道，留心于此，是以于河道情形知之甚悉。此处不让他人，虽欲不言而不得。如山东运河，自西河之水流入此河。从前，百姓以为宜通，具呈。亦曾开过后，又具呈，亦曾堵过。开者何意？堵者又何意？务使悉此等缘故，方可以定其应开与否。不然，则虚耗钱粮矣。山东运河俱系引入滕县、峄县等湖之水，以为运粮之助。历年来，运河之水至于浅少者，皆因沿河傍湖一带添闸。于山东地方水田虽觉有益，而未必有益于他处。朕屡次往河道看来，汶河之水，自修分水龙王庙分流之后，七分南流，三分北流。南流之水有一闸，将此闸堵塞，水俱北流。古人相地方之形势，就其高下，随其水性，而能为此者，实属善策。再，洪泽湖有民之村庄、坟墓、田宅甚多，修高家堰堤以聚水，使其自上流下，以拒洪泽湖之水，更为神妙。此处即朕躬亦不能承当。即如畅春园一带之河水俱入田内，是以流至京城者甚少。永定河之水亦俱引入田内，是以每年四五月间，水干流绝，河身沙壅。倘有大水流入，被壅堵塞，以致泛溢。为此，查得牤牛河将清水引入永定河内，此水长流不绝，不但不致沙壅，即大水来时，亦不致泛滥。此处巡抚不知，即九卿①大臣亦俱不知，或张鹏翮大略晓得。将此旨，尔等传与九卿。钦此。

雍正元年九月至十三年七月谕旨[2]

雍正元年［1723］九月，兵部右侍郎牛钮奉旨：

直隶巡抚李光地，将永定河下口柳岔之处河身淤塞甚高、堤岸加高等因启奏。尔前往，会同巡抚、分司，或加高堤岸，或挑引河，或另挑河之处，通同确勘具奏。此去，尔所知贤能章京、笔帖式，挑选带去。钦此。

雍正二年［1724］九月，九卿议奏《河工应行奏销钱粮俱于年内题销》，奉上谕：

九卿议："将康熙六十年［1721］、六十一年［1722］河工用过钱粮，未经题销各案，速行查明，于岁内造册题销。"朕思此事难行。令河臣查奏，果系今年断不能完。如将此事交与伊等，能于岁内完结乎？九卿并未计及便与不便，遽行如此。议奏者特谓："年内如不题销，河道总督等自必题请展限，姑且推诿。"内外事情，俱属一体，凡事皆当揆情度理，酌量事宜。似此推诿议奏，不但事件不能结案，往返行文题奏，反致多事。年内果否能造册奏销之处，着问九卿。钦此。

---

① 清代九卿有大、小卿之别：小九卿或指都察院、大理寺、通政司、太常寺、光禄寺、鸿胪寺、太仆寺、宗人府、銮仪卫等部门长官为九卿；或大理寺、都察院、通政司不入九卿，另以顺天尹、左右春坊庶子（或詹事府詹事）、国子监祭酒补足九卿之数。而大九卿则指六部尚书和都察院、大理寺、通政司三部门长官为大九卿。清文献中六部九卿并提时，此九卿为小九卿；单指九卿则大、小九卿不能确指；究指哪几种官为九卿也无明文规定。

雍正三年十二月［1725 年 1 月］，奉上谕：

直隶地方向来旱涝无备，皆因水患未除，水利未兴所致。朕宵旰轸念，莫释于怀。特命怡亲王及大学士朱轼前往查勘。今据查明绘图陈奏，所议甚为明晰。且于一月之内，冲寒往返，而能历勘区面悉当。以从来未有之工程，照此措置，似乎可收实效。具见为国计民生尽心经画，甚属可嘉！着九卿速议，具奏。至于工程应用人员，若交与九卿拣选，恐有掣肘。即令怡亲王及朱轼拣选请旨。其从前差往修城、修堤之员，俱着于水利工程处一同办理。钦此。

雍正四年［1726］六月，工部奉旨：

尔部每年派司官前往石景山看守堤工，殊属无益。应否交与地方官，或永定河道管理之处，尔部会怡亲王议奏。钦此。

雍正四年［1726］十月，奉上谕：

怡亲王等督率官员兴修水利，今年已有功效。夏秋以来，地方悉无水患，而新种稻田又皆收获。览怡亲王等所奏，朕心深为慰悦。着发于内阁九卿等公看。其在工人员，或于此时议叙，以示鼓励，或俟工程告成之日议叙。着内阁九卿会议具奏。钦此。

雍正五年［1727］七月，大学士朱轼奉上谕：

看天气不似无雨的，各处河道工程要紧。尔等可说与怡亲王："多委人员，竭力防护，毋得懈弛。其已经冲溃之处，务须作速抢修完固，勿致疏虞。"钦此。

雍正五年［1727］八月，和硕怡亲王面奉上谕：

治河一事，虽宜顺水之性，然水性亦有万不能顺之处，全凭堤岸坚固，以资捍御。凡漫溢之水，不能夺溜。大抵各处冲漫，皆由堤岸不坚所致。更有民间车道碾损堤岸，一遇水泛，每多冲漫。嗣后，遇有此等堤岸紧要、损伤之处，略加石工，所费亦自无多。尔等可将此事传与江南、山东、河南，但有堤工之处，一体遵奉。钦此。

雍正五年［1727］八月，和硕怡亲王、大学士朱轼请旨查河。奉上谕：

张灿、陈仪等身居工次，必能经画。诚恐尔等往查，伊等不无卸责。且直隶地方辽阔，尔等岂能遍历？但行文各该局、各河道等，令其将所管地方，现今加修工程查看明白，作速报来。尔等商榷妥当，冬底再行复勘。至于直隶地方，向来众水散漫，今则并归一处，或恐水大难容。堤堰之卑薄者，亟酌加高、培厚。然堤岸之不固者，工员多以沙多、土碱为词。殊不知土性虽有不齐，功到自能坚实。此承修堤工者，必以坚实为主。而堤工之坚与不坚，只在遇水之决与不决。则承修堤工者，务期永固，不致溃决，乃为尽善耳。钦此。

雍正六年［1728］五月，谕工部：

从前朕意，凡堤岸道路，似应略加石工，以防车辆践踏等弊。此朕一时之见。曾经询问怡亲王及齐苏勒，皆以为可行，是以颁发谕旨。今田文镜奏称："河南两岸堤工，车道久经，加上修垫以防践踏，不必更加石土。若土石兼用，转不坚固"，等语。所奏甚为明晰，具见实心任事，深为可嘉。着将田文镜所奏及朕此旨，传与直隶、江南、山东，凡有堤工之处，该管大臣因地制宜，酌量办理，不可迎合朕旨，强行误事。钦此。

雍正十二年［1734］四月，奉上谕：

据直隶河道总督顾琮奏称："永定河浑流汹涌，全赖下口深通，庶上流得以畅注入淀。乃淘河以南渐积填淤，河流梗塞。正拟挑浚疏通，以资宣泄。仰蒙天赐，引河自然开刷二十余里之程，畚锸不劳民力。四千余丈之远，疏排悉出天工，显著嘉祥，万民欢忭"，等语。朕因畿辅河渠关系重大，时时轸念，莫释于怀。今于河臣筹议挑浚通疏之地，仰蒙天赐，引河自然开刷，不劳民力，顺轨通流。河神福佑群生，功用显著。应虔诚展祀，以答灵贶。其应行典礼，该部察例具奏。钦此。

雍正十三年［1735］七月，工部议复，直隶河道总督朱藻奏《官民捐纳土方应请分别议叙》。奉上谕：

向来沿河文武官弁，有种柳苇议叙之例，遵行已久，不便停止。今若又添物料、土方议叙之例，恐奉行不善，将来必致滋弊累民。凡本地方现任官弁，捐输土方、物料者，尤为不可，概不准行。若绅衿、民人等情愿捐输者，着分别定例议叙。钦此。

乾隆元年四月至五十九年八月谕旨[3]

乾隆元年 [1736] 四月，总理王大臣等奉上谕：

直隶不必设立副总河，定柱着回京候旨另用。直隶河务另有专办之总河，着总督李卫兼行管理。钦此。

乾隆元年 [1736] 五月，奉上谕：

朕惟抚安百姓，必严察胥吏，而修筑工程之地，弊端尤多，关系更属紧要。闻直隶永定河，每夏秋间有冲缺，修筑堤岸，夫役、料物不能不取办于民间。胥吏朋比作奸，其人工、料物价值，肆意中饱，毫无忌惮。且将物料令民运送工所，往返动经百里，或数十里不等，脚价俱系自备。种种扰累吾民，其何以堪？嗣后，河工诸臣与协办河务州、县官，皆宜实心筹画，严行稽查。无论岁、抢修，凡民夫、物料应给价值，务照实数给发，不得听信胥吏丝毫扣刻，以致贻累百姓。如有慢不经心仍踏前辙者，或经朕访闻，或被人题参，必从重处分。特谕，钦此。

乾隆二年 [1737] 八月，奉上谕：

直隶河道水利关系重大，若但为目前补救之计，而不筹及久远，恐于运道、民生总无裨益。前览顾琮、李卫所奏，尚非探本清源之论。着大学士鄂尔泰亲往详勘形势，筹度机宜。应如何改移开浚、修筑之处，熟商妥议，酌定规模，仍交与顾琮、李卫，督率所属该管官员，遵照办理。钦此。

乾隆三年 [1738] 四月，奉上谕：

直隶总督事件繁多，难以兼顾河务，李卫不必管理。其一切河工事宜，应交与总河专办。俾事权归一，方有裨益。顾琮仍着前往，会同朱藻，一体悉心办理，毋得迟误。钦此。

乾隆四年［1739］三月，奉上谕：

国家兴修工作雇募人夫，原欲使小民实受价值，以为赡养身家之计。至于荒歉之年，于赈济之外修举工程，俾穷民赴工力作不致流移，更非平时可比。其安全抚恤之心，亦良苦矣。凡为督、抚大吏及地方有司，自当承宣德意，敬谨奉行，使闾阎均沾实惠，方不愧父母斯民之职。朕访闻得，各省营缮修筑之类，其中弊端甚多，难以悉数：或胥役侵渔，或土棍包揽，或昏庸之吏限于不知，或不肖之员从中染指，且有夫头扣克之弊，处处皆然。即如挑浚河道一事，民夫例得银八分者，则公然扣除二分；应做土一丈者，则暗中增加二尺；或分就工程用夫一千名者，实在止有八九百人。以国家惠养百姓之金钱，饱贪官污吏、奸棍豪强之欲壑，其情甚属可恶！是不可听其积弊相沿，而不加意厘剔者！嗣后，凡有兴作之举，着该督抚转饬该管官员，实力稽查，务使工价全给民夫，无丝毫扣克侵蚀之弊。倘该管官员稽查不力，督抚即行严参。如徇庇属员，或失于觉察，朕必于该督抚是问！钦此。

乾隆六年［1741］正月十八日，奉上谕：

永定河工关系重大，着大学士伯鄂尔泰、尚书公讷亲乘驿前往，会同总督孙嘉淦、总河顾琮，悉心查勘。钦此。

同日，又奉上谕：

昨因永定河放水，经理未善，以致固安、良乡、新城、涿州、雄县、霸州各境内，村庄地亩多有被淹之处，难以耕种。且居民迁移，不无困乏。朕与孙嘉淦不能辞其责也。用是寤寐难安，深为廑念。着大学士鄂尔泰、尚书讷亲会同总督孙嘉淦，详细查明被水处所应免钱粮若干，速行奏请豁免。先将此旨晓谕百姓知之。钦此。

乾隆九年［1744］五月，吏部尚书、协办大学士刘于义、直隶总督高斌会议修举水利。奉上谕：

依议。畿辅兴修水利，乃地方第一要务，必简用得人，始能有益无弊。总督高斌事件繁多，难以专心水利之事。协办大学士、吏部尚书刘于义曾任直隶总督及布政使，于阖省情形素所练习。若与高斌悉心筹画经理，自可成利济之功，而收永远之效。此时着刘于义前往保定，会同高斌详加计议，酌定规条。将来兴修之时，二人同心协力，督率办理，务期有成，以副朕望。钦此。

乾隆十二年［1747］四月，奉上谕：

直隶水利关系綦重，是以皇考特命怡贤亲王及大学士朱轼等督修，欲营水田，以备不虞。后以南北地利异宜，难臻绩效。朕于乾隆九年［1744］复准言臣条奏，特命大学士高斌、协办大学士吏部尚书刘于义相度。今据奏，顺天、保定、河间、天津等府，及顺德、广平、大名、赵州等处各工，俱先后告竣。高斌、刘于义屡次亲诣工所，往返勤劳，及任事员弁皆着交部议叙。但兴举大工，必期实有成效，可垂永久，方为有益。朕为畿辅生民永图利赖，是以不得已开捐，期于去水之害，收水之利。如淫潦泛溢，浚之而使有所归，则涸出者皆成沃壤，而受水之区即可得灌溉之益。今用项至七十余万两，然何处积害已除？何处实效已著？曾未详晰确查具奏。至筹画善后良图，亦非仅付之地方有司，即可永远保守弗堕者。目今如何成效，日后作何保固之处，着军机大臣等会同高斌、刘于义详查议奏。钦此。

乾隆十四年［1749］三月，奉上谕：

直隶河道事务，近年以总督兼理。不过于伏、秋汛至之时，往来率属防护，工程俱已平稳。所有直隶河道总督，不必设为专缺。即于总督关防敕书内，添入兼理河道字样。其一应修防工程，向系河道等官派办者，俱照旧饬委办理。现在纂修《会典》，将此载入。钦此。

乾隆十五年［1750］二月二十九日，直隶总督方观承面奉上谕：

朕见永定河身之内建有房屋，询系穷民就耕滩地，水至则避去。虽不为害，但其筑埝、垒坝，未免有填河之患。可即查明现在户数，姑听暂住，嗣后不得复有增添。钦此。

乾隆十五年［1750］二月二十九日，直隶总督方观承面奉上谕：

朕阅永定河培堤取土，类在堤外。是以近堤多有坑坎，甚属非宜。嗣后，总令于河身内取土。俾堤增高，而河愈下，庶为一举两得。但须层方层起，不得任挖成坑。该督即传谕所属河员，一体遵照办理。钦此。

乾隆十五年［1750］六月，奉上谕：

永定河南岸三工，五月二十九日河水骤长，漫开月堤。已命尚书汪由敦驰驿前往，会同总督方观承悉心相度。有应抢筑、疏浚之处，现令熟筹妥办。惟是附近固安县一带洼地，猝被涨漫，其间禾稼不免损伤，民房不免倒塌，深轸朕怀。亟应加意抚绥，俾无失所。所有酌借子种及一切应修、赈恤事宜，即着公同筹画。一面奏闻，一面办理，务令被水居民得沾实惠。钦此。

乾隆十五年［1750］七月，廷寄工部侍郎三和、直隶总督方观承。内开，奉上谕：

永定河三工漫口，初拟合龙，尚易为力。该督方观承董率河员驻工抢筑，期于速告厥成。俾被水田禾早得涸出，尚可补种荞麦杂粮，穷黎藉以糊口。乃迄今匝月，昼夜施工，竭尽人事。而时当伏秋，水势旋长旋消，抢护桩埽，屡被冲刷。此时已届立秋，即令积水全消，亦已补种无及。所有赏给口粮及将来查办赈恤，业已屡颁谕旨，自可遵照办理。至播种秋麦，则不妨俟至秋高潦尽，为期尚早。该督驻工日久，通省案件应办者甚多，未便专顾堤工，稽留下邑。按察使玉麟曾任永定河道，工程素所熟悉，可调至工所。该督将堵筑情形详悉交明，令与署道僧保住在工抢筑。日内天气渐有霁色，河流长落无常。或于旨到以后，玉麟来工之时，溜平沙涨，仰赖天麻，可以就绪合龙。不过三五日间，三和、方观承，俱可竣事言旋。如非旬日可了，着交玉麟率同僧保住，调集物料，在工办理。玉麟到后，方观承回至保定办事，仍可不时稽察。三和即着回京。钦此。

乾隆十五年［1750］七月初十日，工部侍郎三和面奉谕旨：

着寄信于直隶总督方观承，令按察使玉麟、同署永定河道僧保住等，度量水势情形，应缓应急，如何加埽护堤之处，接续办理。或现今水势平缓，即便加埽合龙。或俟白露前后，水性平定。进埽合龙之处，并保护堤岸埽坝，务期详慎，妥协坚固。进埽合龙，将水分入引河，复归故道。钦此。

乾隆十八年［1753］二月，奉上谕：

缘河堤埝内为河身要地，本不应令民居住。向因地方官不能查禁，即有无知愚民，狃于目前便利，聚庐播种，罔恤日久漂溺之患。曩岁，朕阅视永定河工，目击情形，因饬有司出示晓谕，并官给迁移价值。阅今数年于兹。朕此次巡视，见居民村庄仍多有占住河身者，或因其中积成高阜处所，可御暴涨，小民安土重迁，不愿远徙。而将来或至日渐增益，于经流有碍，不可不严立限制。着该督方观承，将现在堤内村民人等，已经迁移户口、房屋若干，其不愿迁移之户口、房屋若干，确查实数，详悉奏闻。于南、北两岸刊立石碑，并严行通饬。如此后村庄烟户，较现在奏明勒碑之数稍有加增，即属该地方官不能实力奉行。一经查出，定行严加治罪！特谕。钦此。

乾隆十九年［1754］六月，奉上谕：

方观承奏："本月初七日，永定河水盛涨。随饬将旧河身内穿堤引河头开放，分流北注，工程均各平稳。再，河身内旧有董家务、惠元庄，居民瓦土草房悉被淹淤，恳量为赏给每户仓谷一石。"等语。穿堤引河，惟借分减盛涨。此次开放，自因水势陡涨，一时难以宣泄，但只可偶一行之。今盛涨既消，即仍应坚固堵闭，令大溜由南堤行走，方为妥协。至董家务、惠元庄二处居民，从前屡经晓谕，虽伊等不愿迁移，亦彼时经理各员未能周妥，因循贻害。此番既被淹浸，宜乘此时给予搬移之资，务令迁徙堤外。若有仍行庐处河身，借称不愿迁徙者，将来惟该督是问！着将穿堤引河于何口堵闭，董家务等处居民如何迁移之处，仍具折奏闻。至所请每户赏给仓谷一石，着准其赏给。钦此。

乾隆十九年［1754］六月，奉上谕：

方观承奏："永定河下口南埝以内，武清县属之王庆坨、东沽港二村，其洼处被淹者，现有九百四十余户。此等居民，例无赈恤。但此次被水较甚，可否恩准借给口粮"等语。堤内居民，屡经传谕该督，令其迁移。但王庆坨、东沽港二村，人民稠密，且有苫盖瓦房，历有年所。虽不能迁徙，亦应有所界限，不可再令附村人民占居河地。其猝经被水之户，情堪悯恻，着加恩。令该督按户查明，借给米粮，以资接济。至堤内零星各户，不过草土房间，原非必不可徙。该督务遵前旨，逐一查明，于此次被水给予搬移之资，令其迁移堤外，不得姑息。钦此。

乾隆二十四年［1759］闰六月，奉上谕：

据方观承奏："各属屡次大雨之后，唐河、沙河、白沟、拒马诸水，同时并涨。下游悉旧淀内，以致大清河尾闾不能宣泄，转由凤河倒漾，阻遏浑流。而宣化上游雨后涨发，坌涌旁溢，南岸四工堤顶漫开数丈，现在驰往确勘。"等语。入夏以来，直隶大雨时行，各河涨发，而山河上游诸路亦均得透雨。山水下注永定河，堤埝致有漫冲。着派安泰、赫尔景额即速驰驿前往，看视情形，并留赫尔景额在彼，协同该督将漫口刻日堵筑，毋致再有漫溢。其水过村庄，现在有无淹浸，及应行加恩抚恤之处，着方观承一面勘明妥办，一面奏闻。该督职司河道，不能先事预防，着交部照例察议。其疏防之河道各员，俟查参到日，一并交部察议。钦此。

乾隆三十二年［1767］四月，奉上谕：

前因阅视河淀情形，见凤河有断流之处。于回銮驻跸南苑时，令查勘上游，疏浚以达河流。今据阿里衮等查明，团河下游即为凤河，一亩泉下游即归张家湾运河，俱应行开挖深通。已有旨给发帑金，及时修浚矣。但此二河下游，皆系地方官应行经理之事，闻其中亦不无淤浅阻塞。今上游既议修治，而下流若仍听其淤梗，是尾闾不能畅达，即疏浚水源，亦属无益。着传谕方观承，即派委明习妥员前往查勘，将应行开挖之处及时兴工，务使一律畅流，以资宣泄。仍将勘估情形，据实复奏。钦此。

乾隆三十六年［1771］十月，奉上谕：

本日，据高晋等奏，陈家道口漫工已于十月初七日合龙，高晋于初九日自工次起身北上。已批谕，令其顺路先勘南运河、北运河而来。昨杨廷璋曾面奏："差人在景州一带探听高晋来信，会同查勘。"今既先勘南运河，自应在德州取齐，于路为顺。至周元理，于直〔隶〕省河务亦称熟悉，〔山〕东省现在又无应办要务。该抚或带印公出，或将抚篆交藩司海成护理，即至德州，与高晋、杨廷璋相会，协同查勘南运河。至天津，即同往勘永定河。如计算时日尚宽，仍可将北运河一并查勘。事竣，再行来京，总以十一月十七、八等日到此来迟。如永定河勘毕，为期已紧，则北运河不妨暂缓。俟庆典礼成，再行前往。可即将此传谕：高晋、杨廷璋、周元理，彼此订定日期，会同协办。再，南运河一带，春间曾派令裘曰修同杨廷璋等会办。而永定河、北运河工程，前谕高晋时，亦有令裘曰修同往查勘之旨。今裘曰修现在近畿，董查疏消积水。着传谕裘曰修，亦前往迎晤高晋等，一体会勘。钦此。

乾隆三十六年十二月［1772 年 1 月］，奉上谕：

据高晋、裘曰修、周元理等查勘永定河，南、北运河各工事竣，来京复命，将应疏筑事宜详晰议奏，已依议行矣。至所称："估需工银四十九万六千余两，现在直隶藩库无款可动，请敕部拨发济用"等语。此项工程关系紧要，着户部即于部库内拨银五十万两，令周元理即日委员赴领，以便及时鸠工兴筑。遵谕速行，钦此。

乾隆三十七年［1772］六月，奉上谕：

裘曰修奏《验收永定河工程》一折，并除近水居民与水争地之弊。[4]据称："所有淀泊本以潴水，乃水退一尺则占耕一尺。既报升课，则请筑埝。有司见不及远……，又以纳地粮亩自当防护……堤埝直插水中……被淹更甚。……仰祈敕下所司，一切淀泊原系蓄水之区，嗣后不许报垦升课。其淀泊中偶值涸出，不得横加堤埝……[5]"等语。所见甚是。淀泊利在宽深，其旁间有淤地，不过水小时偶然涸出。水至，仍当让之于水，方足以畅荡漾而资潴蓄。非若河海沙洲，东坍西涨，听民循例报垦者可比。乃濒水愚民，惟贪淤地之肥润，占垦效尤。不知所占之地日益增，则蓄水之区日益减。每遇潦涨，水无所容，甚至漫溢为患，则闾阎获利有限，而于河务关系匪轻。其利害大小，较然可见。是以屡经降旨饬谕，冀有司实力办理。今裘曰修既有此奏，是地方官司前此奉行，不过具文塞责，且不独直隶为然也。即浙江西湖葑地居民占者亦多，前日虽曾申禁，恐与直隶之玩忽大略相同。而他省滨临河湖地面，类此者谅亦不少。此等占垦升课之地，一望可知。存其已往，杜其将来，无难力为防遏，何漫不经意若此！着通谕各督、抚，凡有此等濒水地面，除已垦者姑免追禁外，嗣后，务须明切晓谕，毋许复行占耕，违者治罪！若不实心经理，一经发觉，惟该督、抚是问！钦此。

乾隆三十七年十二月［1773 年 1 月］，奉上谕：

永定河下口，自康熙间筑堤之始，原就南岸。雍正年间，因河身渐淤，改由北岸。近自乾隆癸酉［1753］间，又改从冰窖南出。两河之间，是以康熙年间之北堤转为南堤，雍正年间之南堤转为北堤。嗣后，节次兴工修治，地势屡更。是冰窖之故道，又已不免今昔异形。着传谕周元理，将康熙年间初次筑堤，沿至于今，中间改移地名、次数，并议改缘由，详细确查，列一简明清单，① 即行附折奏闻。钦此。

乾隆三十八年［1773］三月初三日，督臣周元理面奉上谕：

两岸堤里近河之堤根，以及软滩之上，应多种叵罗柳枝。钦此。

又，同月二十三日，督臣周元理面奉上谕：

下口一带，南、北两堤内多有村庄，应围村悉栽卧柳，以资捍卫。钦此。

乾隆三十八年［1773］三月二十五日，直隶总督周元理面奉上谕：

调和头改条河头②。其北岸之越埝改为北堤，即承北岸六工，将上、中、下三汛，依次改为七、八、九工。南埝改为南堤，其三汛亦改为七、八、九工。钦此。

乾隆三十八年［1773］六月，奉上谕：

口外自五月二十一二日等日雨后，滦河及潮白等河水俱骤长。连日热河雨觉稍稠，闻滦河水势复大，畿辅一带雨水情形大略相仿。未审永定河今年水势如何？是否不致盛长？河流能否循赴中泓？甚为注念。着传谕，周元理即速查明，据实复奏。至该处[6]设立浚船，以供浚刷淤沙之用。春间亲临阅视时，见船舣河中，尚未睹有成效。彼时即曾谕及，如果实力淘浚，使中泓沙不停淤，于河防不无小补。若徒视为具文，自难冀其得益。添设浚船一事，原出自裘曰修之意。彼身若在，自必加意董办，不虞废弛。今裘曰修已故，恐满保等未必复肯认真董办。徒有浚船之名，而无挑浚之实，则是虚糜工帑制造，岂不可惜！永定河原系周元理专责，而浚船之事，周元理亦同会奏。着周元理留心督办，毋任作辍因循，致成虚设。仍将现在办理情形若何，一并复奏。钦此。

乾隆三十八年［1773］六月，奉上谕：

周元理奏："五月二十二日以来，永定河水势虽有增长，大溜直走中泓，迅趋下

_____

① 此处所要的清单，详见卷二十四收录周元理于乾隆三十七年十二月《为钦奉上谕事》一折，及卷一有一至六次永定河改河图说。

② 现名调河头在今河北省廊坊区西南境。

口，两岸堤工稳固。"一折。览奏，稍慰廑念。至所称："各处河水旋长旋消，初一日辰刻，金门闸过水六寸，巳时即以断流。"等语。金门闸宣泄永定河盛涨，其形与南河之毛城铺相似。永定河挟沙而行，与黄河水性亦同。向来毛城铺于过水后，即将口门及河流去路随时疏浚，以免淤停，实为利导良法。金门闸自当仿而行之。着传谕周元理，督饬河员于金门闸过水之处，即为挑浚。务使积淤尽除，水道畅行，以资疏泄。嗣后，金门闸每遇过水，永远照此办理。仍将永定河长落情形，随时奏闻。钦此。

乾隆四十年［1775］八月，奉上谕：

周元理奏《永定河岁、抢修等工请仍循旧例》一折。因乾隆三十八年［1773］报销疏浚、抢修等工银两，工部以所报之数，与尚书裘曰修议定大工章程案内较有浮多，驳令删减。周元理复将历年通融办理缘由，据实声明，吁请仍旧。朕阅此案，工部之驳，固属照例，而周元理之请，自亦实情。今朕为之准酌折衷，所有此案动用工程银两，仍准其照旧报销，不必复行驳减。惟是永定河岁、抢修、疏浚等工，每年额定三万四千两，并准节年通融办理，不逾此数。虽若示以限制，实听尽数开销，未为允协。夫永定河水势靡常，工程亦因而增减。即如岁修一项，水大之年，粘补必多；水小之年，费用较省，此理之一定者。又如，抢修量工之平险，疏浚视淤之浅深，亦难绳以一律。若如向时所定，笼统发银，不问工之巨细多寡，任其牵匀销算，则与庖人揽办筵席何异？殊非核实办工之道。治河所以卫民，果属紧要工程，于闾阎实有裨益，经费原所不靳。若永定旧例未妥，以致每年浮耗，久之，不但用涉虚糜，且恐工无实济。何如随时确核，实用实销之为愈乎？除业经办过工程，事属已往，毋庸另议外，嗣后，应如何删去旧额，核实办理，酌定章程之处，着军机大臣会同周元理悉心妥议，具奏。钦此。

乾隆四十年［1775］闰十月，奉上谕：

吴嗣爵题《岁报河道钱粮》一疏，尚系乾隆三十七年［1772］分动支收存之数，办理太迟。河道钱粮等项，例应按年造报。原欲周知一岁河道工程之多寡巨细，以凭核实稽查。即云俟各司道陆续造送，查核需时，则三十七年之案，亦应在三十九年正月出本，断无查办不及之理。今迟至四十年冬间具题，中间几阅三载，实为迟延。吴嗣爵着交部议处。嗣后，河工岁报钱粮，俱着次年全数查明，于第三年正月开印后具题。如有逾期，该部即查明参奏。钦此。

乾隆四十五年［1780］八月，奉上谕：

据袁守侗奏："永定河漫口，督率道、厅等赶紧堵筑，加工下埽。该道兰第锡等驻工赶办，不遗余力，于初九日酉刻合龙"等语。今夏，永定河因上游涨盛，致堤工漫溢，文武各员本有应得疏防处分。今该督袁守侗于一月内，督率道、厅赶紧堵筑，克期合龙。其办理迅速，亦应甄叙。所有在工员弁，功过各不相掩，着加恩。仍行交部议叙，以示分别劝惩，并行不悖之至意。钦此。

乾隆四十六年十二月［1781年］1月，奉上谕：

本日，据大学士、九卿等会议《黄河水势情形》一折，已依议行矣。内，胡季堂所称："河滩地亩尽皆耕种麦苗，并多居民村落，一遇水发之时，势必筑围打坝，填塞自多。是河身多一村庄，即水势少一分容纳。请敕下河南、山东、江南各省督、抚确查，令其拆去，迁居堤外"等语，所见甚是。河滩地亩，居民日就耕种，渐成村落。一遇水势增长，自必筑埝叠坝，填塞河身。此弊由来已非一日，最宜严禁。从前，朕阅永定河堤，即见有民人在彼耕种、居住者，特谕方观承，令其嗣后严行禁止，勿使增益。彼时闻南河亦有此弊，曾于《阅永定河堤示方观承》诗内再三谆训。今河南、山东等省聚居河滩者，村庄稠密，更非永定河可比。若听其居住垦种，于河道甚有关系。着传谕萨载等，即行确加履勘。其堤外地处高阜、无碍河身者，自不妨听其照常居住、耕种；若堤内地方，不便占居填塞，有碍水道。所有村庄房舍，该督、抚等务须严切晓谕，令其陆续迁移，徙居堤外。俾河身空阔，足资容纳。仍须遴委干员，不动声色妥为经理，使迁徙贫民毋致扰动失业，方为尽善。着将此传谕萨载等，并谕阿桂、英廉知之。钦此。

乾隆五十二年［1787］十一月，奉上谕：

直隶永定河堤工，朕于庚午［1750］、乙亥［1755］年间，曾经亲临阅视。明春巡幸天津，亦当顺道经临。但该处堤岸工程，近年以来是否稳固之处，着刘峨详细查明具奏，并将该处堤工情形开具略节，绘图呈览。所有庚午、乙亥御制诗，并着抄寄阅看。将此谕令知之。钦此。

乾隆五十三年［1788］九月，奉上谕：

据阿桂等奏："荆州郡城屡被水患，因郡治下游江内有窖金洲一道，侵占江面，涨沙逼溜。而本地萧姓民人，于雍正年间至乾隆二十七年［1762］，陆续契买洲地，种植芦苇纳课。萧姓贪得利息，逐渐培植，每遇洲沙涨出，芦苇即环洲而生，阻遏江流，以致上游壅高，所在溃决"等语。已令阿桂等将萧姓家产查抄，并交刑部按例治罪矣。各省民田庐舍，百姓等守其世业，或一姓相传，先畴是服；或甲姓之业售与乙姓，皆在所不免。今窖金洲因沙涨而成，何得为萧家之祖业？此必系奸民见江中涨出洲地，垦种可以获利，借升科为名纳租认种，其交官者，不过数百分之一。而地方官吏，亦必得其利贿，其余尽饱奸民之欲壑。一经具呈，地方官因受其贿求，迷罔顾利害，代为蒙混具详。而督、抚等漫不加察，率准题达，任令据为己业，牟利肥家。而奸民因报官有案，又贪利不已，逐渐培植，以致芦苇环洲而生，阻遏江流，冲决堤塍、城郭，以致数万生灵咸受其害。造孽甚深，情节实属可恶！现将萧姓查抄治罪，实不为枉。但小民惟利是图，止期益己，不顾损人，亦不特萧姓为然。即如黄河之外滩，以及西湖、淀河、山东、江南湖陂等，百姓私占、耕种者甚多。屡经晓谕饬禁，而奸民贪图利息，地方官吏又思从中分肥，并不实力查禁，任令开垦居住，与水争地；或借口升科，输纳少许。一经溃决，不特附近居民咸遭淹浸，而修筑抚绥，糜帑倍蓰，于国计民生均无利而有害。着传谕各督、抚，嗣后，凡濒临江、海、河、湖处所沙涨地亩，除实在无关利病者，无庸查办外，如有似窖金洲之阻遏水道，致有堤工地方之害者，断不准其任意开垦，妄报升科。如该处民人冒请认种，以致酿成水患，即照萧姓之例，严治其罪。并将代为详题之地方官等，一并从重治罪，决不姑贷！钦此。

乾隆五十四年［1789］七月，奉上谕：

本年永定河水势盛长，刘峨亲驻在工，督率保护，堤埝稳固，得庆安澜。刘峨着交部议叙。其在事抢护员弁，并着该督查明，咨部分别议叙。钦此。

乾隆五十五年［1790］八月，奉上谕：

据梁肯堂奏："永定河自立秋后，河流平顺，工程稳固。白露已过，各河水势俱有减无增"等语。永定河两岸工程，该督督率道、厅等修防保护，时逾秋汛，顺轨安澜，宜予甄录。梁肯堂着交部议叙；所有在工人员，亦着一并交部议叙，以示奖励。该部知道。钦此。

乾隆五十五年［1790］十月，奉上谕：

本年夏间，黄水盛涨，将王平庄民堰漫塌，冲刷沟槽，由毛城铺水坝下注洪河。以致永城、宿州、灵璧等处，田庐间被淹浸。而韩镱等奏报时，只称"唐家湾引河减泄黄水，出槽漫滩，下注毛城铺，其外滩、王平庄民堰亦被漫缺，钳口土坝尾刷宽二十余丈"。并未将王平庄在毛城铺大堤之内，及冲塌一百八十余丈之处，详晰奏明。且称："此次长水，赖有各闸坝分泄，各工一律平稳。"彼时，朕以为王平庄在毛城铺大堤以外，不过因毛城铺减下之水，间有泛溢。实不知王平庄竟在毛城铺大堤之内，黄水漫溢冲决民埝，淹及下游，并非毛城铺减下之水也。嗣经周樽具奏《宿州、灵璧地方被灾》折内称："黄水漫溢下注，并未断流。"朕方谓该处只系毛城铺减下之水汇注，周樽指为黄水措词不明，尚降旨申饬。而韩镱等，因朕有此旨，节次奏折，总迁就其辞，含混声叙，并未言明王平庄在毛城铺大堤之内。而内外大臣率多回护，亦未有言明及此者。及至令韩镱等绘图呈览，朕始知王平庄系在毛城铺大堤之内，冲塌民埝，并非毛城铺减下之水也。况阅图内，新筑王平庄大坝，长至二百八十余丈。缺口若此之宽，自系黄流漫溢为患。从前因韩镱等所奏不明，误会其意。伊等复从而掩饰。朕既未亲临其地，亦何由洞悉情形？今披览河图，始觉前此之误。此固由韩镱等奏报牵混，然朕未经看出，即当引以为过，断不肯始终回护，欲食前言。朕临御五十余年，办理庶务一秉虚公，从不饰非逐过。知而能改，何待伊等代为回护耶？昨因南河秋汛安澜，特降旨将韩镱等交部议叙，乃伊等于王平庄漫口一事，始终含混，本当治以应得之罪。姑念办理工程克期竣事，免其治罪，已属格外加恩，岂可复邀甄叙？所有韩镱等交部议叙之处，着撤回。至大堤以内河滩，逼近黄河，每遇盛涨时，留为河流荡漾地步。原应禁民居住，庶不致与水争地，以免漫溢之虞。今江南王平庄一带村庄，多在堤内，其豫省濒河之处，及直隶永定河两岸地方，在堤内河滩居住者，想亦不少。从前巡视永定河，经朕屡降谕旨饬禁。而地方官奉行不力，小民等又罔知后患，只图目前之利，以致村庄、户口日聚日多。若不申明禁例，转非爱护黎元之意。但民人等安居已久，未便令其迁移，转致失所。着各督、抚等，转饬地方官，将该处堤内河滩现在村庄，实有若干户、房屋若干间，查明确数，造具清册。嗣后，毋许民人等私自增添。其有迁去人户，即于册内删除，以杜影射占居之弊。并着各督、抚^[7]于年终汇奏一次。务须认真查禁，毋得视为具文，以副朕慎重河防，保卫民生至意！钦此。

乾隆五十九年［1794］七月初三日，奉上谕：

昨据梁肯堂奏《为永定河伏汛骤涨漫口，现在赶紧堵筑情形仰祈睿鉴事》^[8]一折，已于折内批示。该处入伏以后，水势增长，更兼风雨骤激，以致漫过堤顶，塌去堤身，自属人力难施。现在北岸二工漫口幸已断流，自应赶紧堵筑完竣。其南岸头工漫口较宽，当此天时晴霁，水势渐消，尤当迅速调集人夫，挑挖引河，上紧堵筑，以期克日蒇工，不可稍有怠忽。所有漫水经过之良乡、涿州、固安、永清等州县，如田禾、庐舍或有淹浸，即行迅速查明。其有应行抚恤者，即照例抚恤，毋使小民稍有失所，此为最要。梁肯堂等务须妥慎详查，迅速办理，不可稍存讳饰。至该督前次请拨部帑八十万两，业经奏称，顺德、广平等府，可以赶种有秋，毋须动拨。今永定河水势涨漫，良乡、涿州等处多有被淹，办理赈恤，不无需用。如有应拨帑接济之处，即酌定数目若干，速行奏明拨给。至该督等所请，交部严加议处，俟漫口堵筑完竣，具奏到日再行核办。将此由六百里谕令知之，并着将漫水是否今已全涸，何时可以堵筑完竣各情形，迅速六百里奏来，以慰廑注！钦此。

乾隆五十九年［1794］七月，奉上谕：

庆成奏《河水涨发坝工平稳》一折。据称："本月十六、七等日，阴雨连朝，各处水涨，逼紧大溜一时不能畅消。庆成与乔人杰分派文武员弁，赴工防御。玉皇庙前堤工尤为险要，乔人杰身先兵役，竭力抢护，数处险工皆得幸保平稳"等语。览奏，以手加额，感谢无尽。此皆仰赖河神护佑，得以化险为平。特发去大藏香二十炷，交庆成等于卢沟桥东岸迤南河神庙内，敬谨祀谢供奉，以答灵佑。至庆成等，在工督率员弁，将险要堤工尽力防护，得以一律稳固，实属出力可嘉。前因梁肯堂前往固关查办灾赈，永定河工督办需人，特派庆成前往。伊系本省提督，于河工弁兵呼应较灵，易于集事。否则，只有道员在彼督率，防护办理不无竭蹶。此皆天牖朕衷，用人得当。欣慰之余，弥深感惕。今特赏庆成玉搬指一个，庆成、乔人杰并着交部，从优议叙。其在工实在出力之员弁等，即着庆成就近查明，一并咨部议叙，不必转报梁肯堂，以致往返需时。至乔人杰于玉皇庙前堤工险要时，冒雨赴险，身先兵役，极力抢护，险工得保平稳，甚为奋勉。并着加恩赏给按察使衔，用示优奖。

向来，河工遇有漫口，该道等俱有应得处分。今不特免其治罪，又格外施恩，赏给升衔。乔人杰惟当加倍感奋，实力督率，将各处险工谨慎防护，并将漫口赶紧堵筑，不遗余力，以期工程一律坚实，克期迅速合龙，方不负朕恩奖。钦此。

乾隆五十九年［1794］八月，奉上谕：

庆成奏："永定河南头工漫口于初二[9]日申刻合龙，河流顺轨，势甚舒畅"等语。览奏，以手加额。此皆仰赖神灵默佑，得以迅速合龙。忻幸之余，倍深敬惕。兹又发去大藏香二十炷。庆成现已起身，前来行在。即着乔人杰分赍玉皇庙、河神庙，敬谨祀谢，以答灵贶。至庆成等，前因永定河水势涨发，堤工险要，督率员弁抢护平稳，已降旨将庆成、乔人杰交部从优议叙，并将乔人杰赏给按察使衔。今复能昼夜赶办沉船垫埽，一面开放引河，分掣大溜，得以克期合龙，深堪嘉奖。庆成、乔人杰着再交部议叙。所奏"通判何堂调赴工所，照料一切皆妥。营田效力之原任玉田县知县陈凤翔，派委挑挖引河，不辞劳瘁，甚为得力"等语。何堂着准其一体咨部议叙，陈凤翔亦着该督给咨送部引见，以示鼓励。又据征瑞奏："天津贺家口地方，海河漫溢，堤工甚险。当经督同运使嵇承志、天津道丁湤鋈等昼夜抢护，将堤身帮培坚固。村庄、人口均为保护安帖，田禾不致损伤，仍得丰收"等语，览奏欣慰。嵇承志、丁湤鋈于海河漫溢，冒雨督工，抢护平稳，亦尚为出力。并着交部，从优议叙。现在征瑞已赴河间、景州一带，勘办赈恤事宜。该处新筑堤工，仍着该运使等加意防护，一律稳实，永臻巩固，方为妥善。钦此。

嘉庆二年七月至十九年七月谕旨[10]

嘉庆二年［1797］七月，奉上谕：

梁肯堂奏："永定河自闰六月二十九日大雨后，初一、初二雨势更急。初三日子刻，又复风狂浪涌，水高堤顶二尺余寸。北岸二工、三工共塌三百余丈，并将金门闸龙骨冲去二十余丈。请将该督及永定河道乔人杰交部，严加议处。其厅、汛各员另行参办"等语。初一、二日雨势本大，永定河发源山西，或上游亦因连雨水发，俱未可知。此次水势高于堤顶二尺有余，加以狂风浪涌，堤工漫塌，实由人力难施，尚非抢救不力。所有该督等奏请交部之处，着加恩宽免。梁肯堂在直年久，于河务情形亦所熟习，不复另派大臣前往帮办。该督惟当董率在工文武员弁，上紧堵筑，迅速合龙，尚可将功补过。连日天气晴霁，水势曾否消退？该督如何鸠集工料，兴工堵筑？约计何时可以堵竣之处，着即迅速奏闻。若该处河身经此番冲刷，或更加深通，转为极好机会。并着查明具奏，仍绘一图说呈览（朱添：加紧速奏）。至下游过水固安、永清、东安等县，猝经漫水下注，田禾不免稍被淹漫。该督并当派委道、府大员，详细履勘，实力抚绥。如有应行蠲缓之处，着据实奏闻，不可稍存讳饰。将此随六百里加紧报，便谕令知之。仍即回奏（朱添：加紧），以慰厪注。钦此。

嘉庆二年［1797］七月，奉上谕：

梁肯堂覆奏"接奉两次谕旨并现在办理情形"各一折①，览奏俱悉。据称："南二工漫口现已断溜，北二工、三工已成旱口。现在多集人夫，拨动料物，赶紧兴筑。工程已做有二分，月内可期合龙"等语。该处工段固应上紧兴筑，但必督率在工人员如法镶压，务期一律巩固。不可存欲速之见，致工程稍有草率。其水过消退之处，自不免淤塞。如有应行挑挖者，自应一体挑浚深远为要。至通省收成分数，据奏，约有九分、十分不等。惟顺天、保定等府，约收八九分，于秋成大局并无妨碍，实为深幸。雨势骤急，低洼地亩恐不无淹漫处所，朕为此正深萦虑。该督当饬所属，确加查勘，具实奏闻，不可稍有讳饰。其应行抚恤事宜，尤当董率地方官认真查办，妥为经理，勿使胥吏中饱滋弊，以副朕轸念民依至意。至另片所奏，密云县应修护城石坝，亦着派委妥员，上紧兴修，以期工臻稳固，将此谕令知之。仍将现办工程，日内又有几分，通省实在收成分数若干，据实具奏，以慰厪念。钦此。

嘉庆二年［1797］八月，奉上谕：

梁肯堂奏"永定河漫口于本月初六日合龙堵筑"一折，② 览奏欣慰。此次工程于七月二十七日以后，气候晴和，夫料凑手，得以赶紧施工。并开放引河，顺流畅注，旋将两坝赶下大埽，即日堵合。此皆仰赖河神默佑，迅速蒇功。欣庆之余，益深钦感。特发去藏香二十炷，着该督敬谨祀谢，以答神庥。至该处现系新工，善后事宜均关紧要，该督尤应督率工员，妥为经理，务须培筑坚实，以期永久巩固，方

---

① 此处奏折是梁肯堂《为永定河骤涨漫口现在赶紧堵筑情形仰祈睿鉴事》及《为叩谢天恩恭折复奏事》。见本志卷二七"嘉庆二年七月两折"。

② 此折见卷二十七收录梁肯堂《为恭报永定河漫工堵筑合龙仰祈圣鉴事》。

为妥善。至此次漫工，该处专管河员均有疏防之咎，念其办理尚为迅速，功过相抵外，其赴工帮同办理之道员方受畴、署知州吴兆熊、知县李三晋，俱着该督咨部议叙，以示奖励。该督所请留工效力之州判薛学诗等员，如果始终奋勉，俟该督据实奏到后，再降谕旨。传谕知之。钦此。

嘉庆四年〔1799〕五月，奉上谕：

河工省分各设厅、汛员弁，专管修防，其地方守、令无兼河之责者，原不应派令办理河务。乃闻近来遇有堵筑、挑浚大工，多借帮办为名，调派州、县，令其贴解银两，并将上司应赔工程，亦令州县代赔，以致派累百姓，挪移仓库，本任地方职守且多旷废。着直隶、江南、山东、河南各督、抚及河道总督，通行禁止。嗣后办理河工，只准派丞倅、佐杂等官，不得再派州、县，致滋弊窦。钦此。

嘉庆五年〔1800〕六月，奉上谕：

胡季堂奏《为[11]查勘永定河南、北两岸并下口各工平稳情形仰祈圣鉴事》一折，内称："桑干河于桑葚熟时偶露干涸，系主伏、秋水势盛涨"。此说朕所素知。今年闰四月间，卢沟桥以东既有断溜之处，自当较往年倍加防护，不可因目前水势平稳，稍存大意。永定河道王念孙于河务尚为熟悉，既经详悉履勘，将节省挑淤之项，移作北堤加高、培厚之工，自应即照所请办理，不必拘泥。原题估需挑费，总宜使工用咸归着实，不得逾岁修经费，方为妥协。该督一面咨部，一面督同该道，核实办理可也。将此谕令知之。钦此。

嘉庆五年〔1800〕七月，奉上谕：

据胡季堂奏《永定及南、北运等河秋汛安澜》一折："本年入秋以后雨水稍多，永定河上游水势涨发，较往年为甚，工段间有蛰塌之处。经该督驻工月余，率同道员王念孙等随时抢护，相机妥办，得以无虞。现在节气已交白露，水势日弱。堤埝巩固，克奏安澜"。此皆仰赖河神护佑，著顺宣灵。欣慰之余，倍深乾惕。现已亲书匾[12]额，发往悬挂，用答神庥。该督胡季堂及永定河道王念孙，着加恩交部议叙。其余在工出力各员弁，着该督查明咨部，酌予议叙。钦此。

嘉庆六年［1801］六月初九日，奉上谕：

姜晟在湖北总督任内，办理军需各务种种贻误，前据吴熊光查奏，当即降旨，将姜晟交部严加议处。部议上时，必当治以溺职之罪。今京城自六月朔日起，大雨五日四夜，水势骤长。节经朕派令乾清门侍卫等，驰赴城外查勘被水情形。旋据复奏，永定河两岸决口四处，卢沟桥一带几成泽国。并经设法，将各路军报赍递。此皆朕与廷臣集议办理，又分命众卿员各路查灾办赈。众臣均能奔走，不辞劳瘁。而且，自初一至初八日，地方大吏杳无音信，殊出情理之外。保定距京甚近，值此大雨盛涨，即邻近地方百姓尚应随意留心体察，岂有京师帝居所在，为臣子者漠不关心，视同膜外，有如此之封疆大吏乎？若云被水阻隔，则朕近日派往之大员、侍卫等，尚能策马淌渡接递军报。姜晟即不亲自前来，独不当差人赍折，自称悚惧不安之意耶？乃本日姜晟奏到一折，祇[13]据河道禀报内称："本年永定河河流未断，汛前节次长水，实为佳兆"；又称"大雨叠沛，查明田禾尚无妨碍"。真如在梦中矣！向来永定河至伏汛时，该督预行赴工防汛。上年河水未经泛涨，胡季堂尚往来工次，冒雨触热，以致积劳成疾。乃姜晟折内犹称："一面预备，如应赴工，即赶程前往督防"可谓全无人心！畿辅距京咫尺，地方大员已玩愒[14]乃尔。若远省督抚相率效尤，岂复尚成治体！姜晟之在直隶如此，其在湖北办理军需废弛玩误，不必言矣。近因雨水过多，朕遇灾增惧，不肯迁怒，节次降旨，引为己过。即宫庭内太监偶有过失，方且曲意优容，岂肯于封疆大吏有意苛求，以塞灾应？但姜晟辜恩尸位，昏愦[15]瞀乱。伊若出之有意，即属丧尽天良；若云全无见闻，则是形同木偶。此而不加惩办，何以整饬官联？经朕询问，本日奏事之王大臣等佥以"姜晟罪因自取，必当革职拿问。若复加曲贷，转非执法持平之道"。姜晟着即革职，派侍郎熊枚带同司员前往传旨拿问，即暂行接署直隶总督篆务。①派委[16]妥员，将姜晟押解来京，交军机大臣会同刑部严审具奏。至永定河道王念孙及南、北岸同知，于河务是其专责。今该处已有四处决口，王念孙全未知觉，犹以虚词具禀姜晟；且那彦宝赴河干查水，住宿一夜，总未见该道等在彼看办，均属罪无可逭。王念孙及南岸同知翟崿云、北

---

① "接署直隶总督篆务"，即代理直隶总督职务。署，代理；"篆务"又称"印务"，署篆务又称"护篆"或"护印"，即低级别官员代理高级别官员职务，暂时代理非"实授"。又，篆代指官员印章，因印章多为篆刻故称。

岸同知陈煜，着那彦宝、莫瞻菉于沿途遇见时，传旨将伊三人革职拿问，一并解京，归案审办；至石景山同知，亦系管理河务之员，但现在决口处所，是否该员所管工段，着熊枚查明具奏，再降谕旨，钦此。

嘉庆六年［1801］七月，奉上谕：

那彦宝等奏"请发部银一百万两，以备永定河采办料物"等因，一折。[17]着照所请，于部库内拨银五十万两，内务府广储司库内拨银五十万两，交那彦宝等收领备用。至所称："需用料物，因附近地方多被淹漫，百物昂贵，例价不敷，恳请照市价购办"一节，永定河决口漫溢，所需料物较之往年多至数倍。而直隶州、县多半被灾，秋稼等项不无短少，兼之道途泥泞，远处一时不能运到，市价昂贵自出实在情形。所有此次永定河物料等项，着加恩，准其照依市价购办，以济急需。但时价长落不一，此时虽属昂贵，转瞬水退道干，价值自必渐落。那彦宝等惟当随时确查料物贵贱情形，饬令承办之员据实报销。不得以目前最昂立价为准，借口浮冒。至河工定例，土堤漫口系销六赔四，着落各员分赔。至堵筑石堤及挑挖淤塞，向无应赔之例。现在永定河工各堤，决口多至三千数百余丈，皆因下淤高仰所致。历任各员因循玩误，不肯随时培修，是贻误各员转得置身事外，不足以昭平允。除修筑土堤，仍照例着落各员摊赔四成外，其培筑各堤及挑挖淤仰各费，着那彦宝等估计用银确数，查明自乾隆三十八年［1773］起，至嘉庆五年［1800］止，历任直隶总督、永定河道暨厅、汛各员，分别止任、署任年月久暂，开单具奏，酌令摊赔，以示惩儆。钦此。

嘉庆六年［1801］七月，奉上谕：

昨据高杞奏，那彦宝等及熊枚于初一日进京面奏事件，乃本日那彦宝等所递到奏报，据称："卢沟桥一带水势，日内陡长二尺有余"；而熊枚亦差人赍折，"自因永定水势增长，均须在彼照料，不可来京"（朱批：京中自夜至午，大雨几阵，恐积水[18]又复增长）。该处工程紧要，着传谕那彦宝等，俱当驻工筹办，不必来京。其应奏事件，原可专差具折奏闻。南、北两岸漫溢处所，先筑土堤，以杜其旁泄之势，自[19]应如此办理。现在天将庙土堤业已办理完竣，伊等在彼闲住无事。此外，漫口各工可以堵筑者，应即上紧兴修，不得迟缓。且使附近被水灾民闻风前往佣工，借资口食，亦可以工代赈。此时，京城内外分厂赈济，远处灾黎纷纷就食，未免渐聚渐多。京师为辇毂重地，自不便任其日久聚集。现已降旨，赏拨京仓米二千四百石，于长新店、卢沟桥一带，酌量设厂赈济灾民。并搭盖棚厂，以资栖止。所搭棚厂，须相离稍远，以防火烛。此项棚厂，不独目前灾民可免露处，即将来动工，夫役人等亦有所栖托。该处散赈事宜，即着那彦宝、莫瞻菉、高杞、巴宁阿、熊枚等妥为经理。总须实惠及民，勿令一夫失所。至熊枚另片奏："截留漕米，请分贮沿河水次，即近酌拨"一节，所见甚是。即着照所请，在郑家口、泊头及天津北仓三处分别存贮，现已谕令达庆等遵照办理。至务阳及故城县刁家门漫口，有关粮运，着熊枚即饬令该地方官上紧堵筑。将谕令知之。钦此。

嘉庆六年［1801］十月初三日，奉上谕：

本日，那彦宝、巴宁阿、陈大文等奏《为北上头工合龙全河[20]复归故道》[21]一折，览奏欣慰。本年六月初间，大雨连朝，御园左近水势骤涨。朕彼即虑及永定河工必有冲塌之处，当特派乾清门侍[22]卫等前往查勘，果系卢沟桥一带决口四处。向年，永定河虽间有泛溢，从未有如此之甚者，实属异常盛涨。朕心深为悚惕，当即派令那彦宝、巴宁阿等上紧堵筑，并将下游淤塞设法疏浚。雇集人夫五万有余，其中灾民居多，即可以工代赈。幸兴工以后，天气放晴，水势渐退。办理两月有余，漫口全行合龙，河流复归故道。此皆仰赖天助神佑，欣感不尽。着发去大、小藏香十枝，派成亲王永瑆、大学士庆桂前往，敬谨祀谢。至各工办理妥速，皆由大小官员出力认真，殊堪嘉奖。那彦宝自派办河工以来，遇事虚心，筹画尽善，不愧为阿桂之孙。着加恩挑为御前侍卫，仍交部议叙。巴宁阿从前曾任内务府大臣，缘事降黜。兹办工出力，着加恩授为内务府大臣，仍交部议叙。陈大文虽到任未久，一切督催甚属认真，亦着交部议叙。嵇承志、陈凤翔在工勤奋，前已赏戴花翎，再着交部议叙。至随带兵部员外郎智凝，在工奔走，尚为奋勉，着赏戴花翎，仍交部议叙。兵部额外主事徐寅亮，着俟报满后，遇有本部缺出，尽先补用。同知盛惇复、候补直隶州知州孙树本、千总杨贾成，均着以应升之缺升用。姜晟调用直隶总督，甫经到任，地方事件尚未熟悉，于河工自更不能了然。更何况永定河下游淤塞已久，亦非伊一人任内之事。其奏报迟延，亦由王念孙等不即时禀报所致。但该管地方有如此非常疏失，伊适当其任，自不得不治以应得之罪。此时业已合龙，亦宜量予加恩。姜晟曾任刑部侍郎，刑名是所素习，着赏给刑部主事衔，在部行走，不准食俸。俟一二年后，如果奋勉，着该堂官再行保奏。其已革道员王念孙、已革同知翟峄云、陈煜、汪廷枢，于伊本管地方失于防范，又不能及早禀报，获咎较重。俱着仍在工效力。俟工程一律完竣，再行奏闻请旨。至在工人夫，踊跃奋勉，并动用广储司银一千两，赏给该夫头等，以示恩赉。钦此。

嘉庆六年［1801］十月，奉上谕：

那彦宝、巴宁阿奏《请停止永定河工程》一折："现已时逾小雪，已见微冰，一切工程土冻难施，自应暂为停工。"那彦宝、巴宁阿可以无须在彼久驻，且伊二人各有本任应办事务，着将河工应行筹备事宜妥为安置，即行回京供职。仍间隔数日，轮替到工抽查。其随带司员智凝、徐寅亮、候补知州孙树本等，河^[23]道王念孙等，仍在工与地方官轮流稽查。钦此。

嘉庆七年［1802］二月，奉上谕：

陈大文奏《为河工紧要恳请添设河兵以重修防事》^[24]一折："永定河工段绵长，原设河兵较少。每逢伏、秋大汛，不敷防护。"自系实在情形，着照所请，派添战兵六十名、守兵三百四十名，分派南、北岸。酌量工段，于险要添没各汛。即在于督标、提标、宣化〔镇〕、天津镇标战兵、守兵①内抽拨。其应否添设兵房之处，着该署督悉心经理，务臻妥协。折并发。钦此。

嘉庆七年［1802］二月，奉上谕：

陈大文奏"请添设河兵并北运河应行修筑"各折，均照所请行矣。现在卢沟桥一带聚集灾民，已谕知那彦宝等，分派南、北两岸工次佣作，俾穷黎得资糊口。但此等贫民人数众多。三月初旬，朕亲临卢沟桥阅视堤工，着陈大文派委员弁，将饥民预为安顿，勿致有环吁乞恩之事，方为妥善。将此谕令知之。钦此。

嘉庆七年［1802］五月，奉上谕：

那彦宝等奏报《永定河大工告竣并将出力人员开单请旨》一折："永定河大工

① 督标、提标、镇标是指清绿营兵制度中由总督、提督、总兵等高级将领统率的绿营兵，分别称督标、提标、镇标。标是绿营军队编制单位，约相当于一个团，下辖三个营。这里是高级将领统辖的部队而非实际编制。战兵、守兵则是指承担战斗和守卫任务的士兵。

现在一切全竣，但此时伏、秋大汛将至，所有新筑各工尚当加意防护。"熊枚于办理河工一事，本未经手，现在新任直隶总督颜检，须俟马慧裕抵豫后方能赴任，尚须时日。熊枚着驻扎省城，办理地方事务。那彦宝、巴宁阿在工督办已久，于工段情形较为熟悉。所有本年防汛事宜，即着二人轮流前往。在于长安城、卢沟桥往来督察，敬慎巡防，或半月、或两旬递相更换。俟秋汛安澜后，再一同回京供职。本年，朕秋狝木兰，那彦宝即毋庸随往。至姜晟，前在直隶总督任内，上年永定河两岸决口四处，下游各州县民庐田舍多被淹漫，伊未能督率属员先事预防，并于盛涨之时具奏迟延，其得咎较重，非寻常疏防可比。当经降旨，将姜晟及经管道、厅等一并革职拿问。但念姜晟至直隶总督接任未久，于河工事务本未深悉，上年雨水过大，河流涨发不时，人力难施，尚非有心玩误。姜晟简任总督有年，且系刑部司员出身，于刑名尚能谙习，前已赏给主事在部行走。着加恩以刑部员外郎用，遇缺即补。至已革道员王念孙、同知翟峄云、陈煜，自发往工次效力后，均尚勤勉。现在大工已峻，王念孙着赏给六品顶戴，翟峄云、陈煜着赏给七品顶戴。仍着留于工次，随同那彦宝、巴宁阿防汛。俟秋汛平稳，该员等如果始终出力，再行奏闻，候朕酌量施恩。又据另片奏："兵部主事诚安自带往工次以来，于稽查工作均属详慎，请加鼓励"等语。诚安着以本部员外郎用，遇缺即补。此外，调赴工次差委出力各员，着加恩，照那彦宝等所请。永平府经历范臻盛、武清县主簿孙晟褒，以应升之缺升用。候补知县陈上理、吏目俞石麟、从九品席世绂，未入流陈颂雅、周开训、刘谦，遇有相当缺出，先尽补用。州判彭元英、李家言，县丞何贞、刘垓，主簿吴炳，着改拨河工，留于永定河差遣。遇有本省河工缺出，次第补用。其余州判郑淮等十三员，及汛员郑澄川等六员，着交部议叙。又，那彦宝带去书吏谢肇瀛等六名，亦着分别给予议叙奖励。该部知道。钦此。

嘉庆七年［1802］六月，奉上谕：

上年，永定河土、石各堤，冲决多至三千四百余丈。虽系雨水异涨，究因下游高仰，不能宣泄。所有直隶历任管河官员，因循玩误，经理不善，咎无可辞。是以降旨，令那彦宝等查明土、石各工用过银数，统照河工销六赔四之例，着落历任管河各员分别摊赔，以示惩儆。今据那彦宝等查明，此项应赔四成银三十八万八千五百二十八两零，请着落自乾隆三十八年［1773］起，至嘉庆六年［1801］六月止，历任各员赔缴。经军机大臣会同吏部、工部议准，并将历任各员应赔银数分别开单进呈，请按限催追。本应即照所请，分别着赔，但详阅单内各该员，在任远近不同，本身存殁亦异，若一律分摊，未免漫无区别。如乾隆五十年［1785］以前已故各员，离任既久，原难尽将办理不妥之处责之。年久各员，所有此项应赔银八万二千四百八十二两零，着加恩全行豁免。其乾隆五十一年［1786］以后已故各员，在任年月较近，于下游挑浚事宜若能先时筹办，何至上年有溃决之事？是该员等获咎较重。但业经身故，比之现存各员亦尚有区别。所有此项已故各员应赔银二十一万四千三百七十二两零，着加恩照各该员应赔之数，俱宽免一半。余着照承追定限完缴。至现存各员，在直隶居官者居多。该员等经营河务，既未能疏浚于前，又未能防护于后，其咎无可宽免。着即照数摊赔，如限完缴。此内，原任同知杨奕绣、贾德、李炳，原任通判曾成勋、沈鹤崥五员，并着行文各该原籍，查明存殁年分，照此一律办理。至历任各员，既经着落分赔，所有应行查议各职名，着加恩宽免。折单并发。钦此。

嘉庆七年［1802］八月，奉上谕：

那彦宝等奏报《永定河秋汛安澜》一折，览奏欣慰。永定河工程上年冬间甫经合龙，初历三汛，关系紧要。那彦宝、巴宁阿系上年在工一手经理，是以将本年防汛事宜，即责成伊二人督办。那彦宝等轮流在工督[25]率，河道陈凤翔等认真防护。夏间，河水盛涨时，竭力抢护，得臻平稳。兹已过白露，防护无虞。从此堤工巩固，河流顺轨，可期永庆安澜。此皆仰赖河神默佑，曷胜钦感！发去大小藏香十枝，着交那彦宝等敬谨祀谢，用答神庥。那彦宝、巴宁阿在工经理妥协，着与永定河道陈凤翔一并加恩，交部议叙。其随同在工之员外郎智凝、诚安，主事徐寅亮，候补直隶州知州孙树本，及单开各员，俱着加恩交部分别议叙。至王念孙、翟崿云、陈煜，本系专司河务之员，在任已久，非如姜晟初到直隶，且系兼辖者可比。上年堤工漫溢，伊三人革职之后，尚应发往新疆军台效力。经朕格外施恩，令其留工自效。前于工竣时，又经赏给顶戴。此次且毋庸再行加恩，着仍留永定河工次。俟明年三汛后，如果始终出力，再行奏闻请旨。该部知道。钦此。

嘉庆八年［1803］六月，奉上谕：

工部堂官奏"河道抢险工程，请敕河臣于奏报情形折内，确计丈尺、约估银数，以昭核实[26]"一折，系为慎重钱粮起见，但黄、运两河遇有险要工程，临时急须抢护，多系刻不容缓。是以向来各该河臣奏报情形，均即一面兴修，迨各处工竣，分案造册题估。今若令其于估计后始行抢修，转致于河工有误（朱批：殊有关系）。唯是各该河督奏报折内，凡遇抢险处所，往往用"一带等处"字样，并不确指起止地名，恐启厅、汛各员影射浮开，及事后增添情弊（朱批：亦不可不防）。嗣后，凡有添筑埽坝等工，如勘明实系紧要处所，万难稍缓者，仍着各河臣一面上紧抢护，一面于兴工后，即将新工地名、段落确实声明，并各工长、宽、高、厚若干，约需银若干，逐一分开，详晰具奏，以凭交部查核。不得仍称"一带等处"，语涉含混。其寻常各工，仍俟报后再行兴修，庶于国帑工程，均归核实，而杜浮冒。钦此。

嘉庆八年［1803］七月，奉上谕：

本年，永定河于伏、秋两汛内水势屡涨，节经降旨，令颜检督率在工各员弁先事防护。兹节届白露，据该督奏报安澜，览奏实深敬慰。此皆仰赖河神默佑，始得顺轨安流。着发去藏香十炷，交颜检敬谨祀谢沿河各庙，以答神庥。该督自入夏以来驻工防汛，督同道、厅各员，遇有蛰陷处所随时抢护，各工俱臻稳固。宣防尽力，殊属可嘉。颜检着加恩赏给太子少保衔，以示优奖。即回省城办事，不必赴热河谢恩。永定河道陈凤翔防堵认真，着与在工出力各员一并交部议叙。试用从九品熊炯、陈镇标二员，常川巡防，奋勉得力。着照所请，遇有应补之缺出，即将该一员先尽补用。至所请长安城工次河神庙楹联，候朕亲书发往。折并发。钦此。

嘉庆九年［1804］八月，奉上谕：

颜检奏"秋汛安澜并重建庙宇告成"各折，览奏敬慰。据称："本年永定河水势历经伏、秋、处暑，应时增长，旋即消落。现在已过白露，全河平稳归槽，坝工稳固"等语。此皆仰赖河神默佑，灵贶昭孚，得以顺轨安澜。欣感之余，倍深乾惕。着发去头号藏香五炷、二号藏香五炷，交颜检于新建玉皇庙、龙王殿及沿河各庙敬谨祀谢，以答神庥。至颜检，自入夏以来驻工防汛，督率保护，各工俱臻平稳，本应加恩议叙，但该督近日于地方民瘼、政务办理诸多未协，所有此次秋汛安澜，无庸将该督议叙。至另单所开在工出力人员，永定河道朱应荣、南岸同知李逢亨、北岸同知田宏猷、石景山同知徐体劢、三角淀通判陈起鸿，防护俱尚认真，着加恩交部议叙。其余所开文武员弁十一名，人数过多，着该督择其尤为出力者，具实开列数人奏明，咨部议叙，以示奖励。再，该督所请新庙匾额、楹联，朕已亲书，一并发往。钦此。

嘉庆十年［1805］六月，奉上谕：

熊枚奏："永定河北岸二工漫溢过水，督饬赶紧堵筑"情形。现已派那彦宝前往查看，并恭赍藏香虔祀河神，以祈默佑。熊枚与该侍郎接见时，即将现在情形详细告知，以便回京复奏。所有北二工漫溢处所，虽据称仅三十余丈，大溜尚走中泓，但必须早行堵闭断流。熊枚当严饬工员竭力抢护，赶紧堵筑，并一面先行筹款购备物料，无误要工。至下游过水地方，村庄、禾稼自难保竟无损伤。熊枚务当委员详细查勘，如有应须抚恤之处，即当奏明办理，毋得稍有讳饰。再，另折奏方其昀、张麟书二员，已另有旨，谕知刑部矣。将此谕令知之。钦此。

嘉庆十年［1805］闰六月，奉上谕：

那彦宝奏"永定河北下头工筑堵合龙，并赶办北二等工，及全河伏汛平稳"一折，览奏实深敬慰。永定河北下头工漫口，经那彦宝督率各工员弁赶紧堵筑，已于十七日合龙。其北岸二工漫口四十余丈，并已挑浚引渠，就势赶紧镶筑，进占至三十余丈。此皆仰赖神庥，施工顺吉。现派庆惠恭赍大藏香五枝前赴工次，敬祀河神，以答灵佑，并令顺道查看新做工程。那彦宝速将北二工口门刻期堵合，仍遵前旨驻工防守。京城旬日以来天气晴霁，但盈虚消息之理，恐入秋后或雨水稍多，并上游河流涨发，不可不益加敬畏。所有永定河南北、上下各工段，务严饬各厅、汛随时加意小心防护。统俟秋汛安澜，那彦宝再驰赴行在复命可也。将此谕令知之。钦此。

嘉庆十年［1805］七月，奉上谕：

那彦宝奏："永定河动用工程银两，据颜检、朱应荣呈请全数分赔，并酌拟三年限期，令其完交款项"等语。前因永定河水、旱各口工程紧要，宽备料物，先行发帑银十万两，令那彦宝交颜检、朱应荣专司收发。俟用过后合计银数，照例分赔，用示惩儆。兹据那彦宝奏："颜检等以循例报销，仅赔四成，扪心实觉难安，情愿全数认赔。已于用过银六万三千九百余两内，各先完一万二千两存贮道库，余银限以三年完交"。但念银数稍多，若限期过紧，措交不无竭蹶。着加恩予限五年完交，以示体恤。该部知道。折并发。钦此。

嘉庆十年［1805］八月，奉上谕：

那彦宝奏："永定河堵筑各工，将南、北两岸出力之员请旨量予鼓励"等语。本年永定河当伏汛盛涨之时，各工员多集人夫，相机抢护，俾工程得臻稳固，尚为奋勉出力。所有同知李逢亨，县丞李家言、王镇，均着交部议叙。钦此。

嘉庆十一年［1806］正月，奉上谕：

裘行简奏"补筑永定河堤工程"一折，据称："永定河南、北两岸工程历年既久，河底淤高，堤身卑矮，难资抵御。上年漫溢各工虽已堵筑先竣，而堤工尚未加培，其石景山石堤亦有应须添筑之处"等语。着照所请，乘此春融赶紧办理，以备三汛。所有估需加培土工银一万九千两零，着于永定河道库贮内先行动拨。该部知道。钦此。

嘉庆十一年［1806］正月，奉上谕：

裘行简奏"移驻汛员，以重河防"一折，据称："永定河南、北两岸，嘉庆六年［1801］、十年［1805］俱有新生险工，及水刷堤根之处，今昔情形实有不同。该署督亲往履勘，原设汛员不足以资照料"等语。着照所请，将下游工平之三角淀属北堤九工武清县主簿，移驻北岸头工，作为上汛；原移上汛武清县县丞作为中汛；原设下汛宛平县主簿仍为下汛，其北九工汛务即归于北七、八工两汛分管。至应拨河兵及筹款另建衙署等事，并着照例办理。该部知道，折并发。钦此。

嘉庆十一年［1806］七月，奉上谕：

裘行简奏："永定河北岸五工十号因风涌浪激，抢护不及，坍塌堤身一百余丈。请将道、厅等员分别革惩，并自请严议"等语。永定河水势盛涨，在工各员未能先事预筹，力为防范。以致水漫堤顶，冲塌堤身，实有应得之咎。北岸同知田宏猷、汛员孔昭诚均着革职，留工效力。道员朱应荣先行摘去顶戴，与裘行简一并交部严加议处。至所称道库存款不敷办公一节，即着照裘行简所请，于藩库内动拨银八万两，解交道库存贮备用。钦此。

嘉庆十一年〔1806〕七月，奉上谕：

裘行简奏"永定河北岸五工十号被水漫溢情形"一折："永定河北五工因水势陡长，大溜湍激，坍塌堤身一百余丈。漫水由减河下注口门，水深四五丈，亟应赶紧堵筑。"昨经谕令该署督，回赴古北口一带，往来督修桥座。今永定河现有漫工，系属该署督专责，且京中现无熟悉工程大员可以派往。因思古北口内外各桥座，俱已派员督修，均可如限搭竣，竟无庸该署督在彼照料。途间，现有桌司杨志信随扈，即该署督循照向例，亦不过至古北口送驾。何必因此数日追随，以致堵筑漫工稍有耽延？该署督接奉此旨后，即着迅速前来请训，驰赴工次，督率道员朱应荣等，赶紧堵闭断流，及早竣事，此为最要。其下游被淹处所，该署督已派员往查。务即勘明系何州县，是否成灾。如有应需抚恤之处，即着据实具奏，毋致失所。将此由四百里谕令知之。钦此。

嘉庆十一年〔1806〕七月，奉上谕：

前据铁保等奏，请将候补道员陈凤翔发往南河委用，业经降旨允行。嗣裘行简以直隶现有查办地亩、仓储等事，又请将该员简发直隶。其时，南河工程事务繁多，且铁保等奏请在前，若复将陈凤翔改发直隶，事涉纷更，当经饬驳。今永定河北岸有漫口堤工，急需妥员经理。因思，南河节次发往差委人员尚多，陈凤翔于江南河务情形素非谙习。伊前因办理永定河漫工，擢授道员，赏戴花翎，本系熟手。昨已有旨，将朱应荣先行摘去顶戴，交部严议。议上时，亦必开缺。所有永定河道员缺，即着陈凤翔补授。该员行抵何处，接奉谕旨，即速赴新任，堵筑漫口。朱应荣仍令在工，帮同办理。如果愧奋出力，漫口堵合后，另行赏给差使。钦此。

嘉庆十一年〔1806〕十月初一日，奉上谕：

本日，据直隶永定河道陈凤翔奏："永定河北岸五工漫口工程，两旬以来赶紧加镶，逐步进占。另行开挑河槽，宣泄大溜，已于十月初一日未刻合龙，河流得归故道。并前任道员朱应荣在工奋勉出力，请与办理镶筑事宜。出力之原任北岸同知田宏猷、主簿孔昭诚，可否照例开复。其余出力各员，另行缮单，奏恳施恩"等语。永定河北岸漫口亟须堵合，今既合龙完竣，署总督又未接篆，该自应赶紧奏报。至折内，遽请将原任道员朱应荣等开复，其余出力各员一并开单保奏，吁恳施恩，殊属冒昧，太觉胆大越分，此风断不可长！保举工员，乃总督应奏之事，该道既知该省总督出缺，岂有如此大员不即简放派署之理？自应俟总督到任后，禀请保奏。况朱应荣即系由道员降调知府，亦系方面大员，与陈凤翔品秩相等。由该道保奏，实乖体制。即云伊等实系在工出力，何难于折尾声明，听候新任督臣核办，而必汲汲为此奏乎？陈凤翔先经发往南河差委，嗣后简放永定河道，所有北岸漫工原非伊任内之事。此时堵筑合龙，本应加以甄叙，唯伊此折越分保荐，大属不合，殊有应得之咎。着毋庸交部议叙，亦不必再予议处。其折单所奏出力各员，吁恳施恩之处，着交署督秦承恩秉公核办，具奏请旨。钦此。"

嘉庆十一年十二月［1807 年初］，奉上谕：

秦承恩奏"查明永定河漫工出力人员分别施恩"一折：此次堵筑漫工，该员等"鸠工集料，抢护巡防。或帮筑戗堤，开挑引河，或亲督兵夫，挂揽下埽，均能实心出力，得以迅速合龙"。自应量加奖励，着照所请，候补知府朱应荣加恩留于直隶，俟有相当知府缺出，酌量奏补；同知杨英昶加恩以应升之缺，即行升用；地方试用直隶州州判廖功远、试用县丞曹煦，均准改拨河工；其河工试用从九品蔡政、蒋宗墉，地方试用从九品张耀箕、试用未入流柳延森，均着加恩，以本班尽先补用；原任同知田宏猷、原任主簿孔昭诚，均着加恩，准其照例开复，以示鼓励。该部知道。钦此。

嘉庆十二年［1807］二月，奉上谕：

温承惠奏《为详勘永定河情形》[①] 一折，据称："河底日渐淤高，南、北两岸老坎、嫩滩不一而足，而堤面、堤帮残缺，卑矮之处甚多。每年岁、抢修料价、夫工，止系埽段之用，向无加培堤工土方银两，是以日形卑矮。经该署督饬令该道，将堤身紧要处所按段估计，需用料银七千余两。"等语。河工堤岸，最关紧要。今永定河因河底淤高，堤身日形卑薄，自应及早加培，以资捍护。所有此次估计工料银七千余两，着照所请，即于藩库动支应用。该署督惟当督率道、厅员弁等，克日兴工赶办。务于大汛前一律完竣，核实题销，毋任稍有草率偷减。折、单并发。钦此。

---

① 此折原题为《为详勘永定河情形、查明岁、抢修之外尚有应办紧要各工，恭折具奏仰祈圣鉴事》。见卷二十九收录。

嘉庆十二年［1807］二月，奉上谕：

朕恭阅皇考高宗纯皇帝《圣训》，内载乾隆十六年［1751］三月钦奉圣训："直隶河道事务，近年以总督兼理，不过伏、秋汛至之时往来，率属防护。工程俱已平稳，所有直隶河道总督不必设为专缺，即于总督关防敕书内添入'兼理河道'字样等因。钦此。"是永定河道事宜，本系总督兼管，只于大汛时往来稽查。近年以来，总督每逢秋汛时，常驻工次，动辄累月。其地方应办事件，均由邮封寄达。属员等有禀商公务，亦须赴工谒见。畿辅重地，总督职司统辖，事务殷繁。驿递往还，未免易致迟滞，而各属员仆仆道途，徒滋跋涉。况河堰水涨不时，更虞稽阻。嘉庆六年［1801］间，永定河水漫溢时，姜晟即因水阻，不能前赴工次。案牍文书更不能保无贻误，殊非慎重地方之道。嗣后，直隶总督于永定河伏、秋大汛时，只须酌量往来查勘。毋庸久驻工次，转致势难兼顾。其河工修防事宜，着责成该道，常时督率工员妥为办理，申报该督具奏。庶于地方政务可以随时清理，不致稍有积压也。钦此。

嘉庆十二年［1807］八月，奉上谕：

温承惠"恭报永定河秋汛安澜，并将在工最为出力各员开单进呈，请赐恩施"一折。本年，永定河伏、秋两汛水势异涨。经在工各员昼夜分投抢护，俾能化险为平。现在已交白露，各工均极稳固，顺轨安流，实堪嘉慰。南岸同知李逢亨，着加恩赏给四品顶戴，记名以知府用。署北岸同知张凤藻，着加恩准其实授，俟霜降后送部引见。试用同知袁培，着加恩改拨河工，遇有相当缺出，酌量补用。署宛平县县丞张士鉴，着加恩准其实授。试用县丞支宁祥、试用从九品马镡、蒋景旸，着加恩遇有河工缺出，尽先补用，以示鼓励。又据另片奏："永定河道陈凤翔现有降调处分，应行送部。惟目下汛期虽过，水势靡定，该道仍须在工驻守，且此后尚有估办要工，可否将该道暂留本任，俟冬间再行给咨送部，引见请旨"等语。陈凤翔由河工县丞擢至道员，朕所深知。此次损失拨船，部议降调，尚系该道员前在天津县任内之事。既据该署督奏称："该道于修防时认真可靠，所有部议降二级调用。"除将加一级准抵外，其应仍降一级调用之处，着加恩改为降二级留任，毋庸送部引见。钦此。

嘉庆十二年［1807］十一月，奉上谕：

温承惠奏"永定河埽段加增料物，不敷购办，恳请酌添银两"一折，所奏非是。各省工程料物，部中遵照定例核销，一切例外加增之款，在所必驳。如果工程紧要，料价实昂，则部驳上时，朕格外施恩，量加允准。若外省所奏情形不确，迹涉冒滥，即部臣不加核驳，又岂能妄邀允准！永定河南、北两岸工程岁修、抢修银，原共只二万二千两。迨嘉庆七年［1802］，那彦宝在彼办工之时，曾奏请增添岁修、抢修银二万二千两，数已加倍。原因六年［1801］异涨，非常年所有。彼时，该处两岸附近村庄产料无多，一切添办埽工，购运实属不易，是以特旨允准。自增添以后，不过数年，今温承惠又以两岸险工续添新埽，需用料物加镶，辄欲再增岁修、抢修银一万八千两。似此逐年增添，伊于何底？永定河距京甚近，设真有险要工段，所需料物较多，朕何难立派大员，前往查办？今若以寻常工段动议加增，易滋冒滥之弊。所奏不准行，温承惠着传旨申饬。钦此。

嘉庆十三年［1808］正月，奉上谕：

温承惠奏"永定河添补料物，恳恩动支银两以济要工"一折。国家经费有常，凡定额之外，断不能屡议增添。前据该督奏请酌添永定河岁、抢修银两，业经降旨饬驳。兹据称："经费不敷，请动款预买料物，以备另案险工支用"等语。事尚可行。着准其照数于司库内，每年预领银一万两。俾先期添购料物，贮工备用。仍归入岁、抢修项下报销。并着该督严饬各属，核实经理，毋任有偷减、浮冒等弊。钦此。

嘉庆十三年［1808］二月，奉上谕：

温承惠奏"详勘永定河情形，尚有应办紧要工程"一折。据称："卢沟桥税局后身沙淤，几与石堤相平，须加砌石子埝二段。又，南、北两岸土堤内帮多被大溜汕刷，堤顶又为异涨冲激，亦须另行加培。估计共需工料银一万八千四百五十余两"等语。此项工程既关紧要，自应及早修培，以资防护。着照所请，准其在藩库项下动支银两，择吉兴工。该督惟当责成该道陈凤翔，董率各厅、营、汛员弁分投赶办，于大汛前一律完竣。但必须料实工坚，不得稍涉草率，致滋浮冒。永定河距京密迩，将来工竣后，朕随时简派大员前往查验。设有偷减情弊，不难查明惩治也。钦此。

嘉庆十三年［1808］七月，奉上谕：

温承惠奏报"永定河秋汛安澜，并将防汛出力各员开具清单，量加鼓励"一折，览奏实深欣慰。本年永定河水势虽未异涨，而六、七两月间雨水过多，凡迎溜扫湾之处，濒见出险，各汛埽段多有蛰陷。维时，该督温承惠因另有交办事件，未及到工督办，经该道陈凤翔率同各员，随时抢镶，修防慎密，节次派员查勘，所办石土堤坝各工，悉臻巩固。现在节交白露，河流顺轨，业已奏报安澜。所有在事出力各员，允宜分别加奖。永定河道陈凤翔在工有年，于该处全河形势本为熟悉。此次防守得宜，不使漫溢，实系该员专办。着加恩，赏给按察使衔。候补从九品钱械协防大汛，遇缺尽先补用。其同知徐体勔、李逢亨、张凤藻，州同吴怀、州判祝庆谷、孙星衢、县丞张士鉴、马同书、支宁祥、陈镇标、沈惇厚、贾绍封各员，均着交部议叙，以示鼓励。钦此。

嘉庆十四年［1809］二月，奉上谕：

温承惠奏《永定河添备料物银两恳请开销》一折。前因永定河添备料物，曾经降旨，准令每年预支银一万两备用，并非于例外加增。温承惠遽将此项银两题明，以四千两归入岁修，六千两归入抢修，分案报销。旋经部议："永定河备修银两，若于岁、抢修之外动支一万两，分案报销，是与定额银数又复加增。行令扣除删减，仍照定额题销。"原系核实办理。惟是永定河南、北两岸工段绵长，自须于伏、秋大汛之前添备料物，随时抢护，亦系实在情形。着加恩，于永定河每年核销银两外，增赏银五千两，作为定额。仍准于例支岁、抢修项下，每年预支银一万两，以资购备料物之用。温承惠惟当督饬道、厅等，实用实销，期于修防有裨。该部知道。钦此。

嘉庆十四年［1809］二月二十八日，奉上谕：

昨日温承惠奏："永定河添备料物，预支银一万两，恳请增入岁、抢修报销"。已降旨，每年加增五千两，作为定额。并准于例支岁、抢修项下，每年预支一万两，以备工用矣。因思上年伏、秋大汛时，雨水连绵，永定河水涨发，险工迭出。经该督饬令道、厅各员支领银两，添备料物堆贮工所，随时镶护，得资稳固。是上年备料物银一万两，尚无浮冒情弊。着加恩，准其另款题销。嗣后，岁、抢修已加赏银五千两，不得于额外复有增添。该部知道。钦此。

嘉庆十五年 ［1810］ 正月，奉上谕：

温承惠奏《请动款加培永定河两岸堤工》一折，据称："该处土性纯沙，车马往来践踏，易致卑薄。现饬永定河道王念孙，查明应办工段，上紧加培，撙节估计，共需例价银一万四千八十八两零"等语。自系应办要工，着准其照例动款培修。该督即饬王念孙等认真妥办，务须工坚料实，以资经久，毋任承办之员稍有偷减情弊。该部知道。钦此。

嘉庆十五年 ［1810］ 七月初九日，奉上谕：

温承惠奏"永定河南、北两岸漫溢情形，请将道员王念孙交部严加议处，并自请交议"一折。王念孙前于嘉庆六年 ［1801］ 在永定河道任内，因两岸漫工，革职逮问。经朕弃瑕录用，复调补今职。本年入伏以来，雨水稍大，亦属往年所常有。其山西上游之水，并无溢涨。何漫口多至四处？其不能先事筹防，咎无可逭。如陈凤翔在任数年，经理各工俱甚平稳，而两次漫口，均适系王念孙任内之事。可见王念孙不称河道之职，且年力衰老，难期振作。王念孙着交部严加议处，先行革去顶戴，留工效力，听候部议。温承惠交部议处。至永定河道员缺，最为紧要。李亨特曾任河督，且年力强壮，即着令其补授。现在该处办工吃紧，李亨特接奉此旨，着即驰赴新任，不必来京。俟办秋汛安澜后，再来谢恩请训。其所遗坐粮厅员缺，亦关紧要，着李銮宣补授，亦着速赴新任。钦此。

嘉庆十五年 ［1810］ 七月，奉上谕：

永定河漫口多处，昨已降旨将该管总督、道员分别交议。兹据温承惠查明，疏防厅、汛各员具奏，所有南、北两岸同知吴怀、陈春熙，州判何铨绥、支宁祥、倪时庆，县丞李廷珍、曹煦、乔巨英、周肄信、龚庆全，主簿钱廷熙，俱着交部严加议处。先行摘去顶戴，留工效力。钦此。

嘉庆十五年 ［1810］ 七月，奉上谕：

温承惠奏《为永定河漫工，先行筹办旱口情形恭折奏闻事[28]》一折。据称，"两岸旱口共计二十五道，宽窄浅深不一，……办理难易亦有不同。"估需工料银二万一千一百三十两零，"即于奏明，动拨藩库银三万两内先行支用"等语。永定河南下头工漫口，正当秋汛之时，尚难施工。其各处旱口，自应赶紧堵筑。现有动拨藩库银三万两，足敷支用。该督即应督饬属员，购集夫料，迅速赶办。但各处工程，总期永远巩固，若因堵筑旱口较易为力，稍有草率，则一遇盛涨，恐不足以资捍卫。该督惟当悉心综核，并责成道员李亨特、孙树本二人认真经理，务使料实工坚为妥。至州县被水地方，应行抚恤事宜，节经降旨，令温承惠查办。该督即须派委妥员，分投查勘，将实在情形及应需银数迅速具奏，不可稍有讳饰。将此谕令知之。钦此。

嘉庆十五年［1810］九月，奉上谕：

温承惠奏："永定河坝工合龙，李亨特、孙树本二员在工出力，不辞劳瘁"等语。道员李亨特、孙树本二员，在工经理堵筑事宜认真出力，着加恩，俱交部议叙。其余文武各员，有实在出力者，着该督秉公查明具奏，到时另行降旨。钦此。

嘉庆十五年［1810］九月，奉上谕：

温承惠奏《查明办工出力各员开单恳请加恩》一折。此次永定河漫口合龙，"该委员等在工出力，办理妥速，均为奋勉急公[29]"，自应分别加恩，以示奖励。至已革同知陈春熙、吴怀，州判何铨绥、支宁祥、倪时庆，县丞乔臣英、周肆[30]信、龚庆全，主簿钱廷熙，亦着照所请，赏给降等顶戴，留工帮办善后各事宜。候事竣后，再行据实保奏。该部知道，折、单并发。钦此。

嘉庆十六年［1811］二月，奉上谕：

永定河南、北两岸，上年漫溢之后，大加疏培，以御盛涨。又，石景山东岸亦有应添要工，皆系急需办理。所有温承惠奏估需银五万四千五百四两，着准其在大工项下动支，督饬承办各员实力妥办。其另请于岁、抢修项下添银八千两之处，虽据该督奏请，下年不得援以为例，但永定河岁、抢修银两，从前那彦宝已奏明于旧额二万二千两之外，添至一倍。嗣又据该督奏请五千两，并据声称作为定额。今甫经年余，即续有加增，安知来年，该督不又托词多请？殊非慎重经费之道，着不准行。钦此。

嘉庆十六年［1811］二月，奉上谕：

温承惠奏《永定河购料情形》一折，据称："该处因上年秋间水势异涨，南、北工段现在即需加镶，并多拆做之处，料物实属不敷。仍恳赏银八千两，俾购料一百万束，贮工修防"等语。该督此次所请银，既系因上年大工善后之用，着准照所请，赏银八千两。即饬工员等多购料物，以济要需。仍归入大工案内报销。将来岁、抢修[31]，不得援以为例。该部知道。钦此。

嘉庆十七年［1812］正月，奉上谕：

据温承惠奏《永定河下口情形急须[32]加培办理》一折。永定河下口近多险工，亟须筹办。所有加培堤岸、挑挖引河及接筑草坝、土坝等工，共估需银一万九千九百余两。着照所请，准其于藩库内如数动支。该督即督饬该道，分率厅、汛员弁认真修办，勒限于大汛前一律告竣，毋许稍有草率、偷减。务令料实工坚，俾资捍卫。该部知道。折、单并发。钦此。

嘉庆十八年［1813］四月[33]，奉上谕：

永定河下口堤工，着交温承惠遴员踏勘。应否挑筑，秉公查办。原告李珍，该部照例解往备质。钦此。

嘉庆十八年［1813］八月，奉上谕：

温承惠奏"永定河秋汛安澜，并将防汛出力各员开单呈览"一折："本年，［永定河］未经入伏以前，河水即已长发。及逢伏、秋两汛，节次盛涨出险。经该道、厅等督率抢护，得臻稳固。"永定河道李逢亨节年防险出力，着加恩赏戴花翎，仍交部议叙。石景山同知丁宝洲、南岸同知孙豫元、北岸同知张承勋、永定河都司谢成、南岸守备李存志、南岸上汛霸州州同郑以简、南岸下汛宛平县县丞洪如羲、北岸五工永清县县丞胡侍丹，俱着加恩，交部议叙。河工候补县丞王芸，着加恩尽先补用。候补县丞狄钧、唐淳，着加恩改拨河工委用。候补县丞顾霖、袁修敬，着加恩以本班尽先补用。该部知道。折、单并发。钦此。

嘉庆十九年［1814］七月，奉上谕：

那彦成奏"永定河秋汛安澜，并将出力人员恳请鼓励"一折。本年永定河伏、秋大汛，节次盛涨，所有在工各员弁昼夜巡防，均属不辞劳瘁。永定河道李逢亨、同知丁宝洲、都司谢成、守备李存志、协备夏茂芳，加恩均照所请，交部议叙。同知孙豫元在工防汛，并无格外出力之处，该督奏请赏加知府升衔，未免过优，亦着交部议叙。候补吏目、捐升县丞包骙，准其留于直隶，以河工县丞补用。仍令捐足，分发在藩库完缴。候补县丞俞大勋，准其改拨河工，以对品补用。河工候补县丞张藻、从九品陈佩兰、张同勋、地方候补、未入流韩昺，均着以本班尽先补用。该部知道。折、单并发。钦此。

［卷首谕旨校勘记］

〔1〕 删去〔康熙皇帝谕旨〕六字分目，仅以年号起讫作为分目。

〔2〕 原刊本及今本无此分目，据原刊本总目增补。

〔3〕 同上。

〔4〕 验收永定河工程一折系指卷二十四收录乾隆三七年六月，工部尚书兼管府尹事臣裘曰修《为工程完竣陈明河道情形，仰祈圣鉴事》。上谕援引是将原折题目简略。以下各卷除个别情况皆以上谕援引之简略题目出现。不一一补全题目。

〔5〕 此段引文系裘曰修奏折原文删略，现据奏折原文作了订正。折见卷二十四奏议。

〔6〕 原本脱"处"字，据上下文意增补。

〔7〕 原刊本脱"抚"字，据上下文意增补。

〔8〕 此处原刊本为简略题，《永定河伏汛漫口赶紧堵筑》现据卷二十四收录的原折题订正为全题。

〔9〕 原刊本"二"误为"一"。据卷二十六收录庆成原奏折改正。

〔10〕 此细目前删除〔嘉庆皇帝谕旨〕，与原刊本保持一致。

〔11〕 此折据卷二十七卷原折补为全题，前补"为"字，尾补"情形，仰祈圣鉴事"。

〔12〕今本"匾"字脱，据原刊本增补。

〔13〕今本"祇"字脱，据原刊本增补。

〔14〕今本"愒"误作"误"。按愒〔音kài〕，荒废之意，玩愒意为玩忽、荒废。愒与误非通假字，从原刊本改正。

〔15〕"愤"今本误作"愦"，从原刊本改正。

〔16〕"委"字今本脱，据原刊本增补。

〔17〕此折原奏题为《具奏请旨事》，因系摘引奏折主要内容，非为题目，折见卷二十七。

〔18〕朱批后脱"京中"二字，大雨后今本因字不可辨识有五个字以✕暂代，现据原刊本增补："几阵恐积水"五个字。

〔19〕"自"字今本因字不可辨识，以空格暂代。据原刊本增补。

〔20〕此处今本奏后脱"为"字，河后衍"水势"二字。均据卷二八收录的原奏折增删。

〔21〕故道后原折有"恭折奏闻，仰慰圣怀事"套语，原刊本上谕未引，今亦不补。

〔22〕"侍"字原刊本脱，今本据上下文意增补，此亦从今本。

〔23〕"河"字原刊本脱，今本未补，现据上下文意增补。

〔24〕此折原刊本及今本为简略题目，现据原奏折于请字前增补"为河工紧要恳"六个字；防字后增补"事"字。折见卷二十八。

〔25〕今本因字不可辨识以二空格暂代，现据原刊本增补"工督"二字。

〔26〕"核实"二字原刊本为"覈实"，"覈"与"核"通假。从今本。

〔27〕同上。

〔28〕此折题目原刊本为简略题目，永字前脱"为"字。形字后脱"恭折奏闻事"，据卷三十收录的奏折原题目改补为全题。

〔29〕"急公"二字今本脱，今从原刊本上谕及原奏折增补。

〔30〕"肄"〔音yì〕今本误为"肆"〔音sì，亦音yì〕，但二字非通假字，作为人名用字不当改，故从原刊本改为"肄"。

〔31〕原刊本及今本均脱一"修"字据文意增补。

〔32〕原刊本及今本"永定河下"后有五个字不可辨识，现据原刊本卷三十所收录的原奏折增补"口情形急须"五个字。原奏折见原刊本三十卷二十八页奏《为

永定河下口情形急须加培办理，仰祈圣鉴事》，上谕引用此折时省略了套语。

〔33〕嘉庆十八年［1813］四月上谕原刊本误置于八月上谕后，现按年月顺序调至八月前。

宸　章

圣祖仁皇帝①［康熙］御制文

卢沟桥碑文②（康熙八年）［1669］

朕惟国家定鼎于燕，山河拱卫。桑干之水发源于大同府之天池，伏流马邑，自西山建瓴而下，环绕畿南，流通于海，此万国朝宗要津也。自金明昌年间［1190—1196］卢沟建桥伊始，历元与明，屡溃屡修。朕御极之七年［1668］，岁在戊申，秋霖泛滥，桥之东北啮而圮者十有二丈。所司奏闻，乃命工部侍郎罗多等鸠工督造。挑浚以疏水势，复架木以通行人，然后庀石为梁，整顿如旧。自此，万国梯航及民间往来者，咸不病涉。实借河伯之灵，丕慰通济之怀，盖万世永赖焉。爰勒丰碑，用垂不朽。

永定河神庙碑文（康熙三十七年）［1698］

朕劳心万民，于农田水利诸务常切讲求。大要仿古之决河浚川，而因势利导，度有可行，期于必济。惟动[1]丕应，乐观厥成。念兹永定河，其初也无定，盖缘所从来也远，发源太原之天池，经朔州马邑，会雁、云诸水，过怀来，夹山而下。至都城南，土疏冲激，数徙善溃，颇坏田庐，为吾民患苦，朕甚愍之。蠲赈虽频，告灾如故。永图捍御之策，咨度疏浚之方。特命抚臣于成龙董司厥事，庀役量材，发帑诹日。具告[2]于神，乃率作方兴。庶民子来，畚锸云集。汤汤之水，湍波有归，

---

①　清朝第四代皇帝，爱新觉罗·玄烨的庙号为圣祖，谥号曰"仁"，康熙是在位时的年号。这里第四代是指从后金太祖努尔哈赤，太宗皇太极，世祖福临始称清朝，康熙年号起于1662讫于1722，计61年。

②　此碑现存于卢沟桥东，马路北侧。（见《北京历史地图集》下册，198页）

横流遂堰。嘉此新河，既潴既平。计地，自宛平之卢沟桥，至永清之朱家庄，汇郎城河，注西沽，以入于海。计里，延袤二百有余，广十有五丈。计工，始于康熙三十七年三月辛丑，讫工于五月己亥。自今蓄泄交资，高卑并序，民居安集，亦克有秋。夫岂[3]人力是为，抑亦神庥是赖。宜永有秩于兹土，以福吾民。用是赐河名曰"永定"，封为河神。新庙奕奕，丹艧崇饰，更颁翰墨，大书匾额，以答灵贶。岂特于祈报之典[4]有加，尚俾知水利有必可兴，水患有必当去，而勤于民事，神必相之。以劝我长吏，凡一渠一堰，咸[5]当尽心。爰揭诸碑，纪兹实事，监于后人，视永定河所自始。

世宗宪皇帝① ［雍正］御制文

石景山惠济庙碑文②（雍正十年）［1732］

永定河，古所称桑干河，出太原，经马邑，合雁、云诸水，奔注畿南。发源既高，汇流甚众，厥性激湍，数徙善溃。康熙三十七年［1698］，我皇考圣祖仁皇帝亲临指授疏导之方。新河既潴，遂庆安澜，爰赐嘉名，永昭底定。立庙卢沟桥南，题额建碑，奎文炳耀。河神之封，实自此始。

朕缵绍洪基，加意河务，设官发帑，深筹疏筑之宜。比年以来，永定河安流顺轨，无冲荡之虞。民居乐业，岁获有秋。岂惟人事之克修，实赖神功之赞佑。念石景山据河上游，捍御宜亟，爰命相择善地，作新庙以妥神。朕弟和硕怡亲王躬往营度，得地庞村之西，鼎建斯庙。长河西绕而南萦，峰岭北纡而左鹜。控制形胜，负山临流。殿宇崇严，规制宏敞。护以佛阁，界以缭垣。经始于雍正七年［1729］冬，逾一年，役竣。复以卢沟神庙，皇考圣迹所在，再加意崇饰，丹艧维新。并增建杰阁，翼如焕如，称朕敬神惠民之意。爰赐庙名曰惠济，勒文贞珉，以纪其事。

《诗》称："怀柔百神，及河乔岳。"河之有神，备载祀典。况永定为畿辅之名川，灵应夙著。田畴庐舍，绣错郊坼。其得安耕凿而乐盈宁者，胥[6]荷皇考方略昭垂。而明神显灵，默相孚佑，蒸黎邀福孔多，宜加崇敬。今兹数十里内，庙貌相望，

---

① 清朝第五代皇帝，爱新觉罗·胤禛，庙号世宗，谥号曰"宪"。雍正为其年号［1723—1735］

② 现存石刻称北惠济庙。碑名《御制永定河神庙告成祭文碑》。碑在北京市石景山区庞村。［见《北京文物地图集》下册，220页］

虔修秩祀，尚其妥侑歆飨。俾斯民康阜乂安，以宏我国家无疆之庆。岂惟朕承兹惠贶，我皇考平成之骏烈，实嘉赖焉。

高宗纯皇帝① ［乾隆］御制文

安流广惠永定河神庙碑文（乾隆十六年）［1751］

国家怀柔百神，岳、渎、海、镇而外，名山大川之祭，视历代为加隆。矧郊圻近甸，洪流巨浸，经行迄于千里，利赖存于万姓，昭德报功，曷敢弗钦崇厥祀？

永定河，古桑干河也。发源天池，泆流马邑，汇云中、雁门诸水，穿西山而注卢沟，亦曰卢沟河。西山而上，冈峦夹峙，无冲激之患。卢沟而下，地平土疏，波激湍悍，或分或合，迁徙弗常。而固安、霸州之间，辄至溃溢。

我皇祖圣祖仁皇帝亲临指示，大修堤堰，肇赐嘉名。我皇考世宗宪皇帝兴举水利，疏浚兼施。盖自康熙三十七年［1698］至今，水庆安澜，民资作乂，平成底定之绩，迈越前古。而神庥协应，灵贶屡彰，已五十年于兹矣。

康熙、雍正年间，卢沟、石景均建有龙王之庙，而神宇之嘉称未定。朕缵膺鸿绪，躬阅河防，仰惟谟烈之显承，敬念明神之孚佑，深筹捍御之宜，备举尊崇之典。爰敕督臣，式轮式奂，新定斯名。平野临其前，长河绕其侧。堂基爽垲，栋宇宏深。

礼臣请勒文贞珉，以纪岁月。朕惟《诗》曰："允犹翕河。"又曰："世德作求，永言配命。"惟永定河之顺轨，经两朝之方略，翕犹之功既著，世德之盛弥昭。今兹庙貌维新，以妥以侑。朕既荐明德之馨，弥深绍庭之念。神其益懋丰功，降康兆庶。俾三辅之内，庐井恬熙，咸安作息。以慰朕怀保万民之意，以宏我国家无疆之庆，将亿万斯年，实嘉赖焉。

阅永定河记（乾隆三十八年）［1773］

永定河之本无定也，此气数之可以授其权于人事者也。无定河之求永定也，此人事之不可以诿其柄[7]于气数者也。

自前岁夏秋，濒河田庐被潦。特命高晋、裴曰修、周元理等会勘利病所由，发帑五十余万金，大加疏筑。浃岁讫功，农臻倍稔。遂俞所请，以今春省成事，而诏

---

① 清朝第六代皇帝，爱新觉罗·弘历，庙号为高宗，谥号曰"纯"。年号乾隆［1736—1795］

之曰：河之工，兹式集矣。虽然，朕能遽信为一劳永逸计乎？昔之河，故无工也。惟我皇祖圣祖仁皇帝蒿目民艰[1]，为畿甸东南勤求保惠之政，莫若兴建堤工。溯自康熙三十七年［1698］始事，迄今亿兆蒙庥，沦浃肌髓。中间偶值水旱不齐，此溢彼淤，迁流递易。自安澜城，而柳岔口，而王庆坨，而冰窖草坝，而贺老营，而今之条河头，或北或复南，凡六徙[2]。皆审时度势，善为相导。惟务顺小变以归大常，而于成谟罔敢稍斁。斯诚皇考世宗宪皇帝以暨朕躬数十年来，继志绳武之苦心，不容自已者，何者？在河，固无一劳永逸之方；在治河，实有后乐先忧之责也！或者，耳食汉田蚡："天事非人力"，[3] 及晋杜预："请决诸陂"[8]之肤见，谓"弃地与水，可听无定者之所之"。[4]

嘻！何其戾耶！夫以水故弃地，犹可；并以地故弃人，可乎？子舆氏称："神禹行所无事。"无事而曰行，则必有无事之事。所为疏瀹决排者，非耶？以黄河证之，积石、龙门，故迹可按；而商患五迁，周移千乘[5]，即已世近而事殊。厥后赴海南趋，殆更燕、齐与吴之境。虽神禹复生，亦难力挽以从其朔。第更一境，即治一境，仍与当年导源之绩等耳。岂竟以不治治之耶？桑干流经近圻，势若建瓴，非挟沙将一泄而无余，惟挟沙又四出而莫遏。运道民生，无堤何赖？

前此，督臣孙嘉淦建议[9]开金门闸上游，中亭河遂不能容，所至村庄漫溢。幸急饬堵闭，民获安居。尤近事之足为炯戒者，且朕非[10]直为爱护已成之工起见也。假令是河在今日尚无堤工，而筹运道，策民生，朕必自为始事之举。易地以观，益知我皇祖、皇考默鉴今日之发帑疏筑，有深许为后先克绍者矣。不然者，恶劳惜费，朕宁必大矫乎人情，而甘为是汲汲也哉？是行也，往复周咨，既嘉大吏能体朕意，犹虑其不克坚持定识。勉继前功[11]，爰特揭大旨，锲之河上。其他条具规制，存乎神而明之者，皆不书。

———————————————

① 蒿目：极目远望。形容对世事忧虑不安。《庄子·骈拇》："今世之仁人，蒿目而忧世之患。"
② 六次改河的详细情况见卷二十四收录周元理于乾隆三十七年十二月《为钦奉上谕事》一折所附清单。及卷一有一至六次改河图及图说。
③ 《史记·河渠书》："（田）蚡言于上曰：'江河之决皆天事，夫未易以人力为强塞，塞之未必应天'……"
④ 见《晋书·杜预传》。
⑤ "商患五迁"指古黄河改道迫使商朝五次迁都［但史书并无确证五次迁都皆因河患］；"周移千乘"东周时古黄河入海口迁移"千乘"。千乘在今山东省高青县境。古黄河入海曾流经千乘附近［参见谭其骧《中国历史地图册》44—45页。青州刺史部］。而千乘并非入海口，故两句不必拘泥。

重茸卢沟桥记（乾隆五十一年）[1786]

文有视若同而义则殊者，不可不核其义而辨之也。余既核归顺、归降之殊，于土尔扈特之记辨之矣。若今卢沟桥重修、重茸之异，亦有不可不核其义而辨之者。盖今之卢沟桥，实重茸，非重修也。夫修者，倾圮已甚，自其基以造其极，莫不整饰之，厥费大；至于茸，则不过补偏、苫弊而已，厥费小。夫卢沟桥，体大矣，未修之年亦久矣，而谓之茸补，费小者何？则实有故。盖卢沟桥建于金明昌年间[1190—1196]，自元迄明，以至国朝，盖几经茸之矣。自雍正十年[1732]逮今，又将六十年。帝京都会，往来车马杂遝，石面不能不弊坏，行旅以为艰。而桥之洞门，间闻有鼓裂，所谓网兜者，（谓下垂也）。司事之人有欲拆其洞门而改筑者，以为非此不能坚固。爰命先拆去石面，以观其洞门之坚固与否。既拆石面，则洞门之形毕露。石工鳞砌，锢以铁钉，坚固莫比。虽欲拆而改筑，实不易拆；且既拆，亦必不能如其旧之坚固也。因只命重茸新石面，复旧观。而桥之东、西两陲接平地者，命取坡就长，以便重车之行不致陡然颠仆，以摇震洞门之石工而已。朕因是思之，浑流巨流，势不可当，是桥经数百年而弗动，非古人用意精而建基固，则此桥必不能至今存。然非拆其表而观其里，亦不能知古人措意之精，用工之细，如是其极也。夫以屹如石壁之工，拆而重筑，既费人力，又毁成工，何如仍旧贯乎？则知前明以及我朝，皆重茸桥面而已，非重修桥身也。即康熙戊申[1668]所称"水啮桥之东北而圮"者，亦谓桥东北陲之石堤而已，非桥身也。以是推之，则知历来之茸，或石面，或桥陲之堤，胥非其本身洞门，可知矣。夫金时巨工，至今屹立，而人不知，或且司工之人，张大其事，图有侵冒于其间焉。则吾之此记，不得不扬其旧过去之善，而防其新将来之弊。是为记，以详论之。

皇上［嘉庆］御制文

辛酉工赈纪事序

嘉庆六年[1801]辛酉夏六月，京师大雨数日夜，西北诸山水同时并涨。浩瀚奔腾，汪洋汇注，漫过两岸，石堤、土堤决开数百丈。下游被淹者九十余州县，数千万黎民荡析离居，飘流昏垫，诚从来未有之大灾患。此工之所由兴，而赈之所由起也。职此之由，实予不德之所致。予承天、考命，抚绥万方。授玺以来，兢兢业业，唯恐一夫之不获，执意罹此涝灾，遭此未见之奇变。呜呼！痛哉！永定河向来虽经决口，为患不巨，即被淹浸，何乃波及多方？水从桥顶、堤上漫过，人力难施，固非意料所及，若诿之气数，是遇灾不知惧，益获天谴矣。从来消息盈虚之理，总视人君敬怠感召之机。《书》曰："曰狂恒雨若"①。又曰："满招损"②。予一念之忽，遂致如此，诚可畏也。若稍不实力救民，获咎滋甚。予何敢，抑亦何忍？故分命卿员多方赈恤，亟命大员督修石、土堤工。工成于六年〔1801〕冬，而赈直至七年〔1802〕夏始毕。虽办理尚为迅速，全活者众，然仓猝之间，转于沟壑者已不知凡几矣。古云："救荒无善策，惟尽予心耳"。工、赈毕，爰命内廷诸臣编述节次所降谕旨，及内外诸臣折奏，纂集成书，颁示直省，俾令知予赎咎之本意。设遇水旱偏灾，皆应实力拯救，庶几挽回天意，转欠为丰，尤不可稍存讳饰。书志予过，亦可谅予之苦心矣。是为序。

［卷首宸章校勘记］

〔1〕"动"字今本改为"勤"，无据，仍从原刊本作"动"。

〔2〕告字后今本衍一"祷"字，今从原刊本删。

〔3〕岂字后今本衍一"唯"字，今从原刊本删。

〔4〕典字后今本衍一"礼"字，今从原刊本删。

〔5〕咸字后今本衍一"所"字，今从原刊本删。

〔6〕胥字后今本衍一"仰"字，今从原刊本删。

〔7〕此"柄"字原刊本为"权"，今本改为"柄"，因其与"授其权于人事"、"诿其柄于气数"为对文句式，于意为妥故从今本改"权"字为"柄"字。

〔8〕原刊本"陂"字作"陕"，陕〔音xià〕，狭隘之意；陂〔bēi〕池岸、壅塞等义。今本之义近是，从今本。

〔9〕议字后今本衍一"试"，从原刊本删。

〔10〕"非"字今本改为"匪"，仍从原刊本作"非"。

〔11〕"功"字今本作"工"，仍从原刊本作"功"。

---

① 语出《尚书·周书·洪范》。其义为："〔君王〕行为狂妄，如同久雨不晴那样愁人。"

② 语出《尚书·大禹谟》："惟德动天，无远勿届。满招损、谦受益。"与①同为嘉庆帝自责之词。即这次洪灾是因自己为政不良招来的。

御制诗

圣祖仁皇帝［康熙］御制诗

驻跸石景山

驻跸荒亭日欲斜，潺湲石溜滴云霞。

鸾旗飘动连香草，龙旗骎骎映野花。

岩洞幽深无鸟迹，峰崖高处有人家。

青山绿水谁能识，怀古登临玩物华。

石景山东望

车书混一业无穷，井邑山川今古同。

地镇崚嶒标异秀，凤城遥在白云中。

石景山望浑河

石景遥连汉，浑河似带流。

沧波日滚滚，浩淼接皇州。

察永定河

源从自马邑，溜转入桑干。

浑流推浊浪，平野变沙滩。

廿载为民害，一时奏效难。

岂辞宵旰苦，须治此河安。

阅河长歌（有序）

朕阅河出郊，自南苑，过卢沟。顺永定河之南岸，见十五年前泥村水乡，捕鱼虾而度生者，今起为高屋新宇，种谷黍而有食矣。水淀改成沃野，溜沙变为美田。因思古人云："有治人，无治法。"斯言信哉！若治之不早，民至于今，未知何似也。故有感而作长歌一篇，以示善后之计云尔。

春风春社艳阳天，云尽尘清遍路阡。

曾记当时泊舟处，今成沃土及膏田。

十年之间泛黄水，民生困苦少人烟。

历历实情亲目睹，老转少徙益难抚。

挟男抱女走马前，皆云此河不可堵。

桑干马邑虽发源，山中诸流数难数。

吾想畿内不能防，何况远治淮与黄？

数巡高下南北岸，方知浑流为民伤。

春末无水沙自涨，雨多散漫遍汪洋。

若非动众劳人力，黎庶无田渐乏食。

庙谟不惜费帑金，救民每岁受饥溺。

开河端在辨高低，堤岸远近有准则。

未终二年永定成，泛沙黄流直南倾。

万姓方苏愁心解，从此乡村祝太平。

昔日宵旰尝萦虑，将来善后勿纷更。

舟中观耕种

四野春耕阡陌安，徐牵密缆望河干。

土肥原系黄沙过，辛苦先年挽异澜。

（永定河泛滥之际，遍地黄水。自治河之后，得以耕种。）

晓发卢沟

有闰春深淑景迟，长桥冰泮未流澌。

徘徊风景思畴昔，千里金堤保旧规。

阅永定河堤（有序）

康熙四十年［1701］，永定河告成。至今十六载，堤岸坚固，并无泛滥。去岁山水骤涨，几不能保，所以春幸回銮，便道察阅，方知昔年修筑，有益于民生，永保安澜矣。故赋七言近体，以纪其事。

豫定安澜在事前，每逢雨潦自心牵。

帑金不惜筹耕种，膏土惟思广陌阡。

堤老失防愁剥蚀，岸坚长护幸安全。

肩舆频视桃花水，滚滚浑波通碧涟。

高宗纯皇帝［乾隆］御制诗

永定河云有故道

永定河云有故道，由中亭、玉带，以达津归海。总督孙嘉淦建议疏复，及时兴作。览奏，水已循轨，民情欢跃，爰成一律。

永定原无定，千年卫帝京。

有源安可障，无事自然行。

玉带清流合，中亭故道并。

祗台恒自凛，宵旰望平成。

过卢沟桥

滑笏新波泛薄凌，春山翁郁有云兴。

无边诗景卢沟道，半拂吟鞭忆我曾。

凭舆历历好韶光，麦始攒青柳欲黄。

只有忧怀同渴壤，几时一例沃天浆？

过卢沟桥

薄雾轻霜凑凛秋，行旌复此度卢沟。

感深风木暖逾岁，望切鼎湖巍易州。

晓月苍凉谁逸句，浑流萦带自沧洲。

西成景象今年好，又见芃芃满绿畴。

卢沟桥

长虹亘浑河，石栏接芳堮。

东风已解冻，洪波流决决。

（嘉庆）永定河志

聒耳松泛涛，夺目花飞雪。

计偕指日来，晓月应联辙。

刖足志孰甘，点额中纷热。

驱车几度过，兴会一番别。

卢沟桥

秋深原减涨，潦尽未澄波。

直接沧溟月，横陈永定河。

往来常岁屡，感慨此番多。

回首石栏畔，伤心春仲过。

（今春幸山东，亦经此桥，有咏。）

过卢沟桥

石桥雁齿度卢沟，两岸来牟绿正稠。

风里菰蒲飑远溆，春来鸥鹭满横洲。

闲心无那悲欢绪，野水依然左右流。

东去直教沧海达，谁能一叶放扁舟？

卢沟桥

春光罨幌车，春水乐鸢鱼。

冰先（去声）桃花解，波含柳色如。

峣峰明积素，甫野润新畲。

绝胜常年景，诗成庆慰余。

赵北口水围罢，登陆之作

三日舟围足悦心，归途六辔听如琴。

河防要欲筹疏浚，民瘼还因便酌斟。

（永定河下游觉淤，允督臣之请，亲临视之，以商疏浚之策。）

平野新看麦苗长，环堤背指柳烟深。

风光此处留余兴，吴越明年待畅吟。

过永定河作

取道阅河干，浮桥度广滩。

汛凌过竹箭，水潦未桑干。

四载由来仰，尾闾今度看。

（适以下口应筹疏浚，故渡河迂道阅之。）

敬绳仁祖志，永定冀安澜。

（永定河自皇祖时始为堤障之，而赐今名。）

阅永定河堤，因示直隶总督方观承

水由地中行，行其所无事。

要以禹为师，《禹贡》无堤字。

后世乃反诸，只为堤是贵。

无堤免冲决，有堤劳防备。

若禹岂不易，今古实异势。

上古田庐稀，不与水争利。

今则尺寸争，安得如许地？

为堤已末策，中又有等次。

上者御其涨，归槽则不治。

下则卑加高，堤高河亦治。

譬之筑宽墙，于上置沟渠（叶）。

行险似侥幸，几何其不溃？

胡不筹疏浚，功半费不赀（叶）？

因之日迁延，愈久愈难试。

两日阅永定，大率病在是（叶）。

无已相咨询，为补偏救弊。

下口略更移，取其趋下易。

培厚或可为，加高汝切忌。

多为减水坝，亦可杀涨异。

取土于河心，即寓疏淤义。

（向来河臣治堤，率以加固培厚为请。朕以培厚尚可，加高则堤高，而河亦日与俱高，非长策也。其培堤取土，类取之堤外。朕谓，就近取堤外之土以益堤，堤虽增而地愈下。宜取河中淤出新土用之，则培堤即寓浚淤之义，似为两得。）①

河中有居民，究非长久计。

相安始弗论，宜禁新添寄。

（河中淤地，穷民辄就播种，构草舍以居。水至，则避去。虽不为害，而筑埝、叠坝未免有填河之患。只以迁徙非民所愿，不得已，姑听之。而禁其后勿附益增廓云。）②

条理尔其参，大端吾略示。

桑干岂巨流，束手烦计议。

隐隐闻南河，与此无二致。

未临先怀忧，永言识吾意。

回銮作

台麓祝厘员素志，淀池试猎偶乘闲。

此行正务因河道，两日详观历柳湾。

无作聪明随水性，惟怀恻隐廑民艰。

骓骓四牡催归辔，南苑春光指顾间。

喜　晴

霖雨频渥沾，黍稻均怒长。

时若正宜旸，迩日晴未放（叶）。

永定遭漫溢，赈救不惜帑。

筑堤始安澜，南望萦愁想。

痴云渐露空，朱日旋腾朗。

豁然天宇开，吾心与俱广。

---

① 乾隆十五年［1750］二月二十九日上谕申明此意，见乾隆年间谕旨。

② 乾隆十五年［1750］二月二十九日、十八年二月、十九年六月（二次）、三十七年六月、四十六年十二月、五十三年九月等，多次严谕重申此政策。可见其重视程度。

望　晴

喜晴才六日，愁霖复连朝。

忆昨从香山，夹道看良苗。

便雨未为害，况复滋新荞。

云何肠展转，不解予烦焦？

所虑在永定，漫堤筑未牢。

此时不放晴，盛涨何时消？

哀哉固邑民，风雨所漂摇。

赈恤诏屡颁，补救心频劳。

万户若失安，九重岂足骄！

晚来西北风，浮云碎欲飘。

檐喜千鹊鸣，池敛官蛙嚣。

宜赐愿及时，南望心神翘。

过卢沟桥

石桥跨横波，坚久谁所制？

过此为桑干，古以不治治。

筑堤讵得已？皇祖为民计。

经世未疏浚，疏浚劳不易。

加以沙性淤，骑墙行必致。

今春清苑回，临堤一亲视（叶）。

束手苦乏策，无已示大意。

入夏霖雨溢，遂告堤云溃。

南望弥感忧，阡陌成弃置。

赈恤岂有吝，排筑筹次第。

秋分潦势杀，狂澜庶由地。

徒怀瓠子歌，实逊涂山义。①

卢沟桥

石桥卧冻波，来往行人渡。

乘时每断流，狂澜归何处？

去岁决畿南，至今困沮洳。

固愧人力为，讵云委诸数。

疏浚付河臣，古今重防护。

久　闻

久闻黄河尾渐淤，审然民瘼亟宜虑。

去岁春月越永定，骑墙行水吁可惧！

不啻尾淤河半淤，夏霖堤溃果旁骛。

泛溢空怀瓠子歌，至今未涸怜沮洳。

尔时南望增戚忧，未识金堤何以护？

兹来两度剪黄流，水由地中直东注。

回斡奔腾势雄放，云梯达海须臾赴。

盛涨云或时拍岸，要亦归川得其故。

人言纷纭难尽信。解疑要在目亲睹（叶）。

因思永定原无尾，不疏则淤理所固。

九曲源从天上来，宋元以后夺淮据。

（古之黄河在齐、冀为归墟，自宋、元以后渐南徙，夺淮水之路，并行入海云。）

齐驱赴壑有归墟，苇荡宽深延套巨。

（自云梯关以下，苇荡延袤。南岸为十巨，北岸为十套。而清口淮水畅流，会黄东注。趋海之势既专，攻沙之力益劲矣。）

迥异浑流善变更，去岁过忧今始悟。

---

①　指汉武帝元光中［前134—129］黄河决口于瓠子，多次派人组织数万人堵塞，屡次失败。二十余年后令群臣自将军以下"负薪填决河"。汉武帝亦"亲临河决，悼功之不成，乃作歌"，其词见《史记·河渠书》。涂山，指夏禹娶涂山氏之女会诸侯处［其所在之地有异说此从略］。

（去岁阅永定有"未临先怀忧"之句。）

卢沟晓月

茅店寒鸡咿喔鸣，曙光斜汉欲参横。

半钩留照三秋淡，一㧟分波夹镜明。

入定衲僧心共印，怀程客子影犹惊。

迩来每踏沟西道，触景那忘黯尔情。

（易州建泰陵，来往必由之道。）

过卢沟桥

飒景石桥头，怆人是凛秋。

丹丘瞻玉剑，黑水渡沙沟。

波幸今年靖，民苏昨夏忧。

导川怀圣迹，永定赖贻谋。

过卢沟桥

石梁黑水此鸣鞭，前度回思正隔年。

西指桥山程四日，系予心在岭云边。

惊蛰初临凌汛过，层冰浦溆积嵯峨。

俯栏识得浑流猛，行水思量究若何。

阅堤前岁叹行墙，瓠子遗歌怒若伤。

（庚午［1750］春阅永定河堤。知其每岁加高，河底淤填，如以埝束水。是夏，浑河决溢，因命改浚下口。）

南徙尾闾赖稍定，亦惟荩土慎修防。

无定何如永定乎，千秋疏治仰神谟。

便将纤綷观输尾，穑事民生总要图。

将取路霸州视永定河，恭送皇太后车驾之作

水猎博慈欢，春池极畅观。

又将遵甸陆，为复阅桑干。

简众清前跸，归途奉大安。
吉祥云拥处，直北帝都看。

乘舟观永定河下口之作

夜雪忽已收，朝露未云敛。
策马遵遥堤，永定全势览。
下口欲其畅，浑流利泛滥。
前者叹行墙，一线奚归坎？
无已筹下策，让地稍避险。
中处徒流移，向南听洳渐。

（乾隆十五年［1750］春，阅永定河。以下口宜略更移，令其易于趋下。且于流涸时浚中泓，引河而流，而流民占居河中淤地者，亦劝导徙就堤外。年来次第修举，下口益畅。爰取道重阅，倏已三载余矣。）

今来阅尾闾，三岁惊荏苒。
舍陆命进舟，恬波春淰淰。
虽逊洪泽阔，微山已不减。
荡漾有余地，巨浸乃澄澹。
慰兹忧即兹，积高车鉴俨。
补偏斯不无，永逸则岂敢。

堤上四首

有雾不妨寒里去，无花漫道雾中看（是日雾）。
日高旋辔澄雾翳，近墅遥村入览宽。

新蒲嫩芷集驾凫，西淀驱来果信无。
闻道昔年行水猎，每于近此放黄舻。

浑流千里去堤遥，滩地芊芊茁绿苗。
疏易尾闾筹目下，穷黎或得免漂摇。

雪融膏润麦含含，驭娑春堤镜影涵。

一夜踟蹰今慰念，况看佳景似江南。

癸酉二月沿堤行[1]

癸酉［1753］二月，沿堤行三十里，观永定河新移下口处，兼示总督方观承、永定河道白钟山。

旧时北岸今南岸，近旧南堤今北堤。

（桑干于康熙年间筑堤之始，原就南。雍正年以河身淤，故改从北。近又以河身渐淤，改从冰窖南出，在两河之间。故康熙年之北堤为今南堤，而雍正年之南堤为今北堤矣。）

迁就向宽资荡漾，已看汛过积淤泥。

旧识黄河利不分，挟沙东注向瀛渍。

浑流今有清流亘，此策思量未易云。

（黄河全流入海，其力较专。至清口会淮，攻沙之力益劲。永定下流不能独行入海，有运河、凤河横亘于中。因散入诸淀，水过沙停，故特易淤。）

新口疏通颇吸川，安澜自可保当前。

都来六十年三改，长此经行正未然。

（河自圣祖中年始筑堤修防，赐名"永定"。六十年间，已南北三改矣。）

给资拨地迁村墅，让水还听一麦耕。

安土不难事姑息，那知深意训盘庚。

石景山初礼惠济庙

崇祠依石堰，像设谒金堂。

云壁瞻初度，曦轮届小阳。

河防慎有自，神佑赖无疆。

（永定河自此地始有修防。以上乃万山束流，无事修防也。）

疏凿非经禹，唯厘永定方。

阅永定河堤有泛滥处，诗以志怀

永定古桑干，荡漾延数县。

虽获一麦收，难免三伏漫。

制堤以束之，其初颇循岸。

无何淤渐高，泛溢乃频见。

下口凡屡更，扬沸岂长算。

今夏雨略多，盈壑致旁灌。

或云听其然，功倍于事半。

试看无堤初，何无冲决患。

近是究难从，哀哉彼饥溽。

过卢沟桥

卢沟桥北无河患，卢沟桥南河患频。

桥北堤防本不事，桥南筑堤高嶙峋。

堤长（上声，下同）河亦随之长，行水墙上徒劳人。

我欲弃地使让水，安得余地置彼民？

或云地亦不必让，但弃堤防水自循。

言之似易行不易，今古异宜难具论。

阅永定河（有序）

永定河，古所称一水一麦之地。康熙三十七年［1698］始事筑堤。而下流入淀，挟沙易淤，故下口数徙。康熙年间，由柳岔口；雍正年间，由三角淀；近年，改由冰窖，今复渐淤。总督方观承建议，移下口于北堤之东。因亲临视，诗以纪之。

永定本无定，竹箭激浊湍。

长流来塞外，两山束其间。

挟沙下且驶，不致为灾患。

一过卢沟桥，平衍渐就宽。

散漫任所流，停沙每成山。

其流复他徙，自古称桑干。

所以疏剔方，不见纪冬官。

一水麦虽成，亦时灾大田。

因之创筑堤，圣人哀民艰。

行水属之淀，荡漾归清川。

其初非不佳，无奈历多年。

河底日以高，堤埝日以穿。

无已改下流，至今凡三迁。

前岁所迁口，复叹门限然。

大吏请予视，蒿目徒忧煎。

我无禹之能，况禹未治洊。

讵云其可再，不过为补偏。

下口依汝移，目下庶且延。

复古事更张，寻思有所难。

过卢沟桥

拱极城①西度石桥，春风客路故相撩。
谒陵指日知程近，程近吾心越觉遥。

汛遇桃花涨影退，上流犹自易堤防。
北南下口屡迁就，惭愧终无永逸方。

桑干节近敛洪波，沙积川中兀已多。
大抵有源要求尾，小黄河剧大黄河。

过卢沟桥

今年凌汛无积水，潜融默化浑流平。
司事额手庆佳瑞，斯偶然也何足称。

桥上无修防，亦不见迁徙。
桥下慎修防，自兹多事矣。

---

① 拱极城指宛平城。明崇祯年间修筑，清宛平县署曾设于拱极城内，清人习称为宛平城。

卅年下口已四更，无已救弊疏其尾。

云斯可以延世年，三十年后将谁诿？

呜呼！神禹已去几千载，补苴罅漏而已耳。

过卢沟桥书怀

微波春水涨沙滩，讵啻春微桑且干？

只以浑流非一往，每防夏汛有千难。

作堤已逮骑垯势，输尾惟图措大安。

（下口运河为之阻。浑流既不可入运，惟使荡漾于淀池及洼地。自乾隆元年[1736] 以来，已三易其处矣。今之下口，据方观承以为，可行二十余年。知其非长策，而实无计可图也。）

博览从来治河策，不宁斯矣为长叹！

礼北惠济庙，叠韵癸酉［1753］旧作韵

寺碑建雍正，皇考辟神堂。

清宴资垂佑，实枚恤向阳。

不愆秩宗祀，恒奠冀州疆。

蒿目一劳计，难言永逸方。

过卢沟桥咏冰解

水黑为卢冰亦然，隆冬冻合泽腹坚。

东风一夜入长川，解之只在须臾间。

青气鼓动橐籥宣，元英不得施其权。

层叠黝玉巨如山，累而置之河两边。

其高峨峨长连延，黄流在中泻激湍。

方当初解奇可传，礌硪砰磕声喧阗。

快马斫阵鸷击鸢，似神而非三似焉。

亦不冲荡石桥软，信非人力斯由天，

襟带皇州亿万年。[2]

过卢沟桥

通闰迟节候，河冰尚未开。

径行谁病涉（冰上行人往来竟似不知有河），

堤坊（去声）似虚堆（两岸上积土成堆盖夏秋以备不虞）。

因悟乘时要，难言永定该。

遥源溯代地，西北万山崔。

过卢沟桥道中即事

拱极城边度石桥，桥亭碑记仰神尧。

赐名永定垂千古，敢不修防廑旰宵。

一道黄河宛在中，金堤夹辅峙犹崇。

桃花水送层冰下，下口新河宛转通。

（浑河下口屡易。自乙亥年［1755］方观承奏，请改由北岸大堤之外下注沙淀、
叶淀。十余年来，河水安流，两岸巩固，颇资新河宣泄之力。）

过桥村店号长新，旅馆后停比接邻。

试问于中投宿者，阿谁不是利名人？

柳陌风前金缕缕，麦塍雨后绿芊芊。

见耕犁者教传问，云近清明种大田。

过卢沟桥

津门苻旌始，春仲启銮期。

又自石桥过，回思江国时。

浑流初赴壑，裂凌（去声）远铺涯。

层叠堆苍玉，神哉谁所为？

过中亭河纪事

中亭入玉带，玉带即清河。

中亭泄浑涨，河窄难容多。

荡漾沙远留，至此为澄波。

受小不受大，此理信不磨。

嘉淦（孙）督直时，谬听人言讹。

（在乾隆庚申年［1740］）

谓浑河故道，即此实非他。

建议放乎此，千村叹沦涡。

知误乃改为，民已嗟蹉跎。

（嘉淦议开永定南岸，复浑河故道。后浑河下注，浸溢田庐。旋于辛酉［1741］春堵塞。）

"不十不变法"，语诚不我诧。

经过得亲见，悔过成新哦。

（中亭河受永定金门闸盛涨分泄之水，消纳无多。及至玉带河，则已成清水。孙嘉淦误听人言，于金门闸之上开放南岸。水由牡牛诸河下注中亭，至不能容，遂趋洼地，村民受潦。因命即堵筑决口，方不为患。今亲临阅视，益知孙嘉淦前议之谬。向曾有诗纪事，因详志而正之。）[1]

过卢沟桥

卢沟来往过多年，蟠蛛卧波镇巩然。

上接遥源资束刷，下成巨壑事防宣。

（永定河自石景山以上，两岸并有冈峦夹峙。迨过桥，则皆漫流平沙。是桥实为上游锁钥。）

春回解冻沙犹弱，东去河横运恐穿。

---

[1] 详见卷十九，收录乾隆五年［1704］九月，大学士九卿等会得直隶总督孙嘉淦等奏条，同年九月大学士九卿等《为详议具奏事》［在卷二十首条］，及同年孙嘉淦奏《为永定河已归故道事》等奏议，记其事。此诗作于乾隆三十二年［1767］。

（永定河下游为运河横亘所隔，不能直达于海。无已，开宽下口，资其荡漾澄清。然后，归凤河，由直沽入海。所以避运一带，工程最关紧要。）

无奈漾流筹下口，一劳永逸正难焉。

过武清县

驱车过雍奴，广甸甚沮洳。

去岁夏行潦，此地被灾遽。

（永定河北岸二工因去夏雨水骤涨，堤口溃决，武清村庄被淹，成灾较重。）

永定既决堤，北运亦漫淤。

（北运河西岸漫溢，武清村庄亦被淹浸。因敕大吏，善为抚恤，急赈大赈，视他处为优。今春仍降旨加赈。幸所见民无菜色，且二麦广种，可望有收，意为稍慰。）

大田普无收，曷以卒岁度？

是用赈济施，更敕勤宣布。

今来细体察，老幼欢夹路。

庶几免流离，未见仍廑虑。

秋麦亦已茁，禾黍云种布。

设以此地论，惧雨宜晴煦。

虽然彼高田，宁无望雨处。

瞻谒永定河神祠

茭薪非不属，堤堰聿观成。

终鲜一劳策，那辞五夜萦。

凭看虽曰慰，追忆尚含惊。

旧壑原循轨，新祠已丽牲。

连阡麦苗嫩，园野柳条轻。

惭乏安澜术，事神敢弗诚？

阅永定河作

庚寅夏决口，补筑旋归旧。

（乾隆三十五年［1770］闰五月，北岸二工涨决。特命侍郎德成会同督办，于

（嘉庆）永定河志

漫口处取直培筑大堤。刻日奏报合龙。)

　　　　　　　　辛卯秋冲堤，障波俾回溜。

（三十六年［1771］，卢沟桥上游发水，南岸头工处漫口甚广。仍命德成会办，取直筑堤。亦克期奏报合龙。)

　　　　　　　　长此竟安穷，是必病久受。
　　　　　　　　南河节相宣（高晋），中朝司空赴（裘曰修）。
　　　　　　　　方伯共踏勘（周元理），穷源委以究。
　　　　　　　　分流盛涨泄，疏淤中泓走。

（河之受害，端在淤高堤薄。应通行浚治，以规永图。高晋素谙河务，同尚书裘曰修、督臣周元理悉心相度。自中泓逢湾取直，以及应疏、应堵、应引、应泄之处，发帑大加整治。)

　　　　　　　　发帑五十万，次第工云就。
　　　　　　　　去岁幸时若，安澜庆丰收。
　　　　　　　　今来阅堤成，仍拟下口觏。

（去年春，工告竣。岁幸报稔。周览各工，实为欣慰。将以回程，仍视下口。)

　　　　　　　　既已昧几先，宁不筹善后？
　　　　　　　　万民勿言谢，追思心尚疚。

怵哉榭三首

永定河神祠东厢，地方官洒扫为憩息之所。因反苏辙快哉亭之意，名之曰怵哉，而系以诗。

　　　　　　　　瞻拜因祈恬佑来，波流浸灌近堤隈。
　　　　　　　　江湖廊庙心诚异，梦得快哉我怵哉。

　　　　　　　　流细春波已激湍，明知时节近桑干。
　　　　　　　　夏秋无定亟蕲定，蒿目一劳永逸难。

　　　　　　　　浑水由来易淀淤，中泓因置浚船疏。

（裘曰修、周元理于永定河大工告成时，筹办善后事宜，设浚船一百二十只，分布各工。即令河兵以时淘浚中泓，使无停淤阻溜之患。今叙河中备览，如果实力行之，无稍作辍，不致视为具文，未必无小补。所谓"有治人，无治法"。惟在司事者，董察弗懈耳。)①

无遑平日尚勤尔，遮莫一时备览予。

阅金门闸作

浑河似黄河，性直情乃曲。

顺性防其情，是宜机先烛。

而此尤所难，下游阻海属。

杀盛蓄厥微，在泄复在束。

金门仿毛城，减涨资渗漉。

然彼去路遥（谓毛城铺），此则去路促。

（闸下减河自黄家河分支，由津水洼达淀，仅一百四十余里。路近势促，故沙易停淤。)

遥者尚回澜，促者横流速。

（毛城铺去路既远，凡有倒勾引河，使减下之水澄清缓泻，故资宣泄之利，而无他患。非若此，浑流直下，一往莫过也。)

斯诚非善策，惊见心粥粥。

亟筹救急方，谓当挑坝筑。

（水既直下，势难骤挽。命于闸上作挑水坝。逼其回溜，成倒勾之势，然后舒徐归淀，庶几补偏之一策耳。)

倒勾抵金门，余溜俾归谷。

非不囿[3]屡阅，终弗如亲目。

然予试絜矩，九寓廓员幅。

一人岂遍及？滋用增惕恧。

---

① 卷二十四奏议收录乾隆三十七年［1772］四月裘曰修、周元理《为设立浚船以重河防事》奏折。

金门闸堤柳一首①

堤柳以护堤，宜内不宜外。

内则根盘结，御浪堤弗败。

外惟徒饰观，水至堤仍坏。

此理本易晓，倒置尚有在。

而况其精微，莫解亦奚怪。

经过命补植，缓急或少赖。

治标兹小助，探源斯岂逮。

中亭河二首

中亭原是淀支流，偶泄浑河水涨秋。

误听人言昔致患，未经亲见事难筹。

（乾隆庚申［1740］，朕误听孙嘉淦建议，于金门闸之上开放南岸。水由牤牛诸河下注中亭，至不能容，洼地村庄受潦，随于辛酉［1741］春堵塞。及丁亥［1767］亲临阅视，益知前议之谬。有诗纪事。）

万事都胥亲见之，当无暇给应（去声）为迟。

重华明目达聪者，未必劳劳日若斯。

乾隆三十八年［1773］御制往阅永定河下口，舆中作

下河南北任流迁，壅则伤多导使宣。

（永定河自康熙三十七年［1698］筑堤之始，下口由安澜城。后因原道渐淤，至三十九年［1700］，改由柳岔口。雍正四年［1726］，改由王庆坨。乾隆十六年［1751］，改由冰窖草坝。二十年［1755］，改由贺老营。三十七年［1772］，改由条河头。计前后迁流六度。以冰窖、草坝而论，康熙间之北堤转为南堤，雍正间之南

---

① 堤岸种柳有关事宜，见卷二十四收录乾隆三十八年［1773］三月直隶总督周元理《为奏明事》有乾隆上谕，及执行情况记述。

堤转为北堤。以今条头河而论，凡康熙、雍正间之南北堤，又均在河之南矣。）①

絜矩丘明别知惧，防民之口甚防川。②

阅永定河下口以示裴日修、周元理、何焞

七十年间六度移，即今下口实权宜。

（永定河下口，初由安澜城，复改由柳岔口，而王庆坨，而冰窖草坝，而贺老营，及今之条河头。或北或南，凡六徙。）

便征盈酌虚剂者，不过补偏救弊斯。

焞则扈舆资博采，禹之行水在无为。

（何焞素习河务，于行水机宜具有见解。兹以河南巡抚至天津迎銮，即命扈随阅视下口，以资询访。）

（此次研阅头工、二工，今复视下口，于全河首尾情形略见梗概。兹命裴日修、周元理、何焞三人，由此寻流而上，查至头工。沿河再加讲求，斟酌具议以闻。）[4]

委源源委勘一再，同事诸人共勖其。

暮春启跸，恭谒泰陵

（顺途先阅永定河前岁所筑缺[5]口。仍以回銮之便，遂奉皇太后安舆，历览淀池、运河诸工，及永定河下口。诗以志事。有序。）

神皋连古塞，轩立勤荐侑之思；沃壤控东瀛，禹甸课别鬈之效。维桑落，流经采卫，讵辞税驾咨谋？而析津，景属水乡，宜奉安舻清胜。疆吏达封章于邮瓯，云畿民近日弥殷；候人营顿置于帷宫，报跸路观河甚便。爰自转易西之旅，恰符三昔迎銮；扬赵北之旄，频轸重堤揽辔。觇淀汇白洋似镜，群知候鸟来[6]同；溯墟归碧海如门，屡省沉牲告绩。欣曩岁，楗茭并集，虽有异涨旋消；喜昨年[7]，襟带胥恬，实获康功大稔。由节相，暨司空，递遣唯期策定一劳；令水衡，偕工府，兼筹肯綮输愈五亿。迨藏役，而官不烦乎馨鼓；洎巡行，而户悉效天香盆。顾勤民者，意岂

（嘉庆）永定河志

---

① 详见卷二十四收录乾隆三十七年十二月［1773］直隶总督周元理《为钦奉上谕事》有六次改河情况清单。

② 丘明，指左丘明，春秋时史学家。传左丘明著《左传》及《国语》。"防民之口甚于防川，川雍而溃，伤人必多，民亦如之"，即出自《国语·周语上》。

惮于再三？面奉上者，费虞糜其百一。减番修之陪扈，何须舰竿联衔；裁承应之彩灯，勿侈馆垣特缮。庶几闰^[8]添凤琯，九十春百二增长；抑且思沛鸡竿，一万寿十千永祝。用胪吟于发轫，将纪帙乎行编。

　　　　春露萦思合上陵，阔行况阅两年曾。

　　（朕六旬以前，率隔岁一行谒陵礼。兹隔二年矣。）

　　　　撰辰兹发旧程熟，便道先瞻筑堰增。

　　　　黄染丝条笼柳陌，绿抽针毯坦莘塍。

　　　　清明已近拜瞻切，上巳宁关宴赏征（是日上巳）。

　　　　毕礼翕河仍劫毖，别途启辇豫居兴。

　　　　观民问俗无非事，惜费禁繁有所应。

　　　　叠幸舫舆体益适，间（去声）陈歌舞乐逾胜。

　　（有旨，禁地方官结彩张灯，而总督周元理亟以祝厘奉慈，预为请，因只令于杨芬港一处略陈点缀。其天津亦但从盐商，因旧备庆典者申其悃愿。余概弗准。）

　　　　惟希长奉大安御，亿万斯年福履膺。

直隶总督周元理奏报永定河安澜并雨水、田禾情形。诗以志慰

　　　　未接驰询早奏来，田禾茂长助如催。

　　（前因五月下旬，口外雨后，潮、白、滦诸河水俱骤长。六月初，热河雨后稍稠。廑念永定河势，是否安澜？并闻京城雨水较大，恐近畿田禾不无妨碍。因谕询周元理，而周元理于未接传谕之前已奏到，近京州县雨正及时，禾苗益滋长发，并无积潦云。）

　　　　兹称永定澜安也，虽泄金门流断哉。

　　（周元理复奏，五月下旬以后，永定河水势虽猛，大溜直走中泓，迅趋下口。六月初一日，金门闸犹过水六寸。未逾时，即已断流。览奏为慰。仍谕，于闸下仿南河毛城铺之例，于水过后，疏浚淤沙，俾无壅阻。）

　　　　并拟浚船归实用，敢惟竹棑恃长材。

（周元理并奏浚船一项，原系与裘曰修会商添设。且河道专责，尤不可因循。春间，即饬道、厅督率兵丁，往来挑挖。遇有淤嘴阻碍，复为裁切。此次溜走中泓，直达下口，即资浚船之益。）①

治河永逸惭无策，救弊相将忖度该。

永定河惠济祠瞻礼

庙宇维新恒赖后，神灵妥佑久经前。
落成此日瞻苞茂，肃拜一时致敬虔。

巩固玉鳞堤护甸，安恬金镜浪归川。
嘉名永定贻皇祖，惠济畿封亿万年。

过卢沟桥

冰解卢沟浑水披，长桥虹亘复经之。
幸逢耆定告成日，况值清明拜扫时。

宿按东来那敢滞，山遥西望已含悲。
凭舆俯视洪波浩，修筑宣防有所思。

过卢沟桥

昨夜复霏雪，今晨乃作风。
启程宁虑冷，卜岁可希丰。

冻渚仍积素，元冰尚未融。
永筹安晏策，不外得人中。

石景山礼事济祠，因成一律

两岁经过惟致叩，兹来未可复兴言。

---

① 详见卷二十五奏议收录周元理于乾隆三十八年六月《为钦奉上谕事》及同月《为奏明事》、《为遵旨绘图呈进事》的记述。

翕川犹弗事修堰，隔省因之溯远源。

一自过桥虞泛滥，恒殷礼庙惠黎元。
亭中皇考穹碑峙，庆祝安澜意永存。

过卢沟桥作

卢沟桥下溶溶水，冻解元冰流顺轨。
凌汛桃汛相继来，伏秋二讯大于此。

河高堤亦随之高，骑埝艰致永逸尔。
咨之督臣及河道，惟曰救弊而已矣。

下口聊可数年延，数年已后如何理？

（永定河素称难治。自乾隆乙亥［1755］年亲临阅视，改由下口六工。彼时方观承奏云，计二十年可无河患。今已二十余年，河流仍得循轨。项召见督臣周元理，及河道兰第锡，询及永定河情形。据奏，下口近年逐渐淤高，遇伏、秋大汛，防护颇为不易。惟于冬间挑挖河身二千余丈，深以四尺、六尺为率，宽以八丈至十八丈为率。俾盛涨时，河溜可以循行，不致旁溢。然亦不过补偏救弊之法，约计尚可延数年云云。永定河工欲期一劳永逸，实无善策，只可尽人力补苴。惟祈天佑神助，庶得长庆安澜耳。）

自问实亦乏善策，何以责人蒿目视。

过卢沟桥作

数节逮桑干，浑流只细澜。
祥符欣日近，巩护幸堤宽。

（永定河至桑椹时，必干数日。其干之日少，为夏至无暴涨之征。今岁只干二日，河道兰第锡以为幸云。）

敢恃兹波宴，而忘夏潦漫。
南瞻更缱虑，虔祝大河安。

（豫省议封漫口，自去秋至今春，屡筑屡开。及移引河向上，工完，放溜将届垂成。昨忽狂风浪激，于新筑北坝口门复冲塌二十余丈。兹复改挑引溜沟，谕令宽深，并命自坝台进埽，斜向西南，成挑溜之势。逼大溜趋注东北，以期引河顺利。现令加紧赶办，冀速合龙。惟吁天佑神助，早得藏工耳。）

过卢沟桥

撰吉启行旌，南巡第一程。
东风石桥嫩，积雪野田明。

灯节烟村近，韶年象物亨。
春冰犹未解，元玉镜光平。

永定河漫口合龙，诗以志慰

秋霖永定讯情形，据报北堤漫水渟。

（袁守侗奏，永定河北堤堵筑漫口，于初九日开放引沟，赶紧堵口，大溜水势已由引河畅达大河。）

幸是楗柴夙有备，遂教堵筑刻无停。

（此次永定河漫口，料物夙有储备。该督董率道、厅等堵筑。该道兰第锡驻工赶办，不遗余力，于八月初九日酉刻合龙。其文武各员虽有应得疏防处分，而藏工迅速，仍敕交部议叙。分别劝惩，使功过各不相掩。）

由来功过不相掩，只愧宣防乏善经。
曰慰何曾真是慰，尚余殷念望睢宁。

团河行宫作

团河本是凤河源，疏浚于旁筑馆轩。
断手三年未一到，临看此日识长言。

（团河出南苑埝，酾为凤河。又东南流，资涤永定河之浊，由大清河归海。既经疏浚，因于旁构筑数宇，以供临眺。惟登览无暇，故工成三年，兹始因路便一到耳。）

非关疏懒身无暇，惟看朴淳志弗谖。

流出清波刷浑水，资安永定意斯存。

过卢沟桥

东曰归心西已悲，拜瞻犹迟（去声）四朝期。

过桥絜矩怀南渎，[①] 遇涨冲堤亦北陲。[②]

（时陈辉祖奏："睢宁郭家渡漫工，东、西两坝同时进埽，拟于九月十五以前赶堵合龙，似可不日蒇工。而李奉翰奏，考城芝麻坝工合龙后，张家油房新刷沟槽又塌十余丈"，等语。是河南新工，又不知何日方可合龙矣。）[③]

（昨据袁守侗奏："永定河北堤头工，于七月中旬因雨大河水涨发，水过堤头，冲宽七十余丈。幸料物夙储，督率道、厅等赶紧堵筑，于八月初九日已报合龙。"）

幸即合龙成不日，尚思漏蚁剧前兹。

由来永定原无定，救弊补偏而已而。

过卢沟桥

今时名永定，古曰桑干河。

历传有明征，卜涨曾无讹。

桑熟必致干，多少期弗差（叶）。

干少霖必少，干多霖定多。

去岁桑干际，乃延一月过。

以此秋霖盛，冲堤害田禾。

幸虽排瀹成，民已昏垫歌。

兹来过石桥，长虹接岸拖。

---

① 南渎此泛指河南安徽、江苏等省境的黄河、淮河、潍水等河。

② 北陲此指直隶（今河北省），与南渎相对称。

③ 睢宁，今属江苏省徐州市，濒临睢水［现称潍水］；考城，今属河南省兰考县［考城与兰丰于1954年合并而成］，濒黄河。

春水颇满川，桑时或有波。①

（桑时弗干，则无盛涨也。）

五字识民艰，蒿目叹若何。

惠济祠二首

马邑来源本不宽，过卢沟乃滥其湍。

补偏救弊乏长策，惟吁神庥永定澜。

桥南亦自有崇祠，桥北兹因过礼寅。

此即百千化身义，诚之所在祐随之。

过卢沟桥，车中观永定河，即事有作

伊古未闻堤障之，东圮西涨任迁移。

畿南何处弗沙积？洼地常年叹潦滋。

只以饥寒廑黎庶，遂教修筑始康熙。

（永定河向无堤工，畿南霸州、文安等处，无岁不被水。康熙三十七年
[1698]，我皇祖轸念畿甸东南黎庶，始筑堤防，赐名永定。虽□□乃迁徙无定，而
民被水沴者已少不无[9]补救也。）

于无定者求其定，皇祖爱民心永垂。

（永定河旧亦名无定河）

过卢沟桥（有序）

卢沟桥建自金明昌间。历元迄明，屡经整葺。我皇祖于己酉年（康熙八年）
[1669]，皇考于壬子年（雍正十年）[1732]复加葺治。长桥绵亘，径途荡平，阅
今又将六十年。桥西[10]二洞孔，云有垂下似网兜。又，桥西及两陲，亦有稍圮裂
者。因命大臣和珅等勘明重葺，易觉新石。并于桥东、西两陲加长石道，凡新、旧
百四十三丈。发帑和雇，以乙巳（乾隆五十年）[1785]秋镵吉兴工，至丙午年

---

① 此诗说桑椹熟时，桑干河断流，预示伏、秋有大汛，清人多信此说。有学者认为此说为
附会之词，以桑干河又名漯涫水，漯涫乃桑干的转音，系古代北狄族人读音。此说备考。

〔1786〕春工竣。兹恭谒秦陵，展礼五台。跸路经临，石梁巩峙。万方归极，九轨同亨。此亦余《知过论》所云，不可已者也。因赋五言，勒石以纪。

> 谒陵因礼佛，启跸西南行。
>
> 长桥亘卢沟，路接拱极城。
>
> 往来之通衢，建金修元明。
>
> 康熙己酉年，雍正壬子并。
>
> 胥曾[11]以时葺，行旅歌途亨。
>
> 今复五十载，石版或圮倾。
>
> 发帑给雇值，曾弗力役征。

（明正统元年〔1436〕，命工部侍郎李庸修葺。庸请令宛平县自石径山，至卢沟桥，役民兴作；又四年，小屯厂西堤决，发附近丁夫修筑；又，弘治三年〔1490〕，修筑卢沟桥，其时并役用民力。未有如我朝，内外、大小工程悉发帑和雇，从不肯轻役一人也。）①

> 轻车过桥上，大工已告成。
>
> 《知过论》有言，不可已者仍。

（《论语》："观过知仁"。又："过而不改，是谓过矣"。予向著《知过论》，以不知过，其失小；过而弗改，又从而为之辞，其失大。继自今予，惟视其不可已者，仍酌行之。其介于可已、不可已之间者，率已之而已耳。兹卢沟桥，为国门往来通衢，发帑兴葺，又岂事之可已者乎？）

> 五字同碑记，以勒石之贞。

题璇源堂

> 行御团河上，璇源因号堂。
>
> 汇成玉湖阔，流去凤河长。
>
> 图借益清力，兼资利运方。

（团河于乾隆四十二年〔1777〕疏浚开挖，东南流出南苑，为凤河之源。又东

---

① 诗自注所记明朝"役民兴作"之事，非仅此几件，参见卷四历代河防，明朝部分有多处记述。此诗注宣示明清两朝河防工程用工政策的不同，前者"役用民力"，后者"发帑和雇"。

南流入淀池，借以涤永定河之浊。其由大清河入海，兼资利运。）

拨船并添设，莫匪惠民商。

（自天津至通州，向例漕船遇浅时，雇觅民船拨运。俗谓之剥船，非也。上年因长芦盐政[12]征瑞之请，敕下江西、湖广督、抚官，造千二百只，拨运漕粮。其民船即可受雇，商、民两有裨益①。又，拨船向写"剥"，然字义应书"拨"为是。）

过卢沟桥作

尔岁卢沟晏，神哉沛厚恩。

（永定河自辛卯［1777］漫水南岸头工处，取直筑堤，旋即合龙。至庚子［1780］秋，复有漫口，亦即堵筑蒇事。近年以来，仰赖河神默佑，大溜直走中泓，顺轨安流，堤工巩固。）

堤防惟益慎，修治可轻言。

桥葺亨途坦，冰消细溜潺。

（卢沟桥建自金时。历元迄明，屡经修治。本朝康熙己酉［1669］、雍正之壬子［1732］，复两次施工。今又六十余年，桥面及两陲有稍圮裂者。己巳［1749］秋，发帑兴工，重加葺治。并于桥东、西两陲加长石道。详见丙午年[13]［1786］《近卢沟桥诗序》。）

行将观下口，疏委自安源。

（自乙亥年［1755］阅视永定河，将下口改由条河头入海。至己[14]亥［1779］年[15]，因下口逐渐淤高，命挑挖河身，以消盛涨。此次复将亲临阅视。虽不能一劳永逸，而疏委则源自安。只可尽人力，以为补偏救弊之计耳。）

观永定河下口入大清河处

乙亥阅永定，熟议移下口。

（永定河自康熙三十七年［1698］创筑两岸堤工，由安澜城入淀。嗣后，下口改由柳岔口及王庆坨、冰窖草坝、贺老营，屡经迁徙。总以堤形紧束，未能畅泄。乾隆二十年［1755］，亲临阅视，将下口移今条河头之南，入沙家淀下注。）

---

① 此诗注也是重申"民船可受雇，商民两有裨益"，也是"发帑和雇"政策。

南北仍存堤，不过遥为守。

中余五十里，荡漾任其走。

水散足容沙，凤河清流有。

以浑会清南，入大清河受。

（河下口南、北两堤，仍令加高培厚，遥为保障。中宽五十里，任其荡漾，足以散水、容沙。自此，会凤河而南，遂成清流。入大清河，达津归海。）

幸此卅年来，无大潦为咎。

然五十里间，长此安穷久，

（近年夏秋雨水调匀，未致大潦，故水不为害。堤外田地，岁获有秋。但自乙亥［1755］改移下口以来，此五十里之地不免俱有停沙。日下故无事，数十年后，殊乏良策，未免永念惕然也。）

五字志惕怀，忸怩增自丑。

题璇源堂

溪堂昔以额璇源，疏浚益资清刷浑。

（乾隆四十二年［1777］，疏浚团河，开拓下游，东南流，出南苑，是为凤河之源。又东南，流入淀池，借以涤永定河之浊。于是就挑挖团河之土，略加点缀，构筑行宫，以备憩息。）

点缀遂因置轩榭，周遭且复筑埒垣。

昔成今憩过曾谕（去声），宜也否乎恧那言。

（是处行宫，弗用正帑，惟以内帑所节省者，物给价工。给值不惟不以累民，而贫者且受其利。究之，兴工作即为予过。详见所作《知过论》。）

题什壁间明即去，不留寓意戒斯存。

过卢沟桥

来自东应此向西，丙申行景不堪题。

（追忆丙申［1776］瞻谒东陵，回跸先返御园阅安，再谒西陵，取道于此，情景依然在目。）

卢沟适尔重过渡，秋涨依然尚积泥。

（去岁秋，雨略多，卢沟增涨。虽即消退，而两岸泥痕尚积。）

沙堰安澜真是幸，山陵望远早含凄。

河称永定终无定，长策难哉首重低。

题璇源堂

凤河入淀此源寻，疏浚因教广复深。

遂有堂斋朴以筑，备斯来往憩而临。

轩窗朗润诚娱望，笔砚精良正待吟。

絜矩设如索名义，归根万事曰由心。

过卢沟桥

无定兹恒永定名，圣人宣奠久经营。

（桑干河向名无定河，泛滥不常。皇祖亲巡畿甸，指授疏浚之宜。起良乡之张各庄，至东安之郎城河，别开一道，迁流于东。由固安、永清直出三角淀，达于西沽，筑长堤捍之。河流顺轨，永庆安澜，因赐名永定河。）

长桥巩固亘都陌，崇祀实枚护帝京。

（康熙三十七年［1698］，永定河工告成，因敕建河神庙于卢沟桥桥南。乾隆十六年［1751］重修，四十一年［1776］又经修葺。瞻礼落成，有诗纪事。）

安宴迩年蒙庇佑，醲疏下口赖和平。

（下口疏则上流宴，治河之法无逾此。）

观民观淀无非事，讵为（去声）三春问景行。

珠源寺

团河本是凤河源，疏醲南流清助浑。

（团河之源旧称团泊，在黄村门内六里许。乾隆四十二年［1777］重加疏浚、开拓。出南苑埝醲为凤河，又东南流与永定河合，借以刷涤浊沙。由大清河归海。）

必有司之惠万物，辦香嘉澍吁[16]垂恩。

过卢沟桥

万载帝京护，诸方行旅通。

春流天赐顺，夏涨水安雄。

（永定河即桑干河。相传，至桑椹时，必干数日。若干之日少，则夏无暴涨，向来占验如此。今日过卢沟桥，见河流演漾，顺轨下趋，可预卜夏日安澜之庆。）

去岁偶逢事，长堤速奏功。

（永定河自乾隆二十年［1755］亲临阅视，改由下口六工，河流畅顺，数十年无事。去岁，以夏秋雨多，水势盛涨，于南岸头工骤致漫溢。去岁堵筑永定河漫口，恐河道乔人杰不能办理，随命提督庆成前往督办，旋于八月初二日合龙。实赖河神助颂，得以速即藏工。特命赏送炷香，于河神庙敬谨祀谢。并将庆成等及在工出力员弁、兵役分别议叙，赏赉。今日过卢沟桥，敬诣神祠，躬亲瞻拜，用展虔忱。）①

崇祠躬拜信，永定祝何穷。

皇上［嘉庆］御制诗

《味余书室诗集》

过卢沟桥

东风拂马首，路问古桑干。

平眺春冰结，回看晓月残。

长途从此启，佳景喜同观。

去去良乡近，浮屠出树端。

过卢沟桥至良乡

同轨朝京路，石梁亘大河。

西山横叠嶂，浑水漾长波。

日暖韶光丽，风轻春气和。

平原启行殿，尘竭净岩阿。

---

① 诗注所说"去岁"是指乾隆五十九年［1794］，卷二十六奏议末录有乾隆五十九［1794］八月，直隶提督庆成《为恭报合龙日期仰祈圣鉴事》一折，及卷首乾隆五十九［1794］八月，上谕。与此诗可相对照。

过卢沟桥

园居方一宿，策骑渡卢沟。

问景春光满，因时祀事修。

岸旁渔艇小，陌上柳丝柔。

遥指良乡邑，林端塔影浮。

夜渡卢沟桥抵京，即景作

风峭霜清正杪秋，恰随晓月渡卢沟。

晨鸡咿喔知村脚，远岭微茫辨树头。

遥望卿云朝凤阙，只迎法驾近龙楼。

小阳和蔼宜冬读，屈指行程半月周。

《御制诗集》

过卢沟桥

百尺长桥亘，蹲狮据石栏。

西北千仞表，北阙五云端。

晓月辉前浦，春潮下远滩。

所欣甘雨遍，润景回郊看。

河决叹

天考付鸿基，兢业勉图治。

渺躬才德疏，愆尤日丛积。

干戈未全消，国家又有事。

季夏月之初，霖雨昼夜溃。

波澜涨百川，放溜如奔骥。

西北汇大河，桑干堤溃四。

白浪掀石栏，荡漾洪涛恣。

（连日雨大水涨，因命侍卫、大臣等分投驰往勘。报称，西路永定河堤开口四段，冲决卢沟桥石栏，下游村庄多被其害。）①

哀哉我黔黎，昏垫沟壑坠。

愧予咎日深，罹此非常异。

示警衷敬承，敢怨蛟龙祟？

分命八京卿，以实查灾被。

抚恤尽苦心，奚能得饱饲？

一人罪益滋，何辜众姓累？

连朝失神魂，食少难成寐。

泣思乾隆年，屡丰多上瑞。

龙驭杳莫攀，仰空挥涕泪。

艰难身愿当，余黎祈妥置。

字字皆血诚，言言非虚伪。

告我众臣工，展猷聚谋议。

竭力挽灾屯，静俟昊恩赐。

河徙十韵

永定原安轨，惊心故道移。

决堤波泛溢，夺溜浪奔驰。

漂没黎民涣，倾颓屋宇夷。

黍禾全浸失，妇子遍流离。

散赈救生命，推恩拯溺饥。

此灾实罕见，予咎又奚辞？

竭尽衷怀苦，翻增午夜悲。

省躬诚有罪，示警本无私。

平孽念遥系，剥肤患近施。

---

① 此次水灾情况见卷首谕旨，收录嘉庆六年［1801］六月初九日上谕，及嘉庆御制文《辛酉工赈纪事序》。

叩天消异涨，恬静溥鸿慈。

即　事

不幸中之幸，聊为即事吟。

贼氛渐消歇，伍逆又生擒。

汉北民归业，南山已肃清。

移师扫郧竹，可望大功成。

河决浑流漾，畿南被重灾。

叩天速宥罪，蒿目寸心哀。

甲子又逢雨，凝阴应咎征。

拯黎竭心力，思过益兢兢。

立秋日述怀

惊心季夏大河移，庶姓罹灾予咎滋。

送暑虔祈救苦厄，迎秋敬吁赐新禧。

兵戎亟愿除邪慝，昕夕常怀已溺饥。

消潦安民宁陕楚，西南络绎捷书驰。

对雨遣闷

盆倾昼继宵，滂沱疾如箭。

大河堤堰开，浑流漾畿甸。

百川互争驰，不辨东西淀。

被灾嗟多方，七十余郡县。

水患昔亦闻，此祸真罕见。

值兹嘉庆年，昕夕只兢战。

秋晴志慰

连朝朗霁宿云收，一色沉寥玉宇浮。

皎旭腾辉光的皪，金风荐爽气清遒。

津门积潦将归海，拱极决堤渐涸流。

无定洪波祈永定，虔求河复昊恩优。

河复六韵

永定惊奇变，忧心四月同。

欣闻大河复，敬感昊恩隆。

重筑新堤固，全消旧涨融。

去沙流自畅，涸潦路能通。

神佑抒诚谢，臣劳沛泽充。

安澜愿悠久，纪事畅予衷。

（今岁夏秋之交，雨霖河决，日夜廑怀。兹据那彦宝等奏报，北上头工于十月初三日丑时合龙，全河复归故道。仰荷昊神佑，实为畿辅群黎庆慰也。）[1]

过卢沟桥

东风吹袂作轻寒，西岭晨霞马上看。

草浅沙平村路曲，行人问渡古桑干。

过卢沟桥，敬诣龙神庙拈香，并阅堤工，感成长句

去更近畿久作霖，大河四决涝灾浸。

幸蒙神佑工成速，常轸民殃患被深。

（去夏霖雨决堤，旋于立冬前督修巩固，足资捍卫。且使灾黎得借工力食，以助赈施。兹来省视要工，谨诣庙墩，瓣香致敬，虔吁永庆安澜也。）

代赈仍须劳众力，救荒无策尽予心。

金堤永定培高厚，叩吁安澜一念钦。

过卢沟桥

上陵冬日渡卢沟，拱极通衢路必由。

纳稼庆丰获嘉谷，安澜沐泽静洪流。

---

① 卷二十八收录嘉庆六年［1081］十月那彦宝奏《为北头工合龙全河复故道，恭折奏闻仰慰圣鉴事》。

云开暖旭升高树，霜落寒潮净远洲。

策马沙风转村店，又看塔影出城头。

过卢沟桥

春光和盎渡卢沟，隔岁谒陵旧典由。

田获年康民气复，澜安川静昊恩优。

桃花浪暖迎眸丽，杨柳风微拂面柔。

廿里沙冈缓秉骑，良乡塔影远村浮。

出镇国寺门，由丰台一带过卢沟桥，途间纪景

村野萦纡畦圃连，丰台恰遇养花天。

低垣半露桃舒锦，广陌平开柳罥烟。

拱极高墉朝帝里，卢沟古渡漾长川。

金汤形胜京华擅，在德守成凛敬虔。

巡幸津淀，阅视塔河各工，即事成什（有序）

封环渤海，黄图稽析木之躔；轸指郊坰，紫软应协风之令。溯时巡于刻玉，只率尧章；懋底绩于澄澜，敬修禹迹。名沿格淀，长堤亘千里而遥；利讲酾渠，广斥导百川以汇。颁金匮靳，廑小民之宅宅田田；安堵无虞，喜今日之林林总总。九经九纬，遵轨道于春衢；一豫一游，惬舆情于夏谚。允疆吏连章之请，慰编氓望幸之忱。时则节过重三，正仁油云之作；期当百五，恰逢膏雨之滋。咏有滂以霏甘，昒载途而洒润。验东甾之聚笠，早卜农祥；值南苑之停驽，深沾天泽。杨柳焕春旗之色，弯辂尘清；沽津腾晓镜之辉，鸥波毂涨。日边星罕，瞻夹毂以熙然：天上云帆，御安舻而翼若。轸行程之繁费，预戒纷华；钦成宪之宏颁，严申禁约。有举莫非政要，敢辞荒度之勤？攸居总为民依，庶冀引恬之庆。展轮协吉，记里撷吟[17]。

朝宗渤海汇天津，修筑长堤旧制循。

肇赐安澜钦祖考，初沿巡典惠黎民。

省耕膏泽滋青垅，阅淀帆樯集绿滨。

严戒浮华惜物力，此行岂为赏芳春？

惠济庙瞻礼毕，过卢沟桥

永定卫京邑，神祠致办香。

安流普惠泽，显应现荣光。

拦楯狞狮伏，康庄骏马骧。

疏林笼塔影，廿里近良乡。

淀神祠瞻礼，恭依皇考诗韵[18]

两淀东西神所司，庚寅勅建始基之。

旧堤巩固普蒙佑，新堰初成敬谒祠。

永定常除无定患，逢年遍庆有年绥。

式敷考泽兆民共，愿格征诚赐厚厘。

（祠在霸州城之南太平堡，东西两淀适中之地。乾隆三十二年［1767］三月奉勅建。畿南地广衍多隰，众水所钟。淀亦作淀。古称九十九淀，又约其数为七十有二。其名不可胪举，所可指者尚四十余。其地或曰泊、或洼、曰窝、曰港，虽方俗所称，而统之曰东、西两淀。其西淀[19]周三百里，概州一、县四。东淀周四百里而赢，概州县七。其上则千里长堤，控维巩固；下则格淀堤，以拒子牙、六郎，诸堤以障永定。两淀无浑流患，而专清水之利，详高宗纯皇帝《淀神祠碑记》。今予以巡视新茸河堤，爰即仰瞻祠宇，致敬升香，以答神庥贶佑。本我皇考勤求民瘼之诚覃于无极，凡当年卫民捍患诸钜工，若不以时修治，何以上承遗志保乂斯民。斯予之仰冀，格歆抒辞申告也。）

观永定河下口

河源出山西，环绕三辅地。

永定赐嘉名，常沐安澜赐。

下口汇津门，迁徙六度置。

水性在顺流，壅障必滋累。

疏导胜堤防，至理诚不易。

稽古大禹君，行其所无事。

我考阐昔谟，相度躬指示。

就下因势宣，放流如奔骥。

滋来阅钜工，保民继修治。

圣泽感深长，绍承凛抚字。

（永定河自康熙三十七年［1698］筑堤之始，下口由安澜城。后因原道渐淤，三十九年［1700］改由柳岔口。雍正四年［1726］改由王庆坨。至乾隆十六年［1751］，改由冰窖草坝。二十年［1755］改由贺老营。三十七年［1772］改由条河头。计前后迁徙六度。永定河即桑干水，其来源甚远。经流汇注，畿南诸水道为其所夺，易致淤垫，泛溢堤埝。屡经先朝区画，原委详圣制诗文及河渠各志。频年以来，三汛期内，疆吏亦以时抢险入告，幸俱旋报安澜。而酾导堤防，为之盱宵周度，指示机宜。濒河田庐，借以保障。所费以钜万计，从不稍靳。诚以民生所系至巨，正不能稍弛畴咨之念耳。）

［卷首御制诗校勘记］

〔1〕此诗题原刊本无，今本据其序增补。

〔2〕原本及今本均缺一句，依韵脚当在此句前。

〔3〕原刊本作"圖"，今本改作"囷"，于诗意符合，从今本。

〔4〕此段自注原刊在诗末二句前，今本置于诗末二句后，从原刊本挪前。

〔5〕原刊本口前之字为"缺"，今本以意改为"决"现从原刊本仍作缺。

〔6〕原刊本作"來"［"来"的繁体字］，今本改作"未"，从原刊本仍作"来"。

〔7〕原刊本作"年"，今本改作"岁"，从原刊本仍作"年"。

〔8〕原刊本作"闰"，今本作"间"，从原刊本仍作"闰"。

〔9〕今本因字不可辨识以四空格暂代，据原刊本增补"已少不无"四个字。

〔10〕今本"西"误作"面"，从原刊本改作"西"。

〔11〕今本"曾"误作"曹"，从原刊本改作"曾"。

〔12〕今本"政"字原脱，从原刊本增补。

〔13〕此"年"字，原刊本脱，今本因文意增补。从今本。

〔14〕此"己"字，原刊本误为"乙"，今本改正"己"。

〔15〕今本及原刊本"己亥"后均脱"年"字，据文意增补。

〔16〕"吁"字，原刊本为"籲"〔"吁"的繁体字〕今本误改为"颡"〔音sǎng〕，意额头。与诗意不合，故复为"吁"。

〔17〕原刊本作"吟"，今本改作"岭"，从原刊本作"吟"。

〔18〕今本将《淀神祠瞻礼　恭依皇考诗韵》一诗与《观永定河下口》一诗混杂，并将前诗八句五十六字及自注文二百四十字丢失。后一诗前四句二十字丢失。今据原刊本补齐。

〔19〕"其西淀"三字原刊本脱，据前后文意增补。

89

卷一　绘　图①

永定河源流全图

六次改河图

沿河州县分界图②

---

① 本志书绘制的地图未采用比例尺。河流、山脉、城邑、村庄等位置多为示意性，不太准确。读图习惯也与今人不同，采用"上南下北，右西左东"，因此各图幅都是右首起向左行，表示永定河从西向东流的大体趋势，南北方向正相反。图中注记文字也是从右向左读。各图幅中州县地名可从本书增补附录《永定河流经清代州县沿革简表》中查寻其沿革，一般不单独在本卷中注释。此处原印本无"卷一　绘图"字，仅有"永定河志·绘图"。参照总目录此处添加，并另起一页。

② 原印本无分卷目录，此三标题为整理时，参照总目录添加。

繪圖

永定河源流全圖

管涔山

龍母廟

天池

東莊

元池

海神廟

分水嶺

灰河

寧武府

陽方口

上爛

苗家莊

八角山

野鴻澗

馬頭山

图一②

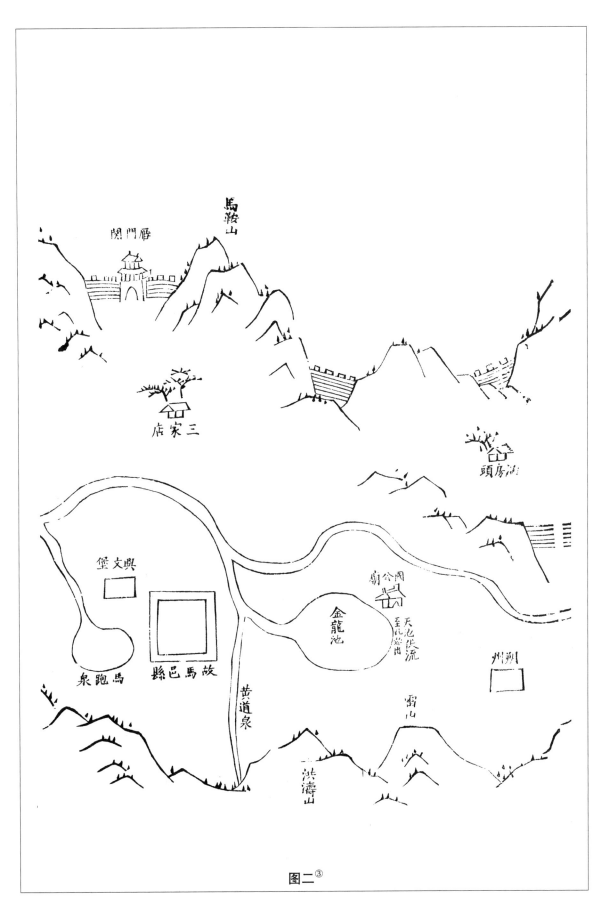

馬鞍山

閣門廠

店家三

頭房湖

興文堡

故馬邑縣

馬跑泉

黃道泉

金龍池

圈公廟

天池伏流至此噴出

朔州

雷山

洪濤山

图二③

水关门雁

底河西东

底河西西

底河西北

鄠河

河鄠东

河鄠西

图三④

图四⑤

卷一 绘图

95

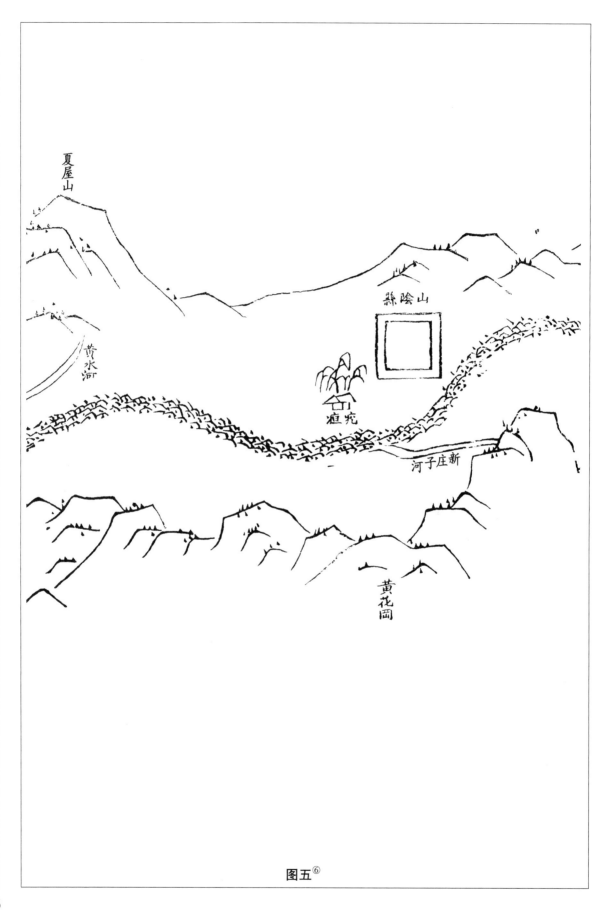

图五⑥

图六⑦

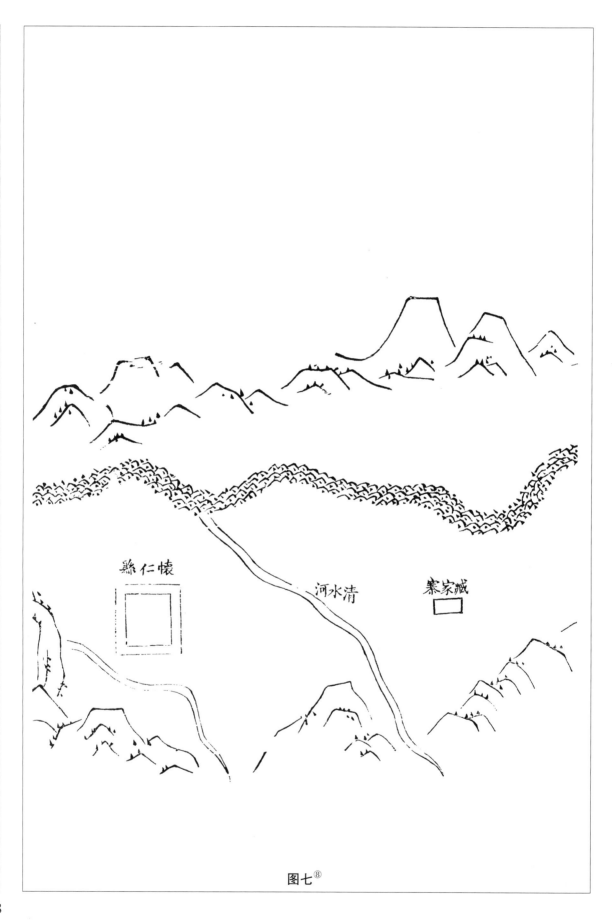

縣仁懷　　河水清　　寨家臧

图七⑧

图八⑨

图八⑨

卷一 绘图

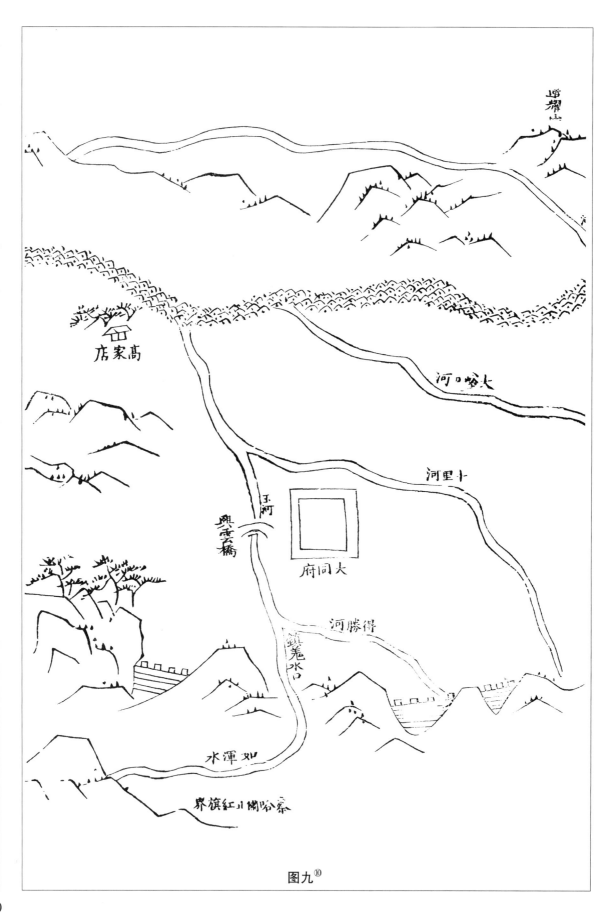

図九[10]

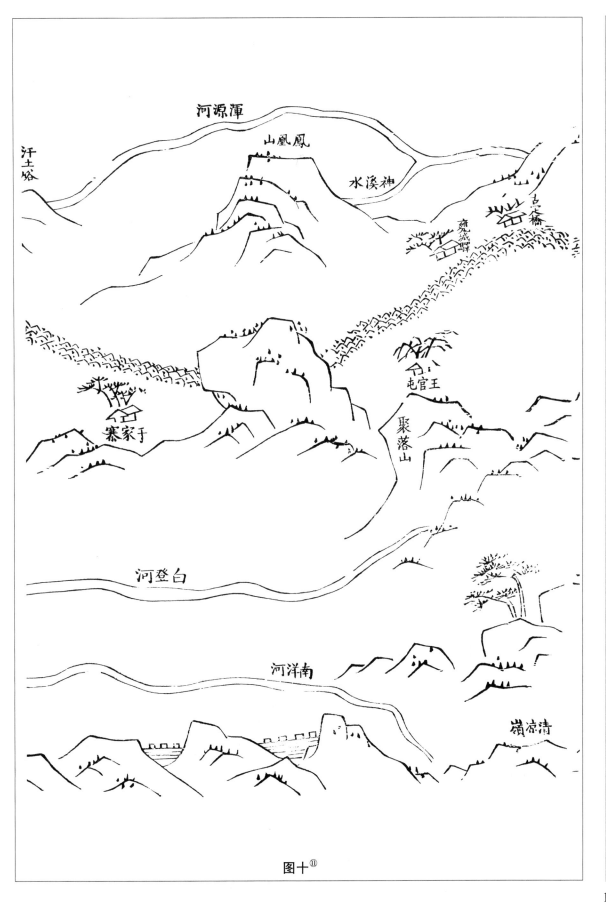

河源渾

山凰鳳

汗土峪

水溪神

喜橋

齋城驛

寨家于

屯官王

聚落山

河登白

河洋南

嶺凉清

图十⑪

卷一　绘图

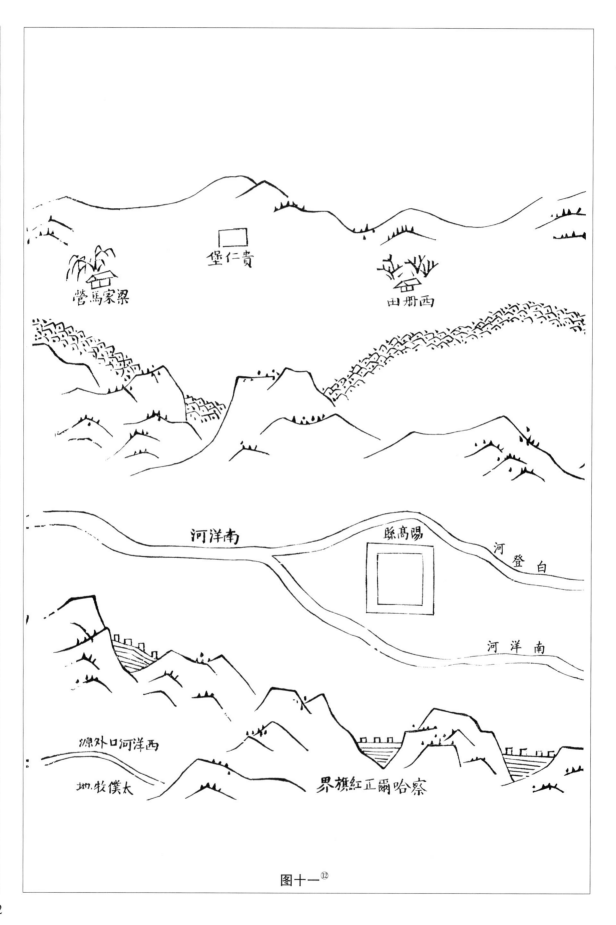

堡仁贵

营馬家梁

田册西

河洋南

縣高陽

河登白

河洋南

源外口河洋西

坳牧僕太

界旗紅正爾哈察

图十一⑫

图十二

石梯嶺

縣靈廣

靈泉

南梁莊

西寧縣

沙河堡

梆園泉

天鎮縣

哈爾正黃旗界

東洋河口外源

图十三⑭

（嘉庆）永定河志

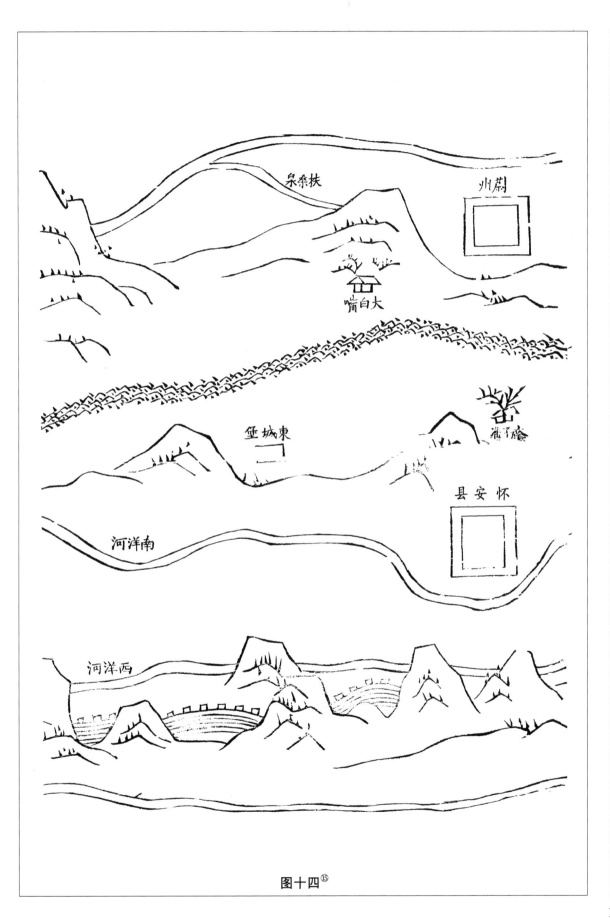

图十四⑮

河平太

河流壶

口渡大

口渡小

莲河洋西

图十五⑯

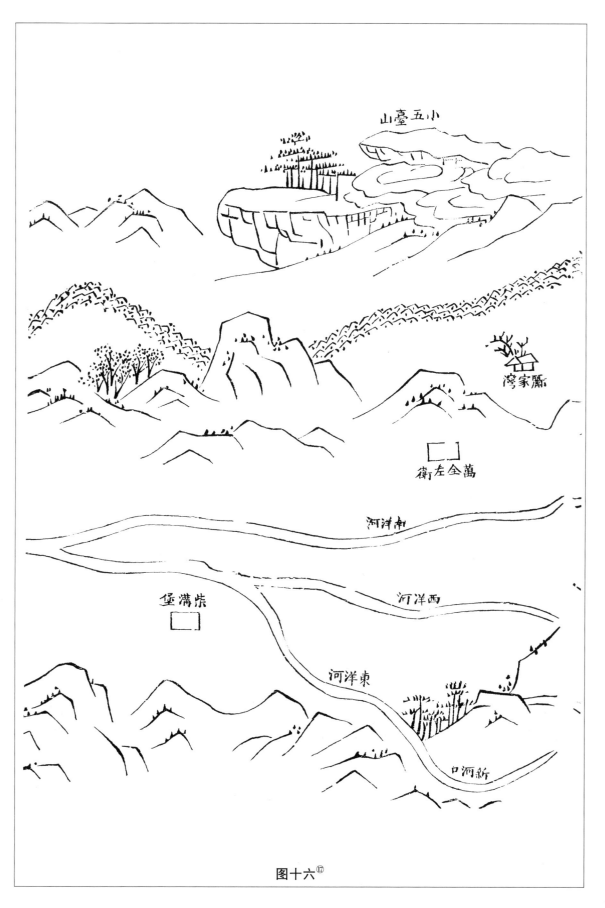

山臺五小

廟家灣

萬全左衛

南洋河

西洋河

柴溝堡

東洋河

新河口

图十六⑰

图十七⑱

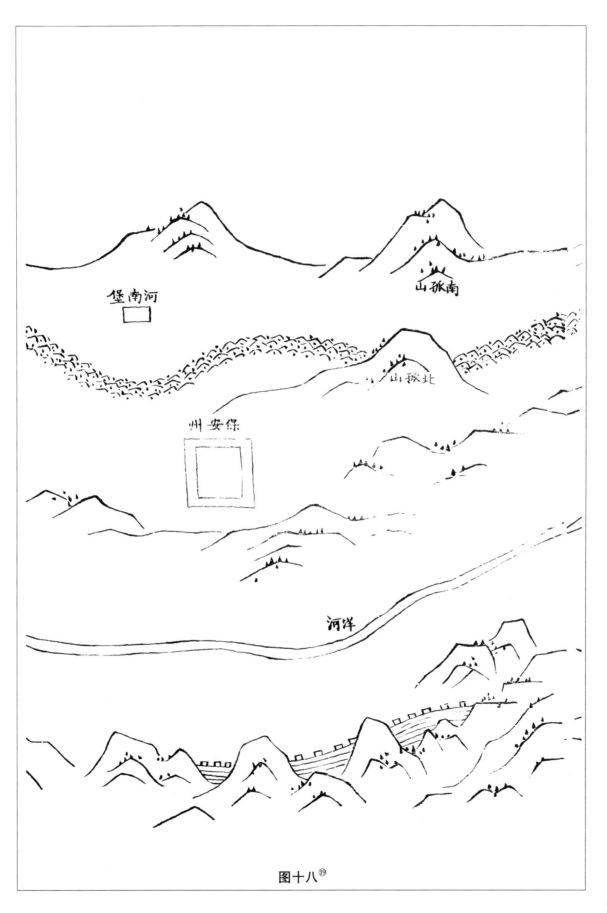

河南堡

南狐山

北狐山

保安州

洋河

图十八⑲

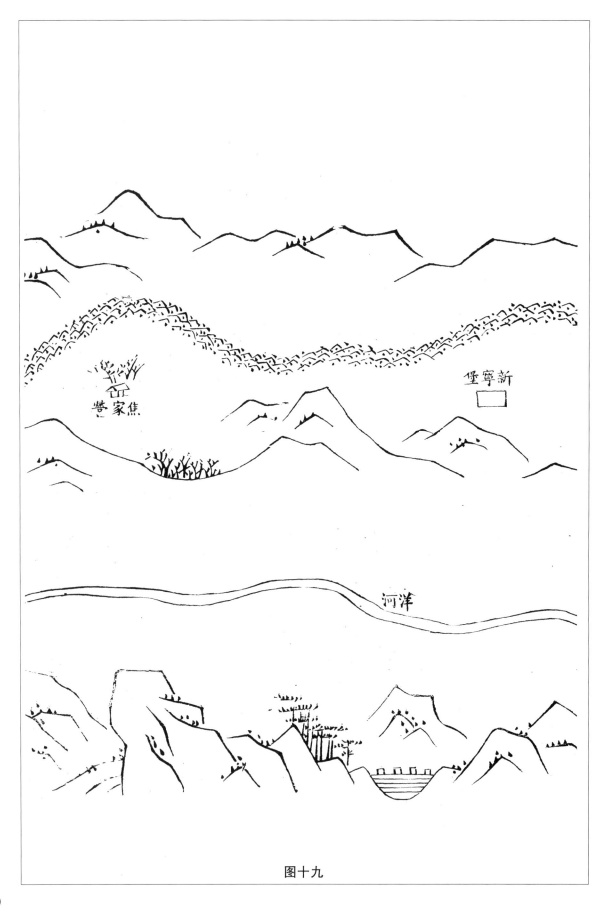

新寧堡

焦家營

洋河

图十九

（嘉庆）永定河志

110

管家包

廟娘娘

鷄鳴山

洋河

图二十⑳

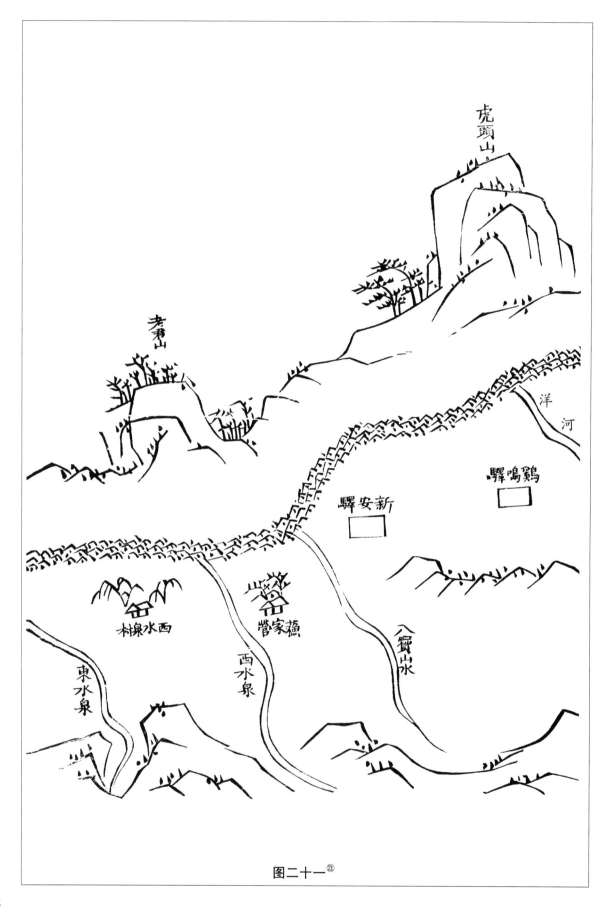

虎頭山

洋河

老君山

驛鳴鶏

驛安新

西水泉村

管家營

西水泉

八寶山水

東水泉

图二十一㉑

（嘉庆）永定河志

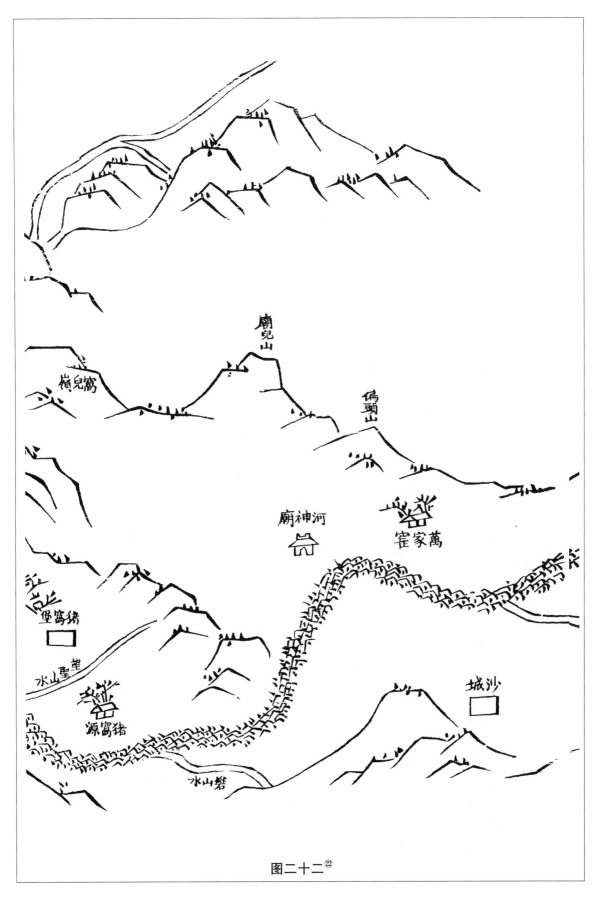

廟兒山

嶺兒窩

偏頭山

廟神河

萬家窑

猪窩堡

聖山水

猪窩源

沙城

磐山水

图二十二②

（嘉庆）永定河志

王門于

四十五嶺

小酆州

图二十四^㉔

（嘉庆）永定河志

潘村山

干台杯

口河沿

信阳山

村阳信

图二十五㉕

图二十六^㉖

（嘉庆）永定河志

图二十七㉗

清水涧

老婆嶺

坡南

大梁

二梁

池鹽

坡北

图二十八^㉘

图二十九㉙

图三十㉚

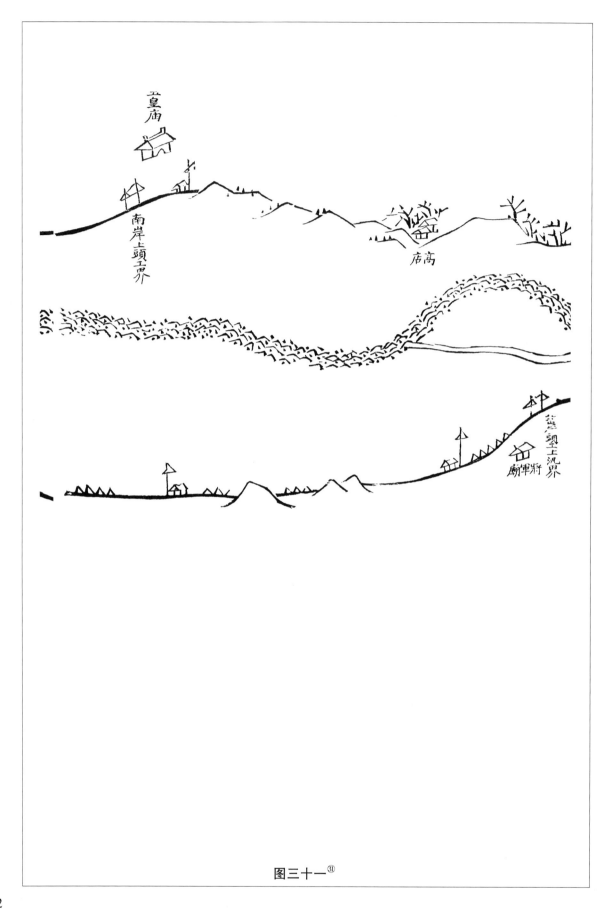

（嘉庆）永定河志

图三十二

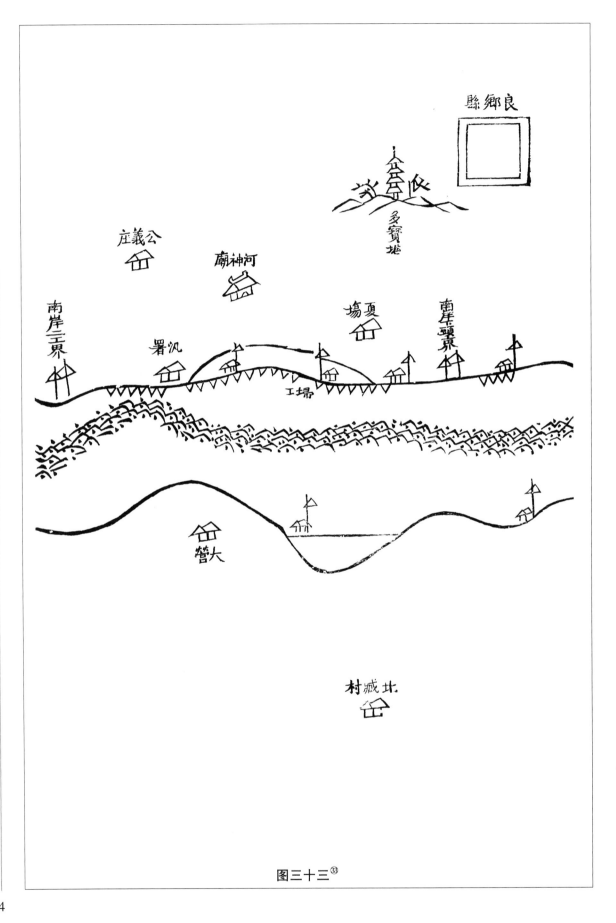

図三十三⑧

（嘉庆）永定河志

图三十四③

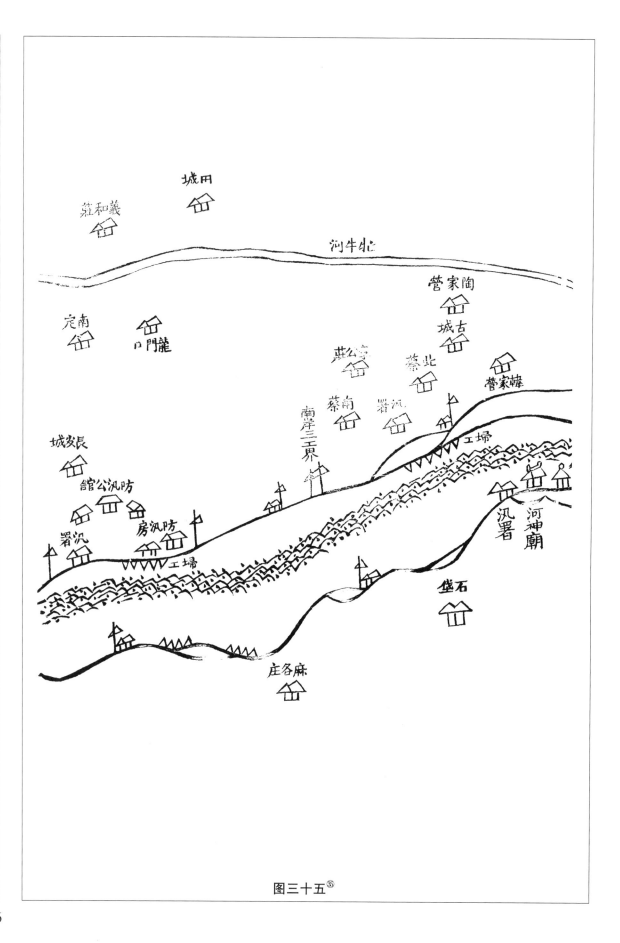

图三十五

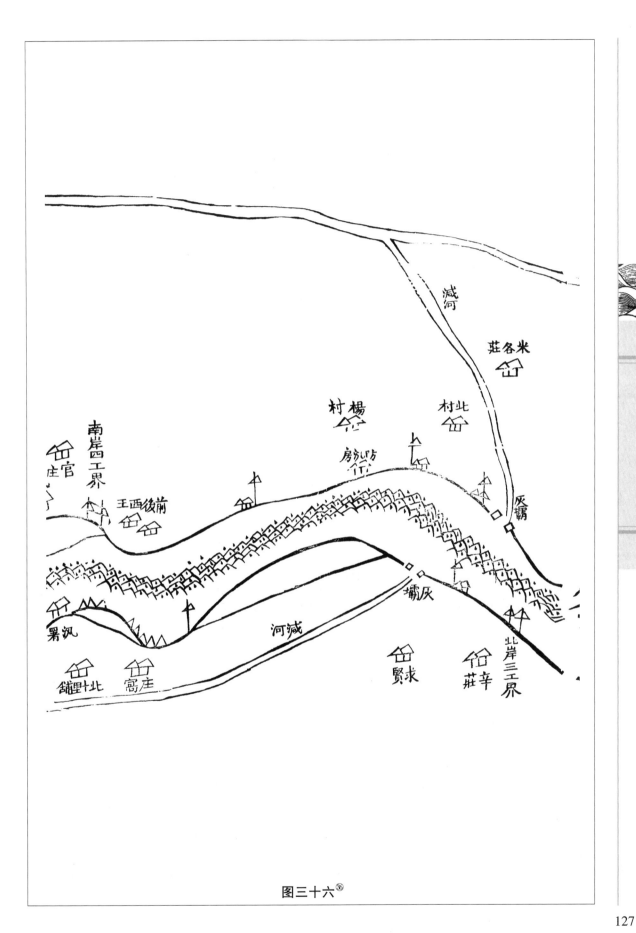

图三十六

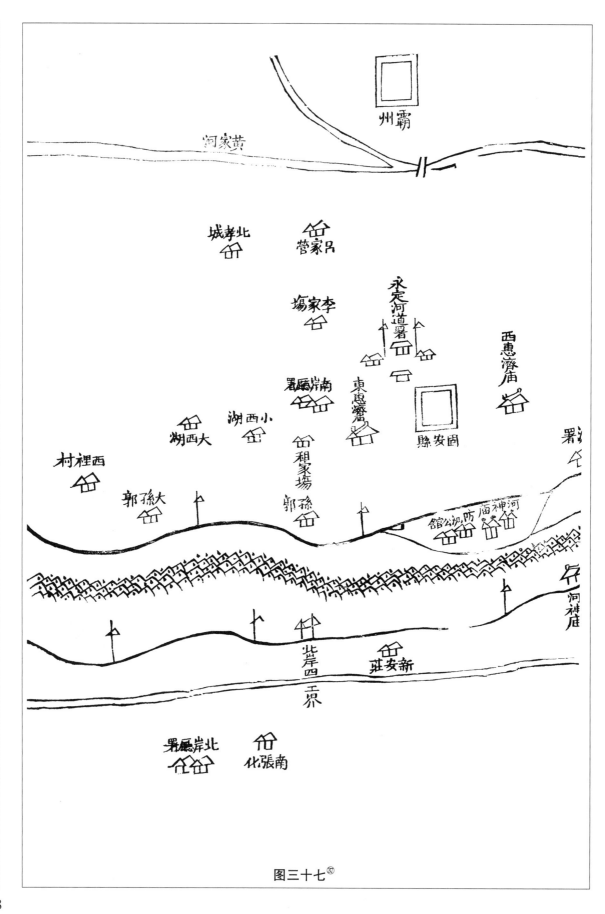

图三十七⑰

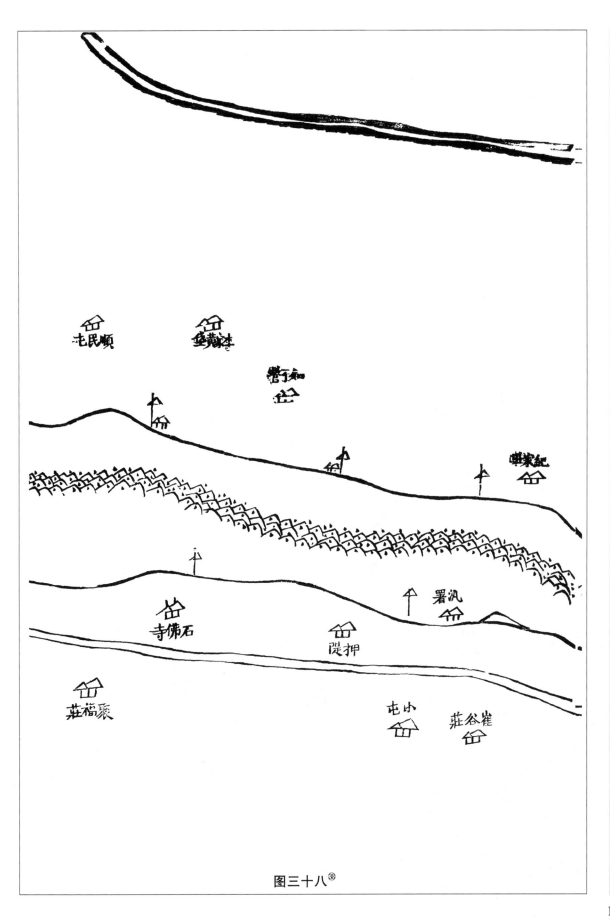

图三十八³⁸

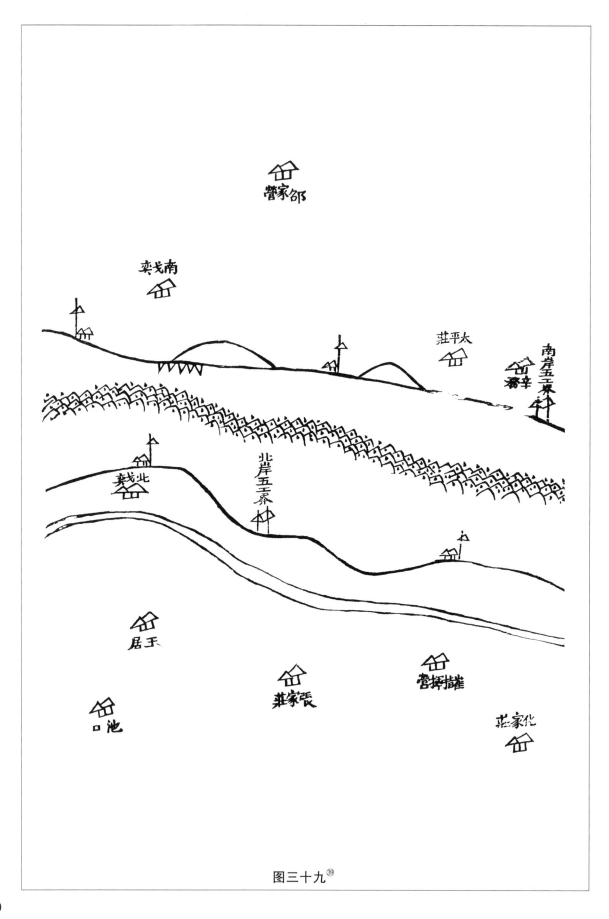

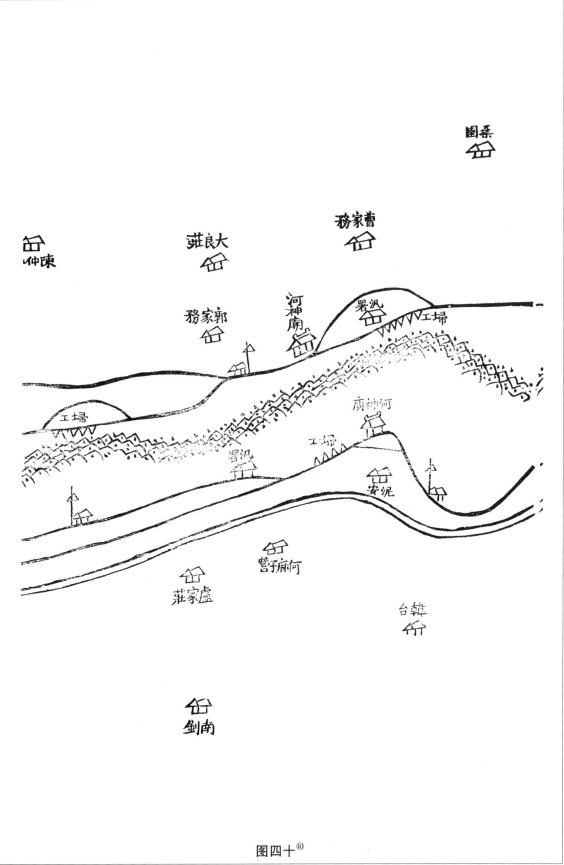

图四十⁴⁰

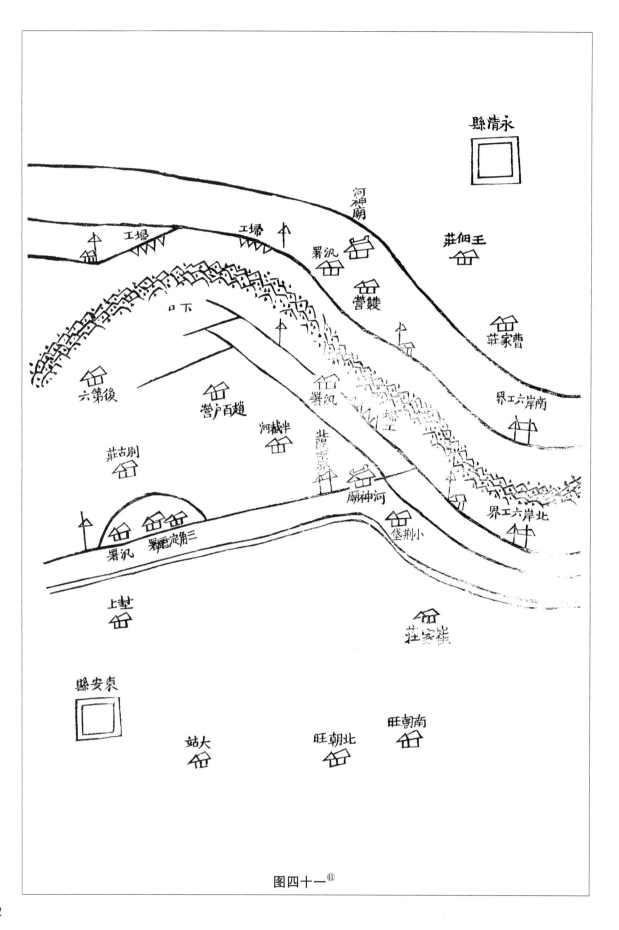

图四十一^④

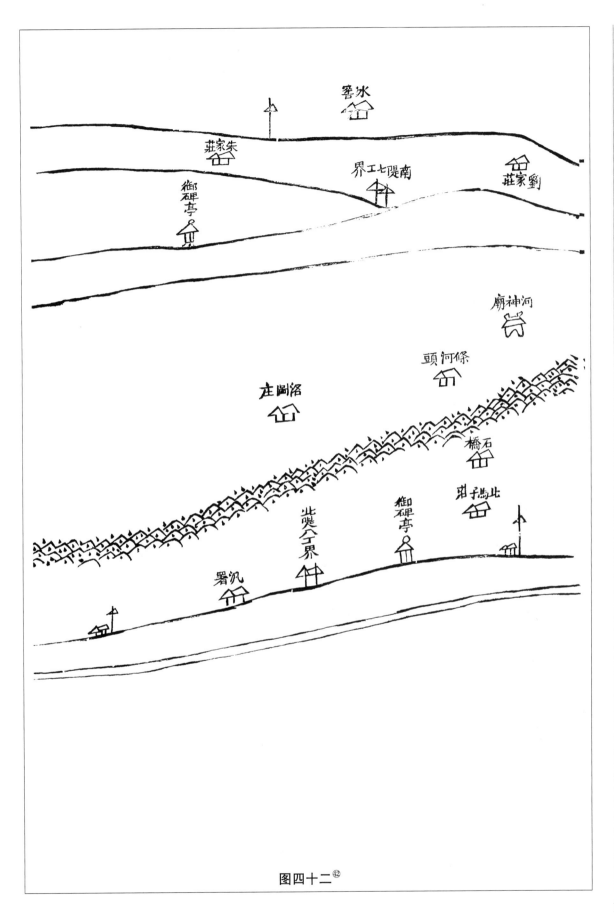

图四十二^⑫

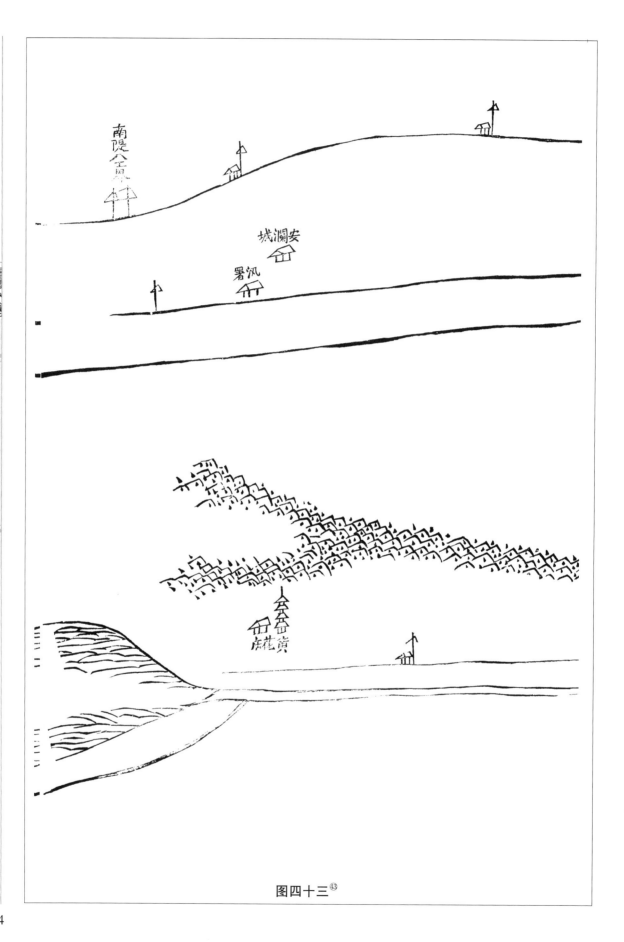

（嘉庆）永定河志

图四十三㊸

御碑亭

南隈九工界

褚河港

王庆坨

暑汛

范甕口

六道口

郑家搂

安光

陶河

张家莊

沙家淀

母猪泊

凤河

暑汛總把

靡家淮

图四十四④

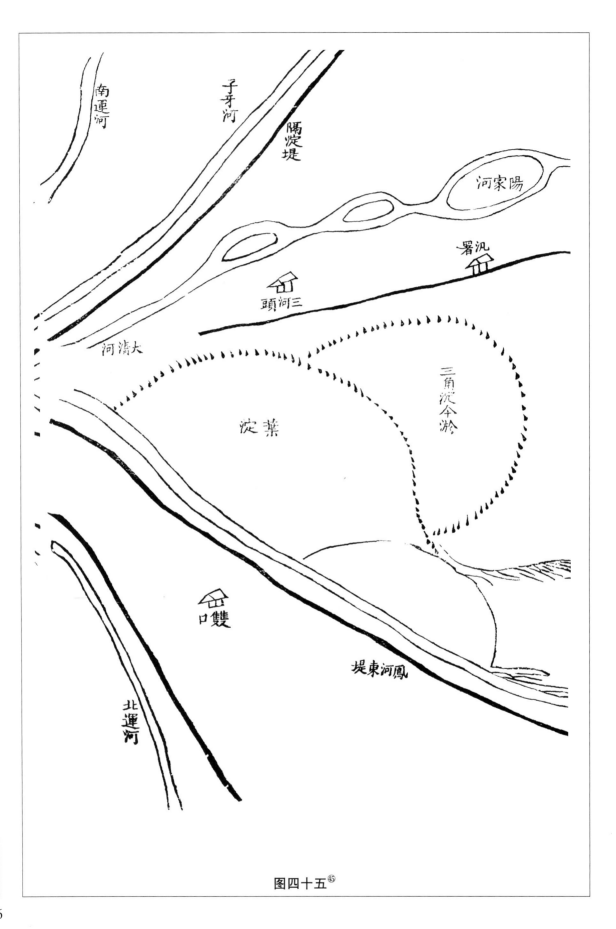

南運河

子牙河

隔淀堤

陽家河

署汛

三河頭

大清河

三角淀今淤

葉淀

雙口

鳳河東堤

北運河

图四十五^⑤

（嘉庆）永定河志

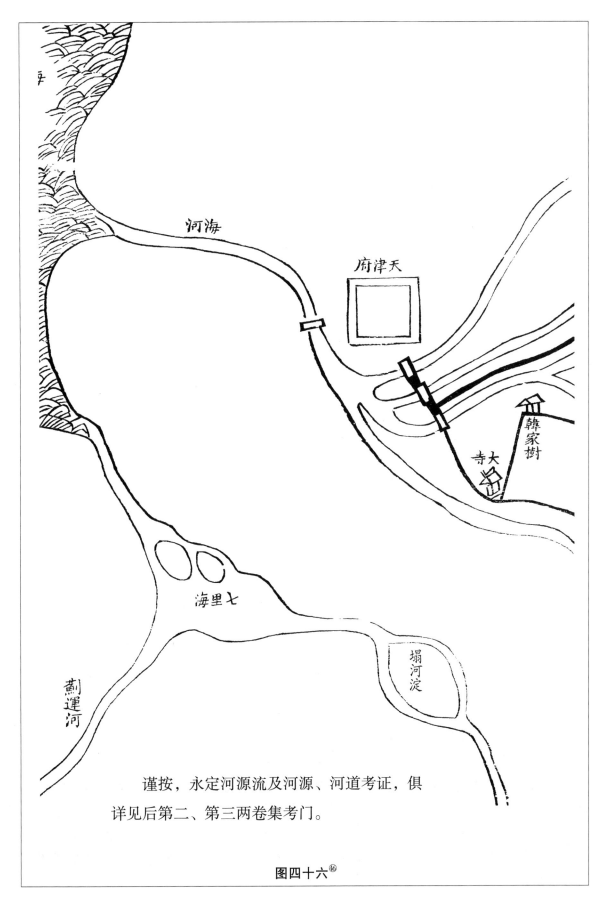

海河

天津府

韩家树

大寺

七里海

塌河淀

蓟运河

谨按，永定河源流及河源、河道考证，俱
详见后第二、第三两卷集考门。

卷一 绘 图

图四十六㊻

[《永定河源流全图》注释]

①此标题原在本卷卷首图一左侧，现单立1页。

②图一，管涔山，在山西省宁武县西南六十里，主峰卧羊场（2603米）；分水岭在宁武县西南四十里，其东为恢河河源，其西为汾河河源。

③图二，故马邑县指山西省朔州市朔城区东北四十里，桑干河北岸的马邑乡，元明清马邑县故治，清嘉庆元年（1796）废入朔州，改为马邑乡。洪涛山在马邑乡北二十里，在山西《朔州市水系图》（朔州市水利局2011年五月版）及《山西省地图册·朔州市区图》中标高1460米。即《水经注》谓之"灅水出于累头山"。

④图三，在今朔州市朔城区东境有陈西河底（桑干河北）、南西河底（桑干河南）、肖西河底地名（见上引《朔州市水系图》），当与图中的东西河底、北西河底、西西河底有关。东鄀河、西鄀河两村在今山西省山阴县西境，为鄀河流经地。鄀河在今《朔州市水系图》尚有标记。

⑤图四，西施院今名西寺院；阳和堡今名河阳堡；罗家庄今名罗庄，又名南罗庄；安营子又名安银子。

⑥图五，图中山阴县是指今旧山阴县（古城镇）在桑干河南；夏屋山在山阴县南，东与恒山相连，西与勾注相连。"黄水河在应州西自朔平府马邑县东北流入山阴县界，又东北流入西北西北八里庄入桑干河（即古灅水也）见（《大清一统志》）"。

⑦图六，如图所示黄水河（接图五）人桑干河；桑干河经黄花岗东南又东流，有木瓜河绕大营村自西北注入桑干河（木瓜河源于山阴县东北，大营村在应县西北）。桑干河又东转南流有磨道河经曹娘子堡、北贾家寨来会（见《山西省地图册·应县图》）

⑧图七，清水河自怀仁县西北——东南流入，经臧家寨东北入桑干河。臧家寨在应县境，今《山西省地图册》有河经小清水河村，在屯儿村西南入桑干河，此河源于怀仁县西南韮畦村。图中未标记河名的河当为里八庄河。关于清水河和里八庄河源流见本志卷二今河考有注释辩别之。

⑨图八，图中在云冈山西南的大峪口河，据《清一统志·大同府·山川》云："武周寨水在怀仁县南七十里，源出县西新庄村，东流经薛家庄，又东流至县东南入桑干河，一名新庄河，又名南河"。武周塞水实际源于左云县东南，入怀仁县境，东南流至大峪口，始名大峪口河。今名大峪河。又《水经注》："桑干河又东左合武周塞水，水出故城，东南流出山，经日没城南……东日中城……在黄瓜阜北曲中，其水又东流，注桑干。"考日没城、日中城在今怀仁县西南金沙滩乡。古今武周塞水，都说东流注入桑干河。今《山西省地图册》怀仁县图大峪口河经高镇子东入桑干河。而《朔州市水系图》则标记在应县北部，屯儿村西南入桑干河。图中标记里八庄和清水河参见卷四相关注释。本图标记的河流、州、县、村庄，相对位置并不准确。如西安堡在今怀仁县城东约三十里，本图大峪口河在怀仁县境入桑干河，即在西安堡西。因此《永定河源流全图》仅仅是示意性的，非精确定位地图。

（嘉庆）永定河志

⑩图九，图中镇羌水口在今大同市城北七十里的镇羌堡，得胜河在其南由得胜堡注入如浑河（即御河，又名玉河），在大同府城东兴云桥下南流，至塔儿村附近十里河注入，玉河又东南流至高家店与桑干河相会。

⑪图十，浑源河（源于浑源州东汗土峪）由东向西流至西安堡（见图八）南的新桥入桑干河。高家店、王官屯、于家寨在今阳高县境。白登河源于大同县，东流至阳高县南，东流至天镇县始名南洋河，后流入直隶境。

⑫图十一，西册田今属山西大同县；贵仁堡、梁家马营在今属山西阳高县。

⑬图十二，李芳山在今山西天镇县西南三十余里；六棱山在阳高县东南与今河北阳原县西北交界处；芦子屯、嘴儿图在今河北省阳原县境。

⑭图十三，西宁县即今河北阳原县；广灵县属山西，治所壶流泉镇，壶流河源于县西南，东流入河北蔚县，又北流入阳原县汇入桑干河。

⑮图十四，怀安县指今河北怀安县旧治怀安城镇，在今县治柴沟堡南四十六里。东城堡在阳原县东部，今称东城镇；蔚州今河北蔚县。

⑯图十五，西洋河堡在今怀安县西境的西洋河水库北岸；大渡口、小渡口在阳原县东部，桑干河两岸，壶流河至此入桑干河。

⑰图十六，图中万全左卫有误。万全县，元宣平县地，明洪武年间置为德胜堡，永乐年间移万全右卫治此，清康熙三十二年改置为万全县，隶属宣化府（见嘉庆《清一统志》三十八宣化府一），而万全左卫在今怀安县旧治（怀安城镇）东北六十里，柴沟堡东五十里。本图误标记于西。图中西洋河与东洋河相会于柴沟堡西，又东流南洋河来会。此处记载与陈琮撰乾隆《永定河志》所记有异。洋河三大支流汇合地及汇合先后顺序，历来史志有不同说法。谭其骧《中国历史地图集》七、八两册直隶、山西图汇合地均在柴沟堡东；《河北省地图册》怀安县图汇合地也在柴沟堡东。

⑱图十七，万全县清嘉庆时移治于张家口下堡，今治在孔家庄镇。两地都在柴沟堡东。宣化府治所在今宣化县（区），现为张家口市辖县（区）

⑲图十八，保安州今涿鹿县。

⑳图二十，鸡鸣山又称鸣鸡山、摩笄山。桑干河、洋河由西北东南流出宣化县界。

㉑图二十一，本图标记洋河在鸡鸣驿西南汇入桑干河。此说实际有误，洋河自鸡鸣驿东南流，经朱官屯至夹河才汇入桑干河（见《河北省地图册》怀来县图。

㉒图二十二，图中沙城，即今河北怀来县县治沙城镇；猪窝源今名珠窝园，在今官厅水库西岸。

㉓图二十三，接上图，水门在猪窝源南，在今官厅水库西岸有源于延庆县的妫河，经怀来县西流至水门入桑干河，其上游没入官厅水库。旧庄窝、安家悬、横岭、水峪沟，清《顺天府志》载属宛平县，今属怀来县。

㉔图二十四，幽州（今名小幽州）清属宛平县，今属怀来县。桑干河经幽州进入宛平县（今北京市门头沟区）界。

㉕图二十五，信阳山、信阳村、林台子、沿河口在今门头沟区境，今名为向阳山、向阳村、林子台，沿河口仍旧，《顺天府志》同此。

㉖图二十六，猪窝今名珠窝，清属宛平县，今属门头沟区。

㉗图二十七，图中群鱼口今名芹峪口，其余地名如图。

㉘图二十八，盐池今名雁翅。老婆岭今名落（lào）坡岭。此图有误，标记于老婆岭东的清水涧，实际是在位于老婆岭西的清水涧村入桑干河。

㉙图二十九，石瓮崖今名石古岩（方言音 nie）。其余地名如图。三家店以下桑干河进入平原地区。

㉚图三十，接上图，桑干河自麻峪始称永定河，并分为东西两股，至阴山两股合流。其西股是门头沟区和石景山区的界河。本图永定河流向基本上是西北—东南走向。石景山始有石堤。

㉛图三十一，本图永定河基本上是北—南走向，北岸头工上汛界实际是永定河东岸，对岸自高店至南岸上头去工界是西岸。清代河工文献习惯称之为北岸和南岸。

㉜图三十二，河流走向同前图。图中地名：立垡又名栗垡；高岭又名高陵；老堤庄、鹅房、长羊店、朱家岗仍旧。此河段属宛平县。

㉝图三十三，河流仍北—南走向。夏场又名下场。河西岸属良乡县（今北京房山区），东岸属宛平县（今北京大兴区）

㉞图三十四，河流走向同前图。南张客、北张客，今名南章客、北章客，其余仍旧。西岸金门闸属良乡县，其余属涿州（今河北涿州市）。东岸属宛平县。

㉟图三十五，河流仍北—南走向，西岸除金门闸属宛平县外，其余属涿州。东岸属宛平县。

㊱图三十六，辛庄、求贤两村以上永定河北—南走向，以下转西—东走向。南岸属固安县；北岸属宛平县。

㊲图三十七，永定河西—东走向。图中南岸属固安县。北岸属宛平县。

㊳图三十八，河流向同前图。南岸属固安县；北岸属宛平县。

㊴图三十九，河流向同前图。本图各地名属永清县。

㊵图四十，河流向同前图。本图各地名属永清县。何麻子营为本志卷一绘图所载第三次改河工程北堤的起点，东至武清县范瓮口，由郭家务开放引河，经王庆坨归淀。见三次改河图。

㊶图四十一，永定河西北转东南流，再转东北流。

㊷图四十二，冰窖属永清县，是第四次改河地。第五次改河地货尧营在永清县境，本图未画出。条何头是第六次该河地，属东安县（今廊坊市）。

㊸图四十三，安澜城（又名狼城、郎城）属永清县，第一次改河地。第二次改河地柳岔口（又名牛眼）在霸州本图未画出。

㊹图四十四，本图各地属武清县（今天津市武清区）

㊺图四十五，本图由南至北，河道依次为南运河（即卫河）、子牙河、大清河、凤河、北运河（由潮河、白河、沙河汇流而成）。

㊻图四十六，接上图南运河、子牙河、大清河、凤河、归淀泊后先后相会于天津府北，转东南流入海河，注渤海。

六次改河圖〔1〕

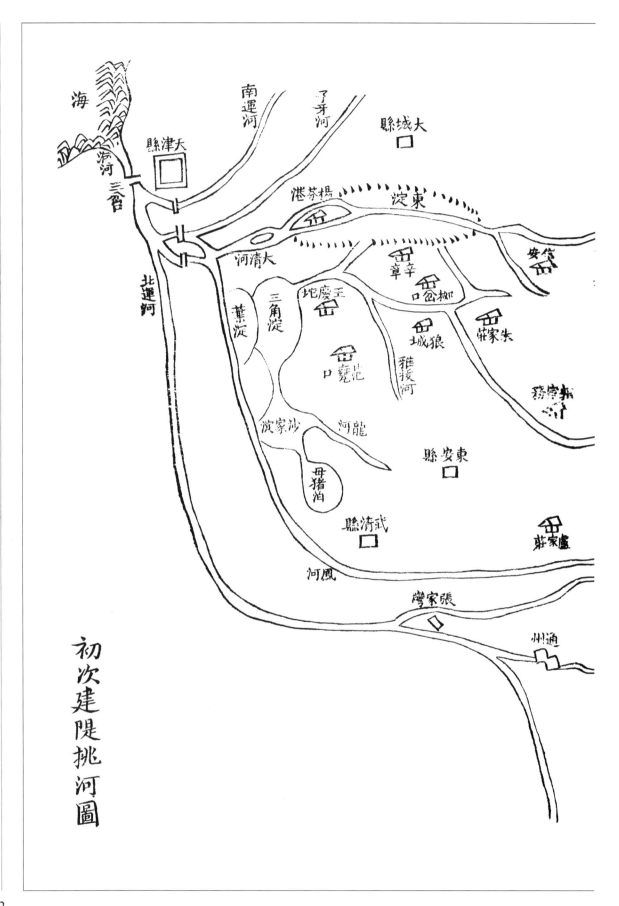

海

南運河

子牙河

縣城大

大津縣

漳河

三岔

楊芬港

淀東

安全

北運河

大清河

王慶坨

三角淀

葉淀

辛章

柳口

朱家莊

狼城

雜張寧務

鲍龍口

雅摉河

沙家淀

東安縣

母猪泊

武清縣

蘆家莊

鳳河

張家灣

鳳河

通州

初次建隄挑河圖

（嘉庆）永定河志

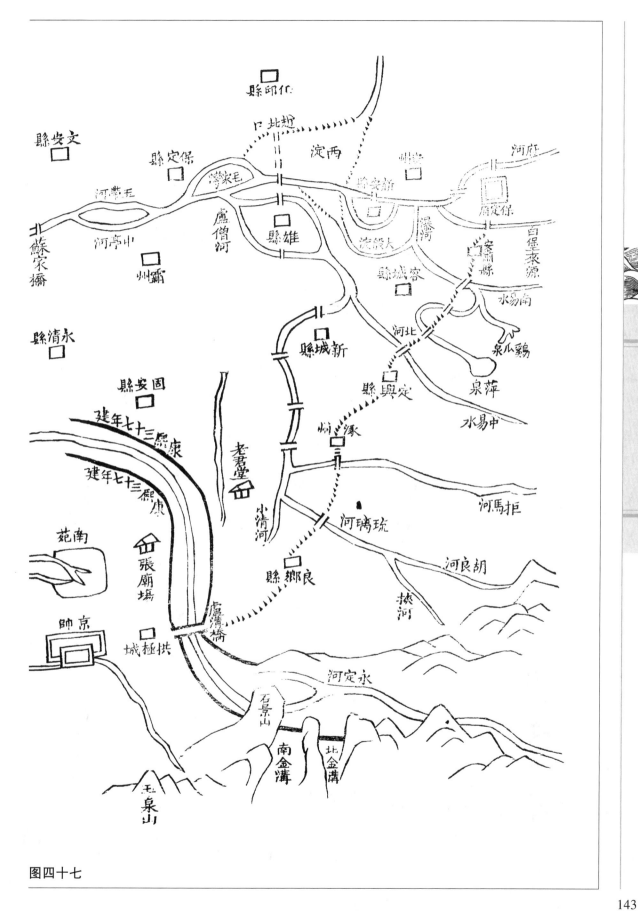

图四十七

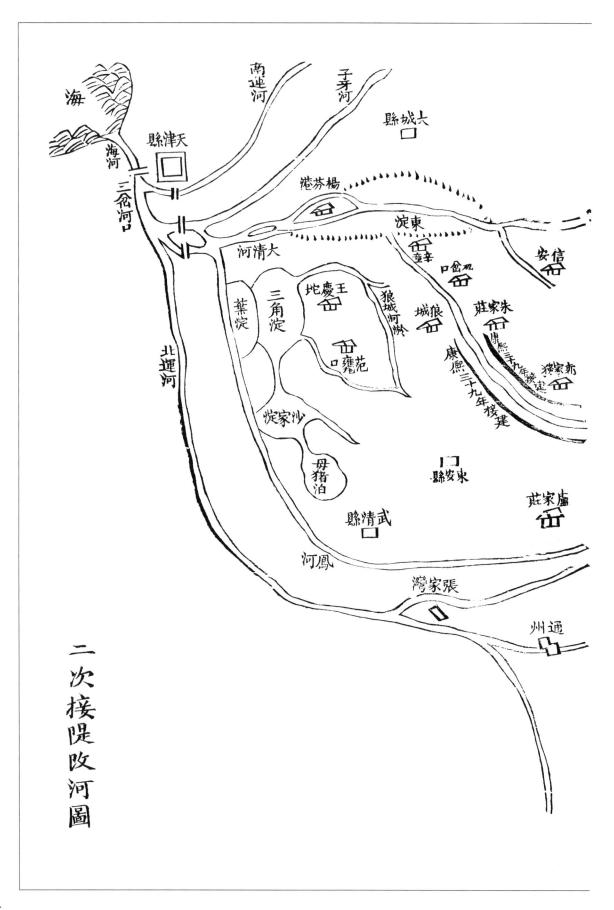

二次接隄改河圖

（嘉庆）永定河志

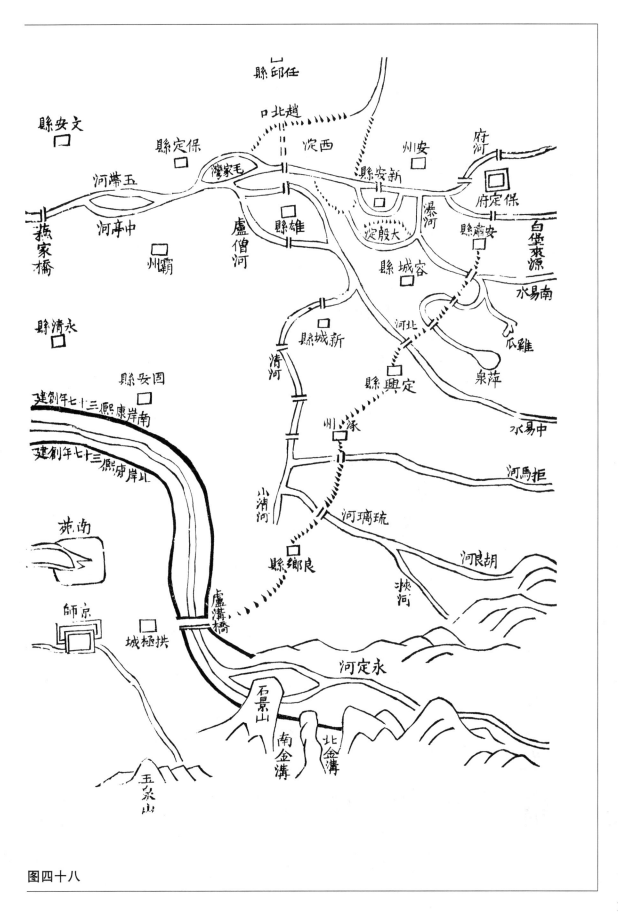

图四十八

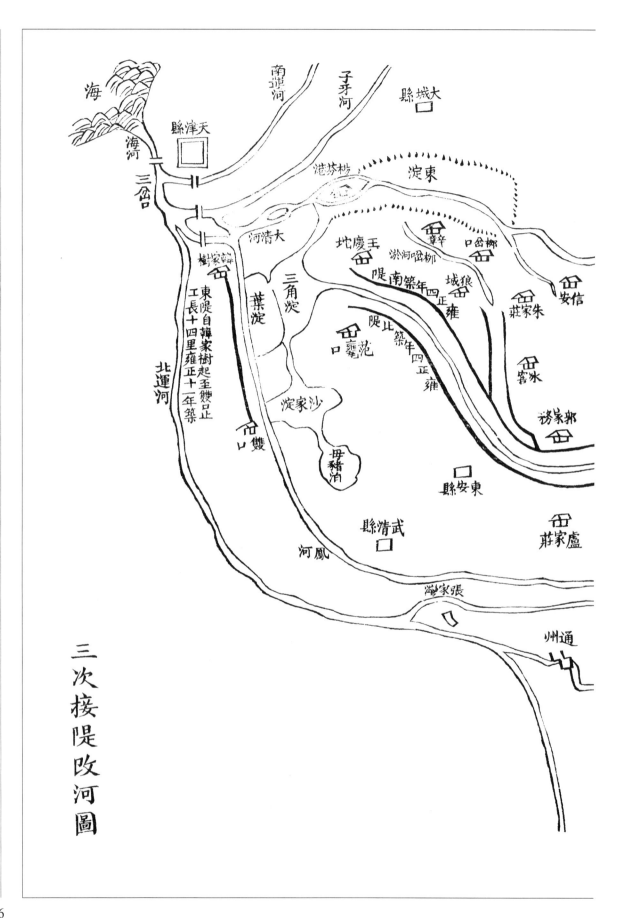

三次接隄改河圖

（嘉庆）永定河志

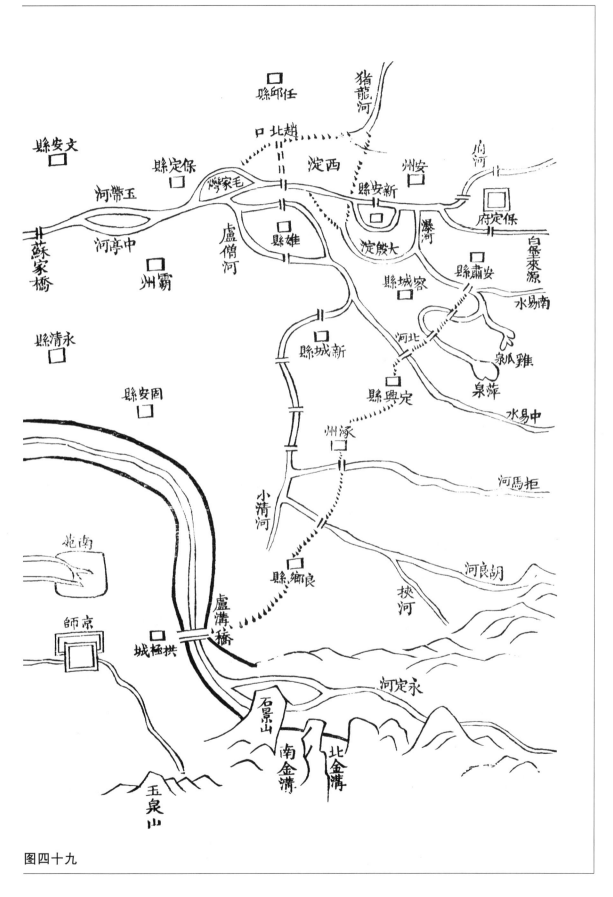

图四十九

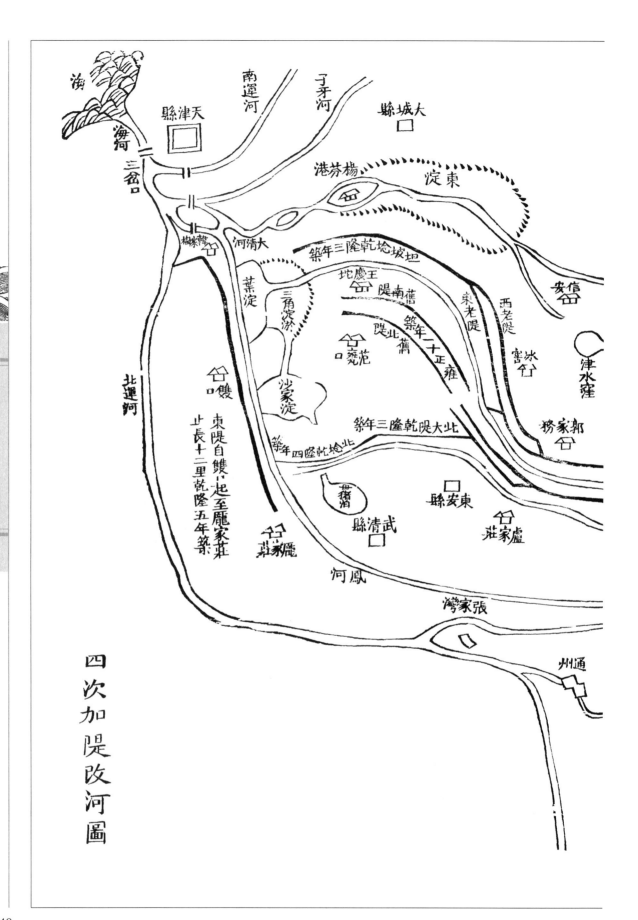

四次加隄改河圖

（嘉庆）永定河志

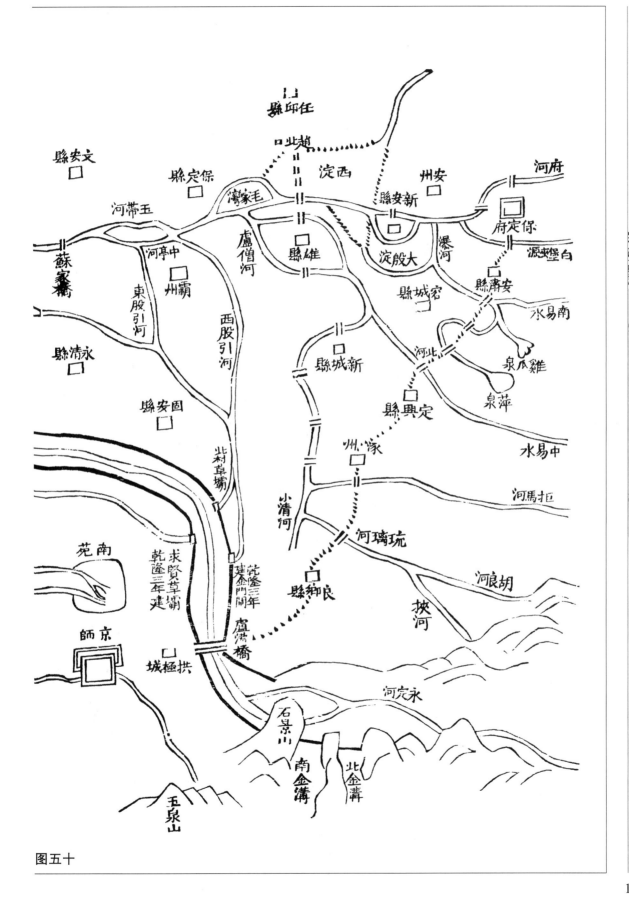

图五十

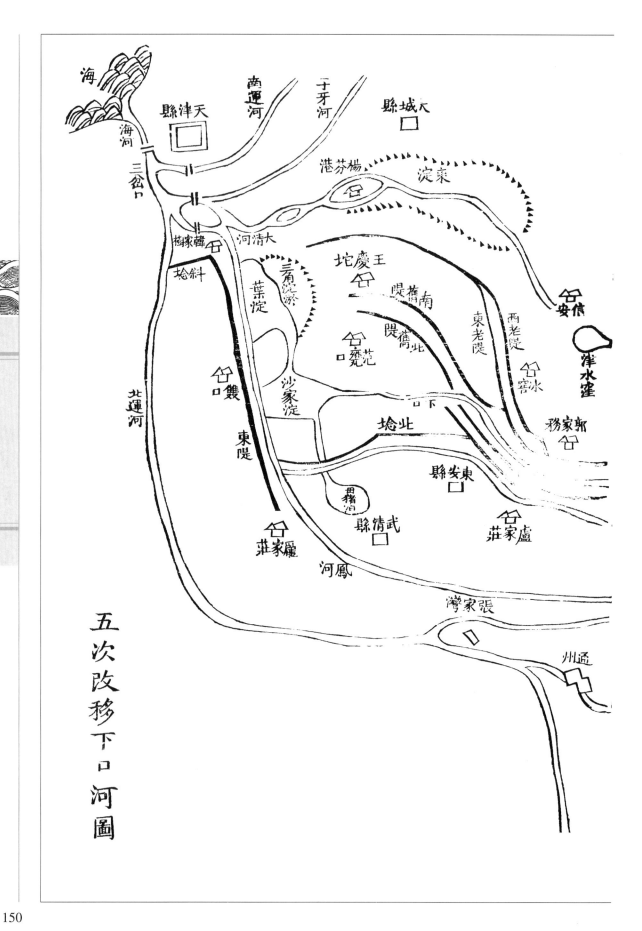

五次改移下口河圖

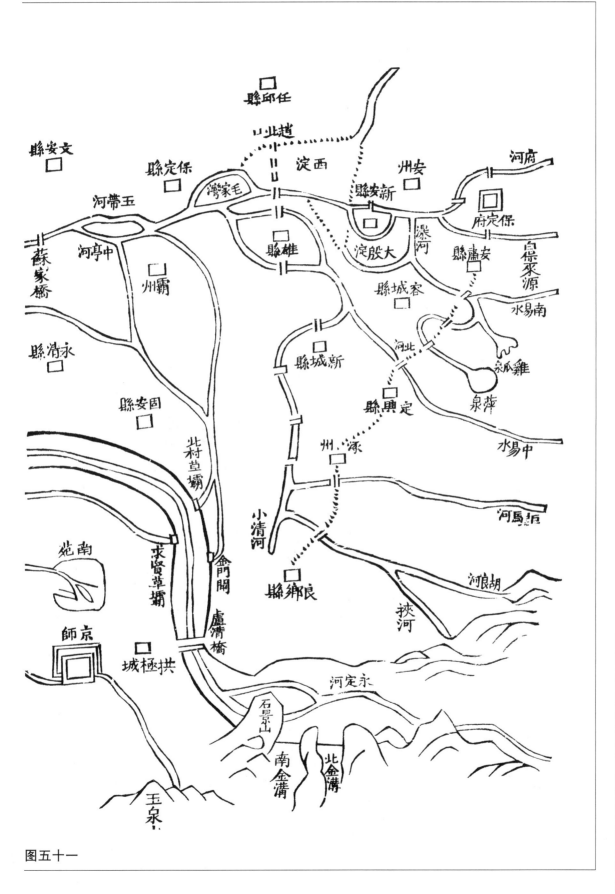

图五十一

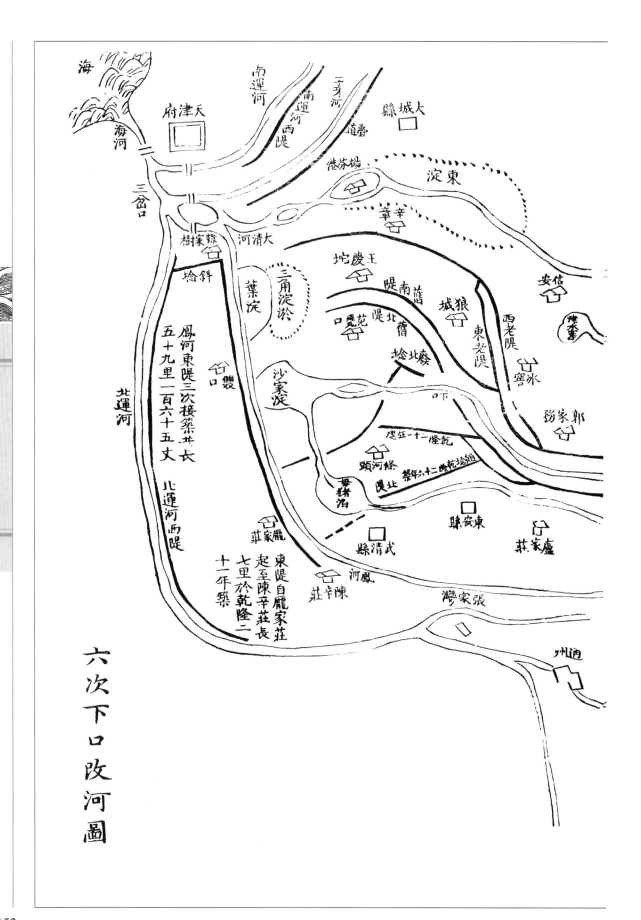

海河
海
津天府
南運河
南運河西隄
二泙河
魯道
大縣城
楊芥港
東淀
三岔口
姬家樹
大清河
斜塄
辛章
葉淀
三角淀淤
王慶坨
舊南隄
舊北隄
城狼
安信
芷□
雙口
北廢塄
西老隄
水窨
津水察
北運河
沙家淀
□下
東老隄
郭家務
鳳河東隄三次接築共長
五十九里一百六十五丈
乾隆二十一年建
北運河西隄
條河頸
乾隆道塄二十六年築
北隄
豬泊每
縣安東
盧家莊
龐家莊
東縣清武
東隄自龐家莊
起至陳辛莊長
七里於乾隆二
十一年築
河鳳
辛陳莊
張家灣
通州

六次下口改河圖

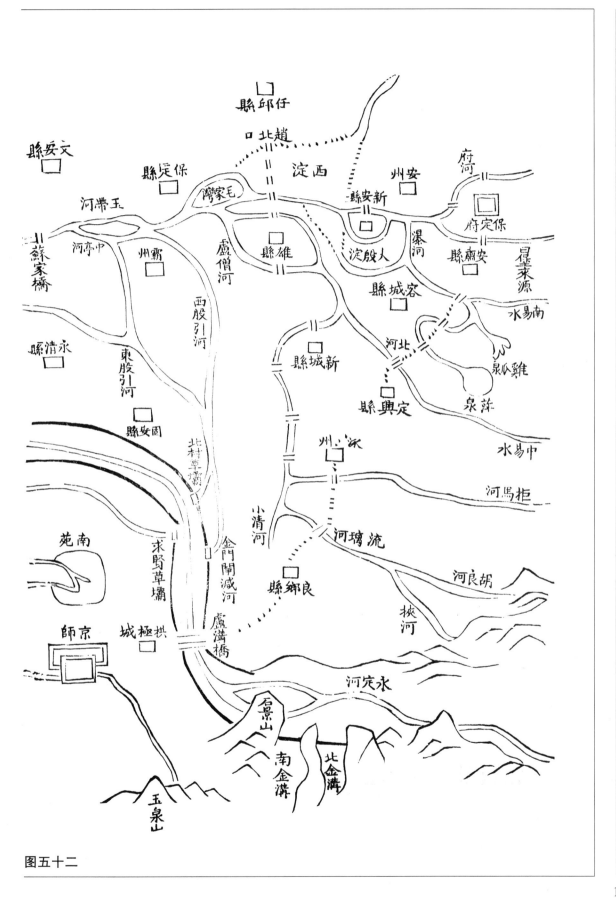

图五十二

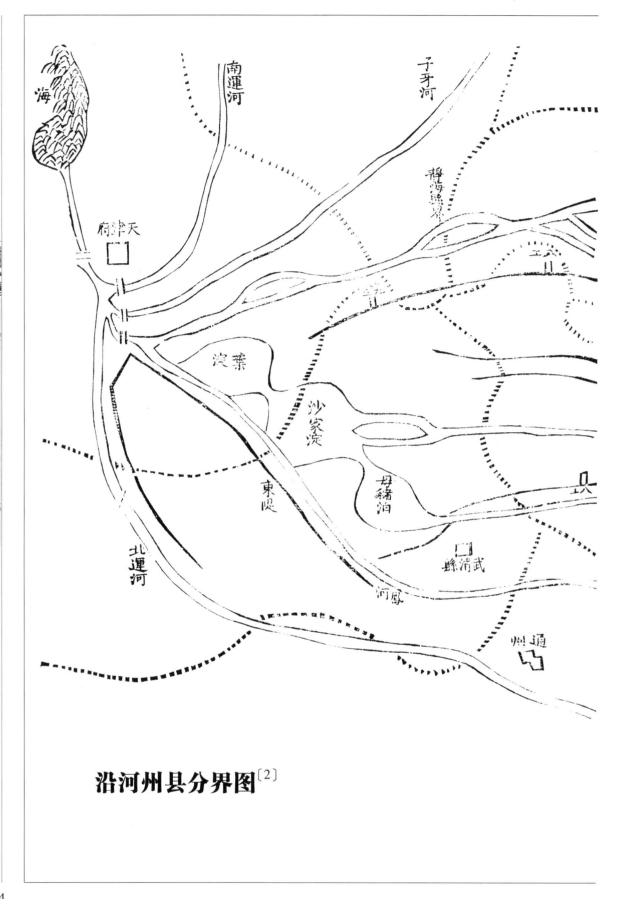

海

南運河

子牙河

靜海縣

天津府

葉淀

沙家淀

母豬泊

東隄

北運河

武清縣

鳳河

通州

沿河州縣分界圖[2]

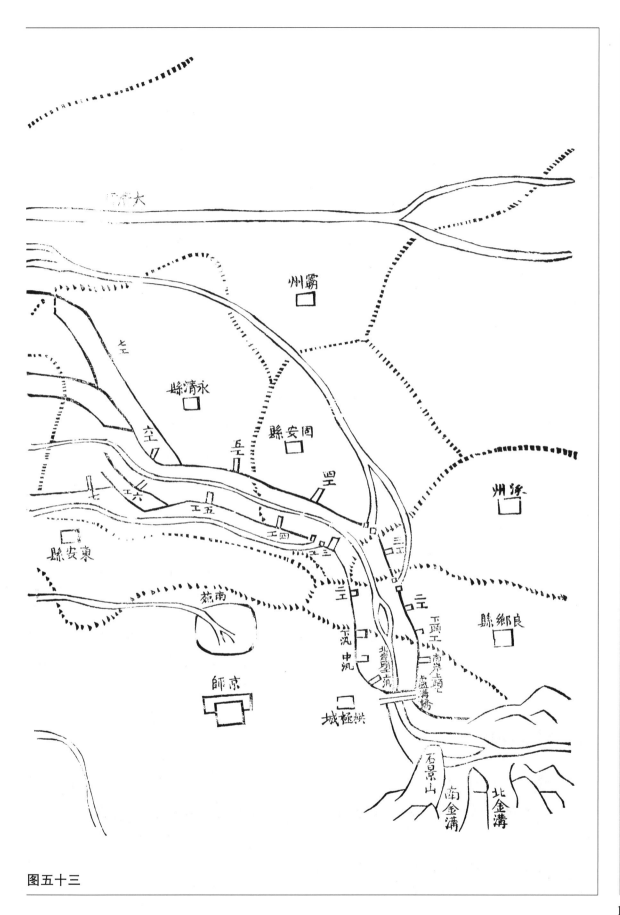

大清河

霸州

七王

永清縣

固安縣

七王

吾王

空王

六工

五工

四工

三工

三王

三工

霸州

汶州

東安縣

南茈

京師

三王

三王

良鄉縣

北岸上頭工

盧溝橋

南岸上頭工

汛中尖

南岸頭工

拱極城

石景山

南金溝

北金溝

图五十三

初次建堤挑河图说[3]

谨按：

永定河发源山西马邑，汇雁门、云中及宣化塞外诸水，并流而下，其势浩瀚。然皆行万山中，群峰夹峙，不虞泛溢。至出山后，地平土疏，兼夹拥泥沙，易淤易溃，迁徙靡定。自石景山麓至卢沟桥南，金、元、明建有土石堤工，国朝因之。以下则向无修防，水势散漫。宛平、良乡、涿□□□县、霸州、固安、永清、东安等州县数被其患。康熙三十七年［1698］，圣祖仁皇帝轸念民艰，亲诣指授，疏筑兼施。南岸自良乡之老君堂村起，至永清县之郭家务止；北岸自良乡之张庙场起，至永清县之卢家庄止，筑堤长百八十里，挑河长百四十余里。至永清县朱家庄，会安澜城河（安澜城河，原名郎城河。），由淀达津归海。

二次接堤改河图说

康熙三十九年［1700］，因安澜城河口受淤，遂于郭家务接筑南岸堤工，于卢家庄接筑北岸堤工，至霸州柳岔口止（即今之东、西老堤。），改河由柳岔口注大城县辛章河①，入东淀，达津归海。

三次接堤改河图说

雍正四年［1726］，因辛章、胜芳一带淀池被淤，阻清水达津之路，世宗宪皇帝特命怡贤亲王、大学士朱轼兴修水利。面奉谕旨，令引浑河，别出一道。遂于柳岔口稍北，改为下口。南岸自冰窖村改筑堤工，至武清县王庆坨止；北岸自何麻子营接筑堤工，至武清县范瓮口止（即今之旧南堤、旧北堤。），挑河入三角淀，达津归海。

四次加堤改河图说

乾隆十六年［1751］，三角淀一带淤成高仰之势，南岸七工冰窖②草坝凌汛夺溜。遂由冰窖改河，从旧有之东老堤开通，归入叶淀。因之加培康熙三十九年

---

① 辛章在今霸州东北境。
② 在今河北省永清县南境。

[1700] 接筑之北堤，并乾隆三年［1738］所筑之南坦坡埝为南埝，以乾隆四年［1739］所筑之北大堤为北埝，河由叶淀达津自海。

五次改移下口河图说

乾隆二十年［1755］，因冰窖口以北淤成南高北低，仰蒙高宗纯皇帝亲临阅视，指示机宜。于北岸六工洪字二十号贺尧营地面，开堤放水，改为下口。河流东注，地势宽广，任其荡漾，散水匀沙。入沙家淀，达津归海。

六次下口改河图说

乾隆三十七年［1772］，兴举大工。因河出下口，年久地淤，形势纡曲，遂于东安县之条河头挖河，经毛家洼，直入沙家淀。

（谨按：此次所挖之河，虽由条河头村南，而上承下口，下入沙家淀，仍是乾隆二十年［1755］改为下口经行之地。乾隆四十三年［1778］，因河口下口，逆折北趋，北岸六工十九号以上堤身里外汕刷。爰就水势，改自十八号出口，俾得向东溜流。嘉庆六年［1801］，河水异涨。河流徙由条河头之北入母猪淀，仍由沙家淀达津归海。）

［卷一绘图校勘记］

〔1〕"六次改河图"字，总目列出，卷无目录，本图前无图总标题，依总目添加。

〔2〕"沿河州县分界图"字原书单列一页，竖排，现为阅图完整，改为标在图右下角，横排。

〔3〕六次改河图说，原随每个改河图后单列一页。现为排版方便，改合在一起，放在七图后。

卷二 集 考

永定河源流　两岸减河　汇流河淀

永定河源流

　　谨按：永定河本名卢沟河（《水经注》：水黑曰卢），亦曰浑河。《元史》谓之小黄河。俗又谓为无定河。康熙三十七年［1698］始建堤工，赐名永定，万世永赖矣。其上游通谓之桑干河（相传，每岁桑葚熟时，河水干涸。故名）。发源山西，有三源：

　　一曰洪涛泉：即古灅水，亦曰治水。出故马邑县四北十里洪涛山①，即古累头山。《水经注》所谓"灅水出累头山"也。水自出山，西南流，微黄，亦谓之黄道泉。

　　一曰桑干泉，即古漯涫水也。源出宁武府西南，管涔山②之天池。伏流百二十里，至故马邑县雷山之阳，七泉涌起，为金龙池。池周里许，澄清可鉴，隆冬不冰。《水经注》所谓"洪源七轮，潜承太原汾阳[1]县北燕京山③之[2]大池者也。"（燕京山即管涔山④，在宁武府西南六十里。天池在山原之上也。[3]池东隔阜又有一石池，曰元池。池津脉潜通。）水自金龙池出，东南流，是为桑干泉。

---

　　① 洪涛山，在今山西省朔州市朔城区东北马邑故城［今名马邑乡］西北十里，见山西省地图册（中国地图出版社 2001 年 9 月版朔州市图）。

　　② 管涔山脉，属阴山系之支脉，在山西省宁武县西、东北—西南走向，跨静乐、岢岚、朔州、宁武界，周回数百里。洪涛山、燕京山及下文分水岭都是管涔山脉诸峰之一。

　　③ 燕京山是管涔山的异名。《淮南子·墬形训》："汾出燕京"注引：燕京山名，《山海经》、《水经》皆云汾出管涔山。古字燕、管、京、涔声近通用。

　　④ 同上。

一曰灰河（灰，一作恢），《水经注》所谓"马邑川水"也。出管涔山之分水岭北麓（分水岭在宁武府西南四十里），乃桑干之南源①。东北经宁武府南，又东流，黄花涧水注之。又北流，凤凰山水自北来注之。又北流，出阳方口②，入朔州界。经朔州城南，又东流。岍涧水合腊河，自北来注之。又南流，沙楞河自西北来注之。又东南流，屈而北，至故马邑城南。桑干泉自城西北，左会洪涛泉南流，经城西至城南，与之合。自下通称桑干矣。

桑干河东流，经三家店北。又东北流，马跑泉自西北来注入（马跑泉出马邑兴文堡）。又东北，至西河底村，雁门关水自西南来注之（雁门关水发源代州③西北趵突泉，北出塞口，合山北诸水，北注桑干河）。又东北流，鄯河自西北来注之（鄯河自朔州东流马邑东，入桑干河）。又东北流，泥河自泥河村④西北来注之。又东流，折而北，尾河自阳和堡入大同府境，西北来注之。

又东北流，径安银子村东南、沙岭北，至山阴县西⑤，转而北流。又折而东，绕黄花冈南。黄花冈，即《水经注》之黄瓜阜也。又东流，新庄子河出大于口，自左岸注之（新庄子河即武周塞水）⑥。

又东，入应州界。又东流，黄水河自南来注之（黄水河出山阴西南、朔州东南，近边城之雁门关北上。二源合而东北流。有一水南自边城内之广武驿西出边，北流与会。东北百里，经县城⑦南。又东北，入桑干河）。

又东流，白泥河⑧自榆林口东北流注之。又东，径大营村，木瓜河西来注之

---

① 桑干河河源古今说法不一。郦道源注《水经》以洪涛泉为正源，认为"灅水出累山头"。现代依据河源"惟远惟长"原则，认为灰河为正源。桑干河另有一河源源子河，虽长于灰河，但属季节河，故不认为正源。

② 阳方口在宁武县东北，是内长城重要关口。明弘治十一年建有阳方口堡，灰河从阳方堡下出边入朔州界。见明《三关志·宁武地志总考》[《宁武县旧志集成》巴蜀出版社2001年版]

③ 代州今代县，详见本书增补附录《永定河流经清代州县沿革简表》（一）山西省代县条。

④ 在山阴县西南，距马邑故城[今马邑乡]三十里，与朔州交界附近有东、西鄯河两村，当是鄯河流经处；向东又有泥河村，泥河经此注入桑干河。参阅《山西省地图册》。

⑤ 此指山阴旧城，今古城镇，在桑干河南[今县治，在桑干河北]。见《山西省地图册》。

⑥ "新庄子河即武周塞水"，指发源于左云县东南境的一条支流，非源于左云县城西南的武州塞水[武州塞即武周塞，而此武州塞水又名十里河，流入大同县境]。新庄子河发源于左云县西南，流入怀仁县。经大于口[今名大峪口]在怀仁县西境，武周塞水今名大峪河。

⑦ 此处县城是指山阴县旧城[今古城镇]；黄水河会广武驿出边的一条支流后，东北流入应县境，会桑干河。

⑧ 在山阴县旧城东，又称白迷河。

（木瓜河出山阴县水上村，经侯家岭东北入桑干河）①。又东南，径北贾家塞曹娘子堡，磨道河自北来注之（磨道河出小峰口）②。又东流，清水河自北来注之（清水河出怀仁县韭畦村，南至臧家寨入桑干河）③。又东北，径屯儿村，里八庄河南流注之（里八庄河出怀仁县西鹅毛口山，东流径其县北，入应州界，注桑干河）④。

又东，径西安堡南。又东，至边耀山西，有浑源河自南合诸水来会（浑源河出浑源州东北汗土峪）。流经州城北。又西，合圣水泉。又西，至应州城东北境，有一水自州城东而北来会。又北，入桑干河。即古浑源川《水经注》所谓崞川水也。恒岳在水南三十里。（应州水二源：其西南出夏屋山、茹越山马跑泉者，东北流；东南出边城者，北流而合。经州城东，而北会浑源。以北，入桑干）⑤。

又东径郑家庄，入大同县界。左得大峪口[4]河（大峪口[5]河出怀仁县西山中。东流出大峪口，合红山峪水。至大同界，注桑干）。

又东，径新桥村。武州川水合如浑水，自西北来会（武州川水西出左卫之西南山），东北流经卫北⑥又东，有二水自北来会。经云西堡北，又东，至高山营西。有一水自西南来会。又东，至云冈堡东南，有一水自北来会。折而东南流，至大同县⑦东南［今大同县西南］，名十里河，入如浑水（如浑水出察哈尔正红旗游牧之葫芦海）。东南流，灵泉自左注之。又南，由镇羌边墙水口，入大同县界⑧［今大同市界］。又南径得胜堡东，得胜河西来注之，得胜河即《水经注》之羊水也。如浑水

---

① 在今应城西北有侯家岭村和大营，现分别建有侯家岭水库和大营水库。
② 北贾家寨现名北贾寨，曹娘子堡现名曹娘，在今应城西北约二十余里。
③ 清水河河源韭畦村在怀仁县西南境，清水河东北流又转东南流入应县界；在怀仁县城南约二十余里有清水河村，一水南流入应县界，故清水河有两源，均在应县藏家寨［今藏寨乡］经小清水河村东流入桑干河。
④ 此说"里八庄河出怀仁县西鹅毛口……"有异说，怀仁县东北境有里八庄地名。里八庄河实从大同府南境下窝寨发源，南流入怀仁县，经里八庄始八庄河，且未出怀仁县境即入桑干河。另据《朔州市水系图》（朔州市水务局2011年版）鹅毛口河流经怀仁县北里八庄后，东南流至神咀窝南，注入桑干河，也未出怀仁县境。里八庄河未标记。
⑤ 恒岳即恒山山脉主峰北岳恒山。夏屋山在代县东北境。茹越山在繁峙县北境，现仍有马跑泉地名。
⑥ 左卫即左云县，明朝设左云川卫，清改左云卫，后改左云县。
⑦ 几处大同府、县地名因古今地名的变化，其所指的位置可能与今天实际位置有差异。今在正文中标注今名所在参见《山西省地图册》15页《大同市辖区》17页《大同县》及本书增补附录《永定河流经清代州县沿革简表》（一）山西省条。
⑧ 同前页注⑨。

又左得八墩口之水。又南，至大同府东门外之兴云桥，［即今大同市兴云桥］，亦名玉河①。又东，合十里河。又南，至高家店，入桑干河。

又东，径瓮城驿古定桥②北。（明嘉靖时，御史宋仪望请疏桑干河，通宣大粮饷，所称古定桥，即此。）

又东北，径于家寨、卜村。又东，径西册田、贵仁村、西堰头，至梁家马营，入阳高县界。又东南，往黄土梁南。又东，至西马营，入天镇县界。又东，径芦子屯北、嘴儿图南，石门沟水自左注之。（石门沟水发源天镇县西李芳山。南至嘴儿图，会五泉河，入桑干河。）

又东，过六棱山北。又东，入直隶西宁县与蔚州分界。又东，径西宁县南，柳园泉西北来注之。

又经揣骨疃北（乾隆八年［1743］，直隶总督高斌奏，于桑干河上游北岸，自山西大同县之西堰头村黑石嘴起，东至直隶西宁县之辛其村止，开大渠一道，长四十六里零。南岸自大同县之册田村起，至西宁县之揣骨疃止，开引渠一道，长五十八里。又于河滩北，做迎溜乱石滚水坝③。）、沙河堡南。又东北，径荫子沟。又东南，径太白嘴北。又东，径东城堡南。又东南，至小渡口村，壶流河合广灵、蔚州诸水，自右来会。（壶流河即古祁[6]夷水也。源出广灵县西，经石梯岭北，东径县城南。又东北，经蔚州北。又东北，行山中。折而西北，入桑干河。）

又东北，径大渡口南。又东，入宣化县界。又东南，径马家湾东。又东，径笔架山，入保安州界。又东，径南、北两孤山间。又东，过保安州城南。又东南，径河南堡。又东，径新宁堡。又东南，径焦家营南。又东，至包家营南、虎头山北，左会洋河。其流益盛。（洋河有南、西、东三派。）南洋河即古雁门水也，发源山西大同府阳高县之雁门山④。南流入守口堡之间山口，马邑河西来注之。又南，与白登河会。（白登河即敦水。源出大同县聚落山。）南洋河又东，入天镇县界。右合三沙

---

① 玉河现名御河，如浑河流入大同府境的名称。十里河是武州川（川又作塞）水的异名。十里河与御河会合后在今大同县与怀仁县交界处的高家店注入桑干河。

② 古定桥现名固定桥。古定桥至梁家马营今属大同县。西马营以下至玉泉河，清末、民国属天镇县，而石门沟、玉泉河现属河北省阳原县（清西宁县）。

③ 高斌的奏书见卷二十一，有乾隆八年［1744］十一月二十日，大学士鄂尔泰、尚书讷亲、史贻直、巡抚阿里衮、工部会议奏折中收录了其有关建议水利营田的内容。

④ 此处雁门山是指阳高县境的雁门山，非代县西北境之雁门山［又称雁门塞、句注山］。

河，折而北，名十里河。又东，会天镇诸水。又东，经永嘉堡，入直隶怀安县界。又北，经万全左卫城。又东，至柴沟堡西〔东〕①，南入东洋河。

西洋河即古延乡水也，西出阳和边外太仆牧地②。东南流，入天镇县之平远水口，有二水自西南来会。又东，经西洋河堡，南入直隶怀安县界。又东，至柴沟堡西〔东〕③北，入东洋河。

东洋河即古于延水，亦曰修水，发源正黄旗察哈尔兆哈岭之东。两水合而南流④。又东南，有七七哈那河自东北来会。又东南，经海喀喇山。又东南，流入边城新河口，山西新平堡之北、平远堡之南。又东，至柴沟堡西〔东〕⑤北，会西洋河。又东南，会南洋河。又东，径万全县南。又东流，清水河自北来注之。（清水河即古宁川水也，其源在张家口东北太平庄。上源在独石口西南山。南流百余里，合二小水。折而西流，与拜察河会。又西，会一水，南流入口，为清水河。）又南，至宣化县西，入洋河。以下通谓之洋河。

洋河东流，葛峪河自北来注之。又东，径宣化府城南。又东南，至保安州东北之鸡鸣驿，入桑干河。

又东南流，有一水自八宝山南流注之。又东流，西水泉自西水泉村，东水泉自东水泉村北来会，注之。又南，径老君山之东，至柯家窑之北。又东，径河神祠北。又南，径新窑子村东，矾山水径村北，自西来注之。又东流，折而南，望圣山水自

---

① 三处柴沟堡西，谓东、西、南洋河皆会合于柴沟堡西。这可能是本书作者据当时情况而记述。然而现今，东洋河、西洋河及南洋河先后会合于柴沟堡之东。谭其骧《中国历史地图册》第七册46页《顺天府附近图》，第八册7—8页《直隶》图以及20—21页《山西》图皆将三河合河分别标注于柴沟堡东。《河北省地图册》71—72页《怀安图》（中国地图出版社2001年版）亦如此，是西洋河先会南洋河，亦或西洋河东洋河先相会，各史志有异说，但合河处均应在柴沟堡东则是肯定的。故在西字后补注〔东〕字。

② 阳和边是指阳高县西北的长城；太仆牧地是指太仆寺左翼牧地，在阳高县北长城外，今属内蒙。参阅谭其骧《中国历史地图册》20—21页《山西》图。及本书增补附录《永定河流经清代州县沿革简表》二，内蒙太仆寺旗条。

③ 同②。

④ 此处上下疑有缺文。上文既未明言还另有一水，何来"两水合而南流"。东洋河河源旧史志及学者多有争议。请参阅谭其骧《中国历史地图集》第七、八册，山西图，尹钧科、吴文涛《历史上的永定河北京》40—41页（北京燕山出版社2005年版）。以及易克中整理选编《畿辅通志》卷78，《永定河》引洋河31－2西洋河，31－3南洋河等（收入《永定河史综要》69—72页。香港银河出版社）。

⑤ 同②。

西来注之。妫河自东来注之。（妫河出延庆州东北山，西南流经州城南。又西，合溪河。又西南，合大柳河。又西，合黑龙河。又西，经怀来县南。又西南，入桑干河。）又南流，绕东山之麓。东折而南，经后羊坡村东南。小清河自西南来注之。

又东南流，过磨石岭西、松树岭东。至石羊沟，北折而南。又折而东北，径磨盘岭北。又折而西南，屈曲入宛平县之沿河口，经沿河堡东。又东南流，屈曲穿山谷中，至险崖东。又西南流，至桑峪东。又东南，至傅家山北。又西北，绕傅家山麓。又南，径水碾口东。小溪水自北来注入。又南，径青白口村东。清水河自西来注之①。

又东南，经黄牛山东、菩萨崖西。崖北有山河，西流入之（地名群鱼口②）。又东南，经南河［河南］台东，安各庄南。又南流，经二梁山。又东南，经大梁山。又东南，经清水沟，清水西北流注之。③

又屈曲东流，径琉璃局北，至三家店西。又南流，复转至麻峪村西。又折而南，分一小支，即《元史》所谓"东麻峪西，分为二派也。"西支南流，经狼窝村西、新城村东。又东南流，至阴山北，入正河。正河自麻峪村西，东流至北金沟北，入永定河界。④

永定河经北金沟、南金沟之西。（二金沟即金、元时之金口也。⑤）又南流，至石景山，绕山之西麓。西南流，经庞村西、卧龙冈东。又东南，经孟家庄西。又东，经贾家庄南、阴山北，会支河东流，径衙门口村西。

又南，径修家庄东。又南，流入卢沟桥下。桥凡十一洞。水大或七、八洞过水，盛涨则十一洞俱通流水，水小则近北三、四两洞行水。出桥而南流，近西岸石堤，至大宁村东北。缘山坡东南流，经高店东，绕山坡南流。又东南，至南岸二工三号，

---

① 按：清水河源于东灵山东侧，江水河村北，南流经洪水口、天河水村转东南流，经齐家庄、杜家庄转东北流，经上清水、下清水，东北流至西斋堂、东斋堂，又东北流至青白口，沿途有多条河沟汇入。清水河明代又叫灵源川。

② 群鱼口今名芹峪口。在今门头沟区雁翅镇，芹峪村东。

③ 清水沟当为清水涧沟。清水涧沟即大台沟。清水涧源于千军台南大寒岭［一名大汉岭］东麓，经千军台村北流经庄户、板桥村、东、西桃园，清水涧村东北，落坡岭西入桑干河，沿途亦有多河沟汇入清水涧。

④ 自此，桑干河始称永定河。

⑤ 金口河详见卷四历代河防之金元部分。又，金口河闸遗址在北京石景山区高井村，石景山发电总厂厂区内。［《北京历史地图集》，科学出版社 2009 年 7 月版下册］

入良乡县界。又南流，至南岸二工十四号，有金门石闸①减河，减泄盛涨（减河另条录后）。

又南，至北岸二工八号，入宛平县界②。又南，至南岸二工十九号，入涿州界。又西南，至南岸三工五号，入宛平县界。又东南，至南岸三工九号尾，入固安县界。又东南，至南岸三工十一号。右有北村灰坝减河，左有北岸三工四号求贤灰坝③减河，减泄盛涨（二减河另条录后）。

又东南，至北岸三工十三号，入固安县界。又南流，至南岸四工十一号，南折。又东南流，至南岸五工三号，入永清县界。又东，至北岸五工十六号，稍折而西南。又东南，径南岸六工十七号顺水坝，至北岸六工十八号。出下口，东流。（河出下口以后，南堤与北堤相距四五十里，皆听其荡漾、散水、匀沙之地。）

又东，径旧第五里村④北。又东北流，至河神庙西。又东北流，径庙北，入东安县境。又东北流，至条河头⑤之北。（乾隆三十七年［1772］，下口改河由条河头之南。嘉庆六年［1801］，河水异涨，徙由条河头之北。）

又东北流，径洛图庄⑥之北。又东流，至北堤八工界。又东流，入武清县境。又东流，经黄花店北。又东流，入母猪泊，会北岸减河。

又东流，径汉光、二光村北，穿沙家淀。又东南流，径渔坝口⑦，穿叶淀，入天津县境。至双口村，会凤河南流。径曹家淀，至青光⑧村东，东南流，会大清河。

又东流，至西沽。南流，右会子牙河。又东南流，左会北运河。又西南流，至天津府城北三岔河口，会南运河。径府城东，东南流百二十里，入渤海。

---

① 金门石闸在今北京房山区东南隅，清属良乡县辖地。现遗址尚存。

② 此处宛平县界是指清时宛平县东南境邻近涿州、固安地带。现属北京大兴区。

③ 北村在固安县西北境，现有东北村、西北村在牤牛河沿岸；求贤村在清宛平县南境榆垡西南，现属北京大兴区。

④ 第五里村在河北永清县境。

⑤ 条河头现名调河头。清前期也称调河头，后改名条河头，清属东安县，现属廊坊市。条河头在县境西南。

⑥ 在条河头乡北。

⑦ 黄花店、渔坝口在今天津武清区西南境。

⑧ 叶淀在今天津市武清区、北辰区相邻处，其南即清天津县境。双口、青光在北辰区西部。

两岸减河

金门闸减水引河

南岸二工十四号金门闸，乾隆三年［1738］建。挑挖闸下引河，以减泄盛涨。由良乡县之韩家营，径涿州之北蔡、南蔡，至宛平县之长安城①，南入固安县之米各庄，至毕家庄②。旧于此建笋尖坝，分东、西二股。

西股自毕家庄南，至新城县之李家庄，入霸州蜈蚣河③。南归中亭河，达东淀。即未筑坝以前浑河之故道也。乾隆五年［1740］九月，督臣孙嘉淦奏准，于南岸二工十一号开堤放水，改永定全河入西股引河，任其漫流，以复"一水一麦"之旧。旋因今昔形势不同，村庄棋布，田庐被淹，于六年［1741］二月，经大学士鄂尔泰奏准堵闭。复归大堤之内，照旧修防。至乾隆十七年［1752］，总督方观承奏准，堵截西股引河，止存东股。

东股引河亦未筑堤，以前浑河之故道也。自毕家庄东南至牛坨，接黄家河④。入永清县之杨家务、霸州之铺疙疸，归津水洼，达淀。乾隆十年［1745］，疏浚深通。至乾隆十五年［1750］，黄家河淤塞，由牛坨南至林城铺⑤，入霸州旧牤牛河，归中亭河。乾隆二十八年［1763］，又疏浚黄家河，自金门闸下，至津水洼，共长一百四十七里五分。三十七年［1772］，又于牛坨南分流之处建筑草坝，俾水势三分由牤牛河入中亭河，七分由黄家河归津水洼。仍于每年农隙，照例檄行州县，劝民挑浚。

北村灰坝减水引河

南岸三工十一号北村草坝引河，乾隆二十五年［1760］挑建。乾隆三十七年

---

① 金门闸遗址在今北京市房山区东南角窑上村南，清属良乡县，其南即韩家营，北蔡、南蔡在涿州西北角；长安城即唐、辽、金、元的阳乡故城。明清属宛平县，现属涿州市。

② 米各庄在固安县西北紧邻涿州处，毕家庄［现省称毕庄］在固安县城东约二十里。

③ 新城县今属高碑店市，李家庄在新城县东境邻近固安县处具体位置待考。蜈蚣河当为牤牛河入中亭河的一段。

④ 在固安县东境境，牤牛河的一段。

⑤ 牛坨、林城铺在固安县西南境。

[1772]，因下游会入金门闸，引河太近且纡曲不顺，将坝向南稍移，改为灰坝。坝下减河自北村东挑挖，南至南柏村，会入金门闸引河。计长五十一里二分，皆固安县境。

求贤灰坝减水引河

北岸三工四号求贤坝下减河，原系古河。乾隆四年［1739］建筑草坝，即疏为泄涨减河。二十七年［1762］，改建于三号。三十七年［1772］，又改建于三号头，并改为灰坝。循北岸行，历宛平、固安、永清、东安、武清等县境，流入凤河。乾隆十年［1745］，水利案内疏浚长一百五十余里，自六工以下，即以挑河之土加培北埝。乾隆二十一年［1756］，下口圈筑遥埝，自永清县赵百户营村①南，将减河筑截。即于遥埝之北接开减河，长八十四里零，至武清县南宫②村北，东入凤河。乾隆二十八年［1763］，遥埝北又圈筑越埝，自永清县小荆垡村③南，将减河筑截。即于越埝之北接开减河，长四十九里零，至武清县刘家庄④北，入遥埝旧减河。其越埝以上旧减河，亦于本年一律挑浚。每年农隙，照例劝民疏挑。乾隆三十二年［1767］，刘家庄北废遥埝为沥水浸坍，减河遂由缺口东入母猪泊。乾隆三十七年［1772］，求贤坝移建于四号，改为灰坝，自坝下接挑减河，普律疏浚。三十九年［1774］，又因母猪泊淤浅，减河宣泄沥水不畅，于越埝尾刨沟二道，仍分入遥埝旧减河，汇流河淀。

汇流河淀

凤河

《水道提纲》凤河，源出南苑海淀村。东南流，经旧漷县⑤，为新庄河。至东安县东北四十里凤窝集，为凤河。又东，至武清县西南，为漷水铺河。又绕城北，折

---

① 当在永清县城东北永定河故道上，具体位置未详。
② 在天津武清区西北，今大南宫。
③ 在永清县城东北约15里。
④ 当在永清县城关镇东北，今有刘庄地名。
⑤ 见本书增补附录《永定河流经清代州县沿革简表》（四）北京通州区条。

而东南八十里，为安沽港河。南入三角淀，即元时浑河故道也。明时，浑河南流，夺琉璃河[1]，经流下达霸州。其东流一道不复相通，遂名凤河口。（谨按：凤河发源南苑一亩泉，自东南隔闸子口流出。径大兴县之采育村、凤河营，东安县之堤上营[2]。东流，至通州之南三房村，入武清县境。迤城北面，径韩村、桐柏等村。东南径泗村店、陈辛庄，西会旧遥埝减河。又南，径南宫、东洲、庞家庄，西会旧北遥埝减河[3]。又南径天津县之丁家庄、双口[4]，西连朱家淀、叶淀。穿曹家淀，为永定河下游汇流达清之道。其上游自闸子口至陈辛庄，河道向系地方官经理。自陈辛庄至韩家树，循凤河东堤，长五十九里零，系永定河东堤把总经管。）

牤牛河

牤牛河即广阳、盐沟二水之会流也。《一统志》："广阳河在良乡东，旧入圣水（即琉璃河）。自卢沟南决，遂东注于桑干"。《良乡志》："盐沟河发源宛平县龙门口，东南经县南陶村，入桑干河"。自康熙三十七年［1698］筑堤，二河遂不入桑干。东南合流为三岔口，南流至任村，西南入大清河。每当水涨，奔腾冲突，故谓之牤牛河。雍正四年［1726］，于任村南开浚新河。东南径涿州东、固安县西北，循卢沟故道，南过霸州之南孟等村、栲栲圈入中亭河，长二百余里。即今之金门闸下减水引河也。

大清河

《水道提纲》清水河，即会同河，今名玉带河（其旁支曰中亭河)[5]。西南自任丘赵北口，东北经保定县[6]北、霸州南。由苑家口东北，经永清、东安之南，桑干河

---

① 琉璃河，又名刘李河，源出房山区西北，东南经良乡、涿州南入新城县［今高碑店市］注拒马河，古称圣水、龙泉河。

② 堤上营在东安县北境邻近通州，南三房无考；凤河东流再入东安县东北角后，经旧武县［城关镇］北，韩村［今名小韩村］、桐柏［或称桐林］转东南流经泗村店，南流。

③ 南宫、东州在武清区西部，庞家庄不详。

④ 丁庄、双口在天津北辰区，清属天津县。

⑤ 玉带河原名陈玉带河，是大清河流经河北省自雄县毛几湾至保定县南三十里的一段河道。其下称会同河。后与子牙河、南运河相会入海河，在天津入渤海。玉带河、会同河、淀河等，都是清治河文献中对大清河不同河段或不同时期的称谓，因此常有称谓不统一的情况。

⑥ 保定县，宋原置保定军，后改保定县，金、元、明因之，清属顺天府。民国1914年改为新镇县。1949年撤销并入文安县。

自北来会。又东南，流至西沽。即涿、易诸水之委汇也。《一统志》：玉带河自毛儿湾东流，至保定县界张家［青］口。又东，经县城北。又东北，入霸州界。又东北，为善来营。其旁为浑河口（名会同河）。又东，为苑家口。又东，为苏家桥。自苏家桥而下，俱谓之淀泊。（谨按：大清河上承七十二清河之水，自霸州三岔口，分为三派。至天津台头会流，曰台头河，子牙河自西南来注之。又东，经天津杨家河，达西沽。由霸州三岔口至杨家河，凡百四十里，中皆淀池。康熙三十九年［1700］以后，永定河自西北来，由柳岔口径辛章河入淀后，辛章、胜芳一带淀池渐淤。雍正四年［1726］，怡贤亲王兴修水利，请将子牙河并归东股，引永定河北入三角淀，使河自河而淀自淀。又于上游开中亭河四十里，以分玉带河之水；下游开胜芳河十七里。其张青口、石沟河淤浅之处，概加疏浚。淀池之蓄纳既宽，而七十二清河遂至今遄驶达津云。）

子牙河（即滹沱河下游）

《水道提纲》滹沱河，至献县南分为二派。一派东流，经献县南，东北至青县东南，与运河会；一派北流，经献县城西北，折而东北流，经河间府东境。又东北，经青县西境、大城县东境。又北，经子牙汛，俗曰子牙河。又北，经静海县西北，与清水河合［即大清河］。东流，至西沽北，与桑干河会。

沙家淀

沙家淀在武清县[①]南五十里。西至敖子嘴，东至陈家嘴，南至二光，北至永定河废北埝。长约十里，宽约八里，为容纳永定河水之区。

朱家淀

朱家淀在武清县南五十余里，沙家淀之东南。西连沙家淀，东至凤河边，南至九道沟，北至庞家庄。长、宽约八里，亦为容纳永定河水之区。

叶家淀

叶家淀在武清县南六十里，半入天津县境。西北接朱家淀，东南连凤河，长宽

---

① 此处所说武清县是指旧武清县，在今天津市武清区西北境的城关镇，其他几个淀泊所指武清同此。

五六里。乾隆十五年［1750］，永定河改移下口，循南埝入此淀，由凤河达大清河。

曹家淀

曹家淀在凤河东堤之西，叶淀东南。南至韩家树，西北至双口。约长十五里，宽二三里不等。为凤河下游，受永定河、凤河之水，入大清河。

母猪泊

母猪泊在武清县南三十里废遥埝内，围广二十里。地势洼下，为沥水汇归之区。东由瓦口泊，入北埝外旧减河。现为永定河达津之道。

津水洼

津水洼在东淀北，属霸州境。上承永清县黄家河，宽广十余里。地势空旷、洼下，为金门闸减河归宿之区。

三角淀

《水道提纲》三角淀，即古雍奴水。当西沽之上，最大周二百余里。后渐填淤。衮延霸州、永清、东安、武清，南至静海西，及文安、大城之境。东西百六十余里，南北二三十里，为七十二清河所汇。永定河自西北来，子牙河自西南来，咸注之。今曰东淀，以其对任丘赵北口之泊为西淀也。

东淀在武清县南八十余里，王庆坨之南。东西四五里，南北十余里耳。又东，为西沽。三十里，合运河，达天津。

《一统志》："古惟三角淀最大。"当西沽之上，故诸水皆会于此。今渐淤而小。合相近诸淀，总谓之东淀云。（谨按：《水经注》："南极滹沱，西至泉州雍奴，东极于海，谓之雍奴薮。其泽野有九十九淀，枝流条分，往往径通"。则雍奴泽非仅今之三角淀也。特三角淀在武清，为古雍奴地耳。雍正四年［1726］，引永定河水，由柳岔口入三角淀。经行既久，淀渐受淤。乾隆十六年［1751］，改移下口，河流通入沙家淀，而三角淀遂淤为平壤矣。）

[卷二校勘记]

〔1〕"潜承太原汾阳县北"汾阳后，原刊本及今本脱一县字，据《水经注》王先谦校注本，巴蜀书社1985年版增补。（以下引用《水经注》只注明《水经注》不注校著及出版社。）

〔2〕"燕京山之大池"，"大池"原刊本及今本皆误作"天池"据《水经注》改为"大池"。大池相对于《水经注》后文之"元池"即"小池"而言，故改。

〔3〕"池"字今本脱，原刊本及《水经注》原文均有"池"字，故增补。

〔4〕"大峪口河"原刊本为"大峪口河"今本脱，据原刊本增补。

〔5〕同上。

〔6〕原刊本"祁夷水"作"祈夸水"，"祈"字误，"夸"为"夷"的异体字。从《水经注》改。

卷三 集 考

河源分野　河源、河道考证

河源分野

《水道提纲》桑干河源，西四度三分，极三十九度七分。

河源、河道考证

《汉书·地理志》"雁门郡阴馆县"注："累头山，治水所出。东至泉州入海。过郡六，行千一百里"。（谨按：《汉书·地理志》"雁门郡"注云："秦置"。"阴馆县"注云："楼烦乡，景帝后三年［公元前141］置"。《大清一统志·大同府·表》："山阴县，汉阴馆县"。又，《汉书·地理志》："渔阳郡有渔阳、潞、雍奴、泉州。"《一统志》："后魏省泉州，入雍奴。为渔阳，即（郡）治。唐天宝初，改武清。"）

《说文》："灅水出雁门阴馆县累头山，一曰治水也。"（谨按，治水有三：一，《说文》："水出东莱西城阳丘山"。一，《汉书·地理志》："泰山郡南武阳冠右山，治水所出"。一，即累头山所出之治水。）

---

① 齐召南著《水道提纲》一书曾参考康熙五十七年［1718］实测绘制的《皇舆全图》，此处标注桑干河源，西四度三分，极三十九度七分，即实测的经纬度数据。"西四度三分"未详其起始经度所在。"极三十九度七分"是指北纬的度数。河源具体所指未说明。据谭其骧《中国历史地图集》第八册山西省图标注的洪涛山位置约为东经112°40′，北纬39°25′。仅供参考。又，分野一词是古代天文学、占星术术语，是以黄道二十八宿，或十二星次的某一星宿在天空位置对应地面的州或郡国通常以黄经［0°—360°］黄纬［0°— ±90°］表示。

《水经》灅水，出雁门阴馆县。（谨按：[1]《说文》灅："从水，累声。"《唐韵》："灅，力追切"。与灅、濕二水别。灅，《唐韵》："力轨切"。前《汉书·地理志》、《水经注》皆云水出右北平俊靡县，东入庚水。濕，《唐韵》："他合切"。《说文》："水出东郡东武阳，入海"。《说文》有濕，无漯。濕，即济漯之漯本字也。隶改濕作漯，而濕转沿为干溼之溼。俗本《水经注》又误以灅为濕。《通雅》遂谓濕、溼、漯以形相借。《集韵》谓灅、灅、濕三字同。而灅与灅濕混矣。今从《永乐大典》内《水经注》本，定为灅水。）①[2]

郦道元《注》灅水，出于累头山，（故《马邑县志》："洪涛山在雷山之侧，又名累头山，周围里许。"）一曰治水。泉发于山侧，沿坡历涧，东北流出山[3]，径阴馆县故城西。（县，故楼烦乡也。）[4]（《大同府志》："楼烦地甚广。今山阴及崞县、宁武府属，皆其故处。"）灅水又东北流，左会[5]桑干水。县西北上平洪源七轮，谓之桑干泉，泉即漹涫水者也。[6]耆老云：其水潜通[7]承太原汾阳县北燕京山之大池。（《水经·汾水注》云：燕京山亦管涔山之异名也。）池在山原之上，世谓之天池，方里余。其水澄渟镜净，潭而不流，若安定朝那之湫渊也。清水流潭，皎焉冲照，池中常无片草。及其风篦有沦，辄有小鸟，翠色，投渊衔出……其水阳焊不耗，阴霖不溢，无能测其渊深也……池东，隔阜，又有一石池，方可五六十步，清深镜洁，不异大池。桑干水自源东南流，右会马邑川水。水出马邑西川……东径马邑县故城南，其水[8]东注桑干水。桑干水又东南流……右合灅水乱流，枝水[9]南分。

隋《诸道图经》："灅水即桑干河。至马陉上，为落马河。出山，谓之清泉河。至雍奴，入笥沟，谓之合口"。

《金史·地理志》："马邑有洪涛出。灅水又曰桑干河。"

《一统志》："治水乃灅水，漹涫水乃桑干水。二水各出而合流。或以治水即桑干水。误[10]。"

《太原府志》："天池即祁连泊。"

《宁武府志》："天池在宁武县西南天池山，元池在天池东，俗谓之雌雄海子。冈麓[11]相间，而津脉潜通"。

---

① 此段注释文字辨灅、灅、濕三字的形、音、义三个字都和干溼（简化字湿）之溼无关。并说明《水经注》依据的版本，为《永乐大典》收录本。此次再版嘉庆《永定河志》，则是依据清王先谦校注本，同样采用此说。

故《马邑县志》："天池伏流至雷山之阳，汇为七泉。曰上源，曰玉泉，曰三泉，曰司马泊，曰金龙池，曰小卢、小泊。七泉合而为一，是为桑干"。又："桑干发源于黄道泉，与金龙池水合流，喇河复注入（喇河即腊河）。经县西、南、东三面，至鄀河。东抵山阴县界"。

《一统志》："恢河在朔州西南，自宁武府宁武县流入。又北，至马邑县南，入桑干河。即古马邑川"。

《水道提纲》："桑干水至马邑西南，有恢河西南自朔州来会。恢河实桑干南源，较洪涛稍远"。

故《马邑县志》："桑干冬暖、恢河伏流，为县八景之二。"（谨按，原《志》称，桑干泉从不结冰。恢河发源于宁武山口，北经红崖村，伏流十五里，至塔底村复出。）

《水经注》桑干水，又东，左合武周塞水。（《大同府志》："武周塞水即大于口水。"周，一作州。）又东南，径黄瓜阜，曲西。又屈径其堆南。（《大同府志》："黄瓜阜在山阴县北，今称黄花冈。"）又东，右合枝津。枝津上承桑干河，东南流，径桑干郡北。大魏因水以立郡，受厥称焉。（谨按，今《魏书·地形志》无桑干郡。）又东北，左合夏屋山水（《大同府志》："在山阴县南。"）……又东，流津委浪，通结两湖。东湖、西浦，渊潭相接，（水至清深……），俗谓之南池。（池北对汪陶县之故城南，故曰南池也。）南[12]池水又东北，注桑干水，为漯水，自下[13]并受通称矣。（《大同府志》："黄水河源出朔州东南之三泉，流径元英村，浸散乱，复聚于黑圪塔。"疑即《水经注》所称桑干枝津也。《山西通志》："怀仁县近汉汪陶县地。本县东十五里有高镇子堡，旧为镇子海，周围四十五里。居民决水，转流于桑干河，遂涸，疑即古南池也。"）

《水经注》漯水，又东北，径石亭西（原注：魏天赐三年［406］建）。又东北，径白狼堆南。（《大同府志》："在应州西北。"）又东，径巨魏亭北[14]。（《大同府志》："在应州之北。"）又东，崞川水注之。（《宁武府志》："崞川水源出今浑源州。"谨按：即今浑源水。）又东，径班氏县南，（《大同府志》："班氏，当在大同县南界。"）如浑水注之。（谨按：原注，如浑水出凉城旋鸿县，南会武周川水，入漯水。《一统志》："如浑水在大同县东北四十里。南至县东南，入桑干河，今名玉河。"武周川水今名十里河。）……漯水[15]又东，径平邑县故城南。（《大同府志》："平邑在天镇县南七十里。"）又东，往沙陵南。（《大同府志》："沙陵当在阳高、天镇县之南，西宁县之西。"）东经狋氏县故城北。（《汉书》孟康注："狋氏，字音权精。"《大同府志》："狋氏当在西宁县西。"）又东，迳道人县故城南。（《大同府志》："道人故城当在西宁县西。"）又东，径阳原县故城南。（《宣化府志》："西宁，前汉代郡之阳原地。"）。又东，安阳水注之。又东，径东安阳故城北。（《宣化府志》："东安阳故城当在西宁。"）

《水经》漯水，东北过代郡桑干县南。[16]（《一统志》："桑干县，汉属代郡，今直隶蔚州及西宁县地。"）

郦氏《注》漯水，迳昌平县，（《宣化府志》：今西宁地，汉之昌平县。今昌平州，则东魏天平中侨置之邑。）① 温泉注之。（《西宁县志》："温泉在城东八里。"）又东，径昌平故城北[17]。（《一统志》："在蔚州北。"）又东北，径桑干县故城西。又屈径其城北。（《魏土地记》曰："代城北九十里有桑干城。"）② 城西渡桑干水……《经》言出南，非也，盖误证矣。（魏任城王彰以建安二十三年［218］伐乌桓，入涿郡。逐北，遂至桑干，止于此也。）漯水[18]又东流，祁夷水注之。（《畿辅通志》："祁夷水即壶流河。"《山西志》："壶流河在广宁县南。经蔚州，入桑干河。"）……又东北，径石山水口（未详何地）。又东，径潘县城北。（《怀来县志》："怀戎故城，即潘县故地，即今治也。"）③ 东合协阳关水。（《宣化府志》："在保安州西。"）又东，径雍洛城南。（《一统志》："在保安州西。"）又东，径下洛县故城南。（《畿辅通志》："在保安州西。"）漯水[19]又东，径高邑亭北。又东，径三台北（三台无考）。漯水[20]又东，径无乡城北。（《畿辅通志》："在保安州南。"）漯水[21]又东，温泉水注之。（《畿辅通志》："在保安州东南。"）又东，左得于延水口。（谨按，原注：于延水即修水，出塞外柔元镇西。东合延乡水、雁门水、宁川水，入漯水。《一统志》："东洋河，古于延水。西洋河，即古延乡水。南洋河，即古雁门水。清水河，即古宁川水。"）

《水经》漯水[22]，又东，过涿鹿县北。（《畿辅通志》："汉置。下洛、涿鹿、潘

---

① 今昌平州是指今北京市昌平区。汉曾在今昌平县地置昌平、军都两县，后废昌平县并入军都县，东魏复置昌平县，非西宁（阳原）境内昌平故县。而移治今北京市昌平区，故称"侨置之邑"。

② "代城……桑干城"句参见增补附录《永定河流经清代州县沿革简表》（三）河北省蔚县条。代城遗址即代王城。

③ 今治指怀来县旧县治，在今怀来县官厅水库地。

三县皆属上谷郡。今保安州地。"谨按：原注：涿水出涿鹿山，合阪泉、蚩尤泉，入灅水[23]。《宣化府志》："涿水在保安州东南"。《畿辅通志》："阪泉在保安州东南"。《保安州志》："缙山河即蚩尤泉"。)

《水经注》灅水，又东南，左会清夷水，亦谓之沧河也。(《一统志》："妫河自延庆州东北发源，径怀来县南入桑干，本古清夷水也。")灅水南至马陉山，谓之落马洪"。①

《水经》灅水[24]，又东南出山。

郦氏《注》灅水，又南出山，瀑布飞梁，悬河注壑，漰湍十许丈，谓之落马洪[25]。抑孟门之流也[26]。灅水自山南出，谓之清泉河，(《畿辅通志》："清泉河在大兴县东南，亦曰浑河。旧渠自宛平县东流入境，又东，入张家湾，入白河。"按：清泉河，古浑河正流也。元时，浑河自东麻谷分为二支，故其流渐弱。至明时，益断续不常。《宛平县志》："故桑干河道，石子盈焉。山曰卢师山，寺曰卢师寺。")……灅水又东南，径良乡县之北界。(《汉志》："属广阳郡。")。历梁山，(谨按：宛平县西北百二十里有菩萨崖。崖南有二梁山。再南有大梁山。桑干河径其西。")，高梁水出焉"。

《水经》灅水过广阳蓟县北。(《畿辅通志》："大兴县，周初蓟国，秦置蓟县，汉属广阳郡治。")

郦氏《注》灅水，又东，径广阳县②故城北。(唐《括地志》："广阳故城在今良乡东北三十七里。")又东北，径蓟县③故城南。(《畿辅通志》："今大兴县治。")《魏氏土地记》云："蓟城南七里有清泉河。而不径其北。盖《经》误证矣，灅水又东，与洗马沟水合。水上承蓟水，西注太湖。湖有二源，水俱出县西北平地导源[27]，流结西湖④。湖东西二里，南北三里，盖燕之旧池也。渌水澄澹，川亭望远，亦为游瞩之胜所也。湖水东流，为洗马沟。侧城南门东注。又东，入灅水。"(《宛平县志》："洗马沟在西四十五里。"《一统志》："太湖在城西四十五里，广袤十数亩。旁有泉涌出，经冬不冻。东流为洗马沟。"《宛平县志》："西湖在城西三十里玉

---

① 此即妫河与桑干河合流处。其下出官厅水库而南流。

② 此即俗称之"小广阳"。参见增补附录《永定河流经清代州县沿革简表》(四)，北京市房山条。

③ 参见上书，大兴县条。

④ 莲花池前身。

泉山下，清泉澎湃，潴而为湖。"）灅水又东南，高梁之水注焉。水出蓟城西北平地，泉流（东注），东径蓟城北。又东南流。《魏氏土地记》曰："蓟东十里有高梁之水者也。又东南，入灅水。"（《畿辅通志》："高梁河在宛平县西，源出昌平州沙涧，东南流径高梁店。又东流，入都城积水潭。"）

《水经》灅水，又东，至渔阳雍奴县西，入笥沟。（谨按，《汉书·地理志》："渔阳郡有雍奴县。"《一统志》："雍奴，唐天宝初改武清。"雍，一作邕。《水经注》邕奴者，薮泽之名。四面有水，曰邕。不流，曰奴。《武清县志》："三角淀在县南八十里，名笥沟。一名苇淀，周围二百里，即雍奴水也。"）

郦氏《注》笥沟，潞水之别名也。《魏氏土地记》曰："清泉河上承桑干河，东流与潞水合。灅水东入渔阳，所在枝分。故俗谚云：高梁无上源，清泉无下尾。盖以高梁微涓浅薄，裁足津通。凭借众（涓）流，方成川皿。清泉至潞，所在枝分，更为微津，散漫难寻故也"。（谨按，《水经注》桑干河出山故道，在今京城北，宛平、大兴、武清、通州境。）

[校注]：关于高梁水的源流问题本书引述多种史志，尚未能明晰。现简略说明于后：高梁水源流有多说：一指源于北京市西直门外紫竹院公园［又称高梁河、高良河］，经西直门外高梁桥向东流至今德胜门外，东南流，斜穿过北京城内外城，至今十里河村东南注入古灅水。宋、辽时，高梁河在辽幽州城东郊。金元时称皂河。金开金口河漕渠，导高梁河从今北京城中部又东南流注通州区潞河，此后元朝兴建大都河道被圈进城内，现大多湮废。仅存什刹海遗迹。二指三国魏时刘靖建戾陵堰。开车厢渠，导古灅水自今石景山南东接高梁水上源，自今德胜门外分流东向至今通州区潞河。这一段也称之为高梁水、高梁河，实际上此两源流都属永定河水系。在北京市前身的古蓟国、幽州、广阳郡（或国、或县）或北面、东南、西面转东南流向通州东注入潞河。三、更有学者认为源于玉泉山的金水河［玉泉水］经西直门南水关流入北京城内，注入今三海（北海、后海、中南海），实则与高梁河同源——都是古永定河伏流地下又涌出地面的。玉泉水在明改为通惠河源，城西金水河故道遂湮废。流经城内之金水河先注入什刹海；后分为两支，一支东南流为通惠河；一支南流注入三海，东贯大内为金水河，又自宫苑南出绕皇城前东流入通惠河。元郭守敬导昌平白浮泉为通惠河源。实际上也是古永定河潜流之水。［参见易克中《永定河流域的古都》收入《永定河史综要》1. 香港银河出版社，2004年12月］

[卷三校勘记]

〔1〕"谨按"二字今本脱，据原刊本增补。

〔2〕注文内几个"灅"字，今本改为简体字"湿"。有失注文辨别"灅、潭、灅"三字的音、形、义的用意，又误以为"灅"的异体字为"溼"［简化字为"湿"］，均依文意改回"灅"。

〔3〕"山"字原刊本无，今据《水经注》补。

〔4〕此句为《水经注》原注疏文，按正文同体字排印，其他注疏文字则排楷体字，以示区别。

〔5〕左字前原刊本衍一"合"字，脱"左会"二字。

〔6〕今本"也"前脱"者也"二字，据原刊本及《水经注》增补。

〔7〕承字前原本及今本脱"通"字，据《水经注》增补。

〔8〕东字前原刊本及今本脱"其水"二字。据《水经注》增补。

〔9〕"水"字原刊本及今本作"津"字，据《水经注》改。

〔10〕"误"字今本脱，据原刊本增补。

〔11〕原刊本及今本作"俗谓之雌雄水，冈峦相间……"句。据《宁武府志》（清）魏元枢、周景柱撰，收入《宁武旧志集成》巴蜀书社 2010 年 1 月版，186 页，改。

〔12〕此"南"字，原刊本及今本均脱。据《水经注》增补。

〔13〕"自下"二字原刊本及今本均脱。据《水经注》增补。

〔14〕"北"字原刊本及今本均脱。据《水经注》增补。

〔15〕此"灅水"二字原刊本及今本脱，据《水经注》增补。

〔16〕据《水经注》王先谦本，此句本应挪至本书 161 页首行，《水经》灅水，出雁门阴馆县句后，为保持书之原貌故未改动。

〔17〕"北"字原刊本及今本均脱。据《水经注》增补。

〔18〕原刊本、今本均脱"灅水"二字，据《水经注》增补。

〔19〕同上。

〔20〕同上。

〔21〕原刊本、今本均脱"灅水"二字，据《水经注》增补。。

〔22〕"灅水"二字《水经》原无，原刊本及今本皆因文意补。

〔23〕此句非《水经注》原文，是原刊本作者以己意删略。原文经删节当作："涿水出涿鹿山……东北流径涿鹿县故城南，其水又东北与阪泉合……泉水东北流与蚩尤泉会。……涿水又东北入灅水。"

〔24〕此句前"灅水"二字《水经》原无，原刊本及今本因文意补。

〔25〕"洪"字今本误为"河"，原刊本及《水经注》原文皆作"洪"，据以改作"洪"。

〔26〕"也"字原刊本、今本皆脱，据《水经注》原文增补。

〔27〕原刊本及今本"導源"误作道泉，据《水经注》改。

卷四　集　考

历代河防

历代河防

《水经注·刘靖碑》云：“魏使持节都督河北（道）[1]诸军事、征北将军、建城乡侯[2]、沛国刘靖，登梁山以观源流，相灅水以度形势”。“以嘉平二年［250］，立遏[3]于水，道高梁河，造戾陵遏[4]，开车箱渠。”（谨按，明大学士杨荣碑记：“桑干河至京城石景山之东，地势平而土脉疏，冲激震荡，迁徙弗常。魏都督河北道诸军事、建城侯刘靖，及子平乡侯宏，筑戾陵堰以防之，水患稍息。后人思其功，谓之刘师堰”。）①

《魏书》：裴延俊“转平北将军、幽州刺史。范阳郡有旧督亢渠，（径）五十里；渔阳郡有故戾陵堰，广袤三十里。皆废毁多时，莫能兴复。”“乃表求营造。遂[5]躬自履行，相度水形，随力分督，未几而就。溉田百万余亩，为利十倍，百姓[6]赖之。”

《北齐书》：斛律羡“转幽州刺史……导高梁水，北合易荆[7]，东会于潞。因以灌田，边储岁积，转漕用省，公私获利焉”[8]。

《册府元龟》：唐裴行方检校幽州刺史都督，“引卢沟水，广开稻田数千顷，百姓赖以丰给”。

《辽史》：圣宗统和[9]十一年［993］六月，大雨。秋七月，桑干河“溢居庸关西，害禾稼殆尽，奉圣（今保安州）、南京（今顺天府）居民庐舍[10]多垫溺者”。

《金史·河渠志》：“大定十年［1170］，议决卢沟以通京师漕运。上欣然曰：‘如此，则诸路之物可径达京师，利孰大焉’。命计之，当役千里内民夫。上命免被灾之地，以百官从人助役。已而，敕宰臣曰：‘山东岁饥，工役兴，则妨农作，能勿

---

① 《刘靖碑》文，《杨荣碑》卷三十二全文收录。

怨乎？开河本欲利民，而反取怨，不可。其姑罢之'。十一年［1171］十二月，省臣奏复开之。自金口疏导，至京城北入濠。而东至通州之北，入潞水。"……"及渠成，以地势高峻，水性浑浊，峻则奔流淤洄，啮岸善崩；浊则泥淖淤塞，积滓成浅，不能胜舟。其后，上谓宰臣曰：'分卢沟为漕渠，竟未见功。若果能行，南路诸货皆至京师，而价贱矣'。平章政事、驸马元忠曰：'请求识河道者，按视其地'。竟不能行而罢。"

二十五年［1185］五月，"卢沟决于上阳村。先是，决显通寨，诏发中都三百里内民夫塞之。至是复决。朝廷恐枉费工物[11]，遂令且勿治。"

二十七年［1187］三月，"宰臣以'孟家山金口闸下视都城，高一百四十余尺。止以射粮军守之，恐不足恃。傥遇[12]暴涨，人或为奸，其害非细。若固塞之，则所灌稻田俱为陆地，种植禾麦亦非旷土。不然，则更立重闸，仍于岸上置埽官廨署，及埽兵之室，庶几可以无虞也'。上是其言，遣使塞之"。

明昌三年［1192］六月，"卢沟堤决，诏速遏塞之，无令泛滥为害。右拾遗路铎上疏言，当从水势，分流以行，不必补修玄同[13]口以下，丁村以上旧堤。上命宰臣议之，遂命工部尚书胥持国及路铎同检视其堤道。"

大定二十八年［1188］五月，"诏：卢沟河，使旅往来之津要。令建石桥。未行，而世宗崩"。[14]

大定二十九年［1189］六月，章宗"以涉者病流湍急，诏命造舟。既而，更命建石桥。明昌三年［1192］三月成，敕命名曰'广利'。"①

《元史·河渠志三[15]》：金口河"至正二年［1342］正月，中书参议字罗帖木儿[16]、都水傅佐建言，起自通州南高丽庄，直至西山石峡铁板，开水古金口，一百二十余里，创开新河一道。深五丈、广二十丈。放西山金口水东流至高丽庄，合御河，接引海运至大都城内输纳。是时，脱脱为中书右丞相，以其言奏而行之。廷臣多言其不可，而左丞许有壬言尤力。脱脱排群议不纳，务于必行。有壬因条陈其利害。"丞相终[17]不从。"遂以正月兴工，至四月功毕。起闸放金口水[18]，流湍势急，沙泥壅塞，船不可行。而开挑之际，毁民庐舍、坟茔，夫丁死伤甚众，又费用不赀，卒以无功"。

《元史·河渠志（一）[19]》："卢沟河，其源出于代地，名曰小黄河，以流浊故

---

① 即卢沟桥。

也。自奉圣州界[20]，流入宛平县境。至都城四十里东麻峪[21]，分为二派。太宗七年[1235]八月敕：近刘冲禄言：'率水工二百余人，已依期筑闭卢沟河元破开梳口'。若不修堤固护，恐不时[22]水涨冲坏，或贪[23]利之人[24]盗决溉灌[25]。请令禁之[26]。刘冲禄可就主领，毋致冲塌盗决。犯者以违制论，徒二年，决杖七十。如遇修筑时，所用丁夫器具，应差处调发之。其旧有水手人夫内，五十人差官存留不妨。已委管领，常切巡视访体[27]究，岁一交番。有司有不应副[28]者，罪之。"

《元史·河渠志（一）》："浑河，本卢沟水。从大兴县流至东安州、武清县，入漷州界。至大二年[1309]十月，浑河水决左都威卫营西大堤。泛滥南流，没左、右二翊，及后卫屯田麦。由是，左都卫言：'十月五日，水决永清县王甫村堤，阔五十余步，深五尺许。水西南漫平地流[29]，环圆[30]营仓局，不没者无几。恐来岁春冰消，夏雨水[31]作，冲决成渠，军民被害。或迁置营司，或多差军民修塞，庶免垫溺。'三年[1310]二月十二日，省准下左、右翊及后卫、大都路，委官督工修治。至五月二十日工毕。[32]

皇庆元年[1312]二月二十七日[33]，东安州言：'浑河水溢，决黄垧堤一十七所。'都水监计工物，移文工部。二十七日[34]枢密知院塔失帖木儿[35]奏：'左卫言，浑河开决堤口二处，屯田浸不耕种。已发军五百修治。臣等议，治水，有司职耳。直令中书戒所属用心修治。'从之。七月，省委[36]工部员外郎张彬言'巡视浑河，六月三十日霖[37]雨。水涨及丈余[38]，决堤口二百余步，漂民庐、没禾稼。乞委官修治，发民丁[39]刈杂草兴筑。'

延祐元年[1314]六月十七日，左卫言：'六月十四日，浑河决武清县刘家庄堤口。差军七百与东安州民夫协力同修之。'[40]

三年[1316]三月，省议：'浑河决堤堰，没田禾，军民蒙害。既已奏闻，差官相视。上自石径山金口[41]，下至武清县界，旧堤长计三百四十八里。中间因旧修筑者，大小四十七处，涨水所害合修补者一十九处，无堤创修者八处，宜疏通者二处。计工三十八万一百，役军夫三万五千，九十六日可毕。如通筑，则役大难成。就令分作三年为之，省院差官，先发军民夫匠万人，兴工以[42]修其要处。'是月二十日[43]，枢府奏拨军三千，委中卫佥事督修治之。

七年[1320]五月，营田提举司[44]言：'去岁十二月二十一日，屯户巡视广武屯北，浑河堤二百余步将崩。恐春首土解水涨，浸没为患，乞修治。'都水监委濠寨，会营田提举司官、武清县官，督夫修完广武屯北陷薄堤一处（计二千五百工）、永兴屯北堤低薄一处（计四千一百六十六工）、落垡村西冲圮一处（计三千七三十三工）、永兴屯北崩圮一处（计六千五百十八工）。北王村庄西河东岸，北至白坟儿[45]，南至韩村西道口（计六千九十三工）；刘邢庄西河东岸，北至宝僧百户屯，南至白坟儿（计三万七百二十二工），总用五万三千七百二十二。

泰定四年［1327］四月，省议：'三年［1326］六月内霖[46]雨，山水暴涨，泛没大兴县诸乡桑、枣田园。移文枢府，于七卫屯田及见有军内，差三千人修治'。"

《元世祖本纪》：至元三年［1266］，"凿金口，导卢沟水以漕西山木石。"

《元成宗本纪》：大德六年［1302］四月，"修卢沟上流石径山河[47]堤。""乙亥［1299］，修浚永清县南河"。

《元仁宗本纪》：延祐元年［1314］六月，涿州范阳、房山二县浑河溢，坏民田四百九十余顷。七月乙亥，"武清县浑河堤决，淹没民田，发廪赈之。"二年［1315］春正月丙寅，"霖[48]雨坏浑河堤堰，没民田，发卒补之"。七年［1320］，"浑河溢，坏民田庐"。

《元英宗本纪》：至治元年［1321］六月己巳，"浑河溢，被灾者二万三千三百户。""霸州大水。"浑河溢，被灾者三万余户。秋七月"乙酉，大雨，浑河防决。"二年［1322］六月"丙子修浑河堤"。

《元泰定帝本纪》：泰定元年［1324］夏四月甲子，"发兵民筑浑河堤。"三年［1326］七月，浑河决。四年［1327］三月，"浑河决，发军民万人塞之"。

《元顺帝本纪》：至元三年［1337］六月辛己，大雨，"自是日至癸巳不止"。"浑河水溢，没人畜、庐舍甚众。"苏天爵《元名臣事略》①："至元二年［1365］，都水监郭公②言：'金时，自燕京之西麻峪村，分引卢沟一支东流。穿西山而出，是

---

① 苏天爵［1294—1352］元真定［今河北正定］人，字伯修，人称滋溪先生。国子学生出身。官江南行台监察御史。顺帝初历任淮东、山东肃政廉访使，又宣抚京畿，大事兴革，为宰相所忌，罢官。后再起为江浙行省参政。至正十二年［1352］在饶信［今江西东北部］等地镇压红巾军死于军中。熟悉元代文献，辑《国朝文类》著《国朝名臣事略》；又有《滋溪文稿》。

② 都水监郭公，指元代著名天文学家、水利学家、数学家郭守敬［1231—1316］，字若思，顺德邢台［今属河北］人，曾任都水少监、太史令、兼提调通惠河漕运事等。曾主持兴浚西夏滨河五州诸渠，开大都运粮河。与许衡、王恂等修《授时历》，施行三百六十年，著有《历议拟稿》、《仪象法式》、《推步》等著作。创制多种天文仪器，主持大地测量等。至元二年［1265］倡议重开金口河，"使水得能流，上可致西山之利，下可广京畿之漕。"得到元世祖赞赏，次年开凿金口河，为兴建大都工程，"漕运西山木石"创造了有利条件。

谓金口。其水自金口以东，燕京以北，溉田若干顷。兵兴以来，以大石塞之。今若按视故迹，使水通流，上可以致山西之利，下可以广京畿之漕。'又言：'当于金口西预开减水口，西南还大河。令其深广，以防涨水突出之患。'上纳其议。"

《元史·河渠志三》[49]：时议创开金口新河。许有壬条奏，略曰："大德二年[1298]，浑河水发为民害，大都路都水监将金口下闭闸板。五年［1301］间，浑河水势浩大。郭太史恐冲没田、薛二村、南、北二城，又将金口以上河身，用砂石杂土尽行堵闭。至顺元年［1330］，因[50]行都水监郭道寿言：'金口引水过京城至通州，其利无穷。'工部官并河道提举司、大都路及合属官员、耆老等相视，议拟水由二城①中间窒碍。又，卢沟河自桥至合流处，自来未尝[51]有渔舟上下，此乃不可行船之明验也。且通州去京城四十里，卢沟止二十里。此时若可行船，当时何不于卢沟立码头，百事近便，却于四十里外通州为之？又，西山水势高峻，亡金[52]时，在都城之北流入郊野，纵有冲决，为害亦轻；今则在都城西南，与昔不同。此水性本湍急，若加以夏秋霖潦涨溢，则不敢必其无虞。宗庙、社稷之所在，岂容侥幸于万一？若一时成功，亦不能保其永无冲决之患。且亡[53]金时，此河未必通行。今所有河道遗迹，安知非作而复辍之地乎？又，地形高下不同，若不作闸，必致走水浅涩；若作闸以节之，则沙[54]泥浑浊，必致淤塞。每年每月专人挑洗，盖无穷尽之时也。且郭太史初作通惠河时，何不用此水，而远取白浮[55]之水，引入都城以供闸坝之用？盖白浮[56]之水澄清，而此水浑浊，不可用也。"②

《明史·河渠志五[57]》："桑干河，卢沟上源也"。"穿西山，入宛平县界，东南至看丹口，分为二。其一东流，由通州高丽庄入白河；其一南流霸州，合易水，南至天津丁字沽，入漕河，曰卢沟河，亦曰浑河。河[58]初过怀来，束两山间，不得肆。至都城西四十里。石景山之东，地平土疏，冲激震荡，迁徙靡[59]常。《元史》名卢沟曰小黄河，以其流浊也。上流在西山后者，盈涸无定，不为害"。"下流在西山前者，泛溢害[60]稼，畿封病之，堤防急焉。"

"洪武十六年［1383］，浚桑干河。自固安至高家庄八十里，霸州西支河二十

---

① 二城是指金中都城和元大都城。
② 许有壬［1287—1364］，元汤阴［今属河南］人，字可用。延祐进士。至治中以江南行台监察御史行部广东，劾治不法官僚豪家。顺帝时任中书参知政事。前后历官七朝四十余年。官至集贤殿大学士。至正十七年［1357］致仕。工文辞，有《至正集》，别编名《圭塘小稿》。至正二年［1342］曾上条奏谏阻再开金口河之议，时丞相脱脱"排群议不纳"。此为条奏节录。

里，南支河三十五里。

永乐七年［1409］，决固安贺家口。十年［1412］，坏卢沟桥及堤岸，没田庐，溺死人畜。[61]

洪熙元年［1425］，决东狼窝口。

宣德三年［1428］，溃卢沟堤。皆发卒治之。六年［1431］，顺天府尹李庸上言：'永乐中，浑河决新城[62]，高从周口遂致淤塞。霸州桑园（圆）里上下，每年水涨无所泄。漫涌倒流，北灌海子凹、牛栏佃。请亟修筑。'从之。九年［1434］，决东狼窝口，命都督郑铭往筑。

正统元年［1436］，复命传郎李庸修筑，并及卢沟桥小屯溃岸。明年，工竣。越三年，白沟、浑河二水俱溢，决保定县安州堤五十余处。复命庸治之，筑龙王庙南石堤。

七年［1442］，筑浑河口。八年［1443］，筑固安决口。

成化七年［1471］，霸州知州蒋恺言：'城北草桥界河，上接浑河，下至小直沽，注于海。永乐间，浑河改流西南，经固安、新城、雄县抵州，屡决[63]为害。近决孙家口，东流入河，又东抵三角淀。小直沽乃其故道，请因其自然之势，修筑堤岸。'诏顺天府官相度行之。十九年［1483］，命侍郎杜谦督理卢沟河堤岸。

弘[64]治二年［1489］，决杨木厂堤。命新宁伯谭祐、侍郎陈政、内官李兴等，督官军二万人筑之。

正德元年［1506］，筑狼窝决口。久之，下流支渠尽淤。

嘉靖十年［1531］，从郎中陆时雍言，发卒浚导。三十四年［1555］，修柳林至草桥大河。四十一年［1562］，命尚书雷礼修卢沟河岸。礼言：'卢沟东南有大河，从丽庄园入直沽下海，沙淤十余里。稍东，岔河从固安抵直沽，势高。今当先浚大河，令水归故道，然后筑长堤以固之。决口地下水势急，人力难骤施。西岸故堤绵亘八百丈，遗址可按，宜并筑。'诏从其请。明年讫工，东西岸石堤凡九百六十丈。"

《明成祖实录[65]》：永乐二年［1404］十月，"修顺天府固安县浑河决岸。"七年［1409］六月，"固安县浑河决贺家口，伤禾稼。命工部即（丞）遣官修筑。"十五年［1417］闰五月，"修顺天府[66]固安县孙家口等处堤岸。"

《明仁宗实录》：洪熙元年［1425］七月，"水决卢沟桥东狼窝口岸一百余丈。""命行后军都督府、行部，发军民修筑。"

《明宣宗实录》：宣德四年［1429］二月，"修卢沟桥凌水所决河口"。四月，

"命侍郎罗汝敬往督"。六年［1431］五月壬申，"顺天府奏：霸州保定县地低洼，边临浑河。往者，河岸缺坏，皆是保定、文安、大城诸县民、大同军卫修筑。今河水冲缺，岸土渐薄，且有坍塌之处。若水溢决溃，必伤田苗。请如旧集众预修，庶几有备无患。从之。"六月丁未，"顺天府固安县奏：今夏久雨，浑河涨溢，冲决徐家等口。上命工部拨工发民[67]修理之。"七年［1432］三月壬戌，"浑水决固安县马庄等处堤岸。命顺天府发民修筑。"九年［1434］六月，"水决浑河东岸，自狼窝口至小屯厂。行在工部请修治。从之。命都督郑铭董其役。"

《明英宗实录》：正统元年［1436］七月，"命行在工部左侍郎李庸修狼窝口等处堤工。"二年［1437］二月，李庸"请建龙[68]神祠于堤上"，"且令宛平县复民二十户，自石径上至卢沟桥往来巡视"。"从之"。四年［1439］六月，"小屯厂西堤为浑河水所[69]决。""诏发附近丁夫修筑。"七年［1442］十一月，"筑浑河口。"八年［1443］六月，"浑河水溢，决固安县贾家口、张家口等堤。诏邻近州县协力修筑。"九年［1444］三月，"修卢沟桥。"十一年［1446］六月，浑河泛滥，贾家口、张家口堤决。命有司筑之。

《明宪宗实录》：成化七年［1470］二月，"拨官军五千，以少监高通、都督鲍政"等修筑卢沟桥堤岸。十二年［1476］二月，工部言：保定等县言，"各县河岸冲决数多，有防耕种。乞存留原借派协济[70]通惠河人夫，以便修筑。而本部委官徐九思等亦各言，卢沟桥及直沽、天津迤北南营儿、要儿渡口一带，河道冲决淤塞，有妨漕运，比之通惠河尤急。宜即如所奏，准其存留。其直沽、卢沟一带河岸道路，亦宜酌量缓急，暂拨通惠河人夫用工。从之。"

《明武宗实录》：正德元年［1506］二月庚申，"命工部筑[71]卢沟桥堤岸。以去年六月为水冲坏六百余丈故也。"

《明世宗实录》：嘉靖十一年［1532］五月，太仆寺卿何栋言："勘[72]得涿州有胡良河，自拒马河分流至涿州，东入浑河。良乡有琉璃河，发源磁家务，潜入地中，至良乡，东入浑河，皆其故道。近以浑河沙壅，阻塞二河下流，遂致平地淹没，弥漫至数千余顷。勘得下流变塞之沙，仅四五里。用力颇易，计费不多，所当亟为疏浚"。"工部覆奏，得旨允行"。四十一年［1562］八月，"以卢沟西南堤坏，命工部尚书雷礼往视。礼还，上言修筑事宜。"又言："当仍委干局九人，分为九区，并力责成。"又言："桥东、西岸甃石不坚，当俟决堤工完之日，加工缮治。报可。"

《东安县志》："万历八年［1580］，春旱无麦，夏秋浑河溢。十一年［1583］，

185

浑河决堤口，水失故道。四十年［1612］，浑河徙，逼县城。四十五年［1617］六月暴雨，浑河溢西城下。天启六年［1626］夏，浑河溢人城，架巢而居。"

《水道提纲》："桑干旧名浑河。自宛平、良乡而东，填淤冲决。自元、明以来，迁徙不一。固安、永清、霸州，或南或北，时苦泛溢。康熙三十七年［1698］，始由良乡之张家庄，至东安之郎城河，重开一道。使昔之泛决固安以西，与清水河合，而南至新河霸州者，今迁流于东。由固安、永清之北，引流直出柳岔口、三角淀，以达西沽。筑长堤，南、北两岸二百余里，遏其南趋，使不与清水诸河会。赐名曰：'永定河'。"

［卷四校勘记］

〔1〕〔2〕《水经注》录《刘靖碑》有误。《三国志·魏书·刘馥附子刘靖传》记载："……后迁镇北将军、假节、都督河北诸军事……又修广戾陵渠大堨，水灌溉蓟南北，三更种稻，边民利之"，"嘉平六年薨，追赠征北将军，进封建成乡侯。"按，三国魏时刘靖受"假节"而非"使持节"，拥有"专杀"下属之权［分三级授权：使持节、持节、假节，假节为最低］。且魏国亦无河北道之谓。"建城乡侯"为"建成乡侯"之误。建成乡侯封地在今河北省泊头市原交河县［1983年撤并入泊头市］；建城乡侯封地在今江西省高安市境。因原碑文误记仅辨明而不改。

〔3〕〔4〕原刊本二"遏"字皆作"堨"，堨为挡水坝，音è。"遏"为同音假借字《三国志魏书》刘靖本传作"堨"，而《刘靖碑》作"遏"。今本作"遏"，估从之而不改。

〔5〕"遂"字原刊本脱。据《魏书·裴延俊》本传改。

〔6〕百姓二字后原刊衍"至今"二字，据本传删。

〔7〕"易荆"原刊本误为"易京"。按《水经注》作易荆水，是温榆河的古称。而易京水是易水的别称，发源于今易县［汉为易京县］，《北齐书》本传已错，据《水经注》改之。

〔8〕"转漕用省，公私获利焉"，句中"省"字、"获"字，原刊脱，据《北齐书》本传增补。

〔9〕"统和"原刊本脱，据《辽史》增补。

〔10〕"庐舍"原刊本脱，据《辽史》增补。

〔11〕原刊本"工物"二字为"物力"，据《金史·河渠志》改。

〔12〕"傥遇"原刊本"傥"作"倘"，"遇"字脱。据《金史·河渠志》改补。

〔13〕"玄同"原刊本为"元洞"因辟讳"玄烨"（康熙帝之名）而改。据《金史·河渠志》改"元洞"为"玄同"。

〔14〕"而世宗崩"原刊本脱。据《金史·河渠志》增补。

〔15〕志后"三"字原刊本脱，据《元史·河渠志》增补。

〔16〕"亨罗帖木儿"原刊本为"亨罗帖睦尔"，据《元史·河渠志（三）》改正。

〔17〕"终"字原刊本脱，据上书增补。

〔18〕"放金口水"原刊本为"於金口水"，据《元史·河渠志（三）》改正。

〔19〕此（一）原刊本脱，据《元史·河渠志（一）》补。

〔20〕此"界"字原刊本脱。

〔21〕"谷"字原刊本作"峪"，《元史·河渠志（一）》作"谷"，从原刊本改。峪有山谷之意，谷有读音 [yù]。

〔22〕原刊本脱"不时"二字。

〔23〕原刊本"贪"字脱。

〔24〕原刊本"之人"误为"之徒"。

〔25〕原刊本"溉灌"误为"灌溉"。

〔26〕原刊本"请令禁之"误为"请令禁止"。

〔27〕原刊本"体"字脱。

〔28〕原刊本"应副"作"应付"。

〔29〕原刊本"流"字脱。

〔30〕原刊本"环圆"作"环流缘"。

〔31〕原刊本"水"字脱。

〔32〕原刊本将"三年 [1310] 二月十二日，省淮下左：左翊及后卫。大都路，委官督工修治，至五月二十日工毕。"一段脱"十二日，省淮"五字，"至五月"误为"至元五月"，"二十日"亦脱。〔22〕—〔32〕各条均据《元史·河渠志（一）》改正增补。

〔33〕"二十七日"四字原刊本脱。

〔34〕"二十七日"四字原刊本脱。

〔35〕"塔失帖木儿"原刊本误为"答失帖睦尔。"

〔36〕"省委"原刊本误为"省议委"。

〔37〕"六月三十日霖雨"句,原刊本脱"三十日"三个字,"霖雨"误为"大雨"。

〔38〕"水涨及丈余"原刊本为"水涨踰丈"。

〔39〕"民丁"原刊本作"民兵"。

〔40〕今本差字前衍"差军七百兴筑","同修之"作"修治"。

〔41〕"上自石径山金口"句,"上"字原刊本脱,"径"作"陉"。

〔42〕"兴工以"原刊本脱。

〔43〕"二十日"原刊本脱。

〔44〕"司"原刊本误为"事"。

〔33〕—〔44〕十二条均据《元史·河渠志(一)》补正。

〔45〕"白坟儿"原刊本误作"北坟儿"据上书改。

〔46〕"霖"原刊本作"大",据上书改。

〔47〕"河"原刊本脱。据《元史成宗本纪》增补。

〔48〕"霖"原刊本作"大",据《元史仁宗本纪》改。

〔49〕《元史·河渠志(三)》原刊本误为《元史·许有壬传》。查《元史·许有壬传》并无此条奏,实为《元史·河渠志(三)》所载,径改。

〔50〕"因"字原刊本脱。

〔51〕"尝"字原刊本脱。

〔52〕"亡金"原刊本作"今"。

〔53〕"亡"字原刊本脱。

〔54〕"沙"字原刊本作"河"

〔50〕—〔54〕五条均据上引书改补。

〔55〕〔56〕"自浮"原刊本误作"白河"。按《元史·河渠志(一)》,白浮雍山云:"白浮瓮山,即通惠河上源所出也。白浮泉水在昌平县界,西折而南,经瓮山泊,自西水门入都城焉。"从本志改。

〔57〕《明史·河渠志五》。五字今本脱。

〔58〕"河"原刊本脱。

〔59〕"弗"原刊本作"靡"。

〔60〕"害"原刊本作"伤"。

〔61〕"溺死人畜"原刊本脱"死"字。

〔62〕"永乐中浑河决新城"句，原刊本脱，"中"字，衍"决浑河之"四字。

〔58〕—〔62〕均据《明史·河渠志五》改补。

〔63〕"屡决"原刊本误为"屡次"。同上书。

〔64〕"弘"字原刊本改作"宏"。同上书。

〔65〕《明成祖本纪》应为《明城祖实录》及以下明仁宗、明宣宗、明英宗、明宪宗、明武宗、明世宗诸帝本纪皆为实录。一并改之，不单独再注。

〔66〕"顺天府"三字原刊本脱。据《明成祖实录》实录增补〔按现刊行影印本为《明太宗实录》。〕

〔67〕"发民"原刊本为"拨工"，据《明宣宗实录》改。

〔68〕"龙"原刊本为"河"，据《明英宗实录》改。

〔69〕"为浑河水所"原刊本脱，同上书增改。

〔70〕"派协济"原刊本脱，据《明英宗实录》增补。

〔71〕"筑"原刊本作"修"，据《明武宗实录》改。

〔72〕"勘"原刊本作"看"，据《明世宗实录》改。

卷五　工　程

石景山工程　则例　桥式

石景山工程

石景山同知辖巡检经管

石景山东、西两岸石土堤工，旧系工部司员管理。所编号数丈尺长短不均，且两岸通编为天字三十九号。雍正八年［1730］，奏归永定河，设同知经理。乾隆二十八年［1763］，始分东、西两岸。东岸长二十三里五分，编二十四号。西岸长十四里，编十四号。四十九年［1784］，河道陈琮以堤工号数，定限一百八十丈为一里，以便稽核，禀请咨部更正。除南、北金沟石工二段旧例为一号外，东岸自南金沟起，至北岸上头工交界止，长二十三里九十六丈，编为二十四号；西岸卢沟桥以北，地势高阜，旧本无堤。自桥翅南起，至南岸头工交界上，长十四里，编为十四号。

东岸

第一号，北金沟片石堤长十丈，南金沟片石堤长三十七丈七尺（雍正九年［1731］以前工部修建。乾隆十七年［1752］，筑片石戗堤①，共长四十丈七尺。）

第二号，石景山前片石堤长六十九丈五尺，（雍正九年［1731］以前工部修建。乾隆六年［1741］，修补片石戗堤，长六十三丈。）片石堤长七丈，大石堤长十五丈五尺，片石堤长八十丈，土堤长八丈（内帮砌片石戗堤）。

---

① 戗堤是抢修渗漏或加强堤身时，于堤坡外面加帮的堤。临水面坡为"前戗"［或外帮］，多用不易透水黏性土料筑成，背水坡面则用易透水或柴草等筑成，称"后戗"［或内帮］，以利堤身渗入之水流出，戗堤顶面称戗顶［或马道］比正堤顶面要低。此处是加砌片石的戗堤。

第三号，土堤长一百三十三丈，大石堤长约四十七丈。（雍正九年［1731］以前工部修建。乾隆元年［1736］，庙后大石堤残缺，修补片石戗堤十五丈。三十四年［1769］拆修，改筑大石、片石戗堤十六丈，内帮片石戗堤一百三十三丈五尺。）

第四号，大石堤长七十三丈，（雍正九年［1731］以前工部修建。乾隆元年［1736］，修补片石堤十五丈。三十四年［1769］，改做十六丈。）片石堤长一百零七丈。（乾隆五年［1740］，加大石戗堤二十丈，又南接片石戗堤二十五丈。十八年［1753］，修补片石戗堤五十一丈五尺。）鸡嘴坝①一座，长四丈一尺。

北极庙前铁牛一具。

第五号，土堤长一百八十丈（内帮片石戗堤）。堤上横道通西山煤厂及潭柘、戒坛之路。堤身大石包砌，名旱桥。

第六号，土堤长一百八十丈（内帮片石戗堤）。此号内，旧大[1]石、片石堤长十九丈二尺。乾隆四十六年［1781］，修筑片石戗堤，长二十五丈。乾隆五十年［1785］，修筑片石戗堤三十丈。

第七号，上堤长一百八十丈（内帮片石戗堤）。

第八号，土堤长一百八十丈（内帮片石戗堤）。拦河土坝②一道，长八十丈（乾隆三年［1738］筑）。

第九号，土堤长一百八十丈（内帮[2]片石戗堤）。

第十号，土堤长三十三丈，片石堤长六十丈，片石堤长六十七丈，（内大石护堤三十七丈，乾隆元年［1736］修砌。）片石堤长二十丈。

第十一号，片石堤长三十四丈，片石堤长五十二丈，（乾隆二十三年［1758］筑。乾隆三十年［1765］，修筑大石、片石戗堤三十六丈五尺。）片石堤长五十四丈（乾隆二十四年［1759］接筑），土堤长四十丈（内帮片石戗堤）。

第十二号，土堤长一百八十丈（内帮片石戗堤）。

第十三号，土堤长一百三十七丈，大石子堤长四十三丈（内帮片心戗堤）。

第十四号，石子堤长一百七十五丈，（乾隆二年［1737］，加筑灰顶八十五丈。乾隆三年［1738］，内帮砌大石、片石戗堤一百七十五丈。）大石堤长五丈。（嘉庆

---

① 挑水坝的一种，指丈尺较短的挑水坝，详见挑水坝注。
② 拦河土坝指筑在河道岸边，借以引导水流，改变流向以保护河岸或造成新岸的水工建筑物。有丁坝和顺坝之分。

191

卷五 工程

六年［1801］，补还漫决石堤^[3]一段，长七丈，高一丈六尺。）

第十五号，大石堤长一百一十五丈。（雍正九年［1731］以前修建。乾隆四年［1739］修补。上有灰顶。）上坝台大石堤长六十二丈（上有灰顶。乾隆五年［1740］，筑片石小戗堤十丈）。

第十六号，石子堤长八十丈五尺。（乾隆元年［1736］，坝台南砌片石戗堤二十八丈五尺。三年［1738］，上下坝台中帮砌片石戗堤五十二丈。十三年［1748］，补修片石戗堤三十丈。）下坝台大石堤长六十一丈，大石堤长三十八丈五尺。鸡嘴坝一座，长四丈五尺。

第十七号，大石堤长三十九丈五尺，片石堤长八十八丈，（雍正十一年［1733］，筑戗堤二十丈。乾隆八年［1743］，帮片石戗堤，长七十丈。）大石堤长十丈，片石堤长四十二丈五尺。（内加片石戗堤四十二丈五尺。乾隆九年［1744］，筑拦河坝十二丈，又接砌大石、片石挑水坝^①五十六丈，片石横堤长十六丈。）

第十八号，片石堤长二十二丈五尺（内加帮片石戗堤二十二丈五尺），大石堤长一百五十七丈五八尺（内帮大石、片石戗堤五十丈）。

第十九号，大石堤长一百八十丈。

第二十号，至桥北雁翅止，大石堤长六十丈五尺，接南雁翅石子堤长一百一十九丈五尺。（内加帮片石戗堤四十五丈，片石小戗堤三十丈，片石戗堤四十三丈五尺。嘉庆十一年［1806］，堤顶上加砌石子埝^②一段，长十三丈五尺。嘉庆十二年［1807］，堤顶上加石子埝一段，长四十四丈五尺。）

第二十一号，石子堤长一百七十一丈，（乾隆四年［1739］修，砌片石斜戗六十五丈。）上堤长九丈（内帮片石戗堤九丈）。

此号连下号，嘉庆十二年［1807］，堤顶上加石子埝一段，长一百一十丈零五尺。鸡嘴坝一座。兵铺一所。

第二十二号，土堤长一百八十丈。（内帮片石戗堤一百八十丈。嘉庆十一年

---

① 挑水坝，一种护岸丁坝，其轴线与水流斜交，方向略向下游，多以埽工、石料做成，用来挑开大溜，保护下游堤段；堵口时也常在口门上游加筑，逼水流入引河，以减少流向口门的流量。较短之挑水坝叫"矶头"俗称"鸡嘴坝"。

② 埝本指尺寸较小或保局部地区的堤。民间自修者称民埝。为增高正堤，提高堤防阻止漫溢漫口时在堤顶加筑者称子埝。因有使用材料不同，有石子堆砌，或土灰堆筑，分别为石子埝、土埝等。

［1806］，堤顶上加石子地一段，长七十三丈。）

第二十三号，土堤长一百八十丈（内帮片石饯堤一百八十丈）。此号，嘉庆六年［1801］补还漫决[4]石堤一段，长一百八十六丈五尺，高一丈五尺。又添砌月牙坝一道，长三十三丈，高一丈五尺。嘉庆十一年［1806］，堤顶上加石子埝一段，长九十九丈五尺。

第二十四号，土堤长九十六丈。（内帮片石饯堤九十六丈。嘉庆十二年［1807］，堤顶上加石子埝一段，长二十八丈。）鸡嘴坝一座。

西岸

第一号，卢沟桥南雁翅起，石子堤长一百八十丈。（雍正九年［1731］以前，部员修建。乾隆二年［1737］，修补九十九丈。七年［1742］，修补六十丈。嘉庆六年［1801］，税局后身补还漫缺[5]石堤一段，长六十八丈，高一丈六尺。嘉庆十三年［1808］，卢沟桥南北雁翅，税局后身加砌石子埝一段，长四十三丈五尺。又接连前工一段，加石子埝一段，长五十六丈。）

第二号，大石堤长一百八十丈。（乾隆五年［1740］，自玉露庵起，接连下号，修补大石堤共长四百二十丈。嘉庆六年［1801］补还漫缺[6]石堤一段，长六十二丈五尺，高一丈六尺。）

第三号，大石堤长一百八十丈。

第四号，大石堤长一百八十丈。（乾隆十二年［1747］，筑片石饯堤六十二丈五尺。十九年［1754］，筑片石饯堤四十五丈。）兵铺一所。

第五号，大石堤长一百八十丈。（乾隆十五年［1750］，筑片石饯堤五十四丈。二十年［1755］，筑片石饯堤四十二丈。）

第六号，大石堤长一百三十丈，（乾隆十六年［1751］，修补片[7]石堤三丈。）土堤长五十丈。

第七号，土堤长一百八十丈。兵铺一所。

第八号，土堤长一百三十丈。

第九号至十四号，地势高阜，向未建堤。今仍按丈分里编号。大宁村。①

———————

① 大宁村列入河工汛地编号下，从西岸第九号开始。清河防工程往往征募附河十里村庄民夫担任守护、抢险，所列村庄即是。

第十号。

第十一号。

第十二号，后高店。

第十三号，前高店。

第十四号。

则　　例

石景山各项物料价值、工程做法则例

青砂大石，每高一尺，宽一尺，长一丈，山价银一两二钱。在宛平县石府村采取。每石一丈，每里运价银二分。查，石府村运至汛内天字一号，计程二十里；运至三十二号，计程五十二里。其做何段工，运价应于临时按里估报。豆渣大石，每高一尺，宽一尺，长一丈，山价银一两。在房山县杨二峪采取。每石一丈，每里运价银二分。查，杨二峪运至汛^①内天字三十二号，计程八十二里；运至天字一号，计程一百一十二里。其做何段工程，运价应于临时按里估报。

片石，见方一丈，高二尺五寸，山价银一两一钱。在宛平县八角村采取。每车装载高二尺五寸，宽一尺，长一丈，每里每车运价银二分七厘。查，八角村至汛内天字一号，路距十二里；至天字三十二号，四十二里。其做何段工程，应于临时按里估报。

石子，见方一丈，高二尺五寸。系本工就近取用，不用山价。每方拾取工价银七钱八分。查，石子一项，原系应修工处就近拾用，例无运价。若木工无可拾处，必于远处运用，应须照片石例。高二尺五寸，宽一尺，长一丈，每里每车运价银二分七厘，按程计算。

白灰，每千斤连运价银一两。再，永定河南、北两岸有应修工程，需用灰斤，除采价银六钱之外，计程途之远近，每千斤每里酌增运价银一分。

---

① 此处"汛"字是指汛地。清朝绿营兵凡千总、把总、外委等下级军官所统率的部属驻防巡逻的地区称"讯地"，讯是盘查询问过往商旅的意思。通假为"汛"。又，清朝又往往派绿营兵参与河防水利工程的守护、抢筑，称"河兵"。河兵巡防守护的地段称为"汛"或"汛地"如志内常有子牙汛、石景汛等称谓。

194

生铁锭，每个长六寸五分，头均宽三寸六分，腰宽一寸六分、厚二寸，重二斤十两八钱。每斤价银一分六厘。

桐油，每斤价银六分。

油灰，每斤价银一分六厘。

白矾，每斤价银一分八厘。

江米，每石价银二两八钱。

好麻，每斤价银六分。

麻刀，每斤价银一分。

扎缚绳，每斤价银二分五厘。

苘麻，旧例，每斤价银二分。查，南、北两岸采办苘麻，价银系一分八厘。因石景山离产麻之地稍远，是以运价二分。

火燎杆秫秸，每束三拿，重十一斤，价银一分二厘。

柳枝，每束重十五斤，价银一分二厘。

苇席，每张长一丈、宽五尺，价银一钱四分。

柳囤，高五尺、径五尺，每个价银五钱。如有大小、高低，临时增减估报。

杨木，长一丈八尺、径五寸，每根价银三钱三分。

杉木，长二丈二尺、径五寸，每根价银五钱一分五厘九毫。

谷草，每十斤价银一分。

稻草，每十斤价银一分六厘。

旱土筑堤，每方银七分。夯硪，工价银二分四厘。其远土筑堤，均照《永定河则例》开销。

黄土，每方价银一钱。

素土，每方价银一钱

大式大夯，见方一丈，高五寸，为一步。用白灰三百五十斤，黄土见方一丈，高二尺五寸。土二分二厘四毫，工价银四钱。如堤坝内尾土，并盖顶处需用灰土，照此例。

夯硪夫，每名工价银八分。

捆苇、下苇，每名工价银二厘五毫。

刨槽，每折见方一丈，高一尺，用壮夫一名。每名工价银七分。

小夯，灰土见方一丈，高五寸，为一步。小夯二十四把，用白灰一千二百二十五斤，黄土见方一丈，高二尺五寸。土八厘四毫，工价银一两二分四厘。如闸坝、金门出水等处需用灰土，照此例。小夯十六把，用白灰七百斤，黄土见方一丈，高二尺五寸。土一分六厘八毫，工价银九钱。如堤坝、闸墙基址需用灰土，照此例。

夯筑灰顶，每见方一丈，高五寸，为一步。工价银四钱。

刨挖砂石，见方一丈，高一尺。每方用壮夫四名。

青砂石做细，每折宽一尺、长一丈，用石匠一工五分。

做糙，每折宽一尺、长一丈，用石匠一工。

对缝安砌，每长一丈，用石匠二工。

摆滚叫号，折宽厚一尺、长八尺以外，用每长三丈，用石匠一工。

拽运台石，折宽厚一尺，每长一丈，用壮夫一名。

灌浆，每长四丈，用壮夫一名。

豆渣不做细，每折宽一尺、长一丈，用石匠一工。

做糙，每折宽一尺、长一丈五尺，用石匠一工。

对缝安砌，每长一丈，用石匠一工。

摆滚叫号，折宽厚一丈、长八尺以外，用[8]每长五丈，用石匠一工。

拽运台石，折宽厚一尺，每长一丈，用壮夫一名。

灌浆，每长四丈，用壮夫一名。

上车、下车，每单长一丈，用壮夫半名。

通共石匠、瓦匠、艌匠、木匠、铁匠，每名工价银一钱五分。

壮夫、灌浆夫、运夫，每名工价银七分。

修砌大石堤工做法：

修砌大石堤工，每长一丈，底层用长五尺、宽二尺、厚一尺五寸钉石五块。上用顺石，每长二丈，用长四尺、宽二尺、厚一尺五寸拉扯石一块。其用石丈尺，俱系按支按层，以宽厚一尺、单长一丈计算估报。

修砌大石堤，每石底宽一尺、单长一丈，用灰四十斤、灌浆灰四十斤。每浆次四十斤，用江米二合、白矾四两。如非大石堤，系别项工程，止照例准灰四十斤、江米二合、白矾四两。灌浆，每长四丈，用壮夫一名。

修砌大石堤层钉石一块，用铁锭[9]一个。顺石每牵长四尺，用铁锭一个。顺石每长二丈，用拉扯石一块、钉石一块，为一副。每副扣铁锭二个。每铁锭一个，用白矾四两。扣铁锭三十个，用壮夫一名。

勾抿大石堤，每缝宽五分、长一丈，白灰一斤、桐油四两。每长十丈，用石匠一工。每捣油灰四十斤，用壮夫一名。

修舱石缝，如石缝宽五分、深五分，每长一丈，用油灰一斤四两。每油灰五斤，用好麻一斤。每五丈，用舱匠一工。

大石背后填砌片石，应除底层钉石三丈，又除钉拉石，分位计算。折见方一丈、高二尺五寸，为一方。补砌片石并石子堤，宽一丈、长一丈、高一尺，插灰泥砌，每方用白灰三百斤。如白灰砌，每方用白灰八百斤、瓦匠一名五分、壮夫三名。

勾抿片石堤，如石缝过多，连缝通抹，均折厚二分。每见方一丈，用灰八十斤、麻刀二斤六两四钱、瓦匠五分工、壮夫一名。

拆卸旧青砂石，每折宽、厚一尺，长五丈，用石匠一工、壮夫二名。旧青砂石对缝安砌，不论宽厚，每长一丈，用石匠一工。

抬旧青砂石，折宽厚一尺，每长五丈，用壮夫二名。

旧青砂石归笼，不论宽厚，每长六丈，用石匠一名。

旧青砂石改截、刷面，每折宽一尺、长一丈，用石匠二工。

拆卸旧豆渣石，每折宽一尺、长七丈，用石匠五分工、壮夫二名。

旧豆渣石对缝安砌，不论宽厚，每长二丈，用石匠一工。

抬旧豆渣石，折宽厚一尺，长五丈，用壮夫二名。

旧豆渣石归笼，不论宽厚，每长八丈，用石匠一工。

旧豆渣石改截、刷面，每折宽一尺，长一丈，用石匠一工。

以上拆做旧石料，永定河三角淀工程，照例办理。

修砌大石，应用杠木、楞木、绳斤，照例用：

杉木四十根，长二丈二尺，径五寸。

抬运麻绳一千七百斤。

铁绳二条，每条重三十斤。每斤银七分。

铁撬二把，每把重八斤。每斤银七分。

铁锨二把，每把重三斤。每斤银七分。

铁鹰嘴二把，每把重五斤。每斤银七分。

铁幌锤一把，每把重十五斤。每斤银七分。

灰箩四面，每面银一钱。

灰筛四面，每面银六分。

汁锅二口，每口银一两二钱。

汁缸二口，每口银一两。

水桶四副，每副连扁担、铁钩，银三钱。

铁灰勺四个，每个重二斤，每斤银七分。

木锨四把，每把银五分。

戽斗四个，每个银八分。

以上杠木、绳斤等项，工完之后，或存工应用，或折半变价归款，临时酌定。

修砌石堤，临水之处应修拦水坝。每长一丈、高五尺，用秫秸一百二十四束。
镶垫埽眼①，用秫秸三十束。

缏绳八盘，每盘长四十丈，用稻草三十斤。

苇席一张，长一丈，宽五尺。

壮夫六名；如遇有水之处，加戽水夫二名。

拦水坝后，应筑阔气土堤。需用土方，临时按照高宽丈尺估报。

石景山汛内建筑石子拦河坝，例用：

柳囤，高五尺、圆径五尺。每个用具，方一丈、高二尺五寸，方石子三尺七寸
五分，稻草五十斤。

柳囤一个，安囤、填草、揎凿、穿钉，壮夫二名。

柳囤二个，用杨木牢钉一根，长一丈二尺，径五寸。

桥　式

卢沟桥式

桥厢东西长六十六丈，南北宽二丈四尺。两旁金边连栏杆均宽二尺七寸。东头
桥坡长十八丈，西头桥坡长三十二丈。两头桥翅，南边俱长六丈，北边俱长六丈五

尺，出土俱高一丈四尺。桥东南翅至西翅，河面宽七十三丈八尺。桥东北翅至西翅，宽七十四丈五尺。桥虹十一，每虹南北入身皆长二丈六尺。两头第一虹，海墁至红顶，俱高二丈一尺七寸，东西俱宽四丈一尺。第二虹，俱高二丈二尺，宽四丈一尺五寸。第三虹，俱高二丈二尺一寸，宽四丈二尺五寸。第四虹，俱高二丈二尺七寸，宽四丈二尺。第五虹，俱高二丈三尺六寸，宽四丈四尺。中一虹，高二丈四尺，宽四丈五尺。桥北两虹之间砌石斧形，自上而下铸以三棱铁刀[10]，以分水势。

[卷五校勘记]

〔1〕今本脱"大"字，据原刊本增补。

〔2〕"帮"今本误作"制"据原刊本改。

〔3〕"补还漫决石堤"原刊本作"补还漫缺石堤"，从今本。

〔4〕"漫决"原刊本作"漫缺"，从今本。

〔5〕原刊本作"漫缺"，今本作"漫决"，从今本。

〔6〕同上。

〔7〕片字后今本衍一"厂"字，据原刊本删除。

〔8〕此处今本脱一"用"字，据原刊本增补。

〔9〕"锭"字今本为"锭"，原刊本误为"钉"，而原刊本前文也作锭。据此改为"锭"。

〔10〕"刀"字原刊本作"刀"，今本改为"刃"，从原刊本仍为"刀"。

卷六 工　程

南北两岸工程

南北两岸工程[1]

南、北两岸工程，南岸同知辖七汛，北岸同知辖八汛经管。

康熙三十七年［1698］，挑河自良乡县老君堂旧河口起，经固安县北，至永清县东南朱家庄，经安澜城河达西沽入海，计长一百四十五里。南岸筑大堤，自旧河口起，至永清县郭家务止，长八十二里有奇。北岸筑大堤，自良乡县张庙场起，至永清县卢家庄止，长一百二里有奇。并于旧河口建竹络坝，使水并流东注。复自南岸高店村土坡下起，至坝上，堆接沙堤三十五里，连大堤，通长一百十七里四分。北岸复自卢沟桥南石堤下起，至利垡村南止，堆筑沙堤二十二里。利垡至张庙场大堤五里，地皆高阜。后于康熙四十年［1701］接筑，连大堤，通长一百二十九里二分。

康熙三十九年［1700］，因安澜城河口淤垫，遵旨于南岸另挑一河，以南岸为北岸。遂自郭家务改河，出霸州柳岔口，入辛章淀，达天津归海。接筑两岸大堤。南岸接郭家务大堤尾起，至霸州柳岔口止，连上共长一百七十九里。北岸自卢家庄西何麻子营接大堤起，至柳岔口通东止，连上共长一百八十里。

雍正三年［1725］，因辛章、胜芳一带淀河淤垫，有碍清水达津之路，遵旨引浑河别由一道。遂于柳岔口稍北改河。由郭家务挑河，计长七十四里，经永清县冰窖村东，入三角淀，达津归海。接筑两岸大堤。南岸自冰窖起，至武清县之王庆坨止，长四十四里，连上共长一百九十六里九十五丈五尺。北岸自何麻子营起，至武清县范瓮口上，长七十四里有奇，连上共长二百三里六十二丈。两岸分八工，分隶南、北岸同知管辖。其冰窖口至柳岔口堤工遂废，即今之东、西老堤也。

雍正八年［1730］，因南七、北七两工险要，各分上、下汛。

雍正十年［1732］，北岸以天、地、黄、宇、苗、洪、日、月、盈九字，分工编号。南岸以晨、辰、宿、列、张、寒、来、暑、往九字，分工编号。①

乾隆三年［1738］，接西老堤，起筑坦坡埝，至武清县龙口止，长四十九里九分。分隶南岸七、八工兼管。四年［1739］，自北岸六工十六号起，筑北堤，至东安县贺家新庄止，长三十六里。五年［1740］，又接北堤尾起，筑北埝，至武清县东肖家庄止，长四十七里一百二十六丈。分隶北岸七、八工兼管。

乾隆十六年［1751］，由冰窖草坝②改河，以坦坡埝为南埝，北堤改为北埝，各分上、中、下三汛，拨隶三角淀通判管辖。并南、北岸七、八工旧管之南、北大堤，分隶南埝上、中两汛兼管。即今之旧南、北堤也。南、北两岸同知遂止各管六汛。计自石景山同知所管交界起，南岸至南埝上汛交界止，堤长一百五十四里；北岸至北埝上汛交界止，堤长一百五十五里七十三[2]丈。

乾隆二十年［1755］，冰窖河口以北淤成南高北低。仰蒙圣驾临视，将北六工洪字二十号以下开堤放水，改为下口，由沙家淀入海。自河口以下十一里，拨隶南岸六、七工兼管。北岸堤工长一百六十六里七十二丈。

乾隆二十九年［1764］，删除旧编天地黄等十八字，各依本工里数编号。③

乾隆四十三年［1778］，河出下口，逆折北趋。北岸六工十九号以上，堤身裹外汕刷。因就水势，改洪字十八号出口，俾得向东道流。遂于南岸六工十七号头，建筑顺水坝一道，斜接北岸六工十九号下堤头。并将北岸六工二十号旧河一律培筑。上接顺水坝，下至南堤七工交界，编号共长二十九里，仍隶南六工兼管。南岸六汛堤工，通长一百五十三里。北岸六工编号十八里，连上六汛堤工，通长一百五十三里七十二丈。

乾隆四十六年［1781］，北岸头工分为上、下两汛。调南堤九工汛员管理北头工上汛。

---

① 此处编号采用蒙学读本《千字文》前五句："天地玄黄、宇宙洪荒、日月盈昃、辰宿列张、寒来暑往"，除去"玄"字［因避康熙帝名讳］"荒"字［认为不吉利］编列十八工汛。此亦为文化现象。

② 冰窖在今河北永清县城东南二十七里。

③ 卷二十三收录乾隆二十八年［1763］正月，直隶总督方观承《为奏明事》一折，提请废"天地黄"十八字编号，"按工改列签记"。"嗣后将题奏事件，报销册籍，皆照此开写，以昭画一"。奏朱批，"依议行"。

嘉庆五年［1800］，南岸头工分为上、下两汛。十年［1805］，北岸头工上汛改为中汛。其上汛以南九工汛员移驻。现在南、北分防十五汛。

南岸头工上汛

霸州州同经管。堤长十七里，分十七号，俱宛平县境。

第一号，堤头接石景山西岸十四号工尾土坡。兵铺一所。（谨按，各汛每里立一民铺。不具载。）冈凹村、茨头村、独义村、赵辛店。

第二号，兵铺一所。稻田村。

第三号，兵铺一所。

第四号，兵铺一所。

第五号，兵铺一所。篱笆房。

第六号，塌工四段。兵铺一所。黄官屯、长洋村、军留庄、高陵村。

第七号，兵铺一所。张家场。

第八号，兵铺一所。

第九号，兵铺一所。

第十号，兵铺一所。

第十一号，兵铺一所。

第十二号，编工八段。汛署一所，兵铺一所。朱家岗。

第十三号，埽工三十段。兵铺一所，砖瓦汛房三间。（凡砖瓦汛房，俱系嘉庆十八年［1813］新盖。）

第十四号，埽工三十八段。兵铺一所，汛房一所。闫仙垡。

第十五号，埽工三十二段。兵铺一所，汛房一所。

第十六号，兵铺一所。

第十七号，兵铺一所。

南岸头工下汛

宛平县县丞经管。堤长十一里三分，分十一号。

第一号，兵铺一所。

第二号，兵铺一所。前葫卢垡村、后葫卢垡村。

第三号，兵铺一所。

第四号，埽工十七段。兵铺一所，汛房一所。利村。

第五号，埽工三十七段。兵铺一所。

第六号，埽工三十段。兵铺一所，汛房一所。下厂村。

第七号，埽工三十七段。兵铺一所。

第八号，汛署一所，兵铺一所，汛房一所。满洲村、赵家庄。

第九号，埽工三十一段。兵铺一所，汛房一所。公义庄。

第十号，埽工三十一段。兵铺一所，砖瓦汛房三间。

第十一号，埽工二十六段。兵铺一所，汛房一所。

南岸二工

良乡县县丞经管。堤长二十二里七分，编二十二号。一号至二号七十一丈，宛平县境。二号七十三丈，至十八号，良乡县境。十九号以下，涿州境。

第一号。堤头接南岸下头工十一号工尾。兵铺一所。东石羊村、西石羊村、后石羊村。

第二号。

第三号。

第四号，兵铺一所。任家营。

第五号。

第六号，兵铺一所。

第七号。

第八号，老君堂村、兴隆庄。

第九号，兵铺一所。

第十号，埽工一段。务子村、窑上村。

第十一号，埽工三十六段。兵铺一所，汛房一所。

第十二号，埽工三十七段。兵铺一所。贾河村、陶村。

第十三号。

第十四号。此号，金门闸一座，乾隆三年［1738］建。北坝台埽工十一段，南坝台埽工十段。龙王庙前灰埝一道，长十八丈。庙后雁翅埽长五十三丈。汛房一所。辛立庄、鲍家庄、五间房村。

第十五号。

第十六号，兵铺一所。

第十七号。

第十八号，汛署一所，兵铺一所。官利村、韩家营。

第十九号，埽工二十一段。安澜亭一座，砖瓦汛房三间，兵铺一所。古城村、四柳树村、大兴庄、邓渠村。

第二十号，埽工二十五段。兵铺一所。北蔡、李渠村。

第二十一号。

第二十二号，兵铺一所。南蔡。

南岸三工

涿州州判经营。堤长二十里零七分，分二十号。一号至五号一百二十丈，涿州境。五号至九号一百六十三丈，宛平县境。以下固安县境。

第一号，堤头接南岸二工二十二号工尾。兵铺一所。白家庄。

第二号，渠落村。

第三号，兵铺一所。闫常屯。

第四号，兵铺一所。苑家庄。

第五号，屯子头。

第六号，埽工七段。兵铺一所。丁各庄，河道汛署一所。

第七号，埽工八段。汛房一所。长安城，总督防汛署一所。

第八号，南定村。

第九号，埽工七段。兵铺一所，汛房一所。南召村、北召村。

第十号，兵铺一所。马村。

第十一号，兵铺一所。门村。

此号，旧减水草坝一座。乾隆三十七年［1772］[3]，因坝下减水不顺，改向南移五十丈，建灰坝一座。

第十二号，兵铺一所。北村。

第十三号，兵铺一所。西杨村。

第十四号，兵铺一所。东徐村。

第十五号，兵铺一所。东杨村、西徐村。南岸同知防汛署一所。

此号至十八号，旧月堤一道，长五百九十丈，乾隆二年［1737］筑。四十四年

［1779］，因南、北三工两堤紧束，河身逼窄，奏准展宽。加培旧月堤为大堤，将旧堤疏通，以畅河流。

第十六号，兵铺一所。西它头村。

第十七号，位村。

第十八号，兵铺一所。齐家庄、相各庄。

第十九号，兵铺一所。后西玉村。

第二十号，前西玉村。

南岸四工

固安县县丞经营。堤长二十七里七分，编二十八号，俱固安县境。

第一号，堤头接南岸三工二十号工尾。兵铺一所。官庄。

此号，上接南岸三工二十号工尾，至本工三号，筑直堤一道，长四百十五丈。乾隆五十一年［1786］筑。

第二号，兵铺一所。

第三号，埽工二十六段。兵铺一所。

此号至五号，月堤一道，长三百七十九丈。乾隆三十八年［1773］筑。

第四号，埽工五段。兵铺一所。白村。

第五号，河道防汛署一所，汛署一所，砖瓦汛房三间。东玉铺村。

第六号，北街。

第七号，兵铺一所。

第八号，兵铺一所。

第九号，高家庄、小西湖村。

第十号，兵铺一所。孙郭村。

第十一号，兵铺一所。

第十二号，孝城村、大西湖村。

第十三号，兵铺一所。

第十四号，兵铺一所。

第十五号，兵铺一所。

第十六号，兵铺一所。

第十七号，兵铺一所。

第十八号，兵铺一所。

第十九号。

第二十号，兵铺一所。知子营。

第二十一号。

第二十二号，兵铺一所。

第二十三号，兵铺一所，汛房一所。河津村。

第二十四号，兵铺一所。

第二十五号。

第二十六号。

第二十七号，兵铺一所。

第二十八号，黄垡。

南岸五工

永清县县丞经管。堤长二十四里六分，编二十五号。一号至三号上段，固安县境。以下永清县境。

第一号，堤头接南四工二十八号工尾。兵铺一所。辛务村、太平庄。

第二号，白垡村。

第三号，兵铺一所。南解家务村。

第四号，孙杨庄、北小营。

第五号，北解家务村。

第六号，兵铺一所。顺民屯。

第七号，兵铺一所，汛房一所。大王庄。

第八号，许辛庄、南戈奕村。

此号至九号，月堤一道，长五百二十七丈。乾隆三十年［1765］筑。

第九号，兵铺一所。曹内管营、下七村。

第十号，张家务、大孟各庄、小孟各庄。

第十一号，兵铺一所。冯各庄。

第十二号，兵铺一所。后仲和。

第十三号，兵铺一所。前仲和。

第十四号，南曹家务、北曹家务、胡其营。

此号至十六号，月堤一道，长五百五十丈。乾隆五年［1740］筑。

第十五号，埽工二十九段。汛房一所。东桑园。

第十六号，埽工四段。汛房一所。西桑园。

第十七号，郭家务。

第十八号，兵铺一所。谈其营。

第十九号，龙家务。

此号堤，南接西老堤一道，经南岸六、七工界，至霸州牛眼村，长五十八里。康熙三十九年［1700］，改河所筑排椿堤也。

第二十号，大良村。

第二十一号，小良村。

此号至二十三号，月堤一道，长五百丈。雍正四年［1726］筑。乾隆三十七年［1772］加培。

第二十二号，埽工十九段。兵铺一所，砖瓦汛房三间。

第二十三号，曹家庄。

第二十四号，兵铺一所。台子庄。

第二十五号，兵铺一所。

南岸六工

霸州州判经管。堤长三十里，编三十号。（乾隆）四十三年［1778］，自本工南岸十七号头起，至北岸十九号下堤头，接筑顺水坝一道。并培筑兼[4]管之北岸二十号缺口，接连至南堤七工之旧北堤交界止。连南岸上十六号[5]，通长三十里，编三十号，俱永清县境。

第一号，堤头接南岸五工二十五号工尾。董家务村、官场。

第二号，兵铺一所。贾家务村、韩家庄、东庄。

第三号，菜园村、王佃庄。

第四号。

第五号，兵铺一所。

第六号，李黄庄、刘总其营、胡家庄、三间房、荆垡、汤家庄。

第七号，兵铺一所。

第八号，兵铺一所。大麻子村、东北马、西北马。

第九号，兵铺一所。

第十号，兵铺一所。

第十一号，总督防汛署一所。双营村。

第十二号，埽工十四段。汛署一所，兵铺一所。小麻子庄、佃庄。

第十三号，埽工十段。汛房一所。

第十问号，埽工二十二段。兵铺一所。减场村、张先务村。

第十五号，鲁村。

第十六号。

第十七号，惠元庄。

第十八号，埽工十段。汛房一所。辛庄、东西镇、大黄村。

第十九号。

第二十号，兵铺一所。沈家庄、小营村。

第二十一号，庞各庄、陈佃庄。

第二十二号。

第二十三号，马家铺、韩家庄。

第二十四号，兵铺一所。小惠家庄、王虎庄、小黄村。

第二十五号，大刘家村、邓家务。

第二十六号，窑窝村。

第二十七号，小刘家庄。

第二十八号，兵铺一所。冰窖。

第二十九号，李奉先村、西武家庄、刘家场、武家窑、第四里。

第三十号。

此号顺水坝接南岸十七号头。

北岸头工上汛

武清县县丞经管。堤长十五里，分十五号，俱在宛平县境。

第一号，堤头接石景山东岸二十四号工尾。兵铺一所。挑水坝八段，埽工十四段。彰仪村。

第二号，埽工三十七段。兵铺一所，汛房一所。

第三号，埽工三十八段。兵铺一所。看丹。

第四号，埽工十六段。兵铺一所。

第五号，兵铺一所。

第六号，胡家庄。

第七号，兵铺一所。

第八号，埽工十三段。兵铺一所。

第九号，兵铺一所。

第十号，埽工二十一段。兵铺一所，汛房一所。

第十一号，兵铺一所。

第十二号，兵铺一所。

第十三号，埽工十六段。兵铺一所，砖瓦汛房三间。

第十四号，兵铺一所。立垈、狼垈。

第十五号，兵铺一所。

北岸头工中汛

武清县县丞经管。堤长十六里，分十六号，俱宛平县境。

第一号，埽工二十一段。兵铺一所，汛房一所。

第二号，埽工十六段。兵铺一所。

第三号，埽工三十七段。兵铺一所。

第四号，埽工十二段。兵铺一所，汛房一所。鹅房村。

第五号，兵铺一所。

第六号，埽工六段。兵铺一所。后辛庄。

第七号，埽工三十六段。兵铺一所，砖瓦汛房三间。老堤庄。

第八号，埽工十七段。兵铺一所，汛房一所。前辛庄。

第九号，埽工二十一段。兵铺一所，汛房一所。胡家庄。

第十号，兵铺一所。太平庄。

第十一号，兵铺一所。

第十二号，兵铺一所。

第十三号，兵铺一所。

第十四号，兵铺一所。

第十五号，兵铺一所。

第十六号，兵铺一所。

北岸头工下汛

宛平县县丞经管。堤长十六里二分，编十六号。一号至九号，宛平县境。以下，良乡县境。

第一号。

第二号，兵铺一所，砖瓦汛房三间。

第三号，汛房一所。马房村。

第四号，汛房一所。大营村。

第五号，兵铺一所。皮各庄。

第六号，兵铺一所。

第七号，兵铺一所。

第八号，兵铺一所。朱家营。

此号月堤一道，长六十二丈。乾隆三十三年［1768］筑。

第九号，兵铺一所。王家庄。

第十号，兵铺一所。前官营。

此号，乾隆四十五年［1780］筑月堤一道，长一百十三丈。

第十一号，汛署一所。小高各庄。

此号至十三号尾止，月堤一道，长五百一十七丈。乾隆五年［1740］筑。

第十二号，埽工十一段。兵铺一所，汛房一所。北张客。

第十三号，兵铺一所。大高各庄。

第十四号，兵铺一所，留各庄。

第十五号，埽工十五段。兵铺一所，汛房一所。南张客。

第十六号，埽工五段。汛房一所。

北岸二工

良乡县县丞经管。堤长二十三里四分，编二十三号。一号至四号，良乡县境。以下，俱宛平县境。

第一号，堤头接下头工十五号工尾。兵铺一所。保安庄。

第二号，兵铺一所。定福庄。

第三号，兵铺一所。丁村。

第四号，兵铺一所。梁家务。

第五号，埽工三十二段。兵铺一所，汛房一所。赵村。

第六号，埽工三十五段。兵铺一所。南庄子。

第七号，埽工十五段。汛署一所，兵铺一所。常各庄。

此号至八号，月堤一道，长一百九十丈。

第八号，兵铺一所。

第九号，兵铺一所。

第十号，兵铺一所。

第十一号，兵铺一所。

第十二号，兵铺一所。

第十三号，兵铺一所。

第十四号，埽工八段。兵铺一所。石垡村。

此号至十五号头，旧月堤一道，长一百丈。

第十五号，兵铺一所。里河村。

第十六号，兵铺一所。魏家庄。

第十七号，兵铺一所。刘实庄。

此号直堤一道，长五十五丈。

第十八号，兵铺一所。西柳村。

第十九号，兵铺一所。麻各庄。

第二十号，埽工三十段。兵铺一所。

第二十一号，兵铺一所，砖瓦汛房三间。

第二十二号，兵铺一所。北庄子村。

第二十三号，兵铺一所。黄各庄。

北岸三工

涿州州判经管。堤长十八里三分，编十八号。一号至十二号，宛平县境。以下固安境。

第一号，堤头接北二工二十三号工尾。兵铺一所。辛庄。

第二号，兵铺一所。

第三号，兵铺一所。

此号，旧减水草坝一座，乾隆二十七年［1762］筑。三十七年［1772］闭，移于号首建筑灰坝。

第四号，兵铺一所。求贤村。

第五号，兵铺一所。

第六号，兵铺一所。练庄村。

第七号，兵铺一所。瓮各庄。

第八号，兵铺一所。

第九号，兵铺一所。于垡。

第十号，兵铺一所。西胡林村。

第十一号，埽工十四段。兵铺一所，汛房一所。

第十二号，埽工三十段。兵铺一所。东胡林村。

第十三号，兵铺一所。

此号，旧月堤一道，长一百三十丈。雍正三年［1725］建。

第十四号，北十里铺。

第十五号，兵铺一所，汛署一所，北岸同知防汛署一所。

第十六号，兵铺一所。南张化村。

第十七号，埽工八段。兵铺一所。

第十八号，埽工十一段。兵铺一所，砖瓦汛房三间。辛安庄。

北岸四工

固安县县丞经营。堤长二十四里九分，编二十五号。一号至二十号，固安县境。二十一号，东安县境。二十二、三号，固安县境。二十四、五号，东安县境。

第一号，堤头接北三工十八号工尾。兵铺一所。

第二号，张化村。

第三号，兵铺一所。马家屯。

第四号，王家屯。

第五号，北张化村。

第六号，兵铺一所。康家张化村。

第七号，曹辛庄。

第八号，汛房一所。黑堡村。

第九号，兵铺一所。西押堤村。

第十号，东押堤村。

第十一号，兵铺一所。

第十二号，北小店村。

第十三号，兵铺一所。冯百户营。

第十四号，石家堡、郭家务。

第十五号，兵铺一所。石佛寺村。

第十六号，贾家屯。

第十七号，聚福屯。

第十八号，兵铺一所。西化各庄。

第十九号，崔指挥营。

第二十号，东化各庄。

第二十一号，兵铺一所。洪家辛庄。

第二十二号，兵铺一所。梁各庄。

第二十三号。

第二十四号，兵铺一所。眼照屯。

第二十五号，张家庄。

北岸五工

永清县县丞经管。堤长二十一里四分，编二十一号，俱永清县境。

第一号，堤头接北四工二十五号工尾。兵铺一所。张野鸡庄。

第二号，兵铺一所。宋家庄、邱家务。

第三号，纪家庄。

第四号，兵铺一所。王居村。

第五号，池口。

第六号，北戈奕。

第七号，兵铺一所。西营。

第八号，吴家庄。

第九号，韩台村。

第十号，埽工二十五段。兵铺一所。仁和铺。

第十一号，埽工四段。泥安村。

第十二号，兵铺一所。仓上村。

第十三号，兵铺一所。支各庄。

第十四号，泥塘村。

第十五号，汛署一所。何麻子营。

第十六号，兵铺一所。姚家马房村。

第十七号，楼台村。

第十八号，兵铺一所。卢家庄。

第十九号，张家茹荦村。

第二十号，兵铺一所。王家茹荦村。

第二十一号，兵铺一所。张家庄、沈于靳村、杨家营。

北岸六工

霸州州判经管。堤长三十里。乾隆二十年［1755］，二十号开堤放水，改为下口。以下堤工十里，拨隶南岸六、七工分管。四十三年［1778］，自南岸六工十七号建筑顺水坝，接至本汛十九号下堤头。河从十九号出口。现管堤长十八里，编十八号，俱永清县境。

第一号，堤头接北五工二十一号工尾。兵铺一所。柴家庄。

第二号，兵铺一所。董家务。

第三号，苑家庄。

第四号，埽工八段。兵铺一所。贾家务村。

第五号，埽工十三段。兵铺一所。辛屯。

第六号，小荆垈。

第七号。

第八号，兵铺一所。

此号重堤之东，于乾隆二十八年［1763］接筑月埝一道。即今北堤，隶三角淀属。四十五年［1780］，自本汛大堤八号，接筑至北堤工头，长四十九丈。归旧北堤七工经管。

第九号。

第十号，埽工九段。汛署一所、兵铺一所。半截河村。

第十一号。

第十二号。

第十三号，兵铺一所。赵百户营。

第十四号。

第十五号。

第十六号，兵铺一所。贺尧营。

第十七号。

第十八号。

[卷六校勘记]

〔1〕此题目今本据总目增添。从之。

〔2〕此"三"字原刊本为"二"，今本改"三"不知何据，现存疑，不改。

〔3〕此处乾隆三十七年，今本因"三"字不可辨以空格暂代。据原刊本增补"三"字。

〔4〕今本"兼"字误为"出"字，据原刊本改。

〔5〕原刊本"号"字误为"里"字，从今本改。

卷七 工 程

疏浚中泓　则例　闸坝式

疏浚中泓

乾隆十五年［1750］，两岸岁修项下奏准添设银五千两，疏浚中泓。如有剩余，即留为下年之用。如或不足，前后通融办理。并奏准，十八汛河员皆兼巡检衔，分管附堤十里村庄。勘明应挑中泓淤滩，于枯河时，调集附堤民夫，分段挑挖。按日给予米、菜钱文。

乾隆三十七年［1772］，设立浚船一百二十只。除分拨三角淀疏排下口外，南岸分拨五舱船四十只、三舱船五只；北岸分拨五舱船三十六只、三舱船五只，并器具分交各汛经管，拨兵撑驾。汛前、汛后，遇有新淤嫩滩、沙嘴，乘时捞浚、裁截。如或工大土多，添雇民夫，照例给价。

四十七年［1782］，因浚船已满十年，例应再行排造，奏请裁汰，以省糜费。如遇应行疏淤之时，饬令厅、汛，雇募渡船、民夫，同河兵实力妥办。

则 例[1]

一、挑河土方工价则例[2]

旱方，每方工价银七分。

泥泞方，每方工价银九分。

旱苇板方，每方工价银九分。

水方，每方工价银一钱一分。

水苇板方，每方工价银一钱三分。

水中捞泥，每方工价银一钱八分。

一、筑堤土方、夯碱工价，分别远近丈尺则例[3]

旱上筑堤，每方价银七分。夯碱，工价银二分四厘。共计银九分四厘。

离堤十五丈以外，至五十丈，旱地取土，每方工价银一钱二分五厘。泥泞地取土，每方银一钱三分六厘。俱加夯碱，工价银二分四厘。

离堤五十丈（以外）[4]至一百丈，旱地取土，每方工价银一钱三分六厘；泥泞地取土，每方银一钱五分。俱加夯碱，工价银二分四厘。

堤根有积水坑塘，占碱绕越，离堤五十丈以外，至一百五十丈，旱地取土，每方银一钱七分；（泥）泞地取土[5]，每方银一钱八分。俱加夯碱，银二分四厘。

隔堤、隔河，离堤二百丈以外，至三百丈，旱地取土，每方银一钱九分；泥泞地取土[6]，每方银二钱。俱加夯碱，银二分四厘。

水中捞泥，隔堤三十丈至五十丈，连夯碱，每方银二钱三分四厘。

以上土方价值，石景山、三角淀工程照例办理。

一、岁、抢修埽镶需用各项夫料工价则例[7]

秫秸，每束三拿，酌定连运价银八厘。（嘉庆八年［1803］，直隶总督颜检奏准，每束加添运脚银二厘五毫。）

柳枝，每束青重三十斤，湿[8]重二十斤，干重十五斤，连运价银六厘。至于兵采官柳，例不准销算钱粮。

豆秸、软草、谷草，每十斤连运价银一分。

稻草，每十斤，连运价银一分六厘。

苇草，每束长一丈、径五寸，酌定价银一分一厘。每二束，每里运价银一毫。计程途之远近，按里递加。

苘麻，每斤连运价银一分八厘。

一、木料价值[9]

杨木桩，长三丈四尺、径一尺。系堵筑河口所用，与寻常桩木价值不同。酌定每根连运价银一两二钱。

杨木桩，长三丈，径七寸，酌定每根连运价银五钱五分。

杨木桩，长二丈五尺，径六寸，酌定每根连运价银四钱五分。

杨木桩，长二丈，径五寸，酌定每根连运价银三钱五分。

杨木桩，长一丈八尺，径五寸，酌定每根连运价银三钱三分。

杨木签桩，长一丈五尺，径四寸，酌定每根连运价银二钱五分。

杨木橛桩，长六尺，径五寸，每根连运价银一钱三分。系堵筑河口所用。

杨木橛桩，长五尺，径五寸，每根连运价银一钱。系堵筑河口所用。

一、埽镶做法[10]

每埽高一丈、长一丈，用：

秫秸三百三十束；柳枝七十五束；埽眼秫秸五十四束；绠绳十八盘，每盘长四十丈，用稻草三十斤；麻绳一条，重四十斤；杨木桩一根，长三丈、径七寸；夫十八名，岁修系河兵力作，抢修例系雇夫，每名工价银四分。

留橛一根，系桩尖截用。

每埽高九尺、长一丈，用：

秫秸二百六十七束；柳枝六十一束；埽眼秫秸四十四束；绠绳十六盘，每盘长四十丈，用稻草三十斤；麻绳一条，重三十六斤；杨木桩一根，长三丈、径七寸；夫十四名五分，岁修系河兵力作，抢修例系雇夫，每名工价银四分。

留橛一根，系桩尖截用。

每埽高八尺、长一丈，用：

秫秸二百十一束；柳枝四十八束；埽眼秫秸三十五束；绠绳十四盘，每盘长四十丈，用稻草三十斤；麻绳一条，重三十二斤；杨木椿一根，长二丈五尺、径六寸；夫十二名，岁修系河兵力作，抢修例系雇夫，每名工价银四分。

留橛一根，系桩尖截用。

每埽高七尺、长一丈，用：

秫秸一百六十二束；柳枝三十七束；埽眼秫秸二十六束半；绠绳十二盘，每盘长四十丈，用稻草三十斤；麻绳一条，重二十八斤；杨木桩一根，长二丈五尺、径六寸；夫九名，岁修系河兵力作，抢修例系雇夫，每名工价银四分。

留橛一根，系桩尖截用。

每埽高六尺、长一丈，用：

（嘉庆）永定河志

秫秸一百十九束；柳枝二十七束；埽眼秫秸十九束半；绠绳十盘，每盘长四十丈，用稻草三十斤；麻绳一条，重二十四斤；杨木桩一根，长二丈、径五寸；夫七名五分，岁修系河兵力作，抢修例系雇夫，每名工价银四分。

留橛一根，系桩尖截用。

每埽高五尺、长一丈，用：

秫秸八十二束半；柳枝十九束；埽眼秫秸十三束半：绠绳八盘，每盘长四十丈，用稻草三十斤；麻绳一条，重二十斤；杨木桩一根，长一丈八尺、径五寸；夫六名，岁修系河工力作，抢修例系雇夫，每名工价银四分。

留橛一根，系桩尖截用。

每埽高五尺、长一丈，用：

秫秸五十三束；柳枝十二束；绠经绳六盘，每盘长四十丈，用稻草三十斤；签桩一根，长一丈五尺、径四寸；夫四名，岁修系河兵力作，抢修例系雇夫，每名工价银四分。

每镶垫一层，宽一丈、长一丈，用：

秫秸五十束；夫二名，岁修系河兵力作，抢修例系雇夫，每名工价银四分。

凡新、旧镶垫工程，若遇水深溜急之处，随时相机。每丈，签桩一、二根不等，或用长三丈、径七寸杨木桩；或用长二丈五尺、径六寸杨木桩；或用长二丈、径五寸杨木桩。系临时测量水势大小、缓急择用。

一、堵筑河口用丁埽①软镶做法

查，堵筑河口之处，俱系水深溜急，若下硬埽镶接，势必渗漏。须先用软镶盘筑坝台，犹恐水激撼动，加粗长麻绳兜揽拴系。并用长大杨椿梅花签丁，按层铺土追压，庶免渗漏。接下丁头埽个，除照岁、抢二修例用料、用夫之外，尚应添用粗长滚肚揪头麻绳拴系橛桩，庶不撼动。上加镶垫，背后接筑靠堤，以资堵闭。

一、软厢一层，[12]长一丈、宽一丈，用：

豆秸、软草一千斤；运夫一名，每名工价银四分；刨运、压土夫二名，每名工价银四分。

---

① 埽工的放置可区分为"丁埽"与"顺埽"。前者与水流向有一定角度，后者则平行河水流向。

一、每镶垫坝台一座，[13]长一丈、宽五丈，用：

梅花签桩五根，每根长三丈四尺、径一尺；揽草麻绳十条，每条径一寸五分、长十丈，重一百斤；拴绳橛桩十根，每根长六尺五寸、径五寸。

一、每丁头埽一个[14]，长五丈、高一丈，应需秫秸、柳枝、绠绳、麻绳、桩橛、夫工，仍按前载岁、抢二修《则例》核用，毋庸开列外，应添用：

滚肚麻绳五条，每条径一寸五分、长十丈，重一百斤；拴绳桩橛五根，每根长五尺、径五寸。

上水头加揪头麻绳九条，每条径一寸五分、长十丈，重一百斤：拴绳桩橛九根，每根长五尺、径五寸。

下水头加揪头麻绳八条，每条径一寸五分、长十丈，重一百斤；拴绳桩橛八根，每根长五尺、径五寸。

以上各项埽镶做法，均照永定成规开列前件。查，永定河南、北岸埽镶工程，因各汛离产苇地方窎远，挽运维艰，毋论极险、次险、平缓，例用柳枝、秫秸修做。岁修，督令河兵压土。抢修，例系雇夫挑土垫压。每镶垫一层，压土五寸。并无估[15]用苇、土之处。惟乾隆四年［1739］分议定，建筑长安城、曹家务、求贤、半截河等处，以及乾隆七年［1742］建筑郭家务、双营、胡林、小惠家庄等处草坝，俱用苇二、土一。原为两坝台，系挡御冲激之区，最为紧要。若用苇、土各半，则土多苇少，易于搜汕、蛰陷，难资捍御。是以必须苇二、土一镶做，方克稳固。嗣后，永定河南、北岸，不拘何汛，遇有奉议建造草坝之处，均请循照此例，苇二、土一修做。

一、建修闸坝、桥座需用各项夫、料工价则例[16]

松木桩则例

径一尺三寸：

长三丈四尺，每根连运价银九两二钱三分六厘；

长三丈二尺，每根连运价银八两六钱九分二厘；

长三丈，每根连运价银八两一钱八厘；

长二丈八尺，每根连运价银七两六钱五分；

长二丈五尺，每根连运价银七两六分二厘；

长二丈四尺，每根连运价银六两五钱一分九厘；

长二丈一^[17]尺，每根连运价银五两七钱一厘；

长二丈，每根连运价银四两九钱三分三厘；

长一丈八尺，每根连运价银四两二钱一分六厘；

长一丈六尺，每根连运价银三两九钱三分八厘四毫；

长一丈四尺，每根连运价银二两九钱二分九厘。

径一尺二寸：

长三丈四尺，每根连运价银七两九钱一分六厘；

长三丈二尺，每根连运价银七两四钱五分；

长三丈，每根连运价银六两九钱八分五厘；

长二丈八尺，每根连运价银六两五钱一分九厘；

长二丈六尺，每根连运价银六两五分三厘；

长二丈四尺，每根连运价银五两五钱八分七厘；

长二丈二尺，每根连运价银四两九钱四分一厘；

长二丈，每根连运价银四两三钱二分八厘；

长一丈八尺，每根连运价银三两七钱四分七厘；

长一丈六尺，每根连运价银二两九钱七分九厘二毫；

长一丈四尺，每根连运价银二两六钱八分四厘。

径一尺一寸：

长三丈四尺，每根连运价银六两四钱五分二厘；

长三丈二尺，每根连运价银六两七分七厘；

长三丈，每根连运价银五两六钱九分七厘；

长二丈八尺，每根连运价银五两三钱一分七厘；

长二丈六尺，每根连运价银四两九钱三分七厘；

长二丈四尺，每根连运价银四两五钱五分八厘；

长二丈二尺，每根连运价银三两九钱八分；

长二丈，每根连运价银三两四钱三分七厘；

长一丈八尺，每根连运价银二两九钱三分一厘；

长一丈六尺，每根连运价银二两四钱六分；

长一丈三尺，每根连运价银二两。

径一尺：

长三丈三尺，每根连运价银五两四钱五分五厘；

长三丈一尺，每根连运价银五两一钱二分四厘；

长二丈九尺，每根连运价银四两七钱九分三厘；

长二丈八尺，每根连运价银四两六钱二分八厘；

长二丈七尺，每根连运价银四两四钱六分三厘；

长二丈五尺，每根连运价银四两一钱三分二厘；

长二丈三尺，每根连运价银三两七钱二分六厘；

长二丈二尺，每根连运价银三两四钱九分五厘；

长二丈，每根连运价银二两九钱九分六厘；

长一丈九尺，每根连运价银二两八钱二分八厘；

长一丈七尺，每根连运价银二两四钱一分九厘；

长一丈五尺，每根连运价银二两三分六厘；

长一丈三尺，每根连运价银一两六钱五分三厘。

径九寸：

长三丈，每根连运价银四两二钱二分；

长二丈八尺，每根连运价银三两九钱三分九厘；

长二丈六尺，每根连运价银三两六钱五分七厘；

长二丈四尺，每根连运价银三两三钱七分六厘；

长二丈，每根连运价银二两五钱五分一厘；

长一丈八尺，每根连运价银二两一钱七分七厘；

长一丈六尺，每根连运价银一两八钱三分一厘；

长一丈四尺五寸，每根连运价银一两六钱五分。

径八寸：

长二丈八尺，每根连运价银三两二钱五分；

长二丈六尺，每根连运价银三两一分七厘；

长二丈四尺，每根连运价银二两七钱八分五厘；

长二丈二尺，每根连运价银二两四钱；

长二丈，每根连运价银二两五分九厘；

长一丈八尺，每根连运价银一两七钱三分四厘；

长一丈六尺，每根连运价银一两四钱三分六厘。

径七寸：

长二丈六尺，每根连运价银二两三钱七分七厘；

长二丈四尺，每根连运价银二两一钱九分五厘；

长二丈二尺，每根连运价银一两八钱六分七厘；

长二丈，每根连运价银一两五钱六分六厘；

长一丈八尺，每根连运价银一两二钱九分二厘；

长一丈六尺，每根连运价银一两四分三厘；

长一丈五尺，每根连运价银九钱三分一厘。

径六寸：

长二丈四尺，每根连运价银一两八钱八分一厘；

长二丈二尺，每根连运价银一两六钱；

长二丈，每根连运价银一两三钱四分二厘；

长一丈八尺，每根连运价银一两一钱七分；

长一丈六尺，每根连运价银八钱九分四厘；

长一丈四尺，每根连运价银七钱三厘；

长一丈，每根连运价银三钱八分九厘；

长五尺，每根连运价银一钱六分六厘；

长四尺，每根连运价银一钱三分二厘。

径五寸：

长二丈三尺，每根连运价银一两四钱五分四厘；

长一丈八尺，每根连运价银九钱二分二厘五毫；

长一丈四尺，每根连运价银五钱三分。

杉木则例

径七寸：

长三丈，每根连运价银四两六钱三分三厘；

长二丈八尺，每根连运价银四两三钱五分；

长二丈六尺，每根连运价银四两五分；

长二丈四尺，每根连运价银三两七钱五分；

长二丈二尺，每根连运价银三两四钱；

长二丈，每根连运价银三两一钱。

径六寸：

长三丈，每根连运价银三两六钱四分五厘；

长二丈八尺，每根连运价银三两四钱二分；

长二丈四尺，每根连运价银二两九钱二分；

长二丈二尺，每根连运价银二两七钱；

长二丈，每根连运价银二四钱三分。

径五寸：

长三丈，每根连运价银七钱；

长二丈八尺，每根连运价银六钱五分六厘八毫；

长二丈四尺，每根连运价银五钱五分；

长二丈二尺，每根连运价银五钱一分五厘九毫；

长二丈，每根连运价银四钱五分；

长一丈八尺，每根连运价银四钱；

长一丈六尺，每根连运价银三钱五分；

长一丈四尺，每根连运价银三钱；

长一丈二尺，每根连运价银二钱六分五厘；

长一丈，每根连运价银二钱三分七厘。

径四寸：

长二丈四尺，每根连运价银四钱五分四毫；

长二丈二尺，每根连运价银四钱三分二毫；

长一丈六尺，每根连运价银二钱五分；

长一丈四尺，每根连运价银二钱五厘；

长一丈二尺，每根连运价银一钱五分二厘；

长一丈，每根连运价银一钱四分。

径三寸：

长二丈四尺，每根连运价银二钱七分；

长二丈二尺，每根连运价银二钱五分；

长二丈，每根连运价银二钱三分；

（嘉庆）永定河志

长一丈八尺，每根连运价银二钱：

长一丈六尺，每根连运价银一钱八分；

长一丈四尺，每根连运价银一钱六分；

长一丈二尺，每根连运价银一钱三分九厘五毫。

松木料则例

长一丈、宽一尺、厚七寸，每料连运价银一两四钱；

长九尺、宽一尺、厚七寸，每料连运价银一两二钱六分；

长八尺、宽一尺、厚七寸，每料连运价银一两二钱二分；

长七尺、宽一尺、厚七寸，每料连运价银九钱八分；

长一丈、宽一尺、厚四寸五分，每根连运价银三钱八分；

长一丈、宽一尺、厚四寸松木枋，每根连运价银八钱；

长一丈、见方四寸松木枋，每根连运价银三钱二分；

长七尺、见方三寸松木枋，每根连运价银一钱二分。

杂木料则例

榆木，长二尺五寸、宽四寸、厚二寸拐子，每根连运价银一钱一分六厘六毫；

榆木，长三尺、径三寸，每根连运价银八分；

柏木丈丁，长一丈、径五寸，每根连运价银二钱七分；

柏木中丁，长八尺、径三寸，每根连运价银一钱一分三厘四毫；

柏木梅花丁，长五尺五寸、径二寸，每根连运价银五分五厘。

一、石工建造闸坝各料则例[19]

沙峪、杨二峪等处豆渣石，长一丈，宽、厚一尺，每单长石一丈，采价银一两。查，沙峪等处至永定河工所，均系陆运。每单长石一丈，每里运价银二分。其做何段工程，运价应于临时估报。

大河砖，长一尺二寸、宽五寸、厚四寸，每块价银一分六厘。

沙滚子砖，长八寸八分、宽四寸二分、厚二寸，每块价银一厘八毫。

石灰，每千斤买价银六钱。查，永定河需用灰斤，均在于房山县属韩溪等处出产处所采买。均系陆运。运至六十里，每千斤计运价银九钱，连买价共该银一两五钱。运至一百二十里，酌中计算，每千斤计运价银一两四钱，连买价共该银二两。

江米，每石价银二两八钱。白矾，每斤价银一分八厘。油灰，每斤价银一分六厘。

生铁锭，每个重十五斤，每斤价银一分六厘。生铁片，每斤价银一分二厘。好麻，每斤价银六分。

匠夫工价则例

豆渣石做细，每折宽一尺、长一丈，用石匠一工。每名工价银一钱二分。

做糙，每折宽一尺、长一丈五尺，用石匠一工。每名工价银一钱二分。

对缝安砌，每长一丈，用石匠一工。每名工价银一钱二分。

摆滚叫号，折宽、厚一尺、长八尺以外，用每长五丈，用石匠一工。每名工价银一钱二分。

拉运抬石，折宽、厚一尺，每长一丈，用壮夫一名，每名工价银七分。

灌浆，每长四丈，用壮夫一名。每名工价银七分。

上车、下车，每单长一丈，用壮夫半名。每名工价银七分。

安扣铁锭，每四个用石匠一名。每名工价银一钱二分。

安砌河砖，长一尺二寸、宽五寸、厚四寸，每块用灰一斤九两。每三百块用瓦匠一工，每名工价银一钱二分；壮夫二名，每名工价银七分。

安砌沙滚子砖，如长一尺、宽五寸、厚二寸，每七百块用瓦匠一工，每名工价银一钱二分；壮夫二名，每名工价银七分。

修舱石缝，如石缝宽五分、深五分，每长一丈用油灰一斤四两，每油灰五斤用好麻一斤。每五丈用舱匠一工，每名工价银一钱二分。

石工前后护坝排桩等工，并地基深签柏丁，内用松木桩，径七、八、九寸，长二丈至二丈二、三、四尺不等，均按照《则例》开销。

松木板，长一丈、宽一尺、厚一寸五分，按照《则例》开销。

柏木丈、中各丁，按照《则例》开销。

熟铁拉扯，每条重十四斤，每斤价银四分。

熟铁叶，每条重二斤，每斤价银四分。

西路铁丁，每斤价银二分六厘。

熟铁丁，每斤价银四分。

下桩熟铁新箍，每斤价银三分六厘。新旧箍回火，折算每斤价银二分六厘。

下桩铁碴，每盘价银二两五钱。

下桩夫碴[20]，按桩木径寸丈尺递增，名数按照《则例》开销。

大小夯灰土步数则例

小夯灰土，见方一丈，高五寸为一步。小夯二十四把，用白灰一千二百二十五斤。黄土见方一丈，高二尺五寸。土八厘四毫，工价银一两二分四厘。如闸坝、金门出水等处需用灰上，照此《则例》。

小夯十六把，白灰七百斤。黄土见方一丈，高二尺五寸。土一分六厘八毫，工价银九钱。如堤坝、闸墙基址需用灰土，照此例。

大式大夯，见方一丈、高五寸为一步，用白灰三百五十斤。黄土见方一丈，高二尺五寸。土二分二厘四毫，工价银四钱。如堤、坝内尾土并盖顶处需用灰土，照此例。

胶土，远方购取，每方连运价银二钱六分三厘。

坝基刨槽水、旱土方，并填筑实土，以及取土之远近，按照《则例》开销。

建造桥座排桩等工，除木植、铁料，按照则例开销外，需用木匠则例

桥梁、桥檩锯截做榫凿眼，每榫眼八个，用木匠一工。

桥板错缝，做三面，折见方尺。六十尺用木匠一工。

栏杆，每扇长一丈二、三尺，高一尺八寸。每扇用木匠三工。

栏杆柱，长三尺，见方四寸。如雕有柱头，每根用木匠六分工。

压枋、腰带等木，四面，折见方尺。四十尺用木匠一工。

排桩做榫，每六个，用木匠一工。

管头木，每凿眼八个，用木匠一工。

锯松板，长一丈、宽一尺，每七块用锯匠一工。

以上木匠、锯匠，每名工价银一钱二分。

锭铰匠，每名工价银一钱二分。

扎材匠，每名工价银一钱二分。

下桩硪夫名数则例

桥桩，径一尺二寸，一尺至九寸，长二丈二尺至一丈四、五、六尺不等。每下桩一根，用硪夫六名六分。

桥桩，径一尺至九寸，长二丈二尺至一丈五、六尺不等。每下桩一根，用硪夫四名。

径九寸，长三丈。每下桩一根，用硪夫四名。

径八寸，长二丈六尺至二丈八尺不等。每下桩一根，用硪夫三名五分。

径七寸，长二丈二尺。每下桩一根，用硪夫一名。

径五、六寸，长一丈四、五、六尺不等。每下桩二根，用硪夫一名。

以上硪夫，每名连绳索工价银一钱一分。

每下柏木丈丁一根，硪夫工价银二分。

每下柏木中丁一根，硪夫工价银一分五厘。

每下柏木花丁一根，硪夫工价银一分。

闸 坝 式[21]

金门闸式

南岸二工十四号，金门石闸一座。金门宽五十六丈，进深五丈。石迎水簸箕，内宽五十六丈，外宽六十一丈四尺，进深二丈。石出水簸箕，内宽五十六丈，外宽六十七丈三尺，进深九丈。南、北坝台，各宽十二丈，进深十六丈。金牖，高八尺。灰迎水簸箕，内宽七十五丈，外宽八十五丈，进深十五丈。南、北迎水雁翅，各长三十丈。北出水雁翅，长三十丈。南出水雁翅，长六十丈。乾隆二年［1737］修建。后因坝面过高，不能泄水，乾隆六年［1741］奏准，取中二十丈，落低一尺五寸。

三十五年［1770］，河身积渐淤高，微涨即过。奏准，于落低之处补平进深一丈二尺。又于补平之上，统建尖脊石笼骨一道，高二尺五寸，宽五十六丈。

三十七年［1772］，粘补坝台雁翅、灰土簸箕。

三十八年［1773］春，圣驾临幸。谕令添筑挑水草坝十丈，使水纡回过闸。伏汛，又奉上谕："每过水后，即将口门及河流去路随时挑浚，务使积淤尽涤，水道畅行。永远照此办理，钦此。"勒碑南坝台上。

北村灰坝式

南岸三工十一号，北村[22]灰坝一座。金门，宽十六丈。两坝台，各宽五丈，长五丈[23]，底宽七丈，高八尺。迎水簸箕，内宽二十丈，外宽二十二丈，进深三丈。出水簸箕，内宽二十丈，外宽二十六丈，进深十二丈。乾隆三十七年［1772］建。并遵旨，于金门迤上建拦水草坝十丈，亦使其回溜过水。如有淤阻，挑除净尽。

求贤灰坝式

北岸三工三号，求贤灰坝一座。金门并坝台，高、宽丈尺与南岸北村灰坝同。乾隆二十七年［1762］建。

[卷七校勘记]

〔1〕据原志总目录，增补"则例"二字。

〔2〕句前脱"一"字。据原志增补。

〔3〕句前脱"一"字。据原志增补。

〔4〕"离堤五十丈"后原志脱"以外"两字，据上下文意增补。

〔5〕"泞地取土"句前原志脱"泥"字，据上下文意增补。

〔6〕"泞地取土"句前耗志脱"泥"字，据上下文意增补。

〔7〕句前脱"一"字。据原志增补。

〔8〕"湿"字原志误为"温"字。据上下文意增补。

〔9〕句前脱"一"字。据原志增补。

〔10〕句前脱"一"字。据原志增补。

〔11〕句前脱"一"字。据原志增补。

〔12〕句前脱"一"字。据原志增补。

〔13〕句前脱"一"字。据原志增补。

〔14〕句前脱"一"字。据原志增补。

〔15〕"并无占用苇"句中占为"估"字误，据原志改。

〔16〕句前脱"一"字。据原志改。

〔17〕"长二丈一尺"误为"二丈二尺"据原志改。

〔18〕"厚二寸五分"句误为"厚四寸五分"。据原志改。

〔19〕句前脱"一"字。据原志改。

〔20〕"下桩夫硪"误为"下桩铁硪"。据原志改。

〔21〕此处原无此目，据总目录增补。

〔22〕"村"字原志为"河"字与题目不符，故改。

〔23〕"丈"字原志误为尺，据前后文意改。

（嘉庆）永定河志

卷八 工 程

三角淀工程 疏浚下口河淀 则例

三角淀工程^[1]

三角淀工程，三角淀通判辖五汛经管。

南堤、北堤，下口之两岸也。乾隆十六年［1751］，南岸七工冰窖草坝改河，将南、北岸六工以下之南坦坡埝、北大堤北埝，改为南、北埝。各分上、中、下三汛，隶三角淀通判辖。

三十八年［1773］，奉旨，改南、北埝为南、北堤。上、中、下三汛改为南、北堤七、八、九工。

四十七年［1782］，南堤九工汛员调管北岸头工上汛。淀河州判移驻九工，兼管汛务。

嘉庆十一年［1806］，北堤九工汛员调管北岸头工上汛（原上汛改为中汛）。其北堤九工堤工，归北八工兼管。

南埝，旧名坦坡埝，乾隆三年［1738］筑，以格淀水。西自霸州牛眼村接西老堤起，东至武清县龙尾止，长四十九里九分。

八年［1743］，于东、西老堤工尾，接筑横埝，长六十一丈。

十六年［1751］，将冰窖以下废东老堤，连坦坡埝，普律加培。并自龙尾接坦坡埝，筑至天津县青光村止。东老堤自南六工二十八号岔头起，至横埝，长十八里八分。坦坡埝接横埝起，至青光村止，长六十一里十四丈。改坦坡埝为南埝，分上、中、下三汛。其南、北岸上、下七工旧堤，分隶南埝上汛兼管；南、北岸八工旧堤，分隶南埝中汛兼管（即今之旧南、北堤）。

三十八年［1773］，南埝改为南堤。上、中、下三汛改为七、八、九工。

四十七年〔1782〕，南堤九工汛员调管北岸头工上汛。其南九工堤工，以淀河汛员兼管。

北埝上段，旧名北大堤，乾隆四年〔1739〕筑。西接北岸六工十六号重堤起，至东安县贺家新庄止，长三十六里一百二十六丈。

五年〔1740〕，自北大堤三十四号，至武清县东肖家庄凤河边止，接筑北埝，长四十七里一百二十六丈，以御浑河北漾。

至十六年〔1751〕，上段亦改称北埝。共长八十一里一百二十六丈，分为北埝、中、下三汛。

二十年〔1755〕，北岸六工二十号改为下口。河循北埝，归沙家淀。

二十一年〔1756〕，于北埝之北，筑遥埝一道。西自永清县赵百户营村前，接北岸六工十五号重堤起，东至武清县南宫村北凤河边止，长八十四里九丈。

二十七年〔1762〕，十八号以下，浑流荡淤十余里。

二十八年〔1763〕，取直接筑，共长八十一里九十五丈。是年奏明，河出北埝十七号外，循遥埝内行。将遥埝分交上、中、下三汛经管。又于遥埝之北，筑越埝一道。西自永清县半截河村后，接北岸六工八号重堤起，东至武清县刘家庄后止，长四十九里一百二十八丈。

三十二年〔1767〕，河出遥埝外行。遂以越埝为北埝，分交上、中、下三汛经管。

三十八年〔1773〕，改北埝为南堤。上、中、下三汛改为七、八、九工。

四十五年〔1780〕，北堤七工工头西，至北岸六工大堤八号，接筑北堤，长四十九丈。归七工经管。

嘉庆十一年〔1806〕，以北堤九工汛员移驻北岸头工上汛。其北九工堤工，归北八工兼管。凤河东堤，于雍正十一年〔1733〕筑下段。自天津县韩家树起，至双口村止①，长十二里，以防浑水东注。

乾隆五年〔1740〕，接筑中段。自双口起，至武清县庞各庄止，长十四里。

十九年〔1754〕，调石景山水关外委移驻经管。并将天津县韩家树接东堤尾起，至桃花寺止筑[2]斜埝一道，长七里三十六丈，拨归外委兼管。二十一年〔1756〕，接筑上段。自武清县陈辛庄起，到庞各庄止，长三十三里九分。通长五十九里一百六

---

① 韩家树（现名韩家墅）、双口在今天津市北辰区，清属天津县。

十五丈。三十七年［1772］，建涵洞二处，泄斜埝以北沥水。四十六年［1781］，因斜埝逼近清河，常被汕刷，改由东堤四十八号起，至天津桃花口北运河西岸止，筑斜埝长七里三十丈。其东堤四十九号以下，及旧斜埝均废。

乾隆五十六年［1791］，凤河东堤外委仍归石景山，管理石工。以浚船把总经管凤河东堤堤工。

南堤七工

东安县主簿经管。南堤长二十里，编二十号。一号至十八号中，霸州境。以下东安县境。

第一号，堤头接东老堤横埝尾。兵铺一所。牛眼（即柳岔口）。

第二号。

第三号，兵铺一所。

第四号，崔家铺、信安镇。

第五号，兵铺一所。马家铺。南北城上。

第六号。

第七号。

第八号，兵铺一所。

第九号，兵铺一所。堂二铺、何赵铺、宋家铺。

第十号，王家铺。

第十一号，兵铺一所。范家铺。

第十二号。

第十三号。

第十四号，兵铺一所。董家铺、黄家铺、外安澜城。

第十五号，兵铺一所。[3]

第十六号，兵铺一所。[4]

第十七号，兵铺一所。佛城疙瘩。

第十八号，杨家铺、胡家庄。

第十九号，兵铺一所。李家铺。

第二十号，兵铺一所。樊家铺。

兼管东老堤，长十八里八分，编十九号。一号至十六号，永清县境。以下霸州境。附堤村庄：庄窠、商人庄、甄家庄、尹家场、张家场、四胜口、三胜口、武家庄、吴家场、朱家庄、赵家场、五道口、唐家铺、四间房。

兼管旧南堤，长二十一里一百四十三丈，编二十一号。一号至十五号中，永清县境。以下东安县境。

第十五号，汛署一所。附堤村庄：南二铺、安澜城（即郎城）、柳园村。

兼管旧北堤，长十九里十六丈，编二十号。一号至十四号，永清县境。以下东安县境。兵铺五所。附堤村庄：新安庄、赵家楼、闸口、惠家场、九家铺、郭家场。

南堤八工

武清县主簿经营。堤长二十里，编二十号。一号至六号二十二丈，东安县境。六号二十三丈至八号九丈五尺，霸州境。八号九丈六尺至十一号四十五丈，静海县境。十一号四十六丈至二十号工尾，武清县境。

第一号，堤头接七工南堤二十号工尾。策城、王家圈、得胜口。

第二号，寨上、磨汉港、马家口。

第三号，褚河港、于家铺。

第四号，陈家铺。

第五号，大黄庄。

第六号。

第七号。

第八号。

第九号。

第十号，东沽港。

第十一号，兵铺一所。

第十二号。

第十三号。

第十四号。

第十五号。

第十六号，兵铺一所。

第十七号，王庆坨。

第十八号。

第十九号。

第二十号。

兼管旧南堤，长十九里零七丈，编二十号。一号至十四号五十丈，东安县境。以下武清县境。兵铺三所。附堤村庄：宋流口、小范瓮口。

兼管旧北堤，长十七里十五丈，编十八号。一号至十四号三十丈，东安县境。以下武清县境。兵铺三所。附堤村庄：淘河新村、大范瓮口、郑家楼。

南堤九工

原设武清县县丞经管。堤长一十一里十四丈。十二号以下，旧系淀池，地势洼下。南近大清河，北邻叶淀，东逼凤河下口，历被荡刷。乾隆三十年［1765］详，废止管堤长十二里，编十二号。一号至四号中，武清县境。四号中至工尾，天津县境。

四十七年［1782］，武清县县丞调管北岸头工上汛。以淀河霸州州判移驻九工，兼管汛务。嘉庆十二年［1807］，州判改为巡检。

第一号，兵铺一所。

第二号。

第三号，明家场。

第四号，线儿河。

第五号，兵铺一所。曹家铺。

第六号。

第七号。

第八号。

第九号。

第十号，郝家铺。

第十一号，兵铺一所。

第十二号，汛署一所。安光、三河头、青光。

北堤七工

东安县主簿经营。堤长二十五里三分，编二十五号。一号至十五号七十二丈，永清县境。以下东安县境。

第一号，堤头原接北岸六工重堤八号。乾隆四十五年［1780］，接连北岸六工大堤八号，筑北堤至本工头，长四十九丈。兵铺一所。

第二号，陈各庄。

第三号，兵铺一所。

第四号，大站。此号有月堤一道，长八十五丈。

第五号。

第六号，兵铺一所。

第七号，东、西横亭。

第八号，兵铺一所。东溜。

第九号，小站。

第十号，刘赵庄。

第十一号，兵铺一所。小营。

第十二号，汛署一所。埝[5]上。此号有月堤一道，长一百零六丈。

第十三号，兵铺一所。别古庄。

第十四号。

第十五号，辛立庄。

第十六号。

第十七号。

第十八号，兵铺一所。北马子庄、南马子庄。

第十九号，张家铺。

第二十号，兵铺一所。朱官屯。

第二十一号。

第二十二号，兵铺一所。灰城、洛图庄。

第二十三号。

第二十四号，兵铺一所。大益留屯、小益留屯。此号至工尾，有土坝五段。

第二十五号，兼管旧北埝。原长三十四里，改管二十五里。附堤村庄：小贺尧营、河西营、柳坨、第五里村。

兼管旧遥埝，长二十里。附堤村庄：甄家庄，后第六里村、曹家庄、胡家庄、李家庄。

北堤八工

东安县主簿经管。原管堤长二十四里七分。嘉庆十八年［1813］，奏明，请废四里。现管二十里七分，计二十一号。一号至十九号八十八丈，东安县境。以下武清县境。

第一号，崔家庄、大郑庄。土坝一道、计长十五丈。

第二号，兵铺一所。赵家庄、济南屯。草坝一道，计长十五丈。

第三号，大、小麻庄、北崔屯、高庄、张家庄、马头村。草坝一道，计长十五丈。土坝一道，计长十五丈。

第四号，谷家庄、大、小纪庄、田家庄。草坝二道，计长十五丈。土坝一道，计长十五丈。

第五号，兵铺一所、汛署一所。杨官屯、金官屯。草坝一道，计长十五丈。

第六号，马神庙庄、麻子屯、范家庄。

第七号，孔家洼、东粟庄、艾万庄、史家庄。

第八号，孟东屯、屯东庄、孙东庄、许东庄、惠家铺、小郑庄、神家营、南关。土坝一道，计长十五丈。

第九号，前所营、前、后罗官营。土坝一道，计长十四丈。草坝一道，计长十五丈。此号至十一号头止，嘉庆十七年［1812］，添筑月堤一道，长四百二十丈。

第十号，大麻家庄、北崔庄。

第十一号，庄窠、东、西安庄。

第十二号，邢官营、白草洼、丰盛店。

第十三号，刘七堤、卢七堤、响口村。

第十四号，兵铺一所。八里桥。土坝一道，计长十五丈。

第十五号。

第十六号。

第十七号，兵铺一所。落垡、青坨、蛮子营、胡家营、罗古判、解口、东安辛庄、武清辛庄。

第十八号，周六营、东安曹庄。

第十九号，马家营、三田庄。草坝一道，计长十五丈。

第二十号，包家营、崔胡营。

第二十一号，双庙、南双庙，眷兹村、杨家营、甄家营、龚家营、季家营、列家庄、黄花店、东张庄、条河头。

淀河汛

凤河东堤把总经管，原长五十九里一百六十丈，原编六十号，并兼管斜埝七里二分。乾隆四十七年［1782］，因旧斜埝被清河汕刷，改从东堤第四十八号接筑，至天津桃花口北运河西堤，计长七里三十丈。其四十九号以下堤埝遂废。东堤编四十八号。一号至三十七号一百七十七丈，武清县境。以下俱天津县境。

淀河汛管辖村庄附：

孙家坨、沈家庄、老堤头、于家堤、葛渔城。穆家口（以上六村，东安县属）、定子务、石各庄、敖家嘴、梁各庄、西内庄、李各庄（以上六村，武清县境）。

疏浚下口河淀[6]

雍正九年［1731］，添设疏浚下口银五千两。每年雇募民船、民夫，疏捞永定河下节淀池河道。

十二年［1734］，设三角淀通判。将文安县左各庄以东之石沟、台头、杨芬港，杨家河至三河头以下一带淀河、东子牙新河拨归管理。并设武清县县丞、东安县主簿二员，隶通判管辖，以资分理。

乾隆三年［1738］，三角淀添设堡船二百只，并添设霸州州同、州判二员，把总四员，外委二十名，犭夫六百名。

七年［1742］，裁祁河通判。改设子牙河通判。将堡船并员弁、犭夫各半分隶。

十年［1745］，又添设土槽船二百只，犭夫六百名，千总二员，亦各半分隶。

十一年［1746］，又将堡船、员弁、犭夫新旧搭配，分隶保定、天津两同知，三角淀、子牙河两通判经管。三角淀通判分管堡船一百只，州判一员，千总一员，外委五名，犭夫三百名，并原管县丞、主簿二员，疏通三角淀一带淤浅。

十三年［1748］，又裁堡船内之牛舌头船二十只，犭夫六十名。

十五年［1750］，十八河员俱兼巡检衔，分管附堤十里村庄。于枯河时，调集附堤民夫，分段挑挖淤浅，按日给与米、菜钱文。

十六年［1751］，改移下口。将三角淀武清县县丞调管南埝下汛，东安县主簿调管北埝下汛。

二十九年［1764］，因堡船疏浚功效有限，糜费实多，将堡船并千总、外委全行裁汰。嗣后，河淀工程如需用夫、船，临时雇觅。其淀河霸州州判一员，仍循其旧。

三十七年［1772］，添设浚船。三角淀通判分管五舱船四只，并三舱船三十只，并器具。督率霸州州判，并调格淀堤把总一员，添浚船外委二员，拨兵管驾，疏排下口淤浅，以畅河流。又将北堤七、八两汛兼管之废北埝五十六里七分，并附堤村庄十二处，拨隶霸州淀河州判管辖调拨。如遇工大土多，照例给价。

四十六年［1781］，淀河州判兼管南堤九工汛务，移驻三河头。所管废北堤，交还北堤七、八两工。兼管村庄十二处，仍隶淀河汛，专司疏浚。

四十七年［1782］，裁汰浚船。其州判一员、把总一员、外委二名，仍令督率兵、夫，随时疏浚下口河淀。

嘉庆十二年［1807］，淀河州判改为巡检，浚船把总改管凤河东堤。

则　　例[7]

三角淀土方、工料价值则例：

一、旱土

每方价银七分。

芦根水土，每方价银一钱三分；

泥泞土，每方银九分；

水土，每方银一钱一分；

水中捞泥，每方价银一钱八分。

疏浚壮夫，每名每日工价银七分。

一、旱土筑堤

每方连夯硪工价银九分四厘。其运土筑堤，均照《永定河则例》开销。

铁锨，一把连把，该银一钱五分；

铁齿扒，一把连把，该银二钱五分；

铁掘头，一把连把，该银一钱二分；

杏叶扒，一把连把，该银二钱五分；

抬筐，一个连绳，该银一钱六分；

抬杠一根，该银八分。

如遇有埽、堤等工需用物料、工价，俱照两岸之例办理。

［卷八校勘记］

〔1〕此标题原刊本分目无，据总目增补。

〔2〕“筑”字今本及原刊本均误为“等”，因“筑”之繁体字“築”与“等”形近而误，遂改“等”为“筑”。

〔3〕今本增兵铺一所，原刊本无，存疑不改。

〔4〕今本增兵铺一所，原刊本无，存疑不改。

〔5〕原本本为“堼”，今本改作“墼”，无据。按“堼上”地名用字，“堼”与“墼”不通假。仍改为“堼”。

〔6〕此标题原刊本分目无，据总目增补。

〔7〕此标题原刊本分目无，据总目增补。

卷九　工　程

修守事宜　四防　二守　五事宜

修守事宜

谨按，永定河有"小黄河"之称，盖其水性湍激，兼挟拥泥沙，与黄河同。员工有大小，其治之方一也。治黄河之书，莫详于元欧阳玄[1]《河防记》①、明潘季驯《河防一览》。国朝原任河道总督靳辅著《治河方略》，博采其说。凡筑堤、下埽诸法，粲然咸备。司河务者所当奉为圭臬，无能逾越。今惟卝列现在修守事宜于左：

一[2]、凌汛

向例，先期檄饬各汛员，于惊蛰前五日移驻要工。并委试用人员及武弁协防。预备大小木榔、长竿、铁钩，俟冰凌解泮时，督率汛兵将大块冰凌打碎，撑入中泓，不令撞击堤埽。

一[3]、麦汛

向例，凡疏浚中泓、挑挖引河等工程，俱在枯河时赶办，限麦汛前报完验收。

---

① 欧阳玄［1274—1358］元浏阳［今属湖南］人，祖卢陵［今江西吉安］，字原功，号圭斋。欧阳修之后，善词章，通理学，延祐进士，元文宗时预修《经世大典》。顺帝时修宋、辽、金史，任总裁官。官至翰林学士承旨。著《至正河防记》，总结贾鲁至正十一年［1351］堵塞黄河决口的施工方法和经验。［此次堵塞黄河是自至正四年［1344］以来未能成功堵塞之决口］系统地反映了十四世纪中国水工技术的高度水平。这次施工的方法步骤是：整治旧河槽以便恢复故道；疏浚减水河以便分流；先堵较小决口，后堵主要决口；并创造了沉船筑坝［石船坝］逼溜等施工方法。疏、浚、塞三法并提是本书之精要，为后世治河有重要借鉴价值。欧阳玄《元史》有传。《元史·河渠志（二）》亦详细记述该书主要内容。

夏至前五日，或后五日，麦黄水必至。水头一到，石景山厅差人驰报。南、北岸厅率同各汛员[4]随水查看。或全入新挖中泓引河，或分入旧河。禀报水出下口，则三角淀厅率同各汛分查，绘图禀报。

一[5]、伏、秋大汛

入伏之前，先定上堤日期。通饬厅、汛营弁，并檄委试用人员，及千、把、外委，分赴各汛协防。沿河州县协同汛员按铺拨夫住工。先期，按工程之险易，酌给器具银两，饬令备齐。至期，道、厅、汛弁皆驻堤巡防。秋汛亦如之。至白露后下堤。

向例，伏讯时，总督移驻长安城，督率防守。入秋后数日，水势平稳，总督先回省城。嘉庆十二年［1807］，奉上谕：总督于伏、秋大汛时，只须酌量往来查勘。毋庸久驻工次，转致势难兼顾。其河工修防事宜，着责成该道，常时督率工员，妥为办理，申报该督具奏。钦遵在案。

四　防

一、曰昼防

凡汛期，兵、夫齐集堤上，每日往来巡查。遇有急溜扫湾，水近堤根，或稍汕刷，及时修补埽镶；或有蛰陷，及时抢护。少暇，则督令积土堤上。如遇阴雨，则填垫浪窝、水沟。

一、曰夜防

守堤兵、夫每遇水发，防守堤上，抢护埽坝，尽日无暇。夜则劳倦贪睡，亦情所难免。若不设法巡警，恐黉夜失事。各汛要工，既皆有灯笼火把照看，并置更签，官弁照更挨发各铺传递。如起更时，发一更签，由某号至某号，若干里。按一时行二十里，分别限二更几点递回。二更至五更，皆如之。并差人挨查。如有稽迟，即将该铺兵究治。堤岸彻夜不断人行，庶无贻误。

一、曰风防

汛期水发，每有大风。闲时，于要工督率兵、夫捆扎龙尾小埽，摆列堤旁。如遇风浪大作，用绳檊悬于附堤水面，随水起落，足以护堤。

一、曰雨防

伏、秋大汛，多有骤雨。兵、夫每入铺舍躲避，堤埽无人看守。倘有刷、蛰，贻误匪浅。督率汛弁各备雨具，往来巡查。并先期置备簑笠，分给兵、夫。（北方无斗笠，或用草帽、雨伞。）道、厅、守备仍不时冒雨来查。

二　守

一、曰官守

平时，各汛设官一员，堤工、埽坝督兵修理，是其专责。伏、秋大汛，复委试用官一员，或千、把、外委住堤协防。险工临时添派。河道率厅员、都司等移驻堤上，上下往来。昼则督率修补，夜则稽查玩忽。

一、曰民守

各汛堤工长短不一，每二里五分安设铺房一所、铺兵一名，长年住守。汛期，每里添设民铺一间，拨附堤十里村庄民夫五名，日夜修守。民夫五日更番替换。复檄沿河州县，另拨民夫，或百名，或五十名预备。一有紧要，立传上堤，协力抢护。

五　事　宜[6]

一、报水

大汛之期，卢沟桥两岸各汛及下口各立水志，各备报水单，量明底水尺寸，专委妥人日夜守看。每日按子、午、酉三时填明河水长落[7]。各汛呈报厅、道及石景山厅、三角淀厅。三日一次呈报总督。石景山厅并预备报水大签，督率石景山外委

卷九　工程

243

昼夜勤看水志。遇水骤长至一尺，及一尺以上，则填写明大签，差兵挨工飞递。至河道公馆，立即专差驰禀总督。大签仍即递至下口，然后缴回。凡经由各汛，俱按时刻粘签签上，以便稽查。如片刻迟误，即拿该铺兵重究。水落亦如之。

一、预估工程

秋分后，水势既平，河形斯定，道、厅督率各汛，查勘中泓下口。或有淤积沙嘴，应行裁截；或有曲折大湾，应行取直；或应另挑引河，或应疏通淤浅，俱预估报。迨春分后，再行复估。或有更改，通融酌办。总限麦汛前报竣。凡有应行粘补堤工，亦即预行估定。或于九、十两月赶办，或俟下年春融再办。另案加培大工，并修理闸坝，以及大挑引河工程，则禀请总督奏办。

一、采备料物

例于安澜既庆之后，按工程之险易，酌办料之多寡，将银数详明总督。道库先发，各厅分给各汛，乘时赶办贮工。道、厅亲往验收。其所发银两，赴户部领回归款。

一、积土

每兵一名，每日例应积土二尺五寸。铺兵、巡柳兵、看料兵减半；堆积土牛，以为压埽、填沟、平堤之用。每年除冬、夏两月外，俱按日计算，岁终报部。

一、种柳

每兵一名，例应栽植柳一百株。于冬末春初，津液含蓄之时，采取长八尺、径二寸许柳栽。惊蛰后，地气开通。于附堤内外十丈，柳隙刨坑深三尺栽种，不时浇灌。至夏秋之交，点查成活数目呈报，以七成为率。岁终报部。乾隆三十八年[1773]，遵奉上谕：两岸堤里，近河之堤根，以及软滩之上种冚罗柳。又，下口一带，南、北两堤内村庄，围村悉[8]种卧柳。钦遵各在案。

[卷九校勘记]

〔1〕欧阳玄原刊本"玄"字因避讳改"元"字，今本错改为"幺"，据《元史》本传改为"玄"。

〔2〕"一"字今本脱，据原刊本补。

〔3〕"一"字今本脱，据原刊本补。

〔4〕"员"字原刊本无，今本依文意增补。从之。

〔5〕"一"字今本脱，据原刊本补。

〔6〕此标题原刊本脱，今本依文意增补。从之。

〔7〕"落"字今本脱，据原刊本补。

〔8〕"悉"字今本改为"俱"，依原刊本改"俱"为"悉"。

卷十　经　费

岁修、抢修、疏浚　累年销案　兵饷

岁修、抢修、疏浚①

永定河自康熙三十七年［1698］建筑堤岸，设立两岸分司同知等官经管钱粮。岁、抢修款每年动用三四万两。另案疏筑，随时奏请，动用七、八万两，皆无定额。

雍正四年［1726］，改设河道。经怡贤亲王[1]奏定，两岸额设岁修银一万五千两，例于岁前题拨、分发，采买物料贮工。抢修一项，难以预定，每于春初请领一万余两，视工程平险，酌量分发采买。如银有余，留为次年之用；如有不敷，再行请领。

雍正九年［1731］四月，大学士鄂尔泰等议准，永定河每年增设岁修、疏浚下口银五千两。

乾隆十五年［1750］，江南河道总督高斌、直隶总督方观承议复，添设两岸疏浚银五千两。

十八年［1753］，裁改两岸下六汛。督臣方观承奏，定南、北两岸岁修银一万两，抢修银一万二千两，疏浚中泓银五千两，石景山岁修银二千两，疏浚下口银五千两。每年共额定银三万四千两。上年用剩节存，准其下年通融动用。

乾隆四十年［1775］八月，军机处会同直隶总督周元理奏明，永定河岁修工程，每年秋汛后将下年岁修、疏浚各工预估具奏，永远删去额定字样。抢修先发银一万

---

①　岁修是每年例行的河防工程，抢修是洪水期出现险情时抢修水险的工程，疏浚工程则是根据河道运行、堤埝状况，而安排须请旨才能动工的河防工程，其经费管理制度、定额、增减有如下述。

两，酌量应需料物采办、分贮。倘有不敷，一面具奏，一面将库项垫发。工完，核实报销。其另案工程，仍旧另案奏办。

嘉庆七年［1802］，户部侍郎那彦宝[2]奏准，加增岁、抢修银二万二千两。

八年［1803］，直录总督颜检奏准，每岁加增运脚银八千五百两。

十四年［1809］，总督温承惠奏准，加增岁、抢修银五千两。以二千两归入岁修，以三千两归入抢修。

累年销案①

康熙三十七年［1698］，建筑遥堤，用银三万两。

康熙三十八年［1699］，建筑沙堤遥堤，用银四万六千六百余两。

康熙三十九年［1700］，加培郭家务大堤，用银六千余两。

康熙四十九年［1710］，工部勘准，加培衙门口村真武庙二[3]段石堤，纪家庄至庞村土堤，并建真武庙、回龙庙，前挑水坝七座。除节省外，共用银一万三千四百两。

康熙五十五年［1716］，加修两岸沙堤大堤，共长三万六千七百七十丈，用银二万五千九两九钱六分。

康熙五十六年［1717］，两岸加培郭家务以上沙堤大堤，共用银二万五千零九两九钱六分。

康熙五十九年［1720］，卢沟桥修石土堤，并建挑水坝七座，用银一万三千七百八十四两六钱一分五厘。两岸修补挑水坝二十七座，用银六千两。

康熙六十年［1721］，两岸修理沙堤大堤，并石工背后土堤。除节省外，用银四万七千四百六十两。

雍正元年［1723］，两岸培修郭家务至柳岔口大堤，长二万六百丈，并清凉寺筑月堤三百八十丈，共用银六万七千五百六十二两。修金门闸，用银五千六百十四两九分六厘。

---

① 历年河防工程经费实际动用均须记录备案。遇有水毁工程，经查证属历任管河官员"因循玩误，经理不善"所致，按"河工销六赔四"之例摊赔。事见卷四嘉庆七年［1802］六月上谕。

雍正二年〔1724〕，挑挖柳岔口以下引河，用银三千三百三十四两五钱。

雍正四年〔1726〕，筑金沟口以下石堤二百六十八丈一尺五寸，粘补石子堤二百零二丈二尺，土堤五百八十丈七尺，并筑坝、挑河。除核减外，用银七万零三百八十六两二钱一分。改河筑堤，南堤自上七工武家庄，至八工王庆坨，长七千八百四十五丈，用银三万四千五百一十八两；北堤自五工何麻子营，至八工范瓮口，长一万三千二百六十三丈，用银五万八千三百五十七两二钱；新河自南五工郭家务，至八工范瓮口，长一万三千二百六十三丈，用银二万二千二百八十一两八钱四分。

雍正八年〔1730〕，石景山新建河神庙，用银一万三千八百十五两。卢沟桥重修河神庙，用银三千三百七十两。

雍正十年〔1732〕，建筑何麻子营至范瓮口重堤一万三千六十七丈，并范瓮口以下接郑家楼挑引河二百丈，以及何麻子营等村迁徙房价，共银六万五千三百七十四两二钱七分四厘。石景山修石工，用银二千七十四两三钱四分七厘。石景山建造碑亭、匾额，用银一千四百五十八两五钱一分一厘。

雍正十一年〔1733〕，培修两岸大堤，并筑鹅房月堤，共长四万七千六百三十五丈，用银五万一千九百八十四两一钱九分六厘。

雍正十二年〔1734〕，两岸黄家湾等处工程，用银九千九百六十九两四钱五分九厘。

乾隆二年〔1737〕，石景山麻峪坝河，用银一万三千一百零八两六钱一分七厘。石景山南、北岸漫溢，用银三万七千九百四十三两。三角淀展挖风口，用银六千三百五十三两九钱四分二厘。设行船四十只，每只价银十两；土槽船八十只，每只价银八两；牛舌头船八十只，每只价银七两。共银一千六百两。

乾隆三年〔1738〕，南岸二工金门闸建石坝，用银十九万四千八百二两二钱三厘。（闸碑云，用银十八万六千一百十二两零。有核减故也。）南岸郭家务建筑草坝，并挑引河，粘补两岸堤工，以及五道口坦坡堤埝，用银三万三千一百七十八两九钱一分四厘六毫。北岸六工半截河下建北大堤，并贺尧营建拦河坝，淘河村前筑拦河土堤及重堤，坦坡修补残缺，共用银四万二千一百二十九两三钱三分三厘。

乾隆四年〔1739〕，南岸建长安城、曹家务二处草坝，郭家务添筑草坝灰槛；北岸建求贤村、半截河二处草坝，并筑遥堤。共用银五万六千六百九十五两四钱四厘九毫。金门闸石坝、长安城草坝以下挑引河，并筑堤埝，共用银四万九千二百六十九两九钱四分八厘。

乾隆五年［1740］，石景山庞村戏台南，并天将庙后一带石片土堤，用银九千七百八十七两三钱四分四厘。北岸六工北大堤尾起，至凤河西岸肖家庄，接筑北埝一道，长八千五百八十三丈五尺，用银一万三千四百零八两六钱四分八厘。乾隆六年［1741］，南岸五工曹家务筑月堤一道，长四百五十丈，用银六千二百两。

北岸头工张客村前筑月堤一道，长五百丈，用银四千四百两。南岸二工放水堤坝口照旧堵筑，并挑川字河等工，用银一万七千八百四十九两九钱六分。建盖十八汛员弁衙署，并添盖河兵铺房、器具等项，用银三千三百十二两五钱。

乾隆七年［1742］，南岸二工金门闸石坝海墁落低，用银五千四百零八两四钱四分九厘三毫。南岸六工郭家务草坝改建三合土滚水坝，用银五千七十六两一钱七分三厘。双营建筑三合土滚水坝，用银五千四十四两三钱九分六厘。北岸三工胡林店滚水坝，用银四千八百零八两三钱六厘。北堤七工小惠家庄三合土坝，用银五千五百八十九两六钱四分一厘。三角淀自北八工尾大河湾挑挖引河，用银二万七千六百五十七两七钱六分四厘。王庆坨、范瓮口接筑堤埝，用银一千三百二十七两七钱九分六厘。

乾隆八年［1743］，督臣高斌奏，桑干河上游，自大同县黑石嘴、册田村等处起，至直隶西宁县之幸其村、揣骨疃等处，南北各开大渠，并渠口石工、乱石滚水坝，共用银八千九百余两。怀来县属和合堡筑玲珑石坝一座，用银二千两。北岸五道口草坝，用银八千一百五十四两五钱五分一厘。

乾隆九年［1744］，石景山大石堤工，长四百六十三丈。于兴龙庙北鸡嘴坝至大石挑水坝南，接砌大石挑水坝，并加土堤灰顶；又，坝尾砌片石横堤一道，并挑河身淤沙，用银八千九百六十六两六钱四分三厘。北岸五工大卢家庄建滚水坝一座，用银六千九百八十九两五钱八分二厘。

乾隆十年［1745］，疏挑北岸求贤坝下减河，用银一万五千六百八十四两八钱三分二厘。疏挑牛眼村引河，并挑下截坦坡埝减河至凤河下口，用银一万二千一百三十六两六钱六分。疏挑凤河下口，自庞家庄桥上，至双口桥南止，用银四千三百六十九两八钱一分八厘。疏挑杨家河、三河头、青光、蛤蜊等河，用银七千九百九十五两。疏挑金门闸西股引河，用银一万一千四百九十三两；东股引河裁湾取直，用银三千九十四两五分六厘。水利案内疏浚牤牛河，用银八千零二十余两。

乾隆十一年［1746］，两岸加帮，另案工程用银三万三千八百四十三两八钱一分四厘。两岸三角淀、石景山挑河、筑坝，用银一万五千四百七十八两六钱。

乾隆十二年〔1747〕，两岸加帮，并修金门闸、半截河各坝，用银一万四千四百八十八两八钱四分四厘。三角淀加培北埝，用银一万二千六百五十三两五钱二分二厘。

乾隆十三年〔1748〕，北岸四工崔家营村建坝，用银五千八百六十六两四钱七分六厘。

乾隆十五年〔1750〕，马家铺建滚水苇草草坝一座，用银四千六百六十一两二分二厘。冰窖建滚水苇草草坝一座，用银四千六百五十七两五钱五分一厘。南岸长安城修整残缺草坝，用银一千零六十两二钱三分一厘。南岸双营修整草坝，用银一千八百七十二两四钱，南岸张先务修整草坝，用银一千二百零四两七钱五分八厘。北岸小惠家庄修整草坝，用银一千零八十一两三钱二厘。两岸大堤残缺卑薄，并加培月堤，用银八千五百九十九两八钱六分四厘。

乾隆十六年〔1751〕，另案，两岸间段加培堤埝，用银八千二百九十九两八钱九分八厘。挑浚淤浅，用银五千三两三钱九分。修筑长安城草坝，用银二百三十三两三钱三分八厘。修南、北惠济庙，用银三千一百七十一两一钱九分九厘。修建长安城公廨，并买地基，用银八百七十二两二钱一分七厘（奉部核减银五十七两四钱八分）。三角淀培修北埝，用银三千七百四十二两四钱一分八厘。冰窖改移下口，加培南坦坡埝、挑河等工，用银二万五千三百十五两八钱四分。改移下口案内，建盖汛署、堡房，加修东老堤，加筑各闸、支河等工，用银四千四百五十两九钱六分三厘。改移下口案内，永清县河身应迁村庄房价，用银三千八百一十七两；东安县下口村庄房价，用银四千三百四两五钱；武清县下口村庄房价，用银六千三百六十七两五钱。

乾隆十七年〔1752〕，另案，加培南埝中、下二汛埝工，用银一千三百五十四两七钱四分七厘。

乾隆十九年〔1754〕，加培南埝，并凤河东堤，用银二千二百六十九两三钱一分七厘。三角淀建盖汛署、堡房，用银一百二十一两二分五厘。挑挖安澜城引河，用银七百七十三两二钱八分四厘。堵闭北卢家庄草坝，用银一百一十两。宛平、永清、固安三县搬移河身村庄，迁费用银四百七十二两。

乾隆二十年〔1755〕，两岸另案，培宽子埝，用银三千四十四两一钱六分一厘。两岸修理草坝，用银四千三百六十二两二钱二分三厘。北岸洪字二十号改移下口，挑河、筑埝，用银五千四百四十二两九钱六分。永清县大刘家庄等村迁移房价，用银六千八百五十五两五钱。

乾隆二十一年［1756］，另案，建筑遥埝，接筑凤河东堤，用银一万四百七十四两六钱一分二厘。

乾隆二十五年［1760］，另案，改建南岸三工十一号北村草坝，并挑引河七百九十五丈，用银五千二百四十九两九钱二分二厘（奉部验减银三百九十七两六钱九分一厘）。

乾隆二十六年［1761］，霸州、永清、固安三州县疏挑牤牛河，用银一千六百三十四两五钱八分五厘。北埝上、中汛挑河、筑坝，用银五千五百三十三两九钱二分一厘（奉部核减银二十五两三钱）。

乾隆二十七年［1762］，另案，北岸三工改建三号求贤草坝，并挑引河二百七十五丈，又于堤外圈筑斜埝一道，长二百九十丈，用银四千九百六十四两七钱二分（奉部核减银二十五两三钱零）。

乾隆二十八年［1763］，另案，北岸六工八号半截河村后至黄花店村后，筑越埝长八千六百四十丈，照工赈例，用银二千一百十六两八钱。另案，挑浚凤河大兴县境内长六千七百十三丈，东安县境内长一千四百四十丈，通州境内长二千二十丈，武清县境内长一万九百五十丈，间段挑挖。四州县照工赈例，用银六百四十三两三钱八分四厘。另案，汇奏续办河堤案内，涿州挑牤牛河，用银三百二十二两三钱；良乡县挑清水沟，用银八十七两一钱二分。又，挑牤牛正河，并广阳、茨尾等河，用银三千八百十二两六钱零六厘。照工赈例，共用银四千二百二十二两二分六厘。另案，通饬疏通案内，疏浚金门闸下引河，霸州用银六百零五两一钱二分六厘；固安县挑牤牛河，用银二百二十两六钱二分；永清县挑黄家河，用银四百二十七两五钱六分。三州县共用银一千二百五十三两三钱六厘。另案，修理东、西惠济庙，用银一千三百七十九两八钱零四厘。

乾隆三十二年［1767］，另案，动拨本河节存，修理通州、大兴县等处张家湾河，并挑浚凤河，用银二万一千三百零一两三分二厘。另案，修南岸头工玉皇庙，用银三千一百八十六两九钱三分五厘（奉部核减银一百二十两七钱二分一厘）。

乾隆三十五年［1770］，另案奏准，金门闸海墁中路从前落低之二十丈补平；加建石龙骨一道，长五十六丈、高二尺五寸，用银四千三百七十五两六钱二分。另案，北岸二工六号加筑大堤一道，并接筑软厢，用银四千五百九十八两零四厘。

乾隆三十七年［1772］，另案奏，设五舱船八十只，三舱船四十只，共设浚船一百二十只。五舱船每只价银五十两，三舱船每只价银三十两，共银五千二百两。大工案内，石景山修东、西两岸石堤，用银四千二百七十七两七分四厘；南岸三工建北村灰坝，用银九千九百六十三两三钱八分五厘；北岸三工建求贤灰坝，用银九千九百六十三两三钱八分五厘；修整金门闸灰土簸箕，用银三千零八十九两七钱七分八分；南岸头、二、三、四等工加培大堤，用银一万零六百零五两九钱五分七厘；北岸头、二、三、四、五等工加培大堤，用银八千九百二两一钱二分五厘；两岸修筑新、旧月堤，用银一万二千零四十七两八钱七分；两岸疏挑中泓，用银八千二百七十八两一钱四分七厘；下口挑挖引河，用银一万四千五百二两六钱五分二厘；挑挖金门闸下牤牛河、黄家河，用银一万六千二百三十三两九钱三分四厘；挑挖中南三工灰坝下引河，用银九千六百七十八两七钱七分七厘；挑挖北岸三工灰坝下引河，用银二千二百七十七两八钱；挑挖凤河，用银七千五百八十二两八钱一分八厘；三角淀加培南、北埝，用银七千六百三十五两五钱四分二厘；加培凤河东堤斜埝，用银一万一千五百四十九两六钱八分九厘。（以上永定河疏筑堤河灰石闸坝工程，共十五案，通共用银十三万六千五百八十八两九钱三分五厘。）大工案内，另折奏明，建盖汛房，用银二千一百六十两。

乾隆三十八年［1773］，两岸加培大堤，用银二千八百四十一两五钱五分二厘。（照部议，另案报销。）南岸头工二十五号重建玉皇庙，用银二千九百七十五两七钱七分八厘。

乾隆三十九年［1774］，另案，两岸加培堤工，用银八千二百六十二两二钱一分五厘。另案，三角淀加培北堤，并挑凤河沟，用银五千九百九十七两九钱二分三厘（核减银四十八两）。修盖石景山南、北庙，用银七千三百九十八两三钱六厘。

乾隆四十年［1775］，南岸头工玉皇庙加培大堤，用银三千六百六十三两五钱五分。两岸加培大堤，用银五千九百十八两七钱五分五厘。

乾隆四十一年［1776］，南岸头工玉皇庙挑河建坝，用银四千六十五两二分六厘。

乾隆四十二年［1777］，北岸三工十号以下建筑直堤，并筑挑水坝，用银一千六百八十一两三钱一分。

乾隆四十三年［1778］，另案，加培两岸三角淀堤工，用银八千三百八十两七钱五分三厘。

乾隆四十四年［1779］，另案，两岸三工展筑新堤，加培旧堤，用银五千九百七十五两三分；修筑凤河东堤并斜埝，用银二千四百九十六两六钱四分。

乾隆四十六年［1781］，另案，南岸三工、北堤七工修惠济庙，用银八百三十两六钱四分二厘。

乾隆五十一年［1786］，另案，加培南四、北三工以下旧堤，又南四工一号至三号筑直堤长四百十五丈，共用银三万九千二百十四两二钱。

乾隆五十四年［1789］，另案，加培土方，用[4]银三千六百六十两零。

嘉庆六年［1801］，修筑石工各工，共动用银九十七万一千三百二十两二钱一分。

嘉庆九年［1804］，改建南岸头工玉皇庙，用银八千六百四十五两零。

嘉庆十一年［1806］，加培银一万九千两零。

嘉庆十一年［1806］，北五工漫口工程，共用银八万七千六百两零。

嘉庆十二年［1807］，加培堤工，挑挖老坎，共用银七千余两。

嘉庆十三年［1808］，另案，加培卢沟桥税局后身，工料银一万八千四百五十余两。嘉庆十四年［1809］，另案，加培银二千四百八十六两零。

嘉庆十五年［1810］，加培银一万四千八十八两六钱八分六厘九毫。

嘉庆十五年［1810］，南下头工漫口土方夫价，共用银十四万六千七十八两二分六厘。

嘉庆十六年［1811］，另案，加培银五万四千五百四两零。又建盖南下头工河神庙，用银六千八百两零。

嘉庆十七年［1812］，另案，加培银一万九千九百两零。

嘉庆十九年［1814］，另案，加培银一万九千七百两零。

兵　饷

每年于八月内核明造册，咨明布政司，详请于文安、大城、雄县、任丘、房山、霸州、永清、东安、武清等州县地丁项下酌拨。按季批解道库，按月发给。遇闰另添拨。别县凑解，亦有在九州县增发者。自嘉庆十年［1805］始，各州县批解藩库，永定河道咨领给发。内，河道心红蔬菜，本衙门额设巡捕及各役工食，都司、守备、协备、千、把总俸薪、马干，及外委、河兵月饷，均于此案内估报、拨解、统核，归兵马奏销案造报。其扣存、建旷银两，汇总解交司库。

归款另案造报。

所有支给数目开后：

河道，每年支心红蔬菜银一百四十四两。

河道书吏，每年额设纸张银二十四两。

河道南岸巡捕暨各役工食，每年支领银八十六两四钱。

河道北岸巡捕暨各役工食，每年支领银三百十四两四钱。

都司，一员。每年支俸薪银九十九两三钱九分三厘六毫。（扣小建银二钱七分六四一毫）

每年支心红蔬菜银二十四两。（小建不扣，闰月不增。）自备马四匹。（春、冬，每匹月支银一两二钱。小建扣银四分。夏、秋，每匹支银九钱。小建扣银三分，遇闰加增。）

守备，一员。每年支俸薪银六十六两七钱八厘。（小建扣银一钱八分五厘。闰月不支俸。）

每年支心红蔬菜钱银二十四两。（小建不扣，闰月不增。）自备马四匹。（春、冬，每匹月支银一两二钱。小建扣银四分。夏、秋，每匹支银九钱。小建扣银二分。遇闰加增。）

协备，一员。每年支俸薪银四十八两。（小建扣银一钱二分二厘。闰月不支俸。）

每年支心红蔬菜银二十四两。（小建不扣，闰月不增。）自备马二匹。（春、冬，每匹月支银一两二钱。小建扣银四分。夏、秋，每匹支银九钱。小建扣银三分，遇闰加增。）

千总，二员。每员每年支俸薪银四十八两。（小建扣银一钱三分三厘，闰月不支俸。）每员自备马二匹。（春、冬，每匹月支银一两二钱。小建扣银叫分。夏、秋每匹月支银九钱。小建扣银三分，遇闰加增。）

把总，三员。每员年支俸薪银三十六两。（小建扣银一钱，闰月不支俸。）每员自备马二匹（马干与千总同）。

石景山经制外委，一名。岁支马粮银二十四两。

淀河经制外委，二名。每名每年支银二十四两（小建每月扣银四分）。

南岸经制外委，五名。内四名，战饷，每月一两七钱；一名，守粮，每月一两二钱。

北岸经制外委，四名。内二名，战饷，每名月支银一两七钱；二名，守粮，每名月支银一两二钱。

额外外委，十五名。每名月支本身名粮一分。

原设河兵一千二百三十名。

乾隆四十七年［1782］，奏将武职坐粮裁改为养廉。内裁守备坐粮十二分、石景山千总四分、两岸千总八分、两岸把总八分、随辕经制外委九名九分。共裁坐粮四十一分。实存战、守河兵一千一百八十九名。

嘉庆七年［1802］，奏准添设战兵四十名、守兵三百六十名。共河兵一千五百八十九名。

石景山，战兵七名，守兵三十六名。

南岸各汛，战兵八十八名，守兵六百五十九名。

北岸各汛，战兵八十四名，守兵六百二十四名。

防库守兵，三十三名。

都司、守备、协备、千总衙门，听差守兵五十八名。凡河兵开除、募补，由本汛报明。旧由厅验，验准行县取结，结到起饷。

乾隆四年［1739］，设守备后，移该管千总转送守备，验准起饷，季终全送河道点验。

二十年［1755］，奉文设立执照，新兵始送河道点验。

四十二年［1777］，添设腰牌。

嘉庆十六年［1811］，设立都司后，该管千总送守备，守备转送都司，都司随时转送河道验准，给发牌照。

凡河兵中，明白工程，办事勤干者，由本汛移该管千总转送守备，申送河道验准，拔补什长。由什长拔补头目，由头自拔补外委，皆给执照，于季报册内分晰注明。如有才具出众，认真办工者，由都司、守、协备保送。河道验准，拟定正、陪，详送总督考拔额外外委，给发执照。

凡放饷，旧由南、北岸厅具领，发两岸千总分给。今由都司具领，会同固安知县，在于公所按名唱给。

[卷十校勘记]

〔1〕"经怡贤亲王"五字，今本脱，据原志增补。

〔2〕"宝"字今本误为"尘"，据原志改。

〔3〕"二"字今本误为"三"，据原志改。

〔4〕"用"字原志脱，今本据文意增补，从今本。

卷十一　经　费

河淤地亩　防险夫地　柳隙地租
苇场淤地[1]　香火地亩　祀神公费

河淤地亩①

乾隆十年［1745］，霸州、永清、东安、武清四州县详请奏咨，每民夫一名，拨给地六亩五分，每亩征租银三分、六分不等，解贮道库，以为河工粘补之用。乾隆十五、六［1750、1751］等年，续据宛平、良乡、涿州、固安四州县报明征租。嗣后，如有续报升课，及被水冲坍，详请豁除。

涿州原报淤滩地亩，于乾隆三十五、六两年［1770、1771］详明冲刷，除租。

宛平县原续报河滩淤地十六顷九亩四分，内除水坑洼薄、不堪承租地九顷九十亩外，实征租地六顷十九亩四分，每亩征租银三分，共征银十八两五钱八分二厘。

良乡县原报河滩地七顷八十三亩四分五厘，每亩征租银三分，共征银二十三两五钱三厘。

霸州原报河滩地五顷七十二亩八厘，每亩征租银三分、六分不等，共征银二十两一钱一分。

固安县原报河滩地一顷七十四亩，每亩征租银三分，共征银五两二钱二分。

永清县境内上等河淤地七十三顷三十二亩，每亩征租银六分，共征租银四百三十九两九钱二分；次等河淤地一百七十顷十一亩五分，每亩征租银三分，共征租银五百一十两三钱四分五厘。又，乾隆十六年［1751］，拨补东武家庄等村迁移居民基

---

①　河淤地亩。项下，记载永定河下游因河道改迁淤出的河滩地，招佃征租的制度，租银数额及其豁除等内容。租多由州县地方征收，上解道库作为水利工程补充经费。

地九顷二十四亩三分，每亩征租银三分，共征银二十七两七钱二分九厘。又，乾隆二十年［1755］，淀泊减租地七十三顷九十二亩九分八厘九毫，每亩征租银七厘二毫五丝，共征银五十三两五钱九分九厘。以上共地三百二十六顷六十亩七分九厘，共征租银一千零三十一两五钱九分三厘。

东安县原报河滩地二十三顷四亩，每亩征租银六分，共征银一百三十八两二钱四分。又，乾隆三十九年［1774］，续报新淤滩地三十七顷六十九亩，每亩征租银三分、六分不等，共征银一百七十三两六钱一分。

查明具奏事案内，拨还刘元照侵占地七顷五十八亩内，除堤压、栽柳，不堪耕种地一顷十三亩八分外，实输租地六顷四十四亩二分，每亩征租银三分，共征银十九两三钱二分六厘。以上共地六十八顷三十一亩，内除堤压、栽柳、河占地一顷十三亩八分外，实征租地六十七顷十七亩二分，共征租银三百三十一两一钱七分六厘。

武清县原续报淤地八十八顷十九亩一分二厘，每亩征租银三分、六分不等，共征租银二百九十六两七钱三分四厘。又，续报刘景荣分认三角淀复额地十一顷九十四亩八分八厘，每亩征租银三分、六分不等，共征租银三十七两四钱五分一厘。以上共地一百顷零十四亩，共征租银三百三十四两一钱八分五厘。

以上每年通共征租银一千七百六十四两三钱七分。

防险夫地[①]

马庆村，夫四十六户，地二顷九十九亩，每亩征租银三分。

孤庄村，夫七户，地四十五亩五分，每亩征租银六分。

杨家黄垡，夫三十一户，地二顷零一亩五分，每亩征租银三分。

李家黄垡，夫九户，地五十八亩五分，每亩征租银三分。

赵家黄垡，夫十一户，地七十一亩五分，每亩征租银三分。

南顺民屯，夫十户，地六十五亩，每亩征租银三分。

以上南岸四工共夫一百一十四户，地七顷四十一亩。每年征租银，每亩三分、

---

① 防险夫地，清朝河防工程用工，除雇佣、以工代赈之外，还有给沿河农户分配河道淤出土地，每户六亩五分。征收租银，平时守护河道，汛期参加抢险，称为防险夫，所分配的河道淤地称防险夫地。租金使用同河淤地亩。

（嘉庆）永定河志

六分不等，共征租银二十三两五钱九分五厘，永清县征解。

陈仲和，夫六户，地三十九亩，每亩征租银六分。

北顺民屯，夫十八户，地一顷一十七亩，每亩征租银三分。

前白堡，夫九户，地五十八亩五分，每亩征租银三分。

后白堡，夫十五户，地九十七亩五分，每亩征租银三分。

辛务，夫四十二户，地二顷七十三亩，每亩征租银六分。

北解家务，夫三十一户，地二顷零一亩五分，每亩征租银六分。

南解家务，夫十九户，地一顷二十三亩五分，每亩征租银六分。

北小营，夫十九户，地一顷二十三亩五分，每亩征租银六分。

东、西下七，夫八户，地五十二亩，每亩征租银六分。

唐家营，夫四户，地二十六亩，每亩征租银六分。

大王庄，夫二十七户，地一顷七十五亩五分，每亩征租银六分。

南小营，夫五户，地三十二亩五分，每亩征租银六分。

孙家务，夫三户，地十九亩五分，每亩征租银六分。

杨家庄，夫四户，地二十六亩，每亩征租银六分。

邵家营，夫二户，地十三亩，每亩征租银六分。

冯各庄，夫三户，地十九亩五分，每亩征租银六分。

西小仲和，夫一户，地六亩五分，每亩征租银六分。

南戈奕，夫十九户，地一顷二十三亩五分，每亩征租银三分。

许家新庄，夫十户，地六十五亩，每亩征租银三分。

孟各庄，夫六户，地三十九亩，每亩征租银三分。

曹内官营，夫八户，地五十一亩，每亩征租银三分。

张家务，夫五户，地三十二亩五分，每亩征租银三分。

前、后店子、仲和，夫三十六户，地二顷三十四亩，每亩征租银三分。

西桑园，夫十八户，地一顷一十七亩，每亩征租银三分。

东桑园，夫八户，地五十二亩，每亩征租银三分。

南曹家务，夫三户，地十九亩五分，每亩征租银三分。

北曹家务，夫十六户，地一顷零四亩，每亩征租银三分。

胡其营，夫十三户，地八十四亩五分，每亩征租银三分。

郭家务，夫二十九户，地一顷八十八亩五分，每亩征租银六分。

谈其营，夫十二户，地七十八亩，每亩征租银三分。

龙家务，夫九户，地五十八亩五分，每亩征租银六分。

大、小良村，夫二十八户，地一顷八十二亩，每亩征租银六分。

小仲和，夫七户，地四十五亩五分，每亩征租银六分。

台子庄，夫十户，地六十五亩，每亩征租银六分。

曹家庄，夫六户，地三十九亩，每亩征租银三分。

以上南岸五工，共夫四百五十九户，地二十九顷八十三亩五分。每年征租银，每亩三分、六分不等，共征租银一百四十二两五钱四分五厘，永清县征解。

东壮官场，夫六户，地三十九亩，每亩征租银三分。

董家务，夫七户，地四十五亩五分，每亩征租银三分。

贾家务，夫七户，地四十五亩五分，每亩征租银三分。

韩家庄，夫十一户，地七十一亩五分，每亩征租银三分。

菜园，夫十四户，地九十一亩，每亩征租银六分。

胡家庄，夫六户，地三十九亩，每亩征租银六分。

刘总旗营，夫九户，地五十八亩五分，每亩征租银三分。

李黄庄，夫十三户，地八十四亩五分，每亩征租银三分。

大麻子庄，夫十二户，地七十八亩，每亩征租银三分。

东、西、北麻，夫十八户，地一顷十七亩，每亩征租银三分。

小麻子庄，夫八户，地五十二亩，每亩征租银三分。

双营，夫二十七户，地一顷七十五亩五分，每亩征租银三分。

佃庄，夫九户，地五十八亩五分，每亩征租银三分。

碱场，夫十六户，地一顷零四亩，每亩征租银三分。

鲁村，夫十三户，地八十四亩五分，每亩征租银三分。

黄村，夫十五户，地九十七亩五分，每亩征租银六分。

张先务，夫二十一户，地一顷三十六亩五分，每亩征租银六分。

东、西镇，夫二十五户，地一顷六十二亩五分，每亩征租银六分。

安仁福汇庄，夫十八户，地一顷十七亩，每亩征租银六分。

小营，夫九户，地五十八亩五分，每亩征租银六分。

庞各庄，夫十七户，地一顷十亩五分，每亩征租银六分。

小黄村，夫九户，地五十八亩五分，每亩征租银六分。

韩各庄，夫十九户，地一顷二十三亩五分，每亩征租银六分。

惠元庄，夫八户，地五十二亩，每亩征租银六分。

沈家庄，夫十七户，地一顷十亩五分，每亩征租银六分。

邓家务，夫十七户，地一顷十五亩五分，每亩征租银六分。

窑窝，夫八户，地五十二亩，每亩征租银六分。

西小刘家庄，夫十二户，地七十八亩，每亩征租银六分。

王虎庄，夫十八户，地一顷十七亩，每亩征租银六分。

马家铺，夫十七户，地一顷十亩五分。每亩征租银六分。

小惠家庄，夫十户，地六十五亩，每亩征租银六分。

大刘家庄，夫十六户，地一顷零四亩，每亩征租银六分。

李奉先，夫一十九户，地一顷二十三亩五分，每亩征租银六分。

武家窑，夫十九户，地一顷二十三亩五分，每亩征租银六分。

第四村，夫十四户，地九十一亩，每亩征租银六分。

刘家场，夫十户，地六十五亩，每亩征租银六分。

武家庄，夫十三户，地八十四亩五分，每亩征租银六分。

冰窖，夫二十二户，地一顷四十三亩，每亩征租银六分。

柳坨，夫十六户，地一顷零四亩。内，九十一亩，每亩征租银三分；十三亩，每亩征租银六分。

后第六里，夫四十户，地二顷六十亩，每亩征租银三分。

第七里，夫十户半，地六十八亩二分五厘，每亩征租银三分。（经核，此村原隶北七工，因多移居南六界内，于五十一年［1786］详明，夫户均分一半。）

以上南岸六工，共夫六百十三户半，地三十九顷八十七亩七分五厘。每年征租银，每亩三分、六分不等，共征租银一百九十三两五钱三分七厘五毫，永清县征解。

张家野鸡庄，夫十二户，地七十八亩，每亩征租银六分。

丘家务，夫十三户，地八十四亩五分，每亩征租银六分。

宋家庄，夫六户，地三十九亩，每亩征租银三分。

纪家庄，夫二十二户，地一顷四十三亩，每亩征租银三分。

西营，夫七户，地四十五亩五分，每亩征租银三分。

王居，夫三十九户，地二顷五十三亩五分，每亩征租银六分。

北戈奕，夫三十户，地一顷九十五亩，每亩征租银六分。

北池口，夫八户，地五十二亩，每亩征租银六分。

潘家庄，夫九户，地五十八亩五分，每亩征租银六分。

翟吴家庄，夫十五户，地九十七亩五分，每亩征租银六分。

仁和铺，夫八户，地五十二亩，每亩征租银六分。

泥安，夫十三户，地八十四亩五分，每亩征租银六分。

韩台，夫二十户，地一顷三十亩，每亩征租银六分。

赵家庄，夫十六户，地一顷零四亩，每亩征租银六分。

何麻营，夫二十二户，地一顷四十三亩，每亩征税银六分。

支各庄，夫三十三户，地二顷十四亩五分，每亩征租银三分。

仓上，夫八户[2]，地五十二亩，每亩征租银三分。

泥塘，夫六十七户，地四顷三十五亩五分，每亩征租银三分。

姚家马房，夫三十九名，地二顷五十三亩五分，每亩征租银三分。

大、小卢家庄，夫四十六户，地二顷九十九亩，每亩征租银三分。

张家茹荤，夫七十一户，地四顷六十一亩五分，每亩征租银三分。

王蕲茹荤，夫二十五户，地一顷六十二亩五分，每亩征租银三分。

楼台，夫四十五户，地二顷九十二亩五分，每亩征租银三分。

张家庄，夫二十五户，地一顷六十二顷五分，每亩征租银三分。

杨家营，夫五户，地三十二亩五分，每亩征租银三分。

以上北五工，共夫六百一十一户，地三十九顷七十一亩五分。每年征租银，每亩三分、六分不等，共征租银一百四十九两一钱四分五毫，永清县征解。

董家务，夫三十四户，地二顷二十一亩，每亩征租银三分。

贾家务，夫二户，地十三亩，每亩征租银三分。

柴家庄，夫十八户，地一顷十七亩，每亩征租银三分。

小荆垡，夫十二户，地七十八亩，每亩征租银三分。

北钊，夫二十户，地一顷三十亩，每亩征租银三分。

李家庄，夫二十七户，地一顷七十五亩五分，每亩征租银三分。

西溜，夫二十四户，地一顷五十六亩，每亩征租银三分。

辛务，夫二十三户，地一顷四十九亩五分，每亩征租银三分。

嫚家庄，夫十一户，地七十一亩五分，每亩征租银三分。

王希，夫二十二户，地一顷四十三亩，每亩征租银三分。

辛屯，夫三十三户，地二顷十四亩五分，每亩征租银三分。

朝王，夫二十二户，地一顷四十三亩，每亩征租银三分。

老幼屯，夫十四户，地九十一亩，每亩征租银三分。

前刘武营，夫三十三户，地二顷十四亩五分，每亩征租银三分。

后刘武营，夫十一户，地七十一亩五分，每亩征租银三分。

半截河，夫五十五户，地三顷五十七亩五分，每亩征租银六分。

赵百户营，夫三十三户，地二顷十四亩五分，每亩征租银三分。

徐家庄，夫十三户，地八十四亩五分，每亩征租银六分。

大范家庄，夫二十八户，地一顷八十二亩，每亩征租银三分。

以上北岸六工，共夫四百三十五户，地二十八顷二十七亩五分。每年征租银，每亩三分、六分不等，共征租银九十八两零八分五厘，永清县征解。

别古庄，夫三十户，地一顷九十五亩，每亩征租银三分。

陈家庄，夫七户，地四十五亩五分。内，二十六亩，每亩征租银六分；十九亩五分，每亩征租银三分。

官道，夫九户，地五十八亩五分，每亩征租银三分。

南人营，夫九户，地五十八亩五分，每亩征租银三分。

万全庄，夫九户，地五十八亩五分，每亩征租银三分。

双家小营，夫二十七户，地一顷七十五亩五分，每亩征租银六分。

第七里，夫十户半，地六十八亩二分五厘，每亩征租银六分。

东张家庄，夫五户，地三十二亩五分，每亩征租银六分。

第五，夫九户，地五十八亩五分，每亩征租银三分。

后第六，夫四十户，地二顷六十亩，每亩征租银三分。

河西营，夫四十二户，地二顷七十三亩。内，二顷五十三亩，每亩征租银三分；二十亩，每亩征租银六分。

塄[3]上，夫三十户，地一顷九十五亩，每亩征租银三分。

焦家庄，夫七户，地四十五亩五分，每亩征租银三分。

辛立村，夫四户，地二十六亩，每亩征租银六分。

刘赵家庄，夫八户，地五十二亩，每亩征租银三分。

东溜，夫八户，地五十二亩。内，三十九亩，每亩征租银三分；十三亩，征租银六分。

小站，夫七户，地四十五亩五分，每亩征租银六分。

东横亭，夫十七户，地一顷十亩五分，每亩征租银六分。

西横亭，夫十四户，地九十一亩，每亩征租银六分。

大站，夫十七户，地一顷十亩五分，每亩征租银六分。

陈各庄，夫十七户，地一顷十亩五分，每亩征租银六分。

马子庄，夫四十户，地二顷六十亩，每亩征租银六分。

郭家庄，夫十八户，地一顷十七亩，每亩征租银六分。

石桥，夫十二户，地七十八亩，每亩征租银六分。

第十里，夫二十八户，地一顷八十二亩，每亩征租银六分。

邵家庄，夫七户，地四十五亩五分，每亩征租银三分。

左奕，夫十户，地六十五亩，每亩征租银六分。

朱村，夫十二户，地七十一亩五分，每亩征租银六分。

桃园，夫六户，地三十九亩，每亩征租银六分。

小北尹，夫十户，地六十五亩，每亩征租银三分。

张家甫，夫十户，地六十五亩，每亩征租银三分。

胡家庄，夫九户，地五十八亩五分，每亩征租银三分。

李家庄，夫七户，地四十五亩五分，每亩征租银三分。

曹家庄，夫十三户，地四十五亩五分，每亩征租银三分。

以上北堤七工，共夫五百零七户半，计地三十二顷九十八亩七分五厘。每年征租银，每亩三分、六分不等，共征租银一百三十五两九钱一分五厘，永清县征解。

张家庄，夫十九户，地一顷二十三亩五分，每亩征租银三分。

高家庄，夫二户，地十三亩，每亩征租银三分。

艾万、郑家庄，夫二十九户，地一顷八十八亩五分，每亩征租银六分。

惠家铺，夫三十户，地一顷九十五亩，每亩征租银六分。

安家庄，夫十户，地六十五亩，每亩征租银六分。

白草洼，夫十四户，地九十一亩，每亩征租银三分。

响口，夫十八户，地一顷十七亩，每亩征租银六分。

丰盛店，夫九户，地五十八亩五分，每亩征租银三分。

大郑家庄，夫十六户，地一顷零四亩，每亩征租银三分。

条头河，夫二十三户，地一顷四十九亩五分，每亩征租银三分。

（嘉庆）永定河志

洛图庄，夫十四户，地九十一亩，每亩征租银三分。

东郭家庄，夫十户，地六十五亩，每亩征租银三分。

扈子濠，夫二十四户，地一顷五十六亩，每亩征租银三分。

大溢留屯，夫二十二户，地一顷四十三亩，每亩征租银三分。

李家庄，夫七户，地四十五亩五分，每亩征租银三分。

马头村，夫二十五户，地一顷六十二亩五分，每亩征租银六分。

田家庄，夫十二户，地七十八亩，每亩征租银六分。

济南屯，夫十四户，地九十一亩，每亩征租银六分。

金官屯，夫十七户，地一顷十亩五分，每亩征租银六分。

范家庄，夫十四户，地九十一亩，每亩征租银六分。

史家庄，夫十四户，地九十四亩，每亩征租银六分。

罗管屯，夫十二户，地七十八亩，每亩征租银六分。

王司庄，夫八户，地五十二亩，每亩征租银六分。

新朱管屯，夫二十一户，地一顷三十六亩五分，每亩征租银三分。

灰城，夫四户，地二十六亩，每亩征租银三分。

马勺留，夫十户，地六十五亩，每亩征租银六分。

崔史家务，夫二十户，地一顷三十亩，每亩征税银六分。

小益留屯，夫十户，地六十五亩，每亩征租银六分。

达王庄，夫十户，地六十五亩，每亩征租银六分。

南辛庄，夫十二户，地七十八亩，每亩征租银三分。

大赵家庄，夫十户，地六十五亩，每亩征租银六分。

南崔家庄，夫十五户，地九十七亩五分，每亩征租银六分。

杨管屯，夫二十三户，地一顷四十九亩五分，每亩征租银六分。

谷家庄，夫二十户，地一顷三十亩，每亩征租银三分。

马神庙，夫八户，地五十二亩，每亩征租银三分。

东栗家庄，夫十五户，地九十七亩五分，每亩征租银六分。

麻子屯，夫二户，地十三亩，每亩征租银三分。

前所营，夫十户，地六十五亩，每亩征租银三分。

巩家洼，夫十户，地六十五亩，每亩征租银三分。

庄窠，夫六户，地三十九亩，每亩征租银六分。

六户沙窠，夫十三户，地八十四亩五分，每亩征租银三分。

邢家营，夫八户，地五十二亩，每亩征租银三分。

三户七字堤，夫十六户，地一顷零四亩，每亩征租银六分。

以上北堤八工，共夫六百零六户，共地三十九顷三十九亩。每年征租银，每亩三分、六分不等，共银一百八十四两八分，永清县、东安县征解。

甄家营，夫二十六户，地一顷六十九亩，每亩征租银三分。

杨家营，夫十二户，地七十八亩，每亩征租银三分。

周六营，夫十六户，地一顷零四亩，每亩征租银六分。

解口，夫五户，地三十二亩五分，每亩征租银六分。

刘家庄，夫九户，地五十八亩五分，每亩征租银三分。

东辛庄，夫九户，地五十八亩五分，每亩征租银三分。

龚家庄，夫三户，地十九亩，每亩征租银六分。

北双庙，夫二十二户，地一顷四十三亩，每亩征租银六分。

罗古判，夫八户，地五十二亩，每亩征租银三分。

眷兹，夫十四户，地九十一亩，每亩征租银三分。

季家营，夫十九户，地一顷二十三亩大分，每亩征租银六分。

黄花店，夫四十八户，地三顷十二亩。内，二顷一亩五分，每亩租银六分；一顷十亩五分，每亩租银三分。

武辛庄，夫五户，地三十二亩五分，每亩征租银六分。

三里庄，夫九户，地五十八亩五分，每亩征租银六分。

蛮字营，夫十二户，地七十八亩，每亩征租银三分。

青坨，夫十户，地六十五亩，每亩征租银三分。

胡家营，夫七户，地四十五亩五分，每亩征租银三分。

包家营，夫九户，地五十八亩五分，每亩征租银六分。

崔胡营，夫十七户，地一顷十亩零五分，每亩征租银六分。

曹家庄，夫六户，地三十九亩，每亩征租银六分。

马家庄，夫五户，地三十二亩五分，每亩征租银三分。

南双庙，夫二十户，地一顷三十亩。内，六十五亩，每亩租银三分；六十五亩，租银六分。

张家庄，夫十八户，地一顷一十七亩，每亩征租银三分。

以上北堤九工，共夫三百零九户，地二十顷零八亩五分。每年征租银，每亩三分、六分不等，共银一百十六两七钱六分，东安县征解。

（谨按，防险夫地，即河滩淤地，与香火、柳隙等地毗连。每年，各州县按则征租，汇解道库造册，考岁销册，详送咨部。盖自乾隆二十年［1755］，北岸六工二十号改移下口，二十号以下旧河身淤地涸出。维时北埝三汛，工皆险要。奏明，将淤地拨给该三汛防险民夫。每户六亩五分。就近认种，每亩薄征租银三分、六分不等。嗣是二十号以上，至郭家务，亦渐有淤地，照例拨给两岸五、六工及南岸四工防险夫户，就近认种输租。郭家务以上，并无闲旷淤地，是以两岸头、二、三等汛民夫无夫地）

柳隙地租[①]

南上、中等汛署旧有征租麻地，并查出南、北两六工新淤，并柳园隙地，共七十顷八十九亩零。

乾隆三十六年［1771］，奏明，交地方官召佃征租，每亩二钱一分六厘。嗣因租重，无人认佃。各州县详请试种一二年，再议定额征租。复经委员查勘，下口迤南，废堤帮地、重堤内除地并前项地，除拨北二工河神祠香火地六顷、条河头河神祠香火地三顷外，实存地六十一顷零。照邻地定则内，已垦熟地十二顷零，每亩征租银二钱一分六厘。其余废堤帮地及重堤隙地共四十九顷零，每亩征租银一钱。每年共征租银七百五十九两一钱二分四厘。交霸州、永清、东安三州县，召佃输租。

乾隆三十九年［1774］奏明，征租为始。批解道库，以备永定河堤工加修之用。

霸州境牛眼村，东、西老堤两帮地一顷六十三亩三分九毫，每亩征租银一钱，共征租银十六两三钱三分一厘。

永清县境，南六工柳园隙地五顷三十一亩七分五毫，每亩征租银二钱一分六厘，共银一百十四两八钱四分八厘二毫。

南七工，南堤柳园隙地一顷六十亩，每亩征租银二钱一分六厘，共银三十四两五钱六分。

---

① 柳隙地租是在河道废堤、重堤内淤出土地，种植护堤柳林，林间隙地也招佃征租。租银使用同前。

北六工，柳园隙地五十亩。每亩征租银二钱一分六厘，共银十两零八钱。

南六、七工，重堤淤地二十三顷三十三亩六分三厘四毫，每亩征租银一钱，共银二百三十三两三钱六分三厘四毫。

南五工，西老堤内帮隙地一顷八十三亩三分三厘二毫，每亩征租银一钱，共银十八两三钱三分三厘二毫。

南七工，东老堤内、外帮隙地四顷四十二亩二分三厘八毫，每亩征租银一钱，共银四十四两二钱二分三厘八毫。

南六工至南七工，旧北老堤外帮隙地二顷零一亩三分，每亩征租银一钱，共银二十两一钱三分。

南七工，旧南老堤内、外帮隙地一顷七亩二分三厘三毫，每亩征租银一钱，共银十两零七钱二分三厘三毫。又，东西老堤老河身内余地十顷三十二亩二分八厘三毫，每亩征租银一钱，共银一百零三两二钱二分八厘三毫。

南六工，旧北老堤内帮隙地九十二亩六分，每亩征租银一钱，共银九两二钱六分。

南六工，旧南老堤内、外帮隙地八十一亩七分，每亩征租银一钱，共银八两一钱七分。

南六工，柳园隙地二十八亩，每亩征租银一钱，共银二两八钱。

北六工，柳园隙地十三亩，每亩征租银一钱，共银一两三钱。

南七工，柳园隙地五十一亩，每亩征租银一钱，共银五两一钱。

南七工，旧北老堤内帮隙地一顷九十五亩一分九厘，每亩征租银一钱，共银十九两五钱一分九厘。

以上永清县柳园、重堤等地五十五顷三亩二分一厘五毫，每亩征租银一钱至二钱一分六厘不等。共征租银六百三十六两三钱五分九厘。

东安县境，南七工柳园隙地二顷五十一亩，每亩征租银二钱一分六厘，共银五十四两二钱一分六厘。

南八工，柳园隙地二顷十四亩，每亩征租银二钱一分六厘，共钱四十六两二钱二分四厘。

南七工，柳园隙地五十九亩九分三厘八毫，每亩征租银一钱，共银五两九钱九分四厘。

以上东安县柳园、重堤等地五顷二十四亩九分三厘八毫，每亩征租银一钱至二钱一分六厘不等。共征租银一百零六两四钱三分四厘。

以上每年通共额征租银七百五十九两一钱二分四厘。

又，乾隆三十六年［1771］，查出永清县老河身拨给大刘家庄等十九村迁房官地十六顷五十六亩五厘。该县通禀院司，每年征租银四十九两六钱八分一厘，为河营留养局经费。

苇场淤地①〔4〕

雍正四年［1726］，自郭家务改河，经水利府动帑二千八百六两三钱一分四厘，官买武清县属范瓮口民李奇玢苇场地四十六顷七十七亩一分九厘，每亩核价六钱，以为挖河筑堤之地。

雍正十一年［1733］，堤旁产苇。查，计地一顷一十五亩零，每年议定官刈草三万斤，以充拧等项公用。

乾隆十六年［1751］改移下口，河身地涸出。每年蓄苇，为岁、抢料物之需。续于刘元照侵占官地案内，支出河淤余地一顷九亩，并入奏案。共地四十七顷八十六亩零。除河身堤压、土坑、柳阴地八顷九十一亩外，实地三十八顷九十四亩。乾隆二十五年［1760］奏明在案。

后，产苇稀短不堪。于乾隆三十一年［1766］奏明，交给武清县。照河淤地例，一、二年成熟后，改定租额。每亩征租银二、三钱不等，共租银一千六十八两零。批解道库。

嗣据各佃户以地薄租重，呈请告退。该县于三十六年［1771］详请减租。查照邻地，分别上、中、下三则，共核减银三百四十两五钱五分零。每年实征银七百二十八两四钱三分零。于三十八年［1773］九月内，奏明在案。

所征租银，按年批解道库。除每年动支石景山南、北惠济庙、固安县东、四惠济庙、南头工玉皇庙、北二工河神祠安澜演戏，共银三百两；三角淀通判每年房价银八十两外，余存道库。遇有河工粘补、庙宇之需，随时奏明动支。（乾隆五十六年

---

① 苇场地是河道改游下口、河身淤涸出的滩地，帮堤地等，其性质属"官地"，亦有官府购买民地，用于河工占用、储料、堤占，招民种植苇草用于埽工。这些土地称苇场地。而不能产苇或产苇质量差的苇场地视为河淤地，按土地肥瘠程度分上、中、下，定租额招佃耕种。

[1791]，添发条河头龙神庙演戏银六十两。）

香火地亩[①]

雍正十一年［1733］，前道定柱同全河厅、汛捐俸，公置段德名下入官地二十九顷二十七亩。内除河占堤压地十八亩，实征租地二十九顷零九亩。其地坐落永清县。每年额征租银四百六十三两八钱八分，由该县征解道库。按季给发，以为永定河各庙香火及祀神公费。

乾隆元年［1736］，据该县以地沙薄多，详请减租银八十八两六分三厘八毫，实征银三百七十五两八钱一分六厘二毫。

二十年［1755］，改移下口，河占地八顷零一分。又，北堤村民迁移，房基占地二十五亩。二项[5]共占地八顷二十五亩一分，除租银六十五两六钱五分。是年，改征租银三百一十两一钱六分六厘二毫。

又于二十一年［1756］，新筑遥埝，占地二顷，除租银二十四两零，实征租银二百八十六两一钱四分三厘。

又于三十三年［1768］，据该县详明，佃户田兆年等承种地亩，因被河占，除租银二十二两六钱，实征租银二百六十三两五钱四分三厘。

至三十六年［1771］，又以刘武营等村地亩拨补，评议升租银二十四两七分五厘，共征租银二百八十七两六钱一分八厘。

又于四十六年［1781］，据该县评报，段德名下涸出地四顷二十五亩九分，每亩征租银五分，共征租银二十一两二钱九分五厘。现年额征租银三百零八两九钱一分三厘。此项系捐置之地，听本衙门酌用，年终造册，报院备案。

前项银两，每年给发南、北两岸惠济庙，并本衙门关帝科神春秋祭祀，并安澜上供银三十二两。又发给南、北两岸各庙河神诞辰，并上堤安澜上供银二十四两。此外，又给发全河各庙香灯银二百三十八两。分给细数列后：

石景山北惠济庙，香火地五顷。

卢沟桥南惠济庙，香火地五顷。

---

① 此为将沿永定河各处河神庙、关帝庙等庙土地［实为官地］招佃征租。其租银数额，征收上解，分配使用等内容，反映其性质与以前各项土地略同。使用于祭祀河神。

兴隆庙，香火地二顷。

天将庙，香火地一顷。

石景山寺，香火地一顷六亩。

北金沟关帝庙，香火地二顷。

固安县东门外惠济庙，香火地三顷六十五亩。

固安县西门外惠济庙，香火地三顷六十五亩。

固安县东门外关帝庙，香火地三顷五十亩。

固安县西门内关帝庙，香火地一顷五十九亩。

固安县三佛寺，香火地一顷五十九亩。

固安县天齐庙，香火地二顷。

固安县千佛庵，香火地二顷。

固安县药王庙，香火地一顷六十五亩。

永清县八蜡等庙，香火地三顷。

南岸头工玉皇庙，香火地三顷。

南岸二工河神庙，香火地二顷。

南岸三工河神庙，香火地三顷。

南岸四工河神庙，香火地二顷。

南岸五工河神庙，香火地二顷。

南岸六工河神庙，香火地二顷。

北岸头工河神庙，香火地二顷。

北岸二工河神庙，香火地六顷。

北岸三工河神庙，香火地二顷。

北岸五工河神庙，香火地二顷。

北岸七工河神庙，香火地二顷。

条河头村西河神庙，香火地三顷。

杨忠愍公香火地，于乾隆二十年［1755］，永清县查拨冰窖村夹袖内，涸出新淤地六顷。每亩征租银三分，共银十八两。

祀神公费（香灯银附）[①]

一、东、西河神庙，神诞上供，并元旦上供，银八两。

一、本衙门关帝牌、河神牌，元旦、上元、中秋、圣诞上供八桌，银十六两；并秋汛后谢神上供，献戏三日，共银二十两。巡捕领办。

石景山北惠济庙，香灯银八两。

卢沟桥南惠济庙，香灯银二十八两。

石景山寺，香灯银四两。

兴隆庙，香灯银十两。

北金沟关帝庙，香灯银十两。

东惠济庙，香灯银十八两。

西惠济庙，香灯银十八两。

天齐庙，香灯银六两。

千佛庵，香灯银四两。

白衣庵，香灯银六两。

南上头工玉皇庙，香灯银六两。

南二工河神庙，香灯银四两。

南三工长安城河神庙，香灯银六两。

南四工河神庙，香灯银十四两。

南五工河神庙，香灯银八两。

南六工双营河神庙，香灯银十八两。

北头工河神庙，香灯银六两。

北二工河神庙，香灯银三十二两。

北三工河神庙，香灯银十四两。

北五工河神庙，香灯银六两。

北七工河神庙，香灯银六两。

（嘉庆）永定河志

---

① 此项记录香火地亩上解租银的分配使用，即每年例行祭祀用的公费，平时的香灯银列于项下。

条河头河神庙，香灯银六两。

附：书吏饭银

乾隆十四年〔1749〕，督臣那苏图奏，将各道扣存岁、抢修余平部院书吏饭食、纸张银二分，除解部饭银一分仍旧解给外，所有院书一分银两存贮道库。遇有粘补工程，必须动用，例不请不销之项，临时奏明动用。

［卷十一校勘记］

〔1〕标点本为"苇场地"，原刊本为"苇场地亩"，书中正文为"苇场淤地"。据原刊本正文增补为"苇场淤地"。

〔2〕"户"字原志脱，据上下文意增补。

〔3〕"塈"字原志为"堼"〔音 hèng〕，现《河北省地图册》永清县有"四道塈"廊坊市有"郎二堼"地名，故"堼"作为地名用字非"塈"〔"塈"的繁体字〕的假借字，今本改"塈"不妥，仍改为"堼"。此字读音据《中华大字典》："何邓切、径、在祁阳"。

〔4〕标点本原为"苇场地"，缺"淤"字。据原刊本"苇场淤地"增补。

〔5〕"项"字原志脱，据上下文意增补。

卷十二 建 制

碑亭 行宫 祠庙 衙署 防汛公署

碑 亭

御制诗文碑亭、碑附

卢沟桥东，碑亭一座，康熙八年［1669］十一月建，敬摹圣祖仁皇帝《御制卢沟桥文》。

卢沟桥东，碑亭一座，乾隆十六年［1751］建，敬摹高宗纯皇帝御书《卢沟晓月》，御制七言律诗一章。

卢沟桥东，碑亭一座，乾隆五十一年［1786］二月建，敬摹高宗纯皇帝《御制重茸卢沟桥记》、御制《过卢沟桥诗并序》。

卢沟桥西，碑亭一座，康熙四十年［1701］十一月建，敬摹圣祖仁皇帝御制《察永定河》诗一章。

北惠济庙，碑亭一座，雍正十年［1732］四月建，敬摹世宗宪皇帝《御制石景山惠济庙文》，高宗纯皇帝御制五言律诗一章。亭门御题石额："谟肇恬波"。

北惠济庙，碑亭一座，乾隆十五年［1750］三月建，敬摹高宗纯皇帝御制《阅永定河》诗一章、御制《阅永定河堤，示直隶总督方观承》之作一章。

南惠济庙，碑亭一座，康熙三十七年十二月［1699年1月］建，敬摹圣祖仁皇帝《御制永定河神庙文》、高宗纯皇帝《御制安流广惠永定河神庙文》、御制七言律诗一章。内东、西两壁恭勒御题石额："永佑安澜"。

南岸二工十四号河神庙：碑亭一座，乾隆三十八年［1773］三月建，敬摹高宗纯皇帝御制《堤柳》诗一章、御制《阅金门闸》诗一章。

南堤七工旧南堤二号：碑亭一座，乾隆十八年［1753］一月建，敬摹高宗纯皇帝御制《观永定河改移下口处，兼示总督方观承、永定河道白钟山》诗四章。

南堤八工十五号：碑亭一座，乾隆十八年［1753］二月建，敬摹高宗纯皇帝御制《取道阅永定河即事成韵》诗一章。

北岸二工七号河神庙：碑亭一座，乾隆三十八年［1773］建，敬摹高宗纯皇帝御制《瞻谒永定河神祠》诗一章、御制《永定河作》诗一章。

北堤坝八工三号堤上：碑亭一座，乾隆三十八年［1773］三月建，敬摹高宗纯皇帝《御制永定河记》、御制《往永定河下口，舆中作》诗一章、御制《阅永定河，示裘曰修、周元理、何煟》诗一章。

奏刊《禁止河身内增盖民房上谕》碑三座

乾隆十八年［1753］三月立。

一，在南岸四工四号堤上；

一，在南堤七工五号堤上；

一，在北堤七工北埝头号。

奏刊《金门闸过水后浚淤上谕》碑一座

乾隆三十八年［1773］六月立。在南岸二工金门闸南坝台。

附：《永定河事宜》碑五座

乾隆三十八年［1773］三月立。

一，在河道署仪门左；

一，在南惠济庙正殿前；

一，在南岸四工五号堤上；

一，在北岸三工十五号堤上；

一，在北堤七工头号堤上。

行　宫

北惠济庙东首，嘉庆十七年［1812］恭建。行宫门口牌坊，左："图书启瑞"，右："雨露凝祥"。行宫内正殿御题匾额："镜澜堂"。行宫内大楼御题匾额："挹爽楼"。行宫内书房御题匾额："春和书室"。

祠　庙

卢沟之有河神祠，自金大定十九年［1179］始。册封"安平侯"，春秋庙祭如令。

元至元十六年［1279］，进封"显应洪济公"。明正统二年［1437］，建河神庙于固安堤上。复民二十户，俾司巡视。《祠典》所谓"捍御灾患"是也。我朝定鼎燕京，百灵呵护。卢沟桥襟带神州，尤为切近。康熙三十七年［1698］，圣祖仁皇帝轸念民生，筑堤开河，赐名"永定"。敕封河神，立庙于卢沟桥南。雍正九年［1731］，世宗宪皇帝复建庙于石景山南庞村，并敕拨地亩，以供祀事。乾隆十六年［1751］，高宗纯皇帝复加封永定河神为"安流惠济之神"，庙名"惠济"。嘉庆十六年［1811］，皇上敕建河神庙于南岸头工下汛。时巡展谒，用光祀典，丰融肸蠁，永庆安澜。至司河诸臣，仰荷神佑，虔思报祀。于是固安城东、西，及南、北岸、三角淀，皆各建庙宇，朔、望展谒如仪。凡以仰承圣朝怀柔之盛典云。

石景山南惠济庙，在东岸四号庞村，雍正十年［1732］敕建。前殿，世宗宪皇帝御题匾额："安流泽润"；高宗纯皇帝御题匾额："畿辅安流"。阁前碑亭，恭摹高宗纯皇帝钦颁《石景山礼惠济祠，因成一律》诗一章。前殿碑亭，恭摹高宗纯皇帝钦颁《石景山礼惠济祠》诗二章。

兴隆庙，在石景山东岸十七号。明正统三年［1438］建，正德元年［1506］重修。国朝雍正九年［1731］、乾隆四十年［1775］又捐修。

南惠济庙，在石景山东岸二十号，康熙三十七年［1698］敕建。雍正十年［1732］增建神阁，乾隆三十九年［1774］领帑重修。正殿，圣祖仁皇帝钦颁题额："安流润物"。

高宗纯皇帝御题匾额："永祐安澜"；楹联："巩固藉昭灵，惠同解阜；馨香凭报，济普安恬"。佛殿西首，乾隆三十九年［1774］恭建座落房三间。

南岸头工上汛玉皇庙，康熙三十二年［1693］敕建。原在二十七号堤西。因年久倾圮，逼近险工。乾隆二十六年［1761］，领帑承修，移建于公义庄村东。三十六年［1771］，堤溃冲塌，三十七年［1772］，领帑承修，改建于二十五号旧堤内。嘉庆六年［1801］，河水异涨冲塌，八年［1803］，奉敕移建于高店村。正殿，皇上钦赐匾额："太清赐祉"；楹联："真宰自诚函万有，鸿钧默运妙三无"。龙王殿，皇上钦赐匾额："孚愈恬澜"。

南下头工河神庙，于嘉庆十六年［1811］奉敕建。正殿，皇上钦颁匾额："镜流环极"。座落房三间。

南岸二工惠济庙，在十四号金门闸南坝台上，乾隆四十七年［1782］建。

南岸三工惠济庙，在长安城村北，乾隆四十五年［1780］修。正殿，皇上钦颁匾额："灵昭永定"。楹联："节宣三辅恬波顺，保障群生利济多"。

固安县城西惠济庙，雍正十一年［1733］增修。

固安县城东惠济庙，雍正十一年［1733］增修。

南岸四工惠济庙，在五号堤上。乾隆十五年［1750］建。

风神庙，在五号堤上。乾隆四十二年［1777］建。

南岸五工惠济庙，在十四号曹家务西。一在十五号堤上。

南岸六工惠济庙，在十一号堤西双营村。乾隆三十年［1765］重修。

北岸上头工将军庙，在头号堤上。嘉庆六年［1801］建。

北岸下头工惠济庙，在二十五号堤上。乾隆十二年［1747］建。

北岸二工惠济庙，在七号堤上。乾隆三十七年［1772］建。正殿，高宗纯皇帝御题匾额："顺轨贻庥"，楹联："灵昭保障资惟固，馨报恬波祝有恒"。座落房，高宗纯皇帝御题匾："怵哉榭"；楹联："利策河防常惕若，勤求民隐倍殷然"；挂屏恭录御制《怵哉榭》诗三章。

北岸三工惠济庙，在十五号堤上，乾隆九年［1744］建。

北岸五工惠济庙，在十号堤上，乾隆四十六年［1781］，由北岸六工移建。

北岸七工惠济庙，原在孙家坨北埝堤上，乾隆二十年［1755］建。三十五年［1770］，移建于北埝上汛工头。

北堤七工河神庙，在遥埝十五号南。乾隆三十八年［1773］三月恭逢[1]高宗纯皇帝阅视永定河下口，预备座落房三间、方亭一座。奉敕旨，改为河神庙。是年八月修建。

衙　署

河工官吏巡防、修、守，皆须身居河堤，乃免旷误。设官之初，两分司建署于固安县城内。其同知、笔帖式等官，皆给房价，于分管界内赁居民房。逮改设河道等官，以固安为适中地，因建道署。而同知以下，仍旧给与房价。乾隆三年［1738］奏准，分防各汛支销六年房价，各建汛署于所管堤上。于是，同知、通判陆续建署于所辖近河之地。每岁大汛之期，河道率文武员弁皆驻宿堤上，总督亦移节河干。于是复建防汛公署焉。

河道署，即北岸分司旧署。地本低洼，于乾隆二十八、九年［1763、1764］，雨水三面围浸。三十年［1765］，拆建南关外东隅。

石景山同知署，原给房价，岁八十两，在卢沟桥左近赁居民房。乾隆三十年［1765］，领银建于拱极城①内。

南岸同知署，原给房价，岁八十两，在固安县左近赁居民房。乾隆三十年［1765］，领银建于固安县城东，祖家场村南。

北岸同知署，原给房价，岁八十两，在永清县半截河东赁居民房，乾隆三十年［1765］，领银建于固安县北，张化村东。

三角淀通判署，原给房价，岁八十两，就近赁房驻扎。乾隆五十八年［1793］，支销十年房价，建署于北堤七工十二号堤上。

分防各汛署，原给房价，岁十六两，就分管界内赁居民房。乾隆三年［1738］，奏准，支销六年房价，于所管堤上，各建署十间。十五［1750］、三十八［1773］等年，三角淀属六汛因下口屡迁，领银另建。其余递年添设各汛，即于所管工内，就近建署。

都司署，在卢沟桥东路南。于嘉庆十八年［1813］建。

南岸守备署，在固安城内。

北岸协备署，在北三工堤上。嘉庆六年［1801］，漫口冲圮。

南、北岸千总，岁给房价银十六两，在固安县支领。

南、北岸把总，未建署。

---

① 拱极城，即宛平县城。

凤河东堤把总署，在丁家庄北堤上。

石景山水关外委，岁给房价银十六两。

防汛公署

总督防汛公署，二所。一在宛平县长安城村北。乾隆十六年［1751］，置买地基，以固安县北关外总河防汛署移建；一在永清县双营村惠济庙后。乾隆三十年［1765］建。

河道防汛公署，二所。一在南岸三工六号堤坝上；一在南岸四工五号堤上。

南岸同知防汛公署，二所。一在南岸三工十五号堤上；一在南岸四工五号堤上。

北岸同知防汛公署，一所。在北岸三工十五号堤上。

［卷十二校勘记］

〔1〕原志为"逢"，今本误为"建"，据原志上下文意改为"逢"。

卷十三 职 官

直隶总督兼管河道　永定河道　厅员　分防汛员

河营都司　职官表一　职官表二

直隶总督兼管河道

顺治元年［1644］，原设总河①，辖直隶、山东、河南、江南、浙江等处河务，驻扎济宁州。

雍正九年［1731］，添设直隶正、副总河。驻扎天津府，专管直隶河务。

乾隆元年［1736］，裁副总河。

十四年［1749］，裁正总河，直隶河务归总督管理。

永定河道②

康熙三十七年［1698］，原设南、北岸两分司。

雍正元年［1723］，裁南岸分司，以北岸分司兼管南岸分司事。

---

① 总河，河道总督别称，又称河台。明成化七年［1471］命王恕为工部侍郎，总理河道。后常以都御史总督河道，为非常设官。清顺治元年［1644］，设河道总督，辖直隶，河南、山东、江南、浙江等处河务。驻扎济宁州（今山东济宁）。后分为三：江南河道总督（省称南河），驻清江浦（今江苏淮阳市），专管南河，光绪二十八年［1902］裁撤；河南、山东河道总督，专管东河，驻扎济宁，咸丰八年［1858］裁撤；直隶河道水利总督，雍正九年［1731］，设正、副直隶河道水利总督，省称北河，驻天津府。专管永定河河防事务。乾隆元年［1736］裁副总河，十四年［1749］裁直隶正总河，直隶河务由直隶总督兼河道。参见《清史稿·职官三》

② 永定河道专职管理永定河河防水利事务。职位在省与府之间，有专职属员和州县借调属员，以及部院派往的官员等。

四年［1726］，改设永定河道。原辖南岸同知一员，州判、县丞、主簿、吏目十六员，千总二员，把总二员。今辖石景山南岸、北岸同知三员，三角淀通判一员，州同一员，州判四员，县丞十员，主簿四员，巡检二员，河营都司一员，南岸守备一员，协备一员，南、北岸千总各一员，南、北岸把总各一员，凤河东堤把总一员，石景山经制外委一员，淀河经制外委二员，随辕经制外委九员，额外外委十五员。[①]

厅　员

石景山同知

雍正八年［1730］设。原辖石景山水关外委。今辖巡检一员、外委一员。

南岸同知

康熙四十三年［1704］设。雍正元年［1723］，兼管北岸同知事。十一年［1733］，仍专管南岸。原辖南岸八汛。乾隆十六年［1751］，改移下口，七、八两汛拨隶三角淀通判。嘉庆五年［1800］，南岸头工分为上、下两汛。

共辖七汛，州同一员、州判二员、县丞四员、千总一员、把总一员。

北岸同知

康熙四十三年［1704］设。雍正元年［1723］裁。十一年［1733］复设。原辖北岸八汛。乾隆十六年［1751］，改移下口，七、八两汛拨隶三角淀通判。四十七年

---

① 清代河道所属河防官员有文职、武职两个序列：

（一）文职：由沿河地方知州、知县的佐官担任。如州同（知州同知）、州判（知州通判）、县丞、主簿等，他们原本分管本州县的粮运、农田、水利等事务；另有吏目，原分管本州刑狱、衙署事务。雍四年［1726］始专设管河吏目，后于嘉庆八年［1803］裁撤，改由同级巡检（从九品）充任；此外有笔帖式出任河工。他们原为部院各衙署，掌管满汉藏蒙奏章、文书事务的旗人低级官员，出任河工须由本旗统领出具"家道殷实"的证明方可，并由各部院衙署抽调派任。

（二）武职：由绿营兵的中下级统兵官担任河防抢险、守护等，有都司守备、协备、千总、把总、外委千总、外委把总等，所谓外委是额外委派的官员，其中又有经制外委、额外外委等名目；还有由地方知州、知县节制指挥、负责地方社会治安的巡检担任河防，还要兼管附堤十里范围乡村，民伕征调、社会治安等。协调河防和地方事务，一些汛员往往加上巡检衔。

281

［1782］，北岸头工分为上、下两汛。嘉庆五年［1800］，北岸头工分为上、中、下三汛。

共辖八汛，州判二员、县丞六员、千总一员、把总一员。

三角淀通判

雍正十二年［1734］设。原辖三角淀武清县县丞、东安县主簿三员。乾隆三年［1738］，添设霸州州同、州判二员，并归管辖。

今辖五汛，主簿四员、巡检一员、凤河东堤把总一员、浚船经制外委二员。

分防汛员①[1]

康熙三十七年［1698］，设南岸八汛、北岸八汛。由部院笔帖式及效力人员内拣发，正、副共三十六员，分工题补。

四十年［1701］，改建郭家务新堤。三圣口以下添设南、北两岸九工、十四工汛。即于副笔帖式内拣补。

四十三年［1704］，裁汰案内留正笔帖式十一员、副笔帖式十一员，共二十二员。以二员管钱粮档案，二十员分派两岸防守，永为定额。

雍正元年［1723］，议裁八员，留十四员。

四年［1726］，笔帖式全撤。改设州判、县丞、主簿、吏目十六员。

十二年［1734］，添设县丞、主簿二员。乾隆三年［1738］，添设霸州州同、州判二员。七年［1742］，州同分隶子牙河通判。十五年［1750］，十八汛员俱兼巡检衔，分管附堤十里村庄。

四十七年［1782］，北岸头工分为上、下汛。调南堤九工武清县县丞管理上汛。五十四年［1789］，北八工，武清县主簿改为东安县主簿；北九工，东安县主簿改为武清县主簿。

嘉庆五年［1800］，南岸头工分为上、下汛。调霸州州同管理上汛。

---

① 汛在此处是汛地，即河防事务分管地段。（汛原为"讯"的假借字，是指明清驻防军队负责讯问盘查商旅行人的关卡及军队驻防地，习称为"讯地"。在清代河防文献中常指绿营官兵调往河防担任守护、巡防、抢险的任务，故汛地一词遂演变为河防地段。驻防汛地的官员则称汛员。）

七年［1802］，添设卢沟桥宛平县巡检。

八年［1803］，吏目俱改为巡检。

十年［1805］，北岸头工分为上、中、下三汛。其上汛改为中汛，以北堤九工武清县主簿管理上汛。

十二年［1807］，北头工上汛、下汛、北二工、北四工、北五工主簿俱改为县丞。

北三工、北六工巡检俱改为州判。南七工、南八工县丞改为主簿。淀河州判改为巡检。现在分防二十一汛。

卢沟桥宛平县巡检，原专管地方事务。嘉庆七年［1802］，改拨石景山，经管石工，仍兼管地方。隶石景山同知，并西路同知管辖。

南岸头工上汛霸州州同，嘉庆五年［1800］添设。

南岸头工下汛宛平县县丞，雍正四年［1726］，设南岸头工县丞。嘉庆五年［1800］，改为下汛。

南岸二工良乡县县丞，雍正四年［1726］设。

南岸三工涿州州判，雍正四年［1726］设。

南岸四工固安县县丞，雍正四年［1726］设。

南岸五工永清县县丞，雍正四年［1726］设。

南岸六工霸州州判，雍正四年［1726］设。

以上七汛俱隶南岸同知。

南堤七工东安县主簿。雍正四年［1726］，设东安县县丞，初隶南岸同知。乾隆十五年［1750］改移下口，改为南埝上汛，隶三角淀通判。三十八年［1773］，改称南堤七工，嘉庆十二年［1807］，县丞改为主簿。

南堤八工武清县主簿。雍正四年［1726］，设武清县县丞，初隶南岸同知。乾隆十五年［1750］改移下口，改为南埝中汛，隶三角淀通判。三十八年［1773］，改称南堤八工。嘉庆十二年［1807］，县丞改为主簿。

南堤九工，淀河霸州巡检兼管。雍正十二年［1734］，设武清县县丞经管，隶三角淀通判。乾隆十六年［1751］改移下口，改为南埝下汛。三十八年［1773］，改称南堤九工。四十六年［1781］，奏调北岸上头工；其南堤九工以霸州州判兼管。嘉庆十二年［1807］，州判改为巡检。

淀河汛霸州巡检。乾隆三年［1738］，设淀河霸州州判，管理清河堡船，隶三角淀通判。二十九年［1764］，裁堡船，州判经理疏浚。三十八年［1773］，设浚船，分拨三角淀船只归其管理。四十六年［1781］，兼管南堤九工事务。四十九年［1784］，裁浚船，仍归疏浚。嘉庆十二年［1807］，州判改为巡检。

北岸头工上汛武清县县丞。嘉庆十年［1805］设，调北堤九工武清县主簿经管。十二年［1807］，主簿改为县丞。

北岸头工中汛武清县县丞。乾隆四十六年［1781］，设北头工上汛，调南九工武清县县丞经管。嘉庆十年［1805］，上汛改为中汛。

北岸头工下汛宛平县县丞。雍正四年［1726］，原设北岸头工宛平县主簿。乾隆四十六年［1781］，改为下汛。嘉庆十二年［1807］，主簿改为县丞。

北岸二工良乡县县丞。雍正四年［1726］，设良乡县主簿。嘉庆十二年［1807］，主簿改为县丞。

北岸三工涿州州判。雍正四年［1726］，设涿州吏目。嘉庆八年［1803］，吏目改为巡检。十二年［1807］，巡检改为州判。

北岸四工固安县县丞。雍正四年［1726］，设固安县主簿。嘉庆十二年［1807］，主簿改为县丞。

北岸五工永清县县丞。雍正四年［1726］，设永清县主簿。嘉庆十二年［1807］，主簿改为县丞。

北岸六工霸州州判。雍正四年［1726］，设霸州吏目。嘉庆八年［1803］，吏目改为巡检。十二年［1807］，巡检改为州判。

以上八汛均隶北岸同知。

北堤七工东安县主簿。雍正四年［1726］设，初隶北岸同知。乾隆十五年［1750］，改移下口，改为北埝上汛，隶三角淀通判。三十八年［1773］，改称北堤七工。

北堤八工东安县主簿。雍正四年［1726］，设武清县主簿，初隶北岸同知。乾隆十五年［1750］，改移下口，为北埝中汛，隶三角淀通判。三十八年［1773］，改称北堤八工。五十四年［1789］，改为东安县主簿。嘉庆十年［1805］，兼管北堤九工。

（嘉庆）永定河志

284

兼管旧北堤

长十九里十六丈。一号至十四号永清县境，以下东安县境。

第一号　堤头接南岸六工，兼管之北堤尾。

第二号

第三号

第四号　兵铺一所。新安庄（附堤）。

第五号

第六号

第七号

第八号

第九号　兵铺一所。赵家楼（堤南）。

第十号　闸口（附堤南）。

第十一号

第十二号

第十三号

第十四号　兵铺一所。惠济场（堤南十丈）。

第十五号

第十六号

第十七号　兵铺一所。九家铺（堤南十丈）。

第十八号　郭家场（堤南十丈）。

南堤八工

武清县县丞经管。堤长二十里，编二十号。一号至六号二十二丈，东安县境；六号二十三丈至八号九丈五尺，霸州境；八号九丈六尺至十一号四十五丈，静海县境；十一号四十六丈至二十号工尾，武清县境。

第一号　堤头接七工南堤二十号工尾。策城（堤南四里五分）、王家圈（堤北四里）、得胜口（堤北八里四分，田家铺附）。

第二号　寨上（堤南四里）、磨汉港（堤北五里）、马家口（堤北八里）。

第三号　褚河港（堤南百丈）、于家铺（堤北四里）。

283

第四号　陈家铺（堤北三里五分）。

第五号　大王庄（堤南二里）。

第六号　张家铺（堤南二里未属汛）。

第七号　杨芬港（堤南八里旧属汛管，后归县）。

第八号

第九号

第十号　东沽港（堤北六里，任家铺、杨家铺附）。

第十一号　兵铺一所。

第十二号

第十三号

第十四号

第十五号　瘸柳树（距堤二里，旧属汛管，后归县）。

第十六号　兵铺一所。

第十七号　王庆坨（堤北五里）。

第十八号

第十九号

第二十号

兼管旧南堤

长十九里零七丈。一号至第十四号五十丈，东安县境，以下武清县境。

第一号　堤头接七工二十一号工尾。

第二号

第三号　兵铺一所。地窨（五户散居三、四号堤根）。

第四号　堤内川心河一道，乾隆十七年［1752］挑缺口，宽八丈。

第五号

第六号　兵铺一所。

第七号

第八号　宋流口（堤南三十丈，并移居八、九、十号北帮，郭家场附）。

第九号

第十号

第十一号

第十二号

第十三号

第十四号　兵铺一所。

第十五号

第十六号

第十七号　堤北斜埝一道，长三百九十丈，乾隆十一年［1746］筑。

第十八号　堤北小范瓮口护村斜埝一道，长一百丈，乾隆九年［1744］筑。

第十九号　小范瓮口（附堤北）。此号工尾接民埝一道，长二里一百四十丈，系王庆坨护村埝。

兼管旧北堤

长十七里十五丈。一号至十四号三十丈，东安县境，以下武清县境。

第一号　堤头接七工十九号工尾。官村（堤南十丈）。

第二号

第三号　新庄（堤南三十丈）。

第四号

第五号

第六号　兵铺一所。四铺（附堤南）。

第七号　郎儿垡（附堤南）。

第八号

第九号

第十号

第十一号　兵铺一所。淘河新村（散居堤南十二、三号十丈）。

第十二号

第十三号

第十四号　兵铺一所。桃园（堤南十丈外）。

第十五号

第十六号

第十七号　大范瓮口（附堤北）、郑家楼（堤东北一里三分）。

此号尾，旧有民埝一道，接堤尾起，经东安县郑家楼、武清县六道口、乂光鱼坝口，至天津双口村北止，长三十八里有奇，雍正十三年［1735］筑。乾隆[1]四年［1739］溃，复于郑家楼筑草坝[2]。五年［1740］复溃，后遂淤废。

南堤九工

原设武清县县丞经管。堤长二十一里十四丈。十二号以下旧系淀池，地势洼下。南近大清河，北邻叶淀，东逼凤河下口，历被荡刷。乾隆三十年［1765］，详废止管堤长十二里，编十二号。一号至四号中，武清县境；四号中至工尾，天津县境。四十七年［1782］，武清县县丞调管北岸头工上汛，以淀河霸州州判移驻九工，兼管汛务。

第一号　兵铺一所。

第二号

第三号　明家场（堤北三里系旗庄）。

第四号　线儿河（附堤南）。

第五号　曹家铺（附堤南）。

第六号　兵铺一所。

第七号

第八号

第九号

第十号　郝家铺（堤北四里）。

第十一号　兵铺一所。

第十二号　安光（堤北六里二十丈）、杨家河（堤南一里）、三河头（堤东南二里）、青光（堤东七里）。

北堤七工

东安县主簿经管。堤长十九里，编十九号。一号至十五号七十二丈，永清县境，以下东安县境。

第一号　堤头原接北岸六工重堤八号。乾隆四十五年［1780］，接连北岸六工大堤八号，筑北堤至本工头，长四十九丈（此号共长二百二十九丈）。兵铺一所。

第二号

（乾隆）永定河志

第三号　兵铺一所。

第四号

第五号

第六号　兵铺一所。

第七号

第八号　兵铺一所。

第九号　陈各庄（堤北九里五分）。

第十号　大站上（堤北九里五分）、东流（堤北七里七分）。

第十一号　小营（堤南百三十丈）、万全庄（堤南四里）。

第十二号　陈家庄（堤南五里）、埝上（堤北三里）。

第十三号　兵铺一所。别古庄（堤南二里）、小站（堤北五里）、刘赵家庄（堤北三里）、焦家庄（堤北六里）、西衡亭（堤北九里五分）。

第十四号　第七里（堤南七里）、东衡亭（堤北九里五分）。

第十五号　兵铺一所。南人营（堤南五里）、官道（堤南三里）、张家庄（堤南九里五分）、辛立庄（堤北八十丈）。

第十六号　邵家庄（堤北二里）、左奕（堤北七里三分）。

第十七号　三家村（堤北六里五分）。

第十八号　兵铺一所。北马子庄（堤南九十丈）、南马子庄（堤南六里）、郭家庄（堤南七里）、张家甫（堤北三里）、朱村（堤北八里）、小北尹（堤北九里）、大北尹（村东数户，在堤北十里）。

第十九号　第十里（堤南七里）、石桥（堤南八里）、桃园（堤北六里七分）、西史家务（堤北九里八分）。

兼管旧北埝

原长三十四里，改管二十五里。一号至二十二号五十丈，永清县境，以下东安县境。今皆淤废。

第一号

第二号　小贺尧营（附埝南，今皆外徙）。

第三号

第四号

第五号

第六号　河西营（埝北二里八十丈）。

第七号　柳坨（附埝南，今迁南岸六工兼管之北岸二十五号）。

第八号

第九号

第十号

第十一号　兵铺一所。第五里（埝南三里）。

第十二号

第十三号

第十四号

第十五号　兵铺一所。

兼管旧遥埝

长二十里。一号至十四号八十四丈，永清县境，以下东安县境。今皆淤废。

第一号

第二号

第三号

第四号

第五号

第六号

第七号

第八号

第九号

第十号　甄家庄（埝北三里）。

第十一号

第十二号　后第六里（埝北二里）。

第十三号

第十四号

第十五号

第十六号

第十七号

第十八号　曹家庄（埝北百六十丈）。

第十九号　胡家庄（埝南三里）。

第二十号　李家庄（埝南二里）。

北堤八工

武清县主簿经管。堤长十九里，编十九号。一号至十九号八十八丈，东安县境；以下九十二丈，武清县境。

第一号　兵铺一所。朱官屯（堤北一百一十丈）。

第二号　史家务（堤北三里）。

第三号　兵铺一所。洛图庄（堤南二里）、灰城（堤北一里）、郭家庄（堤南二里五分）、马枸榴（堤北五里）。

第四号　达王庄（堤北三里五分）。

第五号　兵铺一所。李家庄（堤南二里五分）、扈子濠（堤南六里五分）、小益留屯（堤北一里五分）。

第六号　大益留屯（堤南一里五分）、南辛庄（堤北四里五分）。

第七号

第八号　兵铺一所。赵家庄（堤北五十丈）、南崔庄（堤北一里五分）。

第九号　济南屯（堤南二里）、马头（堤南六里）、小麻家庄（堤北二里五分）。

第十号　大麻家庄（堤北三里五分）、北崔庄（堤北五里）。

第十一号　金官屯（堤南三里）、田家庄（堤南四里）、东张家庄（堤南六里五分）、高家庄（堤南七里）、杨官屯（堤北一百三十丈）、谷家屯（堤北三里）。

第十二号　兵铺一所。马神庙（堤北三里五分）、大纪家庄（堤北五里五分）、范家庄（堤南一里五分）。

第十三号　史家庄（堤南五里）、艾万庄（堤南八里）、小郑庄（堤南八里）、小纪家庄（堤北五里）、南关（堤北七里五分）、四东庄（堤北七里）。

第十四号　祁家营（堤南二里）、惠家铺（堤南九里）、东利庄（堤北一里五分）。

第十五号　兵铺一所。后罗官屯（堤南四里）、前罗官屯（堤南五里）、麻子屯（堤北三里五分）、孔家洼（堤北四里）、前所营（堤北四里）。

第十六号　庄窠（堤北一里五分）。

第十七号　兵铺一所。王司李庄（堤南三里五分）、安家庄（堤南五里）、白草洼（堤南八里）、前沙窝（堤北一里）、后沙窝（堤北三里）。

第十八号　丰盛店（堤南八里）、卢七字堤（堤北二里）、刘七字堤（堤北三里）、邢官屯（堤北五里）。

第十九号　八里桥（附堤南）、响口（堤南七里）。

兼管旧北埝

原长二十三里七分，改管三十二里七分。一号至二十六号二十六丈，东安县境，以下武清县境。今多残废。

第一号

第二号

第三号

第四号

第五号

第六号

第七号

第八号

第九号

第十号

第十一号

第十二号

第十三号

第十四号

第十五号

第十六号

第十七号

第十八号

第十九号　兵铺一所。

第二十号

第二十一号

第二十二号

第二十三号

第二十四号

第二十五号

第二十六号

第二十七号

第二十八号　兵铺一所。

兼管旧遥埝

长二十六里。一号至十三号尾东安县境，以下武清县境。今皆淤废。

第一号　条河头（埝北五十丈）。

第二号　兵铺一所。

第三号

第四号

第五号

第六号

第七号

第八号

第九号

第十号　大郑家庄（埝南九十丈）。

第十一号

第十二号

第十三号

第十四号　兵铺一所。

北堤九工

东安县主簿经管。堤长十一里一百二十八丈，编十二号俱武清县境。

第一号　兵铺一所。邵家七字堤（堤北三里）、丈方河（堤北六里五分）。

第二号

第三号

第四号　兵铺一所。解口（堤北一里五分）、胡麻营（堤北五里五分）。

第五号　曹家庄（堤南三里）、东辛庄（堤南五里五分）、罗古判（堤北三里五分）、蛮子营（堤北五里五分）。

第六号　武辛庄（堤南五里）、青坨（堤北八里）。

第七号　兵铺一所。崔家营（堤南二里）、包家营（堤北九十丈）。

第八号　季家营（堤南一里）、周六营（堤北九里）。

第九号　兵铺一所。甄家营（堤北九十丈）、杨家营（堤北三里）、眷兹（堤北四里）。

第十号　黄花店（堤南二里五分）。此处缺口一道，乾隆三十八年［1773］，挑通以泄堤北沥水。

第十一号　此处缺口一道。乾隆三十八年［1773］，挑通以泄堤北沥水。

第十二号　刘家庄（堤南二里）。此处缺口一道。乾隆三十八年［1773］，挑通以泄堤北沥水。

兼管旧北埝

长二十四里，俱武清县境，今皆残废。兼管旧遥埝三十五里九十五丈，俱武清县境。今多残废。

第一号

第二号

第三号

第四号

第五号

第六号　马家营（埝东一里五分）。

第七号

第八号　三里营（埝东二里）。

第九号

第十号

第十一号

第十二号

第十三号　张家庄（埝东六里）。

第十四号

第十五号

第十六号

第十七号

第十八号

第十九号

第二十号

第二十一号

第二十二号

第二十三号

第二十四号

第二十五号　龚家庄（埝东南一里五分）。

凤河东堤

经制外委经管。原长五十九里一百六十丈，原编六十号，并兼管斜埝七里二分。乾隆四十七年［1782］，因旧斜埝被清河汕刷，改从东堤第四十八号接筑，至天津桃花口北运河西堤，计长七里三十丈。其四十九号以下堤埝遂废。东堤编四十八号，一号至三十七号一百七十七丈，武清县境，以下俱天津县境。

第一号

第二号

第三号

第四号

第五号

第六号

第七号

第八号

第九号

第十号

第十一号

第十二号

第十三号　涵洞一座。

第十四号

第十五号

第十六号　兵铺一所。

第十七号

第十八号

第十九号

第二十号

第二十一号

第二十二号

第二十三号

第二十四号　堤西有旧土城，俗名攒城，相传为泉州旧城。

第二十五号

第二十六号

第二十七号

第二十八号

第二十九号

第三十号

第三十一号

第三十二号

第三十三号

第三十四号　兵铺一所。

第三十五号

第三十六号

第三十七号

第三十八号

第三十九号

第四十号　兵铺一所。

淀河汛管辖村庄附：

孙家坨、沈家庄、老堤头、于家堤、葛渔城（以上五村东安县属）。穆家口[1]、定子务、石各庄、敖子嘴、梁各庄、李各庄（以上六村武清县境）。

疏浚下口河淀

雍正九年［1731］，添设疏浚下口银五千两，每年雇募民船、民夫，疏捞永定河下节淀池河道。十二年［1734］，设三角淀通判，将文安县左各庄以东之石沟、台头、杨芬港、杨家河，至三河头以下一带淀河、东子牙新河拨归管理。并设武清县县丞、东安县主簿二员隶通判管辖，以资分理。乾隆三年［1738］，三角淀添设堡船二百只，并添设霸州州同、州判二员，把总四员，外委二十名，役夫六百名。七年［1742］，裁祁河通判，改设子牙河通判，将堡船并员弁、役夫，各半分隶。十年［1745］，又添设土槽船二百只，役夫六百名，千总二员，亦各半分隶。十一年［1746］，又将堡船员弁、役夫新旧搭配，分隶保定、天津两同知，三角淀、子牙河两通判经管。三角淀通判分管堡船一百只，州判一员，千总一员，把总一员，外委五名，役夫三百名。并原管县丞、主簿二员，疏通三角淀一带淤浅。十三年［1748］，又裁堡船内之牛舌头船二十只，役夫六十名。十五年［1750］，十八汛河员俱兼巡检衔，分管附堤十里村庄，于枯河时调集附堤民夫，分段挑挖淤浅，按日给与米菜钱文。十六年［1751］，改移下口，将三角淀武清县县丞调管南埝下汛，东安县主簿调管北埝下汛。二十九年［1764］，因堡船疏浚功效有限，糜费实多，将堡船并千总、外委全行裁汰。嗣后，河淀工程如需用夫船，临时雇觅，其淀河霸州州判一员，仍循其旧。三十七年［1772］，添设浚船，三角淀通判分管，五舱船四只，并三舱船三十只，并器具。督率霸州州判，并调格淀堤把总一员，添浚船外委二名，拨兵管驾，疏排下口淤浅，以畅河流。又将北堤七、八两汛兼管之。废北埝五十六里七分，并附堤村庄十二处，拨隶霸州淀河州判管辖调拨。如遇工大、土多，照例给价。四十六年［1781］，淀河州判兼管南堤九工汛务，移住三河头。所管废北堤，交还北堤七、八两工兼管，村庄十二处，仍隶淀河汛专司疏浚。四十七年［1782］，

① 穆家口今属廊坊市（清东安县）。参见《河北省地图册》廊坊市区图。

裁汰浚船，其州判一员，把总一员，外委二名，仍令督率兵夫，随时疏浚下口河淀。

成　　规

三角淀成造垡船及土方工料价值则例：

旱土每方价银七分。芦根水土每方价银一钱三分，泥泞土每方价银九分，水土每方价银一钱一分，水中捞泥每方价银一钱八分，疏浚壮夫每名每日工银七分。

旱土筑堤，每方连夯硪工价银九分四厘。其远土筑堤，均照永定河则例开销。

行船

每只长二丈二尺，底宽二尺四寸，面宽四尺五寸，梁头高一尺一寸，排造。用：现成槐、柏木八分，厚板六料四分，每料价银九钱，该银五两七钱六分。油灰三十斤，每斤价银二分，该银六钱。铁钉十七斤，每斤价银四分，该银六钱八分。舱船麻五斤，每斤价银四分，该银二钱。油缝桐油四斤，每斤价银六分，该银二钱四分。铁扒锔四斤，每斤价银五分，该银二钱。排船木匠六名，每名工银一钱二分，该银七钱二分。排船小工十名，每名工银七分，该银七钱。舱船匠四名，每名工银一钱二分，该银四钱八分。舱匠小工六名，每名工价银七分，该银四钱二分。以上每排造行船一只，共需工料银九两二钱四分。

行船一年一油舱

每只用：油灰十五斤半，每斤价银二分，该银三钱一分；铁钉八斤，每斤价银四分，该银三钱二分；舱船麻二斤半，每斤价银四分，该银一钱；桐油二斤，每斤价银六分，该银一钱二分；铁扒锔二斤，每斤价银五分，该银一钱。舱匠二名，每名工银一钱二分，该银二钱四分；舱匠小工三名，每名工银七分，该银二钱一分。以上油舱行船一只，共需工料银一两四钱。

行船三年一小修

每只用：现成槐、柏木八分厚板一料，价银九钱；油灰二十五斤，每斤价银二分，该银五钱；铁钉九斤，每斤价银四分，该银三钱六分；舱船麻三斤十二两，每斤价银四分，该银一钱五分；桐油四斤，每斤价银六分，该银二钱四分；铁扒锔四斤，每斤价银五分，该银二钱。木匠一名六分，每名工银一钱二分，该银一钱九分二厘；木匠小工一名六分，每名工银七分，该银一钱一分二厘；舱匠三名四分，每

（乾隆）永定河志

名工银一钱二分，该银四钱零八厘；舱匠小工三名四分，每名工银七分，该银二钱三分八厘。以上小修行船一只，共需工料银三两三钱。

行船五年一大修

每只用：现成槐、柏木八分厚板二料一分，每料价银九钱，该银一两八钱九分；油灰二十四斤半，每斤价银二分，该银四钱九分；铁钉十二斤，每斤价银四分，该银四钱八分；舱船麻三斤半，每斤价银四分，该银一钱四分；桐油四斤，每斤价银六分，该银二钱四分；铁扒锔三斤，每斤价银五分，该银一钱五分。木匠三名，每名工银一钱二分，该银三钱六分；木匠小工五名，每名工银七分，该银三钱五分；舱匠四名，每名工银一钱二分，该银四钱八分；舱匠小工六名，每名工银七分，该银四钱二分。以上大修行船一只，共需工料银五两。

排造土槽船

每只身长二丈，底宽二尺二寸，面宽四尺五寸，梁头高一尺一寸，用：现成槐、柏木八分厚板五料二分，每料价银九钱，该银四两六钱八分；油灰二十五斤半，每斤价银二分，该银五钱一分；铁钉十五斤，每斤价银四分，该银六钱；舱船麻四斤，每斤价银四分，该银一钱六分；桐油四斤，每斤价银六分，该银二钱四分；铁扒锔三斤，每斤价银五分，该银一钱五分。排船木匠五名，每名工银一钱二分，该银六钱；排船小工七名，每名工银七分，该银四钱九分；舱船匠三名，每名工银一钱二分，该银三钱六分；舱船小工三名，每名工银七分，该银二钱一分。以上每排造土槽船一只，共需工料银八两。

土槽船一年一油舱

每只用：油灰十三斤，每斤价银二分，该银二钱六分；铁钉七斤，每斤价银四分，该银二钱八分；舱船麻二斤，每斤价银四分，该银八分；桐油二斤，每斤价银六分，该银一钱二分；铁扒锔一斤半，每斤价银五分，该银七分五厘。舱匠一名半，每名工银一钱二分，该银一钱八分；舱匠小工一名半，每名工银七分，该银一钱五厘。以上油舱土槽船一只，共工料银一两一钱。

土槽船三年一小修

每只用：现成槐、柏木八分厚板八分，每料价银九钱，该银七钱二分；油灰二十斤，每斤价银二分，该银四钱；舱船麻二斤四两，每斤价银四分，该银九分；铁钉六斤十四两，每斤价银四分，该银二钱七分五厘；铁扒锔二斤半，每斤价银五分，该银一钱二分五厘；桐油二斤四两，每斤价银六分，该银一钱三分五厘。木匠一名五分，每名工银一钱二分，该银一钱八分；木匠小工一名五分，每名工银七分，该银一钱五厘；艌匠三名，每名工银一钱二分，该银三钱六分；艌匠小工三名，每名工银七分，该银二钱一分。以上小修土槽船一只，共需工料银二两六钱。

土槽船五年一大修

每只用：现成槐、柏木八分厚板一料八分，每料价银九钱，该银一两六钱二分；油灰二十二斤，每斤价银二分，该银四钱四分；铁钉九斤，每斤价银四分，该银三钱六分；艌船麻三斤，每斤价银四分，该银一钱二分；桐油三斤半，每斤价银六分，该银二钱一分；铁扒锔二斤，每斤价银五分，该银一钱。木匠二名半，每名工银一钱二分，该银三钱；木匠小工四名，每名工银七分，该银二钱八分；艌匠三名，每名工银一钱二分，该银三钱六分；艌匠小工三名，每名工银七分，该银二钱一分。以上大修土槽船一只，共需工料银四两。前件二项堡船，届至十年限满，如果朽坏不堪，应用详明照估换造。

行船每只额设

杉木桅一根，长二丈，径四寸五分，价银五钱；天铃象鼻一对，银四钱；桅根夹板四块，价银一钱五分；铁箍二个，重二斤半，每斤价银五分，该银一钱二分五厘；铁猫一个，重十斤，价银八钱。以上桅木、天铃、铁猫等物，该银一两九钱七分五厘，如遇损坏，详明另换，如无损折，永远应用。

土槽船每只额设

杉木桅一根，长一丈七尺、径三寸五分，价银三钱五分；天铃一个，价银二钱；铁箍一个，重一斤，价银五分；铁猫一个，重十斤，价银八钱。以上桅木、天铃、铁猫等物该银一两四钱。如遇损坏，详明另换，如无损折，永远应用。

行船每只额设

布篷一架，长一丈四尺、宽八幅，用布十一丈二尺，每尺价银一分五厘，该银一两六钱八分。篷补钉七十二个，每布一尺做补钉六个，共用布一丈二尺，每尺价银一分五厘，该银一钱八分；补钉每个用绵花线带一尺，共用带七丈二尺，每尺价银五厘，该银三钱六分；上下篷提杆二根，每根价银一钱五分，该银三钱；竹杆十二根，每根价银五分，该银六钱；前后篷游绳二根，每根长三丈五尺，共长七丈，用线麻二斤，每斤连手工银八分八厘，该银一钱七分六厘；篷脚绳六根，每根长二丈八尺五寸，共长十七丈一尺。用线麻四斤，每斤连手工银八分八厘，该银三钱五分二厘；收脚绳一根，长二丈，用线麻一斤，每斤连手工该银八分八厘；篷边厢布

纪年	直隶总督	河道	厅员	南岸汛员	北岸汛员	三角淀汛员	河营
雍正十三年〔一七三五〕	总河 朱藻 (奉天〔辽宁沈阳〕镶蓝旗人) 总河 刘勷 (山西人)	齐格 (镶黄旗人)	石景山 八十 (正白旗。监生。) 北岸 丁廷植 (山东诸城。进士。) 北岸 张泰 (江苏山阳。监生。) 三角淀 彭景曾 (浙江海盐人。署。) 三角淀 姚孔皲 (江南〔安徽〕桐城。监生。) 三角淀 闫有信 (山东博兴人。署。)	头工 李和永 (河南光山。监生。) 三工 黄必成 (浙江会稽。监生。) 四工 郝念祖 (山〔陕〕西武功。监生。) 五工 张景仲 (大兴县〔北京大兴区〕人。监生。) 六工 杜熜 (甘肃礼县。监生。) 六工 逯天锦 (山东历城〔今属济南市〕。监生。)	二工 胡君友 (直隶〔河北〕景州。监生。) 四工 吴端起 (直隶〔河北〕钜鹿。监生。) 五工 张日煜	南七工 胡惟正 (正黄旗汉军) 南八工 王邴 (甘肃礼县人) 南九工 方策 (江南〔安徽〕桐城人) 北七工 周歧熊 北七工 詹皑 北七工 张学守 (江南〔苏〕如皋人) 北八工 李大成 北八工 葛光祖 北九工 李逸客 (陕西三原人)	南岸千总 陈留才 (新城县〔河北高碑店〕人) 南岸千总 魏景全 (〔河北〕文安县人) 南岸把总 卢文成

纪年	直隶总督	河 道	厅 员	南岸汛员	北岸汛员	三角淀汛员	河 营
乾隆元年〔一七三六〕	（是年，裁副总河。总督兼管河务。）		南岸 萨 槎 （正白旗人） 南岸 任振功 南岸 吕崇信 （镶蓝旗汉军。监生。） 三角淀 徐文灿	头工 姚孔镢 （江南〔安徽〕桐城。监生。） 二工 姜之瑜 （浙江山阴〔今绍兴〕。监生。）	头工 唐纲 （江南〔安徽〕歙县。监生。） 二工 牛兆乾 （天津。监生。） 三工 吴端起 （见前） 三工 黄维藩 （大兴〔北京大兴区〕县。监生。） 四工 吴廷瑞 （江南〔苏〕金匮〔今属无锡市〕。监生。） 六工 胡君友 （见前）	南七工 李逸客 （见前） 南八工 李光昭 （浙江山阴〔今绍兴〕。监生。） 南八工 李和永 （河南光山。监生。） 北八工 王永任 北八工 邢绍周 （直隶〔河北〕东光。监生。） 北九工 邢绍周 （见前） 北九工 李光昭 （见前）	南岸把总 李 功 （〔河北〕永清县人） 南岸把总 王 芝 （〔河北〕文安县人）

纪年	直隶总督	河道	厅员	南岸汛员	北岸汛员	三角淀汛员	河营
乾隆二年〔一七三七〕	总河 顾琮 （见前）		石景山 吕崇信 （见前） 南岸 张泰 （见前）	二工 沈承绪 （浙江会稽。监生。） 二工 杨恕英 （江南〔苏〕通州人） 四工 劳大受 （见前） 五工 龙廷栋 （江南〔安徽〕望江人） 六工 闫有信 （山东博兴人） 六工 蔡学颐 （见前）	头工 谢有忠 （浙江余姚人） 二工 蒋麟 （浙江金华人） 三工 吴峰 （直隶河间。监生。） 三工 吴敬胜 （浙江山阴〔今绍兴〕。吏员。） 四工 董溶 （直隶〔河北〕丰润人） 五工 袁鲲化 （江南〔苏〕宝应。监生。） 六工 柯成锦 （福建南安。贡生。）	南七工 胡君友 （直隶〔河北〕景州人） 北七工 龙廷栋 （江南〔安徽〕望江人） 北七工 韩极 （直隶交河〔今河北泊头市〕。监生。） 北八工 蔡亨宜 （福建龙溪。监生。） 北八工 王镛 （大兴〔北京大兴区〕。监生。） 北八工 满保 （镶白旗。监生。）	

卷十三 职官

続表

纪年	直隶总督	河道	厅员	南岸汛员	北岸汛员	三角淀汛员	河营
乾隆三年〔一七三八〕	总河　朱藻（见前） 总河　顾琮（见前） 总督　孙家淦（山西兴县人。进士。）	六格（镶黄旗汉军）	石景山　陈起唐（江南〔苏〕甘泉人署。） 北岸　陈起唐（见前） 三角淀　永寿（镶黄旗人）	头工　汪世灿（湖北蕲水。监生。） 头工　姜之瑜（见前） 二工　张镇（山东海丰〔无棣〕。监生。） 三工　劳大受（见前） 四工　端木长浤（江南〔苏〕长洲〔今属吴县〕。监生。） 五工　吴汝义（直隶。监生。）	头工　邓维植（福建沙县。监生。） 头工　蒋麟（见前） 二工　赵廷臣（直隶〔河北〕庆都〔未详〕。监生。） 三工　李汝堂（河南柘城。监生。） 四工　陈之纪（东安县。监生。）	淀河汛　胡惟正（见前。此缺是年新设。） 北七工　吴廷鋐（江苏金匮。监生。） 北八工　吴汝义（直隶〔河北〕。监生。） 北八工　胡惟正（见前） 北八工　李光昭（见前） 北九工　邓维植（福建沙县。监生。）	石景山千总　李功（见前。此缺是年新设。） 北岸千总　郭景荣 南岸把总　杨金璧（〔河北〕永清县人） 南岸把总　邵自龙 北岸把总　宁建威（〔河北〕固安县人）

（嘉庆）永定河志

纪年	直隶总督	河道	厅员	南岸汛员	北岸汛员	三角淀汛员	河营
乾隆四年〔一七三九〕			石景山 吕崇信 （见前。再任。） 南岸 卢承琦 （镶黄旗汉军）	三工 黄必成 （见前。再任。）	头工 吴敬胜 （见前）	南七工 刘 杰 （镶白旗。监生。） 南八工 黄守义 （浙江余姚。监生。） 北七工 韩 极 （见前） 北八工 金 燃 （浙江钱塘。监生。）	守备 魏景铨 （见前。此缺是年新设。） 石景山千总 赵义武 （新城县〔河北高碑店〕人） 南岸千总 侯延祚 （〔河北〕固安县人）
乾隆五年〔一七四〇〕				二工 满 保 （镶白旗。监生。） 四工 陈之纪 （东安〔今河北廊坊〕县。监生。）	四工 高自伟 （直隶〔河北〕宁晋。监生。） 四工 朱廷和 （浙江上虞人）		

纪年	直隶总督	河道	厅员	南岸汛员	北岸汛员	三角淀汛员	河营
乾隆六年〔一七四一〕	总督 高斌 （镶黄旗人）		北岸 马日炳 （镶红旗汉军） 三角淀 胡君友 （直隶景州。监生。）	六工 朱云林 （山西永宁人）	六工 李和永 （河南光山。监生。）	南九工 郑发 （浙江钱塘人） 南九工 李光昭 （见前） 北七工 唐纲 （江南〔安徽〕歙县。监生。） 北八工 谢璋 （湖北潜江。监生。）	
乾隆七年〔一七四二〕				五工 韩极 （直隶交河。监生。）	二工 修礼 （镶蓝旗人。监生。） 三工 张景衡 （大兴县。监生。）	北七工 张永 （江南山阳〔江苏淮安〕。监生。）	南岸把总 张素奇 （〔河北〕固安县人）

纪年	直隶总督	河道	厅员	南岸汛员	北岸汛员	三角淀汛员	河营
乾隆八年〔一七四三〕	总督 　史贻直 （江南〔苏〕溧阳人。进士。署。）			二工 　赵自瑞 （天津。监生。） 三工 　胡玠 （山东济宁州。举人。）	六工 　刘授 （江南〔安徽〕南陵。监生。）	南九工 　邓维植 （见前） 北七工 　顾之岑 （江苏如皋。监生。） 北八工 　黄维蕃 （浙江山阴〔今绍兴〕。监生。） 北九工 　刘思忠 （山东栖霞人）	
乾隆九年〔一七四四〕				四工 　修礼 （镶蓝旗。监生。）	二工 　陈阳瑛 （武清县〔今天津武清区〕。监生。） 四工 　邓维植 （见前）	南九工 　朱廷和 （浙江上虞。监生。） 北八工 　陈古亨 （天津。监生。）	

纪年	直隶总督	河 道	厅 员	南岸汛员	北岸汛员	三角淀汛员	河 营
乾隆十年〔一七四五〕		八 十（正白旗人）永 宁（正红旗人）	北岸　蔡学颐（河南虞城。廪贡。）三角淀　刘 杰（镶白旗。监生。）	头工　吴敬胜（浙江山阴〔今绍兴〕。吏员。）	头工　谢有忠（见前）五工　何士豫（江南〔苏〕丹徒。监生。）		北岸千总　赵景元（〔河北〕永清县人）南岸把总　王大林（河南阳武人）
乾隆十一年〔一七四六〕	总督　刘于义（见前。署。）	吴谦志玉 麟（正蓝旗人）		三工　王南珍（福建漳浦。监生。）	二工　蔡明任（湖南〔北〕潜江。监生。）三工　虞 炳（〔河北〕固安县。吏员。）六工　金 燃（浙江钱塘。监生。）	南七工　徐大纲（正蓝旗人）南七工　张景衡（大兴县人〔今北京大兴区〕）淀河汛　张柏山北八工　甘士琮（正蓝旗。监生。）	石景山千总　孙廷锡（河南阳武人）

纪年	直隶总督	河 道	厅 员	南岸汛员	北岸汛员	三角淀汛员	河 营
乾隆十二年〔一七四七〕	总督 那苏图 （满州人）			五工 管骅骁 （江南阳湖〔江苏武进〕。监生。） 六工 庄 钧 （江南〔苏〕武进。监生。）			守备 孙廷锡 （见前） 石景山千总 宁建威 （见前）
乾隆十三年〔一七四八〕				头工 管骅骁 （见前） 三工 黄必成 （见前） 四工 冯蟠飞 （浙江余姚。举人。） 五工 吴敬胜 （见前）	四工 刘 权 （镶白旗。监生。） 五工 张壬任 （湖北汉阳。监生。）		南岸千总 刘 铤 （武清县〔今天津武清区〕人） 南岸千总 王大林 （见前） 北岸千总 吴永善 （武清县〔今天津武清区〕人）

纪年	直隶总督	河道	厅员	南岸汛员	北岸汛员	三角淀汛员	河营
乾隆十四年[一七四九]	总督 方观承 (江南[安徽]① 桐城人。由浙江巡抚升任。是年裁总河,总督兼管河务。)	僧保住 (正蓝旗人)	南岸 闫有信 (山东博兴人)	二工 蔡明任 (湖北潜江。监生。) 三工 顾之岑 (江苏如皋。监生。)	头工 张永 (江南山阳[江苏淮安]。监生。) 二工 冯诚 (镶黄旗。监生。)	北七工 刘授 (江南[安徽]南陵。监生。)	石景山千总 韩铠 (武清县[今天津武清区]人)
乾隆十五年[一七五〇]		英廉 (镶黄旗汉军。举人。) 僧保住 (见前。由清河道兼署[代理]。) 白钟山 (正白旗人。由江南总河降。)	石景山 陈之纪 (东安县。[河北廊坊]监生。) 南岸 李和永 (河南光山。监生。)	头工 佟国楷 (正蓝旗。监生。) 二工 甘士琮 (正蓝旗。监生。) 三工 张景衡 (大兴[北京大兴区]县。监生。)	二工 刘思忠 (山东栖霞。监生。) 四工 张法曾 (直隶[河北]景州。监生。)	南七工 仇致远 ([河北]永清县人) 北九工 张鸣凤 (宛平县人) 北七工 于琪 (山东商河。监生。) 北八工 谢璋 (见前)	南岸把总 李功 (见前。由石景山千总任内撤回。是年再任。)

① 清顺治二年[1645]设江南省,康熙六年[1667]分置为安徽、江苏两省,此处仍称江南则误。

（嘉庆）永定河志

纪年	直隶总督	河道	厅员	南岸汛员	北岸汛员	三角淀汛员	河营
乾隆十六年〔一七五一〕			三角淀 甘士琛（正白旗。监生。）	二工 刘思忠（山东栖霞。监生。） 四工 黄守义（浙江余姚。监生。）	头工 张壬任（见前） 二工 邵世球（东安县。监生。）	（是年，南岸七、八工，北岸七、八工俱改三角淀。） 淀河汛 吴敬胜（浙江山阴〔今绍兴〕人）	
乾隆十七年〔一七五二〕				头工 卫德忻（山西凤台〔晋城〕。廪贡。） 二工 张法曾（直隶〔河北〕景州。监生。） 三工 冯仲舒（山东濮州〔现属河南，濮县〕。监生。） 四工 陶兆麟（直隶〔河北〕平乡。拔贡。）	四工 陈鹏举（江南〔苏〕山阳〔今淮安〕。吏员。） 六工 陈安世（见前） 六工 叶书云（江苏嘉定。监生。）	南八工 赵曾裕（江苏常熟人）	

纪年	直隶总督	河 道	厅 员	南岸汛员	北岸汛员	三角淀汛员	河 营
乾隆十八年〔一七五三〕		宋宗元（江南长洲〔江苏吴县〕人。由清河道署。） 迈拉逊（正蓝旗。荫生。）	北岸 张人鉴（四川金堂人）		二工 章晋杰（直隶〔河北〕清苑。吏员。）	北七工 谢璋（见前） 北七工 陈龙文（江苏吴江人） 北八工 邵世球（东安〔河北廊坊〕县人）	北岸把总 朱三重（〔河北〕固安县人）
乾隆十九年〔一七五四〕		宋宗元（见前） 鲁成龙（正红旗人）	三工 陈铎（东安县〔河北廊坊〕人。监生。） 四工 朱崇诰（山东历城〔今属济南市〕。监生。） 五工 陶兆麟（见前）	二工 陈龙文（江苏吴江。监生。）	南九工 徐忠弼（安徽桐城人） 北七工 章晋杰（直隶〔河北〕清苑人） 北八工 陈龙文（见前）	南岸千总 宋嘉宾（〔河北〕固安县人）

（嘉庆）永定河志

纪年	直隶总督	河　道	厅　员	南岸汛员	北岸汛员	三角淀汛员	河　营
乾隆二十年〔一七五五〕	总督 　鄂弥达 （由刑部尚书署）		南岸 　王锡命 （奉天〔辽宁〕海城进士。） 北岸 　庄　钧 （见前。由东安〔廊坊〕县署。） 北岸 　满　保 （镶白旗人） 三角淀 　徐大纲 （正蓝旗汉军） 三角淀 　陈　铎 （东安县人。由南三工署。） 三角淀 　谷　起 （直隶〔河北〕丰润人。由通州州同署。） 三角淀 　卫德忻 （山西凤台〔今晋城〕人）	头工 　冯廷俊 （江苏华亭。吏员。） 二工 　蒋　煓 （浙江仁和〔今属杭州〕。供事。） 六工 　卫德忻 （见前）	二工 　张光曾 （江苏长洲〔今吴县〕。监生。） 二工 　蔡士鼎 （浙江会稽。监生。） 四工 　徐传韩 （江苏昆山。监生。）	北八工 　肖　拔 （广东平远人） 北八工 　章晋杰 （见前） 北九工 　虞　炳 （〔河北〕固安县人）	南岸把总 　吴道行 （〔河北〕固安县人） 凤河外委 　田耕 （〔河北〕涿州人）

纪年	直隶总督	河道	厅员	南岸汛员	北岸汛员	三角淀汛员	河营
乾隆二十一年〔一七五六〕	总督 方观承 （见前）			六工 张法曾 （见前）	六工 王梓 （浙江山阴〔今绍兴〕。监生。）	南九工 高文谟 （江苏武进人）	南岸把总 田耕 （见前） 凤河外委 申廷璋 （〔河北〕大城县人）
乾隆二十二年〔一七五七〕			石景山 张景衡 （大兴县。监生。）		三工 王廷楫 （江南〔安徽〕婺源。监生。） 五工 蔡士鼎 （见前）	淀河汛 赵曾裕 （见前）	石景山千总 赵得成 （〔河北〕永清人）

（嘉庆）永定河志

纪年	直隶总督	河道	厅员	南岸汛员	北岸汛员	三角淀汛员	河营
乾隆二十三年〔一七五八〕				头工 朱曾敬 （山东历城〔今属济南市〕。监生。） 三工 徐传韩 （江苏昆山。监生。）	四工 余明德 （湖南平江。贡生。） 五工 陈际宁 （江宁上元人。〔江宁府上元县，今江苏省南京市〕。）	南七工 肖拔 （见前） 南八工 高文谟 （见前） 南八工 徐德颐 （江苏昆山人） 淀河汛 冯廷俊 （江苏华亭人） 北八工 单奇龄 （浙江肖山人）	
乾隆二十四年〔一七五九〕			石景山 麻廷敬 （江南〔安徽〕庐陵。监生。） 南岸 张景衡 （见前。调任。）		四工 陈熙志 （湖南武陵。拔贡。）		南岸千总 杜焕章 （〔河北〕永清县人） 北岸千总 任永安

纪年	直隶总督	河道	厅员	南岸汛员	北岸汛员	三角淀汛员	河营
乾隆二十五年〔一七六〇〕				二工 肖 拔（广东平远。吏员。） 三工 方 圊（安徽天长。贡生。） 四工 陈龙文（江苏吴江。监生。） 五工 张壬任	头工 王居琏（陕西蒲城。监生。）	南七工 徐传韩（江苏昆山。监生。） 南七工 方 典（安徽怀远人） 北七工 蔡士鼎（浙江会稽人） 北七工 吴国伟	南岸把总 杜 恺（天津县人）
乾隆二十六年〔一七六一〕				头工 张光曾（江苏长洲〔今吴县〕。监生。） 三工 朱曾敬（见前）	二工 王廷楫（安徽婺源。监生。） 三工 江廷枢（江苏丹徒。监生。署。） 三工 王湘若（江苏阳湖。供事。）	北七工 刘 括（安徽南陵。监生。）	石景山千总 杜焕章（见前） 南岸千总 赵得成（见前）

纪年	直隶总督	河　道	厅　员	南岸汛员	北岸汛员	三角淀汛员	河　营
乾隆二十七年〔一七六二〕					二工 　李再绅 （湖南湘潭。 贡生。） 六工 　江廷枢 （见前）	南八工 　方　典 （见前） 南八工 　汤嗣新 （贵州铜仁。 拔贡。） 淀河汛 　黄维藩 （见前） 淀河汛 　陶兆麟 （直隶〔河 北〕平乡人） 北七工 　葛立经 （江苏昆山 人）	

纪年	直隶总督	河道	厅员	南岸汛员	北岸汛员	三角淀汛员	河营
乾隆二十八年〔一七六三〕			南岸 李绛 （宛平县。举人。） 三角淀 朱曾敬 （山东历城〔今属济南市〕。监生。）	二工 张壬任 （见前） 五工 陈琮 （四川南部。副榜。）		南七工 沈士濂 （浙江慈溪人） 淀河汛 单奇龄 （见前） 淀河汛 方典 （见前） 北八工 王湘若 （江苏阳湖〔今属武进〕。供事。） 北八工 陈仑 （江苏江都。监生。） 北九工 徐德颐 （见前）	

纪年	直隶总督	河　道	厅　员	南岸汛员	北岸汛员	三角淀汛员	河　营
乾隆二十九年〔一七六四〕			石景山　王荣勣（直隶正定。举人。）	二工　何启绪（浙江山阴〔绍兴〕。监生。） 三工　白子玉（贵州施秉。拔贡。）	三工　白树贤（正白旗人） 五工　王湘若（见前）	南七工　白子玉（贵州施秉。拔贡。） 南七工　沈士濂（见前） 南七工　刘民牧（江南〔安徽〕颍上。吏员。） 南九工　刘世第（湖北公安人）	守备　宋嘉宾（见前） 南岸把总　王朋（〔河北〕固安县人）
乾隆三十年〔一七六五〕				四工　金潘（浙江山阴〔绍兴〕。贡生。署。） 四工　刘民牧（安徽颍上。吏员。）	三工　王灏（浙江山阴〔今绍兴〕。监生。）	南七工　金潘（浙江山阴〔今绍兴〕。贡生。） 北七工　王梅（河南睢州人）	

卷十三　职　官

319

纪年	直隶总督	河　道	厅　员	南岸汛员	北岸汛员	三角淀汛员	河　营
乾隆三十一年〔一七六六〕							北岸千总 　王　朋 （见前） 南岸把总 　高进孝 （〔河北〕永清县人）
乾隆三十二年〔一七六七〕		克尔图 （满洲正红旗人）			六工 　白树贤 （见前）	南七工 　曾成勋 （湖南〔广东〕兴宁人） 南七工 　王湘若 （见前） 淀河汛 　熊　岩 （江西新昌人） 北七工 　曾成勋 （见前）	

（嘉庆）永定河志

纪年	直隶总督	河 道	厅 员	南岸汛员	北岸汛员	三角淀汛员	河 营
乾隆三十三年〔一七六八〕	总督 杨廷璋	李 湖（江西南丰人。进士。由清河道署。） 满 保（镶白旗人）		头工 刘世第（湖北公安人） 二工 张兆旭（江苏江都人） 四工 王廷枢（江苏丹徒。监生。） 六工 徐敬儒（山西五台。举人。）	头工 张兆旭（江苏江都人） 头工 金闻洽（江苏太仓监生。） 三工 吴祖吉（湖北蕲水。监生。） 五工 李光璧（山西曲沃。贡生。） 六工 张 习（山西汾阳。监生。）	南九工 陆以通（广东高要人） 北九工 王 灏（浙江山阴〔今绍兴〕人）	石景山千总 曹景贤（〔天津〕静海县人）

纪年	直隶总督	河道	厅员	南岸汛员	北岸汛员	三角淀汛员	河营
乾隆三十四年〔一七六九〕			石景山 朱曾敬 （见前。署任。） 南岸 张光曾 （江南长洲〔今属江苏吴县〕人。由固安县署。） 南岸 吴刚 （安徽桐城人） 北岸 兰第锡 （山西吉州。举人。） 三角淀 徐敬儒 （山西代州。举人。）	三工 王湘若 （江苏阳湖〔今属武进〕。供事。） 五工 左涛 （安徽桐城。监生。）	二工 刘豹 （湖南凤凰厅〔今凤凰县〕。拔贡。） 四工 张钧 （广东嘉应。吏员。） 五工 张习 （见前） 六工 钱璜 （江苏嘉定。监生。）	南七工 陈仑 （见前） 淀河汛 陈熙志 （湖南武陵。拔贡。） 北八工 章佩瑜 （安徽贵池。监生。）	守备 王朋 （见前） 南岸千总 许兆元 （〔河北〕固安县人）

纪年	直隶总督	河　道	厅　员	南岸汛员	北岸汛员	三角淀汛员	河　营
乾隆三十五年〔一七七〇〕			石景山 王荣勘 (见前。复任。)	四工 吴祖吉 (湖北蕲州。监生。) 六工 陈熙志 (湖南武陵。拔贡。)	二工 顾森 (四川华阳。监生。) 四工 陈起鸿 (浙江山阴〔今绍兴〕。监生。)	南八工 曾成勋 (见前) 淀河汛 雷声远 (陕西朝邑人) 北八工 李光理 (安徽庐江。拔贡。) 北九工 陆以通 (见前) 北九工 高士俊 (江南阳湖人〔江苏武进〕)	石景山千总 高进孝 (见前) 北岸千总 曹景贤 (见前) 北岸千总 安成 (〔河北〕永清县人。) 南岸把总 王元勋 (〔河北〕固安县人) 北岸把总 张宗禹 (〔河北〕固安县人) 凤河外委 李如兰 (〔河北〕固安县人)

纪年	直隶总督	河道	厅员	南岸汛员	北岸汛员	三角淀汛员	河营
乾隆三十六年〔一七七一〕	总督 周元理 （浙江仁和〔今属杭州〕人。举人。由山东巡抚升。）		石景山 朱曾敬 （见前） 北岸 王荣勋 （见前） 三角淀 李汝琬 （陕西咸宁。附生。） 三角淀 张壬任 （湖北汉阳人）	头工 杨奕绣 （江苏山阳〔今淮安〕。监生。）	六工 汪世兰 （江苏山阳〔淮安〕。监生。）	南九工 杨奕绣 （江苏山阳〔今淮安〕。监生。） 南九工 刘世第 （见前） 南九工 李再绅 （湖南湘潭。贡生。）	石景山千总 许兆元 （见前）
乾隆三十七年〔一七七二〕			南岸 陈琮 （四川南部。副榜。）	三工 蒋煊 （见前）		南八工 章佩瑜 （见前） 淀河汛 曾成勋 （见前） 南九工 江廷枢 （见前） 北八工 王善基 （山东福山〔今属烟台〕人）	淀河把总 李如兰 （见前。此缺是年新设。） 淀河外委 吴尚德 （永清县人） 淀河外委 王义 （永清县人。此缺是年新设。） 凤河外委 陈廷琏 （〔河北〕固安县人）

纪年	直隶总督	河道	厅员	南岸汛员	北岸汛员	三角淀汛员	河营
乾隆三十八年〔一七七三〕			三角淀 李光理 （安徽庐江。拔贡。山北七工署。） 三角淀 阮芝生 （江苏山阳〔今淮安〕。进士。）	二工 陆耀 （浙江仁和〔今属杭州〕。监生。）	三工 王凝才 （山西汾阳。监生。）	北七工 王凝才 （山西汾阳。监生。） 北七工 李光理 （见前） 北八工 汤嗣新 （见前）	
乾隆三十九年〔一七七四〕				头工 李光璧 （山西曲沃。贡生。）			

纪年	直隶总督	河 道	厅 员	南岸汛员	北岸汛员	三角淀汛员	河 营
乾隆四十年〔一七七五〕			南岸 徐敬儒 （山西五台。举人。）	二工 金闻洽 （江苏太仓。监生。） 三工 张 习 （山西汾阳。监生。） 四工 汪廷枢 （见前） 五工 王三杰 （甘肃宁朔。副榜。） 五工 郑 重 （浙江余姚。吏员。）	头工 王三杰 （甘肃宁朔。副榜。） 二工 王凝才 （见前） 三工 陈佩兰 （浙江临海。监生。） 四工 陶世名 （江西彭泽。监生。） 五工 汪世兰 （见前） 六工 冯 瑛 （浙江山阴〔今绍兴〕。监生。）	南九工 张 钧 （广东嘉应人）	南岸千总 王元勋 （见前） 南岸把总 陈廷琏 （见前） 凤河外委 侯干城 （〔河北〕固安县人）

（嘉庆）永定河志

326

纪年	直隶总督	河道	厅员	南岸汛员	北岸汛员	三角淀汛员	河营
乾隆四十一年〔一七七六〕		南岸 　王湘若 （由固安县署） 北岸 　刘茂① （安徽歙县人）				南八工 　贾然 （山西崞县人。署。） 南八工 　李光理 （见前） 北七工 　贾然 （见前）	
乾隆四十二年〔一七七七〕			南岸 　陈琮 （见前。再任。） 北岸 　阮芝生 （见前） 三角淀 　曾成勋 （湖南兴宁人。由淀河州判署。） 三角淀 　沈鹤源 （浙江湖州。监生。）		六工 　殷长经 （山东滕县。附贡。）		

---

① 原刊本作楙，茂的古体，亦与懋通假。

纪年	直隶总督	河道	厅员	南岸汛员	北岸汛员	三角淀汛员	河营
乾隆四十三年〔一七七八〕		沈鸣皋（江苏元和〔吴县〕人。由清河道署。） 兰第锡（山西吉州人。举人。）	南岸　王湘若（江苏阳湖。〔今属武进〕供事。） 三角淀　董杰（浙江山阴〔今绍兴〕。监生。）	三工　孙孝则（山西兴县。贡生。）	头工　马毓秀（山东东平。拔贡。）	北八工　顾森（四川华阳。监生。）	淀河外委李朝栋（〔河北〕固安县人）
乾隆四十四年〔一七七九〕	总督　英廉（镶黄旗汉军。举人。由协办大学士署。） 总督　杨景素（江苏江都人。由浙闽总督调任。） 总督　周元理（见前。署。）		北岸　杨奕绣（江苏山阳〔今淮安〕。监生。）	三工　章佩瑜（安徽贵池。监生。）		南八工　张颜（江苏如皋。贡生。署。）	石景山千总张宗禹（见前） 北岸千总李文（〔河北〕固安县人） 北岸把总陈坦（天津县人）

纪年	直隶总督	河道	厅员	南岸汛员	北岸汛员	三角淀汛员	河营
乾隆四十五年〔一七八〇〕	总督 　袁守侗 （山东长山。举人。由兵部尚书、东河道总督任。）		石景山 　贾　德 （山西阳曲。进士。）	头工 　王凝才 （山西汾阳。监生。） 二工 　顾　森 （四川华阳。监生。） 三工 　李光璧 （见前） 四工 　江廷枢 （见前）	二工 　吴元吉 （江苏如皋。监生。） 三工 　周永照 （江苏泰州。附监。） 四工 　陈佩兰 （见前）	南七工 　章佩瑜 （见前） 淀河汛 　姚　芳 （安徽桐城。监生。） 淀河汛 　金闻洽 （江苏太仓。监生。） 北七工 　冯　瑛 （浙江山阴〔绍兴〕人。署。） 北八工 　邹　试 （湖北汉阳人） 北九工 　吴元吉 （江苏如皋。监生。） 北九工 　陶世名 （江西彭泽。监生。）	

329

纪年	直隶总督	河道	厅员	南岸汛员	北岸汛员	三角淀汛员	河营
乾隆四十六年〔一七八一〕	总督 英廉 （见前。再署。） 总督 郑大进 （广东。进士。由湖北巡抚升。）			三工 张颜 （江苏如皋。贡生。署。） 三工 江廷枢 （见前） 四工 贾然 （山西崞县。监生。） 五工 马毓秀 （山东东平。拔贡。） 五工 李恒仁 （河南商水。监生。署。） 五工 吴元吉 （江苏如皋。监生。） 六工 郑重 （见前）	上头工 张钧 （见前。是年，分上、下两汛。由南九工武清县丞移驻。） 下头工 雷春天 （四川华阳。监生。） 六工 殷长经 （见前） 六工 冯瑛 （见前）	（是年，淀河霸州州判移驻南九工；南九工武清县县丞移驻北上头工。） 北七工 赖永泽 （江西上犹。监生。）	北岸把总 张克宽 （〔河北〕固安县人） 淀河外委 秦国林 （〔河北〕永清县人） 淀河外委 王升 （〔河北〕永清县人）

纪年	直隶总督	河道	厅员	南岸汛员	北岸汛员	三角淀汛员	河营
乾隆四十七年〔一七八二〕	总督 英廉 （见前。再署。）				五工 张颜 （江苏如皋。贡生。）	北七工 李恒仁 （河南商水。监生。）	石景山千总 陈兴宗 （天津县人） 北岸千总 李如兰 （见前）
乾隆四十八年〔一七八三〕	总督 袁守侗 （见前。再任。） 总督 刘墉 （山东诸城人。进士。） 总督 刘峨 （山东单县人。由广西巡抚升。）	陈琮 （四川南部。副榜。）		三工 余昌祖 （湖南临湘。举人。）			石景山千总 邢文进 （〔河北〕固安县人） 淀河把总 石环 （〔天津〕武清县人）

纪年	直隶总督	河道	厅员	南岸汛员	北岸汛员	三角淀汛员	河营
乾隆四十九年〔一七八四〕				头工 殷长经 （山东省滕县。副贡。） 二工 傅友龙 （贵州贵筑。举人。）	二工 邹试 （湖北汉阳人） 六工 姚苀 （安徽桐城人）	南八工 顾森 （见前） 北八工 王三杰 （甘肃宁朔。副榜。） 北九工 吴士泓 （江南元和〔今属江苏吴县〕。监生。署。）	
乾隆五十年〔一七八五〕			石景山 黄碧海 （福建莆田。举人。）	二工 马毓秀 （见前）	下头工 周永照 （见前） 三工 曹瑗 （浙江海盐人） 三工 李元林 （四川成都。供事。） 六工 许长恒 （安徽歙县。监生。）	南七工 雷春天 （四川华阳。监生。） 北八工 蓝林美 （四川新津人） 北九工 周国瑞 （广东南海。监生。）	淀河把总 杨贾成 （良乡县〔今属北京房山区〕人） 凤河外委 李朝栋 （见前） 淀河外委 谢成 （〔河北〕固安县人）

纪年	直隶总督	河　道	厅　员	南岸汛员	北岸汛员	三角淀汛员	河　营
乾隆五十一〔一七八六〕			南岸 　杨奕绣 （见前。由北岸同知署①)		下头工 　姚祖善 （浙江钱塘。监生。署。） 下头工 　陆之灿 （浙江仁和〔今属杭州〕。监生。署。） 四工 　顾三秀 （江苏如皋。副榜。）	南七工 　宋德鸿 （湖北汉川。拔贡。） 南七工 　陈佩兰 （见前）	守备 　刘　悦 （见前） 南岸千总 　侯干城 （〔河北〕固安县人）

---

①　清制,同级官员代理称署理,省称为署。调任代理也称署;原职不变,兼职代理称兼署。下级官员代理则称护任,或护理印务、护印、护。

纪年	直隶总督	河道	厅员	南岸汛员	北岸汛员	三角淀汛员	河营
乾隆五十二〔一七八七〕			石景山 李炳 （甘肃皋兰人。拔贡。） 南岸 李光理 （安徽庐江。拔贡。山固安县署。） 南岸 嵇承孟 （江苏无锡。监生。） 北岸 董杰 （见前。由三角淀通判署。） 北岸 杨奕绣 （见前）	五工 姚昉 （安徽桐城。监生。署。） 五工 宋德鸿 （湖北汉川。拔贡。）	下头工 袁玑 （浙江诸暨。监生。）		南岸把总 冯士宗 （天津县人） 凤河外委 吴之华 （〔河北〕固安县人） 淀河外委 张德荣 （〔河北〕固安县人）

纪年	直隶总督	河道	厅员	南岸汛员	北岸汛员	三角淀汛员	河营
乾隆五十三〔一七八八〕			石景山 　刘　斌 （江苏阳湖〔今属武进〕。监生。） 南岸 　李光理 （见前。再署。）	四工 　张　颜 （见前） 六工 　贾　然 （见前） 头工 　王凝才 （见前） 二工 　蓝枝美 （四川新津。监生。）	二工 　李元林 （见前） 三工 　石秉玉 （浙江会稽。议叙。从九品。） 五工 　汪世兰 （江苏山阳〔今淮安〕。吏员。）	南八工 　邹　试 （见前） 北七工 　李恒仁 （见前） 北八工 　冯　瑛 （见前） 淀河汛 　傅友龙 （贵州贵筑。举人。）	

纪年	直隶总督	河　道	厅　员	南岸汛员	北岸汛员	三角淀汛员	河　营
乾隆五十四〔一七八九〕		河道 　陈　琮 （五月卸事） 　王汝璧 （四川铜梁人。进士。署。） 　罗　瑛 （浙江上虞人。监生。）	南岸 　田　怡 （山东平阴人。贡生。署。） 南岸 　嵇承孟 （见前。再任。）	头工 　顾三秀 （江苏如皋。副榜。） 四工 　袁　玑 （浙江诸暨人。监生。）	四工 　李培林 （山西介休人。监生。） 三工 　聂　恭 （江西新淦〔新干〕人。监生。） 六工 　曾　本 （广东镇平〔今蕉岭县〕人。监生。）	（北八工东安县主簿，原设武清县主簿，是年改为东安县主簿。北九工武清县主簿，原设东安县主簿，是年改为武清县主簿。） 北七工 　石秉玉 （浙江会稽人。议叙。从九品。） 北九工 　李恭益 （浙江鄞县。监生。）	北岸千总 　张克宽 （见前） 北岸把总 　李朝栋 （见前）

纪年	直隶总督	河道	厅员	南岸汛员	北岸汛员	三角淀汛员	河营
乾隆五十五年〔一七九〇〕	总督 刘峨 （卸事） 总督 梁肯堂 （浙江仁和县〔今属杭州〕人。举人。）		石景山 何裕嵊 （浙江山阴〔今绍兴〕人。监生。） 南岸 张颜 （江苏如皋人。贡生。署。） 南岸 周震荣 （浙江嘉善人。举人。） 北岸 刘斌 （见前）	头工 俞凤 （安徽婺源人） 二工 欧阳立魁 （广东保昌人。拔贡。） 五工 冯瑛 （浙江山阴〔今属绍兴〕人。监生。） 六工 宋德鸿 （湖北汉川人。拔贡。）	五工 徐光奎 （江苏清河〔今淮阳〕人。监生。） 六工 张拱辰 （四川巴州。监生。）	南七工 周永照 （江苏泰州。附监。） 北八工 吴怀 （浙江山阴〔今绍兴〕人。供事。） 北九工 潘璘 （江苏溧阳人。难荫。）	

纪年	直隶总督	河道	厅员	南岸汛员	北岸汛员	三角淀汛员	河营
乾隆五十六年〔一七九一〕				四工 张际泰 （江苏铜山人。监生。）	上头工 雷春天 （见前）	南七工 况缵绪 （江南〔今江苏南京〕上元人。吏员。） 北九工 沈荣 （浙江山阴〔今绍兴〕人。供事。）	协备 （是年新设） 侯干城 （见前） 南岸千总 杨贾成 （见前） 凤河东堤把总 （是年改设） 吴之华 （见前） 石景山汛外委（是年裁千总，改设外委。） 孔继业 （见前）

纪年	直隶总督	河 道	厅 员	南岸汛员	北岸汛员	三角淀汛员	河 营
乾隆五十七年〔一七九二〕		河道 刘斌（见前。由北岸同知护任。） 罗瑛（见前。再任。）	南岸 汪廷枢（安徽歙县人。监生。） 三角淀 翟崿云（浙江仁和〔今属杭州〕人。监生。）	头工 殷长经（见前）	五工 田宏猷（江苏〔湖南〕桃源人。监生。）		北岸千总 陈廷琏（见前。）
乾隆五十八年〔一七九三〕		刘斌（见前。再任。） 归朝煦（江苏常州人。监生。） 王锟（江苏吴江人。进士。署。）	南岸 刘斌（见前。署。） 南岸 李腾蛟（山西芮城人。进士。） 南岸 方其昀（安徽桐城人。监生。署。） 南岸 盛惇复（江苏阳湖〔今属武进〕人。议叙州同署。）	三工 李元林（四川成都人。供事。） 五工 冯瑛（见前。再任。） 五工 田宏猷（江苏〔湖南〕桃源县。监生。）	二工 刘德城（广东〔福建〕长乐人。监生。） 三工 张玉辉（广东大埔人。监生。） 四工 聂恭（见前） 六工 马同书（山西介休人。监生。）	淀河汛 李培林（见前） 南八工 邹开旦（江西庐陵〔今吉安〕人。监生。署。） 南八工 邹试（见前。再任。）	

续表

纪年	直隶总督	河道	厅员	南岸汛员	北岸汛员	三角淀汛员	河营
乾隆五十九年[一七九四]		乔人杰（山西徐沟〔今属清徐〕人。举人。）	南岸 刘树坊（山西平定州人。进士。署。） 南岸 赖邦本（江西广昌人。举人。）	头工 石秉玉（见前） 二工 张进忠（山西汾阳人。监生。） 五工 冯瑛（见前。再任。） 六工 李培林（见前。署。）	下头工 黄钊（湖南善化人。监生。） 二工 唐大椿（安徽歙县人。监生。） 六工 屈邦基（江苏常熟人。监生。）	淀河汛 宋大钰（山西介休人。监生。署。） 南七工 裘龙绲（浙江钱塘〔今属杭州〕人。监生。） 北七工 汪应铃（浙江秀水〔今嘉兴〕人。监生。）	
乾隆六十年[一七九五]			南岸 翟嵝云（见前） 三角淀 邹试（见前。护任。） 三角淀 陈煜（江苏山阳〔今淮安〕人。附监。署。）	二工 吴士泓（江苏元和〔今属吴县〕人。监生。） 三工 黄剑（见前） 四工 田宏猷（见前） 四工 李光绪（江苏丰县人。监生。）	下头工 吴怀（见前） 二工 范玙（浙江秀水〔今嘉兴〕人。监生。） 三工 施铣（见前） 五工 沈荣（浙江山阴人〔今绍兴〕。供事）	淀河汛 李培林（见前。再任。） 南八工 陈伯（见前） 北八工 蔡德霖（安徽怀宁人。监生。） 北九工 戚祖夔（湖北江夏人。监生。）	

左侧竖排：（嘉庆）永定河志

340

[卷十三校勘记]

〔1〕汛员前今本脱"分防"二字，据原志增补。

〔2〕"河营都司"今本误为"河营员弁"，据原志改正。

〔3〕脱人名。由户部郎中任。志此存疑。

〔4〕脱人名。

〔5〕"瑎"〔qí〕误为"基"，据《清史稿·疆臣年表（一）》、《清史稿·赵世瑎传》、《清代职官年表》册二总督年表都为"瑎"，故改。

卷十四　职　官

职官表三

职官表三

纪年	直隶总督	河　道	厅　员	南岸汛员	北岸汛员	三角淀汛员	河　营
嘉庆元年〔一七九六〕[1]	总督 　梁肯堂 （见前）	河道 　乔人杰 （见前）	石景山 　何裕嵊 （见前） 南岸 　翟嶨云 （见前） 北岸 　刘斌 （见前。再任。） 三角淀 　陈煜 （见前。署。） 顾三秀 （见前）	南头工 南二工 　吴士泓 （见前。再任。） 南三工 南四工 南五工 　徐咏虎 （江苏宿迁人。监生。） 南八工 　李光理 （见前）	北上头工 北下头工 北二工 北三工 北四工 北五工 北六工	南七工 　刘德城 （见前。署。） 南八工 　方应纶 （江苏上元〔南京〕人。监生。） 宋大钰 （见前。署。） 淀河汛 北七工 北八工 北九工	守备 协备 千总 把总 淀河外委 　李贵 （良乡县〔今属北京房山区〕人）

纪年	直隶总督	河　道	厅　员	南岸汛员	北岸汛员	三角淀汛员	河　营
嘉庆二年〔一七九七〕	总督	河道	石景山 南岸 北岸 三角淀 陈　煜 (见前。再任。)	南头工 施　铣 (见前) 马同书 (见前) 南二工 张进忠 (见前。署。) 南三工 南四工 南五工 南六工	北上头工 北下头工 北二工 北三工 宋大钰 (见前) 北四工 北五工 北六工 陈　伯 (见前)	南七工 裘龙绲 (见前。署。) 南八工 周安国 (见前) 方应纶 (见前) 淀河汛 北七工 北八工 屈邦基 (见前) 北九工	守备 协备 千总 把总 外委

卷十四　职官

纪年	直隶总督	河 道	厅 员	南岸汛员	北岸汛员	三角淀汛员	河 营
嘉庆三年〔一七九八〕	总督　胡季堂（河南光山人。贡生。由刑部尚书任。）	河道	石景山	南头工　杨文峰（河南商城人。举人。署。）　　吴怀（见前）	北上头工	南七工	守备　侯干城（见前）
			南岸	南二工　吴士泓（见前。再任。）	北下头工	南八工　汪应铃（见前）	协备　陈廷琏（见前）
			北岸	南三工　李元林（见前。再任。）	北二工	‖淀河汛　裘龙绲（见前。署。）　　赵纶（浙江钱塘人。副榜。）	北岸千总　谢成（见前）
			三角淀	南四工	北三工	北七工　戚祖夔（见前）	把总
				南五工	北四工	北八工	石景山外委　侯邦直
				南六工	北五工	北九工　周安国（见前）	
					北六工		

纪年	直隶总督	河道	厅员	南岸汛员	北岸汛员	三角淀汛员	河营
嘉庆四年[一七九九]	总督	河北道 嵇承孟 （江苏无锡人。监生。）	石景山 汪廷枢 （安徽歙县人。监生。）	南头工	北上头工 宋大钰 （见前。署。） 屈邦基 （见前。署。）	南七工 沈荣 （见前）	守备 陈廷琏 （见前）
			南岸	南二工	北下头工	南八工	协备 李天宝 （天津县人。）
			北岸 陈煜 （见前）	南三工	北二工 张乐昌 （浙江山阴〔今绍兴〕人。监生。）	淀河汛	千总
			三角淀 李逢亨 （陕西平利县人。拔贡。由霸州州判升任。）	南四工	北三工 刘藩 （浙江会稽人。监生。）	北七工	把总
				南五工	北四工	北八工	淀河外委 罗让 （〔河北〕固安县人）
				南六工	北五工 贾绍封 （江苏武进人。供事） 北六工	北九工	协备

纪年	直隶总督	河道	厅员	南岸汛员	北岸汛员	三角淀汛员	河营
嘉庆五年〔一八〇〇〕	总督 　胡季堂 （回刑部尚书任。） 　颜　检 （广东连平州人。拔贡。由河南巡抚升。）	河道 　翟嶤云 （见前。再任。） 　王念孙 （江苏高邮州人。进士。）	石景山	南岸头工上汛，霸州州同 （是年添设。）	北上头工 　方　烈 （安徽定远人。监生。） 　聂　恭 （见前）	南七工	守备
			南岸	南岸头工下汛，宛平县县丞 （原设头工，是年改为下汛。） 　宋大钰	北下头工 　刘　藩 （见前）	南八工 　陈　伯 （见前）	协备
			北岸	南三工	北二工	淀河汛 　王锡景 （江苏青浦〔今上海市辖县〕人。监生。署事。）	千总
			三角淀	南三工 　王葵初 （江苏清河〔淮阳〕县人。从九品。） 　吴　怀 （见前）	北三工 　张士鉴 （江苏铜山人。从九品。）	北七工	把总
					北四工	北八工 　张士鉴 （见前。署。） 　陆之灿 （浙江仁和〔杭州〕人。监生。）	淀河外委 　王永成 （〔河北〕永清县人） 　张文彩 （〔河北〕固安县人）
					北五工	北九工	
				南五工	北六工 　李文英 （四川华阳人。监生。）		

纪年	直隶总督	河道	厅员	南岸汛员	北岸汛员	三角淀汛员	河营
嘉庆六年[一八〇一]	总督 姜晟 （江苏元和〔今吴县〕人。进士。） 熊枚 （江西铅山人。进士。署。） 陈大文 （浙江山阴〔绍兴〕人。进士。）	河道 王念孙 （六月卸事。） 陈凤翔 （江西崇仁人。监生。）	石景山 徐体劢 （江苏武进人。监生。） 南岸 李逢亨 （由三角淀通判升。） 北岸 冯瑛 （见前） 三角淀 周景 （河南商城人。附贡。署。）	南上头工 陈起鸿 （浙江山阴〔今绍兴〕人。监生。） 南下头工 南二工 南三工 南四工 张乐昌 （见前。署。） 南五工 南六工 王锡景 （见前）	北上头工 王葵初 （见前。署。） 北下头工 北二工 王蓉初 （江苏清河〔今淮阳〕人。从九品。署。） 北三工 北四工 范石仓 （浙江仁和〔今属杭州〕人。监生。） 北五工 周安国 （见前） 北六工	南七工 王葵初 （见前。署。） 贾绍封 （见前） 南八工 淀河汛 赵纶 （见前。再任。） 北七工 北八工 北九工 孙成褒 （浙江归安人。监生。）	守备 协备 杨贾成 （见前） 千总 把总 外委

卷十四 职官

纪年	直隶总督	河 道	厅 员	南岸汛员	北岸汛员	三角淀汛员	河 营
嘉庆七年[一八〇二]	总督 熊 枚 (见前。再任。) 颜 检 (见前。再任。)	河道 王念孙 (见前。署。)	石景山 南岸 北岸 孙豫元 (浙江仁和〔今属杭州〕人。附监署。) 田宏猷 (见前) 三角淀 陈起鸿 (见前)	南上头工 郑澄川 (安徽凤台人。州同。) 南下头工 南二工 彭元英 (湖南武陵人。拔贡。署。) 南三工	北上头工 陆之灿 (见前) 李家言 (湖南醴陵人。监生。) 北下头工 马同书 (见前。署。) 胡奉恩 (安徽桐城人。监生。) 王 镇 (广东海康〔今雷州市〕人。县丞。署。) 北二工 北三工	南七工 南八工 淀河汛 张调元 (见前) 北七工	守备 协备 南岸千总 李存志 (〔河北〕永清县人) 把总

纪年	直隶总督	河 道	厅 员	南岸汛员	北岸汛员	三角淀汛员	河 营
				南四工 张际泰 （见前） 张乐昌 （见前）	北四工	北八工 蒋景旸 （江苏元和〔今属吴县〕人。从九品。署。）	淀河外委 杨显廷 （〔河北〕固安县人）
				南五工	北五工	北九工 李文英 （见前） 吴 炳 （江苏江阴人。监生。）	
				南六工 卢沟桥宛平县巡检 （是年添设。） 李心聪 （山西省汾阳人。监生。）	北六工 王葵初 （见前）		

卷十四 职官

纪年	直隶总督	河道	厅员	南岸汛员	北岸汛员	三角淀汛员	河营
嘉庆八年〔一八〇三〕	总督	河道 陈凤翔（再任） 朱应荣（广西临桂人。举人。）	石景山 南岸 北岸 三角淀	南上头工 吴怀（见前） 南下头工 王德棻（山西灵石人。监生。署。） 南二工 马同书（见前） 南三工 彭元英（见前） 南四工 南五工 南六工 石景山汛 陈镇标（陕西韩城人。从九品。）	北上头工 北下头工 北二工 张士鉴（见前。署。） 北三工涿州巡检（是年，吏目改为巡检。） 王蓉初（见前。署。） 北四工 北五工 北六工霸州巡检（是年，吏目改为巡检。） 王蓉初（见前）	南七工 南八工 淀河汛 北七工 北八工 北九工	守备 协备 千总 把总 外委

纪年	直隶总督	河道	厅员	南岸汛员	北岸汛员	三角淀汛员	河营
嘉庆九年〔一八〇四〕	总督	河道	石景山 南岸 北岸 三角淀	南上头工 南下头工 王　镇 （见前） 南二工 南三工 周泰之 （广东南海人。监生。署。） 南四工 南五工 南六工 钱清恒 （浙江嘉善人。监生。署。）	北上头工 北下头工 张士鉴 （见前） 北二工 王蓉初 （见前。署。） 北三工 北四工 北五工 刘　垓 （山东诸城人。监生。署。） 北六工 席世绂 （见前。署。）	南七工 南八工 淀河汛 北七工 北八工 北九工	守备 协备 北岸千总 李朝栋 （见前） 北岸把总 夏茂芳 （武清县〔今天津武清区〕人。） 淀河外委 贾　锭 （〔河北〕涿州人。）

卷十四　职官

（嘉庆）永定河志

纪年	直隶总督	河道	厅员	南岸汛员	北岸汛员	三角淀汛员	河营
嘉庆十年[一八○五]	总督 颜检（见前） 熊枚（见前） 吴熊光（江苏吴江人。举人。） 裴行简（江西新建人。举人。）	河道	石景山 南岸 北岸 三角淀 俞英世（浙江会稽人。监生。署。） 陈起鸿（见前。再任。）	南上头工 南下头工 南二工 南三工 冯绩熙（浙江桐乡人。附监。） 南四工 南五工 吴炳（见前。署。）韩绍基（山西汾阳人。从九品。） 南六工 沈旺生（浙江桐乡人。监生。）郭行志（广东香山[中山]人。贡生。署。）	北上头工 北下头工 北二工 北三工 北四工 北五工 屈邦基（江苏常熟人。监生。署。）刘垓（见前）孔昭诚（山东曲阜人。监生。） 北六工 王蓉初（见前）	南七工 南八工 淀河汛 冯绩熙（见前）冯人骥（浙江平湖人。监生。） 北七工 北八工 北九工 周以照（浙江嘉善人。捐职主簿①。署。）吴炳（见前）	守备 协备 北岸千总 张文彩（[河北]固安县人） 把总 外委

① 损职主簿是因损资而授予主簿官职，即花钱买的主簿。

纪年	直隶总督	河道	厅员	南岸汛员	北岸汛员	三角淀汛员	河营
嘉庆十一年〔一八〇六〕	总督 秦承恩（江苏上元〔今南京〕人。进士。）温承惠（山西太谷县人。拔贡。）	河道 陈凤翔（再任）朱应荣（再署）陈凤翔（见前）	石景山	南上头工	北岸头工上汛，武清县主簿（是年，北岸头工分上、中、下三汛。南九工主簿移驻上汛。）庄宝瑛（江苏武进人。从九品。）	南七工	守备
			南岸	南下头工 张士鉴（见前）	北岸头工中汛，武清县县丞（原设上汛，是年改为中汛。）李家言（见前）屈邦基（见前）	南八工	协备 李存志（见前）
			北岸 翟崿云（见前。署。）	南二工	北头工下汛 王蓉初（见前）	淀河汛	千总
			三角淀	南三工 祝庆谷（河南固始人。监生。）	北二工 熊炯（见前）	北七工	把总

纪年	直隶总督	河道	厅员	南岸汛员	北岸汛员	三角淀汛员	河营
				南四工 刘垓 （见前）	北三工 马镡 （山东肥城人。从九品。署。）	北八工	外委
				南五工 吴炳 （再任）	北四工	北九工 何贞 （浙江山阴〔绍兴〕县人。监生。）	
				南六工 祝庆谷 （见前） 何铨绥 （见前）	北五工 陈镇标 （见前）		
				石景山汛 彭衍性 （广东海丰人。从九品。）	北六工 何贞 （浙江山阴〔今绍兴〕人。监生。署。） 钱栻 （江苏沭阳人。监生。署。） 何贞 （见前。署。）		

纪年	直隶总督	河道	厅员	南岸汛员	北岸汛员	三角淀汛员	河营
嘉庆十二年〔一八〇七〕	总督	河道	石景山 南岸 北岸 丁宝洲 （江苏无锡人。通判。署。） 张凤藻 （江苏肖县人。监生。） 三角淀	南上头工 南下头工 南二工 南三工	北岸头工上汛,武清县县丞（是年,主簿改为县丞。） 曹煦 （山西介休人。附贡。署。） 北头工中汛 陈镇标 （陕西韩城县人。从九品。） 北岸头工下汛,宛平县县丞（是年,主簿改为县丞。） 孔昭诚 （见前。署。） 沈惇厚 （浙江归安人。监生。） 北二工,良乡县县丞（是年,主簿改为县丞。） 贾绍封 （见前）	南七工东安县主簿（是年,县丞改为主簿。） 熊炯 （见前） 南八工武清县主簿（是年,县丞改为主簿。） 淀河汛,巡检（是年,州判改为巡检。） 北七工 孔昭诚 （见前）	守备 谢成 （见前） 协备 南岸千总 夏茂芳 （见前） 南岸把总 宋培 （武清县〔今天津武清区〕人。）

纪年	直隶总督	河道	厅员	南岸汛员	北岸汛员	三角淀汛员	河营
				南四工	北三工，涿州州判（是年，巡检改为州判。）蔡政（江苏阳湖〔今武进〕人。从九品。）孙星衢（江苏阳湖人。监生。）		北岸把总李殿元（〔河北〕固安县人）
				南五工何贞（见前）	北四工，固安县县丞（是年，主簿改为县丞。）沈锐（浙江归安人。监生。署。）		
				南六工	北五工，永清县丞（是年，主簿改为县丞。）支宁祥（江苏山阳人。监生。署。）北六工，霸州州判（是年，巡检改为州判。）钱迁熙（浙江仁和人。监生。）		

纪年	直隶总督	河道	厅员	南岸汛员	北岸汛员	三角淀汛员	河营
嘉庆十三年〔一八〇八〕	总督	河道	石景山 南岸 北岸 三角淀 沈旺生 （见前。署。） 吴怀 （见前）	南上头工 祝庆谷 （见前） 南下头工 南二工 乔巨英 （山西太谷人。监生。署。） 南三工 南四工 曹煦 （见前。署。） 南五工 南六工	北上头工 支宁祥 （见前） 北头工中汛 北头下工汛 北二工 王鼎言 （江苏上元〔今南京〕人。监生。） 北三工 北四工 刘国仪 （河南虞城人。监生。） 北五工 宋齐连 （河南商丘人。监生。） 沈旺生 （见前。署。） 北六工 沈旺生 （见前）	南七工 南八工 陈镇标 （见前） 全国瑞 （见前。署。） 蒋景旸 （见前。署。） 淀河汛 钱廷熙 （见前） 北七工 北八工	守备 协备 千总 把总 石景山外委 卢成龙 （〔河北〕固安县人）

纪年	直隶总督	河　道	厅　员	南岸汛员	北岸汛员	三角淀汛员	河　营
嘉庆十四年〔一八〇九〕	总督	河道　陈凤翔（八月升山东、河南河道总督。） 孙树本（浙江乌程人。进士。署。） 王念孙（再任）	石景山 南岸　李逢亨（十二月升河间府知府。） 北岸　陈春熙（江苏如皋人。监生。） 三角淀	南上头工 南下头工　李廷珍（山东历城〔今属济南〕人。监生。） 南二工　曹煦（见前） 南三工　何贞（见前） 南四工　马锌（见前） 韩绍基（山西汾阳人。从九品。） 南五工　金国瑞（见前） 南六工 石景山汛　蒋景旸（见前）	北上头工　沈锐（浙江归安人。监生。） 北头工中汛　沈锐（见前）　陈镇标（见前） 北头工下汛　陈镇标（见前） 北二工 北三工 北四工　乔巨英（见前） 北五工 北六工	南七工 南八工　陈镇标（见前。再任。）　蒋宗埔（安徽怀宁人。监生。） 淀河汛　马锌（见前） 北七工　钱廷熙（见前） 北八工	守备 协备 千总 把总 淀河外委　徐文立

纪年	直隶总督	河　道	厅　员	南岸汛员	北岸汛员	三角淀汛员	河　营
嘉庆十五年[一八一〇]	总督	河道 王念孙 （是年四月离任） 李亨特 （汉军正蓝旗人。十一月升山东、河南河道总督。）	石景山 南岸 　吴　怀 （见前） 张承勋 （江苏睢宁人。监生。署。） 孙豫元 （见前） 北岸 　张泰运 （江苏铜山人。廪贡。署。） 张承勋 （见前）	南上头工 南下头工 叶德豫 （江苏上元〔今南京〕人。监生。） 南二工 黄桂林 （江苏砀山人。监生。）	北上头工 熊　炯 （见前。署。） 叶德豫 （见前。署。） 毛廷栋 （见前。署。） 北头工中汛 北头工下汛 沈　锐 （见前） 陈镇标 （见前。再任。）	南七工 徐　恪 （江苏吴县人。捐职主簿。） 马　钧 （山东历城〔今属济南市〕人。从九品。） 南八工 淀河汛 陈　禾 （江苏宿迁人。监生。署。） 沈　潮 （安徽石埭人。议叙。从九品。）	守备 协备 千总

纪年	直隶总督	河 道	厅 员	南岸汛员	北岸汛员	三角淀汛员	河 营
			三角淀 孙星衢 (见前) 张泰运 (见前。再任。)	南三工 金国瑞 (见前)	北二工 乔巨英 (见前) 马镎 (见前。署。) 庄宝瑛 (见前)	北七工 李文英 (见前)	北岸把总 徐文立 (见前)
			南四工 洪如羲 (贵州玉屏人。廪贡。署。)		北三工 支宁祥 (见前) 李国屏 (河南郑州人。增贡。署。) 何贞 (见前)	北八工	淀河外委 张明远 ([河北]固安县人)
			南五工 张諟 (江苏无锡。监生。)		北四工 周肄[1]信 (山东金县人。监生。署。) 康诰 (江苏清河人。监生。)	北七工	

（嘉庆）永定河志

纪年	直隶总督	河 道	厅 员	南岸汛员	北岸汛员	三角淀汛员	河 营
				南六工 金国瑞 (见前) 毛占枢 (浙江余姚 人。监生。)	北五工 龚庆全 (江苏长洲 〔今属吴县〕 人。监生。 署。) 胡侍丹 (江苏武进 人。监生。) 北六工 倪时庆 (浙江钱塘 人。监生。) 王 芸 (江苏丹徒 人。监生。 署。) 刘师良 (浙江钱塘 人。供事)	北八工	

卷十四 职 官

续表

纪年	直隶总督	河道	厅员	南岸汛员	北岸汛员	三角淀汛员	河营
嘉庆十六年〔一八一一〕	总督	河道 李逢亨（由〔河北〕河间府知府升任。）	石景山	南上头工 王芸（见前。署。） 郑以简（江苏如皋人。监生。）	北上头工上汛 李国屏（见前）	南七工	都司 谢成（都司，见前。是年新设。）
			南岸	南下头工 陈镇标（陕西韩城县。从九品。）	北头工中汛 支宁祥（见前）	南八工	守备 李存志（见前）
			北岸	南二工	北头工下汛 叶德豫（见前）	淀河汛	协备 张文彩（见前）
			三角淀 沈旺生（见前。再任。）	南三工	北二工	北七工	北岸千总 宋培（见前）
				南四工 支宁祥（见前） 康诰（见前）	北三工	北八工	把总
				南五工	北四工 冯季曾（见前。署。）		外委
				南六工	北五工 北六工		

362

纪年	直隶总督	河　道	厅　员	南岸汛员	北岸汛员	三角淀汛员	河　营
嘉庆十七年〔一八一二〕	总督	河道	石景山 陈春熙 （见前。署。） 丁宝洲 （见前） 南岸 北岸 三角淀 张泰运 （见前）	南上头工 南下头工 洪如羲 （见前） 南二工 王　芸 （见前） 南三工 毛廷栋 （见前） 南四工 蒋宗墉 （见前） 南五工 南六工 石景山汛 蒯梦霆 （江苏吴县人。从九品。署。） 陈绍荣 （江苏阳湖〔今武进〕人。监生。）	北上头工 北头工中汛 北头工下汛 北二工 北三工 北四工 北五工 北六工 何铨绶 （见前。署。） 汪清瑞 （江苏江宁人。监生。）	南七工 南八工 蒋景旸 （见前） 淀河汛 北七工 北八工	都司 守备 协备 千总 南岸把总 刘天喜 （东安县〔今河北廊坊〕人。） 淀河外委 单均平 （〔河北〕固安县人）

纪年	直隶总督	河 道	厅 员	南岸汛员	北岸汛员	三角淀汛员	河 营
嘉庆十八年〔一八一三〕	总督 温承惠 （见前） 章 煦 （浙江钱塘人。进士。由吏部尚书署。）	河道 李逢亨 （秋汛安澜，赏戴花翎。）	石景山 南岸 北岸 三角淀	南上头工 南下头工 南二工 南三工 南四工 南五工 南六工	北上头工 北头工中汛 北头工下汛 北二工 北三工 陈 禾 （见前。江苏宿迁县。监生。） 北四工 北五工 北六工	南七工 南八工 淀河汛 北七工 北八工	都司 守备 协备 夏茂芳 （见前） 南岸千总 刘永泰 （〔河北〕固安县人） 把总 外委

（嘉庆）永定河志

纪年	直隶总督	河道	厅员	南岸汛员	北岸汛员	三角淀汛员	河营
嘉庆十九年〔一八一四〕	总督 那彦成 （满洲正白旗人。进士。）	河道	石景山 南岸 北岸 张泰运 三角淀 郑以简 （见前）	南上头工 汪清瑞 （见前） 南下头工 南二工 马锌 （见前） 南三工 蒋宗铺 （见前） 南四工 陈禾 （见前） 南五工 张藻 （江苏睢宁县人。监生。署。） 南六工 石景山汛 潘炯 （浙江归安县人。监生。署。） 王辂 （江苏镇江县。监生。） 张南衡 （浙江归安县。监生。）	北上头工上汛 王芸 （见前） 北头工中汛 北头工下汛 唐淳 （江苏江都县。监生。署。） 北二工 北三工 胡侍丹 （见前） 北四工 钱轼 （江苏沭阳县。监生。） 北五工 金国瑞 （见前） 唐淳 （江苏江都县人。监生。） 北六工 康诰 （见前）	南七工 杨泰阶 （浙江山阴〔绍兴〕县人。监生。） 南八工 淀河汛 史渭纶 （江苏溧阳县人。监生。） 北七工 丘风梧 （浙江德清县人。监生。） 北八工 马钧 （见前。调。）	都司 守备 协备 千总

纪年	直隶总督	河道	厅员	南岸汛员	北岸汛员	三角淀汛员	河营
嘉庆二十年［一八一五］	总督	河道	石景山	南上头工 祝庆谷 （见前）	北上头工 上汛 钱轼 （见前。调。）	南七工	都司
			南岸	南下头工	北上头工 中汛	南八工	守备
			北岸	南二工	北头工下汛 包骏 （江苏江宁县。监生。署。）	淀河汛	协备
			三角淀	南三工	北二工 陈镇标 （见前）	北七工	南岸千总
				南四工	北三工	北八工	北岸千总
				南五工	北四工 乔巨英 （见前）		南岸把总
				南六工	北五工		北岸把总
					北六工		凤河把总
							石景山外委 冯荣
							淀河外委

[卷十四校勘记]

〔1〕嘉庆元年表格中南岸汛员栏"南二工"前脱，南头工其后脱"南三工"、"南四工"；北岸汛员栏脱"北上头工"、"北下头工"、"北二工"、"北三工"、"北四工"、"北五工"、"北六工"；三角淀汛员栏脱"淀河汛"、"北七工"、"北八工"、"北九工"；河营栏淀河外委前脱"守备"、"协备"、"千总"、"把总"，所脱员弁均未标记姓名。据原刊本增补。

〔2〕"周肄信"误为"周肆信"，据卷首收录嘉庆十五年上谕及卷三十收录嘉庆十五年九月温承惠奏《为尊旨保奏办工出力各员，额恳恩施仰析圣鉴事》奏议均为"肄"字。据以改正。

卷十五 奏 议

康熙三十七年至雍正三年 ［1698—1725］

康熙三十七年 ［1698］ 十一月，总河于成龙口奏：

"永定河河兵钱粮，若照营兵例，差员移取守道，迁延日久，以致迟误。嗣后，河兵钱粮、工料银两，须令将就近房山、霸州、文安、大城、雄县、任丘、安肃①、定兴、固安、永清、东安、武清等州县，地丁钱粮竟解分司衙门，给发河兵，预备工料等项，庶不致有误。其余剩钱粮，该州县仍照常解送守道，等因，启奏。"（奉旨："好，钦此。"）

康熙三十七年十二月 ［1699 初］，总河于成龙奏《为请旨事》

先经臣口奏："自朱家庄东起，至郎城②止，后面修堤" 等因。奉旨："依议，钦此"。钦遵在案。今看朱家庄东洼下之地，南面被沙淤高，北面地洼水向北漫流，去庄切近。应自朱家庄堤起，至孙家坨，修堤二十余里，以阻漫水。其地土脉颇好，不必夯筑。照现修大堤丈尺堆修外，孙家坨南所有高冈之处开宽，间段挑挖，将水引入郎城东清河。但水口关系紧要，兴工之际，雇募附近州县民夫可也。谨奏。（奉旨："依议。钦此。"）

康熙三十七年十二月 ［1699 初］，总河于成龙《为请旨事》

臣等看得，永定河北岸沙堤，自卢沟桥起，至张客村止，已经堆修。其南岸沙堤，因旧河口未经修筑拦河坝，是以未修沙堤。俟旧河口拦河坝修成之日，再将沙

（嘉庆）永定河志

---

① 安肃县，今河北省徐水县，清属保定府。今为保定市辖县。
② 即后称安澜城，在河北省永清县东南境。

368

堤堆修。此项银两，仍问守道取给可也。谨题。（奉旨："依议。钦此。"）

康熙四十年［1701］四月初十日，分司色图浑、齐苏勒口奏：

"臣等仰遵圣训，将牝牛河堵塞。对永定河开挖，修建草坝。于本月初八闸放水，引入永定河。其沙堤挖断口处，及大河崖入水口处，俱应下埽保护，以防浑水倒漾。现在卷作大埽，以备急用，应派人看守，等因。告诉郎中佛保转奏。"（奉旨："知道了。分司等欢喜么？若牝牛河水大长，即将旁边挖开，令向旧河流。若永定河水大长，着做埽以防倒漾。钦此。"）

康熙四十年［1701］四月，工部《咨复直隶巡抚[1]李光地疏》称：

三月二十日，郎中佛保启奏："看得琉璃河、永定河之间，内有牝牛河一道。寻问源头，自西山佛耳门、戒坛、太子峪起。三股河流汇于石阳村，至佟村入琉璃河。永定河竹络坝斜向西北五里，有老君堂村。对此，牝牛河[2]似应修坝三段，将水逼入永定河，开挖小清河一道"，等因。（奉旨："交与分司等，照此修理。朕着这样修理之处，传旨与巡抚李光地，着前来看，钦此。"）

臣至老君堂，看视牝牛河。复至琉璃河、辛庄等处看视。牝牛河居琉璃河之上游，至老君堂村，斜向竹络坝五里，挖河修坝，工程甚易为力。俟永定河将干时，将牝牛河水逼入永定河，接济冲刷。应听分司等勒限完工，等因。（奉旨："该部知道。钦此。"）

康熙四十年［1701］五月，工部《为请节钱粮，预筹修筑，以济河防事》

臣等议，得直隶巡抚李光地疏称："永定河南、北两岸，设立河兵二千名，原备抢修、防护之用。一年内，工程紧急，唯桃花、麦黄、伏、秋时候。此时抢修、防复更急，时或十日、半月不等。兵遇紧急工程，率多逃窜，以致堵御不速。及水缓停工、严冬无事，则又坐食糜饷。应于二千名中，拣选年力精壮，熟习桩埽，有籍贯，诚实者八百名，分给各工，以为钉桩、下埽、守堤之用。其余一千二百名，全行裁汰。余饷银一万六千四百余两，于工程紧急时，雇募附近民夫充用。至裁兵饷银，应解道库，令分司于需用时，呈请拨给"，等语。应如该抚所题，将永定河兵裁去一千二百名。其裁兵饷银，应解道库。如遇工程紧急时，雇募民夫。将用过钱粮，年终造册题销。谨题。（奉旨："依议。钦此。"）

康熙四十年［1701］，工部《为奏闻事》

查，直抚李光地疏称："永定河张客村地方，今岁新筑石堤。部议作何看守？"行臣并永定河分司等议奏："臣查，石堤堵御旧河，且明年尚有接作工程。若保守不严，恐妨明岁新工。似应交与分司及本工笔帖式、把总看守。再着该地方协同巡防保守"，等因。（奉旨："该部知道。这本内合缝损坏，不合。着饬行。"）

康熙四十年［1701］六月，工部《为请旨保守直隶河堤，以期永久事》

臣等会议，得直隶巡执李光地疏称："永定河及大城、静海等处堤工告竣，经修人员令其保守三年捐银。诸督抚应否令其一例保守之处，伏乞圣裁"，等因。具题。（奉旨："这河工捐银全完，及经修完工人员，免其限年保守。钦此。"）应将此等人员所承修工程，交与各该地方官防守。

又疏称："清河无分工笔帖式，堤岸甚多，同知、丞、判等官寥寥数辈。应将各地方府、州、县印官，皆令兼防守之责"，等语。查，有河地方府、州、县官，原有兼管河道之责。应如所题，令兼管防守。

又疏称："永定河自三圣口以上南、北两岸，原系笔帖式分段巡防。今除郭家务至三圣口南岸新工，有旧南岸官兵可以移撤分管外，其自三圣口至柳岔今岁新修两堤，每岸设立笔帖式二员，按丈分管。即于永定河效力副笔帖式十八员内，令分司拣择，呈选补授"，等语。应如所题，于副笔帖式十八员之内，拣选补授可也。谨题。（奉旨："依议。钦此。"）

康熙四十一年［1702］正月，工部《为钦奉上谕事》

臣等议，得直隶巡抚李光地疏称："永定河西北老君堂等处开挖小清河，以及两头河口打坝、下埽。奉旨：'交与分司色图浑等修理。'今据色图浑等呈称：挖小清河，自老君堂牤牛河起，至沙堤内止，共挖河长六百九十七丈五尺，面宽二丈五六尺至四丈不等，底宽二丈八尺至三丈不等，深六七尺至九尺不等。并头河口打坝、下埽，共用银一千六百一十七两五钱零"，等因，前来。查，前项挑河、打坝用过银两，既经该抚查明具题，应准开销可也，谨题。（奉旨："依议。钦此"）

康熙四十二年 ［1703］ 十一月，吏部《为请汰河工冗员等事》

臣等会议，得吏部尚书、管理直隶巡抚事务李光地疏称："永定河两岸设有分司二员、正笔帖式十八员、副笔帖式十八员。俟今年限满后，其留用几员之处，令分司自行酌量拣选，呈明具题，永为额设。此外俱行裁去。倘分司将才具不堪、与幼少未谙之人混行保补，贻误河工者，应严定处分。又，永定河既有岁修钱粮，于抢修要紧之时，遇有雇夫、采买等事，与沿河州、县协同雇、备。如分司发价短少，应行参处。若州县雇备怠玩，推诿贻误者，亦降清河一等，定为处分之例。再，永定河两岸分司，裁去一员，止留一员总理河务，似为责任专而无彼此隔膜之异"，等因，前来。除限满正、副笔帖式三十六员，应行令分司酌量拣选，具报呈明该抚，题定额设，其余俱行裁去外，如分司将才具不堪、年幼未谙之人混行保补，贻误河工者，该抚查参。照"保荐不实"例，降二级调用。查定例："官员应给民价，不速给迟延者，罚俸一年；半给不给者，降二级调用；竟不给者，革职"，等语。如分司遇抢修紧要之时，雇觅人夫、采买料物，不速给价，或半给，或不给者，该抚题参到部，照此例议处。又，定例："官员奉修冲决地方，雇夫不发，或将柳埽、桩木等物不行速买、解送，以致迟误者，降一级调用"，等语。沿河州县官，雇备采买物料怠玩，推诿贻误者，分司揭报，该抚题参到部，降一级，罚俸一年。其北岸分司色图浑、南岸分司齐苏勒，此二员，恭侯皇上裁去一员。俟命下之日，臣等遵奉施行。（奉旨："色图浑着裁去。余依议。钦此。"）

康熙四十三年 ［1704］ 二月，吏部《为请汰河工冗员，以专职守事》

臣等议得，先经臣部尚书、管理直隶巡抚事务李光地题《为请汰河工冗员等事》一疏，内称："永定河已留下笔帖式十一缺、副笔帖式十一缺。此留正笔帖式二十二缺，以二员管理钱粮档案，二十员分派两岸，保守堤河，永为定额。其应留用之员，另行拣选咨部"，等因。具题。（奉旨："该部议奏。钦此。"）

到部。续准。该抚咨称："据分司齐苏勒，将舒永义等正笔帖式二十二员拣选顶补"，等语。又题《为请旨事》一疏，内称："查，分司已将郭治补授。今正笔帖式二十二员，照定例留河，分工领兵、雇夫保护工程；或照清河例，交与沿河地方官；再设同知一员，领兵雇夫，责成分司预期备料，亲身巡视，催督料理"，等因。题请。（奉旨："该部议奏。钦此。"）

到部。查，永定河笔帖式等官，先经该抚裁汰，拣留在案。今或应留下笔帖式二十二员，有益河工；或应设立同知一员，有益河工之处，相应移咨该抚定拟，具题到日再议。（康熙四十三年［1704］二月十二日，奉旨："永定河笔帖式，着照该抚所题裁去。设立同知具奏。钦此。"）

康熙四十三年［1704］二月，吏部《为遵旨，请补河厅等事》

臣等议，得臣部尚书、管理直隶巡抚事务李光地疏称："永定河照依清河例，设立同知。除分司原有考成定例外，其沿河府、州、县地方官，亦应照依清河例，俱兼防守之责。查，霸昌道①属，并无知府。应将沿河之固安、霸州、宛平、良乡、涿州等州县，照清河州、县例。霸昌道照清河知府例，定其处分。至所设永定河同知，议叙、处分之处，俱照清河，勒限三年为满，责任考成。再查，所设同知有承领河兵，雇夫做工，收发钱粮之事，似应颁给'永定河同知'字样关防，以防伪诈。至应给衔署、人役、俸食等项，应于同知任事后，另行咨部"，等因。应如该抚所题。（奉旨："依议。钦此。"）

康熙四十九年［1710］五月，工部《为奏闻事》

查得本部侍郎奏称："臣等于三月十九日至卢沟桥，会同分司色根等，将衙门口村对直石堤一段，长一百二十丈，真武庙前石堤一段，长一百十丈，此二处石堤背后，土有坍塌，以致卑薄处，俱照所题，加高培厚。自纪家庄起，至庞村堤止，土堤长一千五百七十丈，坍塌卑薄处，亦照所题，加高培厚。其真武庙大溜顶冲之处，甚属紧急。于此酌量建挑水坝三座，连护堤埽、用过埽二百七十丈；回龙庙旧石堤与土堤相接处，亦系大溜顶冲之处，酌量建挑水坝四座，连护堤埽、用过埽三百六十个。以上共筑土堤一千八百丈、挑水坝七座，连堤埽、连护堤、用过埽六百三十个。原估工料银一万三千七百八十四两六钱一分五厘。臣等节省修理建筑，除节省银三百八十四两六钱一分五厘外，实用过银一万三千四百两。将此节省银两，交与节慎库收贮。用过土方，并挑水坝等埽丈尺、物料工价细数，另行造册报部外，将修理完竣之处，具折奏闻。"臣等窃思，皇上爱民如赤子。（特旨："将此堤交与工

---

① 霸昌道，清霸昌道驻昌平州，辖顺天府属三州十五县：大兴、宛平、霸州、保定、文安、大城、涿州、房山、良乡、固安、永清、东安、香河，昌平州、顺义、怀柔、密云、平谷。

部并分司等，作速修理，钦此。"）

臣等催趱加紧，坚固修理，于五月十三日完工。此堤附近居民俱至堤所。咸称："皇上特为小民，不惜钱粮，将此堤工坚固修理。嗣后，不但我等田地无虞，即我等身命，亦永行安逸。"欢呼叩谢天恩。既蒙皇上爱惜民生，动帑修理，若不差员看守，被雨水冲刷，车辆践踏，必致损坏。查得此堤，原系工部每年修理。今差工部贤能章京一员看守。永定河河兵八百名内，挑选熟练河兵三十名，交与章京，敬谨看守。章京一年限满更替，此三十名河兵仍令该分司另行召募。嗣后，此土堤如有冲决坍塌之处，该章京带领河兵修补。如此，不用钱粮，而堤工得永远坚固矣。其挑水坝、护堤埽，倘有修补石堤坍塌之处，令该章京查明报部，臣等亲往验查。如应修理，即核算，令其修理。为此，谨奏。（奉旨："依议。钦此。"）

康熙五十六年［1717］四月，工部《为请旨事》

臣等议得，先经总督、管理直隶巡抚事务赵世杰疏称："永定河两岸，应修沙堤大堤共长三万六千九百七十丈，共需土方银二万五千九两九钱六分零。前经分司等奏准兴修。目今正值农隙之时，未便延缓。除令守道先发银二万两，乘时修理；其余银两另行找给"。等因。查，前项应修两岸堤工，工程紧急。若俟派出富户，然后兴修，恐缓不济急。应动支道库银两加筑。谨题。（奉旨："依议。钦此。"）

康熙五十六年［1717］十月，永定河分司臣齐苏勒《为钦奉上谕踏勘河道事》

先经臣等于本年三月初五日奏称："本年二月二十二日，桃汛水发，臣自柳叉口驾小舟，随大溜前往查勘。永定河水出柳叉口南二十里，会入新章大河。转迤东南，向杨芬港泻流。从前出新章通褚河港之河道，今间段淤塞，船不能行。自西沽所来盐货船只，俱出褚河港之南，杨芬港大河行走。杨芬港系数河交会之要口，现离永定河浑水不远，相去运河不过十五里。圣主深虑，洞见者甚是。倘由褚河港以南渐渐淤去，目下虽属无妨，日久恐于运河有碍。再看子牙河水直奔王家口流来，其势迅涌，大溜不让于永定河。两河相离既远，而又横隔于台头之大河，似若两不相碍。但褚河港所淤河身，原系永定河泄水之道。若将此淤塞之处，取近挑通，引永定河之水照常直会东沽港，往下出泄。则浑流可与运河相远，而新章之河道庶不至于淤塞矣。再看永定河水势大发之后，大溜直会新章，清、浑两流，甚属迅畅。至永定河水势稍落，遇清水，相敌之际，清、浑两流虽不至于迅涌，尚能汕刷，不至停沙。及至清河、永定河两水相等之候，而清、浑两流不但滞缓，且浑水又向两旁漫散，此系淤垫之端。臣请于本年麦、伏、秋三汛，将两河水势消长情形，历久试验奏闻，恭请圣训治理"等因。（奉旨："候此三汛，久试细验，甚好。尔加意试看。俟交冬令，朕再筹夺。其褚河港淤垫之处，暂停挑挖。亦俟冬令等夺。钦此。"）

臣等候至本年麦、伏、秋三汛，详久试看消长情形。永定河水发之时，大溜抵新章，会清河。清、浑两流俱属汹涌，毫无淤垫。至永定河水落，被清河之水抵敌之际，清、浑两流汕刷而流，亦不致有沙停。今岁麦汛，清、浑两河并发并消，此间俱无淤垫之状。迨伏、秋两汛，清河之水发之于前，永定河水发之于后。而清河之水势居强，浑水为之逼退，不能远漫，照常随清河而泻。以此，不致向南淤垫，自于运河无碍。至子牙河水由王家口泻出，流入台头等河，建瓴而下，照旧顺畅，其势不让永定河流。再看褚河港所淤之河，经今年伏、秋两汛水势汕刷，抵东沽港四里有余，自行刷成河道。现今虽不至于甚深，俟河冻，水流冰下，愈可刷深之。候臣等遵照圣训，凿开冰孔，摇桩治理，易于疏通。但褚河港以上淤浅之处尚存，应俟来年河枯之时，酌量挑通可也。为此，谋将试看情形奏闻。（奉旨："知道了。钦此。"）

康熙五十八年［1719］十月，永定河分司雅思海、齐苏勒《呈为钦奉上谕事》

职司等奏称："十月初一日，臣等奉上谕：'今年水大，堤工势必多有残缺。如有应行修理之处，尔等奏请。钦此。'臣等口奏：'今岁河水、雨水皆大。幸赖圣主所治之河已定，值此大水，河道依然完存。石堤虽坍，固堤根大石未动，是以大溜未能外迁。土堤虽漫，而所溢之水，俱由旧河达淀。再，堤外雨水浩瀚，在在泛滥，几与堤顶相平[3]。臣等目击村庄被围情形，仰恳圣训，于河水消落之后，故将大堤挑开，俾平地沥水尽归大河。又，泥安村一带，堤外沥水亦由坍堤之口归入大河，直达淀隰。兹因清、浑两水俱由永定河出泄，所有河工官兵、两岸居民，莫不欢声雷动，钦服我皇上改河口于柳岔口之得宜也。今各处漫口，虽经陆续圈筑月堤，并下埽堵塞完竣，但两岸堤工屡经大水汕刷，兼之溜沙淤垫，以致矮薄参差不一，必须加帮修理，方克有济'，等因，口奏。奉旨：'是。钦此。'钦遵在案。

臣等率领河员，将两岸经过大水甚被汕刷参差堤工，细加量勘。南岸沙堤，自高店起，会牤牛河闸止。北岸沙堤，自鹅房起，至张客村止，共长一万一千零八丈，高三尺至五尺五寸不等，顶宽一丈二尺至一丈五尺不等，底宽三丈至四丈五尺不等。内除不甚汕刷堤岸，止将堤顶取平修理外，其均应加至高五尺、顶宽一丈五尺、底宽四丈五尺合算。除旧土外，共计应用新土三万五千六百四十三方一分四厘五毫。南岸石堤，自牤牛河闸起，至北村止，共长四千四百四十丈。其背后上堤，高二尺至六尺不等，顶宽八尺至九尺不等，底宽一丈四尺至两丈不等。今均应加至高八尺、顶宽一丈三尺、底宽三丈合算。除现在旧土外，共计应用新土五万零四百九十六方二分。南、北两岸大堤，共长四万四千九百八十丈、高二尺至八尺不等。今相度地势高矮情形，加至七尺至八尺不等，顶宽一丈四尺至一丈五尺不等，底均加至宽四丈五尺合算。除现在旧土外，共计应用新土三十八万六千七百二十二方七分六厘。看得内有大湾之堤，今岁大涨，水被圈阻，甚费人力。似此堤工，应行取直修筑。至不甚汕刷堤岸，应止将堤顶取平修理。查得定例，沙堤每土一方，应给工价银九分；大堤每土一方，应给工价银一钱二分。今因易于雇夫之候，臣等严加核减，沙堤每土一方，节省一分，给银八分；大堤每土一方，节省二分，给银一钱；石工修筑背后土堤，须远方取用好土，每土一方应给银一钱二分以上。共计用银四万七千五百八十二两二钱七分一厘六毫，节省银八千零九十两八钱八分零。臣等将所估土方丈尺细数，造册呈送直隶总督，俟工完之日查核题销。再查，康熙四十年 [1701] 四月内，臣等为请节钱粮等事一案，呈请题明，将永定河河兵裁去一千二百名，每年节省兵饷银一万六千两零，内除每年用过八千余两雇夫外，自裁兵以来共节省存剩兵饷银十五万余两。原题内开：'其裁兵饷银解库，如遇工程紧急时，雇募民夫'，等语。今年堆修卢沟以南沙冈，已奉部题明，拨给过三千两，雇夫应用。今前项工程，或仍动用此项节存饷银，或另派富户修理之处，伏乞圣裁，谨奏。奉旨：'着派富户。钦此。'钦遵。

今派出正黄旗汉军、原任知府董天锡，正红旗汉军、御史张国栋到工。理合呈明。"

康熙五十八年 [1719] 十月，永定河分司雅思海、齐苏勒《为请旨事》

窃查，今岁清、浑两水，并力将郭家务以下河身汕刷甚深。向年淤埋排桩露出数处。两岸河涯，犹如皇上治河之时，高至五六尺不等。其郭家务以上，皇上指示之挑水坝共二十七座。经今岁大水，所有危险堤工数处，赖此挑水坝之益，堤岸无妨，得以完存。但此项挑水坝既经年久，又屡被大水汕刷，以致朽埽垫陷，桩木歪斜者居多。须大汛前速为加镶修理，以资防御。查，挑水坝工甚有裨益，如有应挑之处，应再酌量创行添修。其须用银两，除岁修钱粮之外，请动库银六千两，以便及时兴修。工完之日，将修过丈尺、用过物料钱粮数目，分晰造具细册，呈送直隶总督，查核题销可也。为此谨奏。（奉旨："着派富户。钦此。"）

康熙五十九年［1720］，工部《为钦奉上谕事》

查得永定河分司雅思海、齐苏勒呈称："'奉部札开，五十九年［1720］，动用库银八万三千五百余两。比照往年，甚属浮多'。为查，永定河两岸共长四百余（里）[4]，水势奔湍，不下黄河。每年准销岁修银两，有三万六千以至三万九千余者。惟是工程多寡，原无额定。因去年水势奇涨，危若累卵，蒙皇上特派富户修理堤工。此八万三千五百两之内，有四万七千五百余两系修堤之用，并非全用于岁修。其挑水坝系皇上亲指修筑，因年久朽坏，去年奏明，奉旨特派富户整复之工，更与岁修无涉。至岁修银两，原以防护堤工新旧险要之用。今岁两次拨用三万六千两，较与准销之数，尚属短少，并无浮多。且去年汛水浩大，险工甚多，今岁、抢修，必须加倍，方资捍御，未便以往年钱粮之数目为浮多也。再，谢履厚系特派修理永定河之员，自应飞骑到工眼，同办料急公抢修。如钱粮不敷，即行捐出。如有余剩，亦便领回。今派出五旬，既不赴库还项，又不亲身到工，似此规避，殊非臣子之谊。且永定河出银捐工人员，题定保固三年。谢履厚系代张国栋等派出之富户，则张国栋等捐修之坝，自应着该员保固。今并未到工。前项捐修之坝，在在沉垫。应动支何项钱粮修理，伏候部示。再，奉部续拨岁修等银一万五千两，今经两汛，已经支用银一万一千两。现在汛水频发，抢修急若星火。除飞请直督拨给四千两，以济急用外，倘嗣后水势浩大，钱粮不敷，或再呈请题拨，或仍着谢履厚捐出，亦请大部裁示'。至奉部札：'建坝筑堤，系河员专责。但永定河分司[5]分管领络，承修之工例应河员保固。至富户捐修之工，俱系富户自行保守'，"等因，前来。查，永定河两岸堤工，每年题请拨给岁修银两案内，俱称："将两岸卑薄堤工加高培厚。是岁修帮堤，总属永定河工"。今称："五十九年［1720］，动支库银八万三千五百余两内，四万七千五百余两系修堤之用，并非全用于岁修。"在该分司，竟将一处工程，分作两项矣。且今岁岁修帮堤，共支道库银八万三千五百余两。较比往年，甚属浮多。凡有应修之处，总在该分司所估之内，何得又有"倘钱粮不敷，或呈请拨给，或仍着富户捐出"之请也？且借动道库银两，前经两次题明，俟派"出富户着落，补还原项"，等因，奉旨："依议"。钦遵在案。康熙五十九年［1720］五月二十日，奏事双全将"修理永定河用过银两，派富户补还"启奏。奉旨："派出谢履厚"。是谢履厚奉旨派出，原只令其补项，并未令其赴工。今本部已经催令速行照数补库。至该分司所领道库银两，早已修筑堤工，则保守防护，系在河员。何得又令富户保固？再，挑水坝工，系张国栋等捐修。如有沉蛰，该分司即动支所领道库银两补修，并将应修之处，照原估银数，相机修防，不得推诿，以致贻误，可也。

康熙六十一年［1722］二月，工部《为钦奉上谕事》

臣等议，得总督、管理直隶巡抚事务赵世杰疏称："永定河南、北两岸沙堤大堤，并南岸石工背后土堤，因康熙五十八年［1719］被水汕刷，经分司雅思海、齐苏勒估计修筑，原计工料银四万七千五百八十三两零。今据两岸分司呈报，于五十九年［1720］九月二十六日完工。委员丈勘，悉与原册相符。除节省银一百二十三两二钱零外，实用土方银四万七千四百六十两零"，等因，前来。查看，前项工程既经修筑完工，其用过银两，应准开销。其节省缴还银一百二十三两二钱零贮库，为河工之用可也。谨题。（奉旨："依议。钦此。"）

雍正元年［1723］十月，北岸分司兼南岸分司苏敏《为钦奉上谕事》

本年九月十九日，奉兵部侍郎牛钮传上谕："永定河南岸分司雅思海这许多年，每年花费钱粮，并未加谨修理。着革退分司。将伊所侵欺，着竭力自备，在河工效力行走。若效力好，朕复起用；若不效力，从重治罪。北岸分司苏敏兼理南岸分司事务。南岸同知全宝兼北岸同知事务行走。将所补北岸同知调来，另行补用。彼处笔帖式甚至多，交与分司酌量留用，其余启奏发回。尔子、銮仪卫主事穆尔泰调补通州河工主事，着不时巡查永定河工程。銮仪卫主事员缺，着另行补人。尔下旨与舅舅隆科多看。尔子穆尔泰人去得明白，可成就。钦此。"

臣查得，永定河笔帖式二十员，实属过多。圣上所见甚明。今钦遵，将南岸笔帖式关福、德宗、费扬阿、哈什泰、五十九、岳林，北岸笔帖式福寿、常寿、黄海、席柱、阿音达、德勤，此十二员留用。将南岸笔帖式森忒、赫巴勒、永寿、西柱，北岸笔帖式七格、温拜、常奇、赵明，此八员发回。又查得，永定一河，古名无定。平时水势迅湍，人力尚可支持；时遇麦、伏、秋汛，淫雨连绵，举凡溪涧之水，莫不灌注于此河。郭家务以上，尚可容纳。自郭家务以下，两堤相去甚近，水被灾束，愈加汹涌。且浑水沙泥过半，河自易淤；而沙生之堤，又复易溃。故前任谙练河工之员，每不能保其安澜。已蒙圣上洞鉴。臣蒙除授北岸分司，方在昼夜惶惧，恐不能称其职守。复蒙皇上特旨，着臣兼理南岸事务。隆恩擢用，臣敏虽竭尽心力，实不能报答。但钦工重大，河性靡常，更兼汛期水势浩大，不能往返过渡。倘有顾此失彼之虞，在臣获罪之事小，而上负圣恩，下害生民，即万死亦不足赎。窃臣查得，郭家务以下，因河堤窄狭，水势汹涌，凡有冲决，俱在郭家务以下之处。若值汛期，水势浩大，臣一身不能周到，惟赖分管人员看守。此等人员，必得家道殷实，有能之人，方能称职。以臣愚见，自郭家务以上，仍交现在留工之福寿、关福等看守，照依旧例遵行外，郭家务下至柳岔口，每岸分派三工。将各部院衙门家道殷实、为人妥当之笔帖式，拣选六员，按旗出结，送往河工。令其看守两岸六工。若三年无过，不论有无捐埽，即行报部议叙，以应升之缺即补。如有本身效力捐埽者，则加倍议叙。倘三年之内有冲决之处，着落伊等家产赔补。如此，则看工官员自保家产，奋力功名，于河工大有裨益矣。伏乞圣上睿鉴，交与该部，拣选六人赏给。俟此六人到工之日，将现在留工十二员内，再行拨回六员。为此，不胜惶恐。谨奏。（奉旨："着吏部会同兵部侍郎牛钮议奏。钦此。"）

雍正元年［1723］十月，兵部侍郎牛钮《为钦奉上谕事》

臣奉旨："主事穆尔泰巡查永定河堤工"。启奏去后，今穆尔泰[6]回来呈称："我复思永定河工程，务将现有旧工丈尺得以明白。后日新添修筑工程之处，方可查核。率领分司苏敏，与同知全生，千总王凤康等，自卢沟桥起，至柳岔口止，丈量得南岸堤长共一百七十九里。此内，石堤二段，共长三十一里有余，下埽工程六十六段，共长八百七十七丈五尺；镶垫工程一百十段，共长一千六百三十八丈七尺。北岸堤长共一百八十五里。此内，沙堤长二十四望有余；下埽工程三十九段，共长四百七十八丈五尺；镶垫工程九十五段，共长一千六百四丈二尺。南、北两岸之堤相隔宽五十二丈至七百七十五丈不等。河身宽十八丈至八十三丈不等。堤内自水面至堤顶，高五尺至一丈一尺不等。堤外自堤底至堤顶高一丈一尺至一丈五尺不等。以上所有之工程丈尺，取分司用印细册存案。明年至兴工之时，我先看伊等物料，不时加谨巡查。工程俱已完竣，分司照例报明巡抚。我对册除去旧工，将新添工程查核。至南岸金门闸，相近石堤、旧河口亦不远，甚属要工。今被水刷坏，甚属危险。相应作速保护修理。已明白行文分司苏敏等，自卢沟桥至柳岔口止，谨绘全河图样奏览"，等因。具呈前来。臣看主事穆尔泰绘图呈称："建筑金门闸，系圣祖仁皇帝睿算。将牯牛河清水引入，抵挡浑水汕刷，永定河河底深通。初筑之时，牯牛河身高，永定河河身低。清水由小清河易于入闸，甚属有益。今已年久，永定河河身淤塞，反高于牯牛河河身。清水不能流通，金门闸又刷坏。现在抵冲大溜之处，甚属危险。此河系数百万银两建筑。今金门闸如有不坚固修理，若此处冲决，永定河全河之水复入旧河，而河致迁移。不但临近州县受害，而先前之建筑俱属空虚。郭家务以下两边之堤，现虽加高培厚，钱粮亦属糜费，关系甚要。牛钮受圣主之恩甚重，稍有见处，何敢不言。臣欲会同巡抚李维钧，率领穆尔泰、苏敏亲诣金门闸确勘。相应作何坚固修理之处，详议具奏。为此，将穆尔泰绘图一并敬谨奏览请旨。（奉旨："依议。李维钧着来工所。尔等会看具奏。钦此。"）

雍正元年［1723］十一月，兵部侍郎牛钮等《为钦奉上谕事》

臣在金门闸，会同直隶巡抚李维钧、主事穆尔泰、分司苏敏查得：金门闸现有旧埽甚属单薄，埽面上自三尺至七尺不等，镶垫修理旧埽，外面添下埽二道。金门闸东溜，应建鸡嘴坝一座，周围长二十一丈，尾宽六丈五尺。鸡嘴坝东迎溜顶冲，相应护崖下长五十丈，近水埽二道。金门闸下溜之处接旧埽，下长一丈，顺水埽二道。以上应添之埽俱下埽，高八尺。埽面上铺垫秫秸、草、柳枝，高七尺，垫上钉管心桩。应新添筑堤共一百九十丈，顶宽二丈，底宽五丈，高六尺至一丈不等，接新添筑堤茅草营之处，有旧大堤一段，长四百五十丈。此项顶宽只六七尺不等，底宽一丈三四尺不等，高二三尺不等，甚属单薄不堪。今将此加高六七尺不等，顶宽二丈，底亦宽五丈，加帮修筑。以上工程物料、工价，估算需银共五千六百十四两九分七厘八毫。所需银两，于道库给发分司苏敏，于年前全备物料。所备物料，令主事穆尔泰查看。明春开冻，苏敏亲身拣看，坚固趱修。工完，报巡抚转奏闻。

又查得，修筑永定河工程，并不用碪。只将土沙堆至丈尺，面上用石碪坚筑。堤土甚松，或被风卷去，或被雨水刷溜。水长至此，易于蛰陷。是以每年易致冲坏。要坚固堤工，全赖碪打筑。嗣后，坚筑堤工，铺土一尺，泼水，用铁碪打筑至七寸。为此，绘图谨奏览请旨。（奉旨："好。依议。钦此。"）

雍正元年十二月［1724年初］，兵部侍郎牛钮《为奏闻事》

据臣看得，永定河分司苏敏、主事穆尔泰呈称："永定河郭家务至柳岔，南、北岸堤共长二万六百丈。其加高者，遵照钦差并直隶巡抚前奏，自一尺至五尺不等。估计其培厚者，依照巡执面谕：'不其险者，俱照旧式；至险者，加厚料估之，丈尺估计'。再，本年清凉寺漫溢之处，虽经堵筑，犹恐未坚。估计月堤一段，长三百八十丈、顶宽二丈、底六丈。高一丈一尺。以上共需土五十一万八百七十方零。连硪夫工价，共需银六万七千五百六十二两零"，等语。查，伊等呈送册内估计之土方丈尺、硪夫银两数目，俱各相符。并请动用道库钱粮，以便明春开冻，及时兴修，等因，分司苏敏等业已咨明抚臣。应俟该抚另行具题请旨外，伏思圣主轸念万姓，动帑加培堤工，关系重大。应交与分司苏敏，于明春开冻兴工之时，亲行督修，坚固行硪，务于雨水前趱修完竣。仍令主事穆尔泰不时往来，加谨巡查。俟工完呈报到日，臣同抚臣亲诣堤工，按册查核。倘若丈尺不敷。修筑草率，即行指名题参，着令赔修可也。为此，谨奏。（奉朱批："好，知道了。钦此。"）

雍正二年［1724］六月，工部《为钦奉上谕事》

臣等会议，得直隶巡抚李维钧奏称："永定河堤岸业已动帑培修。尚有淤塞之处，应行挑挖。自柳岔口起，至王家园一带，内有淤塞，河高低不等，共计一千一百丈，估计工料银三千三百三十四两有奇。所需无多，培修堤岸银两尚有节省，尽足敷用。当严饬挑挖深通，使河水畅流"，等语。应如所请，速行挑挖深通。工完，造册题查核。至郭家务第七工堤根，该抚既称"系沙土帮筑，不能防护急溜，令分司各员培筑坚固"等语。应严饬专管及分修各员，培筑坚固，以保无虞，谨题。（奉旨："依议。钦此。"）

雍正三年［1725］八月，工部《为遵旨秉公回奏事》

臣等议，得[7]直隶总督李维钧疏称："雍正三年［1725］四月二十一日，蒙皇上发交《条奏永定河》一折，谕臣：'秉公回奏。钦此。'于五月十五日，刑部员外郎觉罗明寿到保，钦遵圣谕，将河工利弊情节两相讲论。谨将永定河工程应分别节省，并治理各条，分晰敬陈等因"。具题前来：

一、该督疏称："原奏永定河每年险修雇夫等银共三万一千两，多有浮销之款。

臣查永定河工钱粮，历年报销原无一定。有报销二万五六千两者，亦有报销三万三四千两者，其中岂无浮冒？河员俸工无几，食用沾润，自荷圣明洞鉴。若照原奏节省，则减去一半，诚恐借口工程单薄，兴起十万八万工程。为此，不敢过于节省。议于上半年民夫银内节省二千两，下半年民夫银内节省一千两，共节省银三千两。嗣后，管工各员领银若干两，办料若干件，务令报臣衙门，委员验看。若分司、同知发银不实，管工各员办料不足，臣即参究"，等语。查，河工关系紧要，若遽节省一半，诚恐工程单薄。但钱粮国帑攸关，虽云河员俸入无几，岂容任意浮销？抑且工程险易无定，节省势难画一。若遇平易工程，岂止节省银三千两？且河工向有先估后销之例。嗣后，永定河如遇紧急险工，一面动用料物兴修，一面将工程段落丈尺、需用工料银两数目造册具题。其岁、抢工程，亦令先行题估，工完之日造册题销。至分司、同知，倘或发银不实，管工各员办料不足，有令具空领等弊，该督即行查参，从重治罪。

一，该督疏称："原奏请停长垫名色一款。臣查，各员领银买料，恐有冒开。应将长垫一项，停其报销。如遇水险工大，购料不敷，令其飞报臣衙门，委官确查。即于平易工程，所备料物拨用"，等语。查，工程险易靡定，料物自须预备，以防急需。但永定河素有平易工程，预备料物，其长垫银两，理应不准报销。如水险工大，飞报总督衙门，委官查确。即于平易工程所需预备料物拨用，仍令具题。工完之日核明，据实题销。其长垫名色，永行停止报销。

一、该督疏称："原奏，应行将河兵减去一半。如遇下埽、打桩之时，即于节省饷银内雇夫一款。臣查，永定河河兵原系二千名。康熙四十年［1701］，前任抚臣李光地题裁一千二百名。每工拣存三十名，现存八百名。若遇工程紧急，以裁兵饷银临时雇夫，虽少节省，但永定河两岸共长三百五十余里，每工需人巡防。今若再减一半，恐鞭长莫及。第河兵每有坐食之时，每工三十名似属糜费。应于八百名内减去二百名，可节省银二千八百余两。若遇下埽打桩之时，人不足用，应行雇夫，即于原拨雇夫银七千两内动用"，等语。查，永定河两岸共长三百五十余里，每工现有河兵三十名。应如该督所题，于八百名内，有老弱不力者减去二百名。永定河两岸工程险易不一，应令该督将所存兵六百名，照工段之险易，拨兵防守。仍将其工裁减若干之姓名，于花名清册内分别造送报部。若遇紧急工程，人不足用，另行雇夫，即于原拨雇夫银七千两内动用，仍造入估计册内题报。

一，该督疏称："原奏，请按时价采买秫秸一款。臣查，秫秸价值原无一定。从前每束一分，虽不甚贵，然丰收价贱，徒饱官囊；欠岁价昂，必致民累。嗣后应照时价采买"，等语。查，秫秸价值固无一定，然每束一分，历年已久，且各处工程俱有定价。若照时价采买，诚恐任意低昂。况原条陈内，秫秸每万束价银一百两，时价采买一万束，价银不出五六十两。嗣后，每束一分，应减去二厘。准其八厘，永为定例。应将该督照时价采买秫秸之处，毋庸议。

一，该督疏称："原奏裁撤笔帖式，添设把总二款。臣查，笔帖式内，原多假冒殷实，希图限满即升。然分工防□，□□[8]效力。若据裁撤笔帖式，添设把总，不特有添俸薪之费，且恐官卑力薄，必致误工。今议得，拣选笔帖式是否殷实，必须本旗都统出结报部，则虚冒殷实之弊自绝"，等语。臣部移查，吏部回称："现今永定河笔帖式共十二员。俟缺出时，行文各部院衙门，家道殷实，情愿赴工效力者，拣选发往等因。嗣后，遇有笔帖式缺出，令各部院衙门拣选发往，仍取该旗都统'家道殷实'印结。如有希图限满即升，假冒家道殷实者，该督查出，即行指名题参。交与该部，从重治罪。并将拣选发往之上司、出结该旗之都统、参领、佐领、骁骑校一并交与该部议处"。

一，该督疏称："原奏埽坝皆指旧作新。嗣后，如鼠洞冲决，该管人员治罪，将款内节省银两，委员估修，册报工部一款。臣思，分管人员遇鼠洞冲决，若止治以罪，不令赔补，又恐漠[9]视河工。况冲决之处，将款内节省银两估修，则节省徒为误工之员所费。至委员修工完后，复行报部，委验河员不无一番应酬。嗣后，或有鼠洞冲决，应仍着该管之员依限赔修。倘有指旧作新情弊，即将分管之员咨革。责令失察之分司、同知分赔"。等语。查，防守修过堤岸，乃分管官员之专责。如鼠洞冲决，即着该管官限日赔修。如限内不完，及修过工程不坚，即将该管官即行参革，仍令赔修。至分司、同知有监察之责，倘有指旧作新捏报情弊，即将该管官参革赔修，仍令失察之分司、同知公同分赔修理。

一，该督疏称："原奏永定河下稍淤沙，以致冲决，请嗣后作何挑挖深阔一款。臣查，永定河水势激湍，下稍一淤，不能畅流，必致冲决。嗣后，每岁水枯之后，臣即委员会同分司，在淤浅之处，量地之远近、宽窄、深浅，共有若干工程，应需银几何，公同刨挖如式，则水自畅流，两岸可保"。等语。查，河水冲决堤岸，皆因下稍淤沙，不能畅流之所致。嗣后，遇水枯之时，即遴委熟练干员，会同分司确勘。如有应挑之处，即将工程丈尺、所需银数造册具题，仍将用过银两数目据实题销。倘有提称淤浅，希图冒销情弊，该督即行查参，交与该部严加治罪。

一，该督疏称："原奏，委员查验，必遴老成练达之员一款。嗣后，拣选老成练达之员查验，务将利弊确查详复。如有徇隐，一并附参"，等语。查，修过工程，如不另委官员查看，不无捏报情弊。嗣后，查勘做过工程，该督务必遴委练达老成官员，据实查看。如有徇隐情弊，一并题参可也。谨题。（奉旨："依议。钦此。"）

［卷十五校勘记］

〔1〕"直抚"由简称改全称，增补"隶巡"二字。

〔2〕牤牛河，"河"字原本脱，据前后文增补"河"字。

〔3〕"平"字原本误为"乎"，形近而误，据文意改。

〔4〕"里"字，原本误为"丈"，据上下文意改。

〔5〕分管前脱"分司"二字，据原本增补。

〔6〕"泰"字原本脱，据前文增补。

〔7〕"得"字原本误"等"，据文意改。

〔8〕此处三字原本为不可辨识，今本以□□□暂代。

〔9〕原本误为"膜"，今本依文意改为"漠"。从今本。

卷十六 奏 议

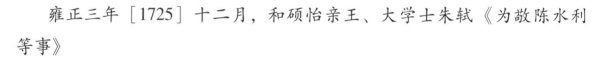

雍正三年至八年 ［1725—1730］

雍正三年［1725］十二月，和硕怡亲王、大学士朱轼《为敬陈水利等事》

钦惟我皇上宵旰勤劳，无刻不以民依为念。兹因直隶偶被水涝，截漕发仓，多方轸恤，被水穷民，既皆得所。犹命臣等查勘各处情形，兴修水利，务期一劳永逸。所以为民生计，至矣尽矣！臣等虽才识浅陋，敢不殚心竭力，以求仰副圣怀？自出京至天津，历河间、保定、顺天所属州县①，所至相度高下原委，并咨访地方耆老。所有各处情形大略，谨为我皇上陈之。

窃直隶之水总会于天津以达于海，其经流有三：自北来者为白河；自南来者曰卫河；而淀池之水贯乎白、卫二河之间，是为淀河。白、卫为漕艘通达之要津，额设夫役钱粮，责成河官分段岁修，而统辖于河道。

直隶总督迩年以来，白河安澜，无汛溢之患。惟饬河道官员加谨防护，可保无虞。

卫河发源河南之辉县，至山东临清州与汶河合流东下，河身陡峻，势如建瓴。德、棣、沧、景②以下，春多浅阻，一遇伏、秋暴涨，不免冲溃泛滥。查，沧州之南

---

① 河间府辖：河间县、仁丘县、献县、交河县、阜城县、景州、故城县、肃宁、东光县、吴桥县、宁津县；保定府辖：定兴、新城、安肃、容城、新安、安州、雄县、满城、清苑、完县、唐县、望都、高阳、祁州、蠡县、博野、束鹿等；顺天府辖：大兴、宛平、霸州、保定、文安、大城、涿州、房山、良乡、固安、永清、东安、香河、昌平州、顺义、怀柔、密云、平谷、通州、三河、武清、宝坻、蓟州、宁河等州县。

② 德、棣、沧、景：指山东德州（今德州市）、无棣（清又称海丰，今无棣县）、河北沧州（今沧州市）、景州（今景县）。

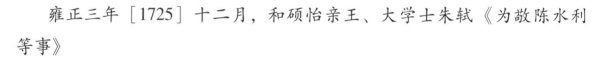

有砖河，青县之南有兴济河，乃昔年分减卫水之故道也。今河形宛然，闸石现存，应请照旧疏通，于往时建闸之处筑减水坝，以泄卫河之涨。又，静海县之权家口，溃堤数丈，冲溜成沟，直接宽河，东趋白塘口入海河。亦应就现在河形，逐段开疏，于缺口筑坝减水，均于运河有益。白塘口入海之处，旧有石闸二座。砖河与济二河之尾，应开直河一道，归并白塘出口。涝则开闸放水，不惟可杀运河之涨，而河东一带积涝亦得藉以消泄。且海潮自闸内逆流，遇天时亢旱，则引流灌溉，沟洫通而水利溥，沧、青、静海、天津，数百里斥卤之地尽为膏腴之壤矣。至沿河堤工大半低薄，应饬修筑高厚，仍令总督将玩忽河官参处，以警将来。此治卫河之大略也。

至东西二淀，跨雄、霸等十余州县，广袤百余里。畿内六十余河之水会于西淀，经霸州之苑家口会同河合。子牙、永定二河之水汇为东淀，盖群水之所储蓄也。数年以来，霸、雄等州县，各淀大半淤塞，惟凭淀河数道通流。一经暴涨，不惟淀河旁溢为灾，凡上流诸水之入淀者，皆冲突奔腾溃决无际。总缘东淀逼窄，不能容纳之故也。故治直隶之水必自淀始。凡古淀之尚能存水者，均应疏浚深广，并多开引河，使淀淀相通。其已淤为田畴者，四面开渠，中穿沟洫。洫达于渠，渠达于淀。而以现在淀内之河身疏瀹①通畅，为众流之经，经纬条贯，脉络交通，泻而不竭，蓄而不盈。而后圩田种稻，旱涝有备，鱼鳖蜃蛤萑蒲之生息日滋。小民享淀池之利，自必随时经理，不烦官吏之督责，而淀可常治矣。

周淀旧有堤岸加修高厚，无堤之处量度修筑。其赵北、苑家二口为东西二淀咽喉。赵北口堤长七里，现在板石桥共八座，俱应升高加阔。并于易阳桥之南添设木桥一座。堤身加高五六尺，桥空各浚深丈余。每桥之下，顺水开河直贯柴伙淀而东。苑家口之北，新开中亭河近复淤塞，应疏浚深广。其上流玉带河对岸为十望河旧道。应自张青口开通，由老堤头入中亭河，会苏家桥三岔口，达于东淀。庶咽喉无梗，尾闾得舒，可无冲溢之患矣。子牙、永定二河以淀为壑，淀廓而后河有归，亦必河治而后淀不壅。此治二河之法，所当熟计也。

子牙为滹、漳下流。清浊二漳，发源山西，至武安县交漳口，流经广平、正定，

---

① 瀹［音 yuè］，疏通河水之意。

而滹沱、滏阳大陆之水①会焉。蔡沈《禹贡》②注云："唐人言，漳水独自达海，请以为渎[1]。"可知天津归海之水，以子牙为正流。其余诸水皆附之，以达于海者也。夫以奔腾注海之势，遮之以数百里纡回曲折之堤，河身淤垫高于平地，两岸相距不过数丈，旧时支港岔流一概堙塞。欲其不冲不泛，安可得乎？考任邱旧"志"，子牙下流有清河、夹河、月河，皆分子牙之流，同趋于淀。今宜寻求故道，开决分注，以缓奔放之势。

永定河俗名浑河，其源本不甚大。所以迁徙无定者，缘水浊泥多，河底逐年淤高。久之，洪流壅滞，必决向洼下之地。其流既改，故道遂湮。盖水性就下无定者，正其所以有定也。今应于每年水退之后，挖去淤泥。俾现在之河形，不致淤高，庶保将来不复迁徙。二河出口俱在淀之西，淀之淤塞实由于此。

臣等面奉上谕，令引浑河别由一道。此圣谟远照、经久无弊之至计也。今应自柳岔口引浑河，北统王庆坨之东北入淀。子牙河现由王家口分为二股。今应障其西流，约束归一。两河各依南北岸分道东流。仍于淀内筑堤，使河自河，而淀自淀。河身务须深浚，常使淀水高于河水，仍设浅夫随时挑浚，毋令淤塞两河。淀河之堤至三角淀而止。盖三角一淀为众淀之归宿，容蓄广而委输疾。但照旧开通，逐年捞浚，二河之浊流自不能为患，而万派之朝宗可得安澜矣。此廓清淀池调济二河之大略也。再，各处堤防冲溃甚多，应俟堤内水泄，兴工修筑其高阳河之柴淀口。河身南徙，旧河淤塞断流，应速挑浚，复其故道。新河之南，界连任邱，有古堤一道，亦冲溃数段。以致任邱西北村庄尽被淹没，鄚[2]州一带通衢亦宛在水中。现今任邱县[3]令详请开挑淀堤消③泄，亦应俟水退之后照旧修筑，并垫高行路，以便往来。又，新安之雹河，自西折东，远县治之南入淀。而徐河会入漕河，复自刘家庄泛滥而下。新安正当二河之冲，每遭漂没之患。应于三台村南开河一道，引槽河之水会

---

① 大陆之水，指古大陆泽，又名巨鹿泽。在河北省南部任县、巨鹿县、隆尧县之间，源出内丘县。太行山东麓众水多汇注于此。唐时东西二十里，南北三十里。清时或称有南、北二泊，南泊即大陆泽，北泊为宁晋泊，漳河为其下游，清以来逐渐淤浅，现已成平地。

② 蔡沈［1167—1230］南宋学者。字仲默。建阳［今属福建］人隐居九峰，学者称为九峰先生。曾师从朱熹，专习《尚书》历数十年，博采众说，融会贯通，著《书集传》，元代以后成士人考试标准。《禹贡注》是他著述之一。在该书中曾指出唐人认为漳河曾独立入海。有"请以为渎"之说，渎的本意"大川"。《尔雅·释水》："江、淮、河、济为渎，四渎者，发原注海者也。"

③ 此指任丘县西北白洋淀各淀的隔淀堤。在今郑州镇、七间房乡以西。

入霍河，由县之正北入应家淀。南岸筑堤，以护县治。凡县属之大小淀淀，俱可以圩田种树，甚为有益。凡如此之处不少，尚须逐一查勘，并天津、海口、京东、畿南等处，统俟来春查明具奏。谨将勘过情形绘图，恭呈御览。伏乞皇上睿鉴指示，臣等未敢擅便。谨奏。（奉上谕。恭录卷首）

雍正四年［1726］正月，和硕怡亲王等《为议覆永定河南北岸分司觉罗明寿奏事》[4]

臣等议，得永定河分司觉罗明寿奏称：[5]"奴才荷蒙圣主隆恩，擢用河员，惟有尽心竭力仰报于万一耳。前奴才时蒙皇上召入。奴才口奏：'永定河郭家务以下，河身历年淤塞，或可改宽另筑一堤，庶免冲决之虞。'随蒙皇上面谕：'朕着怡亲王、朱轼查勘直隶通省河道。俟到永定河时，尔将情形告诉伊等，回京具奏。钦此。'仰见我皇上重念民生之至意，极为广大周详。

上年十二月内，怡亲王、大学士朱轼到永定河查勘情形，细为筹画。如由永定河下梢柳岔口出水，恐于子牙、滹沱等河下梢有碍。意欲自柳岔口改至王庆坨另筑一堤，庶河身宽展，兼可出水。不惟于永定河有益，且与子牙等河下梢不致淤塞，则临河百姓永沾皇恩。其应改筑之处，除怡亲王、大学士朱轼具奏外，再奴才更有请者，谨将河务紧要之处共列四款，恭呈御览。"等因。雍正三年［1725］十二月二十六日奏。奉旨："交与怡亲王、朱轼议奏。钦此。"钦遵。

臣等议得，据永定河分司觉罗明寿奏称："永定河金门闸一带向有石堤二十五里，自建设以来，每遇河水汕刷，上重下埽，多致倾圮。若照依石堤式样，重为修理，不惟钱粮浩大，抑且沙堤难坚。可否将此石堤改作土堤，加高培厚，可无倾圮之虑，"等语。查，金门闸一带，河身俱系沙底，石工浮砌易致坍塌，每年修筑徒费钱粮。应如所奏，将石堤改作土堤。但永定河水势迅激，所筑堤身务须加高培厚，方可永久。其旧有堤石，于紧要工程应用之处，奏明移用。又奏称："今岁碱厂漫口，并王家湾旱口一带，工程虽系赔修报完，但工程单薄，难以持久。此紧要之地，若不另为加修，明春汛发，难保无虞。可否动用钱粮加修，或仍令赔修之处，相应请旨定夺，"等语。查，堤工关系紧要，据奏赔修官项，虽经报完，而工程单薄，难以持久。应速令该分司动用钱粮，及时修筑。务期坚固，以保无虞。

又奏称："两岸看工人员，原设笔帖式二十员，后裁去九员。若柳岔口改至王庆坨，添设堤岸，工多人少，未免顾此失彼。除现在十一员外，可否添补九员。如拣选笔帖式，保送家道殷实，难得其人。或将因公挂误[6]降革人员，无论满汉，情愿效力者，交部拣选，酌其年限，派往河工效力。无过，准其开复，以补原数。则人才鼓舞，河务亦有责成，"等语。查，河工设员关系紧要，容臣等将所看过通省河道计议，设官分治之处具奏请旨。应将该分司所请拣选人员之处毋庸议。

又奏称："临河州县俱有河防之责，而办料雇夫恐有漠[7]视工程，以蹈贻误之弊。况查旧例，临河村庄每遇[8]五、六、七月发水之时，各州县免其徭役，协护堤工。而临河居民俱念切田禾庐舍，是以防护甚力。请饬令临河州县，皆当仰体钦工，重大办料雇夫，无容息缓。又于五、六、七月发水之时，各州县晓谕百姓，暂免徭役，同心协力防护堤工。不惟河防大有裨益，而亦深惬民情，"等语。查，每年河水汛发之时，沿河州县督率村庄百姓协力防护，既有定例。则五、六、七月正当快汛，更宜加谨[9]。至于办料雇夫，沿河官员均有责成，应如所奏，严行该督抚转饬地方各官，凡关系河工，需用夫料务须上紧催办。如管河等官有短价勒买，及留难掯勒之弊，许地方官详报总督题参。至发水之时预行晓谕，临河附近村庄免其徭役，督率防护，毋致疏虞。倘有漠视工程，借端推诿，以及侵渔科派等弊查出，将该地方官员从重议处。恭候命下，臣等遵奉施行。谨奏。（奉旨："碱厂王家湾[10]工程着照所奏，一面动用钱粮及时修筑完固，其戴敏应否赔修之处，着明寿确议具奏。再，赔修之例，甚属无益。从来河官领帑修工，必预留赔修地步，以致钱粮不归，实用工程断难坚固。即幸而得保无虞，而钱粮终归入己。似此积弊，相习成风，必照侵欺钱粮例，严加治罪，方足示惩。着九卿详议具奏。余依议。钦此。"）

雍正四年［1726］二月，九卿议覆和硕怡亲王、大学士朱轼奏《为请设河道官员以专责成》一折：

臣等查，水利所关最重，河道贵有专官。我皇上轸念直隶地方，特命怡亲王兴修水利，遍阅诸河。凡有应加疏浚修筑之处，现在逐一兴工。若不特设专官，工程难以稽核。应如怡亲王等所请，直隶之河分为四局：

南运河与臧家桥以下之子牙河，苑家口以东之淀河为一局，令天津道就近管理。其旧有天津同知、泊头通判以及各地方管河同知、通判、州判、县丞、主簿等员，悉受其统辖；

永定河为一局，将永定河分司改为河道，驻扎固安县，总理永定河事务。其沿河州县各添设州判、县丞、主簿等员，以资分防。所有同知一员照旧管理，将向来效力人员一概撤回；

其北运河为一局。旧有分司亦应撤回，令通永道就近兼辖，其管河州判等官悉听统辖；

苑家口以西各淀池及京南诸河为一局。将大名道改为清河道，移驻保定府。旧有管河同知、通判、州判、县丞、主簿等员，悉听统辖。

至天津道[1]、大名道[2]，今既为河道，所属州县钱粮命盗事务，应准总归知府考成。通永道所属永平一府[3]，亦准不属道辖。其通州等八州县，原无知府统辖，应仍令该道稽察，钱粮照旧兼理；其各处水田沟洫必须每年经理，令各道员督率所属州县，按地修浚，定为考成；道员钱粮有无虚冒，工程有无修废，悉归直隶总督考核。

各管河道库存贮钱粮。查，永定河分司今改为河道，驻扎固安。应将永定河岁修银一万五千两，仍照额设，解送河道外，其通永、大名、天津三道亦应照此例，每年于司库地丁钱粮各拨给银一万五千两，存贮道库，以为修理河道之用。倘有不敷，再行题请拨给，仍于年终照例题报工部。又，所设河道必得谙练河务，方于工程有益。亦应如怡亲王所奏，令直隶总督拣选，具题引见简用。其直隶管河同知以下各官，并现今添设之州判、县丞、主簿等官，总令直隶总督于河员内拣选题补。其沿河州县应添人员，并各道分隶河员数目，应令该督逐一查明，分晰造册报部。至永定河分司改为河道，驻扎固安县，大名道移驻保定府，及添设州判、县丞、主簿等官衙署胥役，应否添益增设之处，亦令直隶总督详议报部，到日再议。其各官应给关防，俟该督拟定字样，报部铸给。

再，查直隶有管河同知、州判、县丞、主簿，系吏部铨补之缺，三年俸满，报部即升。今吏部应停止铨选。嗣后缺出，令直隶总督于河工员内拣选题补。其各员升转，办比照南河[4]之例，令直隶总督保题升补可也。谨奏。（奉旨："依议。速行。钦此"。）

---

① 天津道辖：天津府属，天津州、县、静海、青县、沧州、盐山、庆云及河间府（辖州县见前已注）。

② 大名道全称为大顺广道，驻大名府。辖大名府（大名县、元城、南乐、清丰、东明、长垣、魏县）；顺德府（刑台、南河、沙河、平乡、任县、巨鹿、内丘、唐山、隆平、宁晋、柏乡、临城、高邑、赵州）；广平府（鸡泽、曲周、永年、邯郸、成安、磁州、广平、肥乡）。

③ 永平府：辖迁安、卢龙、抚宁、昌黎、滦州、乐亭、临榆、淀流等州县。

④ 此指江南河道总督有权在所属河工员内拣选题补河工官员的事例。其程序是：河道总督拣选，题本保荐，报吏部引见［分批晋见皇帝］，皇帝下特旨简任。

（本年直隶总督李维钧奏准：永定一河一局，添、霸二州各设州判一员、吏目一员。宛平、良乡、固安、东安、永清、武清等县各设县丞一员。主簿一员。共十六员。）

雍正四年［1726］十月，和硕怡贤亲王、大学士朱轼奏《为敬陈备工告竣情形等事》

窃臣等钦奉圣谟，查修直隶水利，举从前未有之事，图万世永赖之功。规画固贵于万全，而营治必求夫先务。是以于三四月积水消涸之时，派员领帑，择其大且急者次第兴修，虽麦汛早来，不无稍妨工作而旋长旋消，为时无几。加以天心助顺，少雨多晴，以故人力获施，众心齐奋。各处工程颇有就绪，而黍、稷、粳、稌、杭稻之获以有秋。此皆我皇上至诚感格，赐福兆民，故水利方兴，休征立应，非臣等愚昧所能意及者也。谨将各工告竣情形为皇上陈之：

一、白、卫二河漕运所经最为紧要。臣等奏请："疏通砖河、兴济，筑减水坝，以泄卫河之涨。又于静海县权家口冲决之处，逐段开疏，由白塘河归入海河。"部覆："奉旨，依议。"钦遵在案。今已委员挑挖砖河、兴济河，皆自岐口入海。虽石坝未成，而卫河伏汛骤长丈余，赖有新河宣泄，得免泛溢之患，粮艘安行，抵通颇早。权家口开挖十余里，至积水而止，俟水涸之日方可施工。其沿河堤岸旧有低薄坍塌之处，饬令效力人员逐处堵筑抢护。不致冲决成灾。白河性善淤刷。依令通永道高矿加谨防护，牛钮所修旧工俱令加筑坚固，以故山涨暴下，堤岸无虞。

一、东、西二淀统汇众流。臣等奏请"多开引河，加修赵北口桥堤，疏浚中亭、十望并苏桥之三岔旧河"。部覆："奉旨，依议。"钦遵在案。今西淀之赵北口，堤身俱已坚筑如式。旧桥八座升高加阔，并新添木桥一座，皆可指日告成。广惠等桥下三河，亦均加疏浚。惟是白沟之流由大湾口而入柴伏淀者，水挟流沙，旋挖旋淤。容于水涸之后，细加相度，改道旧流，不惟一方永逸。而柴伏淀四十里之间，皆为营田之地矣。东淀之中亭河开浚通流，其下流之胜芳河亦挑挖深畅。三岔经流导自张家嘴而北，不令侵逼长堤。其淀内支河，如石沟、台头一带浅阻之处，俱经浚治。故汛水虽大，堤岸不患冲刷，消落迅疾。早于去秋者两月，中亭河岸涸出田亩一千余顷，晚麦秋菜尚未失时。其余皆已深耕，以待来春种麦。惟十望河故道积潦犹存，兴工有待。

一，子牙河。臣等奏请："自王家口分流之处，障其西流，约束归一。又寻求清河、夹河、月河等故道，开决分注，以缓奔放之势。"部覆："奉旨，依议。"钦遵在案。今再四查勘，清河、夹河、月河故道久湮，难以开决。而王家口以下至黄岔又分二支。虽尽行障塞，使之东归独流大坑，然下流转入扬芬港，仍苦淤塞，终非久计。臣等别有规画，另折具奏。

一，永定河壅淤清河。臣等面奉圣谕："引浑河别由一道入海"。臣等钦遵相度，请自柳岔以下导之北流，绕王庆坨而东。随复细加筹度，犹恐水势拗折，宣泄未顺。委令永定河道明寿，自武家庄挑引，入王庆坨北之长洵河。又虑河身浅窄，难以合流，委令笔帖式布纳等开扩深广。其郭家务以下两岸堤逼窄之处，亦令明寿扩堤改流。今堤工已成，新河将次告竣，从此淀河无阗淤之害，清流得朝宗之路矣。

一，钦堤一道，回环千里，乃数十州县生民田庐之保障也。岁久倾圮，奉旨命臣等修筑。自保定之清苑至河间之献县，派委人员逐段分修。六月间，汛水骤至，飞檄各员，并力抢护。旧有漫口一并堵筑。荷蒙皇恩，得免疏虞。其安州、新安、霸州、文安一带堤工，两面皆水，尤为险要。夫役捞取泥垡，尺积寸累，工力维艰。所幸三伏晴霁，入秋暄暖，得及时完工。数百里内，禾黍杭稻尽获收获。

一，畿南诸府。臣等奉命查勘，所有情形已缮折具奏。部覆："奉旨，依奏。"钦遵在案。但时已入夏，麦汛将来，各处工程俱未领帑兴修。惟南、北二泊水口淤塞，正顺广大，诸河宣泄无路，有不可以一日缓者。是以臣等先委人员，将南北之穆家口淤河四十里疏瀹宽深，并修筑桥堤，以防漫溢，而任县、隆平①始有宁宇矣。北泊②之黄见营、营上等村大加展挖，使泊水畅流。入滏二泊，迭相传送，积涝渐消。虽雨水稍多，并无旁溢之患。至滹沱一河，迁徙靡定。去年决州头而东，束鹿、深州皆被其害。官民环诉，望救孔亟。虽难骤言永图，亦须权为补救。已委员于第四沟开引导入木邱。寻蹑旧河，由焦冈而注之滏水，束鹿之间可无冲压矣。

一，京东州县工程甚多。臣等历勘，奏请部覆："奉旨，依议。"钦遵在案。今武清县之凤河，自高各庄分流，至埝上村而归故道。逐段疏[11]浚，引入淀池，野水藉以消涸，而武漷沮洳③之区尽成沃壤。香河县之牛牧屯以上旧无堤堰，运河泛溢为灾。今斜筑长堤一道，以资捍御。不惟香河无运河之患，而宝坻亦免波及矣。宝坻

―――――――――

① 此指河北省任县、隆平［今隆尧］大陆泽所在地，清称南泊周边地区。见前有关大陆泽注。

② 即宁晋泊。

③ 此指今武清、香河、通州西南旧漷县一带的低洼地带。

为众[12]涝所归，通州之窝头河、夏店之箭杆河为害尤剧。今俱已疏浚分流，各依县治南北而会于北城门，达于蓟运河。积涨全消，污莱可艺[13]。还乡河，源峻流纡，屡年冲决。今已于刘钦、王木匠等处最曲之处，各开直河，俾与旧河分泻。而沿河堤岸展阔筑坚，从此无复冲溃矣。滦州之别故河，疏涤淤沙，导自庙山，绕城南而入滦水。不唯城闉无侵啮之患，而负郭皆腴田也。

一，营治稻田，必须次第经理。臣等委员于玉田等处，率先营治，以为农民之倡。今据各员详报，玉田县营田七十五顷，迁安县营田十二顷七十八亩，滦州营田十三顷五亩，蓟州营田五十余顷，每亩收稻谷三四石不等。而民间之闻风兴起，自行播种者，安州则五十七顷七十一亩，新安则一百一十五顷十一亩，任邱则一百一十顷二亩，保定则三十六顷九十九亩，霸州、大城各二十顷，文安则至二百四顷二十七亩之多，以上稻田共七百一十四顷九十三亩。此实从前所未见者。民心欢庆，咸称皇恩高厚，不惜帑金为之规画经营，遂使积洳之区坐获美利。但水在堤内者消涸有时，皆求设法留水，以资灌溉。夫直隶之所患者，水也，去之惟恐不速。今才享收获之利，即思为灌溉之利。所谓用之则利，弃之则害者，非虚语也。臣等现在委员相度，开渠建闸，以备旱涝。庶小民长享乐利，永戴皇仁于无既矣。

以上工程除已经报完者，委员稽察确核外，及兴修未竣及尚未动工之处，统俟明春催督修理。所有用过钱粮，俟工完造册奏销。臣等才识短浅，蒙皇上委任，夙夜兢兢，常恐贻误工程，有负皇上爱养元元之至意。惟有勉竭驽钝，悉心经理。但直隶地方辽阔，尚有应行修筑之处，容臣等查明绘图进呈，仰恳皇上指示。所有本年修过工程，理合奏闻，并各处所种稻田样米，另折恭呈御览。为此谨奏。（奉上谕，恭录卷首。）

雍正五年［1727］二月十八日，工部《为钦奉上谕事》

臣等查得，管理天津水师营都统觉罗巴颜德等奏称："臣等遵旨修理石景上堤岸俱已告竣。共用过内务府库银七万五千一百二十五两零，伏乞皇上遣官查核。至新修筑堤岸，奉特旨动用内库钱粮修筑。仰恳皇上天恩，仍交臣等效力人员看守，保固三年，再交永定河道管理。其原任监督郎中傅尔赛应赔修之工，交与臣等修建之。挑水坝四座，石堤八丈，前支领过内府库银四千五百两，实用银三千八百三十两五钱四分零，余银六百六十九两四钱五分九厘，仍交内府。"等因，折奏。（奉旨："着交部。钦此。"）钦遵。移交前来。

查，石景山埽坝堤工，关系紧要。其金沟口堤至下坝台等工，奉旨命都统觉罗巴颜德、原任侍郎王景曾等，支领内务府库银，兴修在案。其石景山旧堤，系臣部主事关纳看守，因关纳升户部员外郎，臣部于雍正四年［1726］六月初九日，"另派司官前往看守"，等因，折奏。奉旨："尔部每年派司官前往石景山看守堤工，殊属无益。应否变与地方官，或永定河道管理之处，尔部会同怡亲王议奏。钦此。"臣部会同怡亲王议得："石景山堤工每年派出司官看守，不过仅有看守之名，究于堤工无益。若交与永定河道管理，则事有专责。又况每年更换，实未允协。但现今永定河道觉罗明寿，管理新旧河务，所交之事甚多。目今正值伏汛之时，若即将石景山堤工交伊管理，恐此时暂且不能兼顾。且巴颜德、王景曾所修工程尚未告竣，监督关纳虽经升任，一年差期未满。应令关纳以升衔仍留看守。俟巴颜德等所修工程报完之后，保过伏、秋二汛，再将石景上堤工一并交与永定河道管理。"于雍正四年［1726］六月初十日奏。本日奉旨："所议甚好，钦此"。钦遵在案。

今巴颜德等新筑工程，自金沟口石堤起，至下坝台止，共二百六十八丈一尺五寸，粘补修砌片石、碎石、石子堤共二百零二丈二尺，加高土堤五百八十丈零七尺，筑顺水坝一道，开引河一道，长三百三十丈。既经告竣，巴颜德等奏请遣官查核。臣部应会同内务府前往查明，将做过工程所用银两奏销外，现今余剩银六百六十九两四钱五分零，令即缴还内务府。其所筑堤工，巴颜德等既称："同效力人员情愿保固三年"，等语，应如所请。俟雍正七年［1729］伏、秋汛后，再交与永定河河道管理。除巴颜德所做工程外，将关纳看守旧有堤工，及博尔赛名下赔修之坝台四座，片石堤八丈，俟臣部会同内务府查明工程后，应遵旨交与永定河河道管理。至巴颜德等在工同效力人员，俟工程保固三年之后，应否议叙之处，另行请旨。谨奏。（奉旨："依议。钦此。"）

雍正五年［1727］十月，工部《为题明事》

议覆《河道总督齐苏勒等题销堵筑朱家口用过工料银两》一案，奉旨："河工追赔之项，其中情由不一。有该员侵蚀入已者；有修筑草率，本不坚固，易致冲决，应当赔修者；有当溃决之时，该员预知例当赔修，以少报多，先留地步者；甚至有故意损坏工程，以便兴修开销者。种种弊端不可枚举，皆属法难宽宥。但亦有经手之员，本无情弊，而照例则应分赔者。在该员，则情稍有可原；而承追之时，无力全完，亦于国帑无益。朕意欲开恩，稍为变通。其如何酌量，分别定例，方为妥协之处，着九卿详议具奏。此本内朱家口工程，因从前并未题估，是以该部驳查。随经总河将经手人员，即派令分赔。果否情理允协，而于钱粮无亏之处，着一并议奏。钦此。”钦遵。

臣等伏读谕旨，仰见我皇上睿虑周详，洞悉河防之情形。圣慈宏大，特施恤下之深仁。令臣等悉心详议稍变通，于常法之中务尽协乎情理之当。此诚圣主轸念河工之至意也。臣等查得，河工关系重大，追赔之项议处不一。雍正四年［1726］九卿会议：“承修之员估计工程，总河、副总河、督、抚、分司委员确查，工段丈尺、桩埽料物如估计过多，存心浮冒，即照溺职例革职。承查之员扶同徇隐，照徇庇例议处。至工完之日，该总河、督、抚、分司再行确勘。如工程单薄，料物克减，钱粮不归实用，以致修筑不能坚固，将承修之员指名题参，照侵欺钱粮例治罪。其侵欺银两著落该员家产追赔还项。”奉旨：“依议。钦此。”钦遵在案。

雍正五年［1727］，奉旨：“河工不肖之员，有将完固堤工故行毁坏，希图兴修，借端侵蚀钱粮者，着齐苏勒查访奏闻，于工程处正法。钦此。”钦遵在案。是侵蚀入已，修筑不坚，以少报多，先留地步及损坏工程，希图开销，种种情弊，皆法所不容，断难宽宥。俱应遵照定例施行外，其有河水陡涨，人力难施，该员本无情弊，而照例应分赔者，虽法无可贷，而情有可原。至承追之时，力不能完，虽严加追比，终无裨于库帑。此圣主宏慈，所为殷殷轸念，欲加宽恤者也。窃惟河流冲决，堵筑抢修，虽动用帑金，而工程现在可以按验稽查，非若侵盗钱粮，亏空无存者可比。臣等谨遵圣谕，酌量变通。查定例，内称：“黄河堤岸定限保固一年，运河堤岸定限保固三年。如黄河一年之内，运河三年之内，河水漫决者，令经修官赔修；黄河一年之外，运河三年之外，河水漫决者，令防修官赔修”等语。如果修筑不坚，防守不谨，自应照例赔修。如修筑坚固，防守谨严，而忽遇河水骤涨，人力难施，以致冲决者，仍照定例，概令分赔，其情诚有可悯。臣等请：“嗣后，黄河一年之内，运河三年之内，堤工陡遇冲决，而所修工程实系坚固，于工完之日已经总河，督抚保题者，止令承修官赔修四分，其余六分准其开销。如该员修筑钱粮俱归实用，工程已完，未及题报而陡遇冲决者，该总河、督、抚将冲决情形，并该员工程果无浮冒之处，据实题报，亦令赔修四分，其余俱准开销。如黄河一年之外，运河三年之外，堤工陡遇冲决，而该管各官实系防守谨慎，并无疏虞懈弛者，该总河、督、抚查明具题，止令防守该管各官共赔四分。内，河道分司、知府，共赔二分；同知、通判、守备、州县，共赔一分半；县丞、主簿、千总、把总，共赔半分。其余六分准其开销。其承修防守各员俱令革职留任，戴罪效力，工完之日方准开复。倘总河、督、抚有保题不实者，后经查出，照徇庇例严加议处。所修工程仍照定例，勒令各官分赔还款。如此，则各员感沐浩荡之洪慈，益加警惕奋励，而工程坚实，河防巩固矣。是否允协，伏候圣恩钦定。谨奏。（奉旨："依议。钦此。"）

雍正五年十二月 ［1728］，和硕怡亲王奏《为请定直隶河工等事》

窃照直隶兴修水利营田，乃我皇上轸念民生，规画久远，为万世图永赖之利也。凡一切工程保守防护，必有一定年限，方能专其责成。查定例，黄河工程保固一年，运河工程保固三年。若直隶河道工程，子牙河则系民力修防，天津以南运河则系浅夫修防，永定河、北运河则系分司岁加修理，皆无保固年限。臣等酌其水势平险，工程难易，请将子牙河及天津以南运河新修工程，俱照运河例定限，保固三年；永定河岁修工程照黄河例，定限保固一年；北运河工程较之永定河稍为平易，较之南运河则为险要，请定限保固二年。倘限内冲决，照例着落承修官赔修。至于岁修工程，现今四道各有额设银两，其应增应减之处，俟一二年经试汛水之后，酌量定数，另行奏闻。臣等未敢擅便，伏乞皇上睿鉴，敕部议覆施行。（奉旨："依议。钦此"）

雍正八年 ［1730］ 正月三十日，和硕怡亲王奏《为请旨事》

臣等伏查，石景山堤工当永定之上游，作京师之保障，所关最为紧要。今交永定河道管理，虽事有专司，较之工部派员管理每年更换者，自属有益。但该道所管工程，自卢沟桥至范瓮口，共计二百余里，两岸堤工俱多冲险，一遇汛水涨发，上下奔驰，数日方周。今又益以石景山工程二十余里，不无鞭长莫及之虑。虽旧有同知一员，已兼管两岸，则石景山所有堤工亦难遥顾。应请添设同知一员，令其管理石景山一带工程，专司防护抢修之事，仍归永定河道统辖。再查，永定河水势湍急，汹涌迥异常流，乘机审溜，转利害于呼吸；滚埽悬桩，争安危于硙顷。非河兵不能措手，惟把总为能驭之。以故臣等，于雍正五年 ［1727］ 二月内，奏请将把总张义、陈留才，暂行董率新设河兵办理。如果著有劳绩，奏闻请旨，荷蒙俞允。今查，该弁等效力三年，实于河务有裨。可否以千总职衔食俸，留工办事，以示鼓励。其暂留把总二缺，相应免其裁撤。令该道于兵目内挑选顶替，一员分隶石景山同知管辖，一员仍隶永定河同知管辖。其千总二员，上下来往，提调奔走。如此则专管有人，臂指足使，不惟石景山工程巩固，即通河俱收实效矣。谨奏。（奉旨："俱照怡亲王所请行。钦此。")

［卷十六校勘记］

〔1〕"渎"字，原本为"渎"，今误改为"济"，无据。"渎"字本意为大川。《尔雅·释水》："江、淮、河、济为四渎，四渎者，发原注海者也。"原志引《禹贡》注强调漳河原独立入海。非指漳河即济水。故按原志仍作"渎"。

〔2〕原本为"鄭"，今误为"郑"，因形近而误，从原志改。

〔3〕任后原本脱"邱县"二字，为省称，今以全称补。

〔4〕议覆前原志脱"为"字，奏后脱"事"字。据清奏议具题格式增补。

〔5〕此句据清奏议具题格式增补。

〔6〕原志为"窐误"，今误作"量误"。窐误，亦作挂误，贻误、牵连之意。据原志改正。

〔7〕"膜视"当作"漠视"，原志误用，今据文意改。

〔8〕"过"原志为"遇"，今本因"过"的繁体字"過"形近而误，从原志改正。

〔9〕原志为"加谨"，今误作"加护"，据原志改正。

〔10〕"王家湾"误为"黄家湾"，原志即误，据前文改。

〔11〕原志疏误为"流"，形近而误，据上下文意改。

〔12〕原志为"衆"［众］，今误为"泉"形似而误据原志改。

〔13〕"积涨全消，污莱可艺"句，今本解读为"积涨全消，污莱、可艺"且与下句"还乡河"连属。"污莱"一词，"污"指停积不流的水，"莱"指荒废的草地，全意为被水淹没的草地；"可艺"一词，艺，园艺、耕种，可艺即可以耕种。故"污莱可艺"连读，意为被水淹过的荒草地可以开辟为耕地。二词非地名。故按原志上下文意改正。

卷十七 奏 议

雍正十年至乾隆二年［1732—1737］

雍正十年［1732］三月，直隶河道总督臣王朝恩、协理北河①事务臣徐湛恩谨奏：

窃查河工修防，每年有岁修、抢修、大修。除大修工程随时另请钱粮外，其岁、抢二修，预于霜降后拨发预备银两，趱办物料运贮工所。一俟春融，即便兴工，于汛水前一律完整，以资捍御。此定例也。前署河臣刘于义奏请："岁修工程于岁内题估，来年二月动工，四月完竣"，所议允协。大学士臣朱轼："以堤岸工程报册，后续有坍裂者，必令随时报修，又不在隔岁估报之限"，等语。查，此系抢修工程，随时起做，所用钱粮应归入抢修项下，另行奏销，无庸另行估计。至于大修工程，有石土损工之别。刘于义奏请："大工不能速完者，五六两月停其工作"。朱轼覆奏："如系险要工程，虽五六月亦未便停止"等语。臣等详审酌议："如建砌石工、创筑土工为经久之计者，工程浩大，动辄经年，应请五六月农忙时暂停工作。若加帮土堤，挑挖引河，建筑埽坝等项，均系紧要工程，应亟于汛前赶完，虽五六月亦未便停其工作也。"是否允当，伏乞皇上睿鉴。谨奏。（奉朱批："所议是。应达部者，咨部存案可也。钦此。"）

雍正十年［1732］四月，大学士鄂尔泰等议覆：

直隶河道总督王朝恩等奏请建筑重堤。奉旨："大学士鄂尔泰、张廷玉、蒋廷锡、朱轼会同定议具奏。钦此。"

臣等查得，雍正三年［1725］，改浚永定河新河，自何麻子营起，至范瓮口入三

---

① 北河，直隶河道总督别称；协理北河事务，即助理直隶河道总督事务。

角淀，南北堤外挖土之处皆定方坑。八年［1730］秋汛漫溢，流入方坑，不致为患。是以从前河道石柱有照旧设立遥堤、遥河之议，其意"以河流散漫无堤，有遥堤为之捍御，遥河为之容泄，可免泛溢堤外，淹没田庐之患"，而不思傍河村庄，有在遥堤之内者，设遇汛涨，庐舍先已被淹。石柱所议固未周备。定柱以原议："建筑遥堤之处，离河太近，请移于二三百丈之外，堤内村庄另筑护村小堤"，等语。夫汛水骤溢，非小堤所能捍御。既不保固村庄，且离大堤二三百丈，其间土田浸漫者必多，所议实属无益。至王朝恩议："从小卢家庄东接大堤筑起，下连大堤之尾，中筑横堤百余道。即有溢水之来，遇格而止。止则成淤，淤则大堤益加巩固"等因。但漫水冲突而来，百余道层堤层层拦阻，格内不能容受，势必四散溃出。不惟前冲遥堤，且恐回溜宕激河岸，尤为可虑。

臣等详阅河图，公同酌议："新河南岸切近大淀，且有旧河分泄，毋容修筑。其北岸自坝台起径三角淀七十余里，中间并无宣泄之处。应于大堤之外数十丈修筑重堤一道，务期高宽坚厚。其筑堤挖土之处自成河形，但河底河身尚须略加修浚，所用钱粮亦属无多。大堤即有横溢之水，有七十余里之小河可以容减，其散漫之水自不致于溃决。其间村庄庐舍，惟何麻子营、小卢家庄、大卢家庄三处在重堤之内，而此三村民舍无多，应酌量给予迁移架造之费，择徙善地。此人所乐从，于民情并无未协。"其定柱所议："范瓮口挑河二百丈，从六道口会归入淀之处"。似属可行。应令总河①王朝恩等测量地势之高下，水性之顺逆，妥酌定议，将各项工程确估具题，于今年秋汛后兴工。再，臣等议得："遥堤、遥河乃预备补救之法，其紧要工程全在岁修。查，永定河水性善淤，其下流出淀之处河道狭隘，尤易淤填，务须不时疏浚，使尾闾通畅，庶上流不致壅滞泛冲。其两岸堤工沙土松浮，须密种柳树以护堤根，逐年加高培厚，务令坚固。凡有险要之处，广储料物，临时多拨员役巡防抢护，庶保无虞。"应令总河王朝恩等一并详查，确议具奏。（奉旨："依议。钦此。"）

雍正十年十二月［1733］，工部《为请旨事》

会议得，直隶河道总督王朝恩等疏称："永定河建筑重堤，土方工价银六万三千八十四两四钱五毫。而重堤之下尾，计长二百丈，共计土方工价银一百七十八两五钱。再，何麻子营等村瓦土草房并房基场园地亩照例核算，共需银二千一百一十一

---

① 此指直隶河道总督。

两三钱四分四厘零。因系紧要工程，即令该道将库存岁修银两按户给发，务使民沾实惠。其动拨银两，题请帑银到日发给归款。以上堤河、房地价值估需银两，仍在水利钱粮库动支给发。饬令兴工，如式坚固，工完查核题销，"等语。臣部查，瓦土草房并房基场园地亩共需银两，系应给之项。应准其在于库贮岁修银内按户给发，务使小民均沾实惠。其动拨银两，应如所题，行令该督等，在于水利钱粮库内动支内，将动拨道库岁修银两照数拨还归款。其余银两给发承修之员，饬令上紧募夫挑筑。如式坚固工完，将修过工段丈尺及用过银两并据实照例造册题销。所有房基钱粮及建筑重堤圈入民地，俟工完，行令该地方官确查细数造册，请帑给价。除粮之处，应令该督等造具确册报明户部。

又，该督等疏称："大学士臣鄂尔泰等议，逐年加高培厚疏浚尾闾，诚为善法，但向来额设岁修银一万五千两，不敷办料募夫之需。每年汛期未完，即请续发银两。今又建重堤修浚，更不敷用。应请每年再添岁修银五千两，以备疏浚之用。如有不敷，再行请领。倘有赢余，留为次年动用"等语。应令该督等在水利营田库内，每年再添岁修银五千两以备浚修之用，岁底造册题销。如果实有不敷，再行请领。倘有赢余，留为次年动用，可也。谨题。（奉旨："依议。钦此。"）

雍正十一年［1733］三月，工部《为谨陈永定河紧要事宜事》

臣等议得，直隶河道总督王朝恩等疏称："永定河上汛两岸，堤工风雨淋揭，日渐卑薄。今年汛水叠涨，漫滩成淤，堤工更觉低矮，俱系湍激顶冲。应须普律增修，接筑鹅房堤工，建筑月堤。南岸第一工起至上七工止，北岸自第一工起至第五工止，以内高六七尺为率，计堤长四万七千六百三十丈五尺，共用土四十七万二千五百八十三方六尺零，共估需银五万一千九百八十四两一钱九分六厘零。"具题前来，应如所题，准其修理。仍行该督等，俟工完之日，将用过银两具实照例造册，具题查核可也。谨题。（奉旨："依议。钦此。"）

雍正十一年［1733］五月，吏部《为详请分隶堤工以重河防事》

臣等会议，得直隶河道总督王朝恩等疏称："永定南、北两岸于康熙四十三［1704］年间设立同知二员，分管南、北两岸堤工。后因两岸并归分司，故将同知裁去一员。查，永定河自卢沟桥以下，两岸环长四百余里，工段绵亘。以一厅而兼两岸工程，挨工查看数日方周。若遇汛水涨发，水猛溜急，不能挽渡，汛险工长，顾此失彼。上年永定河汛水三次大涨，臣等目击险要情形，虽经分饬道、厅，分途督率抢护，得保平稳。但永定河道职任兼辖调度，查验是其责成。至于巡堤保固，办料修防，必须专责厅员，以重责守。仰恳皇上恩准，复设同知一员，分岸管理。如蒙俞允，其北岸同知员缺，容臣等拣选熟谙河务者，题请实授。再，北岸同知关防现在南岸同知兼管，无庸铸给。其衙署应照石景山同知之例，岁给价银八十两，令其赁房，驻扎半截河村。其官司俸、役食、房价等项银两，于布政司库内照例支给，"等因。应如该督等所请，永定河准其复设北岸同知一员。令该督照例拣选衔缺相当，熟练河务之员题补。（奉旨："依议。钦此。"）

雍正十二年［1734］八月，直隶河道总督顾琮等疏请：

将顺天府属之良、涿、固三处之牤牛河，就近拨归永定道管辖。霸州仍令清河道①管理。其良涿以北房山等处，就近拨归霸昌道兼理稽查。天津道属之三角淀添设管河通判一员，驻扎王庆坨，令疏浚永定河入淀下口。文安县左各庄以东之石沟、台头、杨芬港、杨家河至三河头以下之一带淀河及东子牙河，一并具拨旧该通判管理，听永定道管辖，以专责成。武清县添设管河县丞一员，东安县添设管河主簿一员，酌量适中地方，令其驻扎，听该通判管辖，以资修理。（经吏部议覆，奏准。）

雍正十三年［1735］六月，工部议覆直隶河道总督朱藻等奏《请河工厅汛官员清查交代》一折：

应如该督等所题。嗣后，厅、汛官员无论实授、署事遇有升迁事故，均照州县仓库钱粮之例，将任内经管钱粮支放数目并承办堤岸埽坝工程，及存贮一切料物土牛细数，定限两个月，造具四柱交代清册，移送新任官查核。新任官务将旧任经手钱粮有无亏空，工程有无残缺，物料有无短少，霉烂柳株有无枯损未栽，兵夫有无老弱顶替，逐一查明，出具交代清楚，印结由道加结，呈送河臣衙门查核咨部。如旧任官将钱粮、物料、工程等项不交代明白，或新任官扶同徇隐及勒掯迟延，并该管上司督催不力，以致逾限等情，该督即行查明，照例题参议处。所盖堡房责令该

<hr>

① 清河道驻保定府，辖保定府、正定府（辖阜平、行唐，平山、灵寿、井陉、获鹿、正定、栾城、藁城、新乐、无极，晋州、元氏、赞皇等州县），冀州（辖武邑、衡水、冀县、新河、南宫、枣强等县），易州（辖广昌、易县、涞水等县），定州（辖曲阳、定县、深泽等县），赵州（辖临城、高邑、隆平、柏乡、宁晋、赵县等），深州（辖安平、饶阳、深县、武强等县）。

管汛员随时查验，稍有破坏即行修葺完固，以资兵夫栖息之所。交代之时饬令接任官查明，有无破坏完固缘由，照例造具交代，册结送部查核。倘有破坏，接任官即行揭报请参，着令赔修。验明完固，题请开复。如该管厅员不加督察，或扶同徇隐，或损坏堡房不令该管汛官随时修葺，一经揭报，照炮台、边界烽墩等项不催之上司例参处。至承修工程，如保固限期未满，而该员遇有升调缘事离任者，不在交代之例。照例着令承修之员保固期满，毋致疏虞可也。谨奏。（奉旨："依议。钦此。"）

乾隆元年［1736］六月，工部《为谨请民修堤埝量给工价事》

臣等会议，得直隶河督刘勷等奏称："直属堤工每岁兴修，有官民各异。查天津道属南运河，帑修、浅修之外，另有民修工程。清河道虽设岁修，间或动用其大名道，均派民修，并未拨用帑项。至永定、通永二道亦有民修堤埝。以致胥役包揽，卖富差贫；其到工执役者，率皆乏食穷民。现据沿河各州县，有请免派夫修筑者，有请照河南沁河之例，设立长夫动用公项者，纷纷具详。伏查民修工程，若欲悉归帑修，工费浩繁。臣等再四思维，除向例帑修者，仍照定例遵行外，其民修工程仰恳皇上天恩，请照雍正十二年［1734］以工代赈之例，每土一方折米价银三分九厘。如有挑浚河道工程，旱方折银三分，水方折银四分五厘。倘汛水长发，应需抢护，做工仍照旧例拨夫，亦按名折给口粮。其所需银两，即于各道库贮岁修项下拨发。该州县每日按方给价。河员往来指示，务期如式完固。倘蒙圣恩俞允，容臣等于每年霜降后，责令各该厅、汛亲履查勘，分别缓急，将急应加培者于岁内确估，报臣衙门查核。来岁春融，令州县照例拨夫，按估发价兴修，仍令道、厅不时稽查。如有捏冒夫工扣克夫价等弊，即行揭报严参。失察徇隐者，一并参处。工完之日，该州县据实汇造清册，出具并无捏冒扣剋印结，由厅、道加结，详送臣衙门核实，归于岁修案内估销"等因。应如所奏。行令该督等，将天津、大名、清河、永定、通永五道所属河道堤埝民修工程，该督于每年霜降后，责令厅、汛各员逐细查勘。如有必须修筑之工，同岁修工程据实确估，照例造册，具题查核。其应给夫役工价，照该督所奏数目给发。如有捏冒扣克等弊，令该督道员揭报严参。倘失察徇隐，该督亦即题参议处。谨题。（奉旨："依议。钦此。"）

乾隆元年［1736］八月，总督兼理河务臣李卫《为覆奏勘过河道大概情形，仰请训示事》

窃查，从前设立总河①共止一员，驻扎山东之济宁州，直隶、运河亦归管辖。后移江南，鞭长不及。此地所有河员，大者惟子牙、永定二河分司，其余皆系府州县佐贰兼管。既未谙晓河务，又无法则事程，各凭己意，草率经理。虽有巡抚统辖大概，而堤防随便堵筑，多不合法。在当年漳河之水不藉远道出海，惟图停蓄济运，止以浅塞为虑。自全漳归运以来，源长势猛，湍急浩瀚，多有漫溢之患。后虽河东、直隶各自分设总河道员，增添厅、汛，设立岁修，堤防之策不为不备。乃堤日增高，而河亦随高。伏、秋汛涨，各于堤工加添，以防漫溢。但漳水泥浊，运道河形曲折，垫淤于下则泛滥于上，理势自然难保稳固。

臣沿途详加审视，总由从前所筑官堤民埝段落间杂，若能留宽河身，使水大之时有所容纳，自然顺流无碍。乃俱贴近两岸，捱边筑堤，不留余地。在水平归槽之时，原无籍于两边之堤。若水大奔流或逢积雨，顷刻寻丈，而又为狭堤所束，一遇湾曲，宣泄不及，安得不搏击怒溢，东冲西撞。所至皆成险工，溃决堤岸，害及田庐。且各堤筑法俱系陡直，而无坡坨之形，不足以御水势。此南运河受病之根。而历来相沿，处处皆然，非一时所能全得更正。止可因地设法，渐次以为补救者也。（谨按：明弘治［1488—1505］中，因运河常苦泛溢，特于青县之兴济镇及沧州之捷地，开减水两河②。久而湮塞，闸石仅有存者。于雍正三年［1725］大水，南运河溢决十三口，为害颇广。经怡亲王奏请，于减水二河各建滚水石坝一座，挑浚旧河，分达海港，以泄上游暴长水势。旋因捷地近处决口，雍正十一、二年［1734、1735］又复修筑今闸座，尚皆完整。但当年委官做法亦有未合者，盖减水之闸原以泄水，必龙骨与石海墁相去不至过高，渐次坡坨[1]坦下，石底逐层稍低，使水顺流而下，方为妥协。奈何高低失宜，以致水入闸口，即有上涌之势，一激成湍，且水骤不能直下，遂分为回流，将南边草椿堤岸刷吸损坏，尚须设法择其已甚者改砌修补。然此犹就其小者而言。若其大端，则自沧州境内之龙儿庄、苏家园，河身二千六百丈，现在积淤三、四尺不等。至捷地减河两岸，雍正九年［1731］，水利府原欲同兴济一

---

① 此处总河详见卷十三职官注释。
② 兴济、捷地两减河所在参见谭其骧《中国历史地图集》册八，第9页，直隶中部图。

并勘估筑堤。因两处大工不能并举，议于兴济完工之后再行。至今因循终止。附近低洼之处，每年漫决，禾稼悉付波臣，民甚苦困。此两处减河俱成无济。是以议于上流直隶山东[2]交界之德州哨马营地方，与古黄河相近之处，度地建坝，引而注之古黄河①，庶为一劳而永逸。）雍正十二年［1734］正月，臣曾奉命会同直隶、山[3]东督抚河臣前往查勘，定议修筑坝闸，已经完工。今年相比，泄水得无漫溢，已见有效。但臣此番亲往覆勘，出口近坝之处即有淤垫，未曾开通段落相间。今岁，仰赖圣主洪福，河水旋长旋消，并无阻碍。而水性不常，自宜预为筹画。臣商同河臣刘勷，咨会山东河抚诸臣，从前计议，各将本省地方查勘开浚，以期水保安澜。至于捷地坝内河身前之挑挖者，日渐淤积，未挖者益复淤高，水势停阻，不能畅流。似应将河身疏浚，即以所挖之土培筑二堤，方为一举两得。俟秋收后，饬令印河各官，同沧州之龙儿庄至苏家园一带工程再加确勘，逐细估计，与河臣刘勷妥议，另行请旨钦遵。

又，臣沿河相度，自南皮县以上地势尽[4]高，堤工平稳，即应需培厚之处尚属无多。沧州以下堤矮工险，今虽逐年加高培厚，然静海唐官屯迤北卑矮削薄更甚，尤当加高二三尺，培厚五六尺，庶于民田有益。更可虑者，全运河身湾曲之处多有涨淤滩嘴，以致汛水长发，挡激斜趋，直逼对岸，堤工日渐危险。虽有浅夫裁切，而伏、秋二汛相接，暂消复长，工难常继。臣再四思维：莫若借水攻刷之为便。若于对面迎溜顶冲之处，相度形势，建筑鸡嘴、象尾等挑水草坝，挡捍抵激，俾汹涌之势逼趋滩嘴，不久可以冲消。涨积既去，则溜归中泓，水无挠击，后来之混浊泥沙亦不能复为停蓄。以上皆臣查勘南运河所得之大概情形也。臣又自天津东北三岔口直至大沽，勘视海口。出水总汇，焕广涯深，奔流湍驶，为神京东南万水朝宗之巨区。虽三岔口乃众水会流入海之处，限于地势难以扩充。幸海口宽深，譬若尾闾既畅，胸腹当舒。度其情形，此处亦无妨碍也。

惟有永定一河，即卢沟、浑河、桑干之总名。发源山西太原之天池，伏流溢出。经由数省，口之内外诸山河水节次归并，而过怀来，束于两山，不能恣肆。离京四十里石景山之东，地平土疏，冲激震荡，迁徙弗常。历代治之不一其法。自康熙三十七年［1698］，大筑堤堰，疏浚兼施，巨工告成。垂四十年，河无迁徙，民以安

① 此古黄河指马颊河，宋嘉祐五年［1060］黄河曾夺此河于冀鲁交界处入海。参见上页注②。

宁。惟是水皆浑浊，下流入淀之后，水去泥停，积渐填淤。司河各官惟事修堤，不实挖浅，堤日增高，河亦俱长。八工等处是为下梢，而堤之去水仅三四尺不等。臣同河臣刘勷，由三角淀王庆坨后面而进，河身俱成断港，各驾一叶小舟，拖泥挡[5]浅，逆行七十余里，始得抵工。相视形势，咨访舆论，佥谓此河泥沙至重，经流之地到处淤高，先后河臣屡议疏浚，迄无成功。臣细看此河形势，水落之时，河底细流无多。一当汛发，横宽数十里，浩瀚湍急，力猛势迅，漫溢冲刷而来，又兼土性松浮，莫可抵御。固安、永清、东安、霸州一带常受漫溢，危及城郭。从前，怡亲王于郭家务改河东行，复开下通之长淀[6]引河，径三角淀而注之。河头既筑围堤以防北轶，又每年议设挑浅银五千两，逐年开挖下流，筹画不为不善。乃后，人多不在河之尾闾出水处留心，虚应故事，每年节省，致令永定河之泥沙悉将淀河淤高，日渐填塞。于水小之时，下流不能达于三岔口，只有些微清水渗漏而来。淀河为诸水翕聚之地，众流竞趋，汇为巨泽，所以蓄直隶全局之水，游衍而节宣之。乃永定浊流填淤哽噎于其间，将来清水无路归津，恐致穿运而过，实为日后钜害，岂止此数千金节省之数，所能抵其大费而已耶。臣愚以为，目前之计既不能使永定河别由一道畅流归海，惟有相度形势，出凤口一带低洼之处，疏浚出双口等处，每岁实力挑挖，院道亲往查勘，收工保题。必使实支实用，不致壅积过甚，愈发难收。再筹万全，以仰副圣主爱养黎元之至意。但臣识见浅陋，于水[7]利要键未能透彻。荷蒙皇上以河工重务任兼理，敢不悉心竭虑，勉图职守，而水性形势各有不同，工程繁钜，惟有因势利导，随时制宜，不敢自以臆见冒昧率行。先将勘过各处大概情形据实奏明。伏祈圣训指示，次第遵行。谨奏。（奉朱批："河工，朕未曾阅视，何能悬定？仍不外于卿奏。惟有因势利导，随时制宜耳。所奏知道了，妥协为之。钦此。"）

乾隆元年十二月［1737］直隶河道总督刘勷奏称：

窃惟各省河道，地分南北，工无同异。直省一切大纲，业经仿照南河遵循。且设立未久，尚有未画一之处。臣因地制宜，援例四条，不揣冒昧，为我皇上陈之。

一，防险物料，宜酌量预备也。查，永定河为直属首险。因每年所办物料仅敷岁修之用，而并无防险之备。是以每遇伏、秋两汛，设有抢筑工程，俱系饬令沿河州县临时购买，以充工用。窃思，时当大汛工程紧急，无凑手物料，误工累民，实多未便。臣查，豫省黄河预购物料堆贮上游，专备大工之需。请嗣后永定亦照豫省黄河之例，令该道于南、北两岸除岁修之外，预备抢修物料各银三千两，相择地势高阜处所，另插号橛，如式分贮。遇有紧急工程，一面详报动用，一面运济工需，单案题销。其备料银两，即于前请预拨钱粮十万两内动拨购贮。倘工程平稳无所需用，或需用之后尚有余剩，即令归入次年岁修项下动用，以免朽烂之虞。仍于岁修银内照数买补，并于奏销疏内分晰声明。再，此项预备物料，倘该管官漫不经心，以致垛心烂坏者，新旧交代，著落前官照数赔补。至顶底稍有折耗，不得藉端措勒。

一，河兵积土，宜立成规也。查，堤工设立土牛，最为河防要务，而河兵堆筑必须酌定成规。今永定河、南、北两运均设有河兵，系属厅、汛员弁管辖。嗣后，应请照南河豫东河兵积土之例，除汛期在埽坝力作并寒暑两月免积外，其余看铺守堤之兵，按名责令，如数挑积。每月汇报其埽坝力作之兵，应过白露后，责令按名挑积。如挑不足数，将该管之厅、汛员弁查明，分别照例参处。倘厅、汛员弁遇有升迁离任，造册交代。如有交代短少，参处赔补。

一，印河各员，宜通融调补也。查，直属全河支分七十二道，堤长数千余里，其疏浚、修防固赖河员调剂，而购料募夫全资州县经管。是印、汛两官相为表里。臣查豫省奉旨定例，沿河府州县有才娴河务者，准令河臣会同抚臣保题升调河工之道、厅。其河工厅、汛有才守兼优者，准令河臣会同抚臣保题，开调沿河之府州县。而江南、山东各省印河各官，亦经前任河臣齐苏勒奏：照豫省之例，通融调补。奉旨准行在案。查，直属河道堤工险要，既等于淮河，工程无异于豫鲁，似应请照豫东、江南成例。嗣后，直隶运河并永定河临河州县缺出，于现任州县内拣选娴习河务之员，令督臣会同保题调补。如州县内难得其人，即于河工佐贰各官内拣选才守兼优能胜民社之任者，准臣咨送督臣题补。而河务厅员内果有才具出众，堪为州县表率者，准督臣会题升补沿河府缺。倘蒙圣恩俞允，容臣会同督臣李卫，将沿河府州县各要缺查明，咨部存案。遇有缺出，会题调补。

一，河工千、把，宜酌给养粮也。窃照大小各官，蒙世宗宪皇帝仁恩普被，轸恤周详，凡编俸之外，议与养廉。营汛武弁俸薪之外，给与坐粮。今查，直属河工汛弁除俸薪之外，并未予以坐粮。其跟随使唤俱系河兵，与其暗中侵占，不如明定章程。江南河营、千把，经前署河臣尹继善奏："各弁糊口无资，势难枵腹奔走，应各与守粮六分。"等因，奏准在案。直隶河弁分管堤工，终岁奔走，与江南无异。请嗣后直隶永定河、南、北运河所设千、把总，亦照江南之例，于额设河兵内给与坐粮。但查三道所设河兵共一千八百三十名，其坐粮名数难与江南一例。应请每弁酌给四分，以资糊口。除各道分设千、把十七员，共去养粮六十八名外，其余额兵一千七百六十二名，务令足额，在工力作。倘给养粮之后仍有侵占等事，一经查出，即照江南定例，以冒占军粮，侵挪河帑律治罪①。

（以上四条，惟第三条请河务厅员题升沿河府缺，奉部驳无庸议。余俱经吏、工二部议覆，奏准。）

乾隆二年［1737］八月，总理事务王大臣会同九卿《为遵旨会议事》

臣等会议，得协办吏部尚书事务顾琮等奏称："本年七月初九日，总经事务王大臣奉上谕：'永定等河堤工有冲决之处，着协办吏部尚书事务顾琮等，驰驿前往察勘。其应行抢修事宜，着同李卫、刘勷速行筹画办理。钦此。'臣顾琮随即于次早，恭请圣训出京。由卢沟桥一带查勘起，至固安县之两岸。各口俱已涸出旱地，惟东岸之张客村漫口，因堤外洼下，较河底犹低数尺，是以全河之水从此东注，约有八分之多。其二分，则由南岸之铁狗[8]漫口，南流归淀。其以下本身之河因大小二口夺溜两分，转致无水归槽。臣即会同督臣李卫由淀池水路至王庆坨，会同河臣刘勷，俱乘小舟辗转细看。永定下源会合诸水达津入海之路，绵长数百里，至石景山始有堤岸工程。其水性湍悍，拥泥挟沙，善决善淤。卢沟桥以下，从前至霸州，由会通河入淀归海，原无堤岸。因其水性狂澜，迁徙无定，设遇水大散漫，于数百里之远，深处不过尺许，浅止数寸。及浑到淀，清浊相荡，沙淤多沉于田亩。而水与淀合流，不致淤塞淀池。虽民田间有淹没，次年收麦一季，更觉丰裕。名为'一水一麦之地'，尚不为甚苦。至雍正三年［1725］，将胜芳大淀淤成高阜，清水几无达津之路。故雍正五年［1727］，于郭家务另为挑河筑堤，引入三角淀。旋亦淤为平地。前后十数年来，每有漫溢，今年更甚于往昔，总缘临河筑堤之病。两岸相去远者，宽不过二三里；近则连河一半里至数十丈不等。一遇涨发，焉能容受如许多水？此显而易见者。且下源之三角淀、王庆坨等处业已淤平，加水缓沙停，不得畅流。以致永定河身同堤内两岸渐次垫长，较之堤外平土，转觉水底高于平田，而堤内水面离顶无几，动则满溢。纵然加增堤岸，无如沙淤河身，随堤渐长。以致水势愈高，犹如筑埝束水，不能悉由地中行。稍有漫溢，则冲出之水势若建瓴，每岁为患。今之

---

① 坐粮一语源于"坐支钱粮"。清朝财经制度，如官俸、役食、铺兵工食、驿站料价，都摊征于民，编入地丁钱粮征收，到支用时，就在编征地丁钱粮项下支付，称"坐支钱粮"。此处河营官弁所得坐粮数额为"四分（fēn）"，即四个河兵的钱粮份额，用来"养廉"。

永定河形势，如欲复当年旧规，听其过徙自流，则高下不同，而故道已多成旗民庐舍，万难误治。欲图善后之策，宜筹永远之方，必除淤塞之患，庶免漫溢之虞。臣等再四思维，莫若仿照黄河遥堤之法，留出水大时容纳之去向，庶可为永远经久之计。除将两岸残堤缺口赶繁堵筑，略为疏通，河槽暂归原流，以防秋汛外，请将鹅房村大营之下，张客水口之北接筑大堤，由东安、武清二县之南至鱼坝口，抵官修民埝加筑，一律为永定之北岸。使下流并入清河，与诸水会流。将金门闸之上堵筑横堤，联络东岸。以旧有两堤并淤高之河形，俱作为南岸，颇属宽厚。连新改河身，共留宽十里内外。相度形势，将大镇村庄但可圈于堤北，自当生法绕过。其必不能让出之村庄，或可垫高地基，或愿迁移堤外，量为拨给房间拆费。虽地在堤内，间被水长漫溢，从此可免冲决之患，亦无甚害。倘蒙圣明不以为谬，臣等再将估修应行各事宜，条分缕晰，另行具奏。"等因。

查，永定等河为京西大川，发源于山西及塞外诸水。每遇夏秋霖淹，山水骤涌，奔腾湍激不可控御。我圣祖仁皇帝、世宗宪皇帝屡厪宸衷，不惜帑金，因时因地筑堤防御，以保民舍田庐。本年六月，因山水长发，永定河堤冲决数处。我皇上念切民依，时勤宵旰，特命协办吏部尚书事务顾琮、直隶总督李卫、总河刘勷会同相度，筹画办理。今据顾琮等查勘奏称："今之永定河形势，如欲复当年旧规，听其迁徙自流，则高下不同，而故道已多成旗民庐舍，万难不治。欲图善后之策，莫若仿照黄河遥堤之法，留出水大时容纳之去向，庶可为永远经久之计。请将鹅房村南，大营之下张客水口之北接筑大堤，由东安、武清二县之南至鱼坝口，抵官修民埝，加筑一律为永定河之北岸。将金门闸之上下堵筑横堤，联络东岸。以旧有两堤并淤高之河形，俱作为南岸，颇属宽厚。连新改河身共留宽十里内外。相度形势，将大镇村庄但可圈于堤北，自当生法绕过。其必不能让出之村庄，或可垫高地基，或愿迁移堤外，量为拨给房间拆费"等语。臣等伏思治水之法，当清上流以疏其势，广下流以导其归。务使水行地中，加以堤坝，方无泛滥之患。

永定河受上游万山之水，东决西淤，倏忽迁改，故亦谓之无定河。其故道有二。一由通州高丽庄入白河；一由霸州合易水，至天津丁字沽入漕河。按之前"志"，从未有引而归淀者。自归淀以来，下游淤塞，激为横流，遂每岁为患，而故道庐舍日增，渐成安土，已四十年矣。则在今日欲议复旧规，诚有未易言者。惟是故道不复，而水高于地，不亟筹挖浚，徒以堵筑为事，恐下之宣泄未畅，上之淤垫依然。纵河身加广，倍以遥堤，犹属筑墙束水之计，亦难保其永远无患也。今协办吏部尚书事务顾琮、总督李卫、总河刘勷既经亲身确勘，"以两岸相去河身远者，宽不过二三里，近则一半里至数十丈，不能容受多水，请筑遥堤以防异涨，以为永远经久之计"。自必确有成见。但永定河身一派浮沙，其水挟沙而行，易于淤垫，就使连新改河身共留宽十里内外，然能展之使宽，不能浚之使深，是沙水之性淤垫。自若而上无分流，下难畅泄。恐徒减约束之力，转足增汗漫之势。倘遇异涨，仍不可防，亦所当深思熟计者。目遥堤下流即便留出容纳之去向，而水性横悍，迁徙靡常，或南或北，坍长不定。将来渐决改溜，仍恐逼近遥堤。其容纳之处是何形势，果否足资畅达，不致溃溢四出，是更宜一并详酌以保万全者也。至堤内居民不能让出之村庄，若令垫高地基，恐地方辽阔，势难尽拆其栖止房屋一律兴高。若概令迁移，即使拨给房间拆费，而民间坟基田园世世相守，千家万户作何安插，皆宜筹画周详。事关河防利害，宁可详慎于始，毋致更易于后。总期水患永除，小民安堵，以仰副我皇上爱养群黎，兴修水利之至意。应仍请敕交协办吏部尚书事务顾琮，会同直隶总督李卫等，再加详细相度，通访舆情。如果改筑遥堤，水势循轨顺流，不致冲决，永庆安澜。即将旧存并新筑堤身、道路远近、高宽丈尺、起止段落并堤内圈入村庄及应迁房屋，逐一绘图呈览，据实确估妥议。具题到日，臣等再行详议。其现在残堤决口各工作，速饬在工河员，上紧堵筑疏浚，以防秋汛可也。谨奏。（奉朱批："依议。速行。钦此。"）

乾隆二年［1737］九月，大学士鄂尔泰奏称：

臣于八月二十六日出京至卢沟桥，次日即与署河[1]臣顾琮查勘卢沟桥以上石景山一带河工形势。见河底淤填，浮沙高积。卢沟桥底沙淤计高八尺。夫底高八尺，是桥磡低八尺，河堤亦低八尺矣。以迅疾腾涌之水，势若建瓴，至桥而束抑出磡而激立，陡然一落，高已倍堤，其溃决漂荡，又何怪其然。故治堤不如浚河，筑高莫若挑浅，通河类然，不止永定上游也。现据署河臣顾琮已商同督臣李卫酌定："尽挖桥底淤沙，并对中磡深挑引河一道。"与臣意见相同。应听二臣题明。挑挖毋庸另议。至石景山石土工程俱属险要。过南金沟、北金沟而北为麻峪，乃河流出峡处也。两山龃龉曲折，而下急流有声。至麻峪村南分为东西二支。东支溜约六分，西支溜约四分。其东溜最为汹涌，直逼石景山石堤下，而东面地势平衍，无山谷相隔，惟恃

此石堤为固。其西溜至阴山硐之南，复折而东，与东支合流，亦直逼东岸土堤下。是东岸险而西岸平，险宜避，平可导也。臣与署河臣顾琮审视筹度，拟于麻峪村之桥口，用柳囤中填石子坑拦河坝一道，计宽二十四丈。将东支堵截，使尽归西流。再于拦河坝两边接筑石子坝二道，自桥东接至村北河神庙前之高坡，计长四十余丈。自桥西至浪窝邨北柳树边，计长九十余丈，以防水大泛漫。又恐桥口拦河坝一道或值大水仍不免泛漫，拟于麻峪村南、枣园之西更筑重坝三十余丈，西岸添筑小埝三十余丈。则虽有漫水，万不能夺溜东注，而石景山南、北十余里堤工俱可化险为平，永无可虑。随饬工员料估约费银二千余两。查，石景上堤工每年额备岁修银五千两。即以帑项论，亦属力半功倍。谨合词具奏，等因。（经王大臣九卿会议奏准。）

[卷十七校勘记]

〔1〕原稿为"坨"，标点本误为"索"。从原稿改。

〔2〕由省称改全称，增补"隶"、"山"二字。

〔3〕直隶后原为"河"字，改为"山"字，据上下文意及省称全称之别酌改。

〔4〕原稿为"儘"〔"尽"之繁体字〕，标点本误为"偏"，从原稿改为"尽"。

〔5〕原稿为"擋"〔"挡"之繁体字〕，标点本误为"摸"，从原稿改为"挡"。

〔6〕原稿作"洵"〔"淀"之通假字〕，标点本误为"洵"，据原稿改为"淀"。

〔7〕水字后脱三十四字，据原稿增补："利要键未能透彻。荷蒙皇上以河工重务，委任兼理，敢不悉心竭虑，勉图职守，而水性形"计三十四字。

〔8〕原稿为"铁狗"〔鐵狗〕，标点本误为"铁徇"，从原稿改为"铁狗"。按铁狗为村庄名。

卷十八 奏 议

乾隆二年至三年 ［1737—1738］

乾隆二年 ［1737］ 九月，总理事务王大臣会同九卿《为遵旨会议事》

臣等会议，得大学士鄂尔泰奏称："据署直隶总河顾琮《奏请添设堡船，以疏淀中河道》一折，钦奉朱批：'亦与大学士鄂尔泰议奏。钦此。'臣看得，东、西两淀为京南众水之汇归，其中干流支港，经纬贯串，原无阻滞，自浊流入淀，而淀河淤浅，始而病淀，继且病河。盖淀不能多受，河不能安流，亦其势然矣。查，西淀纳白沟之流，汛发则拥泥挟沙，所到填淤。四十里之柴伙淀，所余无几，止有一河通流。而清河门药王行宫前尤为浅滞，以致[1]白洋诸淀水过赵北口桥下而来者，至此壅遏停缓。而上游之新安、安州等处，一遇异涨，遂受漫溢之患。东淀自浑河北徙以来，西北上信安等淀，垫淤成陆。会同河西支之由信安归津者，已为断港。自此渐淤而南，胜芳淀遂为桑田。复淤而东，新张策城诸泊皆成膏壤。而会同河中支、东支并注台头一河，上接石桥，下连扬芬港，出杨家河，为达津之路。然亦失其宽深，才通舟楫已耳。夫淀之既淤者，势难复旧。若不及此筹画疏浚淀河，使之深通畅达，以利宣泄，则一值涨溢，无可消受，后患更大。今署河臣顾琮奏请：'添设堡船，以疏淀中河道'。为淀河计，即为永定河计，实系切务，似属应行，应[2]如所请。添设堡船二百只[3]，募刡夫九百名。每名按季量给工食银一两五钱，以当岁修，亦功力相抵，殊有实济。其添设官弁、外委、分辖、总辖等项，亦应照所请行，以专责成，以收实效。抑臣更有请者，白沟正流本不入西淀。自淀北之龙变马务、头洪城，至霸州之吴家台入中亭河，此一故道也。自新城之王祥湾径王槐而南，抵莱河村而东，至望驾台迤逦东南，过神机营而出茅兜湾，此又一故道也。今之入大湾口而行淀中者，乃其决口耳。若于二道中择其便且易者，开疏而导引之。坚塞大湾口，勿使复决。然后浚河门之浅涩，挑药王行宫之拗阻，则西河清流滔滔湍逝，而雄县、新城、安州诸邑之环淀而居者，亦无漫决之患。亦探本清源之计也。东淀以众河汇流之水，仅恃台头河一道以资宣泄，即使疏浚通深，恐终未能顺畅。查淀内干流、支港，或淤浅而河迹犹存，或中绝而首尾尚在。如此者甚夥[4]，皆掩蔽于菰庐筌草中，虽孤帆旅舶之所不经，而渔父篙工往往能称其名而指其处。似应于淀水消涸时，逐加查勘，酌量开通。使全淀之水各路分消，则传送疾而宣泄利，于全局河道堤工更有裨益。"等因，具奏。前来。查东、西两淀，为西南众水之汇，惟是水性拥泥挟沙，日渐淤淀。兼之河道浅涩，允宜设法疏通。今大学士鄂尔泰议覆顾琮所请，添设堡船以疏淀中河道。为淀河计，即为永定河计，实系切务，似属应行。应请敕交总河顾琮、总督李卫，将打造船只、召募役夫并添设官弁各事宜，逐细妥议，请旨遵行。

再，大学士鄂尔泰奏称："西淀故道有二，择其便且易者，开疏导引，坚塞大湾口，勿使复决。东淀内干流、支港应于淀水消涸时，逐加查勘，酌量开通"，等语。查，淀内淤工既议设船募夫捞浚，又复导源溯流，悉复旧址。支流汊港疏浚深通，诚于河道堤工有益。应行该总河等饬令该管河员，俟淀水消涸之时，逐细查勘，据实详报。该总河会同直督，亲履相度，因地势之高下，测河形之浅深，一一题明利导。务使河流畅达分泄有资，环淀居民永免漫溢，以仰副皇上念切民依，兴修水利之至意可也。谨奏。（奉旨："依议。钦此。"）

乾隆二年［1737］，大学士鄂尔泰等奏称：

臣自卢沟桥永定河南、北两岸，至天津一带所勘河淀情形，并与督臣、河臣商酌改移开浚事宜，敬为我皇上陈之。

窃查，永定河南、北两岸自头工以下，两堤相距数里或数百丈，中间浮沙涌起，如坻如洲。河水乱流，讫无定溜。至二工则积沙成脊，暴水骤至，不顺下而横行。以故北决张客，复南决铁狗，对岸之间同时分溃各二、三百丈。自兹而下三、四、五工，决口甚多。虽堵筑已完，而冲突之形俱在。自六工以下，河如上阪，水似仰流。至八工而河身愈高，渟洄不动，几欲倒漾而西。总缘水不东流，蛇行拗怒，随所至而成顶冲。南折则南堤溃，北折则北堤溃，其势然矣。说者谓河身势高，自应浚治下口。殊不知现在河形，下口反高于上游，河身已平于堤岸。俯视堤外，高可一丈八九尺、一丈四五尺不等；而回顾堤内，高于水面才四五尺或八九尺耳。从来治水先治低处，上游始可施工。今下流之去路横阻，上流之浊溜方来。纵使不惜劳费，一律挑挖，旋浚旋淤，终何补益？臣遍询道、厅各官及大小工员，俾纾所见。金称势已至此，浚筑皆穷。现在河形，实无可治之方，亦无可复由之理。此督河诸臣所以有请废为南堤，另开筑于北面，仿照南河遥堤之法，将河身留宽十里之议也。臣以为永定河流，突如其来，截然而止，水性水势俱非黄河可比，十里遥堤之议万不可行。督臣、河臣亦称原无善策，未敢自以为是。

窃思，永定河之所以为患者，独以上游曾无分泄，下口不得畅流，径行一路，中梗旁薄，以故拂其性而激之变耳。但改导其下口，使不入淀而入河，以达津归海。再于上游酌建数坝，以减缓水势，并引入清河，俾藉清以刷淤，则不拘何道，顺利皆同。臣等熟商详度，就现在之河形仍顺南下之水性，拟于半截河堤北改挑新河。即以北堤为南堤，沿之东下入六道口，迳三角淀，北至青沽港，西入河头大河。犹恐潮汐迎荡，水缓淳淤，应作泄潮埝数段，潮长从缺口散流，潮落从缺口收入，即河水出槽亦如之。则沙淳于埝外，水归于河中，不致淤垫为患。河枯之时，疏浚浅滞，岁以为常。其挖河之土，自六道口以上尽至北岸，建筑坦坡大堤，至入六道口内，则以七分接筑南岸堤，以三分作北岸泄潮埝。如此则河淀攸分，下口已无阻。而后，于上游河身，自半截河以上逐段挑挖，务俾深通。再于南、北两岸分建滚水石坝四座，各开引河一道。

一，于北岸张客水口建坝二十丈，即以所冲水道为引河，东会于凤河。查，凤河本无大源，怡亲王于高各庄截引凉水河以为恒流。原奏分流之处，东南各建一闸，以资蓄泄，未及讫工。今宜遵照添建，蓄凉水河之水常注凤河。所有淤浅之处一并开通，俾清流充盛。即可于双口之内开渠分入泄潮埝，以借其汕刷。

一，于南岸寺台建坝十二丈，以民间泄水旧渠入小清河者为引河，开宽浚深，俾归牤牛河。

一，于南岸金门闸建坝八十丈，以浑河故道接牤牛者为引河，开宽浚深。至牤牛南接挑黄家河，达于胜芳河。循其故道，迳新张策城之间，开至河头之北，与新河下游合流。而中亭、台上、赵家房诸清河之会于胜芳河者，皆得进注争流，俾推荡泥沙而东去。又于胜芳河南岸筑隔淀坦坡堤一道，至河头之东与新河南堤对峙，不令浊水得入清流。

一，于南岸郭家务建坝四十丈，即以旧河身为引河，略加挑浚，归于新张策城与胜芳河会流。

以上四坝四引河，头绪员纷，脉络交贯，合清隔浊，条理自明。纵遇异涨之年，或仍不免盈溢，而力分势杀，料亦补救无难。其引河所挖之土，应俱于两岸照泄潮埝式作拉沙坝。坝口之上俱作石柱板桥，以便防汛人等往来行走。其坝埝河道宽深、工料丈尺，及应设官弁兵役并铺房器具等项，应听督、河二臣详悉定议，另行题请。至永定浊流，两堤夹束，沙聚泥停。一汛之后，河渠即失故形。若不及时挑挖，则垫而平，积而高，势必至不能挑挖而后已。向来河员锢习，不利于挖浅，但利于筑堤。倘兹河成之后仍蹈故辙，怠玩因循，恐不出数年，不惟旧河上游积淤一如今日，即新河下口垫塞无异当年。则钜费大工，又复尽成虚掷，而横奔倒漾为害，曷可胜言。仰祈皇上敕下督、河二臣，饬令所属各员，于工竣之后分认工段，各专责成，即汛过复淤，而随淤随挖。所用工费，准于岁修项下开销。挖淤之时俱先期呈报，即委大员监察，工竣随收。不致汛至迷漫，无从查验。倘有贻误，致令河身淤垫者，专管之汛员弁兼辖统辖之厅、道，均照疏防例议处。则章程一定，日久得有遵循。而处分既严，是官皆知趋避，庶于运道民生，永久实效，等因，具奏。前来。

臣等伏思，永定一河素称难治。水缓则沙沉易淤，水急则冲溃无定。康熙三十七年〔1698〕，圣祖仁皇帝动帑数十万两，自卢沟桥至永清县筑堤二百余里，挑新河一百四十五里，设官防汛。雍正五年〔1727〕，因淤壅淀池，有碍清水达津之路，世宗宪皇帝特命怡亲王亲履详勘，自郭家务改挑新河六十余里，由王庆坨入长甸河。又恐下流泛滥，绕淀筑堤岸三十余里。惟是水性湍悍，挟以泥沙，日积月累，河底渐高。若只培筑堤岸以防溃决，而不疏浚淤浅，以导顺流，诚有如上谕所云："但为目前补救之计，而不筹及久远，于运道民生终无裨益者也"。

前据协办吏部尚书顾琮等奏请，改筑遥堤。臣等原虑水性横悍，迁徙靡常，或南或北，坍长不定，将来渐次改溜，仍恐逼近遥堤。是以覆令，再加详细相度，妥议具题。蒙皇上睿虑周详，特命大学士鄂尔泰亲往筹度，酌定规模。今大学士鄂尔泰既与督臣李卫、署河臣顾琮熟商相度："遥堤之议万不可行。拟于半截河堤北改挖新河，又于半截河以上逐段挑挖，再于南、北两岸建滚水石坝四座，各开引河一道，自属分流旁注，藉清刷淤之切务"。应如所奏，行令署直隶总河顾琮会同直隶总督李卫，将应需建坝基址、工料、并挑河宽深丈尺及铺房器具等项，逐一据实确估，并将应设官弁兵役，详细妥议具题。

再，此次兴举大工之后，原期经久奠安，复又添设官弁兵役，如能按汛疏通，自可垂之永久；若不严定章程，无以示警，则汛后复淤，诚恐不免。亦应如大学士鄂尔泰所议，于工竣之后，饬令所属各员，分认工段专其责成。如汛过之后，查有淤垫处，立即详报委勘，令其随时挑挖，毋致浅阻。所需工费令该管河道查明，确实细数，准于岁修项下题估题销。倘有贻误，致令河身淤垫，该督等即将专管之汛官弁并兼辖统辖之厅、道，均照疏防例，一并题参，交部分别议处。其各员分认工段，起止段落仍行详细造册，咨送工部存查可也。谨奏。（奉朱批："依议。速行。钦此。"）

乾隆二年［1737］十月，吏部会议得直隶总督李卫疏称：

"永定河为神京之襟带，居水道之上游。特设专官，预留库帑，岁修抢筑、挑浅、挖淤。事关水利民生，必须有备而无患。我皇上慎重河防，勤求民隐。今年春夏之间，雨泽愆期。六月望后，甘泽普被。恒情方深，喜雨之思，圣心即厪淫潦之虑，于七月初七日，特颁谕旨：'切戒前河臣刘勷及臣等，加谨堤防兆端，炳烛于几先，桑土绸缪于未雨。'尧仁舜智，何以加兹？不意六月二十九等日，果以连雨之后，山水骤发，卢沟桥首当其冲。原报石景山漫溢石堤，背后冲刷土堤二百五十余丈，今据报查明一百四十八丈。永定河北岸原报漫溢二十二处，今查明二十一处。南岸溢一十八处。沿河州县低田禾苗、附近庐舍，多被淹损冲塌。臣钦奉谕旨：'速行督率在工员弁，堵筑完固，务保万全。河工各官员分别查参。钦此。'仰见圣明鉴照，秋汛最关紧要。臣随即严行频催，刻期堵筑。一面飞催各属，将原备物料趱运赴工凑用。又经钦差部臣就近在工指授，往来督催，而道、厅、汛弁各官自知咎愆难逭，无分昼夜晴雨，并力赶办。先将南北岸各漫口，于七月初十等日至八月初八日陆续完工。其北岸之北张客一口，亦于八月二十八日合龙全竣。业将各完工日期会奏在案。

查，永定河水势浩瀚，浊流激湍，善冲善淤，变迁莫测。从前，每年皆有堤岸漫决之事，惟今年河水不涨，得免无事。今年六月二十九等日，上游大雨昼夜不息。山水暴涨，势之猛烈，力不可当，水皆高出堤顶数尺有余。人力固有难施，但河务系各员专司，如果平日堤岸修筑有力，即遇异常之水，或可不致如此漫溢。是今年疏防各官于情固有可原，而于法则不能辞咎也。除前河臣刘勷已经奉旨革职，留工效力外，所有统辖之署永定河道觉罗齐格、兼辖之北岸同知张泰、南岸同知吕崇信、石景山同知巴什，并专汛北岸头工漫堤四处之宛平县主簿唐纲、北岸二工漫堤一处之良乡县主簿牛兆乾、北岸三工漫堤一处之涿州吏目吴峰、北岸四工漫堤三处之固安县主簿吴廷铉、北岸五工漫堤十二处之永清县主簿张日煜，南岸头工漫堤一处之宛平县县丞姚孔镶、南岸二工漫堤一十四处之良乡县县丞沈承业、南岸五工漫堤二处之永清县县丞张景仲、南岸下七工漫堤一处之把总李功、石景山漫堤一处之把总龚得振等，相应一并题参，以儆疏防。至臣奉旨兼管河务，而堤岸致有漫溢，咎实难辞。仰请皇上将臣一并交部议处"等因，具题。前来。

查，沿河堤岸工程自应修筑坚固，加谨防护。今永定河南岸等处堤岸漫溢多处，在兼辖专汛河务之员，咎实难辞。除南岸同知吕崇信既经该督声明"到任未久，平日尚勤职守，南岸正当水头正冲，更非该员力所能御；北岸二工牛兆乾、三工吏目吴峰、南岸头工县丞姚孔镶漫堤俱止一处，当时即行抢筑完工，尚未为害；南岸二工县丞沈承业到任二日即行漫堤，钱粮物料俱未经手；南岸下汛七工把总李功汛内漫堤一段，分拨管辖未及一月，情更可原"等语，应免其查议外，其北岸头工漫堤之宛平县主簿唐纲、四工漫堤之固安县主簿吴廷铉、五工漫堤之永清县主簿张日煜，南岸五工漫堤之永清县县丞张景仲、石景山漫堤之把总龚得振，平日既未能先事预防，临时又不加意抢护，以致堤岸漫决，虽经堵筑完竣，实属疏防。应将宛平县主簿唐纲、固安县主簿吴廷铉、永清县主簿张日煜、永清县县丞张景仲、石景山把总龚得振，均照例各降一级调用。查，张日煜已经丁忧，应照例于补官日降一级用。把总龚得振，系无级可降微员，定例内武职七品等官遇应行降调立案，该督抚将该员居官如何之处声明。如居官好者，议革职留任，平常者议革职等语。今把总居官如何之处，本案内未经声明。应行该督将该弁居官如何出具考语，到日兵部再将应革、应留之处照例附入，汇题请旨。统辖之署永定河道觉罗齐格、兼辖之北岸同知张泰、石景山同知巴什，并不董率属员将堤岸预先修筑，殊属不合，应照该管官例罚俸一年。至总督李卫，虽经办理一切赈恤事宜，但既经兼管河务，而堤岸致有漫决，亦属不合，应照总河例罚俸六个月。查，齐格有纪录四次，应销去纪录二次；李卫有纪录四十四次，应销去纪录一次；均免其罚俸。

又疏称："所漫各处堤工，臣逐一行查。据永定河道觉罗齐格覆称，只有南岸二工金门闸堤工内有八十五丈，赵村渡堤工十四丈五尺，韩家营堤工十一丈、又三十丈、又三十六丈，北蔡堤工二十二丈，南岸下七工安澜城堤工十九丈五尺，又石景山堤工一百四十八丈，均系新行修筑加帮，或未经估报题销，或尚在保固限内之工。其余悉系年久旧堤，又题销在前，系保固限外等工。今俱已遵旨，动用库银抢筑完固。其现在一切用过，数目尚未核实报齐。伏查，雍正十一年［1733］，沧州砖河等处漫溢，案内动用过工程银两，奉有特旨，着臣查参在于前任河臣王朝恩名下赔补还项在案。所有前项现筑各工动用库银，查明实用数目，照例应否著落原任河臣留工效力，刘勷补项听候部议"，等语。查，原任直隶总河刘勷，职司河务，凡一切堤岸工程自宜预为加谨防护，临时方保无虞。今本年永定河等处堤工漫决，实由不能预为防范所致，其漫决堤工所用银两，例应着落赔补。但该督疏内只将新修工程开明丈尺，其余旧工并未逐工开报。至承修各员保固期限及应否一并著赔之处，疏内亦未详细分晰。应令该督逐细查明，并将应赔银两细数分晰具题，到日再议可也。谨奏。

乾隆三年［1738］工部《为遵旨议奏事》

臣等议，得协办吏部尚书暂署直隶河道总督印务顾琮等疏称："石景山旱桥南北土堤长三百十四丈，急须加帮；又，天字八号应筑拦河土堤八十丈；又，上下坝台中间石子堤五十五丈，必须帮砌石片；又，接前工石子堤二十八丈五尺，应以片石加高，并将背后土堤长八十三丈五尺，一律加筑，大夯灰顶，方资捍御。共估需土石工料银五千五百四十五两七钱六厘零，相应造册题估"。等因，前来。应如所题，行令该督照数动支银两，给发承修各员，作速上紧办料募夫，修筑坚固，以资捍御。工完之日，将用过银两并动用款项据实声明，照例造册，具题。查核可也。谨题。（奉旨："依议。钦此。"）

乾隆三年［1738］二月，大学士鄂尔泰会同工部《为遵旨会议事》

臣等会议，得直隶河道总督朱藻等奏称："伏查，原题自半截河以下开宽北堤，宣畅下流，恐上游水大，议建滚水坝四座，以泄异涨。止能将大局议定，其中头绪纷繁，原难尽悉。今既如式办理，自应分晰缓急先后，速为举行，方不有误。但筑坝一事，虽现在办有灰石料物，陆续拉运到工，非旦夕可以完竣者。即或汛前告成，若不候灰干汁老，岂敢开放？且金门闸即在铁狗之下，此一段数里之内，刨深几尺俱系浮沙。自当择其地之有老土者，方可下桩砌石，安筑坝基。但铁狗在上，河势最险。恐水未至金门闸，而先于铁狗张客冲溃夺溜，深为未便。"臣等公议，将窑上村后转湾顶冲处起，南至新建滚水坝之北雁翅止，圈筑月堤一道。其浮沙最甚之处，酌量加灰坚筑，方可保其无虞。而金门闸大坝原议八十丈，未曾声明高下。应水至八分以上，始可宣泄。而两边雁翅裹头石工若在外，合算则长有一百零四丈，约估银二十五万余两。今勘明公议，连雁翅裹头在内，共八十丈，则需用坝费二十五万余两之内，可以大加节省，以筑此月堤而有余。再，此外南、北两堤有相去太近水发不能容纳之处，亦应相机备筑月堤。其余两岸旧有堤工，现在乘时加筑高厚坚固，以备伏、秋二汛。但恐多系沙土，难保万无一失。查，原议内有郭家务旧河身建坝一处，目今既不能赶起石坝，而汛发可虞。莫若将此处两边预先刨槽，卷下大埽，密钉长桩，多贮物料，以备加镶。原题坝宽四十丈，自应连裹头雁翅在内。但草坝非比石工，两边自应加长镶垫，不便将裹头雁翅算入坝身。且草工又难开拓太大。今酌定口门三十丈，即以淤高之旧河身，酌留为天然滚水，以利分泄。犹恐漫入淀池，将下源仍照原议开挖引河，而东稍北归于下口。将挖河之泥堆于南岸，以作隔淀之坦坡埝，砌筑坚固。此亦急则治标之一法，与原议吻合。目今最关紧要者，原议半截河以下将北堤为南堤，开宽坚筑北堤一道，容纳正流，保障北运。乘此春融赶筑堤面，总以高一丈，底宽八尺，顶宽二丈为准。防备大汛，更可借工以养民，一举而两便。其下流出水去路更应万全，方为有益。臣等亲勘酌定，面商无异，谨合词缮折恭奏"。等因。应如所奏，行令该总河，将半截河堤北改挖新河，及半截河以上逐段挑挖，并建滚水坝。各工作速逐细确估。所有现在奏请备筑月堤，高、宽、丈、尺及用桩木、物料等项，一并入于题估案内，具题查核可也。谨奏。（奉朱批："依议。速行。钦此。"）

乾隆三年［1738］五月，工部《为请定引河堤埝之岁修，专员分段管理以定责成，以图经久事》

臣等议，得直隶河道总督朱藻等奏称："金门闸、郭家务二处引河堤埝，及半截河改筑北埝，以下之接筑民埝引河。该汛员弁既不能分身兼顾，而兵役人等更不足以敷防护之用。此系坦坡小埝，不能建立铺房，即额外添官设役，亦难存身。再四思维，请归于附近之各州县经管修防。如有淤垫坍塌，督率民夫随时疏筑。所需钱粮应请酌量于岁修项下动拨，照例估销"，等语。查，一切河道堤岸自宜专员经管，庶免淤垫坍塌之患。但前工该督既称该汛员弁不能分身兼顾，则州县印官有刑名钱谷之责，亦难保无顾此失彼之虞。且当汛水经临之候，正值农民力作之时。若派民夫疏筑，即或给与工价，恐终不免妨农扰累之弊。再，地方官不谙工作，倘或浚筑不能如式，则徒费钱粮亦于工程无裨。臣等悉心计议，查沿河州县向设有水利县丞、主簿，专管河道。今前项引河、坦坡、小埝各工，应行直隶总督会同直隶总河，于附近州县之县丞、主簿内酌量远近，令其分界经管防护。遇有淤垫坍塌处所，立即详报该厅，查勘确实，动项修理。不得勒派民夫，致滋扰累。其用过银两入于岁修项下，照例估销。至应派拨县丞、主簿如何分界经营之处，应俟该督等查明妥议，具题到日，臣等再行详议可也。（奉旨："依议。钦此。"）

乾隆三年［1738］，协办吏部尚书暂署直隶河道总督印务顾琮等疏称：

查，淀河水大则一片汪洋，水涸则支河汊港无数。其间宽窄深浅不一，必须打造三项船只，方可应用得宜。[①] 应打造行船四十只、土槽船八十只、牛舌头船八十只。行船每只价银十两，土槽船每只价银八两，牛舌头船每只价银七两。共船二百只，通共该银一千六百两。查，各项船只俱系常为捞泥之用，易于损坏。必得一年一粘补，三年一小修，五年一大修。十年之内如有损坏不堪用者，令该管汛员详报验明，发银换造。十年之内如不损坏尚可应用者，不得冒销钱粮。其所需粘补、修造、大修、小修各项银两，逐年归于岁修项下支销。并将船内应办蓬、桅、篙、棹、叔夫、力作器具等项，及历年添补器具银两各事宜，另册分晰开报。再，所设堡船必得设官分理，庶事有专责，而工无贻误。应请每船十只添设外委一员，领夫力作，共设外委二十员。每船五十只添设把总一员，共设把总四员。令其守管船只，专司疏浚。再请添设霸州州同一员、州判一员，各兼管堡船一百只。令其会同把总，不时往来巡查，督率外委叔夫，相机疏浚，并支放叔夫工食、修造船只等项事宜。三角淀通判总理其事。其添设官弁俸薪、养廉、房价、役食、坐粮、马干、马粮、亲丁等项，照例造册送核。至所设叔夫六百名，每名每年给工食银六两，共给银三千六百两。遇闰月每名加增银五钱。虽不足赡数口之家，犹可藉船为业。每年于三、四、五及八、九、十等月捞取堡泥之时，令其一半捕鱼，一半赴工力作。再，东淀支流汊港，俟水涸之时，即逐细查勘。其应行疏浚之处，另行详报。至添设州同、州判、把总，俱驻扎武清县之王庆坨。其州同、州判、俸、工、房舍等银，应照衔归于霸州地粮银内支领。养廉银两在于存公银内支给。把总俸薪、马干、坐粮，并外委亲丁粮饷，应请于裁汰兵饷银内给发。再，所设叔夫六百名，每名给银六两，

---

① 顾琮首次提出设浚船捞取堡泥。可与卷二十四收录乾隆三十七年四月裴日修、周元理《为设立浚船以重河务事》再提设浚船之议连读，并参阅卷首乾隆三十八年六月上谕，关于浚船工效问题。

并闰月加增银五钱，应于裁汰兵饷银内支销。以上州同、州判、把总、外委俸薪等项银两，以各该员弁任事之日起支。各役并犭夫工食，以募充之日起支。理合分晰造册，会核具题，等因。（经工部议覆，奉上谕。恭隶卷首）

［卷十八校勘记］

〔1〕"致"原书稿误为"至"，据文意改。

〔2〕"应"后原书稿衍一"请"字，与上下文意不符，故删。

〔3〕原书稿为"隻"［"只"的繁体字］，今本误为"双"［繁体字为"雙"］。从原书稿改"只"。

〔4〕原书稿作"夥"，其音［huò］，义与多同，但非"多"的通假字，故不应改为"多"，从原志仍为"夥"。

卷十九 奏 议

乾隆三年至五年 [1738—1740]

乾隆三年 [1738] 直隶河道总督朱藻疏称：

永定一河，浑流湍悍，防护维艰，且附近神京，最关紧要。于康熙三十七年 [1698]，设立河兵二千名。康熙四十年 [1701]，于《节省钱粮等事》案内，裁汰河兵一千二百名。又于雍正三年 [1725]，于《遵旨秉公回奏事》案内，裁汰河兵二百名。现在仅存河兵六百名。内拨发清、漳等河教习桩埽河兵十八名。又，千把总三员，亲丁四名，共除河兵十二名。实存河兵五百七十名，派拨南、北两岸十八汛。又，每汛挑选桩手一班，用河兵十二名，专管签桩下埽各汛，实存力作河兵不满二十名。更有搜捕獾鼠、看守物料、栽种堤柳、填补水沟浪窝、堆积土牛、传递公文之役，即工程平稳汛务闲暇，尚不敷用。一遇汛期，全赖募夫抢护。无如汛水长发之时，正值农忙之际，难以雇觅。且所雇之夫不但不谙桩埽工程，即令其填水沟浪窝，亦不如式。是以十夫不及一兵之用。查，前河臣刘于义《因永定河工长兵单，奏请添设弁兵》一折，奉旨："着朱轼议奏"。续经议覆，"以永定河濒河民人能签桩下埽者颇多，即汛发工险雇用此等夫役，原可以助河兵之不逮。且汛期防筑又有民夫排列堤上，亦不全恃河兵。应将奏请添设弁兵之处毋庸议"等因。奉旨"依议"。钦遵在案。

伏查，永定河汛期之际，虽有沿河州县酌派民夫上堤看守，多系老弱贫民，虚应故事。若藉其防护工程势所不能。似应添设弁兵以资防护。请循照旧制，于裁汰河兵一千四百名数内，酌添六百名，连现存河兵共一千二百名。除派拨坐粮等项去兵三十名外，两岸共河兵一千一百七十名。酌量堤工长短段落，分拨一十八汛。则汛期抢护，兵皆素习，自可收并力救急之功。况汛过之后，又可令其填垫水沟浪窝，堆积土牛，搜寻獾洞鼠穴等差，并可将堤工残缺之处派令粘补，实为有济。再，南岸原设千总一员，专管兵丁；把总一员，分管下七工汛地。北岸原设千总一员，分管上七工汛地，兼管兵丁。其把总一员，拨发专管石景山汛。今河兵既请酌添，则兵多弁少，未免管束不周。应将分防石景山汛把总一员撤回，仍归北岸，专管上七工汛地。其北岸千总照南岸千总之例，专管兵丁。至石景山一汛，乃永定河上游最关紧要，应添设千总一员，令其修守防护。其所添千总，应照例每岁给房舍银十六两。并新添弁兵应需俸薪、饷乾等项，在于司库裁兵饷银内拨补。如有不敷，在于沿河州县地粮银内拨补。至新设千总一员，照例在于管河把总内拨补。如此，则防护得资兵力，堤工自可永固安澜，等因。（经工部议覆奏准。）

乾隆三年［1738］七月，工部《为遵旨议奏事》

臣等议，得直隶河道总督朱藻等疏称："永定河南、北两岸堤工，经上年大水之后，残缺卑薄在在皆是，而且抢筑口岸，更难必其坚固。即新坝分势，亦属万难保堤工之无恙。况新坝汛前不能竣工，水势无所分泄。仍行旧道，则两岸工程愈当修治整齐，以资捍御。经臣等奏请银十万两，以便上紧修理。荷蒙谕旨允行。今查，南岸各汛应行加帮工程，并南岸三工建筑月堤、估筑戗堤、建筑隔子堤，以及五工黄家湾填垫月堤深坑，共估需土水堤埝、共估需土硪工价银四万三千九百四十七两九钱三分一厘零。又，南岸二工应挑引河，并填垫河槽拦水堤埝，共估需土方工价银一千七百八十六两一钱五分四厘。又，北岸各汛应行加帮工程，共估需土硪工价银五万四百七十八两五钱八厘零。以上修浚堤河等工，通共估需银九万六千二百一十二两五钱九分四厘零。理合造册具题"，等因。前来。

查，先据该督等奏称："南、北两岸堤工埽坝，经上年大水之后，残缺单薄，应加帮堤埽各工，需银十万两，等因，折奏"。奉朱批："着照所请。速行该部知道，钦此。"钦遵，行文在案。今据该督等将南、北两岸修浚堤河等工，通共估需银九万六千二百一十六两五钱九分四厘零，造册题估。应令该督将前项应修、应浚、加帮各工，在前请银内动支，给发承修各员，作速募夫修浚，如式坚固。工完，将用过银两照例造册，具题查核可也。谨奏。（奉旨："依议。钦此。"）

乾隆三年［1738］，管理总河印务[①]顾琮疏称：

治浊流之法，以不治而治为上策。如浑河、滹沱等河之无堤束水是也。此外惟

---

① 管理总河印务意为代理直隶河道总督事务。清制低级官员代理高级官员职称"护印"，管理印务是护印的别称。此时顾琮尚未实授直隶河道总督，同年十一月升任直隶河道总督之职。

匀沙之法次之，如黄河之遥堤，"一水一麦"是也。查，永定河，既然有堤，难言不治而治，惟应用匀沙之法，以图徐成。前议于北岸之张客，南岸之寺台、金门闸、郭家务各建滚水石坝，开挑引河以资分泄。今郭家务草坝业已完竣，金门闸石坝石工已完，现筑小夯灰土。伏思，原议："金门闸建坝，以浑河故道接牝牛河为引河，开宽浚深，至牛坨南接挑黄家河，达于胜芳河，开至河头之北，于新河下游合流。其引河所挖之土，俱于两岸照泄潮垱式作拉沙坝"，等语。现今估挑引河将土方堆筑拉沙坝，使之出浑入清，但恐水大之时泛溢过多，仍不免淤淀之患。臣再四思维，惟有引河之南岸拉沙垱外远筑遥堤，顶宽二丈，底宽十四丈，高一丈五尺，使泛溢极大之水亦有所捍御，可保无南注淤淀之患。

又，原议："北岸之张客建坝一处，即以所冲水道为引河，东会于凤河，借其汕刷"，等语。但思建造石坝工帑浩繁，更非旦夕可能完竣，请照郭家务改建草坝，于引河之北拉沙垱外大营、庞村、东安之南建筑遥堤，顶宽二丈，底宽十丈，高一丈，保护京畿而无北溢之虞。设遇水大出槽，散漫拉沙垱外，沙沉于田，清水仍归引河。被淹之地一水一麦，尚不为苦。至引河原系分泄涨发之水，即长易消，不致冲淹庐舍。其引河太近之处，酌量环筑护村月堤。再，固安、永清二县有关邑治仓库，亦应建筑护城月堤。此即永定河用匀沙之法，以图徐治之大端等因。（大学士会同工部议覆，奏准。）

乾隆三年 ［1738］ 十一月大学士鄂尔泰会同工部《为遵旨会议事》

臣等会议，得直隶河道总督顾琮奏称："半截河应行修浚之处，积水弥漫。时届孟冬，水尚未消，工不克施。明春全河之水必不能由半截河改流，自仍由旧河而行。下七工、八工等处，乃旧河必由之路。现在河身淤昂，自应大加挑浚，方无阻碍"等语。此一时权宜之计，势有不得不然者。自应准其挑浚，另疏题报。

又奏称："半截河以下地势[1]甚洼，自淘河村以东至六道口一带，积水汪洋，竟成巨浸。若不设法使水渐次消涸，恐明岁又复积有雨水，则兴工无日。应于半截河先建草坝一二座，面宽各二十丈，约六分过水，使浑水稍稍淤垫[2]。其中所积之水，藉势归河。水去地出，然后可以遵照原议动工修理"，等语。查，淘河村六道口一带与三角淀、叶淀等淀一片相连。自三角淀圈筑堤垱，分隔内外，堤内浑水淤高，堤外低洼如故。一遇雨多之年，迤北田间行潦汇聚于斯，仍成积淀。而南面既为堤阻，不能会归。惟恃一线凤河为消泄之路，以故停蓄不下，致令开筑难施。今河臣请于半截河先开坝座，宣引浊流，垫洼为平，使施工有地。此亦一时权宜，事属应行者。

再，河臣奏称："自八工尾闾至老河头约十五里，乃浑水趋归大河要道，应即从尾闾挑挖引河，面宽二十丈，底宽四丈，深六尺至七八尺不等。总期一律深通，俾浑流畅达，汇津归海"，等语。查，臣等原议，半截河改挖新河入六道口而东，经三角淀之北，直过老河头。其金门闸石坝引河，由浑河故道入牤牛河、黄家河、胜芳河。一路开挖，亦经老河头之北，与新河会归大清河。一路筑坦坡堤，分清隔浊。总欲使浑水不能入淀，无由淤河，不致贻后患，更费周章耳。今河臣为目前行水计，自不得不疏浚下七、八工之旧河。既水由旧河而来，自不得不开旧河之尾闾。此虽亦权宜之计，势有相因，事不得已。但引河经由之处，据称从尾闾挖至老河头约十五里，是竟似欲从八工直挖至洞子门，由董家河入杨家河矣。夫杨家一河，乃全省清河之下口也。非有高岸夹束，并无抵刷浊流之力。以永定全河之势，推拥沙泥，弥漫而入，诚恐杨家河必受淤。杨家河一淤，则淀之下口先塞，而西来数十河之水将无路归津，则虽重堤隔淀，不皆成虚设乎？臣等愚见，以为引河应开，而或经由董家河、杨家河，则似乎不可。应令河臣查照原议，务于迤北地面相度挑挖，俾经老河头北而出其东，即为将来金门闸[3]石坝引河之下口，庶不致淤淀，自不致阻清。在河臣料已熟筹，缘未经详悉声明，臣等不得不为过虑也。

至奏称："河溜扫湾顶冲危险处，所应裁湾取直，酌量挑挖引河，以免冲激"，等语。查，永定水势湍悍，斗折蛇行，而土性沙松，堤防未可深恃。是应于汛前挑引导入中泓，俾工程不致出险。此河身不须全挖，而可免冲激之良法。自从前河员惟务加堤工，不知改挖引河，以至汕刷坍颓大溜激冲，相顾彷徨，而终莫能救，皆职此之故。今河臣请于河溜险工为未雨之图，应如所奏，令其悉心筹度，随宜挖引。更须预储物料，为镶垫埽坝之用，以备不虞。其寺台建坝，原因地属开旷，可以泄水受水也。今既据称："细勘该处堤外荒地不过数里，诚恐开坝泄水容受无多。查，有南岸五工曹家务以下，数十里俱不毛之土，并无民居，地面宽阔，可以容水。将所请寺台议建之石坝移于曹家务以下，改建草坝，仍面宽十二丈，约六分过水。不特钱粮可以节省，居民不受水患，且浑泥渐淤，斥卤皆成膏壤，转于民生有益"，等语。河臣久阅河干，熟悉形势。既曹家务较胜寺台，自应如所请，准其改移。至于浑水肥田，古有成效。如泾溉关中，漳溉邺下，皆载在史册。既现在永定河漫溢处所，土性淤肥，麦收加倍，亦其明征。应行令河臣，留心审度，凡系近堤荒碱洼薄之地，皆可照依此法，开坝泄浑，放淤粪瘠。其留泥注水之法，或设陂以限之，或挖塘以潴[4]之。因此制宜，转害为利，尤直隶之要务。是在河臣之虚心实力，次第推行而已。再[5]，新任直隶总督孙嘉淦现在条奏永定河道情形，伏祈皇上将臣等所议建坝挑河之处敕交河臣，会同直隶总督商酌办理可也。谨奏。（奉朱批谕旨："直隶河工自应总督会同总河办理。前着李卫不必办理者，以伊等彼此不和，于公事无益故耳。今孙嘉淦并不似此。着仍照旧例，亦管河工事务。余依议。钦此。"）

乾隆三年［1738］十一月。大学士九卿等会议，得兵部尚书协办户部尚书事、果毅公讷亲，吏部尚书今授直隶总督孙嘉淦奏称：

"臣等自天津回京，由永定之半截河至下七工抵卢沟桥。循堤看得河道情形，河身较堤外地面大势皆高。其六工以下，河身隆起如脊，竟有高至丈余者，实与筑墙束水无异。头工、二工堤岸稍宽，尚容水势回转。至五、六以下等工，河身狭处仅数十丈，且南、北两岸大概皆系沙土，非夯碾可能坚固。风搜水漱，日有薄削，一遇汛发，势必冲决。是以筑堤前后所费帑金无算，仍不能免于每岁之为患也。河臣顾琮欲尽弃旧河，放水北行，筑十里遥堤以防之。但十里之地广阔无几，河流迁移仍过遥堤，则必又致溃决。兼以所有人民庐舍，欲尽迁之堤外则不能，欲留于堤内则可虑，徒劳更张，终非长策。大学士鄂尔泰等，又欲于半截河另开引河，以分其势。目今郭家务之草坝、金门闸之石工俱已兴筑。其坝底高于河面五六尺、七八尺不等。寻常水不能宣泄，无由分减。设异涨一来，突然出口，所挑引河不能深广，水势未必屈曲，随入则奔冲，仍所不免。至于新河之道，欲使不入淀池而入淀河，意谓淀河水流可以不淤。但查，淀河之水本非急溜，浑水偕行，泥终沉底，虽逐年疏浚，而人力几何？纵不淤于目前，亦必淤于日后。淤淀池，止占其蓄水之地；淤淀河，乃梗其出水之途。万一水口壅滞，清水无归，则溃溢之患何可胜言？臣等再四详度，莫若因势利导，以免小民之惊疑，以收永远之利济。现今南岸之金门闸、北岸之张客皆建闸，而挑引河已有成议。臣等愚见，以为张客之闸不必石工，但建草坝。再于两岸相度地势，开建草坝，宽以六丈至十二丈为率，过水以六分至四分为度。分泄之处既多，则水缓不致冲刷，随时水长即可宣泄，更不畏汹涌夺溜。南岸金门闸上下多建数坝，北岸少建，使南泄之水常多。水小则自引河，水大听其漫流。数年之后草坝朽坏，旧河之水悉改而南。即以淤高之河身，障其北向趋下之路。天然畿辅之堤岸，诚为坚实而可恃。即沿河居民皆知漫流淤田之水，无足为患。至于视低洼之村庄，围堤以保护；迁零落之居民，附大村以自固。拦淀筑埝，使虽遇异涨之水，而泥沙不得溢入淀池中。则百姓永无淹没，淀池永无垫隘。俟其办理就绪，裁去总河之缺，尽撤效力之人，交与地方官如常保护。上无兴筑赈济之费，下无办料工作之扰。漫淤泥于田中，民享其利。沥清流于淀池，水蹈其轨。臣等愚见所及，渎陈睿鉴。"等因，具奏。前来。臣等窃思，永定一河水不循轨，每遇霪雨，淹潦民田，素称难治。蒙圣祖仁皇帝、世宗宪皇帝屡厪宸衷，动帑建堤，设官防护。上保运道，下护民生，最为紧要。上年六月内，因山水骤发，冲决堤岸，我皇上睿虑周详，念切民依。特命大臣前往相度，欲期永久奠安。随据协办吏部尚书顾琮等查勘，奏请改筑遥堤，庶免冲决之患。续经大学士鄂尔泰奉命勘得，永定河水性、水势俱非黄河可比，十里遥堤之议万不可行。拟于半截河堤北改挖新河，于南、北两岸建滚水石坝四座。各开引河一道等因。经总理事务大臣会同臣等议准，在案。

今据兵部尚书、协办户部尚书事[6]、果毅公讷亲，吏部尚书今授直隶总督孙嘉淦奏称："永定河冲决之患，实因筑堤而起。再四详度，莫若因势利导"，等语。查，永定河堤工于康熙三十七年［1698］建筑以来，历有年岁。迨后新增堤坝，均系先后测量水势，逐年添修。无如水性浩瀚，汹涌奔腾，仍不免冲决之患。今若能因势利导，使水尽归南行，诚为不治而治之上策。但故道久成，旗民庐舍，一时势难更复。必须相度全河形势，遍历上下河干，方为筹画尽善垂久之策。今吏部尚书孙嘉淦奉旨补授直隶总督，其于永定河地势之高下、河形之曲折、水性之归宿，以及居民庐舍之迁徙，必须一一详加勘验。庶几慎重于始，不致更张于后。相应请旨敕下："新任总督孙嘉淦、河道总督顾琮，会同复加细勘，务期筹及久远，一劳永逸。和衷办公，无得各执己见，悉心参酌，合词具题。"至日，臣等再行详议可也。谨奏。（奉朱批："依议。钦此。"）

乾隆三年十二月［1739］，工部《为会议事》

该臣等议，得直隶河道总督顾琮等奏称："北岸头工张客地居京城之西，乃永定河上游，从前原议在于此处建坝。今臣相度河形，详勘地势，张客坝座请移建于北岸三工求贤处所。上游之水足备宣泄，可无北溢之虞。其北岸遥堤，亦无庸建筑。既可节省钱粮，工程又得速竣。容俟会勘之时，臣与督臣孙嘉淦商酌办理"，等语。

查，张客草坝并遥堤各工，从前俱经该督奏请建筑。今据该督查勘河形地势，请移建于北岸三工求贤处所，北岸遥堤无庸建筑，既可节省钱粮，工程又得速竣之处。请该督会同直隶总督，将前项工程务期悉心商酌，妥协办理。至于需灰斤、苇草等料，该督奏称："俱应于来岁春融兴工。若俟估册造报之日，始行拨银办料，恐致迟滞，请拨给户部库银五万两，乘此地冻易运之时，购觅备办运贮工次，以便临期需用"，等语。应如所奏，准其于户部库内动拨银五万两，给发该委员领回。作速及时购办物料，运贮工所，以备来岁春融兴工之用，毋致临时周章。仍将建筑坝工应需工料银两，逐细确估造册，具题查核可也。谨奏。（奉旨："依议。钦此。"）

乾隆四年［1739］正月，大学士鄂尔泰会同工部《为遵旨会议事》

臣等会议，得直隶总督孙嘉淦等奏称："覆加确勘金门闸①石坝，原议八分过水，但一年之内，八分以上之水亦不多有。悉心商酌，请于金门闸之下长安城②地方，添建草坝一座，以四分过水分流南下。水小则草坝分泄，水大则石坝一并减流。至郭家务，坝面俱系素土，应筑灰土槛一道，以资抵御。再，南、北两岸建设多坝，非旦夕可以告竣。请于南岸郭家务③以下七工冰窖地方，各量开旱口一处，用埽裹头，以泄凌、麦二汛之水。至上汛各工既经多建草坝，水势有所分泄，则下汛七、八等工均可无庸修筑。并半截河④以下引河、堤埝等工，亦当量为减省。统俟各坝建成，引河疏就之后，再将引河经由地方城池、村落应行护卫之处，详细酌议，筑堤保护"，等语。

查，永定河形，上游低于下口，河身高于地面。故道固应议复，而挑浚务宜相机。今该督孙嘉淦等既称："郭家务石坝改建草坝，寺台之石坝移于曹家务改建草坝，其张客之石坝亦请改建草坝之处。会同总河顾琮详查，各款俱意见相同，应仍照原议"，等语。均毋庸议外，至奏称："金门闸石坝原议八分过水，但一年之内，八分以上之水亦不多有。请于金门闸之下长安城地方添建草坝一座，以四分过水。水小则草坝分泄，水大则石坝一并减流。其草坝引河不必另挑，即浚，归金门闸引河之中"，等语。查，建坝分流，原议随地形之高下，视水势之大小，因势利导，顺流宣泄，方无冲溢之虞。今既据称："一年之内，八分以上之水亦不多有。酌议添建草坝，以四分过水，不必另挑引河，即浚，归金门闸引河之中"，亦属随地制宜之

---

① 金门闸在今房山区东南境邻近涿州东北处。

② 长安城在清宛平县南境邻近涿州处，现属涿州辖地，清直督总督在永定河汛期驻扎于此。后文之张客在金门闸上游。

③ 郭家务在今河北永清县北境。

④ 半截河在永清县城东，冰窖在永清县城东南三十余里。

法。其郭家务坝面，该臣等既经勘明系素土，难资抵御，均应如所奏，准其于长安城地方添建草坝一座，郭家务加筑灰土槛一道。其所需工料，并疏浚引河以及隔淀坦坡堤埝各工，仍令该总河等一并确估，分案具题。

又，奏称："建设多坝，非旦夕可以告竣。请于冰窖地方各量开旱口一处"，等语。查，凌汛转瞬即至，草坝既难速竣，今于下七工冰窖地方量开旱口，用埽裹头以泄凌、麦二汛之水，是亦先事预防之计。但汛水涨发之时，水势作何归宿？有无妨碍民舍田庐之处？奏内并未议及。应令该督等酌量妥协办理。至上汛各工，该督等既称多建草坝，则下汛七、八等工均可毋庸修筑，半截河以下引河堤埝亦当量为减省。应令该总河等，因势因地，详慎筹画，务期永庆安澜。俟各工告竣工之后，将一切引河经由地方城池、村落，应行筑堤保护民生之处，详酌妥议，请旨遵行可也。谨奏。（奉朱批："依议。钦此。"）

乾隆四年［1739］六月初六日，工部《为遵旨议奏事》

臣等议，得直隶河道总督顾琮等疏称："曹家务建筑分水草坝一座，其出水一带俱系卑洼碱地，浑水一过则成膏壤。但清水无归，恐致积涝。今勘得曹家务以下，由郭家务、小梁村等处，计长四十余里，向有遥河，虽因年久淤塞，尚有河形。间段疏浚，使浑水淤地，清水归淀，实属有益。应挑引河长一千七百丈。该银一千八百六十三两三钱九分五厘，在于要工银内动拨，一面给咨委员，赴部请领还款"等语，应如所题。行令该督等，于要工银内，先行动支银一千八百六十三两三钱九分五厘。给发承挑各员，着募夫上紧挑挖通顺，毋致淤塞。工完，将用过银两照例据实造册，具题查核。再查，前项估需银两，业经该督等咨报，委员前赴户部请领在案。应俟该委员领回之日，照数归还原款可也。谨奏。（奉旨："依议。钦此。"）

乾隆四年［1739］六月，工部《为遵旨议奏事》

臣等议得，直隶河道总督顾琮等疏称："金门闸石坝暨长安城草坝应挑引河工程，共需银四万八千六百三十六两六钱三分零。又修筑坝埝以资捍御，建筑草坝以分水势，设立木桥以济行旅，建设涵洞随时启闭，均属有益之功。共需银三千三百七十七两一钱九分八厘，造册具题。至高桥村西建设涵洞处所，系南岸六工汛员蔡学颐应管堤工，请令该管汛员就近专司管理，随时启闭。再，凌、麦二汛之水，已经题准，在于南岸郭家务以下七工冰窖地方各量开旱口，以资宣泄。其引河经由各村庄遍行晓示，除斥卤不毛并大田未种之处，及时挑挖外，其麦苗已长之田，俟长苗刈获之时，即多募人夫星飞挑挖"，等语。臣部查前项工程，估需银五万二千一十三两八钱二分八厘零，业据该督等咨部委员前赴户部请领在案。今该督等将筑堤、挑河、建坝并建涵洞各工造册题估前来，应令该督等动支银两，给发经管各员，作速上紧趱筑，如式坚固。其应挑引河，经由地方建设涵洞，随时启闭，均应责令经管各员加谨办理，毋致贻误。俟工竣之日，将用过工料银两照例造册，具题查核可也。谨题。（奉旨："依议。钦此。"）

乾隆五年［1740］二月，直隶河道总督臣顾琮《为奏明事》

窃查，永定河下游之范瓮口、郑家楼、葛渔城①一带地势洼下，历年积水汪洋，常年不消。上年凌汛，水由郑家楼东残废民埝缺口流出，入沙家淀，汇凤河，达津归海。臣于本年二月二十五日前往永定河下口，率同永定河道六格逐细履看。今岁凌汛已过，水势平稳。凡应筑堤工、应疏河道，即令该道六格相度机宜，督令该管厅、县等实心办理。惟是郑家楼一带低洼地亩，浑水经由渐得受淤，可望种收之利。但其平地漫流，渐往西北，将来恐有碍及田庐，自当先事筹画，以保万全。臣同该道六格悉心斟酌，议于北岸堤顶接连草坝约百余丈，靠坝残缺民埝，令河兵力作修补完竣，以御其西漫之势。下口一带照例动项，挑浚深通，使其东注。第下口疏浚，惟有额设挑河土方价银，并无桩料开销之例。若再请添设，实属繁费。查，下口向有河滩产苇官地四十余顷，从前收数不过五六万斤。自专员经理以后，每年所收数倍于前。俱分贮各工，以为岁修之用。于估销册内据实声明造报。上年霜降后，该道六格选委妥员，细心查收，较前更多。今议建草坝，可以动拨此项官苇应用，则钱粮即可节省。臣一面知会臣孙嘉淦商酌办理，谨将臣查看永定河下口及凌汛平稳缘由，一并恭折奏明。伏乞皇上睿鉴训示施行，谨奏。（奉朱批："妥协办理。钦此。"）

乾隆五年［1740］四月，工部《为请奏要工以资保障事》

臣等议，得直隶河道总督顾琮等疏称："永定河石景山汛内庞村戏台并小屯，以

---

① 范瓮口当在今天津市武清区西南王庆坨镇附近，有大、小范口即其所在。郑家楼在王庆坨镇北；葛渔城在今廊坊市东南境。

及天将庙后旧片石土堤等工，系顶冲险要。现在陡立悬崖，若不急为修整，难资捍御。应行修砌，以资稳固。通共估需工料银九千七百八十七两三钱四分四厘零。并声明，此项工程关系紧要，若俟部覆到日请帑兴工，恐致延误。一面咨拨户部钱粮，及时购料修筑，庶于河防有益"，等因。具题。前来。查，永定河石景山汛内庞村戏台南等处旧片石、土堤各工，该督既称系属顶冲险要，急宜修筑。应如所题，准其领银。给发承修之员，作速办料募夫，如式砌筑，以资捍御。谨奏。（奉旨："依议。钦此。"）

乾隆五年［1740］九月，大学士九卿等会议，得直隶总督孙嘉淦等奏称：

"查得，永定之水挟拥沙泥，从前散流于固安、霸州之野，泥留田间，而清水归淀。间有漫淹，不为大害。自筑堤束水以来，始有溃淤之患。虽岁縻帑金，迄无成效。乾隆二年［1737］，大学士鄂尔泰等勘明，于金门闸建石坝一座，下挑引河，即系永定河之故道。惜其坝身太高，不能过水。乾隆三年［1738］，臣与讷亲合辞具奏：'请于金门闸之上下重建草坝，务令过水，以为渐复故道之计。'荷蒙圣恩俞允，臣随与河臣顾琮相度，于金门闸下长安城地方建草坝一座。乾隆四年［1739］春间告成，坝身又失于高。是以上游不能过水，而下口改流于郑家楼等处泄水。河臣顾琮与臣商酌，下口既已宣畅，则上游放水似可暂缓。乃去秋、今秋两汛经过，而下口地方仍有未妥。是以臣前面奏，亲往查勘。今勘得下口河流自郑家楼逆折而北，历龙河、凤河、雅拔河①之下游，清水俱有壅滞。且去北运河不远，倘再冲泛，恐碍运道，所关匪细。若欲筑堤挑水改使南行，不惟地已淤高，工费浩繁，且仍系东淀②下游，其淤势何所底止？去年冬间，臣与顾琮曾奏请，于叶淀之东挑河引水，使入西沽之北。今勘得入口之地逼近运河，居民稠密。浑水经流，终非长策。则是下口之道穷而无所复入，必于上游放水，始为经久之图。河臣顾琮面定会商，意见相同。是以臣由天津返棹，亲看金门闸之引河，有东、西二股自华家庄分流。东股历牛坨③、蒲塔等处，由津水洼入淀，④渠身深通。但所历村庄颇多，水势不能宽展。其

---

① 龙河、凤河、雅拔河在今天津市武清区境内相汇，入北运河。
② 即三角淀，在今天津市武清区南王庆坨镇南，详见卷二。
③ 牛坨在固安县东南境。
④ 津水洼详见卷二，牤牛河一节。

西股河道俱行旷野之中，不与村庄相近。下口入中亭河，一百余里之内，止有王莽店一处逼近河岸。其中亭河入淀之处，止有苑家口、苏家桥①等处村庄尚需保护，中亭及玉带河南堤尚须加镶，其余并无妨碍。村庄、城垣之处河身宽大，两岸开展，询之土人，佥云此系永定河之故道。睹其形势，实足以容纳全河之水。应于两股分流之处，将东股之口筑高数尺，遇异涨之水则兼入东股，以资消减。寻常汛水专走西股，可保无虞。因至金门闸，再行相度。见石坝之上不过数十丈，既系河流顶冲之所，于此处开一土坝，不必草裹石镶，但令掘展宽深，则全河之水顷刻可过。一出堤口，即入金门闸之引河，可以顺流畅达。现今河水甚小，断无冲淹。将来汛水涨发，散入田野，民收肥腴之利。经流旧槽，复安行故道，并无溃决之忧。即使间有漫溢，不过一二村庄，较之馈堤淤淀之害，不及十分之一。即使保护村庄，不过零星疏筑，较之岁修抢修之费，亦不及十分之一。再，此金门闸之引河，即系大学士鄂尔泰奏议开之河。其现今开堤之处，紧接金门闸石坝之上，与讷亲、与臣原奏相符。皆系已成之议，并非新有更张。总而计之，下游已无可行之路，上游现有天然之河，开堤放水则费小而害轻；筑堤束水则费大而害重。熟思审处，止有此策，更无二计。臣谨与河臣顾琮合词具奏。伏乞皇上圣断施行。再，欲开堤放水，则日期不可迟延。今年河水本小，目前霜降已届，水涸流细，放之使出，可以操纵由人，不致为患。距明岁汛水之期尚远，使水与河相习，民与水相安。臣等因其所至之处，细回相度，陆续奏明，预为保护，庶可万全。再过半月，即系立冬，冰凌渐至，宣泄不畅。若今秋不放，迟至明年，凌汛、麦汛、秋汛接踵而至，为日迫促，草率开堤，恐有疏虞。屈指计算，不可再缓。臣谨择九月初七日兴工，将引河之内整理通顺，出口之处挑挖疏引，于九月十六日开堤放水。届期，臣与河臣顾琮亲至其所，相度开放。再，此案原系臣与讷亲会奏之事，仰恳圣恩，于十六日放水之期，可否仍令讷亲前来与臣等会勘情形，公同开放，并会商善后事宜。其于公务更有裨益，合并声明，"等因。具奏。前来。

查，乾隆二年［1737］八月间，大学士臣鄂尔泰奉命亲往，详勘永定河水势情形，拟于半截河堤北改挖新河，于南、北两岸建滚水石坝四座，各开引河。于南岸金门闸建坝八十丈，以运河故道接犷牛河者为引河，开浚宽深，等因。经总理事务王大臣会同臣等议准，在案。续于乾隆三年［1738］十月内，据尚书果毅公讷亲、

---

① 苏家桥在文安县北境，苑家口在霸州南境（现简称苑口），王莽店未详。

直隶总督孙嘉淦奏请："将张客之闸不必石土，但建草坝。再于南岸金门闸上下多建草坝。北岸少建，使南泄之水常多"，等因。经臣等议："以永定河之水若能因势利导，使水尽归南行，诚为不治而治之上策"，覆令督臣会同河臣复加细勘，具题再议。嗣经总督孙嘉淦等覆加确勘，"金门闸石坝原议八分过水，但一年之内八分以上之水亦不多有。悉心商酌。请于金门之下长安城地方添建草坝一座，以四分过水分流南下"，等因。经大学士鄂尔泰会同工部议准，亦在案。今据直隶总督孙嘉淦等奏称："勘得从前奏请，于金门闸下长安城地方建筑草坝，又失于高，不能过水。今查，金门闸石坝之上数十丈，为河流顶冲之所。此处开一土坝，不必草裹石镶，但令掘展宽深，则全河之水顷刻可过，金门闸之引河可以顺流畅达"，等语。查，永定河归复故道屡经勘议，因形势遽难更改，是以中止。而下游经水之处已多淤塞，即全行疏筑，终非经久之计。故原议于上游添设草坝，因势泄水，使尽归南行。但全河之水悉行开放，虽系开复故道，而更改之初，所宜倍加详慎。前经该督会同河臣奏请，于金门闸之下长安城地方建筑草坝，四分过水，分流南下。因坝身仍高，不能过水。而河臣顾琮又以下口改移，于郑家楼等处泄水，商令上游暂缓放水，亦属河臣慎重经理之意。今该督奏称："亲往查勘，下口河流自郑家楼逆折而北，历龙河、凤河、雅拔河之下游，清水俱有壅滞。且去北运河不远，恐碍运道，所关匪细。若欲筑堤挑河，改使南行。不惟地已淤高，工费浩繁，且系东淀下游，其淤垫何所底止？则是下口道穷，而无所复入。必于上游放水，始为经久之图。河臣顾琮面订会商，意见相同"，等语。是下游水道已经该督亲身查勘，实无宣泄善策。请乘目前霜降水涸流细之时，于金门闸之上开堤放水，以为渐复故道之计。将来汛水涨发，散入田野，民收肥腴之利。经流归槽，复安故道，并无溃决之虞。

查，大学士鄂尔泰等议覆原案："永定归河故道必须相度全河形势，遍历上下河干，方可筹画尽善，为垂久之策。"今既据该督等通身筹算，相度机宜，就金门闸现成引河乘时放水，并称可以操纵由人，不致为患。该督身任地方，目击情形，且与河臣等会商，意见相同。自应照所奏，令其详慎办理。

又，该督奏称："金门闸引河有东、西二股，东股历牛坨、蒲塔等处，渠身深通，但所历村庄颇多，水势不能宽展；其西股河道俱行旷野之中，不与村庄相近，止有王莽店、苑家口、苏家桥等数处尚须保护。再于东、西两股分流之处，将东股之口加高数尺，遇异涨之水则兼入东股，以资消减，寻常汛水专走西股，可保无虞"，等语。查，河水开放导由引河西股水道行走，既可容纳，又不与村庄相近，自应照所请办理。所有水道必由之村庄、民舍、坟墓，应令饬地方官预为加意防护，无致淹漫。至东股水道所历村庄既多，自应于分流之处筑坝拦水。虽据该督疏称："遇异涨之水始行分泄"，但永定水性靡常，倘遇汛涨之时，西股下流稍有壅滞，以致横溢旁注。或东股水入转多，而附近之村庄民舍未经预为防护，淹漫为患，亦未可定。应令督、河二臣一并饬所属官员，先事预防，务使虽遇异涨之年，而民无不备之虞，方为妥协。至中亭、玉带等河，加以永定河水汇注增流，其南堤应行加镶之处，应令该督会同河臣详加勘估，加镶保固。

再，该督奏请："此案原系臣与讷亲会奏之事。仰恳圣恩，于九月十六日放水之期，可否仍令讷亲前来与臣等会勘"，等语。查，河水开放，虽在临时审度，然必须平日深悉水势情形，始能有合机宜。至善后事宜，亦似非暂时即能定议。但既据该督奏请前来，应否令尚书公讷亲前往之处，伏候圣裁。谨奏。（奉朱批："依议速行。讷亲不必前往。其两次建坝皆失于高，乃顾琮与河员不能奉行尽善之咎。着该督查参。钦此。"）

［卷十九校勘记］

〔1〕"势"字原书稿误作"埶"，"埶"［"势"的繁体字］。据上下文意改为"势"［繁体字为"勢"］。

〔2〕"垫"字原书稿误作"势"，"勢"［"势"的繁体字］与"墊"［"垫"的繁体字］形近而误。依上下文意改为"垫"。

〔3〕"闸"字原书稿脱，据前后文增补。

〔4〕"潴"原书稿误作"渚"，据上下文意改。

〔5〕"再"字原书稿脱，据上下文意增补。

〔6〕"书"字后原书稿脱"事"字，据前文："协办户部尚书事"增补。

卷二十 奏 议

乾隆五年至六年 ［1740—1741］

乾隆五年 ［1740］ 九月，大学士九卿等《为详议具奏事》

臣等会议，得江南河道总督高斌等奏称："永定河历年既久，下口屡经淤壅，亟应改移于固安城南、霸州城北，以顺其南趋之势。而引河两岸不设堤防，汛水长发，则任其出槽平漫。溜势既散，则不致为害地方，而低田更可收淤肥之利。其霸州城郭围筑护堤，近河村落加筑土埝，虽大水之年均可保护无虞。此实以不治为治之上策也"。臣等详筹熟虑，以为西入中亭河，会西淀、白沟诸水，由玉带河转而东趋，实不若于固安南、霸州[1]北之间顺流东下，由津水洼接连东淀，直达西沽入海。尾闾宽阔，通畅顺利，则上游涨水消退自易，此实天然最顺形势。臣等拟于明春麦汛以前，先令水由西引河入河，则偏西一带洼下碱地或遇漫水，即可得淤。于今冬明春半年之内限期宽展，将东引河再加修理通顺。其中间近河村庄易于迁徙者，预为迁徙。可以防护者，筑堤防护。又，霸州城郭应筑护城围堤。又，自铺疙疸以西起至宁家口，接连上六工堤止，应筑横堤一道，约长二十余里，以护城郭村庄。全铺疙疸以西，地势淤洼，所有估埝应行粘补，保护州北村庄，俱于麦汛以前修理完备。于麦熟后，再将东引河河头开放，并将津水洼高桥以南民埝开通，以资宣畅。再将四引河暂行堵闭，俾全河尽赴东趋。俟秋汛过后，河势已定，再察情形，随宜办理。

至金门闸放水之处，此时大溜出口，旧河已经断流，且可不必堵塞。新河之口现且用草裹头。不必遽令展宽。倘遇伏、秋涨盛，旧河宣泄其大半，可以无虞。俟数年之后，如果新河顺轨安澜，著有成效，再将旧河截断不用。

再查，保定县城迤西千里长[2]堤，自新庄通北天字号起，至城东路疃村止，玉带河河溜逼近堤根，最为险要，应加宽厚。其路疃迤东至艾头村，接连营田围埝，约长五十余里。臣孙嘉淦、顾琮现在议估："加筑月堤一道，以作重层保障。臣等勘得，该处玉带河形势，即永定河水不由西下，其西淀白沟诸水至此，收束太紧，亦应修理保护，以资捍御。以上事宜，臣等公同悉心详议，合词会奏"，等因。前来。查，先于乾隆二年［1737］八月内，大学士臣鄂尔泰奉命亲往详勘永定河水势情形，"拟于南岸金门闸建坝八十丈，以浑河故道接牤牛河者为引河，开宽浚深。循其故道，于下游合流。皆得进注争流，俾推荡泥沙而东去，酌改开浚事宜"，等因。折奏。经总理事务王大臣会同臣等议准在案。续于本年九月初一日，直隶总督孙嘉淦奏称："永定河之水挟拥泥沙，从前散流于固安、霸州之野，泥留田间，而清水归淀。间有漫溢，不为大害。自筑堤束水以来，始有清堤淤垫之患。岁糜帑金，讫无成效。臣亲勘金门闸之引河，有东、西两股，系永定河之故道。睹其形势，实足以容纳全河之水。应于二股分流之处，将东股之口筑高数尺。遇异涨之水，则兼入东股，以资消减。寻常汛水专走西股，可保无虞。再，金门闸以上开一土坝，不用草裹石镶，但令掘展宽深，则全河之水顷刻可过。一出堤口即入引河，可以顺流畅达，与河臣顾琮合词具奏"，等因。经臣等议覆，均应照所请行，令该督等详慎办理在案。

（嘉庆）永定河志

又，于九月十八日钦奉谕旨："令江南河道总督高斌前往，会同总督孙嘉淦等，详悉相度，确酌定议。"经工部行文，钦遵去后。今据河道总督高斌等公同会勘情形，将永定河善后事宜酌议应浚、应筑修理、保护之处，覆奏前来。查，永定河之金门闸以上，既经开闸放水，顺轨安流，毫无阻碍。其挖河引水归淀入海，经由处所应浚应筑之处，该督等公同查勘形势，将应办事宜详悉会议。应如所奏，行令该督等，于明年麦汛以前，先行引水由西引河入河，由河渐次入海。又于今冬明春，将东引河修理通顺。其霸州城郭村庄等处，最为受水冲要之区，应令先行筑堤，并粘补古埝，加意防范，保护城庐。务于麦汛以前趱办完备。于麦熟后详加相度，熟筹地形，将东引河河头开放，并将高桥以南民埝一并开通，以资宣畅。

至称："西引河暂将堵闭，俾全河尽赴东趋之处，但恐值水涨之时，众水汇流，东注直下，水势汹涌，于固南霸北一带，近河村庄不无淹漫之患，不可不预为防护。"今该督等既称应迁徙者迁徙，应防护者防护，自应详慎办理。酌量给赏，务期人民迁徙乐业，勿致流离失所。再于秋汛过后，详勘河道情形，循顺水势，务筹万全，以垂永久。

至称："金门闸放水之处，旧河已经断流，不必堵塞新河之口。且用草裹头，不必遽令展宽。倘若有汛涨，仍令宣泄之处，是亦慎重河防，图维善后之意。"亦应令该督等，俟新河水势，如果顺轨安澜，著有成效，再将旧河截断不用。

至所奏："保定县迤西千里长堤，玉带河河溜逼近堤根，应加宽厚，并路疃迤东艾头村等处，应加筑越堤一道。"该督等既称现在估议，均应准其加筑，作重层保障，以御险要。

再，玉带河形势，该督等既经勘明，西淀白沟诸水至此收束太紧，应须修理保护。应令该督等，务于玉带河水汇之区详加筹画，加意防范，勿致溃决。俾水势顺流入海，方为经久奠安之计。以上东、西两引河应行开浚，应行建筑修补，以及保定西淀白沟诸河等处加帮修理各工，应令该督等酌量工程缓急，分别先后，次第兴修。确估造报工部，具题查核可也。谨奏。（奉旨："依议。钦此。"）

乾隆五年［1740］，直隶总督臣孙嘉淦奏《为永定河已归故道事》

查，永定河归复故道一案，臣前奏明，于本月初七日兴工，十六日放水。臣随委效力员外郎秦崤，会同永定河道六格等，督率河员，如期修浚。臣于十一日，自保定起程，十三日至金门闸。河臣顾琮已至工所，会同于金门闸之上，开挖重堤二十丈，挑浚河槽二百七十余丈，使入金门闸引河之内。其金门闸引河东、西二股，现将东股闭塞，令其专走西股。其西股之中，尚有浅窄之处，相度开挑。自杨青务起，至李各庄止，展宽挑深共三千六百余丈，每日用夫至二三千名。询之居人耆老，佥云浑水散漫不过数寸尺余，一日、二日即涸，而所过田亩，皆成膏腴。从前过水之时，间有漫淹，不为大害。富绅士民询谋佥同，百姓子来踊跃趋事。于十五日各工俱竣，于十六日辰时开放河水。顷刻之间，全河已过，顺轨安流，毫无阻碍。两岸居民沿河聚观，并无惊惶之状，亦无阻挠之议。除善后事宜容臣与河臣详勘妥议，另行具奏外，所有全河已过民不惊扰情形，理会先行奏闻。谨奏。（奉朱批："永定应归故道，朕已虑之久矣。今孙嘉淦一力担承，妥协办理，实属可嘉。俟一切善后事宜详勘妥办，明年伏、秋两汛果保安澜，着该部议叙具奏。至善后之计，最为紧要。该督与河道总督顾琮从长妥议具奏。至永定既归故道，此后河道总督应否尚设之处，亦着一并详议具奏。钦此。"）

乾隆六年［1841］，大学士伯鄂尔泰等奏《为会勘永定河水道事》

乾隆六年二月三十日，大学士、九卿等会议，得大学士伯鄂尔泰奏称："该臣等自卢沟桥至新开堤口，循引河查看。中亭、玉带及东、西两淀，由旧河下口一带赴天津，将勘过河道各情形，与督、河二臣会商，所有定议办理缘由谨分晰，为我皇上陈之。查，旧河五工以下至七、八工，逐渐淤高，约至丈余。三角淀虽岁有疏浚，仍复淤平，水无去路。由郑家楼北迤折而东，势既不顺，且会入凤河，离运道已近。应改由上游故道，从引河放水，不设堤防，俾渐复其旧。但水性迁徙靡定，导之散漫，必先防奔注，筹其归宿。通核全局，以期有备无患。督臣孙嘉淦遽请开堤放水，实系经理未善，所有新开堤口，应即行堵筑。俾漫水早消，播种无误，并为将来施工之地。已经臣鄂尔泰、臣讷亲具奏，请旨遵行。切念改河之初，不得不以引河为之约束。现在河流浅狭，又经淤塞，应再加开挖宽深，使麦汛、凌汛之水河身可以容纳。至伏、秋大汛，然后顺其漫涣，则附近民田仍可收一麦之利。待至数年之后，村庄应移、应护已有定局，民情亦渐与水势相习，再为随宜办理，用力自易。但引河过水不免淤垫，挑浚殊费工力。查，有琉璃、拒马、牤牛等水汇为一河，在引河西北，地势颇顺。应酌量开河一道，将琉璃等河河水导入引河上游，令其冲刷泥沙，并于河头并建坝闸，以资启闭。如是，则引河全无淤垫，下游归入玉带、中亭，并无留滞。惟是中亭过于浅狭，应酌为开浚深远。臣等现查，凌汛由中亭、玉带入口之处，清浑相荡，可称安顺。复乘舟查看东、西各淀。其中淤高、淤涸之处甚多，应于淀内相度开挖引河，或与大河相并开成二道、三道，每岁设法疏浚，则清水去路宣通，既可减泄盛涨浑水经由，亦可资其荡刷。至浑水过玉带东，经淀河，仍可刷沙而行。但恐淀河不能容纳之水，将沙泛入淀池止水之内。日积月累，至有垫占，俱不可不预思经理之法。应添设犁船之类，岁加疏浚，不令淤积为害。再，引河下游接近南洼，与柴伏淀仅隔一线民埝，每岁清水盛涨即泛入南洼。若不大为堤防，即有透淀之虑。应于此处详加相度，筑坚实长堤一道，以截趋下之势。其玉带河长堤应筑宽厚，自路疃东至艾头村，接连营四围埝，约长至五十余里，加筑月堤一道，以作重层保障。已据江南总督高斌等会勘，奉旨准行在案，毋庸再议。至旧河身，应仍留分泄异涨，即由现在下口出水。如此办理，完备周密。再将各村庄详加查看，应迁移者迁移，应保护者保护，然后开堤放水，自不致有妨害。再，原议令水由东股引河达津水洼，将高桥以南民埝开通，以资宣泄。查，津水洼上接黄家河，以蓄固南积水。若浑流经此，则积水无归。今另议开浚引河，又旧河分泄水势，应毋庸再行开通。以上改移各事直，据河臣顾琮议称：'永定所以为患者，总以浑水淤淀，下游不能畅达之故。虽名为改复故道，实系导水于两淀之间。若引河浅狭，则有漫淹之患；宽深则有淤淀之虞。今由引河导入玉带，虽清流可以刷浑，不致淤塞，但下游消归于淀，一入止水，渐积必淤。东淀既淤，则势如扼吭。将来玉带河亦必因之而淤，并西淀白沟诸水无路达津，深为可虑'，等语。查，浑流归入玉带，清水推刷，不致淤塞。河臣与臣等所见相同。玉带以东，虽系经由淀河，浑沙不免泛入淀池，而淀河之内则断不能停滞。淀河既畅，则玉带何由复淤？况淀池之内已议设法疏浚，人力可施，岂能为害？倘若循河工旧习，挖浅不力，则积久之下，实不能保其无虞。河臣顾琮则以为，'淀河淤高尚可疏浚，淀池若淤，则人力必无所施。'又，顾琮议称：'改归故道，无堤无岸。一遇伏、秋大汛，溢出之水四漫横流，奔腾就下，则必自刷一河，湍行夺溜'，等语。查，引河不设堤岸，河身复浅，则有溢漫夺溜之患。今将河槽开深，如遇漫溢，其势必缓，岂致夺溜？即便夺溜，亦与堤岸迫束横决为患者，轻重不同。河臣顾琮则以为，'漫溢之水横流趋下，势必夺溜。当其冲者，为害与堤岸溃决相等。'

又，顾琮议称，钦惟世宗宪皇帝谕旨：'令浑河别由一道，毋使入淀'。'诚可为探本清源，一言而举其要，凡治浑河莫能违越'，等语。查，从前河流固、霸之间，浑水直入淀内，以致柴伙、胜芳等淀多有垫溢。今议由引河导入玉带清流，其漫溢之水则泥流田间，清水归入河淀；又于旧河分减水势，与从前全河注淀不同，是于世宗宪皇帝谕旨实无违越。河臣顾琮则以为：'浑水过玉带河以东，若穿入淀内，积久必淤。贻害匪轻，万不可行。'夫浑河水道，原因下口无久善之策，是以有归复故道之举。今据河臣顾琮议称：'永定河之病在于下游河唇淤高，水难速下。应将五工以下之河唇挑挖如旧，其挑河之土加培两堤。仍将半截河之下大堤挑断数百丈，另挑河道。仿前总河靳辅之法，挑川字河①至韩家树之东，入大清河。即以挑河之土，作拉沙泄潮堘。再将郭家务之下大堤挑断百余丈，导水于隔淀坦坡堘之北入引河，以资宣泄。再，郑家楼疏浚支河一道，于葛渔城东与北股合流。盖浑水上游与中段两河溜不并行，若下口则支河愈多，分泄愈畅。再查，京南一带，沥水既由龙凤等河合流入大清河，清浑合流，水势浩大，难以容纳。应自葛渔城北堘之外起，至凤河之庞家庄止，另挑一河。引雅拔河、龙河之水入凤河，则北来沥水归宿有区。即以挑河之土培筑北堘。于凤河下游之庞家庄起，另挑一河至西沽之西入清河。使其分流，以减水势。再于上游两岸缕堤之外，增筑遥堤，与旧有遥月堤相接。既可

---

① 为分泄盛涨洪水，从主河道挑挖二条以上减水河道，与主河道并行形如"川"字，故称。此法是靳辅在治黄工程中首创。

以为重层保障，又可放淤匀沙。其所筑遥月堤必须酌高于缕堤数尺，以防异涨。于凌、伏二汛酌量放淤，令其高于河唇。即异涨漫过缕堤，而月堤之内地既高于河唇堤，又高于缕堤，足资捍御。又有减水各坝以减水助下口通畅，上游无阻，河唇不致淤高。如此经理，既可治其暴涨，又无淤淀之患，五工以下亦免复淤之病，庶为万全之计'，等因。臣等查，口河下游即使并挑，岂能永无淤淀，使异涨不致壅遏？但顾琮身任河务，既称'五工以下可以挑挖如旧，不致复淤，下游通畅，上游无阻。'自必确有所见。从此浑水顺轨安流，更无淤淀之患，岂不甚善？且开河放水，各工程非二三年不能完毕。以目下水道情形而论，此二三年中，即照顾琮所议试行，亦不为害。如将来果属通顺，又何必多用工费，另事周章？尚仍无益，而淤塞之情形复露，再为改由新河亦不迟误。盖各工内如原议，将玉带长堤加培高厚，路疃村通东加筑月堤五十里。又如臣等所议，开浚东西淀河等项，无论水道由何处行走，俱系应行之事，应先尽此次工程办理。若应改从上游水道，即将开挖引河于南岸筑堤等事，续为妥办，以成前议"，等因。

又，直隶总督孙嘉淦奏称："臣至金门闸放口之处。见上游两堤内河水满槽，新河两岸漫出之水甚少。盖因涨水日夜不息，将河中自刷宽深。现今大溜水面宽至七八十丈、四五十丈不等。船走中泓，篙不到底，其水甚深，是以漫溢较少。自金门闸至苏家桥，五十余里情形大约相同。自苏家桥以下，于毕家庄、史各庄等处漫水漫出，趋入东引河。满槽直泻，现今成分流之势。将来水落之时，归东、归西尚未可定。其东引河下流又分两股，一股入牤牛河，仍归中亭；一股由黄家河归津水洼。因系三河分流，是以并未冲溃。两岸村庄毫无浸损，四野农民安堵无恙。复查，凌汛之后，接发异涨之水，较之秋汛更大，乃从来未有之事。而新河下流村庄人民并无损伤，则新河足容全汛，即可预知。而将来办理，亦易为力。再，近河村庄，从前凌汛漫出之水已经消退，因二月初四日重复漫溢，是以现今尚未全涸。臣查，水已涸干之处，现在行犁布种，其春麦当倍收获。似可毋容豁免钱粮。其现今尚未全涸之处，未免播种稍迟，自当查明豁免，以广皇仁。臣现饬该地方官，履亩亲查，将顷亩钱粮花名细数备造清册，分送大学士鄂尔泰、尚书公讷亲查核。候核有定数，再行具题，合并声明"，等因。各具奏前来。

查，本年正月十八日，军机大臣奉上谕："永定河工关系重大，着大学士伯鄂尔泰、尚书公讷亲乘驿前往，会同总督孙嘉淦、总河顾琮悉心查勘。钦此。"钦遵在案。又奉上谕："昨因永定河放水，经理未善，以致固安、良乡、新城、涿州、雄县、霸州各境内村庄地亩，多有被淹之处，难以耕种。且居民迁移，不无困乏。朕与孙嘉淦不能辞其责也。用是寤寐难安，深为轸念。着大学士鄂尔泰、尚书讷亲会同总督孙嘉淦详细查明，被水处所应免钱粮若干，速行奏请豁免。先将此旨晓谕百姓知之。钦此。"钦遵亦在案。

经大学士伯鄂尔泰等会同确勘，将金门闸上游新开堤口之处请旨堵筑遵行。令大学士伯鄂尔泰等查勘全河形势，通盘酌议。将应行开浚、应加修防之处，分晰覆奏前来。臣等伏思。自古治水之法惟有疏浚决排，以顺水性。第从前野旷人稀，可以顺其弥漫；今则野无旷土，人烟稠密，势有不得不为之堤防者。况永定河水性尤为湍悍，拥泥挟沙，易决易淤，是必悉心计议，熟筹万全，乃得经久。今大学士伯鄂尔泰等议："于金门闸之新引河西北，酌量开河一道，导引入河上游，令其冲刷泥沙，使之全无淤垫，归入玉带、中亭二河。又于淀内相度开挖引河，每岁设法疏浚，则清水去路宣通，既可减泄盛涨，浑水经由，亦可资其荡刷。至浑水过玉带，东经淀河，恐淀河不能容纳，将沙泛入淀池，致有淤垫。应添设犁船，步加疏浚，不令淤积为害。再于引河下游筑坚实长堤一道，以截趋下之势。其玉带河长堤应加宽厚，以及路疃村迤东加筑月堤一道，以作重层保障。仍留旧河身以资宣泄异涨。再将各村名详加查勘，应迁移者迁移，应保护者保护。然后开堤放水，自不致有妨害。至东引河津水洼高桥民埝，原议开通，今已议开浚引河，毋庸再行开通"，等语。又奏称，河臣顾琮议："永定河之病，在于下游河唇淤高，水难速下。应将五工以下之河唇挑挖如旧，仍将半截河之下大堤挑断数百丈，另挑河道，即以挑河之土作拉沙泄潮埝。再将郭家务之下大堤挑断百余丈，导水入引河，以资宣泄。又于郑家楼等处，或疏浚支河，或另挑引河，会入大清河，以分水势。再于上游两岸缕堤之外增筑遥堤，加帮月堤，以为重层保障。其所筑遥堤，必高于缕堤数尺，以防异涨。又有减水各坝，以分水势，则下口通畅，上游无阻，河唇不致淤高。如此经理，既可治其暴涨，又无淤淀之患。五工以下可以免复淤之病，庶为万全之计"，等语。臣等详查，大学士伯鄂尔泰等所奏："旧日河五工以下至七、八工，逐渐淤高约至丈余，水无去路。若由郑[4]家楼等处引水，自北而东，势既不顺，且会入凤河，离运道已近。因欲改由上游故道，从引河放水，不设堤防，渐复故道。"而河臣顾琮又以为："改归故道，无堤无岸。一遇伏、秋大汛，散漫横流，必有漫溢夺溜之患。又思浑水经淀，泥沙淤入淀池，而诸水无路达津，深为可虑。"意见各殊。臣等伏思，永定一河水性靡常，最易淤阻，惟在因势利导，修治得宜。上下流畅通，上游无阻。俾浑流不致淤滞，而居民得以安堵，方属妥协。今大学士伯鄂尔泰等既奏称："顾琮身任河务，以为五工以下可以挑挖如旧，不致复淤，下游通畅，上游无阻，自必确有所见。从此浑水尽归安流，更无淤淀之患，岂不甚善？开河放水各工，非二、三年不能完毕。以目下水道情形而论，此二、三年中，则照顾琮所议试行，亦不为害。如将来果属通顺，又何必多用工费，另事周章？倘仍无益，再为改由新河，亦不迟误"，等语。应如大学士伯鄂尔泰等所奏，照依该总河所议。行令，将五工以下河唇淤高处所挑挖如旧，使水顺行无阻；并将半截河等处大堤及支河各工如式挑浚，导水会流入河，以资宣畅；并于上游缕堤之外增筑遥、月等堤，作重层保障。放淤匀沙，以防汛涨。但查，总河顾琮议称，浑水过玉带河以东，若穿入淀内，积久必淤。今若照该总河自五工以下另开支河，引入大清河，以达西沽，不复更由东淀，诚恐泥沙尽入运河，以入三汊河并淤海口。且大清河相距运道不远，一当伏讯大水时行，永定全河之水直注大清河，万一不能容纳，溃入运河，致碍运道，关系重大。应令该总河顾琮，再行详悉确查，筹画万全。如果下游疏通，不致淤塞泛溢，有碍运道，即将应挑、应浚河道并应行帮筑堤工逐一分晰，造具确册，具题查核。

其玉带河长堤加高培厚，路疃村以东加筑月堤，并开波东、西两淀河等项，大学士伯鄂尔泰等既称："无论水道由何处行走，俱系应行之事，先行尽此项工程办理"，等语。亦应如所奏，令该总河一并确估，具题查核。

又，直隶总督孙嘉淦奏称："金门闸至苏家桥以下等处，漫水趋入东引河，以成分溜之势。其东引河下流又分两股，因系三河分流，是以并无冲溃，两岸村庄毫无浸损，农民安堵。再，新开堤口应速行堵筑之处，业经遵照，星夜备料兴工。移咨河臣，速行办理。近河村庄，从前凌汛漫出之水已经消退，因二月初四日重复漫溢，是以现今尚未全涸。臣查，水已干涸之处，现在行犁布种，似可毋庸豁免钱粮。其现在未经全涸之处，未免播种稍迟，自当查明豁免，以广皇仁。臣现饬各地方官，履亩亲查，将顷亩钱粮花名细数备查清册。俟有定数，再行具题"，等语。查，永定新引河放水处经由地方多有被淹之处，上廑圣怀，特遣大臣亲往查勘。仰见皇上睿虑周详，轸恤民间之至意。今该督既以浸水系三河分流，并无冲溃村庄；其新开堤口业已备料堵闭，并移咨河臣速行办理之处，详悉奏明。应毋庸置议。至奏称："水已干涸之处现在行犁布种，毋庸豁免钱粮；其现在尚未全涸处所，未免播种稍迟，应当豁免钱粮"，等语。查，该督员称已涸之处已经布种，春麦当倍收获，但上年秋麦业被水淹，籽粒人工已属虚费。应行该督，将各处被水村庄委员一并详加确勘，分别轻重，钦遵谕旨，将应免钱粮酌量细数，据实查明造册，题报户部核议。并将现在未涸积水，务使速行消涸，不致民业荒废，流离失所，可也。谨题。（奉旨："依议。钦此。"）

乾隆六年［1741］三月，大学士鄂尔泰、户部尚书讷亲等《为遵旨议奏事》[5]

臣等会议，得直隶河道[6]总督顾琮奏称："大学士、九卿虑及，自五工以下另开支河，引入大清河以达西沽，仍恐泥沙尽入运河，以入三汊河并淤海口。且大清河相距运道不远，一当伏、秋大水时行，永定全河之水直注大清河。万一不能容纳，溃入运河，致碍运道，关系甚大。令臣再行详细确查，筹画万全。臣查，大清河乃京南诸河及东、西两淀会流达津之尾闾，宽阔深通，实足容纳。北运河亦系湍流，并非止水，正可助大清河以刷浑，更无溃入运河致碍运道之虞。至于三汊河以及海口，乃百川朝宗之总汇，又非大清河可比。自元明以来，从无淤垫。自浊漳入运，由三汊河归海，其泥沙倍于永定，已流之已数十年，而三汊河及海口，并未见少有淤垫之处，此其明验"，等因一折。于本年三月十四日奉朱批："大学士鄂尔泰、尚书讷亲会同该部议奏。钦此。"

又，顾琮奏《为永定河挑河筑堤等事》五折：

"一，请自半截河以下赵家楼，改挑子母河①一道，至西萧家庄。又，自西萧家庄起挑川字河；自陈家嘴起，挑川字左河；自二光村起，挑川字右河；俱归至大清河，并于两岸作匀沙岐圆顶岗堤等工。"

"一，请自五工以下，自七工赵家楼，改河堤口，共长四十六里，赶排河唇并子母河槽等工。"

"一，请自葛渔城北埝起，至凤河之庞家庄止，另挑一河；引雅拔河、龙河之水入凤河，使北来沥水归宿有区。再于凤河下游之庞家庄起，另挑一河，至西沽之西入大清河，使分流以减水势，及沿河堆堤并建涵洞等工。"

"一，请加筑遥、月等堤。除北岸之头工北张客，南岸五工曹家务二号月堤，业经奏明赶办外，尚有南岸头工高岭，应筑连络月堤一道。又，南岸二工北蔡旧有月堤，应行加帮并接筑隔堤，以备放淤。又，北岸二工赵村渡口，应加筑月堤一道。

---

① 子母河：为分泄洪水，由主河道开挖一减水河，减水河与原主河道并称"子母河"。

又，北岸求贤庄至胡林庄，应加筑月堤一道。又，南岸曹家务至冰窖，应加筑遥堤一道，计长四十里，并将冰窖老河西堤酌量开通。再，冰窖以下旧有隔淀坦坡埝，至洞子门止，令应自洞子门接筑坦坡埝至青光，计长八里等工。"

"一，请加筑路疃村迤东月堤一道，共长五十余里。其开浚东西淀河工程，容俟逐细确查，另行办理"等因。俱于本年三月十六日奉朱批："大学士鄂尔泰、尚书讷亲会同该部议奏。钦此。"

续，又据顾琮奏称："永定河下口川字河等工关系紧要。而西萧家庄以下入大清河工程，乃汛水归宿去路，尤关紧要。目今，下口西萧家庄以下，虽有河水通行之处，只可容纳春水，不能宣泄伏、秋汛涨。下游一有梗阻，则上游难保无虞。况今年凌汛甚早，麦汛恐在五月初九日夏至以前，为时无几。其西萧家庄以下川字河等工，计长三十七里，每日需夫万人，挑筑四十日方可完竣。今臣拟于三月二十二日兴工，约至五月初一二日始得完工。若不及时先行赶办，麦汛一至，有水蓄占，断难施工。应先拨动要工银两，兴工赶办。俟部覆领到帑银之日，再为接济，庶工程不致迟误"，等语。（奉朱批："大学士鄂尔泰、尚书讷亲一并速议具奏。钦此。"）

查，永定河五工以下另开支河，既据该总河备陈情形，不致淤垫三汊河等处，亦并无溃入运河之虞，应毋庸再议。至排河筑堤等项工程，前经大学士、九卿会议，具照河臣顾琮所筹事宜，奏准在案。今顾琮将各工估计奏请，赶办期于汛前完竣，而以下游开挑川字河，为尤关紧要。据称，"西萧家庄以下，虽有河水通行之路，只可容纳春水，不能宣泄伏、秋汛涨。一有梗阻，则上游难保无虞"，等语。查，自水道改由郑家楼，势虽不顺，而分泄路多，地形趋下，四、五两年堤工俱保稳固，前亦据该总河奏明在案。目今虽渐有淤垫，形势稍改，量亦不致仅容春水。所议开挑川字等河，乃向来永定河所未经施行者。在该总河欲筹久远之计，故不惜劳费为之。但此时正当农忙之际，所需夫役众多；且今节气较早，欲于汛前赶办完妥，亦属势有不能。或工程未完，而汛水骤至，尤为可虑。臣等愚见，应只就现在河身酌量疏浚，俾足宣通汛涨。俟今年伏、秋俱报平稳之后，再行详酌办理，庶为妥便。

又据奏："南岸头工高岭，应筑联络月堤一道，长八百余丈；又，南岸二工北蔡，旧有月堤，应行加帮并接筑隔堤，以备放淤；又，北岸二工赵村渡口，应加筑月堤一道，长四百余丈；又，北岸求贤庄至胡林庄，应加筑月堤一道，长一千二百余丈；又，洞子门以下，接筑隔淀、坦坡埝至青光，计长八里，俱应急修，以资保障"，等语。

查，应筑重堤如因缕堤卑薄，应即照岁修例，将缕堤加培高厚，不必另议添筑。其洞子门以下，旧无隔淀坡埝，亦可从缓办理。至称曹家务至冰窖，应加筑遥堤一道，查曹家务建有减水坝，数里之内又有郭家务减水坝，使坝身高下合度，自可资以减泄暴涨。此处遥堤及路疃村迤东越堤，又葛渔城、庞家庄等处，各挑引河一道等工，以现在清河、浑河形势观之，俱可于秋汛后再为酌办。至子母河槽等工程，在该总河乃为永免河身复淤起见，亦恐赶办未能齐全，转致草率无益。应令该总河再为相度，将河唇淤高处所酌加挑挖，以免梗滞，不必普行开挑。以上工程除应暂行停止各工外，其有关紧要，如疏浚下口，开挑河唇及加培堤岸等工，惟令伏、秋汛涨不致有下壅上决之虞。详审现在情形，悉照岁修之例，酌议妥办。仍将应行赶办各工覆加核估分晰，奏闻办理可也。谨奏。（奉朱批："依议。速行。钦此。"）

乾隆六年［1741］，直隶河道总督顾琮奏：

查，永定河从前自卢沟桥以下，原无堤岸，溜走成河，淤停为地。京南、霸〔州〕北、涿〔州〕东、武〔清〕西皆其故道。数百里之内任其游荡迁折，水性湍悍。伏、秋大汛当其冲者，田庐被淹，民苦水患。是以康熙三十七年［1698］间，圣祖仁皇帝命自卢沟桥以下挑河筑堤。若从前浑水不为民患，自毋庸糜费帑金，另为开河筑堤也。今金门闸坝外固〔安〕南、霸〔州〕北、良〔乡〕东、永〔清〕[7]西地方百里，较之从前地面仅四分之一；胜芳大淀久经淤成平陆，是游荡之地狭于前，而容水之淀小于前。伏、秋汛涨，四溢横流，水必深于从前。此今昔之异也。况生齿倍于当年，而人烟稠于昔日，未便村村迁徙，岂能处处防护？水性无定，实有所难。现在试看于凌汛水已盈满，两岸漫出。若经伏、秋大汛，水势倍增，则漫淹更甚，有必然者。

查，乾隆二年［1737］内，汛水异涨，从北岸张客漫口泄出十分之七，南岸金门闸迤上铁狗漫口泄出十分之三，人民田舍即淹没难堪。查异涨之水，虽倍寻常大汛，其十分之三，不过等于平常汛水十分之六。今引全河南注，倘遇伏、秋盛涨，较之从前铁狗浸出水势，分数必然更大。况永定河之所以为患者，总以浑水淤淀，下游不能畅达之故。今虽名为"改复故道"，实系导水于两淀之间。若引河浅狭，则有漫淹之患；宽深，则有淤淀之虞。窃思先王因害而修利，不可修利以倡害。"改复故道"一语，虽名为上策，实有害于民生，万不可行。夫浑水若无堤而有岸，虽有漫溢不至夺河，如漳河是也。今永定河改归故道，无堤无岸，一遇伏、秋大汛，溢出之水回漫横流，奔腾就下，一往莫御，必然夺溜。当其冲者，必致为害，此其可虑者也。今若将自身挑挖宽深，导之尽入玉带河，虽清流可以刷浑，不致淤塞，但下游终归于淀。一入止水积渐，必淤东淀。既淤，则势如扼吭。将来，玉带河亦必因之而淤，并西淀白沟诸水无路达津，深为可虑。况伏、秋大汛，河水涨发，出槽四漫，水性就下溜之。所趋得势奔流，则必自刷一河，湍行夺溜，其引河下口亦必立见其淤。即如雍正十一年［1733］麦汛，天开引河于三角淀之南，宽七八十丈，深一丈二三尺不等。迨伏汛，河水出槽漫过三角淀北，另刷一河，随将天开引河，一夜淤成平陆。今将引河挑挖，断不能如天开引河之宽深，则将来之引河不免于淤垫，此其明验也。查，玉带河乃西淀之尾闾，众水之总汇，宽深通畅，由东淀入大清河。大清河乃东淀之尾闾，兼之西淀诸水总汇，宽深通畅，达津自海。而东淀之有大清河，即如西淀之有玉带河也。查，新河金门闸以外，固、新、霸一带，地势洼下，并无河岸。而旧河南自郭家务老堤，接筑隔淀坦坡埝四十四里，至洞子门。北有半截河，以下堤外远筑堤埝四十七里，至庞家庄。此两埝相距三十余里。与其挑无岸之水，不如挑有水之河；与其导水入玉带河归淀，不如导水入大清河归津。此其显而易见之理。盖河务议者多而知者少，言之易而行之难。要在因势制宜，审今昔之形势，权事理之重轻，使小民不致受水之害，亦无淤淀之虞，乃为经久之良图。

查，永定河自筑堤开河，导水入淀以来，原以永卫民生，转致淤淀为患。盖因浊流入止水之故也。钦惟世宗宪皇帝谕旨"令浑河别由一道入河，毋使入淀"，可谓探本清源，一言而举其要。凡治浑河，毋能违越者也。今欲为永定河筹万全之策，首当令其别由一道。查，现在之旧河，即别由一道也。再查，潘季驯《河议辨惑》①云："河流浑浊，淤沙相半，流行既久，迤逦淤淀，久而决者，势也。为今之策，止宜宽立堤防，约拦水势，使不大段涌流耳。"此即季[8]驯近筑遥堤之意也。今永定河河唇高于堤外之地，与黄河相似，应仿潘季驯治黄河筑遥堤匀沙之法，于上游两岸缕堤之外增筑遥堤，与旧有遥、月堤连络相接。既可以为重层保障，又可放淤匀沙。其所筑遥月堤必高于缕堤数尺，以防异涨于麦、伏二汛。仿南运河放淤之法，酌量

---

① 潘季驯［1521—1595］明朝水利家。字时良，号印川。浙江乌程人。历任御使巡按广东，刑部尚书、工部尚书。自嘉靖末至万历间，四任总理河道，前后二十年。他筑堤防溢，建坝减水，以堤束水，以水攻沙，河行旧道，借黄通运，治理黄河颇有功效。著有《两河经略》《河防一览》《河议辨惑》等。其治河经验颇为清朝人所重。

放淤，虽两堤之间，不能如南运河淤与堤顶相平，亦必高于河唇。倘遇伏、秋异涨漫过缕堤，而月堤之内地既高于河唇堤，又高于缕堤，则漫溢之水必盈科而返，此理势之所必然者。即遇异涨，既有遥堤防护，又有现在减水各坝，足资分泄，无虞漫决。

再查，永定河之病，在于下游河唇淤高，水难速下。应将五工以下之河唇挑挖如旧，其挑河之土加培两堤。仍将半截河之下大堤挑断数百丈，循照原议，于此另挑河道，以作尾闾。仿前总河靳辅①之法，挑川字河至韩家树之东，入大清河，即以挑河之土作拉沙泄潮埝，而下游分泄既速，则五工以下亦免复淤之病矣。

再查，京南一带，沥水概由龙、凤等河合流，入大清河。清浑合流，水势浩大，难以容纳。应自葛渔城北埝之外起，至凤河之庞家庄止，另挑一河，引雅拔、龙河之水入凤河，庶北来沥水归宿有地。即以挑河之土培筑北埝，于凤河下游之庞家庄起另挑一河，至西沽之西入大清河，使其分流，以减水势。并将郭家务之下大堤挑断百余丈，导水于隔淀坦坡埝之北入引河，以资分泄。再于郑家楼疏浚支河一道，于葛渔城东与北股合流。盖浑河上游与中段两河溜不并行，若下口，则支河愈多，分泄愈畅。

查，永定河不难治于平时，所难在于暴涨。今既有减水、石、草各坝以减水势，又有缕、遥堤以资捍御，下口通畅，上游无阻，河唇不致淤高。如此经理，既可治其暴涨，又无淤淀之患，庶为万全之计也。谨奏。

---

① 靳辅［1633—1692］清辽阳人。康熙十六年［1677］、三十一年［1692］两任河道总督，曾主持治理苏北地区黄河、淮河、运河百余处决口、海口淤塞、运河断航工程。他继承运用前人"束水攻沙"经验，征发民工，塞决口，筑堤坝，使河水仍归故道。修筑护堤时，运用减水坝以备汛期洪水涨溢，又在临水面堤外修坦坡以消减水流冲击，收到较好效益。又在宿迁清河［今江苏淮阴］创开中河，确保运河漕运畅通。著有《治河书》［乾隆中崔应阶重编时改名《治河方略》］。

［卷二十校勘记］

〔1〕原稿为简称，依文意改全称，增补"安"、"州"二字。

〔2〕原稿里后"长"字原脱，据前后文意增补"长"字。

〔3〕原稿作"赀"，今误作"资"。"赀"在此处意为"费用"，不能与"资"通假，故从原稿仍作"赀"。

〔4〕原稿"郭家楼"有误，应为"郑家楼"。郑家楼在今天津武清区西南境王庆坨之北。据原稿前后文改。

〔5〕原稿无"二十一日"四字，今本无据增补，据原稿前后文删除；原标点本无"三月"字，今据原刊本增补；此处原无题目，依前后文及正文内容增补。

〔6〕"直隶总督"系"直隶河道总督"之误，据原稿前后几个奏折改作"直隶河道总督"。

〔7〕此处各州县俱按全称增补"北"、"州"、"州"、"清"、"安"、"州"、"乡"、"清"等字。

〔8〕"季"字今本脱，据原稿增补。

卷二十一 奏 议

乾隆六年至十五年 ［1741—1750］

乾隆六年 ［1741］ 四月，大学士鄂尔泰、户部尚书讷亲会同工部等奏：[1]

臣等会议，得直隶河道总督顾琮《覆奏河工疏浚情形》一折。臣等查，前议永定河添办各工程，乃欲为经久之图。而汛前赶办，为期已迫，是以令其暂行停止。惟将有关紧要如疏下口、开挑河唇及加培堤岸等工，详审现在情形，悉照岁修之例酌议妥办，俾伏、秋汛涨，不致有下壅上决之虞。仍将应行赶办各工，覆加核估，分晰奏闻，等因。今据顾琮奏称：“动用疏浚下口岁修银两，将郑家楼至鱼坝口归凤河一带，就现在淤垫梗阻过高之处，相度开浚，水有通路，俟伏、秋汛后，再察情形办理。又将五工以下，河溜逼近埽镶堤根，如曹家务、何麻子营、半截河、四盛口、武家庄、安澜城等处，应切挑河唇，截挑淤嘴。俱在于原奏麦汛前挑挖八段内，分别通融办理。又加培缕堤，必须细加丈量，核除旧土，造册会题。往返需时，更难赶办。惟严檄该道、厅，遵照上年之例，多备料物。俟伏、秋汛临，加意防守，竭力抢护。又，雅拔河下游之葛渔城村南一带，已经淤高，不惟沥水无路，兼恐浑水涨发，必致倒漾，业经闭塞。今拟于葛渔城北埝之外，挑河槽一道，引雅拔河下游之水，入龙河会流。计长一千八百余丈，面宽二丈，底宽一丈，深三尺，庶雅拔河之水得有去路。但龙河、雅拔河两河会流，难以容纳。再于北埝之外龙河之东，挑泄水沟一道，长七千余丈，面宽一丈，斜深二尺。导龙河下游不能容纳之水，至庞家庄会入凤河，庶沥水有所分泄，即将所挑之土运培北埝，加硪筑实。共需银一千六百余两，即在于存剩岁修疏浚银两内动用办理。以上各工，俱照岁修之例估报”，等语。查，新添各工即经停止，覆估各工均关紧要，俱应照所奏办理。惟是顾琮奏内又称：“伏、秋汛临，惟有仰仗圣主洪福，河伯效灵，得以宣通稳固，实非臣所能保其不致下壅上决之虞者"，等语。在顾琮以郑家楼以下无一定河路，四、五两年大汛之后，复有东淤西轶。兼之改河以后，断溜沙停，下游，渐次淤垫，迥非上年形势。其八工淤垫更甚，必须挑川字河、子母等河，作冈岐岸，始能容泄暴涨。顾琮目击情形，兼筹久远，虽非漫为此议，但永定河下游久淤，下口屡改。从前亦并未有作川字河等工，而岁修之法，亦不出疏浚、加培两策。若因下游于改河之后更加淤垫，不能宣泄汛涨，自应酌加开浚深通，亦不可拘岁修、疏浚之常例，致有贻误。至谓不作川字河冈岐岸，即不能保无上壅下决之虞，亦殊非确论。

又，顾琮另折内奏称："下游一带逐渐淤平，将来伏、秋汛涨，水性就下直趋北埝，以五六尺高之埝，岂能捍御浩瀚之浑流？势必穿埝而出，漫淹田庐，为害非细"，等语。顾琮既如此陈奏，岂可因前议新工停止，不为变通料理？惟称悉照部议，疏挑即可了事。且河道岁修工程，增减原无定则，尤未可概以岁修常例，拘泥推诿。河道民生，所关匪细。应令顾琮，就现在情形，速为妥酌查办，必伏、秋大汛直通有路，堤障无虞。如有应行续为估办之处，仍据实奏闻，恭候圣训遵行，可也。（奉朱批："依议，速行。顾琮茫无定见，左迁右移，实非实心任事之谊，着严饬行。钦此。"）

乾隆六年［1741］六月十三日，直隶河道总督臣顾琮《为奏明事》

窃查，永定河水性湍悍，最称难治。前经大学士鄂尔泰等，将应挑、应浚河道，并应行帮筑堤工一切事宜具奏。奉旨："大学士、九卿议奏。钦此。"所有前项修浚堤河各工，应听候议覆。奉旨之日，钦遵办理。但，臣于金门闸以上堤口合龙之后，随将上下各工逐细查勘。相度险易，再三筹画，有最关紧要月堤二处，应急修筑，以资防守。查，北岸头工北张客，向系顶冲险工，自乾隆二年［1737］漫溢开口之后，更加险要。现今虽有埽镶防护，但该处堤工土性纯沙，又无遥堤，难资保护。应于堤外筑月堤一道，以为保护。计长五百丈，约估需银四千四百余两。又，南岸五工曹家务，系顶冲大溜。臣于乾隆三年［1738］七月内，在该工督率抢护，目击情形，实系通河最险之工。今河身渐加淤垫，工程较前更险。其外亦无遥堤，应筑月堤一道，以资保护。计长四百四十余丈，约估需银六千二百余两。以上二处月堤，均关紧要，应急修筑。若俟议覆之后，与别项堤河工程一同估修，既恐大工难以一时并举，又恐麦汛以前为时无几，修筑稍迟，有误汛期。是以，臣一面拨动要工银两，上紧赶筑。务于麦汛以前完竣，以资防守。除修筑月堤工价银两，容臣另行确

（嘉庆）永定河志

实题估，请帑还项外，所有动拨银两赶筑月堤缘由，理合恭折奏明。伏乞皇上睿鉴。谨奏。（奉朱批："知道，钦此。"）

乾隆六年［1741］九月，工部《为查核具奏事》

该臣等查得，原任直隶河道总督顾琮疏称："永定河南岸二工金门闸新河口以下旧河身，应挑川字河工程，自川字中河起共四段，长一千二十丈；又，左支河长二百三十丈；右支河长二百七丈，实用银五千五百八十六两四钱六分四厘八毫。当经委员分段承挑，刻期完竣，理合造册题销"，等因，前来。臣部查，册开所需土方工价，按照长丈核算，均与准销之例相符，应准其开销。（奉旨："依议。钦此"。）

乾隆八年［1743］二月，工部等奏：[2]

臣等会议，得吏部尚书、署理直隶总督史贻直奏称："臣自保定起身至固安，沿河南、北两岸，将堤埽闸坝各工程，及三角淀等处下口情形，详加查勘。所有南岸之金门闸石坝一座，长安城、曹家务、郭家务、双营草坝四座，北岸之求贤村、胡林店、小惠家庄、半截河草坝四座，共计石、草坝九处，皆以备减泄泛涨之水。自督臣高斌奏请改建、添建之后，上年各坝过水情形俱甚平稳，已属试行有效。应再于南、北两岸相度善地，添建草坝数座，使伏、秋之汛涨多泄一分，则下注之泥沙亦即匀减一分。河身惟行正溜，余水悉令旁溢，即系从前故道，任其散漫不加迫束之意。而坝外皆有自然之引河，重绕之堤，障于民田庐舍，全无损碍，尤属万全。今酌于南岸六工之清凉寺、张仙务二处，添建三合土滚水[3]坝二座，坝身再较双营等坝尺寸稍低。金门各宽十六丈，两坝共宽三十二丈。合之郭家务、双营减下之水，俱以郭家务旧河身为引河。又，北岸下七工之五道口、八工之孙家坨村南二处，可以添建三合土滚水[4]坝二座。但查，孙家坨村南河溜南析，汕有顶冲大湾。经督臣高斌开挖引河里许，引水东注。今应添滚水[5]坝处所，当引河河岸之旁一百三十余丈。但引河究属改溜之初，恐或一时涨作，涌遏近坝为患，应暂停建设。今年伏、秋汛过，引河汕刷宽畅，与正河相等，再行添建，始为妥协。今酌议于五道口添建草坝一座，坝身再较惠家庄坝尺寸稍低。金门应照求贤村等坝旧式，宽二十丈。再，此处堤外地势甚低，坝门出水灰土簸箕，须较常式加长数丈，令有坡下之势，则水过可无冲塌之患。以上应添南、北两岸滚水[6]坝三座，共约估需银一万九千五百余两。应请在于天津道库内，先行动支要工银两，令永定河道六格即饬该厅员等，速行采办料物，该道督率上紧办理。并令清河道方观承，会同相视稽查，务令汛前早竣。俾草土俱得干结坚实。其工料确估细数，另行造册送部查核。再查，三角淀新河下口东北，趋义光、叶淀等处，自刷有河身一道，约长七里许，过此则散漫出槽，泥留淀内，水由凤河以入大清河。观其趋淀之路，实为全河尾闾。虽就下之势甚顺，但河身或虞浅阻。转瞬凌汛即至，臣已面谕永定河道六格，俟冰融时，不拘汛前、汛后，随时疏浚，务须宽顺通畅，毋令稍有阻滞，以致正河下口复有改移淤垫之患。至于下口河淀，一切机宜均关紧要。臣向来既未身历情形，现在又普漫皆冰，难以查勘，实不敢轻为置议。容俟督臣高斌回任之后，再为接办。俾其详勘熟筹，奏请圣训，指示办理，庶于河务长久之策，可收实效。而夏汛为期尚早，于现办之事亦不致有误"，等因，具奏。前来。

查，于乾隆六年［1741］十一月内，据直隶总督高斌《勘议永定河河工事宜》奏请："将南岸金门闸石滚水[7]坝，中抽二十丈，落下一尺五寸。又于双营、胡林店、小惠家庄，各添建三合土滚水坝一座，坝身俱较石坝减落，尺寸稍低。并郭家务旧有草坝，一律修筑如式，以备滚泄出槽汛涨之水。其长安城、曹家务、求贤村、半截河四坝，以备滚泄陡发盛涨之水，则浑流直归清溜，而无止水之隔"，等因。经臣等议覆，准行在案。今该署督史贻直，详加查勘上年各坝水情形，俱甚平稳，已属试行有效。奏请："在于南岸六工之清凉寺、张仙务二处，添设三合土滚水[8]坝二座，坝身再较双营等坝尺寸稍低，金门各宽十六丈，两坝共宽三十二丈。合之郭家务双营减下之水，俱以郭家务口河身为引河。又，北岸下七工之五道口，添建草坝一座，坝身再较惠家庄尺寸稍低。金门应照求贤等坝旧式，宽二十丈。再，此处堤外地势甚低，坝门出水灰土簸箕须较常式加长数丈。令有坡下之势，则水过可无冲塌之患"，等语。查，永定一河拥挟泥沙，每遇汛涨易致壅决，是必疏消有术，减泄迅速，始足以防溃漫。先经直隶总督高斌，将金门闸等石草各坝，酌量裁改添筑，逐渐抽低，分别减泄汛涨，原因坝身太高裁改合度，以利疏消之意。该署督查勘过水情形，俱属平稳，则是行之已有成效。今请于南、北两岸，添建滚坝三座，较从前各坝身尺寸稍低。与高斌原议之意相同，自应照所奏，准其添建滚水[9]坝，以备汛涨宣泄之用。其所需工料银两，应令该督在于天津道预备要工银，动支给发，及时赶办，务于汛前早竣。仍将应需工科银两细数确估，造册送部察核。

至北岸八工之孙家坨村南，可添滚水坝一座。该署督既称："适当新挑引河河岸之旁，恐或一时涨作，涌逼近坝为患。应俟今年伏、秋汛过，引河汕刷宽畅，再行添建"等语。应令该督俟伏、秋汛过，酌量情形，再将应否添建滚坝之处奏明，请旨遵行。

再，三角淀新河下口、河道，系汛水归宿之要道。转瞬凌汛即至，应令加谨防护，俟冰融，即及时疏浚深远，无致淤垫为患。至下口河淀一切机宜，该署督虽称："现在普漫皆冰，难以查勘，容俟高斌回任后再为接办"，等语。查，下口河淀机宜，关系全河尾闾，最为紧要。不日冰融汛至，自应即速详勘办理。相应仍令该督亲行确勘，饬令道、厅各员详筹熟计，妥协办理。俟高斌回任后，再为接办可也。（奉旨："依议。钦此。"）

乾隆八年〔1743〕四月，大学士鄂尔泰会同工部《为查办永定河下口等事宜仰祈睿鉴事》

臣等会议，得吏部尚书署理直隶总督印务史贻直奏称："由三角淀一带查勘，新河下口等处俱系深通，水有归宿。南、北两岸可以宣涨散淤，全局已为妥顺"，应毋庸议。惟是下口又光至二光，河槽浅隘，以及董家河、三道河等河口，应行稍为开浚疏通。又，新河南岸并凤河以东，堤埝残缺，应行略加培补镶垫之处，应令该督饬令该道，相机办理。至奏称："三河头迤东、大清河北岸一带，地势甚低，北风稍大，浑水南驶，不免拦入清河。应于河头村西起，至青光西止，筑埝一道，约长八百余丈，令成坦坡之形，俾浑水不致下注为患"，等语。应如所请，准其于河头村西起至青光西止，筑埝一道，交与该管汛员，加紧防守，以资捍御。

又，奏称："半截河堤以下，自新庄至东萧家庄北埝外，为固安、永清、武清、东安各县沥水汇归之地。旧有引导注积水，入于凤河消纳。近经埋塞，应将穆家口以下二十余里重为开挑，一律通顺，直达凤河，则沥水之患可除。惟此项工程若劝民修浚，固属可行，但时值农忙，不无苦累。似应于永定道库节存岁修项内，量拨银六百两，以资工作饭食。即以挑河之土，就近培筑北埝，督令河兵夯碙坚实。工竣之后，应交东安县主簿就近管理，毋许往来车马仍由埝上行走"，等语。查，疏浚前项引河，原为民田起见，本应民间自为经理。但时值农忙之候，仍用民力，未免重劳。亦应如所请，准其在于永定河道库节存岁修项下，拨银六百两，以资工作饭食。即以挑河之土就近培筑北埝，督令河兵夯碙坚固，饬令该管汛员，查禁往来车马，毋许仍由埝上行走。

又，奏称："半截河大堤今虽无关河路，亦恐日渐残废，应即交北岸汛员按照工段分管，务将水沟鼠穴随时修治完整。又，雅拔河、龙河二道旧有涵洞。嗣因河由郑家楼北趋葛渔城，旁近涵洞是以堵闭。今河路改由又光以东，相距已十余里，应仍照旧建设。至曹家务旧有草坝出水之地，距永清县治较近，坝外直有拦束。查，离堤二三里外依稀有小埝可寻，应交地方官会同河员，查明起止，劝民就筑成埝，以资防护"，等语。均应如所请。半截河大堤如有鼠穴，水沟残缺处所，令该管汛员不时巡查，修治完整。其雅拔河、龙河旧有涵洞，仍令开通，以资宣泄。至曹家务草坝以外，应修小埝一道。既称动用民力，应毋庸议。相应行令该督，将所有应行修筑、疏浚各工，即速动支道库银两，上紧赶办。仍饬令确估造册，送部察核，俟工完之日，照例核实，造具清册，具题核销可也。（奉旨："依议速行。钦此。"）

乾隆八年［1744］十一月二十七日，大学士鄂尔泰、尚书讷亲、史贻直、巡抚阿里衮、工部等奏：[10]

臣等会议，得直隶总督高斌奏称："查勘桑干河为永定河之上游，发源于山西，所经各处村庄地面平衍，可于南、北两岸各开大渠一道，支引灌溉，营治稻田①，约可灌田八百余顷。又将两岸相较，北岸地势衍顺，施工为易，溉田亦多。应先开北岸，俟有成效，再行估挑南岸。估计开渠建坝等工，共约需银八千九百余两。于清河道库贮营田工本银五万余两内动支。俟营田成熟后，按亩均摊还项"，等语。臣等伏思，一切水利河道工程，凡有于国计民生者，自当即为经理，以仰副我皇上惠爱元元之至意。查，永定河之上游为桑干河，发源于山西境内，绵长数百里，浑流湍急。今议开渠道，既可以减泄永定水势，复可以灌溉民田，于河道民生均有裨益，事属当行。应如该督所奏，准其于桑干河南、北两岸各开渠一道，以资灌溉。先将北岸渠工自山西大同县属之西堰头村黑石嘴起，至直隶西宁县之辛其村止，饬委河员上紧挑挖。仍令山西巡抚，饬令各该地方官协理。工完据实报销。仍先将应需银两细数选报工部查核。俟北岸渠成，著有成效，再将南岸应开渠工据实估挑。至用过银两，应作何分年、分省归还原款，以及新营成熟地亩按则升科之处，仍令该督抚等详悉妥议，题报户部查核。

至该督奏称："山西应州境内之浑源河，发源浑源州，汇归桑干。亦可开渠营治

---

① 倡议兴修水渠营田种稻，是继承雍正年间怡亲王允祥提出的河防工程和水利工程并举政策的一个案例。

稻田，与南、北两岸形势相等。俟两岸渠成之后，著有成效，应听山西抚臣查明办理之处，容俟臣阿里衮到任之后，逐一查明。将该处情形可否开渠营田之处，据实具题"，再议。又，奏称："永定河上游桑干河，由西宁县之石闸村入山，所经宣化境内之黑龙湾、怀来境内之和合堡、宛平境内之沿河口三处，皆两山夹峙，全河之水东趋，舍此更无别路。若于此三处山口就近取石，堆叠玲珑水坝，以勒其汹暴之势，则下游之患可以稍减①。再，和合堡又为众河汇流之处，应先于此处建坝。约估银二千余两，应请一并在营田工本项下，动支报销。俟试行有效，再将黑龙湾、沿河口二处酌估增修。俟层层截顿，以杀其势"，等语。查，永定河拥泥挟沙，水势汹涌，若于和合堡等处建筑玲珑石坝，果能截缓水势，措置得宜，自可减奔腾直注之患。但恐大水之年，下流层层拦筑，上游不无阻遏壅淤之虞。应令该督等，酌度形势，详慎办理。俟试行有效，再将黑龙湾、沿河口二处酌估增修可也。谨奏。（奉朱批："依议即行。钦此。"）

乾隆九年［1744］正月，工部《为遵旨议奏事》

查，永定河水性湍激，涨发之时，全赖疏泄有制，方无蛰决之虞。今先后添建各坝，已属过水平稳，惟三工之胡林坝至六工之半截河坝，相距甚远，未免减泄迟缓。今直隶总督高斌议："以五工大卢家庄重堤之内，再设滚水坝一座，分减水势。"自属有益。应如所奏，准其添建滚水草坝一座，并出水护堤坝外添筑灰土簸箕等项。令该督先行动支存贮要工银两，给发趱办，以资宣泄。

又，该督奏称："下口范瓮口下统以沙淀、叶淀为归宿。本年汛水归叶淀者约七八分，归沙淀者不过二三分。应将归沙淀之路，再行疏浚深远。所需工费，即于岁设疏浚项内动支"，等语。应如所奏，令该督将水归沙淀之路酌量疏浚，一律通顺。使汛水得以畅达，毋致淤阻为患。其所需银两，在于额设疏浚项下动支，秉册报销。至该督奏称："两岸各草坝工，或岁月稍久，或汛涨屡经，其中已有陈朽。应请于每年春融之后、汛涨之前，查勘有应修理粘补之处，入于岁修项内办理"，等语。查，直隶各河坝工向无岁修之例，但永定两岸草坝各工，系减泄盛涨之水，最关紧要。倘不随时修理，恐过水之际致有疏虞。应令该督于每岁春融之时，饬令道员详加查

---

① 于和合堡修建玲珑水坝，蓄洪减轻下游水患，此为在永定河上游建坝蓄洪的最初尝试。虽然此坝于三年后即为洪水冲毁，不失为治理永定河重要思路。

勘。如有朽坏、应行修理之处，酌量确估。兴修工完，另行据实报销。不必定为岁修，致滋糜费可也。谨奏。（奉朱批："依议。钦此。"）

乾隆九年［1745］十二月，工部《为遵旨会议具奏事》

臣等议，得协办大学士、吏部尚书刘于义等奏称："两淀各河道内，应用役夫疏浚者甚多，不敷调拨。应请添募役夫六百名，并照造堡船二百只，以济实用。查，南运河河兵六百名，先因陡岸多有险工，浅夫不谙桩埽，乾隆元年［1736］改设河兵，以期适用。目下，南运河各处化险为平，桩埽工少。似应酌减三百名，计裁一年饷银四千三百三十两，以抵添设役夫工食，可转无用为有用"，等语。查，河工一切修浚事宜，设兵立役，原期工收实效，而帑不虚糜。今直属淀河水道淤泥，役夫疏浚，甚为利便。应如所议，准其添设堡船二百只，募夫六百名，以资实用。应令该督，将添造船只并应用器具，照例确估造报。其新添船只及器具，递年应行修艌添补之处，悉照旧例办理。

又奏称："所添夫船即分令现在之把总、外委管辖，但夫船倍加原数，需员督率弹压。应请添设千总二员，即由堡船把总内验拔递补，令其分管新旧夫船"，等语。应如所请，准其添设千总二员，由堡船把总内拣选拔补，令其分管新旧夫船。至奏称："应裁南运河河兵，应请于此案覆准行知之日为始，如遇[11]有老疾事故，停其募补，逐渐开除。俟裁足三百名之数，再行报充"，等语。亦应如所奏，应裁南运河河兵三百名，准其遇有老疾事故，逐渐开除。行令该督，于该年间兵奏销册内声明，报部查核，可也。谨题。（奉旨："依议。钦此。"）

乾隆九年［1745］十二月，协办大学士吏部尚书刘于义、直隶总督高斌奏《为查勘水利初次应举各工仰祈圣鉴事》

窃臣等钦奉谕旨，查办直属水利事宜。于九月十三日会集卢沟桥，公同议定，先从宛平、良乡、涿州、新城、雄县、文安、霸州[12]等属淀河一带，至天津、保定、正定三府，共三十余州县，逐加履勘。所有各属旧有淀泊、河渠，与拟开泉渠、河道，并堤埝、涵洞、桥闸等项，有关民间利病，无碍坟茔沃产，应行疏浚开扩、收蓄营治之处，悉与司、道、守、令暨地方老民，熟筹确访。审水性之强弱，地势之顺逆，民心之好恶。权以利害之轻重，定措施之次第。果于民生有益，不敢以费繁、事创而议停。其或成效难臻，不敢以费少、事轻而率举。除地方去水稍远，令民人掘井、开塘，以资灌溉之处，现在饬令各府、州、县，覆加确议。其河淀工段拨用叙夫，及各境内疏消积水沟道，例用民力足可办理者，毋庸备列。与现今勘过地方，尚有遗漏工程，以及奏办各工，临时尚需筹酌合宜。臣等分别应奏、应咨，陆续补办。所有现在应办各工，谨分为十二条，并绘图贴说，酌定规条，恭呈圣鉴。（奉朱批："大学士、九卿，详议速奏。钦此。"）

一，附近永定南、北之旧减河，宜并疏归凤河，以消沥水也。查，永定河北岸，自固安十里铺至葛渔城北埝，旧有减河一道，长一百零三里，宣泄京南一带沥水，并胡林、求贤二坝减下之水。又，自葛渔城至萧家庄北埝外，小河一道，长四十七里，接连减河归入凤河。现在二河浅塞，均应展扩宽深。小河偏近埝根，应向北开挑，所挑之土即加培于堤埝之上。又，南岸霸州牛眼村至马家铺土埝，自马家铺至龙尾坦坡埝，共长五十里，其下旧有减河一道，分泄永霸一带沥水，并清凉寺、张仙务二坝减下之水。今间段淤塞，至龙尾以下，水无去路。查，旧河除现在宽深，无庸开挑之各段外，总计淤塞应排共约长二十七里余。

再，自龙尾以下至凤河十一里，计应一并开挑成河，以凤河为出路，俾数十里减水有所归宿。即将旧河所挑之土加培旧埝，将新河所排之土沿河堆积南岸，以障蔽东淀。南、北两河既均归凤河，而永定河入沙淀、叶淀之水，又全恃凤河为下口，所有凤河间段浅窄之处，总计长十五里，应行开挑，一律深通。则宛平、固安、霸州、永清、东安、武清各县，沥水与永定下游，俱借凤河转输入大清河，更全无阻阂矣。

再查，金门闸长安城坝下引河东股，自毕家庄归津水洼，长四十九里；西股自金门闸石坝至张贵庄归中亭河，长一百三十里，均应疏浚，以消雨霪及坝下分泄之水，通计挑河筑埝，共约需银五万七千九百三十余两。

部覆："查永定河北岸，自固安十里铺至葛渔城北埝，旧有减河一道，宣泄京南一带沥水。又，自葛渔城至萧家庄北埝外，小河一道，接连减河归入凤河。今协办大学士刘于义等，既经查勘二河浅塞，自应展扩宽深。又，霸州牛眼村至龙尾坦坡埝，旧有减河，应一并开挑。其水无去路者，别为开浚，以凤河为出路，即将旧河所挑之土加培旧埝，新河所挑之土沿河堆积，以为障蔽之资，均应照议办理。"（谨按：原奏十二条，系条陈直隶各州县应办水利工程。惟第六条属永定道。经部覆准登入。余从节）

乾隆十二年［1747］九月；直隶总督臣那苏图、宗人府府丞臣张师载等《为遵旨会议奏请圣训事》

　　窃照永定河工，每当伏、秋汛发，雨水稍多，骤涨堪虞。上廑宸衷，以臣那苏图总督任内事务繁多，不能兼顾，特命臣张师载协办修防。所有伏、秋两汛，住宿河干，上下往来，相机防护。于立秋十日后，循例具奏，请旨回京。折内奉到朱批："汝再留旬余，即将应加经理处，会同那苏图议奏。钦此。"钦遵在案。

　　臣张师载于秋水过后，再将两岸堤坝各工及下口情形覆加查勘，并至保定府与臣那苏图面加商酌。臣等伏查，永定浑流，每经汛水形势即有不同。然，经理之法惟在两岸堤工坚固，闸坝宣泄，得宜下口深远无阻，自不致有壅溢之患。今岁霖雨频仍，河流叠涨，溜势倏移。南岸六工郭家务草坝并北岸六工半截河草坝，河身逼近金门，过水太多，湍涌逾常。随经堵截圈闭，不令过水，俟将来河溜稍远，酌量启放。查，南岸六工汛内有草坝四座，郭家务一坝渐闭，无庸另建。至北岸六工半截河草坝，向来泄水颇捷，今既难令过水，自当另建一坝，庶宣泄有资。臣张师载带同道、厅勘得，南、北两岸四工，河滩宽衍，汛水出槽停蓄积留，难以骤下。北岸四、五两工之交，地势卑洼，水泡堤根常至四五尺，应于北岸四工崔营村建筑草坝一座，照小惠家庄草坝金门宽十二丈，以泄上游漫滩之涨水。堤外旧有小减河一道，引水归达凤河，不致泛淹为患。所需工料约估银五千八百余两，照例另案估销。

　　又，永定河下口由八工尾北折，循北埝入沙家淀，以归凤河。全河出水之尾闾，甚关紧要。查，凤河现在多有浅狭之处，应展挖宽深，以畅其就下归宿之路。但目今淀水尚未全消，难以履勘确估，请俟冬月委员勘估，来岁汛前兴挑。所需银两，即于三角淀岁修疏浚项内动用核销，无庸另案请帑。

　　又，南岸五、六、下七等工，及北岸四、五、六、八等工，水泡堤根，堤工尚有间段卑薄之处，应量加培修。共约估需银二千五百余两。请在于抢修项下动用，核实报销，亦无庸另案请帑。

　　再，各坝减水引河，应照例劝令村民及时挑浚，并堤坝各工，随时修守、防护事宜，臣张师载就今岁所见情形，与臣那苏图详悉商酌，事属应行。但臣等止就今年所见形势酌筹，改建坝座为期尚早。大学士臣高斌不日回任，久谙机宜，臣等再与酌定，行令工员遵照办理。所有永定河汛前加经理工程，臣等遵自会议，意见相同。谨合词具奏。伏乞皇上圣鉴训示施行。谨奏。（奉朱批："是刻不容缓者，即照尔等所议行。其余俟高斌之全。钦此。"）

乾隆十五年［1750］三月，直隶总督臣方观承奏《为钦遵圣训酌办永定河事宜等事》

窃查，永定一河受束于两堤之中，浊流淤垫易高。而其下口，又必有散置泥沙宽广之地，然后沙停水出，所受之河始免于淤。使下游稍有阻隔，则上游益多淤垫。是以两堤逐渐增高，而下口亦经屡议改移。近年以来，因两岸各设有减水闸坝，以资分泄，而下口沙淀、叶淀之去路，尚未致于遍淤，故得无患冲溢。然而，测量河身，自五工泥安村以下，至八工逐段，淤高四尺九寸。照依水平，植立竿尺。已蒙皇上临堤洞鉴，并荷皇上亲授方略，指示机宜。圣谟广远，睿虑周详，臣得有所遵循，当随时奏请训示，次第办理。蒙谕，臣就现在情形酌为筹办。复命大学士公傅恒、尚书汪由敦同赴南岸，遵照指示，于上七工相度建坝处所。今看定，应于上七工来字一号之马家铺、来字十号之冰窖东二处，各添建减水草坝一座。

又，六工之张仙务、双营旧坝二座，应加修葺，奏蒙允准，交臣钦遵办估。臣查，添建之二坝在南岸七工，资其分泄，实属有益。但今年汛后仍须查看情形，倘将来议，于北岸六工改移下口，则此处河堤即属闲置。若并此处另有办法，则更不必拘墟于草坝减水。是建坝工料，自无需悉照从前规则，致有多费。今臣饬令永定道，将二处坝座均照双营成式，金门宽十二丈，其坝台及迎水、出水墙坝，丈尺俱稍为减少。并据承办之厅员等议，将苇草改用秫秸柳条，排桩仍用松木，余桩改用杨木。每座约估需银四千六百五十余两。又，修整双营草坝，约估需银一千八百七十余两，修整张仙务草坝，约估需银一千二百余两。臣又查，有南岸三工长安城草坝，已经十一年，灰土冲刷坑洼，应加修筑。约估需银一千六十余两。北岸上七工小惠家庄草坝，已经八年，灰土伤损，应加修葺。约估需银一千八十余两。计添建二坝，修整四坝，通共估需银一万四千五百余两。臣现在先行酌发银两，饬令备料兴工，及时上紧赶办。至五、六工以下河身转曲淤垫处所，应于疏浚下口岁修项下通融办理。其堤工间段卑薄之处，应随时相度修防，以免冲溢，例归抢修项下办理，均毋庸另请动项。

再查，永定河发源于山西之马邑县，经由宣化府之保安州等处，两山夹束而下，水性湍激，拥带沙泥，所经多系空旷之区。仰蒙皇上指示周详，令臣于上游情形再加筹酌，实属探本要道。如果能于旷远无碍之地，使之稍落泥沙，微救涌急，其于下游已属有益。容臣于来春亲往宣化一带查看，另行奏请训示，遵照办理。所有现估修建各坝事宜，除造具细册送部外，理合恭折具奏。伏乞皇上圣训。谨奏。（奉朱批："着如所议。行该部知道。钦此。"）

［卷二十一校勘记］

〔1〕〔2〕此处原无题目，仅将正文首句移前，现依据正文内容及本志奏议习惯，将首句复位，加"奏"字。

〔3〕〔4〕〔5〕〔6〕〔7〕〔8〕〔9〕等处"滚水坝"，原为"滚坝"，均按水工术语全称改。

〔10〕此处原无题目，仅将正文首句相连，现依本志奏议习惯，为便于阅读，将此处加"等奏"二字。首句移下，前加"臣等"二字。

〔11〕此处"遇"字，原本脱，根据文意增补。

〔12〕宛平县后州县原稿均为省称，今按全称增补："乡"、"州"、"城"、"安"、"州"六个字。

卷二十二 奏 议

乾隆十五年至十八年 ［1750—1753］

乾隆十五年 ［1750］ 十一月，军机大臣会同工部等《为会议事》

查，永定一河，浑流汹涌，易淤易决。今本年三月内，直隶总督方观承钦遵圣训，酌量筹办。奏请："于南岸上七工添建减水草坝二座，并修整南、北两岸旧坝四座，以资分泄。"并声明，"今年汛后仍须查看情形，于北岸六工改移下口"，等因，在案。荷蒙皇上睿虑周详，以高斌向曾兼理永定河道总督，钦命会勘永定河工。今据详加履勘妥议，奏称："八工以下之叶淀、沙淀一带，北埝包束宽广，埝外亦复地阔村稀，尽堪容蓄泥沙。如将正河淤淀之处间段挑浚，使之畅达，水有正道，自必顺轨而趋，不致有下壅上溢之患。使之仍由八工旧淀，请将河身三工至八工间段疏浚，北埝坍缺处所亟应培修。

又，南岸三工长安城草坝过水太多，应于金门加筑灰脊一道，高三尺，以资节宣。北岸下七工五道口草坝已经八年，多被冲刷，应加修筑。又，南、北两岸各工，堤身风雨残缺及单薄漏水处所，并月堤土埝等项，均应酌加修补帮筑，通共约需银三万四千四百余两"，等语。应如所奏。行令直隶总督分段确估，委员办理。仍先造具估册，具题查核。至奏称："明年春夏之交，桑干水涸之时，将三工以下河身及时趱挑，至汛水到时为止。其八工以下河水出口散漫之处，挑河二道，一直达淀。自葛渔城以上，自西转北而东，听其荡漾停淤。又，南岸堤身加筑之子堰，现令将间段合缝处通身接连，则涨水漫溢足资捍御，无虞旁溢"，等语。亦应如所奏。行令该督，饬令该道、厅，于岁修项下动拨银两，相机办理可也。（奉朱批："依议。钦此。"）

乾隆十五年［1750］十一月，军机大臣会同工部等奏：[1]

臣等会议，得江南河道总督高斌、直隶总督方观承奏称：[2] "臣等遵旨会勘永定河工，自卢沟桥起，周回南、北两岸，及下口沙淀、叶淀、北埝等处，将堤河、埽坝各工详加履勘，悉心讲究，从长妥议。查，永定河浑流汹涌，夹束长堤，上下河身淤垫情形。本年三月内，荷蒙圣驾亲临阅视，指授机宜。复命大学士公傅恒等会看，添建、修整各坝工。臣方观承遵旨办理。本年九月，复经会议具奏：'于北岸半截河预筹改移下口，以畅就下之势。今臣等覆查，八工以下之叶淀、沙淀一带，北埝包束宽广，埝外亦复地阔村稀，现在以及将来均尽堪容蓄泥沙。如将正河淤垫之处间段挑浚，使之畅达，水有正道，自必顺轨而趋，不致有下壅上溢之患。'臣等公同筹画，若照前议即行改移下口，其在六工以上之河身亦须挑挖通畅。今若并七、八工之河身一律挑浚，使仍由八工归淀，其南岸上七工之五道口旧坝修整。有此四坝并资宣泄，南岸之外有南坦坡埝，北岸之外有北堤专达，则正河本通，合计则下口甚广。臣等率同永定河道及厅、汛各员，拟将河身自三工至八工间段疏浚，去其淤梗，加长宽深。今秋所抽河槽再加挑拓，遇有兜湾酌量裁直。共约估需银一万五千余两。仍俟明年春夏之交，桑干水涸之时，各工多募民夫，一齐及时赶挑。刻不停工，直俟汛水到时为止。其八工以下河水出口散漫之处，并应挑河二道，一直达淀。自葛渔城以上，自西转北而东，听其荡漾停淤。现在即交该厅，照式于岁修项下办理。又，查北埝长四十八里，为下口全淀保障。今岁雨水过多，大清河水涨，北运河横潦，及东安、沥水悉聚于此。埝之东段随风漫刷，坍缺甚多，亟宜培修，以资捍御。约估需银九千三百余两。又，南、北两岸石、草各坝。查，南岸三工长安城草坝，虽于本年将坑洼修筑平整，而夏秋间过水至尺余，未免过多。于金门加筑灰脊一道，高二尺，以资节宣。又，北岸下七工五道口草坝已经八年，多被冲刷，应加修筑二坝。共约需银一千八百余两。其余各坝，如有溜势移近，过水太猛等情形，应暂为圈闭者，俱随时酌量办理。又，南、北两岸各工，堤身风雨残缺及卑薄漏水处所，并月堤土埝等项，均应酌加修补帮筑，以资抵御。共约估需土方银八千三百余两。通共挑河葺坝、修筑堤埝等工，共约需银三万四千四百余两。臣等仰遵圣训，得及时修浚之方，则河身中泓有路，即遇盛涨水大漫滩，亦自随中泓之汛溜顺下直趋。经出八工下口而三角淀之引河，接连通畅，散漫入淀，容蓄有余。今两堤加筑之子埝已成，现令将间段合缝处通身接连。则涨水虽一时有上堤之险，亦可足资捍御，无虞旁溢。臣等谨就现在切实情形详筹妥办"，等因，具奏前来。

查，永定一河浑流汹涌，易淤易决。今本年三月内，直隶总督方观承钦遵圣训，酌量筹办。奏请："于南岸上七工添建减水草坝二座，并修整南、北两岸旧草坝四座，以资分泄。并声明，今年汛后仍需查看情形，于北岸六工改移下口"，等因，在案。荷蒙皇上睿虑周详，以高斌向曾兼理永定河道总督，钦命会勘永定河工。今据详加履勘妥议，奏称："八工以下之叶淀、沙淀一带，北埝包束宽广，埝外亦复地阔村稀，尽堪容蓄泥沙。如将正河淤垫之处间段挑浚，使之畅达，水有正道，自必顺轨而趋，不致有下壅上溢之患，使之仍由八工归淀。请将河身三工至八工间段疏浚，北徐坍缺处所，亟应培修。又，南岸三工长安城草坝，过水太多，应于金门加筑灰脊一道，高二尺，以资节宣。北岸下七工五道口草坝已经八年，多被冲刷，应加修筑。又，南、北两岸各工堤身，风雨残缺及单薄漏水处所，并月堤土埝等项，均应酌加修补帮筑。通共约需银三万四千四百余两"，等语。应如所奏。行令直隶总督确估，委员办理。仍先造具估册，具题查核。至奏称："明年春夏之交，桑干水涸之时，将三工以下河身及时趱挑，至汛水到时为止。其八工以下河水出口散漫之处，挑河二道，一直达淀。自葛渔城以上，自西转北而东，听其荡漾停淤。又，南岸堤身加筑子埝，现令将段合缝处通身接连，则涨水漫溢，足资捍御，无虞旁溢"，等语。亦应如所奏。行令该督饬令该道、厅，于岁修项下动拨银两，相机办理可也。
（奉朱批："依议。钦此。"）

乾隆十五年［1751］十二月十二日，工部《为遵旨会议事》

臣等会议，得江南河道总督高斌、直隶总督方观承奏称："永定河工，浊流善淤，非停积河身，即壅遏下口。应请立法，岁加疏浚。查明，头工至八工附近村庄派定段落，每届河水断流之时，约计应挑土方若干，传集村民计日课功。每名每日给米一升，折给制钱十文，外给盐菜钱五文，共十五文。如原派段落内，值有淤垫多少之不同，即令相近村庄，彼此互相协办，总限于二十日内赶办完工。其八工下口疏浚之处，亦与十八汛一例经理。即将额设下口疏浚银五千两，统拨各汛充用。即请于岁修项下，每年再加设疏浚银五千两，合为一万两，以期足用。如本年尚有余剩，即留为下年之用。如或不足，前后通融办理，总不得过新设五千两之数"，等语。应如所奏。行令该督晓谕附近村民，协同办理。转饬道、厅及印汛员弁，亲身督率稽查。其每日应给米、盐菜折钱十五文，务使村民实在均沾。如有胥役侵肥扣

461

克等弊，即将该管各员一并严参究治。其每年疏浚工段用过银两，统于各该年岁修项下声明，造报查核。

又奏称："直隶河员驿丞有兼巡检衔者，俾其呼应灵而公事易集，乃因地制宜之意。今附近永定河各村不服河员管辖，必待州县派调约束，每致缓不及事。应请将十八汛内之河员俱令兼巡检衔，将附近村庄分拨管辖，更于河工要务有益。其南之下七工、北岸之上七工两把总所管汛内村庄，统归七工之县丞主簿管辖。一切事宜，俱照兼衔之巡检成例遵行。仍责令该管道、厅及各该州、县稽查，如有汛员越分干预及借端滋扰等弊，即行详揭请参"，等语。查，河工人员向无管辖地方之责。该督因永定河现议民堤岁加疏浚，恐附近村庄不服管束，必待州县派调，缓不及事，请照驿丞兼巡检衔之例，将附近村庄分拨管辖，俾呼应灵而公事易集。原为河工紧要起见，事属可行。应如该督等所奏。永定河十八汛内之河员，俱准其兼巡检衔，将附近村庄，准其分拨兼管。凡遇河工修防，动用民夫者，准令纠集约束，不得越分干预地方事务。仍令该督，于十八汛内兼巡检衔之各河员并分隶村庄，详细分晰，造册报部，以便查核注册。其南岸之下七工、北岸之上七工两把总所管汛内村庄，准其统归七工之县丞主簿管辖。一切事宜，俱准其照兼衔之巡检成例办理。如有河员借兼巡检衔，越分干预及借端滋扰等弊，仍责令该管道、厅及该州、县稽查详揭，照例参处可也。谨奏。（奉朱批："依议。钦此。"）

乾隆十六年［1751］四月，吏部尚书舒赫德、河东总河①顾琮、直隶总督方观承等《为遵旨会勘永定下口筹酌议奏恭请圣训事》

臣舒赫德、臣顾琮奉命会同臣方观承，查勘永定河七工下口应否改移，抑令仍由旧河之处。臣等于四月二十三日，同至冰窖②东草坝过水处所，沿堤察看水势。五十余里至王庆坨③，并勘南坦坡埝一带地势，现在缺口出水，将来叶淀去路，以及埝外淀河水道各情形。查得，冰窖草坝在南岸上七工之尾，旧下口之旁，地势本低。缘今年凌汛续发水大，正河出口不畅，坝门过水势猛，将坝口以下之河身吸刷宽深，以致全河趋下，即由坝口掣溜。今观七、八等工正河长五十余里，惟中段二十余里，

---

① 河东总河，全称为河南山东河道总督，又省称东河。驻山东济宁。
② 冰窖在今永清县南境。
③ 王庆坨在今天津市武清区西南，其南即三角淀、叶淀所在。

尚存旧有河形，其头尾悉于凌汛后被淤，而下口尤甚，已非大学士臣高斌同臣方观承上年所勘情形。即使多费采金，将七、八两工河身复行挑挖宽深，与坝口以上之河身相称，而出口之路断难一律疏挑畅达。即恐上游已刷深之河槽仍复淤填，一逢盛涨，盈堤拍岸，不免在在受险。且通河水势偏南，尤未便强之使北，舍下而就高也。至现在河水经由之地冰窖坝外，自旧河尾接连南坦坡埝，至龙尾以下，东西约长八十余里，南北宽四五里至十五里不等，地面比旧河身低七八尺至丈余不等。由坦坡埝之尾东北导入叶淀，去路愈加宽广。地广则停淤，益薄下畅则上游易理。且省两堤夹束五十里之修防。于此改移，既有事半功倍之益，而较之开挖正河下游岁费周章者，其收效之久暂，更属判然易见。臣舒赫德、臣顾琮公同周回，详加相度。形势甚顺，工作无多。即将此处作为下口，可无疑义。至堤外村庄房间、地亩，分隶霸州、永清、东安、武清四州县。除靠近南埝地处高阜，村户无多之董家、韩家、崔家、王家、辛家、黄家各铺。并马家口、王家圈八处外，其应迁移者，七村不愿迁移。应筑护埝者，大安澜城[1]、王庆坨、得胜口[2]三村；并不愿筑护村培者，唐二铺、佛城疙疸、磨汉港、胡家铺四村。各村所有民地皆连名具呈，不愿除粮，惟求减照河泊地旧则，交租守业。现在水所不到，及水已过之地，以高粱不畏淹漫，各村俱照常购种，民情均属安帖。臣等留心体访，河流所经漫衍、停淤无大患害，亦未致尽失农业。且期渐臻增卑为高，化瘠为腴之利。盖永定河历年之情形有然。而居民生长水乡，筹之已熟。其不愿迁移除粮者，自应听从民便。臣等会勘既明，所有应办事宜，并应早为区画。应请将冰窖草坝以东之堤身，开宽五十丈，作为河口，令向东南出水宽畅。其自坦坡埝至龙尾六十余里，均应一律帮宽二丈，加高二尺。仍照旧制作成坦坡之形，底宽七丈，顶宽一丈五尺。其外临淀水处所，约长二十里，应再加高一尺，以资隔别清浑。再于王庆坨南开挖引河，长二十二里。河水面宽六丈，底宽三丈，深二、三、四、五尺不等。导令浑流归入叶淀，随路涣散停淤，仍由凤河转流入于大清河。计培筑坦坡埝工约需银一万八千六百余两，开挑引河约需银六千七百余两。臣方观承查，上年十一月内，会同臣高斌于遵旨详看永定河工等事案内，议将河身自三工至八工间段挑浚。今五工以下之河身，业经抽刷深通，无

① 　大安澜城（原郎城，又名里澜城）在永清县东南；王庆坨在今天津武清区西南。

② 　得胜口在廊坊市（原东安县）南境。其他折中提及的村名在霸州、永清、东安（今廊坊）、武清境内，现河北省及天津市地图册，相关县图有的还可找到。此涉及挑河、筑堤埝、迁村，以及清政府安置政策问题。

须再为挑挖。又，修补北岸下七工五道口草坝，今水不经由，无需修理。此坝内挑河原估需银一万五千两，可节省银一万余两。五道口草坝原估需银一千六百余两，可以全行节省。又，三角淀岁修银五千两，除堡船等项需用外，尚余银四千两。通共约计节省银一万五千六百余两，均可作为河埝各工之用。尚少银九千七百余两，应赴部请领。但现在汛期迫近，臣方观承请即于司库银项内，先行照数借拨，以应急需。俟请领到日还项，仍令道、厅等另行确估，造具细册送部。

再查，旧河五十余里，若将两头淤垫处所酌加开挖，作为减河，俾其分泄盛涨，亦属有益。应于抢修项下，酌量从缓办理。又查，康熙年间初立堤岸，至现在六工而止。嗣于雍正四年〔1726〕，接连七工、八工，而七工又分为上、下两工。今下口改移，仍在旧处两岸七、八等工，已无修防，自应将七、八等工名色裁去。以现在下口以上之来字十号，编入六工汛内，再将五、六两工里数合计，均匀派拨两工汛员管理。其南坦坡埝接连龙尾，共六十余里。原有之三角淀武清县县丞一员，不敷管理。今应分为上、中、下三汛，每汛二十里。南埝上汛，以议裁南岸上七工之东安县县丞经管，驻扎唐二铺；南埝中汛，以议裁南岸八工之武清县县丞经管，驻扎王庆坨；南埝下汛仍令原有之武清县县丞经管，驻扎三河头。又，北岸大堤至六工洪字十六号为止。六工堤外有乾隆四年所筑北堤一道，至新庄东止，长三十七里。自新庄东至凤河西岸萧家庄止，北埝一道，长四十七里。今应将北堤统作为北埝，共长八十四里，亦应分为上、中、下三汛。北埝上汛三十七里，以议裁北岸下七工之东安县主簿经营，驻扎惠家庄；北埝中汛长二十三里零，以议裁北岸八工之武清县主簿经管，驻扎葛渔城①；北埝下汛长二十四里，以原管北埝之东安县三角淀主簿经管，驻扎石各庄②。所有南、北埝六汛，均归三角淀③通判管辖。督率各该汛员，带领河兵修补埝身水沟、浪窝，并栽种苇柳等事，俱责成办理。其分管里数段落，另行造册报部存案。如下口河身及南北埝，有应随时修浚之处，即于原设岁修项下，通融动拨办理报销。至原有之南岸下七工把总一员、北岸下七工把总一员，并无专司之汛务，应改为南岸把总、北岸把总，与两岸千总同听调遣，经理桩埽，更于通工有益。

---

① 在廊坊市东南境。
② 在天津市武清区西南境。
③ 三角淀通判驻王庆坨。

至应行迁移之武家庄、朱家庄、冯家场、东沽港、宋流口、外安澜城、郭家场七村庄①，应给房价，照例瓦房给价六两、土房三两，按间计算，共需银一万四千五百余两。此内因房基本高，不愿随同领价迁移者尚多，仍须另行核实查办。其愿迁之户，即就近于旧河身内丈拨地基，动支司库银两给发移盖，俾汛前早获安居。其余应筑护村围埝，并王庆坨村北应筑迎水土埝，按村合作，并酌量帮给夫工，均属易办。又，民地各色钱粮，岁征银二千八百余两。各村士民均请守业，盖因下口甚宽，河流靡定，水所不到之处与淤积之区，仍可播护有收。恐粮去而业随之，是以再三呈恳，不愿全除。应请俯顺舆情，酌照旧河泊地科，则不论大小地，每亩概征银七厘二毫五丝，较之原额约减十分之六。惟是水道无常，如将所减银数作为正额，恐有水占未种，及种后被淹等情形。应请照河滩淤地之例，照数作为租额，分麦、秋二季交纳。查明，实系无收，分别半免、全免，益可以昭体恤。至旗地②内，如系当差地亩，应于各县存、退、余、绝旗地并旧河身地内，另筹拨补，将水占原地撤出，存官备用。如系旗人本产，仍愿守业，不愿另行拨补者，听从其便。如系在官征租之存、退、余、绝等地，查明实被水占，即为除租。以上旗民地亩，地方官逐一清丈，分晰造册报部，与部册旗档核对。为定其减粮、征租、除租等章程，俱于乾隆十六年［1751］为始，画一办理。臣等再查，南、北两岸各减水坝座，南岸二工之金门闸、三工之长安城、北岸三工之求贤村、五工之卢家庄四处，均堪宣泄盛涨。其余各坝，有应随宜酌量，暂为圈闭者。又六工以上之河身，每年于河涸之时，按工挑浚，俾无淤垫，并汛员督率沿堤村民，计日课功等事宜，悉照上年十一月内，臣高斌会同臣方观承奏定章程办理。所有臣等遵旨查勘筹办各缘由，理合恭折具奏，并绘图贴说，恭呈御览。伏乞皇上圣鉴，训示施行。谨奏。（奉旨："依议。钦此。"）

乾隆十六年［1751］五月，军机大臣、工部等奏：[3]

臣等会议，得直隶总督方观承奏称：[4]"永定河下口改由六工出水，经臣会同尚

---

①　东沽港（镇）宋流口（送流口）外安澜城在廊坊市南境，其余无考，当亦在附近。

②　此指清军入关后，在北京周围圈占分配给满族"正身旗人"的"分地"（每丁五晌）。它有别于内务府管辖的"皇庄旗地"、王公占有的"王庄旗地"。统归户部"旗档"备案管理，清初法令严禁买卖。旗地户主可招佃出租给旗民（谓之"庄丁"），向官府缴纳租赋，承当差役。康熙、乾隆年间法令限制逐步放宽，民国初完全废止。始与汉族民地无异。

书舒赫德、河东总河顾琮勘议，奏奉俞允。钦遵在案。臣即赴永定河经理各务，所有现在查办及应奏明立案事件，谨分晰为我皇上陈之。"

一，奏称："下口应迁之七村庄。原议将七、八两工旧河身内滩地，拨作各户房基。嗣臣面奉圣训：'谕筹久远'。臣遵，令永清、东安、武清三县，分赴应迁各村庄，将旧河现议作为减河，将来亦难保永无水患等缘由，明白晓谕。随据各村士民禀呈，俱不愿移驻旧河身之内。恳请自择高阜，领价迁房。官为拨给庄基场地，永得安业等情。兹据永清属之武家庄、朱家庄、冯家场三村，各户自愿迁于秉教村一带地方；东安县属之东沽港、宋流口、外安澜城、郭家场四村，各户自愿迁于霸州属之李家铺相近地方；又东沽港一半分隶武清县，各户自愿迁于霸州属之董家铺相近地方。查，秉教村、李家铺、董家铺三处，皆在南埝之外，地势高敞，准令移驻。既于民情称便，而旧河身内即可永禁居民建盖墙屋，于下口水道实有久远之益。至三处应拨之村基地亩，现在核查是旗、是民，或应给价，或将旧河身内滩地拨补，容臣查办清晰，另行奏明立案"，等语。查永定河改移下口一案，先经尚书舒赫德等查明，'堤外村庄七处应行迁移，其愿迁各户，即就近于旧河身内丈拨地基移驻，俾汛前早获安居'，等因。奏明在案。今该督方观承面奉圣训：'谕筹久远'。既据各村士民俱不愿移驻旧河身之内，恳请自择高阜，领价建房，官为拨给庄基场地。应行该督，将各户愿迁之秉教村、李家铺、董家铺等处，详细查勘。果系无碍水道，将来永无水患之处，即行按户拨给基地，俾得安居，以仰副我皇上惠爱黎元之至意。至所拨基地，该督既称现在核查是旗、是民，或应给价拨补之处，应令该督速饬查明，造报户部核覆。再查，旧河既议作为减河，各村士民不愿移驻。应如该督所议。饬令永行禁止建盖墙屋，致妨水道。仍责该管汛员，不时查察。

一，奏称："应迁之武家庄等七村，臣饬令地方官确查。实系愿迁之户，即行照例给与房价，早为安顿，所有节省银两仍归司库核实报销。其不愿迁之户，俱令出具甘结存案。倘将来该户又复愿迁，仰恳圣恩，念其原在应迁案内，仍准一例赏给房价"，等语。查，永清、东安、武清三县，所属共应迁移之武家庄等七村庄，先经尚书舒赫德等奏明："应给房价，照例瓦房给银六两，土房给银三两。此内因房基本高，不愿领价迁移者，仍须另行核实查办"，等因。在案。今该督方观承既称："确查实系愿迁之户，即行给与房价，早为安顿；其不愿迁之户，俱令出结存案。倘将来该产又复愿迁，仍准一例赏给房价"，应如所议办理。仍令该督，将迁移各户逐一查明，造具名册，并给过房价银两数目据实报销。不愿迁各户，亦即取具甘结，造具名册，送部待案。

一，奏称："南坦坡埝至龙尾以下统为南埝，北堤至北埝以下统为北埝，移驻汛员防范稽查，业经会奏在案。今臣至南埝一带覆加查勘，南埝上接老堤头，乃郭家务之旧下口，计长二十里，为现在下口水道之外障。未便乏员管理，应即交南埝上汛之汛员兼管。堤身柳株等项，责成守护稽查。但南埝上汛原奏内议，令驻扎唐二铺，今应再议北五里，驻扎牛眼地方，庶于旧下口为近。再查，永定河身下口，以及坝岸等名称，多有重复，恐致书写混淆，难以辨别。请将七工以下之河身，称为'旧河身'，南岸称为'旧南岸'，北岸称为'旧北岸'，郭家务以下称为'旧下口'。俾于本折文案内画一遵照，庶为清晰"，等语。查，先经尚书舒赫德等原奏内称："永定河下口改移，两岸七、八等工已无修防，自应将七、八等工名色裁去。以现在下口以上来字十号编入六工汛内，再将五、六两工里数合计，均匀派拨两工汛员管理。其南埝共长六十里，北埝共长八十四里，俱应分为上、中、下三汛，派员驻扎经管"，等因。奏明在案。今该督方观承既称："南埝上接老堤头，乃郭家务之旧下口，计长二十里，为现在下口水道之外障，未便乏员管理，应即交南埝上汛之汛员兼管，移驻牛眼地方。"亦应如所奏。准其将南埝旧下口二十里，统令原派上汛汛员东安县县丞经管，移驻牛眼地方。仍令该督，将永定河各工经管各员，以及工段里数，分晰造具清册，并将永定下口以及坝岸等名，按工挨次，分别名目，画一造册，送部存案，以备稽查。

一，奏称："查河工放淤之法，直隶可用之于南运，而不宜于永定。盖放淤必其处本有越堤，而缕堤残缺。淤成之后，弃缕堤守越堤，可省工费；又或因以展拓河身，要必有现成越堤。而越堤之内，本即有水，借水戗以散泥沙，地势之高下不甚悬殊，乃可行之无患。如越堤内本系干塘，则淤沟进水，恐有直注之虞。又，或因放淤，特为加筑越堤，是转成多费，俱于放淤本法有悖。至于永定河堤束水渐高，今非昔比。堤外地势在在低下，水出若有建瓴，兼之浑流湍激，改变靡常，放淤之议尤不可行。谨当奏明立案，以杜后患"，等语。查，永定河堤既系高昂，堤外地势低下，兼之浑流湍激，改变靡常，不宜放淤之处，该督既经详细声明，自应如其所奏。行令立案，永远循行可也。（奉朱批："依议。钦此。"）

乾隆十七年［1750］十一月初四日，江南总督高斌、直隶总督方观承《为查勘永定河下口情形，仰祈圣鉴事》

窃查，上年十二月内，臣高斌、臣方观承会同侍郎汪由敦，查勘永定河下口。奏明："南埝龙尾东入凤河，有顺堤清水一道，宜量加拦截草坝，以缓其势。不使缘堤直趋凤河，俟臣方观承另行随时勘估办理"，等因。钦奉朱批："如所议行。钦此。"钦遵在案。

臣方观承于本年秋汛后赴工覆勘。随派委员弁，调集犱夫、河兵，起用埝外胶土夹杂软草，镶垫筑成土格，足资拦截。较之草坝亦多节省。并应顺堤多为接筑，层层障御，更属有益。于本年九月内恭折奏明，亦在案。今臣等于十一月初二、三等日，同赴南埝查勘。自南埝中汛十一号起，至下汛十号止，此二十里内共筑成顺水土格十五道，长二十丈至三、四十丈不等，底宽二、三丈，顶宽八、九尺至一丈六尺，高出水面三、四、五尺不等。现在埝根之水已不通溜，下口水势全由三角淀引河归入叶淀。余水散漫于近埝苇地一带，悉已清流，已无缘堤直趋凤河之虑。且工内渐次受淤，南险更资巩固，办理已有成效。臣等复公同商酌，应在于凤河下口西岸量筑土埝一道。俾西岸以上之水悉东北行，由叶淀一路停纡，以入于凤河。则，虽浑流余水，亦无直趋之虞矣。再，各土格于春融后，恐不免于低蛰，更加汛水长发，须再随时酌量加高，以资稳固。至此项土格工程，悉系淀内涝泥，非雇募民夫所能办，是以臣方观承未经估报。惟是犱夫、河兵八九百名，力作于荒淀之中，难以择其裹粮从事。因于天津余存备枭之粟米内，按每名每日给米一升，共用米三百石。合无仰恳皇上天恩，将所用米石准其报销。免令扣还米价，则兵夫人等，益戴圣主之恩施靡既矣。又查得，永定全河之水于冰窖涣散分流。其一股至二十余里外，贴近安澜城村东七里，旧南岸堤根之下。臣方观承查明，此处北岸低于南岸，请于旧河身内外开引河一道，计长三百余丈，引南岸堤根之水泄入北埝。俾南北埝水道皆得涨减沙匀，益资荡漾。且于此处减泄盛涨，则王庆坨村南之水不至过多。该村居民之不愿迁移者，亦可听便，以省糜费。计开挑土方，约估需银一千五百八十二两零，已足敷用。臣等公同详加履勘，引河在旧河身八工地方，外接北埝，地面甚属空旷，且系向来未曾过水之区。今开挑引河，分水北注，自可以收减涨匀沙之益。应俟大汛时，视南岸堤根之外水势分合情形，酌量启放。所有臣等会勘各缘由，理合绘图贴说，恭请皇上圣鉴训示。臣高斌即于初五日前赴河南，合并奏明。为此谨奏。（奉朱批："知道了。钦此。"）

乾隆十八年［1753］，直隶总督臣方观承奏《为遵旨查办事》

二月二十三日，内阁奉上谕："缘河堤埝内为河身要地，本不应令民居住。向因地方官司不能查禁，即有无知愚民狃于目前便利，聚庐播种，罔恤日久漂溺之患。曩岁朕阅视永定河工，目击情形，因饬有司出示晓谕，并官给迁移价值，阅今数年于兹。朕此次巡视，见居民村庄仍多有占住河身者，或因其中积成高阜处所可御暴涨，小民安土重迁，不愿远徙。而将来或致日渐增益，于径流有碍，不可不严立限制。着该督方观承，将现在堤内村民人等，已经迁移户口房屋若干，其不愿迁移之户口房屋若干，确查实数，详悉奏闻。于南、北两岸刊立石碑。并严行通饬。如此后村庄烟户，较现在奏明勒碑之数稍有加增，即属该地方官不能实力奉行。一经查出，定行严加治罪。特谕。钦此。"行知到臣，当即钦遵。行令沿河州县，会同河员逐一清查，随据该员等将南、北两岸，并南埝、北埝以内各户房间查明册报。臣因北埝只查至王庆坨相对之范瓮口为止。其范瓮口以东，直至凤河边一带村庄，亦在南、北两埝之内，并应查办立碑，以杜增添。复经委员前往会同查办，兹据查明分晰开造，由永定河道白钟山呈送前来，臣覆加确核。

查，南、北两岸河滩内旧有居民，乃康熙年间改河时未经迁移之户。今自头工起，至六工止，宛平、固安、永清三县，所属零星人户共十九处，俱已久经禁止添建房屋。又，旧七、八工南、北两岸，旧河身内原无民人居住，嗣奉谕旨，永行饬禁在案。又，下口南埝内村庄，历经钦遵圣训，劝谕迁移，其愿迁之民，俱经给领房价陆续迁去。不愿迁移者，现在存留。今查，永清、霸州、东安、武清四州县，所属南埝内并附近引河大小共二十八村内，除武家庄、朱家庄、冯家场、大小韩家铺、大小崔家铺、胡家铺、董家铺、宋流口、郭家场等十一村业已全迁外，其余十七村计已迁六百三十二户外，现在各户俱系呈明不愿迁移，停止给价，亦不许其添建。其北埝以内旧有村庄，从前改移下口案内，原未议令迁移，但或将来水道经行，亦不可任其增添房屋。查，自北埝头起至范瓮口止，东安、武清二县所属共四村。又自范瓮口，东至凤河边一带，为东安、武清、天津三县所属共十六村庄，原从淀内圈入地面宽敞，无碍水道，向来未奉查禁。但既在南、北两埝之内，亦应为之限制。以上各村庄户口房间细数，臣谨另缮清单，恭呈御览。一面钦遵谕旨，于两岸、两埝，各刊立石碑一座，严行饬禁，毋许于现在之数稍有增加。并饬将现在户口房间，造具清册二本，一贮道署，一贮沿河各该州县。每年责令地方官会同河员查点一次。如有续行迁去及故绝之户，即于内删除。倘于册载烟户之外，复有外来居住建盖房屋者，除勒令迁移拆毁外，仍将不行首报之乡地里邻，严加惩处。倘各州县奉行不力，稽查遗漏，一经查出，立即严参治罪。臣因查办此案，两次委员前赴各村庄。传集乡民，晓以圣上安全保卫立德意。佥称，此番立禁之后，可无外来人民争种地亩，并攘分渔苇之利，情愿永遵禁令。凡有外来迁住者，随时赴官禀报，不敢容隐，自属实情。再查，北岸六工，自上汛起全中汛止，接连北埝头有北大堤一道，乃乾隆三年［1738］所筑。此内贺尧营[1]等十余村，原从堤外圈入，非占住河身者可比。但堤埝内各村既已普行查禁，此处亦应查明户口，另造一册，以备稽考。所有臣钦遵查办各缘由理合恭折，详悉奏闻。伏乞皇上圣鉴。谨奏。[2]

乾隆十八年［1753］十二月，直隶总督臣方观承奏准：

岁修每年额定一万两，将原额一万五千两之数，减去五千两。其抢修一项，原视工程缓急临时酌用，多寡本难预定，且须常有余存料物，以备仓猝之需。将裁去下六讯之岁需抢修项内酌减银三千两，将上十二汛抢修定为一万二千两。每年用剩银两，照例归于次年动用报销。

［卷二十二校勘记］

〔1〕〔3〕原稿此处无题目，与正文首句连在一起，现依据本书前后奏议惯例，加"奏"字，正文还原。

〔2〕〔4〕原稿此句同前题相连，现依前后文惯例分开，前加"臣等"二字。同前题分开，归列正文。

---

① 在永清县城东南约20里现有西贺尧营、东贺尧营两村即其地。
② 奏折称刊立石碑禁止在南北堤埝未迁民户增建房屋，擅占行洪河道土地。碑见卷三十二附录《禁河身内居民添盖房屋碑》。

卷二十三 奏 议

乾隆十九年至三十四 [1754—1769]

乾隆十九年 [1754] 正月，直隶总督臣方观承《为酌筹永定堤河事宜，恭请圣训事》

窃照永定南埝与凤河东堤，有应需培补工段。经臣于上年遵旨查勘时声明，应于今春淀水消涸时办理，在案。今臣覆加察看，除凤河东堤应行筹办之处，另折奏请圣训外，查南埝一带，内河外淀捍卫攸资，虽于堤根添筑土格之后，渐次受淤坚实，但埝身每经汛涨，不免因风汕刷，兼有蛰陷，必须酌量加培，庶资保障。应自中汛第九号起，至下汛第五号止，计长三千六十丈，随其形势加高一、二、三尺不等。又，凤河西岸土格，起首一百余丈，并应加高二尺，再于土格之尾，接筑长二百丈，高三、四尺，俾浑水不致直趋凤河，同三角淀引河之水并归叶淀，以为转输于尾闾，形势最为有益。又，下口水虽散漫，而汇流处则缘旧堤东注，悉归王庆坨引河。该处村庄受水为多，曾于乾隆十七年 [1752] 会勘案内筹画分疏。即就安澜城东贴近堤根河溜处所，查明北岸低于南岸，因议于旧河身内斜挑引河一道，引南岸堤根之河溜穿越旧河身。至北岸淘河村、葛渔城①一带，宣泄散漫，俾盛涨有所分杀，不特王庆坨一带村庄可保无虞，兼得散水匀沙之益。并经臣将筹办情形，面请圣训。嗣于上年二月，恭逢皇上临视下口，谕臣："下游水道尚宽，向北引水之工本年且不必办。"圣明指示悉合机宜，臣谨钦遵停止。今臣又窃念永定河两年[1]以来，汛水皆未至甚大，今年先事之防，似须更当加意。此处引河或可开通，预备寻常之水则任其照旧循堤下注。如遇盛涨，即令北由引河分泄，更属有备无患。但臣智识

---

① 由安澜城东淘村、葛渔城斜挑之引河，实为原中泓故道内挑挖，其走势在王庆坨西北折向东北。

浅陋，是否应行，伏乞皇上圣鉴训示。至南埝中、下二汛培补工程，应用土一万二千六十余方，连夯硪工价，约需银一千一百三十余两。土格加高接长，约需土方银九十两零。再于旧河身开挑引河，如蒙俞允，共约需土工银七、八百两。均即在于额设疏浚下口银五千两内通融办理。如稍有不敷，永定道库存有节年疏浚中余剩银二千七百余两，可以凑用。毋庸另请动项，合并陈明。臣谨同凤河东堤应行筹办情形，一并绘图贴说，恭呈御览，为此谨奏。（奉朱批："引河，俟汝面见时降旨。余依议。钦此。"）

乾隆十九年［1754］二月，直隶总督臣方观承《为奏请改隶，以专责成事》

窃照凤河东堤，自庞家庄起，至韩家树①止，计长二十六里，障束永定全河之水，使不得拦入北运，最关紧要。前因岁久残缺，节经臣奏请加埝修葺，在案。其堤自西北斜迤东南，凤河则中北绳直。永定河下口叶淀之水，由[2]双口村入凤河而东，漾于曹家淀一带停泓，输注于大清河。其东堤之临水一面，每遇西风掀播，即多汕刷。双口以北通北运河大路，堤上常有车辆经行，易致踏损。又，韩家树北埝一道，西接凤河东堤，东接北运河挑河口西岸，专御大清河北溢之水，亦属紧要。向来俱未设有弁兵经管巡防，是以责任不专。且凤河隶永定河东堤，并韩家树北埝坐落天津县地方，即不属永定道管辖。凡有工作，俱系天津县承办，由天津道报销。以一处之河堤分隶两道，转费周章，难免歧误。臣详加筹酌，相应具奏请旨，将凤河东堤并韩家树北埝，改隶永定道管辖。添设弁兵，画一查办。计东堤长二十六里，应设堡夫十三处。每堡拨兵二名，共应拨兵二十六名。统以外委把总一员，令驻扎东堤适中之地，专营凤河东堤及韩家树北埝。遇有水沟、浪窝、汕刷坍损之处，督率堡兵随时修补。并于双口以北查禁往来车辆，守护堤工。其应设弁员，查有永定河水关外委把总一员，系雍正年间添设，令于上游用皮馄饨顺流报水。历年以来，永定上游水势情形，有驻扎卢沟桥之石景山同知，并在石景山防汛之千总专司签报，并无贻误。所设外委把总实属闲冗，应即改移凤河驻扎，以收实用。所需堡兵即在于南、北两岸河兵内酌量派拨。如蒙皇上允行，所有应建衙署、堡房等项，容臣另

---

① 天津市北辰区有庞嘴和韩家墅（树）两村，疑似所指两地，按 1：150000 比例尺直线测距 24 里与奏折所说 26 里大体相当。

行照例勘估办理。再查，凤河东堤，因汛水汕刷残缺，应间段酌量加培一千二百丈，约需土工价银四百余两。韩家树北埝长一千三百六十丈，向来卑薄，今应一律培筑，顶宽六尺，底宽三丈，高五、六尺不等，约需土工价银六百三十余两。应请统于节年疏浚中泓余剩银内动拨，乘时兴修，以资捍御。合并陈明，伏乞皇上圣鉴训示。谨奏。（奉朱批："如所议行。钦此。"）

乾隆十九年［1754］五月，直隶总督臣方观承奏《为奏明事》

窃照永定河北岸五工汛内，有卢家庄减水草坝一座，建于乾隆九年［1744］。自十六年［1751］改移下口以来，水势畅达，河道深远。历年该坝并未过水，形势已成虚设。此处距下口仅三十余里，正需束刷河身，毋庸再为分泄。且年久草土朽烂，若再加修整，徒费帑项。臣详加相度，应将此坝坚实堵闭，于坝口圈筑土堤，长六十丈，顶宽二丈，底宽六丈。钦遵圣训指示，即在河身内取土。所需土方工价约用银一百一十余两，应统入于本年抢修项下报销。理合恭折奏明，伏乞皇上圣鉴。谨奏。（奉旨："知道了。钦此。"）

乾隆二十年［1755］正月，工部[3]《为遵旨会议事》

臣等会议，得直隶总督兼理河道方观承奏称："窃臣具奏《筹办永定河下口事宜》一折，经军机大臣会同工部议覆：'以南岸冰窖改移下口之后，自应水势畅流，不至遽行淤塞。何以迄今未及三载，遽称下口去路积渐淤高，难期畅达？又请于北岸六工开堤放水，作为下口，与原奏内开水势偏南，未便强之使北，及地广淤薄上游易理事半功倍之处不符。行令将现在水势实在情形，何以遽行迁徙，以致南岸下口淤塞难通，及必须导令北注，足资荡漾，不致旋浚旋淤，徒滋糜费之处，据实详细声覆'，等因。伏查，南岸冰窖于乾隆十六年［1751］改为下口之后，连年水势畅顺，趋下甚速。上游河道深通，下汛修防裁省，实属有益。唯是全河之水，出口即皆涣散泥淤，渐次停积。加以上年汛水盈丈，挟沙直注。查看，下口十里以内，旧积新淤，顿高八尺，以致阻塞去路。至南埝中下汛以下，虽有停淤，而地面宽广，仍可以资容蓄。今臣请于北岸六工开堤放水，令循北埝导归沙淀，照旧以凤河为尾闾。虽有向南、向北之分，其实南、北埝水道本属相连，惟因七、八工之旧河身亘于中，划分两岸。而逾沙淀以东，则北埝至南埝三十余里，就下之势或分或合，弥漫一片，原足任其荡漾也。至水势偏南，乃未改下口以前之情形。缘彼时南岸所开石、草滚水[4]坝多于北岸，水由南泄者多，故河身水道皆偏侧向南。以下口地势而论，视从前旧南堤，外较之旧北堤外，低三、四、五、六尺不等。今则以南较北转高五、六尺，安澜城以下为停淤最薄之地，亦已较北高二尺许。是水过沙停，情形即有变易。不得不随时酌筹，以收因势利导之益。今议于北岸六工改为下口，地势宽广，足资容纳。即水过淤停，所在不免，亦不至于旋浚旋淤。且外埝之外多属荒洼，将来并可以筹去路，不比南埝近淀，为多妨碍。臣两次奏蒙圣训，遵经逐细查勘。向北改移水道，仍以南埝下汛为其归宿，实与现在情形为便。埝内应迁房屋，臣拟即行给价，早为廓清。其疏河培埝诸务，如蒙允准，亦即一面办理。仍将下口水道机宜，恭候圣训，亲临指示。臣益得有所遵循"，等因。具奏前来。

查，筹办永定河下口事宜，前据该督"以永定浑流善淤易涉，请于北岸六工洪字二十号埽工之尾开堤放水，作为下口。就近开挑引河一道，并加筑子埝内戗等工，以资捍御"，等因。具奏。经臣等"以永定河自乾隆十六年［1751］南岸冰窖改移下口之后，迄今未及三载，何以即行淤塞？行令将现在水势实在情形，据实详细声覆，到日再议"。去后。今据该督奏称："乾隆十六年改移南岸下口之后，水势顺流，实属有益。惟是全河之水出口即皆涣散，加以上年汛水盈丈，下口十里以内旧积新淤，顿高八尺。以致阻塞去路，不得不随时筹酌。今议于北岸六工改为下口，地势宽广，足资容纳。即水过沙停，所在不免，亦不至于旋浚旋淤，实与现在情形为便"，等语。查，水过沙停，情形变易，永定河水性原属无定。但既经查办，即当熟筹经久之道。前次改从南岸冰窖出水之时，该督原称水势畅顺，趋下甚速。乃甫及三年，新淤顿积。则此番于北岸六工改为下口之处，虽称不致旋浚旋淤，但较之从前，是否可以多经年岁，为永远利赖之计？仍行令该督详酌履勘，融会全河形势，悉心筹画，毋仅顾目前，以致屡请改移，致费周章。至开挑下口水道机宜，该督既称恭候圣驾临幸指示，得所遵循，应如所奏，候旨遵行。所有原奏内称疏河培埝等工需用银两，一切筹办之处，统候圣驾临幸指示之后，该督据实确查，分别题咨，照例办理可也。谨奏（奉旨："依议。钦此。"）

乾隆二十一年［1756］五月，工部《为遵旨议奏事》

查，直属河道工程预备要工银两，先于乾隆元年［1736］三月内，据原任河臣刘勷奏请："于额设岁修之外，每年预备银十万两，存贮天津道库，专备要工急需。如有动用，于估销册内声明，仍扣明余剩之数，再于户部支领，补足十万两"，等因。经臣部奏准，在案。今该督方观承既称："直隶河工皆已另有章程，即有另案之工，每年亦大概相仿。预备要工银两，可无需十万两之多。应请减半存贮，酌留银五万两，于永定河道库分贮银二万两，以备各处急需；天津道库分贮银三万两，以备各处要工急需"，等语。应如所奏。准其减半存贮，酌留银五万两。于永定河道库分贮银二万两，以备各本工急需；天津道库分贮银三万两，以备各处要工急需。如有动用，在于估销案内声明报部。（奉旨："依议。钦此。"）

乾隆二十三年［1758］九月，直隶总督方观承奏准：

永〔清〕、东〔安〕二县，守堤贫民共三千八百十一户，今将淤地各于所居村庄就近拨给，每户地六亩五分。宛〔平〕、涿〔州〕、固〔安〕、霸〔州〕[5]州县，户多地少，每户拨地五亩。更以所余分拨河神庙，每处一、二、三、四顷，以供香火。俱照原定租数，一例征收报解。

乾隆二十四年［1759］九月，直隶总督方观承《为钦遵圣训筹办坝工事》

窃照，永定河南岸二工之金门闸石坝、长安城草坝，北岸三工之求贤村草坝，皆以分减上游汛涨之水。内长安城一坝，建于乾隆四年［1739］，桩草朽烂，灰土剥裂，难资分泄。是南岸金门闸以下，别无宣泄之路，一遇盛涨，难免进急。仰蒙皇上指示，令于三工、四工之间添建减水坝座。圣明洞照，切中机宜。臣即传知道、厅等，将三、四工一带地势，及引河去路先行查勘。臣于八月二十六日到工，往还详加相度。四工界内地多浮沙，且堤外地形过低，未为合宜。其余工段酌筹减河归宿，而道路甚长，经由庄村太多，不无妨碍。今看得三工宿字八号北村地方，西距金门闸二十里，堤内外地势相等，河身距堤远近适合，应于此处建筑草坝一座，金门宽十六丈，用大小夯土排筑坚实。其减下之水，查堤外东南旧有横埝一道，应循埝开挑引河，会入金门闸减河，长七百九十五丈。埝内并无村庄，甚为妥便。统计建筑坝座、开挑引河，约估需工料银五千二百四十九两零。查有，自乾隆二十年至二十三年［1755—1758］岁、抢修案内，积存节省银一万七千六百七十八两四钱，堪以动用，无须另案请领。至堤外引河，占用旗民地亩有限，即于附近河滩淤地内照数拨补。再，东西牤牛减河，河身太窄，减下之水易致漫溢。应行开展，俾资容纳。向来减河疏浚停淤，例用民力。今展挖河身土方稍多，其坐落地方悉系永清、

475

固安、霸州今夏被水之区。可否仰恳圣恩，准仿照以工代赈之例，每日每名支给口米一升，盐菜钱八文，俾资力作。则沿河贫民就近趋事，愈加感激踊跃矣。除饬造具料估细册，报部查核外，此时应先于道库酌拨银两，俾其预为采办料物，俟凌汛过后即行兴工。臣督率道、厅等稽查经理，务期坚实，以重要工。所有臣钦遵筹办缘由，理合绘图贴说，恭折具奏。伏乞皇上圣鉴训示。谨奏。（奉朱批："如所议行。钦此。"）

乾隆二十五年［1760］七月，直隶总督臣方观承《为奏闻事》

窃查永定河下口，于北堤外筹筑遥埝一道，预为匀沙行水之地。自北埝上汛第一号起，东北圈至母猪泊止，共长八十六里，底宽三丈，顶宽一丈，高五、七尺不等。又，接筑凤河东堤，北过遥埝之尾，长三十二里，底宽一丈，顶宽一丈，均高五尺。经臣于乾隆二十一年［1756］三月内，恭折奏请圣训，遵行在案。除凤河东堤土方，照永定河疏浚中泓之例，令附近居民力作。每方给银四分，加夯硪银二分四厘，共需银一千九百七十六两三钱零，于永定、通永、天津、清河各道库内，存贮河院书办饭食银两动用。即于二十一年办竣外，其北埝工程，臣续次详加相度。应于原估之外，加筑高、宽，普律底宽五丈，顶宽二丈，均高七尺。除让出近埝材庄收缩丈尺外，实长一万四千九百四十九丈，计八十三里零九丈，共需土三十八万零八方五尺。通共估需银三万五千七百二十两七钱零。臣思此项工作并非急需，而逐年渐次加培，尽可从容办理。除乾隆二十一年初筑根基，酌给土方银两，连夯硪共用银八千七百二十二两六钱六分外，二十二、三、四、五等年［1757、1758、1759、1760］俱系劝用民力，止给夯硪工价。通计自二十一年起，此五年内分年带办，实用过银一万四千零三十两九钱七分六厘。均在额设岁修内通融，节省办理。业经按年分晰，入于岁修项下，题报在案。今遥埝告成，屹然耸峙，与北埝相距，自二里许至七、八里，渐宽至三十余里不等。既以备将来下口迁改之用，而埝内村庄并恃遥埝，以御东北一带沥水。其埝内沥水，又有凤河为之宣泄，故村民皆乐于趋事。至埝外村庄沥水，又得遥埝之下引河以为去路。此引河即就筑埝起土坑坎，疏成通入凤河。今凤河间有倒漾之水，并借引河以为容纳，还复输注于凤河。是以连年遥埝内外，得免沥水之患，现在田禾并皆茂盛。臣履勘收工，分交北埝上、中、下汛员经营。遍栽柳株，随时修葺，即为现在北埝之外障。事关奏案工竣，理合绘图贴说，恭折奏报。伏乞皇上圣鉴。谨奏。（奉朱批："好，知道了。钦此。"）

乾隆二十六年［1761］正月，直隶总督臣方观承《为改建永定河减水[6]坝，以资宣泄事》

窃照，永定河北岸三工黄字四号求贤村减水草坝，建于乾隆四年［1757］。金门、海墁灰土剥裂，屡经补筑。上年秋讯过水冲刷尤甚，皆翻露见底。兼以桩草多有朽烂，难以修整，应筹另建。而北岸减坝只此一处。臣率同道、厅等详加相度，应仍在三工建设，以资北岸上游宣泄盛涨。只须移上一号，建于黄字三号，形势为顺。其减下之水，即可就近引入旧坝引河，循堤东去。行据道、厅等确切勘估，悉如旧坝成式，金门宽十六丈，坝面海墁宽五丈，并迎水、出水海墁，俱用灰土排筑坚实。坝下开挑引河长二百七十五丈，宽十二丈至八丈、六丈不等，接入旧坝引河。并于堤外圈筑斜埝一道，长二百九十丈，接连旧坝土埝，则减下之水不致旁溢[7]及堤外附近村庄。统计建坝挑河筑埝等工，约共需银四千九百六十四两零。查有，永定河道库贮节[8]年河滩淤地租银可以动用，应即先行酌拨银两，购备物料。俟凌汛后，督令上紧兴修，限于四月内完竣。除将工料细数造册送部核销，并引河占用地亩查明拨补报部外，臣谨绘图贴说，恭折具奏。伏乞皇上圣鉴训示。谨奏。（奉朱批："如所议行。钦此。"）

乾隆二十八年［1763］正月，直隶总督臣方观承《为奏明事》

窃查永定河南、北两岸向分十八工。北岸工段以"天、地、黄；宇、宙、洪；日、月、盈"九字编为号次。南岸工段以"辰、辰、宿、列、张、寒、来、暑、往"九字编为号次。乾隆十五年［1750］，恭逢圣驾视河，亲临指示，以两岸自头工至六工，应存其旧。续筑之两岸上下七工、八工，河身高仰，应于改流之后，裁去此工名色。臣钦遵记载。嗣于十六年［1751］下口改由冰窖，又于二十年［1755］改由北岸六工二十号。其旧下曰之上下七工、八工皆废，是以自北岸头工至六工，惟有"天、地、黄、宇、宙、洪"六字。南岸自头工止六工，惟有"辰、辰、宿、列、张、寒"六号。核其字号次序，本文已不相属。而"辰"字之于堤，"洪"字之于河，亦非所宜称。臣之愚见，两岸工次似可毋庸编列字号。南岸则称为南岸头工、二工，以迄六工；北岸则称为北岸头工、二工，以迄六工；南、北两险，仍称上、中、下汛，较为简捷易晓。如蒙圣鉴允准，除饬厅、汛按工改立签记外，应并咨明工部。嗣后，将题奏事件、报销册籍，皆照此开写，以昭画一。伏乞皇上训示。谨奏。(奉朱批:"甚是。如议行。钦此。")

乾隆二十九年［1764］,直隶总督方观承奏称:

窃查直隶堡船一项,于乾隆三年［1738］设立,以疏淀中水道。乾隆十年［1745］又经添置两次。其设立土槽船、行船、牛舌头船三项,统立堡船,计四百只,纤夫一千二百名。辖以千总、外委,分隶永定、天津、清河三道内。牛舌头船八十只,因不适用,于乾隆七年［1742］后第次议裁。现存堡船三百二十只,纤夫一千八十名,管辖千总二员、把总四员、外委二十员。臣节年以来体察情形,堡船之用在于捞泥,尤重疏淀。然水深五尺以下,爬捞即不能着力,而船泥载重,水浅又复行滞,旱涝皆不适用。且两淀广袤数百里,捞泥一船远运淀外数里数十里之遥,一日之中能作几次往返?其于去淤取泥,所益几何?其船造费仅用银八两,本甚薄劣,而土泥为用卤莽,每易损坏。及至河淀遇有水中取泥等工作,虽全数调拨,亦不敷用,仍须另雇民夫,乃可集事。而堡船一年一油舱,三年一小修,五年一大修,十年一拆造;布蓬五年一换,苇蓬三年一换,各项器具岁需添补;纤夫每名岁给工食银六两,遇闰加增五钱,并千、把、外委俸廉、马干、坐粮、房舍等项,通计十年之中约需银九万五千余两。功效有限,耗费实多。惟查此案设立之初,即奉有谕旨:"淀河地甚广阔,若仅以设船挖浅,用资补裨,犹非本务。着朱藻、顾琮会同李卫再详悉酌议。钦此。"是堡船之无益于疏淀,早在圣明洞鉴之中。自议行以来,无甚补裨,久乃益见。应请将额设堡船三百二十只全行裁汰。纤夫一千八十名,本属水乡民夫,悉令散归渔业。嗣后,河淀工程如有需用夫船之处,应令临时雇觅,按其夫船各数,照例给价报销。庶作止有时,工归实用,不致多糜经费。至原设管船之千总、外委,应酌为裁省。查,直隶河工,惟永定河设有守备一员。其隶天津、通永二道之汛弁,俱系千、把、外委。而天津道属,如南运河工及子牙河、格淀长堤、海河西沽叠道、清沧减河、老黄、石碑、宣惠等河,现于工赈水利案内,次第修浚。向设防守事宜,既须有武职与文员互相稽查。而河工守备,止有一缺。各道属之俸满千总,尝守候至数十年,补用无期。其中不乏材技可使之员,未免日就惰颓,难期奋勉。今堡船既裁,可否将应裁之管船千总二缺,改设守备一员,驻扎天津,隶天津道管辖。所有南运河河兵、千把总汛务,及天津道属各工,均令该守备经营,听候天津道差委。查勘所需衙署,即以议裁之千总等汛署移建,或变价改建,毋庸筹项。其应得俸、廉、马干等项,照永定河守备之例支给。又,原设把总四员,

(嘉庆) 永定河志

478

应将三角淀厅一员、保定河务厅属一员裁汰。子牙厅下汛，驻扎独流之把总一员、津军厅下汛驻扎韩家树之把总一员，仍照旧安设，经管格淀长堤。其子牙厅上汛驻扎庄儿头之千总既裁，所管格淀长堤工段，应照霸州州同分管之例，归于子牙厅属王家田县丞就近管辖，以重要工。其随船经制外委二十员悉撤回，同所裁千把总四员，容臣详加甄别，造册报部。其平庸衰老者，即令退休；才可用者，分拨各河道衙门，给与河兵守粮二分，遇缺酌量咨补。至原管垡船之州同、州判，系旧设汛员带管垡船。今垡船虽裁，仍有本任修防，应循其旧。至所裁垡船三百二十只，同物料器具等项，应交各该道查明新修旧置，饬令地方官分别变价，解交司库，报部查核。裁缺之千、把、外委俸、廉等项，扣留入拨。臣谨将查明垡船应行裁汰情形，分晰缮折陈奏，等因。（经工部议覆，奏准。）

乾隆三十一年［1766］，直隶总督方观承奏称：

窃照，乾隆十八年［1753］二月内奉上谕："缘河堤埝内为河身要地，本不应令民居住。向因地方官不能查禁，即有无知愚民狃于目前便利，聚庐播种，罔恤日久漂溺之患。曩岁朕阅视永定河工，目击情形，因饬有司出示晓谕，并官给迁移价值，阅今数年于兹。而朕此次巡视，见居民村庄，仍多有占住河身者。或因其中积成高阜处所，可御暴涨，小民安土重迁，不愿远徙，而将来或致日渐增益，干经流有碍，不可不严立限制。着该督方观承，将现在堤内村民人等已经迁移户口房屋若干，其不愿迁移之户口房屋若干，确查实数，详悉奏闻。于南、北两岸刊立石碑，并严行通饬。如此后村庄烟户较现在奏明勒碑之数稍有加增，即属该地方官不能实力奉行。一经查出，定行严加治罪。特谕。钦此。"

经臣钦遵查明，南、北两岸自头工至六工，南岸河滩内村庄七处，北岸河滩内村庄十一处，合十八村，共二百五十九户。俱于堤外指给村基，全数搬移，立碑两岸。又，河道经由之南埝内，大小二十八村，臣遵旨劝谕迁移，给领房价。内十一村全行迁去，十七村迁去六百三十二户。其余不愿迁各户，停止给价，亦不许其添盖房间。所有地亩，蒙圣恩减赋，仍听各户守业。又，北埝以内，此时水未经由。臣因其在两埝之内，曾将北埝至范瓮口四村，自范瓮口至凤河十六村，一并查明户口房间，预为限制。奏明，在于南埝、北埝并范瓮口以下三处，各立一碑，合之南、北岸二碑，共五处。碑文拓印进呈，各在案。今查，南、北两岸河身内已迁之户载在碑记，并无一户违禁复回者。其南、北两埝，回南埝距河已远，并相近北埝水未经由各村，地亩俱可耕种。从前迁去人户，有回本处搭盖窝铺耕获者，并因连岁丰稔，渐将窝铺改为土草房间；希回旧土者，第经地方官查照碑载户口禁止。又，节据东安、武清、霸州、永清、天津等州县属三十四村民人，各向地方官恳请："以从前下口水道经由之处不能耕种，上蒙皇恩高厚，给领房价，保全民命，凡屋基低洼近水者，俱皆迁去。今河道改由北埝一带，所有涸出地亩曾经减粮守业，无如隔远，耕种不便，现有回至本村者即被驱逐。又，十余年来，儿孙娶妇，兄弟分房，不得不添盖土、草房，每被衙役催逼拆毁。恳求皇上恩典，准民人等暂回原处耕种，房间暂停拆毁。如水道复又经由，立即搬移，不敢再领房价，情愿预行出具甘结存案"，等语。查，从前奉旨申禁，原为保御民生，疏通河道。今据前情检查旧案，该处地亩系减照河泊地，完粮守业，今水不经由，应否准其暂为耕种？其未迁各户，所有屋旁院内，应否准其暂添草、土房间居住？天恩出自皇上。至从前减粮地亩，既可照旧耕种，所有应完钱粮，自应依旧额征收。并减粮存退旗地，一并报部办理，合并陈明，等因。（经大学士等会议，奏准。）

乾隆三十四年［1769］七月，直隶总督臣杨廷璋《为请添建金门闸石龙骨要工，以重河防，仰祈圣鉴事》

窃照，永定河南岸二工之金门闸滚水石坝，于乾隆二年［1737］，经大学士鄂尔泰会同前督臣李卫、河臣顾琮奏请建造。计宽五十六丈，灰土石海墁共进身三十六丈，为宣泄异涨之要工。于乾隆六年［1741］，前署督臣高斌，因坝面过高不能过水，奏奉议准，两旁各留一十八丈仍旧外，将中路之海墁石二十丈放低一尺五寸。俾常汛则可从中减泄，异涨则可通坝过水。于乾隆七年［1742］改修完竣。维时测量放低之处，较水面高出不多，河水稍长即可过坝。迄今将三十年，河身日渐淤高。幸坝内老坎系属背溜，每年汛水长发，只漫过一尺及尺余不等。自本年凌汛后，河溜渐觉改移，坝口稍有迎溜之处。今春，臣即顺道查勘测量，河身较从前放低之处已属相平，不能挡溜。必须将石海墁升高，庶可宣泄异涨，而常汛亦不致于旁溢。但石海墁宽至五十六丈，进身至一十六丈，若一律升高，所需经费未免繁重。且石工并不损坏，正毋庸拆毁已成之工，而为此加高之举，致滋糜费。是以思患预防，与道、厅商酌，于坝口暂作草坝关栏，以俟定议酌拨。今臣防汛来工，复亲加察看情形。现在河溜虽不直走金门，但坝口既有迎溜之势，若再因循不为筹办，设一时大溜改移，必致有费周章。与其仓卒办理于事后，孰若从容经画于几先。随与该道满保暨两岸同知兰第锡等，悉心讲求斟酌。查，从前放低一尺五寸之石海墁，自迎水至出水处，共进身一十六丈。今拟将迎水处进深一丈二尺，照旧加高一尺五寸，与两旁三十六丈之海墁一律相平。统于坝口凿槽，安砌尖脊石龙骨一道，长五十六丈，高二尺五寸，以资捍挡护。即使异涨夺溜而来，有此龙骨以御其汹涌之势，水势自必纡徐跌荡而过，不致怒涛直溢，莫可抵御。核计加高迎水处进深一丈二尺，添建石龙骨五十六丈，需用条块片各石料及运脚、夫工、灰浆等项，共估需银二千五百八十四两零。又，出水护坝排桩共八十丈，内二十丈因积年过水汕刷朽烂，应行抽换。估需工料银三百五十余两。出水灰土簸箕并管头木，亦因年久被水冲刷残缺，应逐一补筑完整，以资巩固。估需工料银一千五百四十余两。以上添建石龙骨，抽换排桩，补筑灰土，通共需银四千三百七十余两。查，道库现有存贮节年岁、抢修项下节省银七千八百八十余两，应请即于此项内动拨。于本年购齐料物，明岁二月兴修赶办。工竣后，臣亲自勘验，核实报销，不使稍有草率浮混。如此酌量添修，即或河身改溜，亦可无虞。而坝工益复坚固，蓄泄均无窒碍，经费不致过糜，于永定河防似有裨益。如蒙俞允，容臣饬造估册，送部查核。一面拨项办理，届期施工。理合恭折具奏，并绘具图说折，附呈御览，是否有当？伏乞皇上睿鉴训示。谨奏。（奉朱批："既明年兴工，俟一二日面商为妥。钦此。"七月初八日，南石槽行宫面奉谕旨："着照所请行。钦此。"）

[卷二十三校勘记]

〔1〕"年"字原本误为"埝"，据上下文意改为"年"。

〔2〕"由"字原本误为"又"，据上下文意改为"由"。

〔3〕本奏折标点本和原刊本均无奏报单位。现仅依文内述意补为"工部"。

〔4〕原本为"滚坝"，今据水工术语全称改为"滚水坝"。

〔5〕"永"、"东"、"宛"、"涿"、"固"、"霸"六州县均按全称改增："清"、"安"、"平"、"州"、"安"、"州"六个字。

〔6〕此处"水"字标点本，原刊本均无，似当时行文习惯，但今人不知。故依正文意增补。

〔7〕此"溢"字今本脱，据原本增补。

〔8〕"节"字今本误为"第"，据原本改。

卷二十四 奏 议

乾隆三十六年至三十七年 ［1771—1772］

乾隆三十六年 ［1772］ 十二月，臣高晋、裘曰修、周元理《为遵旨会勘直隶永定等河筹办事宜恭请圣训事》

窃惟直隶近京一带，频年雨水过多，河流涨发。永定、北运间有漫溢，附近田亩节次被淹。仰蒙圣恩，发拨帑金，多方赈恤。群黎感沐生成，固已咸登衽席。兹复以各河应疏、应筑及应泄之处，特命臣等会同勘办，以期流安工固，保卫田塍。臣等钦遵谕旨，业将勘过南、北运河大概情形，先后缮折，仰蒙圣鉴。兹复会同，将永定河、北运河竟委穷源，暨上、下四旁遍行查勘。永定河发源于山西口外，入直隶怀来县境内之和合堡，从石景山而出。臣等至彼，详加相度。和合口原系两山夹峙一水，中通浑流，至此本天然收束。旧有玲珑石坝，意在稍缓其势。其实水小则无需抵御，水大则易于冲坍。坝工既难经久，自可无庸修复。迨至石景山，始有段落工程。顾永定河性最湍急，南冲北激，水势迄无一定，则善治之方，诚如圣明洞鉴，亦无一劳永逸之策。臣等遵奉圣训指示要领，于人事未尽之中，讲求补偏救弊之法。惟有疏中泓、挑下口，以畅其奔流；坚筑两岸堤工，以防其冲突。犹恐大汛之时满盈为患，深浚减河，以分其盛涨。今查，石景山至卢沟桥旧有石工，凡坍损蛰裂之段落，拟一律修补完固。自卢沟桥迤下，头工至六工，河身皆有淤阻，而头工、二工尤甚。臣等酌拟，将中泓湾曲形如 “之” 字河身取直，各就形势。抽槽宽自六、七、八丈至十一、二丈不等，深四、五尺至七、八尺不等。虽汛水长发，普漫而来，然水性就下，有此沟槽导引大溜，自归中泓下注。其两岸堤工卑薄残缺之处甚多，今拟间段加培。至迎溜顶冲背后，旧日漫口补还原堤之处，应估筑月堤，以为重层保障。惟是两岸悉系浮沙，以之筑堤，仍恐不能坚实。如有胶土之处，应取胶土加帮；否则内用沙土，外以碱土盖面封顶，庶资巩固。南岸之金门闸，并北村坝北岸之求贤坝，皆为分泄永定河异涨而设。金门闸口现今淤高。而北村、求贤两坝出水处向系灰土，两边坝台向用草工。现据叠被冲损，今拟俱改作灰土。

至下游引河，金门闸与北村两道，均归入牤牛河。其淤阻之处，宜一律挑通。查，牤牛河经由霸州地面，入中亭河。若减水过多，则霸州一带田亩被其淹浸。且中亭河不能容纳，更易阻滞。查，牤牛河下截牛地地面，有黄家河一道，为牤牛河分流，今渐淤废。臣等查此河东南行，由津水洼入田家泊，俱系空旷之地，约宽二十余里，足资容纳。今拟于牛坨之旁牤牛河、黄家河相接分流之处，筑挑水坝。俾上游减下之水多入黄家河，少入牤牛河，则去路益畅，而牤牛河亦可不致溢出。其北村坝引河已经全淤，向系西行四里余，即入牤牛河，与金门闸减下之水同为一路。且自东转西，形势不顺，往往东漫。今拟开向东南计五十一里，于将至牛坨之黄家河稍上，入牤牛河。即可会入黄家河，合流而下。此两旁地亩内沥水皆可借以宣泄，又不独减泄永定多余之水而已。此办理南岸减河之情形也。北岸求贤坝现在坝口残坏，亦因被淤之后，形势改易。应行另建并开小引河一道，达于旧河。其通下间段淤阻，通为开挑，顺入黄花店月堤之下，归母猪泊内。此办理北岸减河之情形也。

至六工以下，自改建下口以来，溜势屡经北徙。若再徙而北，则逼近东安、武清两邑县治，尤宜预为防范。臣等两次确勘，今岁溜势经葛渔城之北，马头之南，条河头地方，直往东行。臣等因势利导，开通北路，并于旧日已废之北埝十二号，筑拦水土埝，以遏其北徙之道，则往达沙家淀，会凤河下游，由双口归大清河，较为直捷。大汛时消退迅速，自可无虞旁溢。其凤河淤浅处，间段挑深，东岸之卑残废缺者，量为整理。惟是永定河所患在沙随水停，易于淤垫。河底淤高，不能水由地中，以致旁趋为害。该河每年虽有挑挖中泓之例，但河流绵亘二百余里，额定岁费，所挑不抵所淤；厅、汛各员，若再经理不善，未免虚应故事。此次虽经疏治，水过仍恐停淤。应请每年于秋汛水落后，臣周元理亲率道、厅查勘一遍。按其所淤丈尺，估挑深远，以备下年过水。所需钱粮，若数在额定五千两以内者，应照例估办；倘在五千两以上，则专折奏明办理。年年实力行之，则淤沙有减无增，河流自能顺轨矣。（北运河工程从节）

计永定河各工约估银十四万一千八百余两；北运河各工估银十五万五千五百余两。王家务滚坝落低、筐儿港修筑灰土并疏浚，两减河及培筑南、北两堤，约估银十一万四千一百余两；修补西沽等处叠道、添设桥座、开挑东岸引河，约估银二万二千四百余两。以上约估共需银四十九万六千六百两有奇。如蒙俞允，臣周元理查藩库现在无银可办，应请皇上敕部拨发，以济工用。臣等逐处勘明，均系应办之工。现将永定河各工，责成该管道员满保；北运河各工，责成该管道员锡拉布。其天津道宋宗元于此一带情形较为熟悉，并令会同再加确核，取具详细估册。由臣周元理覆核具题，分委妥员承办，工完核实报销。其一切疏筑章程，臣等照例定办工规条，并稽查验收之法，逐一酌定，通饬照办。务使工归实在，帑不虚糜，以仰副皇上为畿甸民生勤求保障安全之至意。而大小各工及时兴举，用奏平成。亿万黎民更普戴皇仁于无既矣。再，各工兴挑之处如有占用民田，一俟工完查明，应豁应减粮赋，照例具题。所有臣等会办永定、北运两河各工事宜，理合缮折具奏。并绘图贴说，分别粘签，恭呈御览，是否有当？伏乞圣鉴训示遵行。谨奏。（奉旨："依议。钦此。"）

乾隆三十七年［1772］四月，臣裘曰修、周元理《为设立浚船以重河务事》①

查，永定河最称难治。仰荷圣恩，大发帑金，俾臣等相度办理，业将勘估情形，会同大学士高晋具奏，在案。现在，南、北两岸堤埝一律加高培厚。自头工至第六工，遇有淤滩，挑槽截嘴[1]。又于第六工之下开挑下口，引归沙淀。虽不敢言一劳永逸，然人事当尽之处，亦已不留余憾。但臣等伏思：治河之道，必使水由地中，未可专借堤防，恃为巩固。每年经过汛水之后，溜缓沙停，易致积淤为患，是挑浚之工最关紧要。在汛水未发之前、既发之后，皆须逐段详查。一有新淤，即当乘时急办。惟水中嫩淤，人夫不能站立，难以施功。必须设立浚船，给之器具，则人夫皆可于船上用力。而所捞之土，即以入船运至两岸，实为事半功倍。即稀淤不能兜挽，亦可推之使活，随水传送，不致久而凝结成滩，于河务方有裨益。查，从前原有浚船一项，缘过于浅小，不能装运泥沙。而所设叔夫，多系另雇贫民，不娴挑浚。久之有名无实，经前督臣方观承建议裁汰。

今查，永定河上、下共设河兵一千二百三十名，原为浚河之用。臣等细按熟筹，水中挑淤，必须设立船只，方便于力作，于事有济。并即责令河兵经管撑驾，亦毋庸另设叔夫。随饬该道满保，令将船只是否有益，作何施用，应需何项器具，作何

① 此折再次提出设浚船疏浚河道。可与卷十八乾隆三年所录顾琮奏疏连读，并阅卷首收录乾隆三十八年六月上谕，了解乾隆年间关于浚船疏浚河道成效问题的有关注释。

挑挖，暨船只作何修补，一一详细具禀。兹据该道禀称："永定河浑流，汛前、汛后淤嘴沙滩，势所必有。但水中挑挖，非有船只难以施功。既添船只，自当筹及用船之人，生手未能合用。查现在各汛河兵多知水性，应令河兵管驾。如遇挑淤工大，临时添雇民夫，即于额设中泓挑淤项内支销。至所需浚船，应设五舱民船大小造用。计一船用一橹两篙、木桶铁勺二把、长把铁钯二把。通计每船一只连器具，估需银五十两。其船只发交各汛员经收，入于交代。即有损坏，逐年随时修补，亦须照三年小修，五年大修之例。在各汛既有船只，则间空之时拨运上下料物，可省雇觅车辆，以补随时粘补之费。扣满十年，拆造一次，准以所拆旧料作三成算用。其造船等费，即在额设节年挑淤余剩银内动用，亦无庸另外请给。今据设立五舱船一百只，酌拨于南、北两岸十二汛应用。凡遇新淤或应裁截、或应抽槽，随有随办，不致积久为患矣。"等因，具禀前来。臣等覆查无异。惟该道但就上、下二汛而言，而下六汛未经筹及。查，现在所开下口之地，即向来任水荡漾之所。入淀之路已逐渐淤高，虽不能普加挑浚，亦当抽沟引溜，俾其畅出。凡此抽槽之处，皆宜每岁挑浚数次，以免阻塞，亦非浚船不可。是下六汛亦应一体给发船只，以便挑淤之用。再，五舱船大小固为适中，而遇水小之时，恐未便利。臣等议用五舱船八十只，三舱船四十只，计大小一百二十只，给配十八汛内应用。其五舱船照该道所请，每船并器具共用银五十两；三舱船并器具，每船估给银三十两。造成之后，臣等仍亲行核实查验。其此项造船银两，查道库现存挑挖中泓银，自三十一年起至三十五年，共有节省银七千八百三十六两有零。如蒙皇上俞允，即以此项动用，及时兴造，限于汛前应用无误。臣等为河务要工起见，再三详酌，意见相同。为此合词具奏，恭请圣训指示施行。（奉朱批："如所议行。钦此。"乾隆四十七年［1782］，署直隶总督英廉，以浚船无实效，而修艌未免虚糜，奏请裁汰。）[2]

乾隆三十七年［1772］六月，工部尚书兼管府尹事臣裘曰修《为工程完竣并陈明河道情形仰祈圣鉴事》

窃惟畿辅河道，蒙我皇上轸念民生，筹及久远，特命大学士臣高晋、臣裘曰修会同督臣周元理，咨诹相度，发帑金五十万两，鸠工兴举。自二月初旬冰泮之后，督臣周元理遴员委办。臣复奉命查视，又会同臣周元理，将原估各工复行履勘。又于应行增益并应行节省之处，详加斟酌。至工程将次告竣，又蒙皇上添派藩司杨景素一同查看收工。臣裘曰修此次于五月二十六日出京，藩司于六月初二日复来工所，将前次未经收完之工，次第收竣回省。臣裴曰修于永定河头工，乘船而下至第六工，直视中泓引河。由六工至新开下口，从条河头出毛家洼，直达沙家淀诸处。遂转至东淀，沿千里堤并子牙河东、西两堤至西沽；从北运河筐儿港、张家庄、王家务以下至梅厂、大白庄。各地面逐一覆查，各工段一皆如式无异。臣于运河、永定河两河上下左右，俱经行略遍，履勘再三。此番仰荷特恩，堤埝一切修整，凡从前残缺坍损之处增高培厚，焕然一新，自可资为巩固。臣伏恩，永定一河，号称难治，水性浑浊，挟沙而行，与黄河相等。但黄河不烦转输，直达于海；此则入淀穿运，然后达于海，是以较黄河[3]尤为难治。然黄河绵长数千里，此则二百余里之内，人力犹有可施。顾自改易下口之后，自六工二十号以下任其荡漾。而荡漾既久，泥沙停积。南淤则北徙，遂以北堤改作南堤，迤北又建遥埝；再淤再北，则添越堤。昨岁又穿越堤而北矣。若非此番特命经理，则东安、武清县治将为归墟之壑。是以相度便利，于新开条河头以下导之，使东断其北徙之路，作通河尾闾。虽限于地势，何敢遽言一劳永逸？然人事不可不尽，未可复以任其荡漾之说误之。则每岁皆当挑挖，并每汛过后皆当挑挖。必分泥沙淤两旁，而中间河槽一道，断断不可阻塞。向来河员只讲筑堤，不言浚河。虽圣训谆谆，颁诸谕旨，见于篇什者，亦既剀切著明矣。而河员习气难除，以为浚河难于施功，又不能见效；不若筑堤之有丈尺可循，工料可算。其最不肖者，或更借险工为利，易于开销；兼以下口荡漾之后，遂更有所借口。而挑淤一事，徒存名色，不知淤日积则河日高，加堤而河身与之俱长。既不能下达，则未有不旁溢者。下淤上决，势所必至。此下口之疏浚，在今日不可不亟讲也。其上六工已无中流之形，东冲西激，在在皆成险工。连岁赵村、公义村等处漫工，皆在上截。盖水就下，专恃堤埝为保障，而沙土浮松，安能抵御？此六工以上之疏浚，在今日又不可不亟讲也。

臣查永定河额设挑淤银两，并无庸另议加增。只将岁修、抢修之项通为一事，则办理裕如矣。何以言之？淤滩日减则水循中道，水循中道则无东冲西激之患，而险工日少。无险工则无埽工，而埽工之费移于挑淤。淤不厚，河流可以渐深，不专恃堤埝，以为防御之术。所谓行其所无事也，不特永定河为然也。运河两岸险工林立，而所以有险工之故，则淤滩致之。东岸有淤，则水注于西；西岸有滩，则水注于东。侧注之势偏刷堤根，于是加埽、加镶、加戗，百计与之为敌。曷若于水发之前，凡有淤滩，皆以川字河之法深浚沟槽。水到引入槽中，则险工便可大减。亦请以险工之费移于挑淤，久之均化为平矣。臣半岁以来，工次逐加晓谕。现在督臣周元理，所见相同，议论符合。因永定河最关紧要，合词奏请添设浚船并与以器具，使得水中施功以资挑浚。但必须通工文武大小员弁协力同心，方能奏效。

永定河道满保，近亦深能领会。所承造之浚船，限于本月二十日完工。原奏明偕同督臣公同收验。臣回京后，仍拟于本月二十四五日间，周元理在固安防汛，臣再往会同验收船只。于每汛过之后露出淤滩，记明段落，如某汛有淤几段，次年能挑出几段，能省埽工几段，以截淤多少，为汛员殿最显示黜陟之途。俾以河平无险，为升转之阶，庶厅、汛不贪岁、抢修之小利，尽知堤防难恃，挑淤有益，一意讲求，数年之后，诸河必大有成效。臣恭读御制视河诸诗，钦佩训词于敷土浚川要旨，得以仰窥一二。今又襄理大工，考从前致弊之由，酌今日应行之务。又，督臣周元理谊属同舟共济，若不及此一一务求美善，则此次经理既毕，复致因循，仍不能大有裨益。于我皇上不惜帑金，详筹利赖之至意，殊为有负。为此因，收工之后，直陈于圣主之前。总之，河不外"疏"、"筑"二字，（朱批："此语得之，钦此。"）[4]而筑不如疏，理甚明白易晓。筑而不疏，人特未心诚求之耳。又，直省之弊，近水居民与水争地。如两河之外，所有淀泊本以潴水，乃水退一尺则占耕一尺。既报升科，则请筑埝。有司见不及远，遂为详报上司。又以纳粮地亩自当防护，如塌河淀、七里海，诸处堤埝直插水中。其实原无堤埝之时，水发之后，仍然退出。而堤埝一立，水从缺口而入，浸滋既满，被淹更甚。及水退之时，不能仍从缺口而出，遂致久淹不退，积潦为灾，多由自致。而愚民无知，仍以筑堤为请。遂使曲防重遏，甚有横截上流，俾无去路者。现在既不能一一将废堤之土普行除尽，只得多开涵洞，以为出路；不能如原无堤之为宣畅也。又，往往倡为防御下游倒漾之说，殊不知倒漾之水随长随落，不能经久。而不顾上游之全无出路，则诚知其一，未知其二也。臣经行数次，既有所见，理合一并条陈梗概，仰祈敕下（朱批："所言是。酌后降旨。钦此"）所司，一切淀泊原系蓄水之区，嗣后不许报垦升科。其淀泊中偶值涸出，不得横加堤埝。则凡水皆有归宿，不致壅遏，为上游之害，而河道民田似不无小补。臣言是否有当，伏乞圣明训示施行。谨奏。（奉朱批："览奏，俱悉。钦此。"）

乾隆三十七年［1772］八月，工部《为河工告成详筹一切应行事宜恭请圣训事》

查，永定、北运二河，荷蒙皇上发帑兴举大工，现已告竣。嗣后凡有应修浚之处，自当熟筹办理。今据工部尚书裴曰修等奏请："将永定河今岁所挑中泓、引河计十一段，将来水落之后或有淤沙停积，用新设浚船挑浚，按工汛之险易酌为分拨。查，南、北两岸共十二汛，除北四工距河较远，系为平工，毋庸分给浚船外，其十一汛谨拟南岸头工五舱船八只，二工五舱船六只，三工五舱船六只，四工五舱船八只、三舱船五只，五工、六工皆五舱船六只；北岸头工五舱船六只，二工五舱船八只，三工五舱船八只、三舱船五只，五工五舱船八只，六工五舱船六只。六工二十号以下，新开下口引河，五舱船四只、三舱船三十只。共拨五舱船八十只，三舱船四十只，分给各工，交各该汛员经管，入于交代，随时粘补"，等语。应如所奏办理。

（嘉庆）永定河志

奏称："永定河六工分为十二汛之外，其六工以下向设三角淀通判一员，管河州判一员，南、北埝汛官六员，其南三汛驻扎三角淀左。近三角淀早已淤高，改建下口之后，距三角淀已远。惟通判驻于东安之别古庄，州判及南三汛并无移驻。今新开下口既安浚船，自应将该州判及南三汛移于就近办理。查，新开之下口，从条河头出毛家洼，经葛渔城之下史各庄等处，入于沙家淀。此处为通河尾闾，最关紧要。应令该州判及南三汛即于条河头、毛家洼、葛渔城一带驻扎。其浚船调拨兵夫撑驾，应有把总外委经营。查，格淀堤当城以下，已改为叠道，其设有把总一员，原从永定拨去。今拟仍归永定河，令其管理浚船兵夫。并添设经制外委二名，俾得分领应用。而三角淀通判率领州判，专司浚船之事，董率各汛暨把总外委查巡淤阻，分段挑挖，以专责成"，等语。应如所奏办理。

奏称："永定河旧额每岁、抢修银一万二千两，岁修银一万两，疏浚下口银五千两，疏浚中泓银五千两，共银三万二千两。查，河身日深，岁、抢修之工可以日减。今应通为一事，总以浚河为主，其岁、抢修额银，许其通融办理，但不得出于额设范围之外"，等语。查，永定河南、北两岸额设岁修银一万两，抢修银一万二千两，疏浚中泓银五千两，疏浚下口银五千两，每年据直隶总督照额题拨。今已称河身日深，则岁、抢修之工可以日减，应通为一事，总以浚河为主，岁修、抢修额银许其通融办理，不得出额设范围之外。亦应如所奏办理。

奏称："浚河计算土方，应于汛过水落之时。查明，某汛有淤滩几段，宽长若干，应挑深若干，预估丈尺，核明土方，给银挑浚，于麦汛水发之前完工，由该道验收，以防浮冒。至若水中捞泥，则须用浚船捞入舱内，验明每舱计土几方，一总合算。又，向例疏浚每土一方，给银七分。而中泓则每土一方给银四分，殊未平允。应照七分之例，画一造报，"等语。应行直隶总督，将各汛内应挑淤滩段落，并长、宽、深丈尺，于汛过水落之时，详细确查，造册报部。其所需土方价值，查永定河道属挑河定例，每旱土一方给挑土募夫银七分。至疏浚中泓工程，先于乾隆十五年[1750]，据钦差原任江南河道总督高斌，会同直隶总督方观承奏请："派令附近村民挑挖土方。按例，每土一方，用夫二名。每名给米一升外，给盐菜钱五文。限二十日完工。"等因。经军机大臣会同工部议覆准行。嗣据该督历年报销册开，每方折给银四分，准销各在案。今据工部尚书裘曰修等奏称："向例疏浚每方给银七分，而中泓则每方给银四分，殊未平允，应照七分之例画一造报"，等语。查，永定河疏浚中泓，于河水断流之时，传集村民分段挑挖，与中泓之挑挖水土者迥异。且因附近居民自卫田庐起见，工作又止限二十日完工，自应仍照高斌等奏定成例，每方折给银四分，毋庸另行议改。至添设浚船兵丁撑驾排荡，及水势稍落，溜缓沙停，积有嫩淤，即令兵工驾船挑挖，运至两岸，原不计方给价。至麦汛后，兵丁上堤防汛。另雇民夫驾船捞浚，与兵丁之设有钱粮，毋庸另给工价者不同；与河水断流时挑浚积土，限二十日完工，亦属有间。应如所请，照每方七分之例交给。俾官民皆得，易于集事。

奏称："每岁挑挖之后，至次年应挑之时，查该汛原有淤滩几段，今抽槽通溜截滩几段，以截滩多者记功，少者记过。又新生嫩滩，能用浚船即时挖去者为功，嫩淤成滩者为过。功过皆由该道申报，督臣以凭升黜"，等语。所有文武各官功过由道申报，总督以凭升黜之处，应如所奏办理。

奏称："各工汛员，有州判、县丞、主簿、吏目之不同，功多者准以次升转，尤多者特与保荐。守备、千把、外委，功过均照此例。惟河工守备上无升转之缺，果能大有成效，许督臣奏明加衔，或以营员升用，俾一体有所鼓励"，等语。查，各省佐杂，有苗疆烟瘴之缺[1]，故有三年、五年，俸满即升，鼓励劳员之例。至河工各员，疏浚挑挖，是其专责。其中果奋勉出力，办事勤能者，原准该督题咨升用。至奏称功多者准以次升转，尤多者特为保荐之处，毋庸议。其直隶河营千、把、委内，如有奋勉出力，办事勤能，该督亦可随时升拔。惟查守备一项，河营内向未设有守备以上等官。如守备内遇有勤能奋勉，并无升用之阶，似觉偏枯。今尚书裘曰修等

---

① 烟瘴之缺，烟瘴本指南方山林间湿热蒸郁致人疾病之气。后多用来指南方极为边远地区。《清会典·兵部·五刑充军》："军罪凡五：曰附近、曰近边、曰边远、曰极边、曰烟瘴"。故烟瘴之缺是指戍守"烟瘴"地区军职的空缺，任满三、五年即可升转。苗疆指云贵川少数民族居住的烟瘴之区。

所议，奏明加衔或以营员升用之处，原属鼓励河工守备之意。但查武职加衔之例久经停止，未便更张。至以营员升用之处，查河工员弁工程为重，而操防非所素习。若仅就工程著效，即予破格升用，亦恐该员精于河务者，未必精于骑射。臣等详加酌议，嗣后河工守备内有实心任事，大有成效，必兼通骑射操防者，许令该督保题，送部引见。可否以陆路都司升用之处，恭候钦定。

奏称："从前堡船叙夫，每岁支领雇价，而闲旷日多，殊为縻费。今浚船咸令河兵撑驾，计每船五舱者须用兵四名，三船者须用兵三名。每年麦汛至白露，计八十日。此八十日内，各兵有上堤防汛之事，应计其每船添雇民夫，由该道临期酌量办理。"等语。应准其酌量添雇民夫办理。工毕造册，报明工部核销。其所用雇夫工价，即在额设银三万二千两内动支。

奏称："汛水将长将落之时，水头迅急。中泓引河，恐泥沙冲入，致成阻遏，应用浚船顺流排荡，使之通流。此系河兵力作应行之事，不能计算土方，只在本厅、汛员弁实力办理"等语。应令直隶总督，转饬该厅、汛员弁，临时实力办理。谨奏。（奉旨："依议。钦此。"）

（奏议共十二条。其第九、第十、十一、十二，四条，系南北运河及天津事宜，从节。）

乾隆三十七年十二月［1773］，直隶总督臣周元理《为钦奉上谕事》

乾隆三十七年［1773］十二月初八日，承准大学士刘统勋字寄。内开，奉上谕："永定河下口，自康熙年间筑堤之始，原就南岸。雍正年间，因河身渐淤，改由北岸。近自乾隆癸酉［1753］间，又改从冰窖南出两河之间。是以康熙年间之北堤转为南堤，雍正年间之南堤转为北堤。嗣后节次兴工修治，地势屡更。是冰窖之故道，又已不免今昔异形。着传谕周元理，将康熙年间初次筑堤沿至于今，中间改移地名、次数，并议改缘由，详细确查。列一简明清单，即行附折奏闻，钦此。"臣查，永定河自康熙三十七年［1698］筑堤之后，河流迁徙靡常。昔日之河身，悉为今日之沙淤。南高北低，以致水势日趋于北。诚如圣明洞鉴，不免今昔异形。自初次筑堤至今，除节年岁修，或裁湾取直，或因势导流，稍有迁移不计外，前后河道共改六次。谨将改移地名次数，并议改缘由，逐一确查，开具简明清单，恭折奏呈御览。伏乞皇上睿鉴。谨奏。（奉朱批："折留览。钦此。"）

清单①

遵将永定河下口，自康熙年间至今，各堤埝河道改移地名、次数，并议改缘由，分晰开列清单。恭呈御览。

康熙三十七年［1698］，自良乡县老君堂筑堤开挖新河，由永清县朱家庄经安澜城入淀，至西沽达海，为永定河两岸筑堤之始。此第一次，河道改由安澜城。

康熙三十九年［1700］，因安澜城河口淤塞，于永清县郭家务之下，改由霸州柳岔口归淀入海。并接筑两岸大堤，如今之东老堤、西老堤。此第二次，河道改由柳岔口。

雍正四年［1726］，因柳岔口以上渐次淤高，于柳岔口稍北改为下口。自永清县郭家务起开河引水，至永武清县王庆坨之东北，由三角淀、叶淀入大清河归海。并自南岸六工永清县之冰窖起，至王庆坨止；北岸五工何麻子营起，至武清县范瓮口止，建筑两岸大堤，即今日之旧南堤、旧北堤。此第三次，河道改由王庆坨。

乾隆十六年［1751］，南岸六工以下冰窖减水草坝，因凌汛水大，坝口掣溜，遂由冰窖改河，从旧有之东老堤开通，归叶淀入淀。因于南岸自霸州之柳岔口起，接筑至天津县三河头上，改为南埝；北岸自六工十六号起，至凤河西边萧家庄止，接治一道为北埝。此第四次，河道改由冰窖草坝。

乾隆二十年［1755］，因冰窖河口以北，淤成南高北低。仰蒙圣驾亲临阅视，将北六工二十号以下，开堤改河于地势宽广之处，任其荡漾散水匀沙，仍归沙家淀入海。此第五次，河道改由北六工二十号以下，地名贺尧营。

乾隆三十七年［1772］，兴举大工，水由北六工趋下。恐河流再向北徙，于下游条河头一带河道，挑浚宽深，使水势直抵毛家洼。该处地面宽广，足资容纳，仍归沙家淀达津入海。此第六次，河道改由条河头。

以上各河道，自筑堤后迄今，迁徙靡常，前后共改六次。计第一次之安澜城，距今河身已徙北十余里。冰窖改河之后，康熙年间之北堤转为南堤，雍正年间之南堤转为北堤。以今日河身而论，则凡属康熙、雍正年间所筑之南堤、北堤，俱在河之南矣。再查，乾隆五年［1740］，因河流日渐北徙，于北大堤起，由东安县葛渔城至凤河西岸上，筑北埝一道。乾隆二十一年［1756］，因北埝不足恃，又于永清县赵百户营筑遥埝一道。此二埝久经汕刷残废，已成荡漾之区。又，乾隆二十八年

---

① 此清单所述内容参见卷一收录六次改河图及图说。

［1763］，于北大堤永清县之荆垡起，至武清县之黄花店止，添筑越埝一道。越埝与三河头以上之南埝，相距三十余里。现在河流在此二埝之中，本年大工案内修理巩固，合并陈明。

乾隆三十八年［1773］三月，直隶总督臣周元理《为奏明事》

恭逢圣驾巡幸津淀，阅视永定河工程。臣于三月初四日面奉上谕："南、北两岸，俱在堤里近根处种植卧柳。"当即钦遵，传谕永定道，并飞饬各厅、汛，乘时栽种。已俱陆续具报，于十三日清明前一律种齐。昨臣沿堤察验，凡属堤里近根之处，俱已排次密种齐全。现在饬令各汛员，将每汛种柳若干，成活若干，由道、厅点明，具报存案。倘有枯损，即行补栽。并蒙面谕："下口南、北两堤内，多有村庄围村密栽卧柳。"亦飞行地方官，转饬赶种。如是二、三年间滋长茂密，洵足以资保护。又，金门闸挑水坝，仰蒙皇上指示，再行加长，使水势迴溜过坝。北村坝、求贤坝两处，亦蒙圣谕："应照金门闸各筑挑水坝。"臣现又率同永定道满保并厅、汛各员，相度形势，如式妥办。再，臣由下口至卢沟桥一路察勘，此时正当河水消涸，凡有淤残阻塞之处，一目了然。当即分饬道、厅、汛各官，从卢沟桥起，由下口直抵沙淀止，凡属中泓淤塞处所，逐段勘丈。其小滩淤嘴，即令浚船河兵挑挖。如有工段必需估方开浚，亦即一体乘时赶办，务使节节疏通，上下游畅流无阻。并两岸堤工间低薄之处，或应加培，或应镶筑，均于汛前一律办竣。臣再亲往查验，所有需费统于岁修项下动拨。务期有备无患，以仰副圣主廑念河工筹及万全之至意。理合一并恭折奏明，伏乞皇上睿鉴。谨奏。（奉朱批："览奏，俱悉。钦此。"）

［卷二十四校勘记］

〔1〕今本"挑槽截流"，原稿为"挑槽截嘴"，据原稿改。按，嘴指河流淤出的沙嘴。

〔2〕此处有原本自注文计三十字，今本未加收录，据原本增补。

〔3〕此"河"字原本脱，据上下文意增补。

〔4〕此处原本朱批，今本脱，据原志增补。

卷二十五　奏　议

乾隆三十八年至四十六年 ［1772—1781］

乾隆三十八年［1772］六月，直隶总督臣周元理《为钦奉上谕事》

乾隆三十八年［1772］六月初四日，承准协办大学士、尚书于敏中字寄。内开，奉上谕："口外自五月二十一、二等日雨后，滦河及潮、白等河，水俱骤长。连日，热河雨觉稍稠。闻滦河水势复大，畿辅一带雨水情形大略相同。未审永定河今年水势如何，是否不致盛涨？河溜能否循赴中泓？甚为注念。着传谕周元理即速查明，据实覆奏。至该处设立浚船，以供浚刷淤沙之用，春间亲临阅视，见船舣河中，尚未视有成效。彼时即曾谕及，如果实力淘浚，使中泓沙不停淤，于河防自不无小补。若徒视为具文，自难冀其得益。添设浚船一事，原出自裘曰修之意。彼身若在，自必加意董办，不虞废弛。今裘曰修已故，恐满保等未必复肯认真董办。徒有浚船之名，而无挑浚之实，则是虚糜工帑制造，岂不可惜？永定河原系周元理专责，而浚船之事周元理亦同会奏。着周元理留心督办，毋任作辍因循，致成虚设。仍将现在办理情形若何，一并奏覆。钦此。"① 遵旨寄信前来。臣查，畿辅一带，五月二十一、二等日雨后，各河道俱报长水。幸而安流顺轨，工程各处巩固。惟潮、白二河，水势稍大。北运河之王家务、筐儿港等坝，过水五、六尺，亦即稍退，堤工平稳缘由，经臣于三十日具折奏明在案。兹跪读上谕，仰见我皇上廑切民生，轸念河工之至意。

查永定河，于五月二十日河水长发，据报全河水势自六七尺至八九尺不等。该

---

① 卷首乾隆三十八年六日上谕与此折收录相同。关于浚船疏浚永定河下口及淀泊之议，一开始就有争议。此后浚船用于淀河疏浚收效有限，时兴时停。直至晚清，曾国藩于同治八年［1869］九月在《酌办工程请拨款疏》的附片中提出，引进西洋机器疏浚船，用于永定河疏浚。近百年时间未能解决这一问题。

道满保督同厅、汛各员，在工抢护。水势虽猛，大溜直走中泓，迅趋下口。间有漾水泛至堤根，随宜下埽镶垫。两岸十二工，无不仰托圣主福庇，一律稳固。二十八、九暨初一等日，又连次得雨，疏密相间。于秋末固属有益（"此处有旨，钦此"）。各处河水皆旋长旋消。初一日，金门闸辰时过水六寸，巳时即已断流。现据各厅具报，河水止深三四尺，即卢沟桥亦不过六、七尺不等，水势极为平顺。至浚船一项，原系裴曰修与臣会商奏请添设，且河道为臣之专责，何敢稍任因循？春间仰蒙圣明指示周详，凡有应浚之处，该道、厅督率河兵往来挑挖。臣于五月初查工之时，亲往督勘。一应淤嘴以及稍有阻碍地方，复饬令在在[1]裁切疏浚。此番水发，溜走中泓，直达下口，未必不稍资浚船之益。总之，永定河水性靡常，苟有补偏救弊之方，即当设法筹办。况有治人无治法，业经定有章程之事，敢不仰体圣上又安河务之恩训？实力奉行，以冀新臻成效！臣现将紧要审案并奏请盘查司库等事办竣，即于本月初七日起程，至长安城防汛。连日天气晴霁，河水更当消落。过水后未免又有沙淤，臣亲身驻工，自当往来相度。督令该道、厅等，分派河兵驾船淘浚，以期裨益。河防断不敢稍有作辍，致成虚设。所有永定河水势平稳并浚船办理各情形，谨遵旨据实覆奏，伏乞皇上睿鉴。谨奏。（奉朱批："览奏稍慰。钦此。"）

乾隆三十八年［1773］六月，直隶总督周元理《为奏明事》

窃臣查勘永定河水势工程，并督饬浚船挑挖淤浅各情形，先经恭折奏明圣鉴。兹复由下口至七、八、九工查验，各处堤埝工程亦俱稳固。臣又乘坐浚船顺流而下，察看河溜水势，于发水之后，俱有迁改。而条河头旧有之河道，今年又向北徙。缘乾隆三十五、六两年，在北岸二工、南岸头工漫口出水，是以三工以下流及下游者，其势甚缓。至三十七年，伏、秋二汛水又平稳，则下口一带不受冲激之患者已三年矣。本年五月二十一、六月初一等日，两次汛期发水，极其迅猛。上游各工幸得抢护平稳，而大溜汹猛奔腾，直趋下口，将中泓河底刷深三四尺。所有泥沙悉归条河头之旧河，淤成平地。其澄清之水，俱从条河头以北散漫而下，所以沙淀竟不致受淤也。臣查南、北六工以下，原皆任其荡漾之区。而条河头以北地势本洼，现在河水渐趋于北。虽系清流之水，恐将来日刷日宽，则七、八、九工之北堤，又不可不预为防范。目下伏汛虽过，秋汛即届，已分投委员协同该汛官，（朱批："具图来看。钦此。"）将北堤之八工、九工星夜加高培厚，务保无虞。并委员分拨浚船，将向南新淤各处，督率河兵竭力挑挖。盖此荡漾之地，苟能使南受一分之水，即于北受一分之益。现与满保酌商，俟白露之后，水势归槽，再行确勘形势。或于条河头以南复加挑通引河，仍由旧道，浑有分注；或另筹疏浚之方。容臣相度体访，于趋赴热河行在之时，详晰陈奏。并绘细图面呈御览，（朱批："目下即应具图来。钦此。"）恭请圣训遵行。所有永定河下口勘明改溜实在情形，理合恭折具奏。伏乞皇上睿鉴。奏。（奉朱批："知道了。钦此。"）

乾隆三十八年［1773］六月，直隶总督臣周元理《为遵旨绘图呈进事》

窃照永定河下口改溜北徙，勘明具奏。奉朱批："知道了。钦此。"又旁奉朱批："目下即应具图来。钦此。"臣查，本年汛水涨发，势极迅猛。将中泓河底刷深三四尺，以致挟带泥沙，直注条河头，旧河淤成平地。其荡漾之水改徙北流，所有条河头春间圣驾经临之地，本在河之北岸，今又在河之南矣。（朱批："此足见无定矣"）臣昨乘浚船沿流查勘，水由洛图庄以南，澄清散漫而下，经马头惠家铺之后，响口村之前，直达沙家淀，离北堤尚远。现在北堤之七、八、九工，俱已加高培厚，（朱批："惟有补偏救弊，谨防耳。钦此"）务保无虞。谨确按情形绘图贴说，恭呈御览。现今改徙之大溜深有四尺，其散漫之水不过二三寸。所有各处新淤应行疏浚者，已分拨浚船，逐段挑挖。合并恭折奏明，伏乞皇上睿鉴。谨遵旨绘图恭折具奏。（奉朱批："览奏俱悉，钦此。"）

乾隆三十九年［1774］二月，直隶总督臣周元理《为奏明事》

窃照永定河下口，上年河流改徙，由条河头北趋。所有该处北堤七工十三号起，至九工三号上一带堤埝，最关紧要。臣于上年冬间查勘该堤，面与永定河道满保商酌，勘估加培。兹据该道核估，具详前来。臣又于本月十四、五等日，卢沟桥察看南、北两岸情形，并赴三角淀下口各处履勘。核计查下口北堤七二十三号起，至九工三号，计长二十九里。虽有离河稍远之处，亦有漾水已及堤根。旧堤低薄，自应一律修筑高宽巩固，以资捍御。拟将该处旧堤加高培厚，底宽六丈五尺，顶宽三丈，高七、八尺不等。所需全方碪价及隔河取土运脚，共需银五千三百二十二两六钱四分三厘。又，下口北六工二十号南边淤滩二段，应裁湾取直。上口面宽五丈，底宽二丈；下口面宽四丈，底宽二丈，均深五尺，需土方银三百八十六两七钱五分。又，淀水泄入凤河，旧沟三道，沟形窄狭，恐宣泄未能畅达。今拟挑挖，各面宽三丈，底宽二丈，深三尺，需土方银二百八十八两五钱三分。以上共需银五千九百九十七两九钱二分三厘。查，下口每年疏浚额设银五千两，只堪为本年下口挑浚之用。所有此次加培银两，请于道库历年节省存库银内动支兴修。另造细册，送部察核。其南、北两岸堤工俱有应行加培之处，仍照例于本年岁修项下通融办理。臣谨恭折奏明。伏乞皇上睿鉴，训示遵行。谨奏。（奉朱批："知道了。钦此。"）

乾隆四十年 ［1775］ 四月，直隶总督臣周元理《为奏明事》

窃照永定河堤工，遇有大加修培之处，俱应另折奏闻办理。兹据永定河道满保禀称："永定河南岸头工汛内，有玉皇庙前土堤一段，计长四百五十余丈。外虽镶做草工，缘本年凌汛后，河流直走堤根。虽溜势极顺，但土堤沙性浮松，堤外又有积水，屡经节年培护，总觉单薄。必须远取胶土，大加培筑，以资捍御。拟将堤顶加成三丈五尺，底宽八丈五尺，高一丈及一丈一二尺不等，长四百五十八丈。估需银三千六百六十三两零，应于伏汛前赶筑完竣。"等情。前来。今臣亲诣该处，详加查看，即系乾隆三十六年 ［1771］ 漫口之处，最关紧要。虽经三十七年 ［1772］ 大工案内培厚加高，并经镶做草工，而土堤沙性究属浮松。现在河流紧贴堤旁一直顺行，若非远取胶土，照估高宽丈尺，大加培筑，不足以资捍御。所需土工银两，应请在于道库历年节省存贮项下拨给。即委南岸同知陈琮驻工督办，务于伏汛前如式竣工，臣再当亲往查验。至南、北两岸尚有间段沙土堤工，应行加高培厚之处，臣亦逐一勘明。已令该道详加估计，即于本年岁、抢修等银内通融办理。理合恭折奏明，伏乞皇上睿鉴训示。谨奏。（奉朱批："知道了。应结实筑修。钦此。"）

乾隆四十年 ［1775］ 七月，直隶总督臣周元理《为钦奉上谕事》

本月十二日，承准大学士于敏中字寄。内开，乾隆四十年七月初九日，奉上谕："热河自初七日以来雨水略勤。未知口内各属阴雨情形若何，尚不致过多否？庄稼有无妨碍？永定河水势有无增长？是否不致出槽？深为廑念。着传谕周元理，即速查确，据实覆奏。钦此。"到臣。查，本月自初六日夜间得雨断续，初七日辰刻至亥刻雨更骤密，初八、初九两夜大雨如注。永定河水势腾涌，人力莫施。以致大溜先后冲激北三工、南头工二处，堤岸倒塌，漫口。并通省被雨，有无淹及洼地，业经通饬查勘缘由，经臣于初八、初十日两次恭折奏闻，在案。

现据附近之涿州、定兴、安肃、新城、雄县禀报，白沟、拒马等河涨发，沿河洼地俱有水漫。并省城清苑县东、南二乡，地本洼下，益有积水。又，南运河之捷地坝，过水六尺二寸，兴济坝过水四尺一寸，北运河之筐儿港过水六尺，王家务过水七尺五寸，各工俱属平稳。又据密云县具报，潮、白二河异涨等情。其余各属尚未报到。皆缘此处雨密而骤，下游宣泄不及，以致平漫。今于十一、十二两日天已晴朗，消退自速。已经报到州县，臣已飞饬，上紧疏消积水。其未经报到，如有洼地被淹之处，令其一面设法疏消，一面具禀。并令各该道府厅，亲躬查勘，督同实力办理。现今高阜地面，庄稼茂盛无比。其被淹洼地虽不无积水，然天气晴明之后，水亦易消，可无大碍。臣惟有督率各属切实妥办，以仰副我皇上勤求民隐之至意。至永定河漫口二处，北三工堵口甚易，不日可以报竣；其南头工现在攒齐料物，人夫赶紧堵筑。臣驻工亲自督饬，务令剋期完工，不致迟延。除俟通省报到雨水情形，另行具奏外，缘奉谕旨垂询，理合先行恭折覆奏。伏乞皇上睿鉴。谨奏。（奉朱批："览奏稍慰。其有无成灾，不可粉饰。大约如何，速奏。钦此。"）

乾隆四十年［1775］八月，大学士臣于敏中等《为遵旨会议具奏事》

直隶总督周元理奏《永定河岁、抢修等工请复旧例》一折，钦奉谕旨，令臣等"会同周元理妥议具奏。钦此"。臣等伏思，永定河每年汛水有大小之不同，工程亦多寡之不等。从前将岁、抢修、疏浚、石工等项银两，额定成数，又复准其上下年通融。旧例本属未善，日久恐启不肖工员影射冒销之弊。兹蒙圣明指示，诚为至当不易。臣等面询臣周元理。据称："向例永定河岁修银一万两，抢修银一万二千两，疏浚中泓银五千两，疏浚下口银五千两，石景山石工银二千两，共银三万四千两。均于各年秋汛后预期请领，乘时购办料物，于次年春间陆续勘估兴工。如有节省，存于道库。遇有多用之年，即于此内通融牵算，不另请帑"，等语。是旧例岁有定额，虽若示以限制，实恐费或虚糜。诚如上谕，"莫若随时确核，实用实销之为愈也"。今臣等公同悉心筹议："除业经办过各项工程，仍准照旧核实题销外，所有永定河每年岁需银三万四千两定额，永远删除。嗣后，每年于秋汛已过，水落之后，先令永定河道，将下年岁修疏浚各项事宜，及需费多寡若干，细加勘明确估。臣周元理再行亲往覆勘覆核，将应办工程及应需实用银数，先行具折奏明请领，采备料物，于次年开冻后即兴工，照估办理。臣周元理亲行详慎验收，仍照例具题造册，报部核销。其抢修一项，系临时相机赶办，难以预为估定。应请先发银一万两，存贮永定河道库。令其酌量应需料物派委妥员采办，分贮险要工所，以备临期济用。倘有不敷，臣周元理仍一面具奏，一面先将库项垫发。工竣后，臣周元理并查验核实，报销找领。至于另办加培土工，不在岁修镶埽之例，原非常年所有。从前遇有应行培筑之工，系将情形专案具奏，请旨办理。仍应照旧，另案奏办。如此酌定章程，则工员自不敢草率误工，亦不敢丝毫浮冒。总使工归实用，帑不虚糜，以仰副我皇上慎重河防之至意。所有臣等会议缘由，谨合词恭折覆奏。是否有当？伏候皇上训示遵行。谨奏。（奉旨："依议。钦此。"）

乾隆四十一年［1777］十二月，直隶总督臣周元理《为奏明请旨事》

窃照凤河间段淤浅，河流停阻。上荷圣明垂询，臣遵即委员查勘。浅阻属实，有应需大加挑挖之处。臣于十一月内，将勘履情形面奏。仰蒙圣训："切实估办。"随饬令通永道宋英玉、永定道满保，带同河工委用同知陈琮前往，将凤河上游以至尾闾，逐一测量估计。兹据该员将勘估情形、应排工段详细具禀前来。臣查凤河发源于南苑，历大兴、东安、武清、天津各地界内，纡绕出大清河，计长一百七十余里。缘上流水性带沙，河多湾曲，易致停积淤塞。现在河底深浅不一，而武清境内淤阻尤甚。必须按段挑深，一律取平，方得畅流无滞。今核计逐段应挖土方，共净长二万八百三十三丈，需工银一万二千三百八十三两八钱。应令该州县，各按境内照估领银，雇夫开挖。惟武清县工段较长，应添派邻近之宝坻县协同办理。仍委务关同知胡涵、杨村通判黄体端、河工委用同知陈琮，并带同熟谙工程，实心任事之佐杂等官，往来督查，分段监工。务期帑不虚糜，如式妥办。工竣，勘验核实，报销所需银两。查，司库有从前办理水利存剩银款，可以动支。理合恭折具奏请旨。并绘图贴说，恭呈御览。伏乞皇上睿鉴，训示遵行。谨奏。（奉朱批："如议。实力为之。钦此。"）

乾隆四十二年［1777］七月，直隶总督兼理河道臣周元理《为筹办永定河险要堤工仰祈圣训事》

窃臣在永定河防汛，于南、北两岸往来察看。查有，北岸三工十一、二号，堤形湾曲，兜水生险。每过汛涨，防护最为费力。乾隆四十年［1775］伏汛内，此处曾经漫溢。今年河水极为平顺，而六月底、七月初连次水发，溜逼堤根，冲激异常。而水为堤形兜阻，不能遂其畅达之势，溯回淘刷，深至二丈有余。该处埽工长至一百余丈，逐段皆险。抢护之时，人工、料物、费用为多。臣目击险要情形，沿河确勘。实因此处堤湾兜水，一遇河流横溢，即成荡激之势。当经率同道、厅各员，相度筹办。拟于堤内添筑直堤一道，俾溜势不致兜湾。再于西首上游，斜筑挑水坝一道，以拦入中泓。其旧堤仍按年加培抵御，作为外圈。如此因势制宜，似可化险为平。计自十号起，至十三号直堤止，长三百四十丈，上游挑水坝长四十五丈。约需工料银一千六百八十两零，应即于下年岁修项下估办，毋庸另行请项。是否有当，臣谨缮折奏明。绘图贴说，恭呈御览。伏乞皇上睿鉴训示。谨奏。（奉朱批："好！知道了。钦此。"）

乾隆四十四年［1779］六月，直隶总督臣杨景素《为勘明永定河水势工程平稳，现在分派防守以保无虞事》

窃臣自入口后，因各属纷纷报得透雨，诚恐永定河水势过大，当于六月初一日驰至卢沟桥。次早，循北岸头工查勘，直至下口三角淀地方。复由南岸查回，各工俱已遍历。查得，五月及六月初旬，河水长发六、七次。自二尺二三寸至三尺三四寸不等，连底水共深四五尺有余，旋长旋消。现存底水四尺一寸，溜走中泓。一切埽工平稳，灰石闸坝、沿河土堤亦皆完固。今春加帮土堤，查验如式。本年疏浚，河心中泓亦已完竣。内如南岸头工，南岸三、四、五工，北岸头工，此五段大溜俱归中泓，两岸堤工均受其益。其下口岁修引河，今年从口门起，分批中、南两股，并疏浚下游，使水归沙家淀，不致旁溢。现今前项新挑引河，大溜已畅入沙家淀，亦与两岸埽土工程有裨。惟北岸三工内，有二里许一段，南、北两岸紧束，仅宽九十八丈至一百一十四五丈不等。查上游两岸堤宽数百丈，至此一束，势难畅泄。故以上工程，多有出险。且觉各工内，尚有一二处与水争地形势。现届大汛，勘办不及。（朱批："既称办不及，汝来时面奏。钦此。"）

查，永定河道各厅、汛，尚属壮年明白之人。现在惟有将各要工多贮料物，选派干练文武，督率兵夫，分段驻工，昼夜防护。其平稳工段，亦不许稍有疏懈。仍严饬道、厅，日逐亲身在工巡查，（朱批：好）务通声援，以保无虞。并令留心体察水势长退情形。如果有与水争地之处，确筹顺性而治，以期工归稳妥。臣仍当亲勘酌议，不敢冒昧妄行。今因保定署内奏销等项尚未办出，即于初六日驰回料理。一有就绪，仍赴永定河驻工，督率防守。所有臣查勘过永定河水势工程情形，理合恭折奏闻。再，据南运河报称，五月下旬水深一丈六尺有余；北运河报称，五月下旬及六月初，水深一丈二尺有余。水已稍落，工皆平稳。除饬该道、厅严督印、汛各官，加谨防护外，合并陈明。伏乞皇上睿鉴。谨奏。（奉朱批："览奏，俱悉。

钦此。")

乾隆四十四年［1779］八月，直隶总督臣杨景素《为奏明请旨事》

窃臣前查永定河工，见北三工一带河身窄狭，有与水争地形势，似应开拓宽展。因届大汛，查办不及，当经奏请，俟汛后勘明，酌议办理。钦奉朱批："既称办不及，汝来时面奏可也。钦此。"兹臣到工防汛，率同永定河道兰第锡及该厅、汛员等，来往河干，咨访相度。北三工六号、南三工十五号以下，河身仅宽九十八丈至一百五十丈不等，与上下游现宽三五百丈者形势迥异。河身至此一束，势难畅泄，是以向年上游工程多有出险。今拟于三工四号至十号止，展筑新北堤九百三十五丈；再将十号至十五号旧北堤加帮培筑；并将南三工十五号至十八号旧越堤，及十八号至二十一号旧南堤，分别加高培厚，足资防御。其南、北临河旧堤二道，酌量废去，则河身均在四百丈以外，与上下游一律宽广，不致与水争地。设遇汛涨，亦足畅流宣泄，不但上游免致出险，且可省附近险工抢修之费。复督同该道、厅照例确估，需土六万三千五百六十四方零，共该银五千九百七十五两三分。两岸工程计长一十七里。如蒙圣恩俞允，应请照另案加培土工之例，先在道库垫发。饬令该道督率各厅、汛，即于本年八九月内兴工，土冻即止。明岁春融接修赶办，务于三月内完竣。一面照例题估，赴部领银，归款核实报销。所有永定河南、北在工展拓河身，拟筑新堤、加培旧堤缘由，理合绘具图说，并缮简明估单，恭折具奏。伏乞皇上睿览，训示施行。谨奏。（奉朱批："着照所请，行该部知道。钦此。"）

乾隆四十五年［1780］七月，直隶总督臣袁守侗《为遵旨覆奏事》

乾隆四十五年［1780］七月二十四日，准尚书、额驸公福隆安字寄。七月二十二日奉上谕："前因十八日热河雨势较大，遥望云气浓厚来自西北，即恐长安城上游有涨水漫溢之虞。随传旨询问袁守侗，河水是否不致盛涨？工程是否安稳？令其迅速由驿据实覆奏。今据奏到，永定河因本月十七、八、九等日，上游各处大雨，河水长发，几与堤平。随督同道、厅等，分投抢护。讵水势益涨，卢沟桥西岸漫溢出槽，北头工水过堤顶，汹涌异常，人力难施。冲宽七十余丈，由良乡县前官营散溢求贤村减河，仍归黄花店凤河等语。览奏深为廑念，然此亦无可如何，惟有赶紧堵筑，以期安流顺轨，无碍田庐。查阅图内河身，自头工至六工，原系归入凤河。今漫口处归入减河，仍归黄花店凤河等处。自应设法挑溜，使大溜仍归正河。一面上紧堵筑，赶进埽个。永定河来源不大，此时骤长之水，想晴霁数日即可消落，合龙尚易为力。着传谕袁守侗，督率员弁竭力赶办。其有成灾者，妥加抚恤，毋致一夫失所。至该处有此漫工，袁守侗须日夜在工督催，不宜舍此而来，已于折内批谕。至所请交部议处之处，将来勘明成灾分数，自应题本于疏内，照例声叙。此时毋庸急请交部也。将此由六百里发往，传谕知之。钦此。"遵旨寄信到。臣伏查，永定河河身本浅，此次因上游一时骤涨，以致漫溢出槽。今已晴霁数日，涨水渐次稍落。卢沟桥止水深五尺四寸，大河上游水深四尺四寸。诚如圣训："永定河来源不大，惟应设法挑溜，使大溜仍归正河。一面将漫口上紧堵筑合龙，尚易为力。"臣连日督率道、厅等，将漫口两头坝台上紧赶筑。西坝已筑长八丈、出水五尺，坝前水深六尺；东坝筑长三丈、出水六尺，坝前正系大溜，水深一丈七尺。西坝仍用软镶，东坝拟于二十六日下埽。臣惟亲率员弁，赶紧办理。一面设法挑溜，引水仍归正河。俾得及早合龙，上慰圣怀。

再查，永定河水势本属无常，自涨水消落后，于二十二日，上游大溜忽尔不走中泓，直向南趋。至头工二十五号，始斜至北头工四十一号而出漫口。其时，南头工二十五号堤前，尚有淤滩五六丈。当即挂柳保护。乃一昼夜全行刷去，溜走堤根。立即饬令用埽抢护，随镶随陷。又适值二十三日午后，长水一尺，溜势更紧。复多拨兵夫抢镶，至二十四日寅刻，始得护住。现用柴土追压，可保无虞。计刷塌堤身长五十余丈，宽一丈有余。俟护堤埽工做完，即于堤后加高培厚，补还原堤丈尺。至漫水经过地方，现在委勘，俟查明如有已经成灾者，自当妥加抚恤，无致一夫失所，以仰副圣主念切民瘼之至意。所有永定河近日水势，暨现在督率办理各情形，理合恭折，由驿奏覆。并绘具图说，敬呈御览。伏乞皇上睿鉴。谨奏。（奉朱批："览奏俱悉。近又复有阵雨。不知彼处如何，甚廑念。速奏来。钦此。"）

乾隆四十五年［1780］九月，直隶总督臣袁守侗《为恭谢天恩事》

窃臣接阅邸抄，吏部具题内阁。奉上谕："今夏永定河因上游涨盛，致堤工漫溢，文武各员本有应得疏防处。今该督袁守侗，于一月内督率道、厅赶紧堵筑，尅期合龙。其办理迅速，亦应甄叙所有在工员弁，功过各不相掩。着加恩，仍行交部议叙。钦此。"经部援例，将臣议以加一级。其道员兰第锡等，并在工员弁，仍令分别等次咨部，到日另行具题。（奉旨："袁守侗着加一级。余依议。钦此。"）臣随望阙叩头谢恩讫。伏念臣奉命兼理河务，乃因防御不慎，致有疏虞。虽赶紧堵筑，迅速合龙，亦未足稍赎前愆。讵意复蒙圣主逾格鸿恩，以功过各不相掩，仍行交部议叙。微臣先邀晋级之殊荣，庶职并叨甄叙之旷典。悚惶弥切，感刻滋深。嗣后，唯有益竭驽骀[①]，力勤修守。督率员弁永固堤防，以期仰报天恩于万一。所有臣感激微忱，理合恭折奏谢。

再，臣前于《奏报永定河北岸头工漫溢》折内，钦奉谕旨："所请交部议处，将来勘明成灾时，自应题本于疏内声叙。此时毋庸急请交部。钦此。"今查漫水经过之良乡、大兴、宛平、固安、永清、东安等县村庄，勘明俱有成灾之处。现在汇同各州县被灾情形，另疏题报。所有此案漫口疏防职名，亦即另行咨部议处。并遵旨将堵筑漫口在工出力员弁，分别等次，咨部议叙。又，臣已于九月即另行咨部议处，并遵旨将堵筑漫口在工出力员弁，分别等次咨部议叙。又，臣已于九月二十日回署，合并陈明。伏乞皇上睿鉴。谨奏。（奉朱批："览。钦此。"）

乾隆四十五年［1780］十一月，工部《为恭折请旨事》

该臣等查得，直隶总督兼理河道袁守侗疏称："永定河南、北两岸展筑新堤，加培旧堤工程，题准，部覆。行令工竣造册题销"，等因。兹据永定河道兰第锡详称，永定河南、北两岸展筑新堤并加培旧堤工程，共用银五千九百七十五两三分，理合造具清册，详请察核题销等情。臣覆校无异。除册送部外，理合恭疏具题，等因。前来。查，永定河南、北两岸，三工展筑新堤、加培旧堤工程，先据该督奏明，并估需工料银两，造册具题，经臣部覆准在案。今据该督将用过银五千九百七十五两三分造册题销，臣部按册查核。内所开工夫土方等项，与例均属相符，应准其开销可也。（奉旨："依议。钦此。"）

乾隆四十六年［1781］五月，吏部《为知照事》

内阁抄出，直隶总督袁守侗奏称："永定河南、北两岸分界立汛，每汛经管河堤自十八九里至二十七八里不等。惟北岸头工分管四十七里三分。当日因地处上游，河身宽展，工程平稳，故所管堤工独长。近年以来，水势偏趋北岸。上年秋汛，北头工四十一号堤工漫溢。本年凌汛，水刷堤根，在在出险，修防甚为紧要。原设宛平县主簿一员，驻扎四十二号。其上游堤工，实有鞭长莫及之势。虽永定水形迁徙

---

① 驽（nú）骀（tái）本指能力低劣的马，也比喻庸才。此处是自谦之词。

靡常，不便遽请更定，而堤防险易，今昔不同，不得不量为筹备。臣与永定河道兰第锡详加商酌，查有永定河下游三角淀所属南堤九工，武清县县丞经管旧堤二十一里。自乾隆二十年［1755］，下口改移，离河较远，修防甚易。虽不便遽议裁改而酌量调用，实因时制宜之法。应将南堤九工驻防之武清县县丞，移驻北岸头工。自一号起至二十二号上，划分河堤二十二里。一切草、土各工，均责令该员修筑。并请即以原衔管北岸上头工汛事，毋庸另给关防。其二十三号以下至四十七号，仍令宛平县主簿经管。所有南堤九工分管旧堤，暨浚船疏浚等事，请就近饬委霸州淀河州判兼管，足资料理。将来北岸头工河远工回，无须修防，或下游南堤又增险要，即仍令该县丞回驻九工，以符旧制。至现今移驻北头工，其应支廉俸、役食等项，仍照旧赴武清等县支领。所需汛署，亦据该道代为捐廉建修，毋庸另议动项。如此酌量暂移，既与定制并无更张，而险工得员分理，亦足以资防护矣。除将分管堤工字号及应拨汛兵名数，另行均匀派拨，造册送部外，所有永定河北岸头工堤长险要，遴员移驻，分工防护缘由，理合缮折奏明。（奉朱批："如所议行。钦此。"）

［卷二十五校勘记］

〔1〕"在在"今本脱一"在"字，据原本增补。

卷二十六　奏　议

乾隆四十六年至六十年 ［1781—1795］

乾隆四十七年［1782］正月，直隶总督臣郑大进《为遵旨勘明具奏事》

窃臣于陛辞后，即赴永定河下口，率同该道兰第锡亲勘。该处六工以下河身内，向有村民居住。自乾隆十五年［1750］，钦奉谕旨饬禁，并蒙御制诗章，谆谆劝谕，镌勒石碑。经前督臣方观承查明，给价迁移。嗣因下口改流，复又奏请，暂回居住。经军机处议覆，将原给房价令其缴还，减粮地亩仍照额征收，在案。兹查永定河南、北两岸，自头工以至六工，旧有村庄业已迁移净尽。其自六工以下，水势迁徙靡常，屡将北埝改筑展宽。现今修守之北堤，与原设之南堤遥隔五十余里。其中居民共有五十余村，或因滩地尚未除粮，就耕守业；或因贪觅渔苇[1]之利，聚居高阜，水涨即以船为家。虽现与下口水势并无填塞阻滞之处，但既附近河身，自当凛遵圣训，劝令迁移，以清河流。

今臣勘明，永清县境内应迁者柳坨等六村，东安县境内应迁者小孙家坨等五村，共计十一村，旗民二百八户，草、土房七百二十间。已谆谕该县等，劝民迁移，务须不动声色，妥为经理。并另为勘定地址，按每房一间酌借米三斗，以资迁费。令其陆续移居，勿使贫民遽行失业，以仰副我皇上保卫民生，慎重河防之至意。其条河头、葛渔城等四十余村，均与现在河身相离较远，似可准其暂回居住。但须禁其添盖房间，叠筑围坝，以杜占居（朱批："是。实力每年查一次。钦此。"）填塞之弊，俟将来河流又有迁改，如果逼近应迁，再行随时查明，妥协办理。所有勘明永定河下口应迁村庄情形，谨绘图贴说，恭呈御览。伏乞皇上睿鉴训示。再，臣已于二十三日回署，合并陈明。谨奏。（奉朱批："知道了。钦此。"）

乾隆四十七年［1782］十月，工部《为循例奏明事》

据直隶总督郑大进奏称："窃照永定河岁、抢修估领银款，先于乾隆四十年［1775］间，军机大臣遵旨议奏：'抢修系临时相机赶办，难以预估，每年先发银一万两，委员办料，分贮险要工所，以备济用。倘有不敷，先将库项垫发，工竣核实报销。其南、北运河续经原议大臣定议，每年每处先发银六千两，采办料物。倘有不敷，于道库借款垫办，核实找领，'等因，遵照在案。兹四十七年［1782］分伏、秋二汛。永定河水势虽旋长旋消，但水小走湾，堤工叠出危险，共用过抢修银一万零六百三十六两二钱。南运河虽屡次涨消甚速，共用过抢修银五千七百七十七两五钱。北运河因口外各处山水陡发，兼之潮、白二河水势叠长，出险较多，共用过抢修银一万七千六百七十六两五钱。据永定、天津、通永三道查明，具详前来。臣覆核无异。除造细册另行咨部外，合先恭折奏明。"等因。乾隆四十七年十月初一日[2]奉朱批："该部知道。钦此。"钦遵，抄出到部。查，乾隆三十一年［1766］二月内，钦奉谕旨："各省奏报各折，批交该部知道者，仍令部臣按例查核办理，不得仅以存案了事。"钦遵，办理在案。

今臣等查得，抢修工程原无一定，惟视汛水之平险以定工程之多寡。上年直隶夏秋间雨水较大，是以抢修永定等河，该督奏明共用过银三万五千八百九十八两零，经臣部覆准在案。至本年雨水调匀，虽六月内偶经暴雨，口外各处山水归入潮、白二河，亦不致异常盛涨。各工自应平稳居多，所用银两亦应大加节省。乃该督仍请销银三万四千九十余两之多。核其银数，较上年所减尚不及十分之一，恐其中不无浮冒多开之处。事关帑项，不可不彻底清查。相应请旨。敕下直隶总督郑大进，遴委妥员，亲赴各工逐段覆勘，据实大加删减。覆奏到日，臣部令行核办可也。（奉旨："部驳甚是。依议。钦此。"）

乾隆四十七年［1783］十二月，署直隶总督臣英廉《为遵旨严查，据实覆奏事》

乾隆四十七年十月十八日，钦奉上谕："工部核奏'直隶永定等河抢修工程用过银两'一折，所驳甚是。已依议行矣。本年直隶雨水较少，夏秋之间，各处山水归入潮、白二[3]河者，并无盛涨，则各工之平稳可知。何至请销抢修银两尚有三万四千两之多？比之雨水较大年分，其所减银数竟不及十分之一。以今年雨水较少年分，如此开销，则设遇雨水较多之年，又当如何？此必管工之员有心浮冒开销，且可预为将来雨多年分侵渔地步。郑大进不行详核删减，率为循例具奏，殊属非是。着将工部奏驳原折发交郑大进阅看，令其据实明白回奏。钦此。"前任督臣郑大进未及覆奏，臣到任后即一面恭折奏覆，一面遵照部驳，饬委口北道恩长前往永定河、清河道，伊桑阿前往南运河，霸昌道哲成额前往北运河。均令亲赴各工，逐段覆勘。如有浮多，即大加删减，据实禀覆。

去后，兹据口北道恩长禀称："永定河堤工系汛官承修，调查抢修工段册开，南岸六工抢修过一百六十七段，用银五千六百三十三两零。北岸五汛抢修过一百一十段，用银五千二两零。逐段勘丈，内露明，各段一切秸、麻、绳、桩等物，均与原估相符。其间有临险抢修，随抢随垫者，虽厚薄不无参差，然现有抢筑情形可验，似非饰词浮冒。"又查，永定河四十六年［1781］用过抢修银一万一千九百八十七两，今四十七年［1782］估报抢修银一万六百三十六两零，较之上年减少银一千三百五十余两，计十分之一有余。

又，据清河道伊桑阿禀称："南运河工程向系州县承修。按册查对，景州、沧州、静海、天津四州县，抢修过草工二十四段，用银三千一百七十五两零，俱系迎溜顶冲险要之处。所做桩木、苇草逐层镶垫，均无偷减。又，沧州苇桥一座，用银一百零五两，其木料现在坚固。又，吴桥、东光、交河、南皮、沧州、青县、静海、天津八州县，共抢修过土工二十段，用银二千四百九十六两零。非固堤身单薄，即属往来纤道，系必须培筑之工。其高、厚、长、宽丈尺，亦与册报相符。以上草、土各工，共用银五千七百七十七两零，较四十六年［1781］报销银六千二百两计，减用银四百二十余两。虽不及十分之一，然覆勘各工，委系实用实销，并无浮冒。"

又，据霸昌道哲成额禀称："北运河堤工系厅官承办。本年务关同知、杨村通判抢修过土工九段，草工三十二段，共用银一万二千八百二十两零。其未经蛰陷者，查勘丈尺相符。即汕刷残缺之处，亦现有工段可查，似无虚冒。又有临汛抢护工一百一段，用银四千八百五十六两零，系水长时相机抢挂席、柳、埽把，以扩堤坝。水落则随溜漂淌，并无收回，惟钉橛之处可验。今细查抢挂之工，皆系迎溜险要，似属应办。比对工段丈尺，亦尚无浮冒。惟查北运河，四十六年［1781］抢修用银一万七千六百九十四两零。本年水势较少，所用亦至一万七千六百七十六两零，竟至相去无几。逐一细加确核，本年所办临汛抢护工料，较上年尚减少银四百一十二两零，而抢修工程较四十六年［1781］反多银三百九十余两。其中必有不应抢办之工，朦混请办，致有浮多。随查至杨村北汛老和尚寺迤南，抢建月堤一道，用银一千五百九十五两零。虽称因地处扫湾，缕堤坍劈，恐不足以资捍御，是以详明于凌汛后预行抢修，"等语。第查该处缕堤，本年抢挂席、柳已属足资防护。是工虽实办，而事究可缓，应否删减，禀请核示，各等情。前来。

臣覆查四十五、六、七年［1780、1781、1782］各河所报水势，惟四十五年［1780］盛涨较多，四十六［1781］、四十七年［1782］，雨水虽有多寡，而河水之涨则不相上下。惟立秋以后，本年河水并未复涨，则抢修各工诚如圣谕，自应较少。至永定、南、北运三河抢修，合算虽较上年减少不及十分之一，然分而计之，有较上年少至十分之一有余者。如永定河上年抢修用银一万一千九百一十余两，今岁仅用银一万六百三十六两，已减少十分之一有余。且据委员勘明，所办各工，均系实用实销，应请毋庸再议。至南运河上年抢修用银六千二百两零，今岁用银五千七百七十七两零，虽减少不及十分之一，然为数本在额定抢修银六千两之内，且所做草、土桥坝，均系必须应办之要工，尚无浮冒。惟查北运河上年抢修用银一万七千六百九十四两零，本年亦用至一万七千六百七十六两零，其中显有浮混。现据霸昌道查明，杨村北汛老和尚寺迤南，抢筑月堤一道，用银一千五百九十五两零。该处缕堤本年已用席柳抢护，而又预办抢修月堤，实属任意糜费。且岁修者系汛前所做，抢修者系临汛抢办之工，今以汛前应办之土工捏设预办抢修之名，开入抢修钱粮之内，其为借名，希冀多销钱粮可知。应将杨村北汛预抢月堤银一千五百九十五两零，不准开销。又，挂席、挂柳、挂埽统谓之抢险，然而非实险也。不过河水漫滩，漫及堤根。因而借此为抢护风浪之计，何至事后一料无存？明系该管厅、汛怠玩成习，被人窃去所致。查，今年北运河挂柳等工，开销银四千八百五十六两零。其中应请核减三成，共减银一千四百五十七两零。连前月堤共应删减银三千五十二两零，请着落承办之前任务关同知黄体瑞[4]、升任杨村通判康勔、署任通判刘林、前任通永道李调元各名下赔补。并令该同知、通判各分赔十分之六，通永道分赔十分之四。仍交部分别议处，以示惩创。

再，臣更有请者。河工定例，三汛之后，遇有河身淤浅，堤工卑薄，估报挑筑，谓之"岁修"；预备料物，于临汛之时，遇有危险随时抢办，谓之"抢修"。向来无预办抢修之例。直隶永定、南运二河，均系循例查办。而独北运河因另有"抢护"一项，作为临时办理，遂将抢修之工改为预办。每年岁修内不及估办之工，凌汛后再行估报，于伏汛前预行赶办。今虽严查，系历久相沿，工段俱存实用，并无将岁修工段朦混复开抢修之事。然循名责实，究属未协。而此端一开，则浮混由此而生。且抢挂席柳一项，水退后并无收回，亦难保无官吏借端浮开情事。臣愚以为，嗣后，北运河每年应办岁、抢修工程，将应行预办者均作为岁修；临汛之抢办者，作为抢修。不致复存预办抢修之名，致滋浮混。至抢挂席柳一项，每年不得任意开销。如有实在危险不及抢筑之处，始准挂用席、柳。所销料价，总不得过一千两之数。如此庶名实相符，而不肖官吏亦无所用其浮混矣。除将部驳原折咨送工部外，谨恭折据实覆奏。伏乞皇上睿鉴训示。谨奏。（奉朱批："该部知道。钦此。"）

乾隆五十年［1785］十月，直隶总督臣刘峨《为奏明请旨事》

据署永定河道陈琮详称："永定河水性带沙，全赖下口通畅，庶沙随水去，不致阻滞。昔年下口地面本属低洼，自乾隆二十年［1755］改移以来，历今三十载，水散沙停，日久渐成平陆。虽岁修案内每年估报疏浚，然仅能抽槽顺水，汛后即淤。上游头、二、三等工紧接卢沟，出峡之水势猛力劲，沙随水刷，停淤尚少。而附近下口之四、五、六等工，水缓沙停，河底日渐淤高，堤身益形卑矮。本年汛水涨发，盈槽拍岸，水满堤顶，自四五寸至八余不等，甚为危险。幸赖子堰挡护，极力抢救，得免漫溢。伏思，下口与河身既已淤高，自当尽力挑挖，务使口门展宽，引渠畅达，以资宣泄，现在仍于岁修案内办理。惟两岸堤工，自乾隆三十七年［1771］大工案内加培以来，已十有余载，虽屡经培修，究未曾大加修筑。今逐一查勘，南岸自四工三号起，至六工十九号止；北岸自三工十五号起，至六工十号止，现存旧堤比河滩仅高四五尺至二三尺不等，实属卑矮。应请随其旧堤之高低，普律加高一二尺至三四尺，并帮宽一丈二三尺至二丈余尺不等。如堤外地势洼下，需土较多，即于堤内加帮；倘堤内有险工埽镶，仍于堤外帮筑。又，南岸四工自一号至三号，堤身过于湾曲。现在河流偏趋旧堤，难以抵御。必须添筑直堤一道，计长四百一十五丈，以顺河流。以上加高培厚并添筑直堤，共估土四十一万七千一百七十五方零，需银三万九千二百十四两零"等情，绘图详请核奏，前来。

臣覆查，前在永定河防汛时，于水落归槽之后，曾遍履两堤，逐一查勘。南岸四工、北岸三工以下，委因下口受淤，河身渐高，以至两岸堤工日形卑薄。当即谕令该道，务须加高培厚，以资巩固。其请筑直堤，亦因原堤过于湾曲，必须相宜添筑。今据该道勘明估报所需土方，臣又逐一确核，尚无浮冒，应请准其估报。惟需费较多，非岁修案内所能办理，相应专折奏请。如蒙圣恩俞允，即责成该道陈琮，

（嘉庆）永定河志

508

督同南、北两岸同知，暨印、汛各员，于明岁春融，分段上紧兴工修筑，务于伏汛前一律完竣。臣当亲往验收，据实核销。使工归实用，帑不虚糜，以仰副我皇上廑念河防，保卫民生之至意。至所需银两，查有司库河工、桩草、籽粒等银一万四千八十九两零，永定道库各属解交河淤地租银一万二千六百八十二两零，又霸州等州县解交隙地租银八千四百六十九两零，又石景山历年节存工程银七千七百三十五两零，以上四项原系留为河务工程之用，应请即于前项银内凑拨，无庸另请动项。至南、北岸三工以上，及石景山等处堤岸，应需培修，以及疏浚中泓、下口等工，仍饬该道循例，于岁修案内估办。除将应修工段丈尺土方、银数，饬令分晰造册，另行照例题估外，是否有当，谨缮折具奏。并绘图贴说，恭呈御览。伏乞皇上睿鉴训示。谨奏。（奉朱批："该部速议具奏。钦此。"）

乾隆五十年［1785］十月，工部《为遵旨速议具奏事》

查，永定河自卢沟桥以下，头工至六工长二万七千七百余丈，堤岸最关紧要。乾隆三十七年［1772］大工案内，经原任钦差大学士、两江总督高晋等奏准，加培动项兴修。钦奉朱批："允行"，在案。今据直隶总督刘峨奏称："下游之二、四、五、六工，水缓沙停，河底日高，堤身益卑。本年汛水涨发，水满堤顶，幸赖子堰挡护。请将南岸自四工三号起，至六工十九号止，北岸自三工十五号起，至六工十号止，随旧堤之高低，普律加高一二尺至三四尺，并帮宽一丈二三尺至二丈余尺不等。又，南岸四工自一号至三号，堤身湾曲。添筑直堤，四百一十五丈，共估需土方银三万九千二百一十四两零，于明岁春融上紧修筑。工竣验收，据实核销。"等语。查，堤身卑薄，设遇盛涨之年，难资抵御，自应预为加培高厚。其湾曲处所，未免河流偏趋，易致顶冲生险。若添筑直堤，可以顺势利导，自属应办之工。均应如该督所奏办理。仍行该督，将所做工段，照例核实确估，造具正副清册，绘图贴说，具题查核。至所需土方银两，请于司库河工桩草、籽粒等项银内动支之处，亦应如所奏动拨。恭候命下，臣部令该督钦遵办理。谨奏。（奉旨："依议。钦此。"）

乾隆五十二年［1788］十二月，直隶总督臣刘峨谨奏《为钦奉上谕事》

十一月三十日，承准大学士和珅字寄，乾隆五十二年十一月二十九日，奉上谕："直隶永定河堤工，朕于庚午、乙亥年间［1750—1775］，曾经亲临阅视。明春巡幸天津，亦当顺道经临。但该处堤岸工程，近年以来是否稳固之处，着刘峨详细查明具奏。并将该处堤工情形，开其略节，绘图呈览。所有庚午—乙亥御制诗，并着抄寄阅看。将此谕令知之。钦此。"遵旨，抄发御制诗章二首，寄信到臣。伏查，永定河工程，上自石景山，下至沙家淀，历年增速定例，督率修防疏浚。自乾隆四十六年［1781］以来，迄今七载，仰托圣主福庇，连庆安澜。上年仰蒙发帑，另案加培南、北两岸堤工，更觉稳固。至于下口，自乾隆二十年［1755］，荷蒙皇上亲临阅视，指授机宜，于北岸六工洪字二十号开堤放水，改为下口东入沙家淀，由凤河入大清河，达津[5]归海。下口两岸，有南堤、北堤以为保障，中宽四、五十里不等，足以散水匀沙。至今三十余年，河南、河北岁获有秋，黎民乐业，洵万世永赖之利也。乃复上廑圣怀，垂询该处堤岸工程，仰见我皇上勤求民隐，慎重河防之至意。伏念明春圣驾巡幸淀津，辇辂经由卢沟桥，凡永定河之上源石景山一带石工，及下游南、北两岸堤工，均在圣胡睿照之中。臣谨将永定河近年工程稳固情形，开具略节，绘图贴说，恭呈御览。伏乞皇上睿鉴。谨奏。（奉朱批："知道了。钦此。"）

谨查，永定河发源山西马邑县，本名桑干。行万山中，夹岸奔驰，至石景山卢沟桥以下，散漫无定。康熙三十七年［1698］，蒙圣祖仁皇帝轸念民依，创建南、北两岸堤工，赐名"永定"。自卢沟桥之石堤起，接筑至永清县之郭家务，水由安澜城河入淀。康熙三十九年［1700］，又接筑至霸州柳岔口，水归东淀。雍正四年［1726］，因东淀受淤，于永清县冰窖村，改筑南、北两岸至武清县王庆坨，水归三角淀。乾隆十五年［1750］，又因三角淀淤平，冰窖草坝漫溢，水行南岸之外，入叶淀达津[6]。遂将乾隆三年［1738］所筑之格淀坦坡埝，普律加培，改称南埝。乾隆四、五年所筑之北大堤，改称北埝，移员驻守。乾隆十五［1750］、十八［1753］等年，仰蒙圣驾临阅。乾隆二十年［1755］，又因旧南堤以外地面窄狭，不能容全河之水，复蒙圣驾亲临北六工指授机宜，于洪字二十号开堤放水，改为下口河流东入沙家淀，会凤河，入大清河达津。南面以南埝旧南堤、旧北堤为重门保障；北面节年加筑遥埝、越埝各一道。河流每患北漾，经前督臣方观承奏明，以越埝改称北埝，移员驻守。北埝至南埝，相距四、五十里不等，地面宽广，听其荡漾，足资散水匀沙。三十七年［1772］大工案内，南、北两岸及两埝俱间段加培，并于下口条河头之南挑挖引河，引下口之水由毛家洼入沙家淀。三十八年［1773］，蒙圣驾临阅，改南、北埝为南、北堤，作为七、八、九工。是年，汛水涨发，条河头引河淤平，河流北徙，由东安县响口村入沙家淀。以上下口情形，六次改移，均经奏明在案。

四十四年［1779］，因南三工十五号、北三工六号以下，堤形紧束，河身窄狭，难资畅泄，于南、北岸三工各展宽，筑直堤一道。将临河口堤酌量废去，河身一律宽展。五十一年〔1786〕臣因南岸四工一号至三号，河形过于湾曲，奏明添筑直堤一道。又，自南岸四工三号起，至六工十九号止；北岸三工十五号起，至六工十号止，请加高培厚。现在南、北两岸，上、下堤工，一律巩固。至下口南堤，上接南岸大堤，自二十年〔1755〕改移以来，已三十余年，南堤久为浑水所不到。又下口北堤上接北岸大堤，三十七年〔1772〕大工以后，虽河渐北徙，但继复南漾，近年北堤已为浑水所罕经。现在下口河流仍循旧北堤迤东，入沙家淀，即系乾隆二[7]十年〔1755〕，皇上指授改移下口之旧路，安流顺轨，会凤河，入大清河，达津归海。谨遵旨开具略节，恭呈御览。（奉朱批："钦此。"）

乾隆五十四年〔1789〕七月，吏部奏《为河工人员经管地方名实未符应请更定以重防守事》

臣等议，得直隶总督刘峨疏称："河防人员经管堤工，必须所管之汛地与职官之衔名两相符合，始足以专责成，而资防护。臣查，永定河北堤八工，武清县主簿经管堤工长一十九里，共三千四百二十丈内，三千三百二十八丈均系在东安县地方，仅九十二丈坐落武清县境内。又北堤九工，东安县主簿经管堤工长一十一里七分零，共二千一百零八丈系武清县地方，并无东安县地段。彼此错综管理，名实殊属参差。臣与永定河道罗瑛公同商酌，应请将北堤八工武清县主簿，改为东安县主簿；北堤九工东安县主簿，改为武清县主簿，并将八工原管武清县堤九十二丈，划归九工管理。如此一转移间，均得专管本境堤工，庶名实相符，责成更为专一。该二缺并无繁简之分，现任主簿冯焕、周安国均堪胜任，其俸廉、役食、衙署，亦毋庸更易。惟该二汛之钤记，各照所管地方拟定字样，咨部换给，以昭信守。"等因。

查，设官分职，原贵名实相符，以专责成，而收实效。应如该督所请。八工武清县主簿，准其改为东安县主簿。该县境内堤工三千三百二十八丈，仍归管理。九工东安县主簿，准其改为武清县主簿。该县境内堤工二千一百零八丈，仍归管理。所有八工原管堤九十二丈，既在武清县地方，应即拨归就近管理。现任主簿冯焕、周安国，该督既称均堪胜任，应毋庸更调。俸廉、役食、衙署，亦照该督所奏，毋庸更易。该二汛钤记，俟该督拟定字样，造成册咨部。臣部兼写清模，称咨礼部，照例铸给。谨奏。（奉旨："依议。钦此。"）

乾隆五十四年［1789］九月，直隶总督臣刘峩《为奏请加培堤工以资巩固以重河防事》

窃查，永定河南、北两岸以及下口各土堤，遇有残损卑薄，向系随时勘估挑培，不在成修埽镶之内。乾隆四十年［1775］，经军机大臣会同前督臣周元理议定："加培土工，原非常年所有，应仍照旧另案奏办"，等因，遵照在案。兹据永定道罗瑛详称："永定河南岸四工以下至六工，北岸三工十五号以下至北岸六工，各土堤均于乾隆五十一年［1786］奏请加高培厚。现在堤身一律巩固，足资捍御。其未经估办之头、二、三工，前因地居上游，可以从缓；并七、八、九工，系下口荡漾之地，是以亦未请修。本年夏秋之际，汛水盛涨至一丈六尺不等，卢沟出峡之水奔腾湍激，南岸头工十号并十二号，又五工六号并十五号，北岸下头工三号并十四号，又三工三号及十二三等号，或因河流偏趋，或系回溜扫湾，汕刷堤身，叠出危险。虽经抢护稳固，而堤工究形卑薄，必须间段加培。共估需土方银一千五百九十两零。又，下口北堤七、八、九工，系乾隆四十四年［1779］加筑，仅高五、六尺不等。本年河流北趋，水浸堤根。而堤之北面即为减河堤身，实属卑矮，必须择要培筑。共估需土方银二千七十一两零。二项共估需银三千六百六十一两零"，等情。前来。

臣覆查，永定河堤岸土工，遇有残损，例应另案奏办，以资防护。本年防汛之时，据该道罗煐面禀，臣即亲历南、北两岸，及下口北堤应修处所，逐一履勘，堤身实形卑薄，委系亟须筹办之工。现据估报土方银数覆核，亦尚无浮冒，应请准其估办。至所需银两，查永定河有六工以下柳园隙地，及武清县范瓮口苇地二项租银，现存道库银五千三百余两，原系留为加修堤工之用。应请即于此二项地租银内动拨给发。该管厅员于本年十月及来岁春融，分作两次督率上紧堵筑。务期高厚坚固，于汛前一体完竣。臣仍亲往验收，核实报销。除饬造具土方银数细册，送部查核外，是否有当，谨缮折奏请。伏祈皇上睿鉴训示。谨奏。（奉朱批："知道了。钦此。"）

乾隆五十五年［1790］十一月，直隶总督臣梁肯堂《为遵旨查明覆奏事》

窃臣接准部咨，乾隆五十五年十月二十一日奉上谕："直隶永定河两岸地方在堤内河滩居住者，经朕屡降谕旨饬禁，而地方官奉行不力，小民等又罔知后患，只图目前之利，以致村庄户口日聚日多。若不申明禁例，转非爱护黎元之意。但民人等

（嘉庆）永定河志

512

安居已久，未便令其迁移，转致失所。着各督、抚等，转饬地方官，将各该处堤内河滩现在村庄实有若干户、房屋若干间，查明确数，造具清册。嗣后，毋许民人私自增添。其有迁去入户，即于册内删除，以杜影射占居之弊。并着各督、抚，于年终禀奏一次。务须认真查禁，毋得视为具文，以副朕慎重河防，保卫民生至意。钦此。"钦遵。咨行到臣。

臣伏查，永定河水性浊急，迁徙靡常。河滩多一村庄，水势即少一分容纳。我皇上洞烛机宜，叠经谆谕前督臣方观承分别筹办。乾隆四十七年〔1782〕，复经前督臣郑大进遵旨勘明，永清、东安二县境内，尚有应迁者十一村，旗民（朱批："今迁移净否？抑更有添盖房屋者否？"）二百八户，草、土房七百二十间，劝令迁移。其条河头、葛渔城等四十余村，相距河身较远，奏请暂行居住，禁其添盖房间，叠筑围坝，在案。臣即蒙恩命，畀以河防重任。今夏驻工防汛，往来南、北两岸，留心察看。自六工以下共有村庄一百二十余处，或离河稍远，或系修筑越埝围入。各有碑碣册籍可考，尚无私占填塞情事。惟自前督臣郑大进查勘以后，迄今又已八年，应有续行迁去之户。随恭录谕旨，札令永定河道罗煐，督同地方官详细确查，去后。兹据查明，民户房屋较之四十七年〔1782〕原查，有减无增。（朱批："不抑[8]是未迁净，更恐有增者。地方官不实心，足可见。据实奏来。钦此。"）造具细册，呈核前来。臣覆加查封。数年之内，计迁去一千六百三十九户，减去瓦土房一万一千三百七十八间。从此渐次迁移，河身自加宽阔，不致与水争地。其有以渔苇为利，不愿他徙者，亦不许添建房间。每岁三月，责成永定道遍历清查一次。如有已迁之户，即册内删除。倘于册载居民之外，复有外来居住添建房屋者，除立时拆毁外，将不行首报之乡保地邻，严加责处，并将该管各官从重参处。务使地资容纳，河流畅顺，以仰副我皇上慎重河防，保卫民生之至意。兹届岁底，谨缮折具奏。伏乞皇上睿鉴。谨奏。（奉朱批："览。钦此。"）

乾隆五十五年〔1791〕十二月，直隶总督臣梁肯堂《为遵旨据实覆奏事》

窃臣"覆奏查明，永定河滩村庄房屋已、未迁移"一折，于本年十二月十一日奉朱批："览。钦此。"又于劝令迁移句傍，奉朱批："今迁移净否？抑更有添盖房屋者否？钦此。"又于较之"四十七年〔1782〕原查，有减无增"句傍，奉朱批："不抑[9]是未迁净，更恐有增者，地方官不实心，足可见。据实奏来。钦此。"臣跪读之下，仰见我皇上廑念河防，垂询详切。随又札饬永定河道罗炘，亲历河工，逐一确查，去后。兹据该道查明："前督臣郑大进于乾隆四十七年〔1782〕具奏，应迁十一村，系永清县柳坨等六村、东安县东蛤蜊港等五村。自奏明令其迁移之后，即经各地方官司陆续劝令迁移。迄今数年，早经迁净，旧基已为空地。此外，现存一百一十二村庄内，东安县之郑家楼等六村、武清县之西萧家庄等十一村，系乾隆十八年〔1753〕，前督臣方观承因无碍河流，遵奉谕旨，刊刻石碑，准其居住。又，武清之穆家口等二十六村，系二十八年〔1763〕前督臣方观承奏明：添筑遥、越二埝案内圈入。又，永清县之旧大刘家庄等十一村，系乾隆二十年〔1765〕改移下口案内给价迁移，嗣因相距河流已远，地面淤高，同永清县之河西营等十三村，于四十七年〔1782〕正月内，钦奉谕旨：准其各守旧业，毋庸押令迁移案内准令居住。又，东安县之条河头等四十五村，系四十七年〔1782〕前督臣郑大进奏明：'离河尚远，准其暂住。'此一百十二村，数年之内亦已迁去一千六百三十九户，减去瓦土房一万一千三百七十八间。并无另有加增民户，及添建房屋之事等情"。具禀前来。

臣覆查柳坨等十一村，据该道罗炘覆勘明，确实已迁净，自应永禁民人复行潜往。臣请即于该处建立石碑一座，镌明"不许民人复行占住"字样，以杜阻碍河流之弊。其现存一百一十二村，亦据勘明，实在并未私增一户，添建一屋，自无虚饰。臣查，民人安居已久，未便遽令迁徙。若任听私增，填塞河道，设遇汛水盛派，不无浸淹为患，殊非仰体圣主爱护黎元之意。臣现饬令厅、县等官，严立限制，凡未盖房地面，固不准其增添，即已经坍卸房间，亦应禁其重建。并令永定河道将此一百十二村民户房屋，另选细册二本，一送臣署，一存道署。每年三月，先令该道抽查一次。如有迁去人户、坍卸房间，即于册内删除。臣于防汛时复新镌册籍，逐处看对。倘册载之外另有私增民户，或已坍房间复听修建者，即将不实心经理之地方官，及抽查疏漏之该河道，严加参处，以示儆惩。如此办理，似于河道不无有裨。所有柳坨等十一村业已迁净，及原准居住各村庄，并无添盖房屋缘由，谨据实覆奏。并绘图贴说，敬呈御览。伏乞皇上睿鉴训示。谨奏。（奉朱批："以后以实为之。钦此。"）

乾隆五十六年〔1791〕四月，直隶总督臣梁肯堂《为奏请酌添河工协办守备以资防守事》

窃照永定河南、北两岸工段绵长，埽坝棉比。乾隆四年〔1739〕，设立河营守备一员，专司塌坝工程，约束河兵力作事务，本属殷繁。一遇大汛，更应南北往来，昼夜防守。一人兼顾两岸工程，每有鞭长莫及之势。臣与永定河道罗瑛再四筹计，若再酌添一员，分任其事，庶足以专责成，而裨河务。第设官原有定列，不得另议增添；防守攸关，又未便因循贻误。复将通河险夷情形，汛务繁简，悉心筹酌。查，石景山汛，地居上游，悉系大石、片石工程，修防较易，向隶同知专管。乾隆三年[1738] 设立千总，专司报水，事甚简少。臣之愚见，原设永定河守备一员，应令驻扎南岸四工扼要处所，专司南岸六汛埽坝工程。将石景山汛千总一员裁汰，改为永定河协办守备，驻扎北岸二工，专管北岸六汛埽坝工程。如此划分管理，各有专司。声势既属络绎，巡防益加周密。至协办守备应支廉俸银两，与千总所食相符。应令新设守备仍食千总廉俸，毋庸另议增添。惟应刊给协备铃记，以昭信守。又北岸三工，并无民房可以租住，必需另建衙署，以资办公。查永定河道库存有河淤租银一项，原留河工以充公用。应将所需房间撙节估计，在于前项租银内动支兴建，但不得有逾二百两之数。仍俟工竣，造册咨部核销。再，查凤河东堤，盖桃花口斜堮工程，亦关紧要。原设外委一员，尚不足以资经理。永定河向设浚船，久经奏明裁汰。而浚船把总仅止随同厅员专司疏浚，名实亦不相符。臣拟请将浚船把总改为凤河东堤把总，移驻东堤，办理修防，仍兼管下口疏浚事宜，以收实效。凤堤外委则令移驻石景上汛卢沟桥，专司汛期内报水之事。如此量为更定，似于河务工程不无少有裨益。是否有当，理合恭折具奏。伏乞皇上睿鉴，敕部议覆施行。再，现拟增改各缺，如蒙允准所有现任各员，容臣酌量人地，另行题咨办理。合并陈明，谨奏。（奉批："该部议奏。钦此。"）经兵部议覆。奏准。

乾隆五十九年 [1794] 七月，直隶总督臣梁肯堂奏《为永定河伏汛骤涨漫口，现在赶紧堵筑情形，仰祈睿鉴事》

窃照永定河自入伏以来，水势增长，节经臣缮折奏明。于六月二十九日自省起程，前赴长安城防守。三十日途次新城县之高碑店地方，臣署差弁送到永定河道乔人杰禀一案。内称："自六月二十二、三等日水势增长之后，至二十五日，共长水一丈三尺二寸，河流已与顶平。当同汛员抢加子埝，保护平稳。二十六日又长水一尺六寸，连底水共深一丈四尺七寸。更兼夜晚风雨骤急，各工在在出险，分头保护，竭力抢培。无如水势汹猛，人力不敌，将北二工二十号堤顶漫过，塌去堤身六十余丈。河溜直注，归入求贤减河。由凤河仍至永定河下稍入海，现已断流。（朱批：

"幸。") 又，南头工二十六号亦漫过堤顶，塌去堤身八十余丈，水由老君堂官庄马头归入大清河。现在督率厅、汛各员，调集夫科，赶紧堵筑，以冀作速完工"等情。臣当即连夜兼程行走，于七月初一日巳刻行抵工所，亲加看察。北岸二工漫口之处，已经断流。现据该道乔人杰等，调集人夫如法补筑，尚易集事。南岸头工漫口较宽，现在天时晴霁，水势渐消，正可赶紧办理。东、西两坝均经乔人杰等先已裹头，办有坝台，尚属妥速。现在软镶打桩，一俟做至水深应下埽个之时，即行下埽，并挑挖引河。臣即日又添调人夫，并先将附近料物酌拨应用。一面赶紧购办新料，务使应手，剋期堵筑，不敢稍有怠忽。至此次水势骤长，虽较三十六年〔1771〕、四十五年〔1780〕稍大，而臣与道、厅等官不能先时保护，以至漫溢，罪无可逭。除查取厅、汛各官疏防职名另行参办外，相应请旨，将臣及永定河道乔人杰先行交部，严加议处。仍俟工竣后分别着赔。再，过水之良乡、涿州、固安、永清、霸州、东安、雄县等州县，臣业已委员分途确查，（朱批："为紧要。慎妥为之。"）如有田禾庐台或有伤损，即一面照例抚恤，不致小民稍有失所。所有永定河伏汛骤涨，漫口现在堵筑情形，理合由驿驰奏。伏乞皇上睿鉴训示。谨奏。（奉朱批："有旨。钦此。"）

乾隆五十九年〔1794〕八月，直隶提督奴才庆成奏《为恭报合龙日期，仰祈圣鉴事》

窃照永定河工次连日晴霁，昼夜赶办，至七月二十九日，西坝相隔仅有三丈。奴才叠蒙皇上训示，诚恐新工草率浮松，与其更张于后，毋宁详慎于前，即令盘筑结实，一切料物齐备，谨择于八月初二日卯时堵合。而口门愈窄，急溜湍激更甚，埽个不能入槽。永定河安澜已久，各工员多未阅历堵筑事宜，龙门下埽不甚便捷，以致大浪冲失两埽。至午，人力渐乏，奴才心甚焦急，恐不能如期堵合，更费周章。闻有沉船垫埽之法，随与乔人杰即用渡船横置口门中间，多载胶土，凿沉水底。前后填以沙囊，乘机桩埽，并力齐下。一面将引河头挑开，势如吸川，建瓴奔腾下注，分掣大溜，一举成功，于初二日申刻合龙。河流顺轨，势甚舒畅，皆由我皇上诚敬格天，是以河神默佑。奴才欣幸之中，敢不益加凛慎？于玉皇庙前加筑挑水坝一座。大溜回湾，镶筑拦水坝，藉资捍御，以为一劳永逸之计，上慰圣主慈怀。合龙后，新堤整齐，奴才带同工员丈量，新工计长一百二十丈七尺有零。缘初漫之时抢筑东西坝台，恐不坚实，具报后，复弃去水刷旧堤二段，约有二十余丈。又，堵筑时移避顶冲，不能尽循旧迹。增多十余丈，实较原报漫口八十余丈之数多做四十丈。现在天气晴朗，河水渐消，新工夯硪坚固，旧堤加防结实。奴才即于初五日起身，趋势诣行在复命。所有合龙日期，理合恭折驰奏。伏乞皇上睿鉴。谨奏。（奉上谕。恭录卷首。）

［卷二十六校勘记］

〔1〕原本"苇"字误为"韦"。改。

〔2〕"初一日"三字原本无，今本增补不知何据，估存疑不删。

〔3〕原本"二"字误为"一"，据前折，改为"二"。

〔4〕原本"瑞"字，今本误为"端"，从原本改回为"瑞"。

〔5〕"津"字原本误为"律"，依前后文意改。

〔6〕"津"字原本误为"律"，依前后文意改。

〔7〕"乾隆二十年"今本误为"乾隆十年"，据原本改正。

〔8〕原本"抑"字误为"明"，依前后文意改。

〔9〕同上。

卷二十七　奏　议

嘉庆二年至六年［1797—1801］

嘉庆二年［1797］七月，直隶总督臣梁肯堂奏《为永定河骤涨漫口，现在赶紧堵筑情形，仰祈睿鉴事》

窃照永定河入秋以后，水势时长时消，工程尚属平稳。于闰六月二十九日亥时起，大雨如注。七月初一至初二日，雨势更急。平地水深二尺，卢沟桥底水深至一丈五尺二寸。南、北两岸，在在出险。臣督同永定河道乔人杰，及在工河员，加意保护，昼夜巡防，不敢片刻疏懈。迨初三日子刻，又复风狂浪涌，水高堤顶二尺余寸。虽极力抢护，而风浪愈急，人力莫敌，以致北岸二工共塌去堤身二百六十余丈，北三工又塌去堤身五十丈，南岸头工埽去堤身一百五十余丈，并将金门闸龙骨冲去二十余丈。全河大溜悉由漫口下注。幸初四日雨止天霁，水亦渐平。臣现已调集人夫，并酌拨料物，赶紧裹头办出坝台。即日软镶六埽，以期及早堵筑完竣。断不敢少有怠缓，愈干严谴。至此次虽由三日大雨，水势骤涨，而臣与道、厅等官，不能竭力保护，以致漫溢，罪无可逭。除查取厅、汛各官疏防职名，另行参办外，相应请旨，将臣及永定河道乔人杰，先行交部严加议处。仍俟工竣后，分别认赔。再，过水之固安、永清、东安等县，臣业已委员分途确察。如田禾、庐舍稍有伤损，即一面照例抚恤，断不致小民失所。所有永定河秋汛骤涨漫口，现在赶紧堵筑情形，理合由驿驰奏，伏乞皇上睿鉴训示。再，臣连日在工督率赶紧堵筑，以致缮折稍迟，合并陈明。谨奏。（奉朱批："即有旨。钦此。"）

嘉庆二年［1797］七月，直隶总督臣梁肯堂奏《为叩谢天恩恭折覆奏事》

本月初八日，承准大学士伯和珅字寄，嘉庆二年七月初七日，奉上谕："梁肯堂奏：'永定河自闰六月二十九日大雨后，初一、初二声势更急。初三日子刻，又复风狂浪涌，水高堤顶二尺余寸。北岸二工、三工共塌三百余丈，并将金门闸龙骨冲去二十余丈。请将该督及永定河道乔人杰交部严加议处，其厅、汛各员另行参办'，等语。初一、二日雨势本大，永定河发源山西，或上游亦因连雨水发，俱未可知。此次水势高于堤顶二尺有余，加以风狂浪涌，堤工漫塌，实由人力难施，尚非抢救不力。所有该督等奏请交部之处，着加恩宽免。梁肯堂在直年久，于河务情形亦熟悉，不复另派大臣前往帮办。该督惟当董率在工文武员弁，上紧堵筑，迅速合龙，尚可将功补过。连日天气晴霁，水势曾否消退？该督如何鸠集工料兴工堵筑？约计何时可以堵竣之处？着即迅速奏闻。若该处河身经此番冲刷，或更加深通，转为极好机会。并着查明具奏，仍绘一图说呈览。至下游过水固安、永清、东安等县，猝经漫水下注，田禾不免稍被淹没。该督并当派妥道、府大员详细履勘，实力抚绥。如有应行蠲缓之处，着据实奏闻，不可稍存讳饰。将此随六百里加紧报便，谕令知之。仍即回奏，以慰厪注。钦此。"钦遵。寄信前来。伏念臣职司河务，责重宣防，今未能竭力抢护，以致堤工漫塌，实属咎无可逭。复蒙天恩，俯念雨势本大，宽免交部。沐矜全之逾格，实循省以难安。感激悚惶，有难自已。当率永定河道乔人杰等望阙叩头，恭谢主恩。并谕令在事各工员，激发天良，倍加勤奋，以冀克日完工，早纾慈念。

至此次永定河水势因雨水过大，兼之风狂浪涌，人力难施，塌去堤身数处。迨七月初四日，天气朗晴，河水随即消退。数日以来，卢沟桥存底水七尺五寸，即南头工漫口大溜已较前稍缓。查南头工漫口，水由良乡县属之任家营、老君堂、官庄，并经过涿州所属之桐村等处，入大清河归淀。南二工漫口现已断溜，北二工、北三工已成旱口。其溢水系过宛平县属之赵家村、曹各庄、石堡、求贤等村，固安县属之北张化等村，由减河归凤河，仍入永定河。下游所有旱口工段，各长数百余丈及数十丈不等。必须层土层碗，补筑坚实。臣已派附近州县，协同工员赶紧兴办，不许稍有草率浮松之弊。南头漫工丈尺较宽，工程尤关紧要。臣恐永定河道乔人杰一人照料难周，复札调清河道方受畴带同熟谙工程数员，星夜至工，帮同筑堵。先于东、西两坝逐渐软镶，各下边埽追赶压到底。一面于口（朱批："好"）门相近处所挑引河。俟合龙之时，挑开河头，俾掣溜得力，水归正河。臣日夕督率该二道，多集人夫，拨动料物，上紧如法趱办，不敢稍有缓急。目下工程已做有二分，可期月内合龙，（朱批："勉为之，不可欲速。"）上慰圣怀。

其金门闸并闸口草坝冲去工段，臣拟俟合龙后次第修复，亦不敢稍有迟缓。此番水势湍激，冲刷河道更加深通。现在大溜经行之地，诚如圣谕，转为极好机会。惟水势消退之处不免淤塞，臣与乔人杰等公同商酌，统于合龙后，再行测量。有应挑挖者，一律挑浚深通。（朱批："是"）谨遵旨，绘图贴说，恭呈（朱批："定于何时可完工？"）御览。

再，下游之良乡、涿州、宛平、固安、永清、东安、文安、霸州、武清、新城、雄县等处，漫水下注，田禾不免浸淹。幸立秋日久，高粱、黍谷等项业经熟黄，小民上紧芟刈，水过村庄亦非全无收获（朱批："幸，定成灾九分"）[1]。臣敬体皇仁，业已派委妥员切实查勘，先行抚恤（朱批："以实为之"）[2]。如有成灾者，入于秋灾案内办理。坍塌房屋照例予以修费，俾小民葺复故居，不敢失所，以仰副圣主轸念民依之至意。所有臣办理各情形，谨由驿五百里覆奏。伏乞皇上睿鉴训示。谨奏。（奉朱批："即有旨。钦此。"）

嘉庆二年［1797］八月，直隶总督臣梁肯堂奏《为恭报永定河漫工堵筑合龙仰祈圣鉴事》

窃照，永定河自七月初一、二等日，大雨如注，水漫堤顶，以致南、北两岸均有蛰塌。北岸漫缺处所旋成旱口，南岸二工亦已断流，惟南岸头漫工大溜直注口门，经臣专折奏闻，在案。嗣因溜急工钜，又经奏明，饬调清河道方受畴带同熟谙工程人员来工，分段赶办。并于口门之下，相度河形，指定地面，挑挖引河三百余丈，以备引溜归槽。自堵筑以后，虽连次遇雨，幸自七月二十七日以后，天气晴和，夫料凑手，臣每日酌看水势情形，次第下埽，指示工员督同夫役，夯硪坚实。凛遵睿训，不敢过于求速，亦不敢稍涉稽延。至八月初六日，口门仅余三丈。巳刻敬祀河神后，即带同清河道方受畴、永定河道乔人杰等，带领在工人员，分立东、西两坝头，追下大埽，赶紧堵筑，一面令承办引河之州判薛学诗、赵伦等，挑开引河。立见大溜下注，直由引沟归入正河，势甚畅达，顺轨循流，随于未刻合龙。皆由圣主敬承昊贶，（朱批："敬发香，叩谢神佑。"）[3]河神默佑，得以克期藏事。臣仍驻工，将一切新工加高培厚，以资巩固。其金门闸龙骨及草坝等工，乔人杰等禀能妥办。即责成该道、厅次第办理，迅速完工。惟现值吉林索伦官兵将次至境，察哈尔马匹亦应陆续进口，臣遵旨即在卢沟桥及良乡涿州一带，往来照料护送，以利巡行。所有漫口合龙日期，理合由驿驰奏，伏乞皇上睿鉴。谨奏。（奉上谕。恭录卷首。）

嘉庆五年［1800］六月，直隶总督臣胡季堂奏《为查勘永定河南北两岸并下口各工平稳情形，仰祈圣鉴事》

窃臣抵工后，业将察看南、北两岸三、四等工水势工程，并督率防护缘由，于六月初一日恭折具奏，在案。臣前闻桑干河有断流之信，到工而询该道王念孙、南、北两岸同知翟萼云、陈煜及各汛官弁。金称，永定河即桑干河，传说于桑椹熟时，间有断流之事。亦非年年必见干涸。今年闰四月十二、二十等日，自卢沟桥以东，间或断流。到五月初二日大雨后，河水通流。并云："桑干河断流，主伏、秋汛水盛涨"，（朱批："朕亦闻有此说"）等语。臣查，此间既有桑干之名，则桑椹熟时，河水干涸，固系常事。至春夏之交，雨泽稀少，则夏秋以后，或虞于潦，亦理所应虑。今岁既已显露干涸，又有系主伏、秋水盛涨之说，更不可不防。其漫溢自当较往年增益，修防倍加守护，（朱批："甚是"）以为未雨绸缪之计。臣连日带同永定河道王念孙，周历南、北两岸各工，细加阅勘。如南岸头工至六工，北岸头工至六工，所有旧险、原筑埽坝之处，虽河流渐徙，不致逼近埽根，亦令加镶坚厚，以防回溜。其有险工顶溜之所，俱加添新埽，以资抵御。并谕各汛官兵，分守当地，设有汕刷垂蛰处所，随时抢护，务保无虞。

至两岸七工以下，即系下口，乾隆二十年［1755］在于北六工二十号以下，开堤放水，作为下口。南、北两岸相距四五十里不等，原系任其荡漾之区。今查，南岸内河身淤积日高，水势渐向北趋，北堤未免吃重。查，下口以下之南、北各堤，较之南、北六工以上之老堤，本属单薄。因是河流荡漾之地，只有疏浚引河之费，并无培筑堤岸之工。惟查乾隆五十四年［1789］，因河流北趋，水漫堤根，曾经前督臣刘峨，将北堤七、八、九等工堤身卑矮之处，估需银二千七十余两，奏请略加培筑在案。嗣因溜向南徙，是以十余年未经请修。今自上年以来，河流淤垫，水又纡折北趋。经该厅、汛照依常年成例，估需挑挖此间银四千七百余两，归入抢修案内报销，经臣具题在案。连本年凌汛后，水势又向北行，渐逼堤根。经该道王念孙亲履勘验，详加测探，细为筹酌，应行挑淤引流者，不过数段，毋许多费。所有节省挑淤之项，移作北堤加高培厚之工。该道将北堤七工堤工底宽一丈四尺，顶宽一丈及一丈一尺不等，各加高三四尺，计长二千三百七十八丈。增筑夯硪用资保护。并于八工以下河流去堤稍近者，俱添挑水坝，并加以镶埽，以资防御。臣亲往查验，该道不拘挑淤之常规，竟作培护之堤障，经费既未加添，工用咸归着实。若照案题销，诚恐部中未悉此时该河形势，以下口各堤向无修筑之例，而估定疏浚之费，不便另为挪用，必将核实办理之工转致多加驳查。臣仰祈圣恩，俯如该道所办，准其据实开销，庶于河防有裨。并请嗣后下口一带应疏浚者，挑挖疏浚；应培护者，即加筑培护，不必专守挑淤之例。亦不得逾岁修引河之费，额外多增。以期因时制宜，有益河务。（朱批："是"）再，查卢沟桥于初四、五日长水三五寸，初六、七日落水九寸，现存底水二尺九寸。以目前情形而论，水势洵属平缓。惟是雨水之涨发，难以预计，而修防之人事总应加慎。臣惟有督饬道、厅等官，不时梭织往来，实力防护，务期慎重，以保无虞。所有臣连日查勘南、北两岸，及下口各工情形，理合恭折具奏。伏乞皇上睿鉴训示。谨奏。（奉朱批："另有旨。钦此。"）

嘉庆五年［1801］十二月。护理直隶总督臣颜检奏《为恭请移设汛员以重修防事》

窃照，永定河道王念孙因公来省讲论河务。臣询以永定河一十九汛，何以最要之南头工一汛所管道里独长？假如一汛内有两处吃紧，或适当风雨之夕，何能分身兼顾？倘致疏误，所系匪轻。其对岸之北头工多年稳固，一汛转设两员，讵非此劳彼逸？如有应需调剂之处，正可面为商榷[4]。庶先事修防，得其要领，则临时抢筑自协机宜。现据该道评议移设汛员一事，于今昔简要情形，实属得当。复商之署藩司同兴，亦以所议系移员，而非增置，询为有裨要工。

臣详加覆核，缘永定河自卢沟桥以上，两岸俱系石工，屹立无患。一至南头工汛，则堤岸纯沙，迎溜顶冲，在在着重。乾隆三十五年至嘉庆二年［1770——1797］止漫工六次，俱在该汛之内。本年秋汛异涨，溜势全行侧注。幸蒙皇上诚孚福庇，河之中间冲刷成沟，全河之水有所消纳，得以化险为平。原设宛平县县丞一员，工长汛险，实不足以资照料。应请将南头工汛照北头工之例，亦分为上、下二汛，派定堤工字号，匀拨汛兵名数，各自经营。所有原设之宛平县县丞，应作为南头工下汛汛员。其南头工上汛汛员，查有驻扎大城之霸州州同，向管子牙大堤及广安等堤。现在另折所议，应添桩埽之工，系在献县、河间二县境内。其大城境内堤工，归霸州州同管理者，系属平工。应请将霸州州同移驻永定河南头工上汛，以州同经理首汛要工，实符体制。且永定河汛员向称劳苦，兹添一州同升阶，亦足以昭劝勉。其霸州州同原管堤工，查有向管蓟运河之蓟州州判，久不挽运陵粞①，又无紧要工程，应请移驻大城，管理子牙等堤，以代霸州州同之任。至前州州判事务本简，应即归并蓟州中营巡检管理，作为地方水利缺，以符名实。以上霸州州同、蓟州州判二员，各以原衔移驻，无庸另给关防。其应支廉俸、役食等项，仍赴霸、蓟二州支领。大城现有汛署，无须另建。原设弓兵浅夫，悉循其旧。其南岸上头工汛署，不过草土屋十余间，需费无几。该道自请捐廉建盖，亦毋庸动及帑项。臣因南头工汛从前屡经出险，一员不敷办理，是以与该道王念孙再四商酌。该移员分管其霸州州同、蓟州州判本任，委系可移可并，别无顾此失彼之虑。兹据该道分晰具详，由署藩司同兴等议，详覆到臣。理合恭折具奏。如蒙圣恩俞允，则凌汛以前，要工即资分管，事归核实，可期永庆安澜矣。谨奏。（奉朱批："吏部议奏。钦此。"经吏部议覆，奏准。）

嘉庆六年［1801］六月，署直隶总督臣熊枚片奏：

再，臣于十八日酉刻驰抵保定，接准军机大臣字寄，奉上谕："那彦宝等奏：'查勘永定河下游河身内，并无急湍长流。附近居民在河身内高阜处所种植秫豆等物，其南岸堤外并有涸出地亩，赶种晚荞'，等语。可见下流高仰已非一日，若不设法使河流仍归故道，则南苑一带岂可竟成河流熟径耶？此时伏汛涨盛，口门一时不能堵筑。惟有开挖引河，吸溜归槽，最为目前要务。着那彦宝等四人，会同熊枚相度地势，何处以挑挖引河，即稍占地亩，亦属无可如何。应详酌具奏，等因。钦此。"跪读之下，仰见我皇上洞察原委，洵非臣下愚昧所能窥及。臣驰抵保定，查据藩司单开，直省被水至有七十三州县之多，其嗷嗷待哺，刻不容缓。尤应与藩司悉心妥议，于州县中有素谙赈务者，已遴委勤干妥员驰往，相机帮办急赈。而灾重州县甚多，干员不敷遴委，臣实不胜焦急。适值赵州知州薛学诗因公在省。查，该员在直前后计有二十九年，曾任河工、州县。该员不但熟谙直隶土俗民风，抑且永定河上、下游河道乃其素习熟谙。臣赶于二十九日札委，昼夜兼程星赶卢沟桥工。预备钦使询问，先行随往，相度地势，何处可以开挖。诚如圣谕，"即稍占地亩，亦无可如何。"臣已向该州语悉，并将臣前于十一日会同钦使履勘二十三号漫决要口，据

---

① 陵粞（xǔ）：陵是指在蓟州所辖的遵化县马兰峪清东陵；粞本义是粮饷，又有祭祀用的精米之义。故陵粞是指供应清东陵地区的粮食运输，向由蓟运河蓟州州判经营。

臣愚昧见及之处，亦细向该州说知。令其转向钦使缕述，以备公同参商裁夺。臣拟暂驻保定数日，赶将急赈事宜办有头绪，亦即起程。先从永定河南、北岸下游，各厅所报两岸漫决各口，遍行查勘。回永定河上游二十三号漫决要口，现在遵旨开挖引河，吸溜归槽，则大溜仍由下游故道奔驶。惟北岸各漫口，约计一千五百二十余丈，南岸各漫口，约计一千六百六十余丈，现在俱不及抢堵。将来上游决口堵塞，大溜下注须预防，不令仍向南、北岸各漫口分溢，方可保无他虞。臣现飞札永定河道陈凤翔，饬其刻将下游各漫口预筹，作何购料堵筑，抑或即将开挖河身淤土，挑补漫口之处，均嘱先向钦使禀悉裁夺。臣前面奉谕旨抵保后，赴工防汛时再行陛见。臣俟遍行履勘，于钦使会议后，即进京恭请皇上训示。合并附片奏。

嘉庆六年［1801］七月，兵部侍郎那彦宝等《为奏闻事》

窃臣等于初一日午刻，将卢沟桥一带大雨时作、时止、河水消落七寸有余各情形，恭折奏报。迨至酉刻，查看河水，又复消落六寸。正拟具片奏闻间，即承准军机大臣字寄，奉上谕："漫口各工可以堵筑者，即上紧兴修，不得迟缓。且使附近灾民闻风前往佣工，藉资口食，亦可以工代赈。此时京城内外分厂赈济，远处灾黎纷纷就食，未免渐聚渐多。京师为辇毂重地，自不便任其日久聚集。现已降旨，赏拨京仓米二千四百石，于长新店、卢沟桥一带，酌量设厂，赈济灾民。并搭盖棚厂，以资栖止。所搭棚厂，须相离稍远，以防火烛。此项灾民可免露处，即将来动工夫役人等，亦有所栖托。该处散赈事宜，即着那彦宝、莫瞻菉、高杞、巴宁阿、熊枚等，妥为经理。等因。钦此。"仰见我皇上恩施调叠，睿虑周详。臣等不胜感激，钦佩之至。

伏查，南、北岸漫溢各工，急须先行堵筑。臣等于六月二十九日拜折后，已饬陈凤翔、嵇承孟、刘朴，带同在工各员驰往勘估。俟估有成数，即令陈凤翔，一面先于永定河道库内酌拨银两，招集人夫。臣等轮流往来工所，督率堵筑，断不敢稍事稽回，上谨宸念。至赏拨京仓米石，臣等当即飞咨仓场侍郎，派拨仓场①，以便遣员赴京领运。一面饬令西路同知蒋耀祖、宛平县知县胡逊先往，臣熊枚前次拨交四

---

① 本折记述清廷下拨京仓米用于赈灾，领发京仓米须有京仓米存贮场地，向由主管此项事务的"仓场侍郎"调派，仓场侍郎驻通州掌管糟粮收贮。其所属坐粮厅各仓监督，均在运河沿岸设置存贮地。

路厅抚恤各处银内，酌量供支。先行购买木料、席片、绳索等项，相度宽敞高阜处所，间隔搭棚。臣等禀遵圣谕，亲督搭盖。务使相离稍远，以防火烛。至应搭棚厂若干间，臣等随时酌量人数，分别办理。现在邻近京城各州县，仰蒙圣恩，赏拨银米，煮赈接恤。大约未经开工以前，灾民就食者犹可屈计。迨开工以后，各处灾民闻风到工佣趁者，自必日众。臣等自当妥为经理，务使有所栖托，以仰副我皇上轸恤灾黎，无微不至意。所有臣等遵旨办理缘由，理合恭折具奏。谨奏。

嘉庆六年 ［1801］ 七月。户部《为遵旨议奏事》

臣等议，得侍郎那彦宝等奏称："本年六月大雨连旬，永定河水漫溢。蒙皇上轸念灾区，特派大员分道查勘，发帑以赈贫民，截漕以济困乏。恩外加恩，秋粮（载）[5] 免。臣那彦宝等查验，河堤被冲决者，石工三百六十余丈，护石堤之灰土工一千一百二十余丈，埽土工三千二百九十余丈，其高仰淤垫处所，在在皆须挑挖。臣熊枚查勘被淹地方，通共九十余州县，处处皆须抚绥。国家经费有常，圣主恩施无尽，赈以普济民食，工以保卫民田。大赈、大工同时并举，若不通盘筹画，恐办理不周。伏查，乾隆十一年［1746］，江南黄、运、湖、河盛涨，其时两江督臣尹继善等，奏请开捐，则有江赈例；二十六年［1761］，河南黄、沁、漳、卫诸河并涨，其时大学士刘统勋等奏请开捐，则有豫工例，均经部议准行。诚以办赈办工，无非民事，以富者之有余，补贫者之匮绌。贫民受沾溉之益，富民得登进之阶。酌盈济虚，人皆遂愿。大公至正，深惬众心。前事之师，允宜遵仿。此次永定河漫水，既与从前江、豫二省相同，而工赈事宜，与江、豫二省无异 [6]。愚昧之见，莫若查照江赈、豫工乾隆年间准行成案，暂开永定工赈捐例①。准令士民赴部报捐，以收挹彼注兹之效。庶赈项工程得以从容料理，亿万灾民益沐恩泽于无既。如蒙俞允，一切银数、班次或照江赈，或照豫工之例办理。"等语。

臣等伏查，乾隆十一年［1746］，江南黄、运、湖、河盛涨；二十六年［1761］，河南黄、沁、漳、卫诸河并涨，均经两江督臣尹继善、大学士刘统勋先后奏请，开捐部议准行，在案。此次永定河水漫溢，该侍郎等既称："查验得河堤现被

---

① 本折提出"暂开永定工赈捐例"，并以乾隆十一年"江赈"例，乾隆二十六年"豫工"例为参照，开启"士民赴部报捐"，来筹集治理永定河河防工程以及赈灾款项，反映当时财政拮据的状况。"江赈"、"豫工"的上谕、奏议原件均未收录于本书，仅在此折提及。

冲决者，石工三百六十余丈，其高仰淤垫处所，在在均须挑挖；又直隶总督熊枚查勘，被淹地方通共九十余州县。处处皆须抚绥。是一切赈济办工，需费浩繁，而国家经费有常"。臣等职任度支，自应通盘筹画，俾一切有益无绌。应如该侍郎那彦宝等所奏，准令士民报捐。夫士民等受国家涵育深恩，积有余赀，借以稍纾忧恫，又得上进有阶。而赈项工程均可次第就理、用，仰副我皇上轸念灾黎之至意。

再，川楚军务①连次克捷，大功计日告成。臣等请俟新例开印[8]之日，将现行川楚事例即行停止，使远近士民得以从容赶赴。如蒙俞允，臣部通行各直省督抚、府尹、将军等，一体出示晓谕。至其应如何酌定条款银数，并旧捐人员作何过班，以及如何铨选之处，俟命下之日，臣等会同吏、兵二部，另行详悉妥议，缮写黄册进呈。为此谨奏。（奉旨："依议。所有应议章程，着户部会同吏、兵二部，妥议具奏。钦此。"）

嘉庆六年［1801］七月，直隶总督臣熊枚奏《为敬陈管见，仰祈圣鉴事》

窃臣前次会同那彦宝等，奏请暂开永定工赈捐例，声明报捐银数次，或照江赈，或照豫工，请敕部议。等因。奏奉谕旨，饬交部臣议奏，在案。臣伏思，此次开捐，原为普济民食，保卫民田起见，端在定议之初，宽其例以励人材，即广其途以收实效。臣查乾隆十一年［1746］，两江督臣尹继善等奏闻之江赈捐例，其银数、班次，较二十六年［1761］，大学士刘统勋等奏闻之豫工捐例，一切稍宽。盖各因其时以制宜，并非拘于一格也。臣愚以为，此次开捐，宜斟酌于江赈、豫工二例之间。可否将报捐银数照江赈例，量为酌加，比豫工例，稍为酌减。其选用班次，应否先尽新班，多为选用，及于邻河近省补用之处，仰恩敕下。部臣检查例案，详悉妥议具奏，恭候圣裁。臣愚昧之见，是否有当？谨恭折奏闻，伏乞皇上睿鉴。谨奏。（奉朱批："户部议奏。钦此。"）

嘉庆六年［1801］七月，奴才那彦宝、奴才巴宁阿、臣熊枚跪奏《为具奏请旨事》

所有永定河补筑石、土各工，及挑挖淤塞各情形，第经臣等奏，蒙圣鉴在案。

---

① "川楚军事"是指嘉庆元年——十年［1796—1805］四川湖北白莲教大起义，清廷派兵镇压。

今据永定河道陈凤翔、候补盐运使嵇孟等禀称："勘估得下游南、北两岸漫口、土埽各工，计三千二百四十九丈，内除现在有水决口五百五十二丈尚未估计。所有即时虑修十七处土埽，各工应需土方并桩、麻、秫秸、柳枝、稻草、夫价银两，按工部例价合算，共需银三万六千一百七十四两零。按市价合算，需银八万九千余两。除例价外，尚不敷银五万三千余两"，等情。缮写清单，呈报前来。臣等公同酌议："各省一切工程，俱有例价可遵，断无舍例价而用市价之理"，严行驳饬。去后，复按该道禀称："向来岁修、抢修各工，俱系汛员承办。遇有重大要工，沿河州县均有责成。需用夫料，总督转按地方各官催办。嗣于嘉庆四年［1791］，升任江宁藩司孙曰秉条奏，奉上谕：'河工省分各该厅、汛弁专管修防。若派州县代办，不但本任公事旷废，兼之赔累难堪。嗣后，遇有挑筑工程购料雇夫等事，不得调用州、县。等因。钦此。'从前州县雇办之时，各项夫料俱按例价饬发。设有例价不敷之处，沿河州县各雇地方津贴，在所不免。今既奉饬禁，自应遵行。惟是各项料物例价，于市价原有不同。本年雨水过多，附近地方多被淹浸，百物无不昂贵。即如秫秸例价，每束连运价银八厘，石灰每斤连运价银一厘，以目下之市价核计，大相悬殊。若用市价采买，而照例价报销，其不敷银实属无从着落。委系实情，并无捏饰。不但现在办理土工应需土方桩埽，及即日办理石堤灰斤、石料、挖淤、夫价等项，均请照依市价采办"等情，再四禀恳。臣等伏思，例价既不敷用，除用市价采买及派委州县代办之外，别无他法。若奏为地方官采买，诚恐累及闾阎，致负皇上轸念灾区有加无已至意。若依所禀报，即奏请按照市价办理，而每岁内外工程不可胜计，倘互相效尤，亦非慎重钱粮之道。然目下永定河石工、草坝及挑挖淤仰，各工所需料物较比往岁不啻倍徙。而直省各州县，被水之区已属过半，不得不因时调剂，以济要工。可否将此次河工需用一切物料等项，照依市价购买办理，庶灾黎不致扰累，而要工亦得办理。裕如之处，出自皇上天恩。臣等为调剂要工起见，不揣冒昧，据实奏明。伏候训示。现在具备修筑挑挖各工，急应次第赶办。而道库仅存银一万二千两，断不敷用。先应请帑银一百万两，以便采办料物，上紧兴修。使用完之时，再行请领。务期工归实济，帑不虚縻，以仰副皇上委任至意。为此谨奏。（奉旨。恭录卷首。）

嘉庆六年［1801］八月，奴才那彦宝、奴才巴宁阿跪奏《为筹办挑淤掣水事宜，仰祈圣鉴事》

窃奴才等先于七月下旬，饬令原任南岸同知翟萼云，带同抄平人等，自卢沟桥起至下口，一面估计，以便白露后兴工挑淤。去后，兹据翟萼云禀称："沿河逐段测丈，除八、九工俱有河形，现该处尚存积水，难以平丈外，所有自卢沟桥起，至下口七工条河头止，共计平过一百五十余里。全河形势或起或伏，尚非一律高仰。查，所平各工内，有大淤滩二十二段，计长八九百余丈，高一丈一尺至三四尺不等。或中梗河心，或偏垫岸侧，此必挑挖深通者。其余各处，较卢沟桥第五虹底石版渐见低洼，现在尚可缓挑。"等语。奴才等自到工以来，每以永定河自卢沟桥至下口一百八十余里，计长三万二千四百余丈，若一律高仰，必须全行疏浚。则工段绵长，不但钱粮浩繁，而所需人夫未免过多，恐一时难以雇觅。正在筹画未定间，一经抄平，幸河形大势，尚属北高南低。现在只须间段疏浚，仅可因势利导，无虞阻滞。遂于初六日，招集人夫，赶紧挑挖。一面挑引打坝，掣溜归槽，务期河流及早顺轨，仰慰圣怀。至两岸之中泓，以及下口所有必须裁湾取直，并开引分流之处，统俟明年凌汛以后，麦汛以前，再行确切查勘，量加挑浚，以备伏、秋大汛。如此次第举行，则帑不虚糜，而事半功倍矣。至需用人夫，系随时各处雇觅；应挑土方、砂石，泥泞情形不一，其价值亦各不同。且宽窄、浅深，必须临时相度形势，酌量增减。今开工之始，一切土方及雇夫价值确数，尚难预定。俟奴才等另行详细具奏外，所有现在筹办挑河掣水缘由，理合恭折具奏。伏乞皇上训示。谨奏。（奉旨："依议。钦此。"）

［卷二十七校勘记］

〔1〕"水过村庄亦非全无成"句旁，原刊本有"朱批：'幸。定成灾九分'"，今本无。据原刊本增补。

〔2〕"先行抚恤"句旁，原本有朱批："以实为之"。今本无，据原刊本增补。

〔3〕"谢"字后原刊本有"神佑"二字，在"河"字旁，今本无。据原刊本增补。

〔4〕此处"榷"字，原本误为"确"，据文意改为"榷"。

〔5〕原本为"载"，今本改作"裁"。按"载"在文言语词中是语首或语中助词本身无意，"载免"就是免。而"裁"和"免"则语义重复。故从原本仍作"载"。

〔6〕"异"字原本误作"益"，据上下文意改正。

〔7〕"余赀"今本作"作资"，有误。从原本仍作"余赀"。按"余赀"，即余财、余资。

〔8〕原本"开印"误作"开夘"，按"夘"为"卯"的异体字。然，"开卯"实为"开印"之误。开印即开始办公，故全句"臣等请俟新例开印之日，将现行川楚事例即停止……"开卯无义，故改为"开印"。清制年末封印，来年正月中旬开印，各衙署开始办公。

卷二十八　奏　议

嘉庆六年至十年［1801—1805］

嘉庆六年［1801］十月，奴才那彦宝、奴才巴宁阿、臣陈大文跪奏《为北上头工合龙全河复归故道恭折奏闻，仰慰圣怀事》（朱批：敬叩天恩不尽）：

窃臣等，仰蒙天恩，委以河工重任，昼夜经营，不敢稍懈。督率在工员弁，一面将水口赶紧堵筑，一面将两坝头加培结实，以资巩固。惟恐口门渐窄，溜势奔腾，臣等即饬令先将引河头挑开，势如吸川建瓴，分掣大溜，直达中泓。乘势顺机，得于十月初三日丑时合龙，边埽戗堤俱属坚实。（朱批："河神默佑深恩"[1]）又虑挑挖淤工稍有阻滞，则水流不畅，关系匪轻，复令永定河道陈凤翔，分派员弁，沿河按段查探。所有原估挑挖八千九百三十二丈，及续估六千一百八十七丈，均为一律深通，安流顺轨。全河水势，复归故道。查，今岁永定河漫溢石堤四处，上堤十八处，共计三千七百四十七丈五尺。上厪宸衷，频劳睿画，臣等屡蒙圣恩，训示周详，始得次第合龙。此皆仰赖我皇上至诚格天，是以河神默佑。臣等欣幸之中，益加凛惕。其在工大小各员弁，实为认真奋勉。谨择其最为出力者开列清单，恭呈御鉴。可否加恩之处，出自皇上格外天恩。所有北上头工合龙日期，全河复归故道，理合由驿恭折奏闻。伏乞皇上睿鉴。谨奏。（奉朱批："欣慰览之，即有恩旨。钦此。"）

嘉庆六年［1801］十月，奴才那彦宝、奴才巴宁阿跪奏《为奏闻事》

窃奴才等，于嘉庆六年［1801］十月十八日，接准军机大臣字寄，十七日奉上谕："那彦宝、巴宁阿奏，现筑二十四号护堤土坝情形，并已未竣石工，及应修坍塌臌裂各工段，开单进呈，即照所请办理。现在天气晴和，各工正可赶紧修筑。惟时届小雪，气候凝寒，若于冻土施工，转恐不能坚固。着传谕那彦宝等，酌量情形，何日凝冻，即于何日停工。俟来年春融再行修筑，俾要工不致草率为要。将此谕令知之。钦此。"仰见我皇上训示周详，无微不至。伏查，现在石、土各工均关紧要，幸天气晴和，得以赶紧修筑。唯已时逾小雪，早晚已见微冰。诚如圣谕，若于冻土施工，转恐不能坚固。奴才等已于二十日概行停止。昨伏查，浑河水势长落靡常，惟资两岸堤工以防泛溢。其石堤工程均系灰浆修砌，背后又有土堤戗护，可期坚固。前已将应修各石工，俱已奏。蒙圣鉴在案。

惟查，两岸土堤尚须酌量筹办。奴才等公同计议，所有下游形势，不外疏、筑兼施之法。查两岸土堤，自乾隆五十年［1785］，经前督臣刘峨奏请，加高培厚以来，十有余载。其河身日渐淤高，堤身日形卑矮。又因土性浮松，多系砂砾，是以每年汛水稍大，即至漫顶平槽，泛溢堪虞。今奴才等往来河干，悉心筹度。所有南、北两岸旧堤，除下口七、九等工，计长八十余里，河面渐宽，尚可从缓加筑外，自头工起至六工止，一百五十余里，必须间段择要加培，并于最险之处添筑越堤，以为保障。其迎溜顶冲处所，尤须多备料物，添筑埽段，方足以资捍卫。现已饬令永定河道陈凤翔，逐段估计，预为筹备。俟明年春融，次第办理。所有尺丈确切成数，再另缮清单具奏。至此次挖淤工程，前经直隶总督臣陈大文奏准，饬派沿河各州县雇夫挑挖，均为安静妥速。但今岁自白露后，始能兴工，时日无多。是以间段挑挖，因势利导，未及遍行疏浚。其两岸之中泓，自卢沟桥以上及下口一带，尚有必须裁湾取直、开引河流之处。前经奴才等奏明，俟来春凌汛以后，麦汛以前，再行相度情形，确切估计，量加挑浚，以备伏、秋大汛。查此项工程，仍应请旨，敕下直隶总督臣陈大文，分檄沿河各州县，俟来春届期，各按本境，遵照估计土方，妥为承办。呼应既灵，弹压亦易，庶可克期蒇事。再，此次堵筑北上头工漫口所余剩料物，即可分拨各汛，留为明年岁修、抢修之用。所有该道应领嘉庆七年［1802］岁、抢修银三万余两余，毋庸另行赴部请领。除本年兴修各工，一切做法并动用银数，统俟工竣后，秉造清册具奏外，所有现在停工日期，及预应筹办土埽、淤工各事宜，理合恭折奏闻。伏乞皇上睿鉴。谨奏。（奉上谕。恭录卷首。）

嘉庆七年［1802］二月，直隶总督臣陈大文奏《为河工紧要恳请添设河兵以重修防事》

窃查，永定河南岸堤长一百五十四里，北岸堤长一百五十五里，又有下口之南大堤八十余里，北大堤四十余里，以及凤河东堤斜埝五十九里。工段绵长，处处须兵保护。据永定道陈凤翔禀称："永定河南、北两岸，额设战兵一百十六名，守兵一千四十七名。共战守兵一千一百六十三名。工长兵少，每遇伏、秋大汛，各处要工不敷差遣。上年河流异涨，抢护不及，以至南、北两岸漫口十余处，俱添埽镶垫，以御大溜顶冲。而各工今皆为险要，需兵防护，更为吃紧。惟有禀请奏明，酌添战兵六十名、守兵三百四十名，分派南岸守备，北岸协备经管，酌量工段平险，添拨各汛，以资捍卫"，等情。臣查，永定河南、北两岸原设河兵，约计每里不及三名。如遇大汛险要之时，实属鞭长莫及，议请添兵防护，自系实在情形。第添兵四百名，计需添饷银六千一百余两。国家经费有常，未便于定额之外，再议加增。当即札饬藩司瞻柱，会同臣标中军副将武尔衮泰，悉心妥议。兹据禀称："于绿营各标镇额兵内，酌核繁简，通融抽拨，以旧核实，而重河防。查马兰、泰宁二镇，系守护陵寝重地①，正定镇奉派出师兵丁较多，均难议拨。惟查督标额设马步守兵五千六百八十六名，提标额设马步守兵八千八百一十六名，宣化镇额设马步守兵七千九百二十七名，天津镇额设马步守兵六千七百六十九名。核计四处兵数较多，应请每处抽拨战兵十五名、守兵八十五名，共战、守兵四百名，拨交永定河道。查明险要工段，分防各汛。所需饷银，即在于各标镇原额兵饷项扣留，司库解交永定河道支放"，等情。会议前来。臣复悉心确核，如此通融调剂，于营务不至贻误，河防得有裨益，粮饷仍不虚糜。复咨商直隶提督臣特成额，意见相同。谨恭折具奏。伏乞皇上睿鉴，敕部议覆。俟命下之日，臣等一面转饬各标镇，于简僻营汛内酌量裁汰，扣齐粮缺，随时开送河营。一面檄饬永定河道，先行招募沿河壮丁，当差学习。视应募之先后次第补伍，俾免生疏。仍俟募补足额，由司秉核造册咨部。合并陈明。谨奏。（奉朱批："另有旨。钦此。"）

嘉庆七年［1802］四月，臣那彦宝、臣巴宁阿、臣熊枚跪奏《为遵旨酌定永定河岁修抢修银两仰祈圣鉴事》

窃臣等前奉上谕："永定河每年岁修、抢修银两，向来定额一万九千有余。就目下情形而论，虽称不敷应用，但每届岁修亦须酌定银数，方有限制。设遇抢险工程较多年分，不妨据实估计。且距京甚近，可以随时奏请办理。所有永定河岁修每年

---

① 清东陵在遵化县马兰峪，清设马兰镇驻防，清西陵在易县梁各庄永宁山，清设泰宁镇驻防。

实在需银若干，并运用何项之处，着公同确勘，悉心妥议具奏，等因。钦此。"臣等公同酌议："嗣后，设遇工程较多年分，再行随时奏请，归于另案办理外，其每届岁修自应酌定银数，俾有限制。抢修一项，河流大小无定，工段平险靡常。办理虽在临时，而应用料物必须年前采买，分贮各工，以备一时抢护之用。若俟临时购办，必致贻误。应请仍照向例，同岁修银两先后赴部请领，预为筹备。当即檄行永定河道陈凤翔，将每年实需银数确核，酌定妥议"。去后，兹据详称："永定河岁、抢修银两，从前建堤之始无定额。嗣经前督臣方观承奏定：'南、北两岸每年岁修银一万两、抢修银一万二千两、疏浚中泓下口工程银一万两。石景山岁修银二千两，每年额定三万四千两'。复经军机大臣会同前督臣周元理奏明：'岁需工程银两，每年秋汛后将下年各工预估应需银数请领'。其'定额'字样永远删除。如有另案工程，仍随时勘明办理，各在案。近年动用岁、抢修银两，每年多则三万一二千两，少则二万九千九百余两。查，南、北两岸旧设埽工一千八百余丈，工段绵长，银数有限，每多顾此失彼之虞。加以此次大工补还旧埽，外加增新埽二千余丈，较之旧有埽加增一倍有余，每年皆须如式加镶，庶足以资抵御，则岁、抢修料物夫工之费，亦多至一倍有余。应请于从前奏定南、北两岸岁修银一万两、抢修银一万二千两之外，酌增岁修银一万两、抢修银一万二千两。其疏浚中泓下口银一万两、石景山岁修银二千两，仍照旧请领，毋庸酌增。每年共银五万六千两。所需银仍照旧定章程，于年前先后赴部请领，工竣核实报销。如有余剩，归入下年动用。并于下年所领银两内，照所存之数扣除。倘有另案工程，再行随时奏请办理。"等情，请奏前来。

臣等伏思，岁、抢修银两，皆为埽工料物、夫价而设。春间预为加镶者，为岁修伏、秋大汛临时加镶者。为抢修此次兴举大工，凡新筑漫口，以及险要处所添做埽段，既比往时多至一倍有余。其岁修、抢修银数，若不量予加增，势难敷用。今该道详请于旧例岁修银二万二千两之外，酌增银二万二千两。核之新添埽段，尚属撙节。应请均照该道所请办理。仍饬该道、厅等，督率工员认真妥办，务使工归核实，帑不虚糜，以期仰副我皇上慎重河防之至意。谨合词恭折会奏。伏乞睿鉴训示。谨奏。（奉朱批："户部议奏。钦此。"）

嘉庆七年［1802］五月，户部等部谨奏《为遵旨等事》

内阁抄出，钦差侍郎那彦宝等奏请《永定河南、北两岸此次加增新埽，酌添岁抢修银两》一折，嘉庆七年［1802］四月奉朱批："户部议奏。钦此。"又夹片附奏。此次石堤工程通身修砌，按例用石灰，实属不敷。请照实用数目报销，等因。同日奉朱批："并议具奏。钦此。"钦遵。均于四月十八日抄出到部。据该侍郎等原奏内称："查永定河岁、抢修银两，近年动用多则三万一二千两，少则二万九千九百余两。南、北两岸旧埽工一千八百余丈，工段绵长，银数有限，每多顾此失彼之虞。加以此次加增新埽二千余丈，较之旧有埽段加增一倍有余，每年如式加镶，庶足以资抵御，则岁、抢修料物夫工之费，亦多至一倍有余。庶请于从前奏定南、北两岸岁修银一万两、抢修银二万二千两之外，酌定岁修银一万两、抢修银一万二千两。其疏浚中泓下口银一万两、石景山岁修银二千两，仍照旧请领。毋庸酌增。每年仍照旧定章程，于年前先后赴部请领，工竣核实报销。如有余剩，旧入下年动用。并于下年所领银两内，照所存之数扣除。倘若有另案工程，再行随时奉请办理，"等语。工部查，永定河南、北两岸，旧有埽工一千八百余丈，先于乾隆十八年[1753]，经原任督臣方观承奏明："每年设岁修银一万两，抢修银一万二千两。于年前赴部请领采办料物，分贮工所备用。工竣核实报销。"等因。在案。今永定河堤工，自上年漫缺之后，特派大臣驻工修筑。凡新筑漫口及险要处所，既增新埽二千余丈，较旧有埽段一千八百余丈多至一倍有余，则每年加镶需费亦多。旧设岁、抢修银两，自难敷用。应如该侍郎等所奏，南、北两岸堤工，每年加增岁修银一万、抢修银一万二千两，以资工用。仍照旧定章程，于年前先行赴部请领，办料备用。惟是永定河每年水势大小不同，工程多寡不一。如遇水小之年，工程平稳，埽工自不至着重。应令直隶总督转饬，撙节确估，核实办理。不得以岁修、抢修银两额数加增，遂致任意开销。其另案工程仍照旧例，随时奏请办理。

又，据附片奏称："查灰斤一项，永定河《则例》，每砌片石一方，用灰八百斤。历年岁修不过勾抿粘补，照例尚有敷用。此次石堤工程，俱系通身修砌，按例用灰斤实属不敷。伏思片石一项，大小、厚薄参差不齐，全仗灰斤充足，方得粘固。臣等未敢拘执定例，饬令匠夫满用灰斤，结实补砌，并加灌浆汁，以期巩固。是以现在所用灰斤，核之永定河例，多至一倍有余，均系实用在工，并无别项情弊。应请准照实用灰斤数目，报部核销。"等语。工部查永定河工例载，补砌片石堤，每石一方用灰八百斤；又勾抿石缝，每见方一丈，用灰八十斤。并无另加灌浆灰斤之例。今该侍郎"以例用灰斤，每年勾抿粘补尚可敷用，此次通身修砌，实属不敷，饬令匠夫满用灰斤，加灌浆汁成砌，核之例给灰斤多至一倍有余。请照实用数目，报部核销"。固为工程巩固起见，第思物料价值或有今昔贵贱之不同，而工程做法初无今昔异宜之别。查，永定河片石堤工，从前厘定成规，一切用工用料，悉系核实详定。该处历年成砌片石工程，均照定例报销，并无另行加增之案。今请于用灰斤之外，增至一倍有余，事关成例，未便轻议更张。所有该侍郎等奏请例外加用灰斤之处，应毋庸议。所有臣等核议缘由，谨缮折具奏。伏乞皇上睿鉴。谨奏。（奉旨："依议。钦此。"）

嘉庆七年［1802］六月，直隶总督臣颜检奏《为石景山石工绵长请酌设专汛文员以资防守事》

窃照永定河南、北两岸堤工，除设有专管之同知、通判外。每汛又设佐贰一员，以为专汛之官。每值疾风骤雨之时，在在有人防护。惟石景山石堤东、西两岸，亘长四十九里有零，只设同知一员、外委二员。一遇汛期，往来查看，每有鞭长莫及之势。臣昨于陛见后，赴任顾看石堤，询悉情形，当与永定河道陈凤翔等再四筹计。均以该处石堤为京师障卫，关系匪轻。且上年漫工，仰蒙圣主赏发帑金，修建完竣，此后保护，尤宜倍加慎重。若数十里之石堤不行专设汛员，不惟两汛期至防守难周，即每年岁修等事，亦恐难以经理妥协。第设官分职各有定额，经费有常，亦未便动议增设。臣思，宛平县卢沟司巡检，驻扎卢沟桥，为石景山汛内适中之地。该巡检所管事务最为简少，若改为石景山专汛要缺，经管东、西两岸石工，仍兼管地方事务，分隶石景山同知并西路同知管辖。每岁大汛期内，照依南、北两岸，三角淀拨夫上堤之例，即于所辖村庄内拨夫巡守，似与河工地方均有裨益。所有该巡检印信、衙署、俸廉，均可仍循其旧，毋庸另议增减。臣抵省后，复与藩臬两司商酌，意见相同。谨缮折奏请。伏乞皇上睿鉴，训示道行。谨奏。（奉朱批："吏部议奏。钦此。"经吏部议覆奏准。）

嘉庆七年［1802］六月，大学士臣庆桂等谨奏《为遵旨议奏事》

钦差侍郎那彦宝等《将永定河修筑石堤、土堤、挑淤、挖引等工用过银两，酌议应销、应赔款项，开单具奏》一折，奉旨："军机大臣会同该部议奏。钦此。"据奏称："永定河修筑石、土各工，共动用银九十九万一千三百二十两二钱一分，自应查明应销、应赔款项，分别办理。除将修筑土堤，照例'销六赔四'外，其堵筑石堤及挑挖淤塞各工，未便因向无应赔之例，稍从宽减。公同酌议，应照土堤'销六赔四'之例办理，计请销银五十八万二千七百九十二两一钱二分六厘。其余银三十余万八千五百二十八两零四分四厘，俱着落各该员，分别摊赔归款。又查，此次土堤漫口至三千四百二十余丈，石堤漫口三百二十余丈，诚如圣谕，皆由历任各员因循玩误，不肯随时疏浚，以致石、土各工有此溃缺。若惟将修筑石堤及挑挖淤仰各款，派令历任摊赔，其土堤漫口赔项，仅着落姜晟等数员，则从前贻误各员，转得置身事外。且现在人数无多，或致拖延悬宕，不能即时归款，仍属有名无实。请将应赔四成银三十八万八千五百一十八两零八分四厘，均着落自乾隆三十八年［1773］起，至嘉庆六年［1801］六月初十日止，历任各员及姜晟、王念孙等，一体摊赔，以昭平允。至总督、河道名下，各分赔十分之三，银共二十三万三千一百一十六两八钱五分四毫，应查明各该员在任年月，久暂数摊赔。其石景山、南岸、北岸、三角淀四厅所管工段，情形不同，而应赔银两多寡互异。所有分赔十分之二五，银九万七千一百三十二两三分一厘，应按各该员所管工段，按年摊赔，以示区别。至汛员本属微末，所管工段无多，向来之未能随时疏浚，以致淤垫高仰，原非伊等所能专。若按赔十分之一五，银五万八千二百七十九两二钱一厘六毫，均摊于历任汛员名下分赔，似未允协。仍照在任年分，着落分摊钱七百四十四两四钱八分二厘毫外，其余银五万七千五百三十四两七钱二分九厘八毫，均请摊于历任督、道、厅统辖各员名下，代为分赔归款，"等语。

臣等查，上年七月内，钦奉上谕："河工定例，土堤漫口系'销六赔四'，着落各员分赔。至堵筑石堤及挑挖淤塞，向无应赔之例。现在永定河土、石各堤，决口至三千数百余丈，皆因下淤高仰所至。历任各员因循玩误，咎无可辞。若不责令赔修，是贻误各员转得置身事外，不足以昭平允。除修筑土堤，照例着落各员摊赔四成外，其堵筑石堤以及挑挖淤仰各费，着那彦宝等估计用银，确数查明。自乾隆三十八年［1773］起，至嘉庆五年［1800］止，历任直隶总督、永定河道暨厅、汛各员，分别正任、署任年月久暂，开单具奏，酌令摊赔，以示惩儆。钦此。"钦遵在案。今永定河石、土各堤工程，用过银九十七万一千三百二十两一钱一分，除修筑土堤例应销六赔四，其堵筑石堤及挑挖淤塞各工，据该侍郎等"以未便因向无应赔之例，稍从宽减，遵旨酌议，请照土堤销六赔四之例办理。"

臣等伏思，永定河堤工虽有土、石之分，而所以保卫民生，初无二致。凡遇漫溢，自应一例赔销，以示惩儆。且上年漫缺土、石各堤至三千七百余丈之多，诚如圣谕："皆因下游高仰所致。历任各员因循玩误，咎实难辞。"所有堵筑石堤，挑淤挖引，及土堤加高培厚添做埽段等工，应如该侍郎等所奏，照依土堤"销六赔四"

之例，分别赔销。至土堤漫口赔项，原应于现任疏防各员名下摊赔。今据称仅着落姜晟等数员摊赔，人数无多，必至拖延悬宕，仍属有名无实。且使从前贻误各员，转得置身事外。亦应如所奏，同堵筑石堤挑淤挖引等工，共分赔四成银三十八万八千五百二十余两零四分四厘，均着落乾隆三十八年［1773］至嘉庆六年［1801］六月初十日止，历任各员及姜晟、王念孙等，一体摊赔，以昭平允。至永定河向来遇有赔项，系按十分摊赔：总督、河道各赔三分，厅官赔二分五厘，汛官赔一分五。今该侍郎等奏报，总督、河道名下，各赔十分之三，银共二十三万三千一百十六两八钱五分四；厅官名下分赔十分之二五，银九万七千一百三十二两二分一厘；汛员名下，分赔十分之一五，银五万八千二百七十九两二钱一分二厘六毫。查，与应赔分数相符。惟历任汛员，于一切疏浚事宜原难专主，且系微末之员，即令摊赔，仍属有名无实。所有应赔银五万七千五百三十四两七钱二分九厘八毫，该侍郎等请于历任督、道、厅统辖各员名下，代为分赔归款之处，亦属公允。应如所奏办理。其南、北两岸堤工漫溢之本汛各员，究有疏防之咎，应赔银七百七十四两四钱八分二厘八毫，仍应着落分赔，以示区别。以上应赔银两，各员内除此次疏防之姜晟、王念孙等，前经奉旨革职，嗣又蒙恩录用；其厅员等业经分别严议，毋庸查办外，所有历任经理不善各职名，应否查议之处，伏候训示遵行。并行该督，将各员应赔银两，转咨各任所旗籍。分别按限催追，照数完缴，报部查核①。并将堵筑土、石各堤，及挑淤挖引等工用过银两，遵照奏明例案，切实保题，造册送部核销。所有臣等核议缘由，理合恭折覆奏，并另缮清单，恭呈御览。谨奏。（奉上谕。恭录卷首。）

嘉庆八年［1803］闰三月，直隶总督臣颜检奏《为河工汛员名实不符应请更正以崇实政事》

窃照各直省遇有州缺，俱设立吏目一官，所以专司监狱捕务，与各省县缺设立典史无异。河工内本无狱捕之事，不应有吏目之名。臣查东河、南河并无吏目，惟永定河设有涿州管河吏目一员，驻扎北岸三工；霸州管河吏目一员，驻扎北岸六工；又南运河设有沧州减河吏目一员，驻扎该州之风化店地方。概不与知州同城，殊与管理狱捕事宜之名义不符。臣溯查原案，缘永定河原设笔帖式十二员、把总四员。

---

① 此折记述河防工程问责制度，包括"销六赔四"、各级官员摊赔比例，追溯历任官员代为分赔归款等项。

雍正四年［1726］，《添改河员案》内题定，将涿、霸二州于地方吏目之外，各设管河吏目一员。又是，乾隆二十年［1755］，《裁改南、北运河汛员案》内，将静海县子牙河主簿，照涿州管河吏目之例，改为沧州减河吏目，专管堤工一百余丈。当更定之初，未经计及吏目一官职，司监狱与管理河工之官迥不相侔，因循数十余年，未经更正。伏思，设官司分职，各有专司；所任之管缺，与所管之政务，两相岐异，自应量为更定，以崇实政。臣与藩司瞻柱、署永定河道王念孙、天津道蔡齐明等商酌，应请将涿州管河吏目，改为北岸三工巡检；霸州管河吏目改为北岸六工巡检；沧州减河吏目，改为沧州风化店巡检。仍令专管河务，不得干预地方事件。其拨夫修防等事，悉照旧例遵行，毋庸更易。即廉俸、役食等项，亦毋庸增减。惟该员等原领钤记，应须分别更换，用昭信守。至吏目、巡检，查品级考内，俱系从九品。嗣后出缺，应请且于河工试用从九班内咨补。其现任吏目三员，品级既属相同，自应即请改为本缺巡检，毋庸另行更调。所有未经补缺河工吏目，现在直隶只有一员，亦准一体补用河工巡检。如此量为更正，庶名实适相符合，益足以专职守而重河防。是否允协，理合恭敬折具奏。伏乞皇上睿鉴，敕部议覆施行。谨奏。（奉朱批："吏部议奏。钦此。"经吏部议覆，奏准。）

嘉庆八年［1803］闰二月，直隶总督臣颜检奏《为永定河购料情形今昔不同仰恳圣恩，暂准酌加运脚以备要需事》

窃照永定河每年需用岁修、抢修秸料定例，俱在沿堤十里采买。计秫秸一束，连运脚动用银八厘，每岁预为估计，题请赴部具领，分发专讯之州判、县丞等官采买，遵行已久。嘉庆六年［1801］，堵筑漫口大工案内，各处秸料短少，均仰蒙皇上格外天恩，发给市价采买，较之例价多至数倍。是以料物应手，克期竣工。上年抢修时新料尚未登场，亦准市价购买应用。滨河小民莫不感戴皇仁，咸资利赖。惟是国家经费有常，大工既竣之后，自应遵照旧例，发汛采买。上年秋后置办本年岁修、抢修料物，均经署永定河道王念孙，督同南、北两岸同知，责成汛员按照例价分途购办。臣昨亲赴河工，查看凌汛情形，目击两岸料物在在堆贮，有备无患。第原定例价，秫秸一束连运脚准销银八厘。因俱在沿堤十里村庄采买，故一律开销。自六年［1801］被水之后，近堤村庄既多迁移，地亩亦被沙压，所产秸料甚属无几，不得不向远处村庄购买，以敷应用。购买愈远，运脚愈多。各汛员虽踊跃急公，不敢违例，遽请增价。然岁以为常，未免难以为继。

臣体察情形，如不量为筹计，诚恐将来办理，竭蹶征末，汛员借口无力，观望迟延，转非仰体圣主慎重河防，奠安民生之至意。臣正月在京时，已据实面奏，仰蒙圣鉴。兹复据该署道王念孙具禀前来，臣再四商筹，除永定河下游六汛所用秫秸较少，近堤十里村庄尚有采买，毋庸筹计外，其上游八汛办理秸料，实与未经漫口以先情形迥异。拟请每束酌加运脚银二厘五毫，每岁约计加增运脚银八千五百余两。备料较易，汛员不致借词贻误。如蒙俞允，请自本年为始，统于题估预备岁、抢修料物之时，一并核定加增运脚。确数赴部请领，秉案报销。如数年之后，村庄复旧秫秸茂密，可于附近村庄采买，即将加增停止，仍照旧例开销。并责成永定河道随时稽察，毋使稍有隐匿浮冒情弊。务期工归实用，帑不虚糜。为此恭折具奏。伏乞皇上睿鉴训示。谨奏。（奉朱批。恭录卷首。）

嘉庆八年［1803］六月，工部《为河道抢险工程请旨敕下河臣，于奏报情形折内确计丈尺、约估银数，以归核实[2]而杜浮冒事》

窃查，黄、运两河遇有险要工程，各该河督将抢护情形随时奏报；工竣后，分案造册题估，由臣部核准，行令将做过工程、用过银两造册题销。此向来办理之章程也。惟查臣部于该督题估到日，应否准驳，惟以该督原奏情形为凭。而各该督奏报折内，遇有抢险处所，多系约举地名，或称某处至某处一带，或称某厅迤上迤下一带，或称某某等处，或称某某等十数处，并不确指起止地名，及长、宽、高、矮、丈尺若干。迨分案题估时，始将丈尺、银数造册送部。臣部核对原奏，则一次奏报内，自数案至十数案不等。而一案内动用银两，自数万至十数万不等。臣部查系奏明之工，不能不准其办理。但查各处险工，该督奏折内俱称"亲身履勘，督率道、厅等抢护平稳，得保无虞。"是该督奏报情形，已在平稳以后；所称某处添筑埽坝，某处酌镶防风布置，具有成局，其抢护工段自有画定丈尺，需用钱粮亦可约略估计，无难于奏折内确实声明。即间有预筹，防守各工于奏明丈尺后，临时相度机宜，续有更易。抑或水势情形起伏无定，奏报时未及勘定丈尺者，亦应于兴工时将丈尺银数另行专折奏明。盖具奏时，确查文风犹得自该督之亲勘；迨详估时开造丈尺，则第凭厅员之册报。设其中有影射浮开，事后增添情弊，无凭稽查。相应请旨，敕下各河臣，于奏报汛水情形，及查勘河道各折内，凡有抢护工程，确指应修处所，起止地名，不得仍用"一带"、"等处"字样，并将抢护各工长宽、高厚、丈尺若干，约需银数若干，确实声叙。即有预筹、防守各工，临时更易及奏报时未及勘定丈尺者，亦应令该督于兴工时，将丈尺、银数另行专折具奏。不得仍前虚报情形，率将未经奏明丈尺、银数之工，遽行估报，致启厅、汛各民影射浮开，事后增添等弊。并请令该督等，统计一年内奏过各汛抢险工程，无论已估、未估，通共用过钱粮若干数目，于年终禀奏一次，以凭考核。并于年终造具河道起止地名、里数总册，绘画全图。将一年内岁修、抢修，及奏明抢护新工段落丈尺，统于图内逐一分晰，粘签注明，送部察核。庶于工程、国帑均归核实，是否有当。俟命下之日，臣部行文各河督，钦遵办理。为此谨奏。（奉上谕。恭录卷首。）

　　嘉庆十年［1805］六月，直隶总督臣熊枚奏《为恭报微臣星驰到工，并据永定河道禀报，入伏后河流骤涨水与堤平，北岸三、四工漫有旱口二处，二工漫溢过水，现在赶紧堵筑等情，恭折据实奏闻仰祈圣鉴事》

　　臣伏查，本月十八、十九、二十等日，雨泽连宵达旦，农田醋足，庄稼如云，岁征大有。其沿途沟渠盈满，浸入大道，以致各支河均多浸溢。查，永定河源发山西，因急雨连阴，汇聚下游，至水势涨发。二十日辰巳二时，卢沟桥水势陡长一丈有余，连底水共一丈六尺。南、北两岸各工，在在露险。即平工无埽段之处，水势亦与堤相平。而南下头、南三、南五、北二、北三、北四等工，新埽陡蛰处甚多，均经随时抢护。凡最险之段，幸保无虞。惟北岸三工、四工，地势稍低，致有漫溢，旋即挂淤，已成旱口。其北二工第二十一号地势亦低，因水长甚骤，漫溢三十余丈。幸大溜仍走中泓，口内未曾掣溜。其下游水过之处，俱归入低洼沟坎，于村庄田禾尚不致有损伤。日内，天气渐已晴霁，水势消落。现经永定河道朱应荣及厅、汛各官昼夜抢护，赶紧堵筑。需用工料较多，虽各工存贮桩、苇料物均皆充裕，但现届伏汛，均须保护本段险工，未便顾此遗彼。臣现饬该道，于存贮道库要工银两内，先行筹款动用。并饬厅、汛各官，分途飞赴附近村庄，赶紧购买，以期克日堵闭。臣断不敢以工系漫口，稍为曲贷。现在加培，严饬该道等，并力赶堵，务在伏汛以前堵筑断流。如稍有疏懈，定即严行纠参，并责令赔修，以示惩儆。其余各险工，亦饬令随时保护。臣仍严加纠察。务使伏汛安澜，以冀上慰宵旰殷怀。至臣二十日由安肃拜发赴工等折，二十一日亥时行抵涿州。因接到该道北二等工漫口禀报，即连夜赶赴，于二十二日辰刻星驰到工。所有现在严督该道等抢堵缘由，理合据实奏闻。伏乞皇上睿鉴训示遵行。谨奏。又片奏，再，漫口田禾不致伤损之处，臣仍查勘确实，不敢膜（漠）视。谨奏。（奉上谕。恭录卷首。）

嘉庆十年［1805］六月，户部侍郎奴才那彦宝《为遵旨恭赍藏香虔祀河神，并查看永定河北岸二、三、四等工漫口情形，恭折具奏仰祈圣鉴事》

窃奴才于本月二十三日面奉谕旨，颁发藏香，恭祝河神。当即出京，至卢沟桥惠济龙神庙，敬谨致祀，默宣圣意，祈佑安澜。随查看石景山两岸石、土各工，均皆巩固。卢沟桥原存底水四尺四寸，自二十日长水一丈有余，连日长落相抵，连底水共八尺一寸。即遵旨由北岸往查二工漫口。行至北下头工第二号，见堤身塌断，大溜逼近堤根，口门约长九十余丈。幸堤外地面稍高，过水尚属平稳。已掣有三四分，溜在庞各庄、黄村以南，系宛平县地界。堤外旧有河沟，漫水顺势中趋。查，该处田禾不无伤损，其附近民庐尚不致淹浸塌坏。被水下游一带，该县已亲往查勘。奴才随即折回中岸，行走至二工，遇署督臣熊枚，亦因北下头工禀报堤工冲刷，驰赴该处查看。途次接见，当即传知，面奉圣谕，饬令赶紧办理，毋得稍有迟误。

永定河道朱应荣亦来接晤。并传知谕旨，令其加意防守，上紧堵筑。该督及该道均凛奉温谕，感激天恩。熊枚将连日水势长落，各工平险，及添桩下埽各情形，详悉告知奴才后，随即驰赴北下头工。奴才仍由南岸沿途查勘。凡迎溜扫湾之处，在在露险吃重。各汛签桩压土，保护堤埝，现皆平稳。查，至南三工，即坐船渡至北岸二工二十一号，查漫口一处，长四十余丈。堤身距大河稍远，水势仍走中泓，口门不致夺溜。过水不过一二分，业经盘护裹头。至北二工十七号，有旱口一处，约二十余丈。二十号有旱口一处，约三十余丈。该二处虽有汕刷坑塘，堵筑尚易为力。惟甫届伏汛，水势消长靡常，即旱口挂淤，亦恐水涨时仍旧过水。今仰赖皇上福庇，天气开霁，随雨随晴，水势亦渐形消落。而正河尚有大溜，自应乘时赶紧筹办兴修。但漫口工段所备抢险料物堆贮无多，断难敷衍漫工之用。若将各工现存之料通融暂运接济，而现值防险吃紧之时，正当有备无患，亦未便轻为动拨。自应分投采买，赶运赴工，以资应用。上年秋收丰稔，购买秸料似属易办。惟分赴附近村庄采办，未免稍需时日。而棒、木、芦、麻等物，亦须全行买足，人夫、器具备办齐全，方可开工下埽。至购买料物，必须先行筹款。应请敕下督臣速即筹备，以便赶办要工。工竣之日，再行饬令道、厅、汛各员，照例分赔归款。再，永定河汛员各有要工，今年内旱口漫工数处，段落绵长，势难兼顾。应遴调熟谙河工之员，帮同办理。二十四日，奴才回至长安城住宿。署督臣熊枚亦于是晚赶回长安城。二十五日，奴才等前往北岸三工、四工查勘，有旱口五处，共百十余丈。现已断流，尚易办理。谨将遵旨虔祀河神，并查过北岸头、二、三、四各工漫口情形，理合恭折覆奏。伏乞皇上睿鉴。谨奏。

［卷二十八校勘记］

〔1〕今本"恩"字脱，据原本增补。

〔2〕"核实"，原本作"覈实"。按"覈"为"核"的异体字，故改为"核实"。

〔3〕"漠视"，原本误作"膜视"，今改正为"漠视"。

卷二十九 奏 议

嘉庆十年至十五年 ［1805—1810］

嘉庆十年 ［1805］ 六月，钦差户部侍郎奴才那彦宝奏《为恭报永定河北下头工堵筑合龙，并赶办北二等工及伏汛安澜全河堤埽平稳，仰慰圣怀事》

窃奴才于本月初三日，敬将到工日期及筹办工务水势情形，恭折奏蒙圣鉴，在案。奴才于初二日到工后，严催办料，各员上紧赶运，并分派文武厅、汛员及调取来工熟谙各员，齐集人夫，即遵旨先于北下头工二号漫口，挂缆签桩，相机进占。查，该处口门计长九十八丈，坝前水深七八九尺至二丈一二尺不等。虽经节次长水，尚未掣动全河，大溜过水仍不过三四分。幸旬日来，天时晴霁，奴才与颜检及永定河道朱应荣悉心筹酌，凡堵筑事宜，必须乘时赶办，始能迅速蒇事。当即督率在工各员弁，多集人夫，连夜镶筑。复恐水势长落靡常，随即抢做后戗，加长坝台，以资抵御。并派随带司员郎中定住、主事陈钟麟、永定河道朱应荣、河间府知府孙树本，自两坝催令员弁兵夫一同进占。至十七日，堵筑合龙，签压坚实。此皆仰赖圣明恩训指示精详，智炳机先，睿谋预定。奴才敬谨遵循，督催趱办。当此伏汛大雨时行之际，又值连日晴明，俾得顺手工，借收一举速成之效。其北岸二工二十一号漫口，计长四十余丈，过溜亦有三四分。坝前底水较深，探量水势计一丈二三尺不等至二丈不等。中有深塘一段，办理恐稽时日。奴才同颜检、朱应荣相度形势，派委同知杨瑛昶、薛学诗，先于对面新淤滩上开挖引渠，俾水势顺溜下趋，口门不致着重，易于施工。现已进占三十余丈，后戗亦一并跟随前进。至各工旱口七处，共一百七十余丈，已经另委妥员，分投培筑。

再，奴才奉命堵筑堤工，并修防大汛，所有南、北两岸上下头、二、三、四等工，间有迎溜顶冲，汕刷蛰陷处所，皆已随时添镶埽段，抢护平稳。现在伏汛已过，秋汛方长，查卢沟桥现存底水七尺九寸。奴才惟有督率工员，将两岸平险、土埽各工加意小心防护，务期一律巩固，以仰副皇上慎重河防，轸念民生之至意。所有北下头工合龙并赶办北二等工，及伏汛安澜各缘由，理合谨先具折奏闻。伏乞皇上睿鉴。谨奏。（奉朱批："敬慰览之。另有旨。钦此。"）

嘉庆十年 [1805] 闰六月，钦差户部侍郎奴才那彦宝奏《为北二工堵筑合龙签压坚实，恭折奏闻仰慰圣怀事》

窃永定河北下头工，于本月十七日合龙，前经奴才恭折具奏，在案。嗣奉到谕旨："令将北二工漫口克期堵合"。当即督同颜检、朱应荣及厅、汛各委员等，趁此天气晴霁，多集人夫，无争昼夜，赶紧镶做，以期及早藏工。

查，北二工漫口计宽四十余丈，前已进占三十余丈。缘对面淤沙将大溜逼紧，以致于回流倒漾直冲口门。埽前水深二丈有余，旋镶旋蛰，溜势甚急。随将东坝签桩里头，由西坝并力抢占。

至二十五日未刻，河流涨发，口门收束愈窄，溜势愈急。一面开放引渠，一面抢镶大埽，挂缆培闭。顿见河流顺下，口门立即断流。并加镶边埽，封筑后靠，俱已稳固。堤外积水，渐见消涸。至旱口七处，亦皆分投赶筑，工程俱有六、七分不等。但补筑新、旧土堤一时最难胶固，且旱口向无边埽，恐汛水再来，难资捍卫。已俱饬令加镶，不敢稍有草率。统俟普律完竣，验看坚实，收工后再行具报。至大河水势，于二十五日未刻陡长三尺二寸。河流浩瀚，处处拍岸盈堤。南、北两岸埽工，业经加镶高厚，其迎溜顶冲蛰陷处所，俱经各厅、汛员弁一一抢护平固。惟南岸上头工第十二号、下头工第四号、三工第六号、四工第二号及北岸上头工十号，各土堤向无埽段处所，经大溜汕刷，极为露险吃重，非加镶边埽不足以资抵御。现已分派各委员帮同厅、汛员弁，连夜抢做埽段，镶筑坚实。今水势渐次平缓，连底水共存九尺二寸。时届初秋，仍恐汛水复长。奴才惟有钦遵训示，严饬各员小心敬慎防守，以期秋汛安澜，上纾圣廑。至各工应行亟筹善后事宜，俟逐细查勘确实，再行奏明办理。所有北二工漫口堵闭完竣，并南、北岸险工抢护平稳，及土堤加镶埽段各缘由，理合缮折奏闻。伏乞皇上睿鉴训示。谨奏。

嘉庆十年［1805］七月，奴才那彦宝跪奏《为永定河工程动用银两全数分赔据呈代奏仰祈圣鉴事》

查，永定河水、旱各口工程，于本年六月十六日奉上谕："永定河堤工系直隶总督职司宣防。颜检前在总督任内，何以不留心稽察？着即驰赴永定河，随同那彦宝办理堵筑事宜。如有应行赔修工段，即着颜检等赔修。"又于二十九日奉上谕："此时办理要工，不得不宽备料物。着即于造办处拨银十万两，即交颜检、朱应荣二人专司收发。俟用过后，照例着赔。如有宽剩料物及留存银两，将来即归于河工岁修项下动用。等因。钦此。"钦遵各在案。仰见我皇上慎重要工，无微不到。特发内库帑金，俾得宽为筹备，迅速葳工。

前于闰六月十七、二十七等日，奴才将北下头工及北二工水口先后奏报合龙，其旱口七处现在全行完竣，所有工次采买料物及动用银两，俱系颜检及永定河道朱应荣二人专司收发，逐款动用。

兹据颜检、朱应荣呈报："堵筑水、旱口各工，共用银六万二十一两八分五厘，善后工程用银三千九百四十八两五钱。统计用银六万三千九百六十九两五钱八分五厘，应存银三万六千三十两四钱一分五厘。又据称，此次漫工动用银两，前蒙皇上恩旨，照例着赔。伏思颜检、朱应荣职司河务、不能先事预防，以致堤工汕蛰，实属咎无可辞。已蒙恩施格外，不加重谴。颜检复屡荷天恩，留于二次效力，勉赎前愆。若循例报销，各官仅赔四分，其余六成照例开销，颜检等扪心自问，实觉难安。所有堵筑北岸下头、二、三、四等工漫口工料，并软镶坝工土方、开挖引渠，及善后工程，通共用银六万三千九百六十九两五钱八分五厘，情愿全数认赔。颜检、朱应荣赶紧设措，各先缴银一万二千两。其余三万九千九百六十九两五钱八分五厘，依限措缴永定河道库，以清动款"，等语。

奴才查，河工堵筑漫口事例工竣后，例销银六成。其余四成，着落总督及永定河道并厅、汛各官，分别成数着赔。银数在五千两以上者，定限五年，勒令限内完交。等因。今年内据颜检、朱应荣呈称，前项工程银六万三千九百两零，情愿全数认赔，共先缴银二万四千两。其余三万六千九百余两，依限按年措交。奴才伏思，颜检、朱应荣系专司河务大员，未能先事预防，以致堤工汕蛰。复蒙皇上天恩，特发内库银两，俾得迅速葳事。颜检、朱应荣感激圣恩，情愿自行全数认赔，不敢照例请销，实属分所当然。所有颜检、朱应荣赶紧先共交出银二万四千两，应今存贮道库。同现在实存银三万六千二十两四钱一分五厘，共计银六万零三十两四钱一分五厘，留为明年岁、抢修之用。至未完应赔银三万九千余两，若按照五年例限完交，未免有稽时日。奴才酌拟令其于奉旨日起，限在三年内按期交归道库。并于每年交银后，由直隶总督题报。即于赴部应领岁修、抢修银六万四千余两内，照数扣除。庶各员稍知惩儆，而官项不致久悬。应否准行分限完交之处，出自皇上天恩。恭候命下之日，奴才行文直隶总督，依限遵照办理。所有动用工程银两，据呈全数分赔，并定限完交款项各缘由，理合缮折具奏。伏乞皇上睿鉴。谨奏。（奉上谕。恭录卷首。）[1]①

嘉庆十一年［1806］正月，直隶总督臣裘行简奏《为堤工险要移驻汛员以重河防仰祈圣鉴事》

窃照永定河南、北两界立汛。每汛经管河堤，自十八九里至二十七八里不等，唯北岸头工宛平县主簿分管四十七里三分。当日因地处上游，河身宽展，工程平稳。嗣于乾隆四十五年［1780］，水势偏趋北岸，秋汛内北头工四十一号堤工漫溢。又兼四十六年［1781］，凌汛水刷堤根，在在出险，修防甚为紧要。原设主簿一员，驻扎四十二号，其上游堤工实有鞭长莫及之势。经前督臣袁守侗奏准："将三角淀属之南堤九工武清县县丞移驻，分管一号至二十二号河堤二十二里；其二十三号以下及至工尾，仍令宛平县主簿经管[2]。分为上、下两汛。"自分汛以来二十余载，巡防尚属周密。迨至嘉庆六年［1800］伏汛，河水异涨，上、下两汛新生险工，段落绵长。每遇凌、伏、秋汛内，该二员奔走巡防，已形竭蹶。上年大汛水势叠长，河流变迁侧趋，以致北岸头工上汛十号又生新险，头工下汛二号堤工漫溢，并水刷堤根之处甚多。据该管河道朱应荣议请："将下游之三角淀属北堤九工武清县主簿，移驻北岸头工。与原移上汛武清县县丞、宛平县主簿，分作三段。各令经管[3]巡防，较为周密。"等语。

臣查地方情形，如有今昔不同，需员经理自应随时酌量改移，以裨要工。[4]今经

---

① 此折中那颜宝提出，颜检、朱应荣情愿"自行全数认赔"漫口堵筑工程款。除令各先缴一万二千两外，余款限令三年期内缴完。颜、朱二人原可按"销六赔四"的成例赔款，现自认全数缴赔，那颜宝仍不认同，但嘉庆十年七月的上谕并未采纳，云："但念银数稍多，若期限过紧，措交不无竭蹶，著加恩予限五年交完，以示体恤。"奏折和上谕内容反映了当时河防工程的问责制度。

臣亲往周勘，北岸头工上、下两汛，现在险工林立，原设汛员，实不足以资照料。似应如该道所请，将下游工平[5]之三角淀属北堤九工武清县主簿移驻北岸头工，作为上汛，分管堤长十五里；原移上汛武清县县丞作中汛，分管堤长十六里；原设下汛[6]宛平县主簿仍为下汛，分管堤长十六里三分。各照原衔，毋庸另请关防。其移驻之员俸廉、役食等项，仍照旧在于武清县、宛平县二县支领。北九工汛务即归于北七、八工两汛分管。如此酌量，移驻既与定制并无更张，而于要工益资防护。至分管堤工应拨河兵，以及移驻之员筹款建署各事宜，俟命下之日，另行饬令办理外，所有移驻工员缘由，理合恭折具奏，伏乞皇上睿鉴。谨奏。（奉上谕。恭录卷首。）①

嘉庆十一年［1806］，直隶总督臣裘行简《为补筑永定河堤埝工程恭折奏闻事》

窃据永定河道朱应荣禀称："永定河南、北两岸堤工历年既久，河底渐高，堤土纯沙，虽每岁随将[7]添筑，仅可补其残缺，不能增其高厚。查，两岸工分平险，其险工全恃埽段，以抵迎溜顶冲。近已埽与堤平，其工平无埽之处，尤赖堤高障护。若日就卑矮，汛水略长，难资抵御。就目前形势而论，筑堤实所宜急。至石景山石堤亦有河高堤矮之处，应需添设石子埝遏水，以资保护。现在择其不能稍缓者，逐段撙节确估，应需加培土工银一万九千两零"，等情，具禀前来。

查，河道工程，全赖堤身保护。该道所禀是否急应办理之工，臣于上年十二月二十一日封篆②后，亲赴各工，率同道、厅各员，逐段查验。南、北两岸，险工林立，河身淤高。无埽工程堤身卑薄，有埽工程埽与堤平，若再加镶，亦无后靠。且上年漫溢各工，虽已堵筑完竣，而堤工尚未加培，其石景山石堤亦有应需添筑之处，委系实在情形。核其所估银数，亦无虚浮。合无仰恳圣恩俯准办理，俾险工得资巩固。俟命下之日，饬令在于该道库贮各款内先行动拨。一面造册题估，一面乘此春融，赶紧办理，以备大汛。理合恭折具奏。伏乞皇上睿鉴，训示遵行。谨奏。（奉上谕。恭录卷首。）③

----

① 上谕见卷首录有嘉庆十一年［1806］正月上谕，首肯本折之请。

② 封篆即封印（印章多为篆文）。清制每年十二月十九—二十四日之间，封存印章，衙门停止对外办公；来年正月十九—二十一日三日之间，开启印章，照常办公。封、启印章日子由钦天监选定。

③ 见卷首收录嘉庆十一年［1806］正月上谕，对此折批复。

嘉庆十一年［1806］六月，直隶总督臣裘行简谨奏《为抢护险工情形仰祈圣鉴事》

窃臣奏报雨势情形折回，钦奉朱批："十二、十三日大雨，工程有无妨碍，据实具奏。钦此。"仰见圣主廑念河防，无时消释至意。查，本月初十日以后，雨水较大，河流屡涨，南、北两岸间出险工。经臣随时督率抢筑，保护稳固。惟南岸四工之第二号，因封岸之溜陡折横趋，直向南注，致将岸前老滩汕刷，逼近堤根。经臣先期饬令道员朱应荣，预提道库存款，多购秸料，赶下埽捆。十三日午后，雨势滂沛。至十四日丑、寅时分，势尤倾注。埽前水深三丈有余，随镶随蛰。幸料物云集，臣在工亲督该道，率领员弁兵夫，昼夜竭力抢护，将埽头裹住。仰赖圣主洪福，河神默佑。天气开霁，大溜忽向东趋，有两时之久。赶紧鳞次下埽九段，签桩压土，并将对面沙嘴赶紧挑挖。十五日寅刻以后，各段埽工均已站住。随经加桩、加土，尽力追压，复将堤身加土培筑，务臻稳固。十六日申刻，复得雷雨一阵。十七日丑、寅时分，上游叠次长水，由埽工各段冲刷而过，尚皆屹立。正在缮折具奏间，本日未刻，中段埽工忽复蛰陷。总缘水汕埽根，新作工程一时未能追压到底，致有渗漏。随即层土、层柴赶紧镶压，复加钉桩木，抢护无虞。惟全河溜势对向南趋，堤工未免着重。现在相度[8]形势，拟将对岸坐湾处所挑挖沟槽，并两岸迎溜处所加筑挑水坝一座，以期溜走中泓，两岸险工均归平易。臣惟有与道、厅各员悉心筹议，竭力防护，务保无虞，上慰廑注。谨奏。（奉朱批："实力妥办，庶期安澜。钦此。"）

嘉庆十一年［1806］七月，直隶总督臣裘行简《为永定河北岸五工第十号被水漫溢据禀奏闻事》

窃照本月十九日，臣自密云途次接据永定河道朱应荣禀称："本月十二、十四等日，永定河连次长水一丈四尺有余，南、北两岸险工林立。北岸五工向来虽系旧险，久已淤滩，化险为平，并无埽段。迫连日水势陡长，该处大溜湍急，变为迎溜顶冲，兼堤外减河一道，沥水甚深，临近堤身内外皆为水灌注。该道因南岸玉皇庙要工险急，驻工赶办抢护。据北岸同知禀到，即赶紧渡河，督率弁兵奋力抢护。至十六日夜，风涌浪激，大溜漫堤顶。于十七日丑刻，维护不及，坍塌堤身一百余丈。水由减河下注，口门水深四五丈，现在盘坝裹头，赶紧堵筑，"等情。臣接闻之下，不胜惶悚骇汗。伏查，本月永定河水势盛涨，雨水较多。臣起程后，屡饬该道周历各堤，随时加桩、加埽，认真抢护。该处虽系平工，但系旧口门，须防溜走老险，自应先事预筹，力为防范。乃至水漫堤顶，坍塌堤身至一百余丈，实属疏玩。应请将北岸同知田宏猷、汛员孔昭诚革职，留工效力。道员朱应荣先行摘去顶戴，与臣一并交部严加议处。臣现已飞饬该道，多集人夫，宽备料物。勒令上紧堵筑，到期竣事。一面筹调熟习河务各员，飞速赴工帮同堵筑。务期及早断流，以慰圣廑。所有永定河北岸五工漫口情形，谨恭折由驿驰奏。伏乞皇上睿鉴。谨奏。（奉朱批："另有旨。钦此。"）

再查，本年雨水较多，河流叠涨，南、北两岸屡出险工，经臣率同该道抢护平稳，并将动用银两，节次奏蒙圣鉴在案。现在，道库所存银款为数无多，似不敷办工之用。合无仰恳圣恩，由藩库内动拨银八万两，解交道库，以备应用。事竣照例赔销。至臣尪从銮辂，未能分身前往。并请钦派大臣驰往督办，以期迅速葳工。其下游被淹处所，已饬清河道旷楚贤前往查勘，另行奏闻。理合附折陈明，伏乞恩鉴。谨奏。

嘉庆十一年［1806］十月，直隶永定河道臣陈凤翔《为恭奏合龙日期仰慰圣怀事》

窃永定河北岸五工漫口工程，自督臣裘行简到工后，臣即随同堵筑。所有办理情形，均经督臣具折奏闻，在案。两旬以来，逐日赶紧加镶。至九月十八日，雷电交加，风雨大作，河水骤长。臣亲驻坝台，督率厅、汛兵夫人等，彻夜防守抢护，得臻稳固。随即逐步进占迎水，加镶边埽，压土签桩，背后帮筑戗堤，两坝俱下沉水大埽。至二十九日，口门水仅宽三丈六尺，溜势愈形湍急。所挖引河，委令保定府同知杨瑛昶往来督催。臣亲往查验，俱能如式深通。因口门对面老坎，逼紧溜势，直注口门，两坝吃重。复于老坎上首开挖河槽道，计长一百一十三丈。裁湾取直，分泄大溜。俾合龙时，易于施工，仍归入引河，直达下口。臣先期亲至下口测量地势，虽不高仰，但历来系散水、匀沙之处。诚恐水势至此稍有停蓄。随饬令杨瑛昶带领兵夫，添抽河槽二道，共长七百九十三丈，各宽三丈有余，深二三四尺不等。俾上、下一律深通，宣泄益为迅速。二十九日黎明，臣督率员弁兵夫挂缆堵合，在工人等亦俱踊跃出力。镶至十月初一日寅刻，得以合龙。一面加压厚土，甚为坚固；一面开放引河，顿见大溜奔腾建瓴直注，河流得归故道，溜势极为通畅。此皆仰赖皇上感孚昊贶，得以堵筑安澜，克期竣事。从此河流顺轨，永庆平成。臣身任河防，欣忭私忧，莫能名状。现在仍驻工次培厚加高，将一切事宜妥速办理。惟有仰遵圣训，实心实力，倍加谨慎。断不敢稍有疏懈，致负高厚鸿慈。至藩库拨动经费八万两，尚不敷之处，现于库存款项下动用银七千六百两有零。俟事竣后据实造册，详请督臣照例题销。此次在工厅、汛各员，前任道员朱应荣，自蒙恩以知府选用，感愧奋勉，甚为出力。又，原任北岸同知田宏献、主簿孔昭诚，昼夜办理镶筑事宜，不遗余力，可否将该员等，准其照例开复之处，出自皇上天恩。其在工出力人员，臣职分较小，原不敢遽行保荐。但目击该员等奋勉急公，实心任事，兹择其尤为出力者，另缮清单，奏恳恩施，以示鼓励。如蒙俞允，该员等感激格外鸿施，自必益加黾勉，于要工实有裨益。所有合龙日期，谨缮折具奏。并绘具引河图，敬呈御览。伏乞皇上睿鉴训示。谨奏。（奉朱批："另有旨。钦此。"）①

嘉庆十一年［1806］十二月，署直隶总督臣秦承恩《为遵旨查明覆奏仰祈圣鉴事》

本年十月初三日，奉上谕："据直隶永定河道陈凤翔奏，永定河北岸五工漫口工程，两旬以来赶紧加镶，逐步进占。另行开挖河漕，宣泄大溜。已于十月初一日未刻合龙。所奏出力各员，吁恳施恩之处，着署督秦承恩秉公核办，具奏请旨，等因。钦此。"查，此次漫口，仰蒙皇上特派永定河道陈凤翔驰往堵筑，并经前督臣裘行简、暂留候补知府朱应荣，拣派保定府同知杨瑛昶等，奏明赴工，帮同赶办。臣到任后，遵即留心查核，并向藩、臬两司详加询访。此次堵筑漫口，赶紧加镶，逐步进占，并相度地势开挖引河，分泄大溜，得以迅速合龙，实由陈凤翔熟悉河道，督率有力，早已仰邀睿鉴。至在工各员，鸠工集料，抢护巡防，或帮筑饯堤，或开挖引河，或亲督兵夫挂缆下埽，无间风雨，昼夜驻工，实属出心出力。所有陈凤翔奏请分别施恩鼓励之处，均属实在情形。惟试用州判廖功远一员，原单内拟请尽先补用，臣询以河工情形，尚为熟悉，应请改拨河工，以资得力。又，试用未入流柳延森一员，原单内请改河工。查，河工并无未入流应补之缺，应请仍归地方，以本班尽先补用。试用县丞何贞一员，原单内拟请尽先补用。查，该员现已顶补，毋庸列

---

① 圣旨见卷首收录嘉庆十一年［1806］十月初一日上谕。对陈凤翔保荐有功人员及开复朱应荣等人之职的意见，斥为"殊属冒昧，太觉胆大越分，此风断不可长！"可知河道一级官员无权保举有功人员［保举权属总督或巡抚］。

入。臣谨酌拟清单，恭呈御览。如蒙俞允，则该员等顶沐天恩，自必益加感奋。而于办理河防，亦可收指臂之助矣。所有奉旨核办缘由，理合恭折覆奏。伏乞皇上睿鉴训示。谨奏。（奉朱批："即有恩旨。钦此。"）

嘉庆十二年〔1807〕二月，直隶总督臣温承惠奏《为详勘永定河情形，查明岁抢修之外尚有应办紧要各工，恭折具奏仰祈圣鉴事》

窃照永定河挟沙而行，迁徙无定。入夏盛涨，则溜势湍急。秋后则水缓沙停，最易淤垫。是以上游、下口逐渐淤高，一线单堤，日形卑薄。频年冲溃，屡为近畿之患。虽随时镶筑完善，而下游村庄已被漫淹，饷银亦糜费不少。即如上年培筑漫口，已用银八万余两，是其明证。此时欲图久安长治之策，自当将河身大加挑挖；两岸堤工普律加培。然经费浩繁，办理不易。亦不过数年平稳，究难变其沙淤之性。转不若先事预防，尽目前补苴之法。臣仰蒙委任深恩，不敢不绸缪未雨。缘自石景山至南、北两岸周历履勘，与道员陈凤翔及年久之营汛弁员悉心讲求，详加体察。现在卢沟桥一带石堤，东西岸仅高出水面数尺，距嘉庆六年〔1801〕挑挖之时，河底已淤高丈余。其中、北两岸河身，高坎嫩滩，不一而足。兼有鸡心滩挺峙河心，分溜顶冲，堤工必致吃重。而堤面、堤帮残缺卑薄之处，又不可枚举。随面询该道，每年设有岁、抢修银两，何以工段如此废缺？据称，每年疏浚中泓银五千两，裁湾取直尚未属不敷，若河中生滩施工更需经费，历来未曾筹办。至每年岁、抢修料价夫工，连加增共银四万四千两，止系埽段之用，向无加培堤工土方银两。风雨摧残，车马践踏，是以日形卑矮等语。臣伏思，河工守护，全在堤防。不但卫护田庐，且可束水攻淤，刷深河槽。如果两岸堤工坚实，则溜势自趋中泓，下游日收畅注之功，上游冀免溃缺之虑。今大堤卑薄残缺，河心又多淤滩，在在可虞。转瞬大汛，诚恐一遇盛涨，临时棘手。随饬令该道等，将现在堤身卑薄残缺等处，及坎滩之迎顶最关紧要者，按段估计，确实详报。

据该道等据实估报前来，臣再四筹酌，委属关系大汛，必不可缓之工，需用工科计银七千余两。臣于十三日叩见天颜，据实奏恳圣恩。仰蒙谕令，具折陈奏。谨开具应修工段丈尺银数清单，绘图贴说，敬呈御览。俟奉到批回允准，即将此项银两于藩库动支，责成该道陈凤翔，董率各厅营汛员弁，及早兴工，分投赶办，务于大汛前一律完竣。臣随时严加查察，工竣后仍亲自验收。设有草率偷减情弊，必当据实严参，不敢稍存姑息。统俟勘收确实，再行造册题销。所有永定河应行择要疏筑情形，谨遵旨恭折具奏。伏祈皇上睿鉴训示，谨奏。（奉上谕。恭录卷首。）

嘉庆十二年［1807］七月，直隶总督臣温承惠奏《为酌拟改调河工佐杂缺分恭请圣训事》

窃照设官分职，必权其事守，以定崇卑。庶名实相符，任使可期得当。查，永定河汛官，均系经手钱粮，专司河务；但南岸七工原设州同一员、州判二员、县丞四员，北岸八汛仅有县丞一缺，余皆主簿、巡检等官。推原其故，当日河流皆走南岸，险工林立，钱粮较多，是以汛员职分优崇。自嘉庆六年［1801］以后，北岸工程情形与南岸无异，而汛官阶级悬殊。官小则呼应不灵，且屡升仍系佐贰，亦未足鼓励其奋勉向上之心。于河防国帑，实不足以昭慎重。自应酌量变通，将北岸各汛改为州判、县丞。以崇官阶而重职守。臣与藩司庆格、永定河道陈凤翔等公同商酌，所有北岸八汛，除头工中汛一缺原设县丞，足资料理，其余悉应更改。惟各省缺额本有一定，未便率请增添。莫若就河缺中择其并无险要工程者，互相更换，较为建置得宜。兹查三角淀所属霸州淀河州判，南堤七、八工县丞所管皆永定河下口，止有疏浚工程。又，蓟州管河州判，正定、元城、玉田三县管河县丞，皆无防险要工，较北岸各工轻重迥别。若将以上州判二缺、县丞五缺，改自北岸各工，而移北岸之主簿、巡检七缺，分置于三角淀等处，则永定河北岸防守险要，经手钱粮，更足以昭慎重。其本无要工处所，主簿、巡检已足分防照料。一转移间，实于工务有裨。如蒙俞允，其俸廉、役食、衙署等项，悉随缺转移，毋庸另行增减移置。惟各员印信铃记，应请敕部另行颁换，以昭信守。至现任各缺人员，或随缺更调，或另行拣补。恭候命下，容臣与该司道等，察其人地是否相宜，再行咨部办理。臣为慎重修防起见，是否有当，理合恭折具奏。并开列清单，恭呈御览。伏乞皇上睿鉴训示。谨奏。（奉朱批："吏部议奏。钦此。"经吏部议覆，奏准。）

今永定河北岸拟改缺分开列清单，计开：

北头工上汛武清县主簿：拟将玉田县县丞一缺移置北头工上汛，改为武清县县丞，其玉田县县丞改为主簿。

北头工下汛宛平县主簿：拟将元城县县丞一缺移置北头工下汛，改为宛平县县丞，其元城县县丞改为主簿。

北二工良乡县主簿：拟将三角淀属南堤七工东安县县丞一缺移置北二工，改为良乡县县丞，其东安县县丞改为主簿。

北三工涿州州判：拟将蓟州州判一缺移置北三工，改为涿州州判，其蓟州州判改为巡检。

北四工固安县主簿：拟将正定县县丞一缺移置北四工，改为固安县丞，其正定县丞改为主簿。

北五工永清县主簿：拟将三角淀属南堤八工武清县县丞一缺移置北五工，改为永清县县丞，其武清县县丞改为主簿。

北六工霸州巡检：拟将霸州淀河州判移驻北六工，改为北六工霸州管河州判，其巡检移驻淀河，作为霸州淀河巡检。

嘉庆十三年 ［1808］，直隶总督臣温承惠奏《为详勘永定河情形，尚有应办紧要工程，恭折奏祈圣鉴事》

窃照永定河堤岸，向无加培土方银两，且多年均未修葺。风雨摧残，车马践踏，加以河底逐渐淤高，两岸堤工卑矮残缺，不足以资防御，而北岸为尤甚。若普律修培，不惟需费浩繁，兼之土性沙松，亦难经久。止可相度河流形势，择要补葺。节经臣据实奏明在案。上年一交春令，即查明紧要处所，奏请另案加高培厚。是以伏、秋两汛，叠次盛涨，幸仰荷鸿庥保护无虞。惟工段绵长，未经修葺之处尚多。且秋汛汕刷，河流又有变迁。当饬永定河道陈凤翔，将两岸工程随时详细履勘。嗣据查得："卢沟桥税局后身，沙淤几与石堤相平，必须加砌石子埝二段，以资保护。又，南、北两岸，土堤内帮多被大溜汕刷，堤顶又为异涨冲激，必须另行加培。摅节估计共需工料银一万八千四百五十余两"，具禀。前来。臣往来工次，留心查看，实系应办要工。未敢少事因循，致滋贻误，已于恭贺元旦叩觐天颜时，据实奏蒙恩鉴。兹据该道陈凤翔估报前来，谨开具应修工段丈尺、银数清单，敬呈御览。如蒙恩准，即在藩库动去银两，责成该道陈凤翔，董率各厅、营、汛员弁，及早兴工，分投赶办，务于大汛前一律完竣。臣随时严加查察，工竣后仍亲自查验。设有草率偷减情弊，立即据实严参，不敢稍存姑息。统俟验收后，再行造册题销。理合恭折具奏。伏乞皇上睿鉴训示。谨奏。（奉朱批："另有旨。钦此。"）①

---

① 此处所说谕旨，见卷首收录嘉庆十三年 ［1808］二月上谕，对温承惠所请予以批准。

嘉庆十三年［1808］八月，直隶总督臣温承惠奏：

本年伏、秋两汛，皆数年来未有之异涨。两岸在在出险，平工亦变顶冲，危险已极。经臣此日赶抵工次，督率道、厅及文武员弁巡防，筹办而抢镶保护，昼夜分投防御。俾能化险为平，究由在工大小员弁同心协力。查，永定河道陈凤翔实心督办，一切筹备均合机宜，洵为结实可靠。南岸同知李逢亨、署北岸同知张凤藻，身先兵役，不辞劳瘁。石景山同知徐体劭经理石工，三角淀通判陈起鸿巡防下口，俱极认真出力。候补同知袁培等经臣派委，赴工协同防守，尽心极力。其余各汛员弁守护本汛工程，均属奋勉。谨择其尤为出力者，另缮清单，敬呈御览，恭恳恩施，以示鼓励。（奉上谕。恭录卷首。）①

嘉庆十三年［1808］八月，直隶总督臣温承惠奏《为永定河添备料物，恭恳圣恩俯准动支银两以济要工事》

窃照永定河南、北两岸险工林立，自嘉庆八年［1803］以后，新埽添至三百数十段。用料愈多，购运愈远，原设岁、抢修经费实属不敷。臣详察情形，前经奏请，酌添银一万八千两，以资工用。仰蒙谕旨训饬，臣实深惶悚。伏念国家经费有常，工用岁有定额，原不容妄请加增。况已蒙圣明饬驳，何敢鳃鳃过计，冒渎宸聪？惟查永定河一交伏、秋大汛，处处生险。多有另案工程，每因料物不敷，致有贻误。窃思抢办河工，其平险关于呼吸，其迟速争在须臾。与其势当危急，待料兴工，曷若未雨绸缪，有备无患。况先事预设防维，所需有限，遇事再加补救，所费恒多。臣蒙皇上厚恩，畀以总督重任，万不肯虚糜国帑，亦不忍贻误事机。今岁、抢修定额既未敢再请议加，惟预买料物，以备另案险工支用，于修防最有裨益。臣前于召对时，详晰敷陈，仰荷圣明洞察，俯垂俞允。臣出京时，适永定河道陈凤翔来至卢沟桥迎谒。臣复与该道详细商酌，撙节核计，仍请于岁、抢修之外，准于司库内动支银一万两，添购料物，于南、北两岸工所堆贮，以备另案工程动用。恭候命下，即责成该道赶紧购办。臣随时督察，不使稍有偷减浮冒。如有余剩料物，归入下年支销。所有另案工程。照例奏明办理。是否有当，理合恭折具奏。伏乞皇上睿鉴训

示。谨奏。（奉朱批："另有旨。钦此。"）

嘉庆十四年［1809］七月，直隶总督臣温承惠奏《为据报永定河北岸中汛抢险稳固情形恭折奏祈圣鉴事》

窃臣于途次，接据永定河道陈凤翔禀称："自六月二十六日异涨之后，河流变迁，有埽之处间生淤滩，平工处所多走大溜。七月初一日，北岸中汛头号忽然河流侧注，陡将老坎全行冲刷。大溜逼汕，堤根坍塌，堤帮、堤顶势甚危急。查，该处土性纯沙，原系平工，向不存贮料物。堤外又系苇坑，两边皆水。且在北岸上游，设有不虞，所关非细。立即由南岸星飞前往查看。全河大溜侧注堤根，势其猛勇，劈去土堤一百十八丈。有坍塌过半者，有仅存一线者，势在呼吸之间。适上汛县丞支宁祥、下汛县丞沈惇厚，闻信带料赶至，同北岸协备李存志、本汛县丞沈锐、主簿熊炯、从九蒋景暘等，分投竭力抢护。无如工段绵长，该号本无料物，一时难以猝力。复分委员弁多雇大车，拨给邻汛，正杂料物星夜拉运赴工，并赴四乡广为购觅。先后下埽二十一段，督率北岸同知陈春熙带领文武员弁，多集兵夫，四昼夜风雨无间，保护一线单堤不致过水。业经签桩、压土稳固无虞。现将窄狭堤顶酌量加宽，并加镶埽段，以防秋汛。查，抢修经费不敷，已于道库要工项下垫发赶办。禀恳奏请，另案办理，"等情。前来。臣查，平工遇险，抢办尤为非易。该道督率厅、汛经数昼夜抢镶稳固，办理尚属认真。除批饬该道务再加高培厚，补还原堤拨备料物堆贮，仍将此次加镶埽段丈尺、银数，据实开送核奏外，所有据报抢险稳固情形，理合恭折奏闻。伏乞皇上睿鉴。谨奏。（奉朱批："览奏感慰之至。俟白露后再施恩赏。钦此。"）

片奏：再查，本年七月初二日。永定河北岸中汛头号，河流侧注，大溜逼汕，堤根坍塌，堤帮、堤顶势甚危险。该处本系平工，向不存贮料物。经该道陈凤翔督率厅、汛员弁，广为购办，竭力抢镶。历四昼夜，得臻稳固，声请另案办理，等情，当经臣奏蒙圣鉴。兹据该道禀称，督饬该厅、汛补还冲塌原堤一百十八丈，并加培外帮，加高堤顶，及填地平土，共估土四千四百四十方七尺二分，约需银八百六十一两有零。又，抢险时新下埽镶二十一段，计长百五丈五尺，购料并运脚夫工约需银一千六百二十五两有零。缘抢修经费不敷，业在要工项下垫款给发。俟核实报销，再行赴部请领归款，并据开单呈送前来。臣覆核无误，除饬造细册请题销外，理合缮具工段丈尺、银数清单，恭呈御览。伏乞睿鉴。谨奏。（奉朱批："工部知道。

钦此。")

嘉庆十四年［1809］十一月，直隶总督臣温承惠奏《为道员缺分应请酌量更定恭折奏请圣训事》

窃查，直隶永定河道总理全河堤岸一切修防事宜，向例定为在外拣员升补之缺。清河道管辖二府五州，兼管河道，向例定为请旨之缺。自系各就当日缺分、繁简定议。但今昔情形微有不同，似宜酌量更定，以昭遵守。

查，永定河道附近京畿，全资保障。该处石景山暨南、北两岸石、土各工，道里绵长，岁修工程以及临汛防守最关紧要。近年钦奉谕旨，将防汛事宜专责成该道筹办。必得熟谙河务之员审势相机，督率捍卫，方足以资经理。惟查熟谙河务之员，同知中易于遴选，而定例久不准越级升用。知府中又难得晓习河务之员。一时乏人，殊难迁就办理，是以节次缺出。如陈凤翔、王念孙皆系特旨简放料理，方为妥协。所有永定河道一缺，嗣后应请改为请旨简放之缺。至清河道管辖河淀堤埝，亦属紧要。但所管二府五州刑钱事宜，皆归考核，且系省会首道，必须在直年久、熟习情形之员，方克胜任。曾经屡奉谕旨，饬令在外拣调。所有清河道一缺，嗣后应请改为在外题请升调。要缺如此，一转移间，与克部原定缺次毫无更易，而两处要缺，均收入地相宜之效，于河务地方俱有裨益。臣愚昧之见，是否有当，理合恭折具奏。伏乞皇上睿鉴训示。谨奏。（奉朱批："吏部议奏。钦此。"经交部议覆，奏准。）

嘉庆十五年［1810］正月，直隶总督臣温承惠奏《为永定河两岸堤工应请择要加培恭折具奏仰祈圣鉴事》

窃照永定河两岸堤工，土性纯沙，难以坚久，又兼风雨摧残，车马践踏，堤岸易形卑薄。必须随时加高培厚，庶足以资防御。臣于嘉庆十二、三[9]年［1807—1808］间，曾就河溜形势，择要补葺，节经奏蒙圣鉴。比年以来，伏、秋两汛叠次盛涨，幸赖皇上洪福，保护无虞。唯工段绵长，未经修葺之处尚多，且汛水汕刷，河流时有变迁。永定河道王念孙熟悉情形，臣于该道到任后，即指示机宜，令其将两岸工程详加履勘，酌筹先事预防之计。兹据该道王念孙查明，应办加培工段，撙节估计，共需例价银一万四千八十八两六钱八分六厘九毫，等情，具禀请奏。前来。

臣恭贺元旦陛辞后，亲赴查看。所估各工，系于卑薄段落中，择其紧要之处加高培厚，实系应办加培要工。未敢少事因循，致滋贻误。谨缮具应修工段丈尺、银数清单，敬呈御鉴。合无仰恳圣恩，俯准办理，俾险工得资巩固。俟命下之日，即在藩库动支银两，责成该道王念孙，督率厅、汛各员弁及早兴工，分投赶办，务于大汛前一律完竣。臣仍随时严加查察。工竣后亲往验收。倘有草率、偷减情弊，立即据实参断，不任其稍有浮冒，统俟验收后造册题销。理合恭折具奏。伏乞皇上睿鉴训示。谨奏。

嘉庆十五年 [1810] 七月，直隶总督臣温承惠《为奏闻事》

窃照保定省城，本月初三、四及初六等日，大雨连绵。臣于初七日起程，拟由永定河工次察看情形，即赴北路敬查桥道。当于初六日奏蒙圣鉴。臣出省后，经由清苑、安肃、定兴一带，各处河水泛涨，大道悉成巨漫。连日冒险觅路而行，初八日午刻，往故城途次，接据永定河道王念孙禀报："初三、四、五等日，工次大雨不止，水势叠长至二丈零一寸。北二工十七号并十四号漫溢堤顶，抢护不及"，等情。正在缮奏间，戌刻行抵北河。又据该道禀称："北三工、四工及南下头工，均因河水异张，同时漫溢"，等情。前来。臣接阅之下万分焦急。覆查该道所禀北岸二、三、四等工，及南下头工同时漫溢，何处夺溜及日期、丈尺，均未声叙明晰。现在又复大雨如注，除星夜设法取道赴工，勘明确实情形，另行奏办外，该道在工防守未能严密[10]，以致漫溢四处，实属咎无可辞。相应请旨，将永定河道王念孙交部严加议处。臣未能先事预防，仰恳天恩，将臣交部议处。理合恭折具奏。伏乞皇上睿鉴。谨奏。（奉朱批："另有旨。钦此。"）①

---

① 卷首收录嘉庆十五年 [1810] 七月初九日上谕，严令将王念孙"交部严加议处，先行革去顶戴，留工效力，听后部议。"体现清水利工程的严格问责制度。王念孙第二次被问责。

［卷二十九校勘记］

〔1〕 此处"奉上谕，恭录卷首。"今本脱。据原本增补。

〔2〕 今本"经管"误为"经营"，据原本改为"经管"。

〔3〕 今本"经管"误为"经营"，据原本改为"经管"。

〔4〕 今本将"臣查……以裨要工。"计二十八个字脱落据原本增补。

〔5〕 今本"工平"二字脱，据原本增补。

〔6〕 "下讯"二字今本脱，据原本增本。

〔7〕 原本为"随将"，今本改为"隋时"。据原本仍作"随将"。

〔8〕 原本"相度"误为"向度"，今据文意改正。

〔9〕 "三"字今本脱。据原本增补。

〔10〕 "严密"今本误作为"严审"，据原本改为"严密"。

卷三十 奏 议

嘉庆十五年至二十年 ［1810—1815］

嘉庆十五年 ［1810］ 七月，直隶总督臣温承惠奏《为勘明永定河南、北两岸各工漫溢情形，并应行分别缓急筹办培筑仰祈圣鉴事》

窃臣于初八日途次，接据永定河道王念孙禀称："永定河南下头工，北二、三、四工同时漫溢"，当即恭折具奏，在案。初九日钦奉上谕："永定河两岸同时漫溢，想必成为口门，自应亟为堵合。温承惠着不必来京，并不必随赴差次。即日驰往永定河，将现在漫溢情形先行具奏，并驻工，督同王念孙，迅速堵合完善，以期巩固。所有下游被淹处所，如有应行蠲缓抚恤者，即分别具奏，等因。钦此。"臣跪读之下，仰见我皇上轸念民依，慎重要工之至意。当即连夜星驰，觅道前进，初十日早行抵工次。复接各工报到同时漫溢情形，随亲赴南下头工查验。十号、十一号接连一处，口门宽三百余丈，水深九尺至一丈一二尺不等，已掣全河大溜南下。头十一号以下，北下汛八号以下，均已断流，河身淤为平地。现在饬令赶紧盘坝裹头，以防汕刷。

复周历两岸，南二工十五号一处；南六工十二号接连十三号一处；北岸二工十四号、十七、八号、二十四号四处；北三工七、八、九、十号四处。又，老堤五号、十号二处；北四工二十一、二十五号二处；北五工十三号一处；北六工四、五、十号三处，十六、七号各二处，共七处；北七工四号、十号二处，悉系平工处所，缺约宽五六丈至六十余丈不等。因南下头工夺溜俱成旱口，委因本月初三、四、五等日，大雨连绵，水势接续，增长至二丈以外。实为从来未有，以致涨水高于堤顶。初五日夜间，各工遂同时漫溢，贯[1]无捏报情事。查，南下头，系最险之工，屡次决口之处，土性纯沙，堤外早成河形，最难堵合。秋汛正系长水之时，势难施工。且现在旱口多至二十余处，必须分别缓急，先将旱口确实估计。或止须复还原堤，或加做月堤，分晰开单奏明，赶办坚实，再堵筑漫口。惟查，该处口门宽二百余丈，深至丈余。秋水刷底，恐口门愈刷愈深，须用料物甚多。现在附近地方旧已购买无余，新料尚未登场，止可先购桩、麻、橛木等项。俟新料登场，责令厅、汛迅速购买。

再，同时漫溢处所计二十余处，每处皆积淤高仰，几与堤平。计应挑引河一百数十里，必须挑挖宽深，方能掣溜。更须料物十分充足，俟秋汛过后一气呵成，立时堵合，方不致糜费帑项。臣已一面檄调清河道孙树本、河间府知府李逢亨二员来工，责成估办并饬藩司，先拨银三万两，交工备[2]用。至此次河水异涨，通工埽段在在垫陷欹斜，亟应镶[3]做整齐。其被淹处，所因系南下头工夺溜，距清河不远，是以田庐不无淹浸。附近村庄民人，知雨大水长，皆来工受雇抢险，早有预备。尚未报有伤毙人口之事。臣仍多派委员，分投确查，总不得丝毫讳饰。一面即令会同地方官认真抚恤，将房屋坍塌者给予席片，以资搭棚栖止。并令小船多载馍饼，逐处散给，以资糊口。仍饬令藩司即速委员，会同地方官查明是否成灾，应如何分别蠲缓，再行额恳天恩，续为办理。至各工漫溢，虽由异常盛涨，人力难施，而厅、汛各员，究难免疏防之咎。惟人数较多，未便全易生手。合无仰恳天恩，将南岸同知吴怀、北岸同知陈春熙、南下头工县丞李廷珍、南二工县丞曹煦、南六工州判何铨绶、北二工县丞乔巨英、北三工州判支宁祥、北四工县丞周肄信、北五工县丞龚庆全、北六工州判倪时庆、并七工主簿钱廷熙，俱暂行摘去顶戴，仍留工次，随办堵筑事宜。俟各工全竣，再行具奏请旨。所有现在勘明办理情形，理合恭折具奏。伏乞皇上睿鉴训示。谨奏。（奉上谕。恭录卷首。）

嘉庆十五年［1810］七月，直隶总督臣温承惠奏《为永定河漫工先行筹办旱口情形恭折奏闻事》

窃照南下头漫口，现当秋汛，水势长落靡定，难以施工。应俟新料登场，一气呵成办理。业经臣奏蒙圣鉴，臣于十五日驰回工次，永定河道李亨特已于十三日抵任，当即督同该道悉心筹画。一面先委妥实谙练之员，分赴各旱口，确实估计。兹据该道核明，开单呈送前来。臣查两岸旱口共计二十五处，宽窄浅深不一，间有盛涨时汕刷过甚，跌成坑塘之处，办理难易亦有不同。所估土方夫价，共需银二万一千一百三十两零。臣覆核委无浮冒，谨将各工丈尺、银数，分晰开具清单，恭呈御览。查，永定河水挟沙而行，河身本系逐渐抬高。此次漫溢之后，更形淤垫。目下开挖引河，固宜挑浚宽深，尤须审度形势。俾得迎机吸溜，借水刷沙，于合龙方能得力。现已派委精练文武员弁，自工头至下口，勘明形势，确切估计。臣再督同该道李亨特亲往相度，酌定具奏。至各项银两，须通盘核计约需若干，方能奏请赏拨。现在旱口需用银两，即于奏明动拨藩库银三万两内，先行支用，择吉兴工。其一应收支事宜，系永定河道分内之责。李亨特熟悉河务工程，向来综核认真；清河道孙树本，曾于嘉庆六年［1801］随同办理漫工，亦细致可靠。即责成该二道专司经理，臣随时督察，不任稍有浮滥。南北两岸厅、汛各员，遵旨摘去顶戴，留工效力，听候部议。现即令其各按原汛，将旱口工程认真堵办，并遴派干员分投查催，趁此天气晴爽，水势平宁，迅速赶办。理合恭折具奏。伏乞皇上睿鉴。谨奏。（奉朱批："另有旨。钦此。"）

嘉庆十五年［1810］九月，直隶总督臣温承惠奏《为南下头工合龙全河复归故道，恭折奏闻仰慰圣怀事》

窃臣遵旨督办要工两月以来，昼夜经营，不敢稍懈。督饬清河道孙树本、永定河道李亨特，率领员弁集夫购料，分投赶办。所有培筑旱口完竣，及引河坝工情形，于初六日具奏，在案。随一面将水口赶紧进占，一面将两坝加培厚土，步步结实，以资巩固。查勘引河，均已一律挑挖深通，口门收窄，溜势奔腾，在工员弁兵夫人等倍加踊跃。臣即饬令将引河头挑开，势若建瓴，分掣大溜，直达中泓。顺机秉势，于初九日午刻挂缆合龙。迨申酉之交，龙门大埽已渐次追压到底。忽风雨交作，秋水搜根，大溜复侧注龙门。埽内陡然过水，牵带两坝立时蛰陷，势甚危险。臣督同孙树本、李亨特等，鼓励员弁，重赏兵夫，连夜抢护。坝外水势仍复汹涌，臣即亲上龙门大埽，率同守备谢成等，指挥兵夫加料压土。幸天气转晴，月光照耀，自戌刻至初十日卯刻，始得保护平稳。大坝边埽均已巩固，全河水势顺轨安流，复归故道。桩埽兵丁先后落水者十名，幸俱捞救无伤，臣已优加奖赏。复差查两岸旱口各处补还原堤工程，亦皆坚实。此皆仰蒙皇上洪福，至诚默相感召，并赖河神默佑，得以迅速藏事，永庆安澜。臣欣幸之，益深凛惕。所有永定河南下头工合龙日期，理合恭折奏闻，仰慰圣怀，伏乞皇上睿鉴。至大坝后戗，业已跟做坚实。其余一应善后事宜，臣已面嘱李亨特，详细查勘禀核，另行奏明办理。合并附陈。谨奏。（奉朱批："知道了。钦此。"）

嘉庆十五年［1810］九月，直隶总督臣温承惠奏《为遵旨保奏办工出力各员，额恳恩施仰祈圣鉴事》

窃查，本年七月初间，永定河异涨泛溢，致成漫口。臣钦遵谕旨，驻工督办，已于九月初九日合龙。奏奉谕旨："温承惠奏永定河坝工合龙，李亨特、孙树本二员在工出力，不辞劳瘁等语。道员李亨特、孙树本二员在工经理堵筑事宜，认真出力，着加恩俱交部议叙。其余在工文武各员，有实在出力者，着秉公查明具奏。到时另行降旨。钦此。"

伏查，此次堵筑事宜，水旱缺口共九百余丈。所有镶做大坝，挑挖引河，补筑旱口等处，在工文武一百数十员，俱系一气呵成。工段皆同时并做，钱粮又无从节省。该委员等实心出力，办理妥速，均为奋勉急公。兹据清河道孙树本、永定河道李亨特，查明开单呈送。前来。臣覆加确核，谨择其办工尤为出力，并已漫口之后，上游抢险最著劳绩者，开列清单，敬呈御览。合无仰恳圣慈，分别施恩，以示鼓励。至原任永定河道王念孙，年力就衰，应遵旨以所降之级休致。其已革厅、汛各员，现在大工已竣，即应令各回籍。但该员等在工效用尚能认真，现在厅、汛各官，几于全易生手。所有善后事宜，及来年大汛，尚需熟谙之员帮同办理。且查河工漫口堵合之后，有准予开复官之例。除南下头工宛平县县丞李廷珍、南二工良乡县县丞曹煦，均系有工处所疏防之咎较重，已经革职无庸议外，其余已革同知陈春熙、吴怀系兼管之员，州判何铨绥、支宁祥、倪时庆，县丞乔臣英、周肆信、龚庆全，主簿钱廷熙所管汛内漫口，皆系口工处所。以上九员可否仰恳圣慈，赏给降等顶戴，留工帮办善后及防汛事宜。俟事竣后，再将出力能事者另行保奏，恭恳圣恩录用。是否有当，理合恭折具奏。伏乞皇上睿鉴训示。谨奏。

嘉庆十六年［1811］正月，兵部《为遵旨议奏事》

据直隶总督温承惠奏："永定河南、北两岸工段绵长，埽坝鳞比，必得添设都司一员，督率经理。臣细查通省营制，宣化府属蔚州路西营都司①，该营地处偏僻，事

---

① 据后文"西宁县城（即今阳原县）相距蔚州路参将仅止七十里"，可推知西营汛在今阳原县，即在今蔚县县城西北七十余里。隶属宣化镇总兵，都司为参将部下。参见《清史稿·兵志二》。

务最简。应请将该都司移驻永定河卢沟桥地方，其应支俸、廉等项，均毋庸另议增添。并请将蔚州路把总一员，移驻西城汛①，仍归该参将[4]管辖。其西宁城马、步守兵六十五名，即归该把总拨防。蔚州路把总额缺，即改为经制外委②。如蒙俞允，所有新设永定河都司，应请为在外题补专河要缺。现任蔚州路西城都司存住，未谙河务，请留于直隶。遇有相当缺出，再行请补。其永定河都司，容臣遴选熟谙人员，照例题补，以裨河防"，等因。奉朱批："该部议奏。钦此。"钦遵。抄出到部。

臣等覆查，各省设立将备，原应酌核地方繁简，随时调济，期于营务、河防有益。永定河营向设有守备一员，协备一员，专司堤工。今该督奏称："永定河南、北两岸工段绵长，埽坝鳞比，原设守备、协备，以司堤埽工程，约束河兵力作事务，已属殷繁。迨至伏、秋大汛，往来防守，抢护险要，每致有难于兼顾之势。臣曾与升任永河道陈凤翔、李亨特等商酌，必得添设都司一员，督率两守备分岸经理。庶呼应较灵，河工更有裨益。但设官原有定例，未便骤议增添。兹臣细查通省营制，宣化属蔚州路西城营都司，驻扎西宁县地方，管辖经制外委一员，马、步守兵六十五名。该营地处偏僻，事务最简。应请将该都司移驻永定河卢沟桥地方，董率两守备，专管南、北两岸修防事宜。仍照兵备道之例，归永定河道节制差委。俾临汛出险之时，多一总理得力之员往来策应，更觉防守周密。并请将新设都司定为在外题补专河要缺"，等语。臣等查，永定河工段绵长，仅止守备二员，势难兼顾，今以事简都司移设该处，该督系因地制宜，慎重河防起见。应如所奏，永定河营准其设立都司一员，督率该营守备，分岸经理。定为题缺，于熟谙工程各员拣选题补，以裨河防。蔚州路西城营都司一缺，该督既称地僻事简，亦应准其裁汰，于营制既无增益，而河务得收实效。至西宁县城相距蔚州路参将仅止七十里，声息相通。准其将蔚州路把总一员移驻西城汛，仍归该参将管辖。所有西宁城马步守兵六十五名，即归该把总拨防。蔚州路额缺即改为经制外委，于管辖拨防体制均属相符。至所称："现任蔚州路西城都司存住，请留于直隶，遇有相当缺出，再行请补"，等语。查，裁缺人员，例应赴部候补。今该督请该员留于直省之处，与例不符，应毋庸议。俟命下之日，臣部行令该督，照例给咨该员，赴部候补。其应颁永定河营都司关防，

---

① 西城汛是指今河北省阳原县县治西城镇。按此处"汛"字是指清绿营兵的驻防"讯地"（与汛地通假）。

② 经制外委、额外外委：都属于额外外委派的下级武官，都是九品、从九品。

另建衙署，一切未尽事宜，应令该督分别题咨报部，臣部再行核办。所有臣等遵旨核议缘由，理合恭折具奏。是否有当，伏候训示遵行。为此谨奏。[①]（奉旨："依议。钦此。"）

嘉庆十六年［1811］正月，直隶总督臣温承惠《为详勘永定河堤岸情形，亟须择要加培，恭折具奏请旨办理以裨要工事》

窃照，永定河保障京畿，工程最关紧要，全赖石、土各堤以资钤束。现在石景山石堤尚属高耸，至南、北两岸，土堤性系纯沙，向无额设加培银两，易致残缺。自嘉庆六年［1801］异涨以后，更形卑薄，虽经历次奏请另案加培，而工段绵长，亦止择要补苴，未能普律修办。近来，河底日见淤高，堤身日形卑矮。上年七月初间，水长至二丈零一寸，遂至高过堤顶，南、北两岸漫溢多处。经此一番夺溜之后，河形益显淤高。而堤身为异涨冲刷，更形残缺卑薄。臣于去秋合龙事竣后，即与升任永定河道李亨特悉心筹画，今春必须大加疏培，庶足以御大汛。当于善后工折内附呈圣鉴。嗣据李亨特勘明估报，前来，旋经升擢卸事。新任道员李逢亨，曾任永定河厅，情形尚为熟悉，当复饬令覆勘，撙节估计。现据禀称，周历各工，详加履勘。以上年盛涨水痕为准，如堤顶高于水面一二尺者，暂缓加培，其堤面过水及离水数寸者，必须急为修治。

查，南岸七汛、北岸八汛，除距河过远之处应从缓办外，其临河紧要处所，或加培内外帮，或加高堤顶内饯，或加埽靠，或用好土包淤。又，南六工对面，老坎兜湾遏水，有碍新工，应行挑挖。又，北四、北五、北六等工处所，被冲顺堤沟槽跌塘过大，恐遇盛涨冲刷，堤身吃重。拟于上面添估拦水斜坝，下面挑挖倒沟，俾免浸注之患。又，石景山东岸第九、第十、十九、二十一等号，上年异涨冲刷，应修石工四段，另筑拦水坝二道，俾资捍卫。通共撙节估计，需用例价银五万四千五百四两零，等情。臣连日亲历各工，挨次覆加详勘，实系急须办理之工，所估银数并无浮冒。谨开具工段丈尺、银数清单，敬呈御览。如蒙恩准，此项应需银两，查大工用剩项下，尚敷动支，请如数拨给。责成该道李逢亨董率各厅、营汛员弁，择吉兴工，分头赶办，务于大汛前一律告竣。臣仍随时严加稽察。一俟工竣，亲自查

① 本折题请设河营兵都司获准。都司在清绿营兵中位在游击之下四品武官。在河营兵中为武官最高职位。职官表中于嘉庆十六年河营栏记有都司谢成，是年新设［见卷十四·职官表三］。

验。设有草率偷减情弊，立即据实严行参处。统俟验收后，造具细册题销。

再，上年水旱各口新工处所^[5]，添下埽段较多，本年大汛修防，尤为紧要。不特新埽尚须加镶，即旧有埽段经异涨冲激之后，亦多残损蛰陷，必须加镶拆修。额设岁、抢修料物实属不敷。现据该道李逢亨禀，请领银八千两，购料一百万束，以资应用。臣悉心察度，亦属实在情形。合无仰恳圣恩情准，赏添买料银八千两，俾修防益臻严密。此项银两，亦请于大工用剩项下支销，下年不援以为例。如有余存，即扣归来年岁修支用，臣断不敢稍任浮冒。理合恭折具禀，伏乞皇上睿鉴训示。谨奏。（奉朱批："工部速议具奏。钦此。"）

嘉庆十六年［1811］二月，工部《为遵旨速议具奏事》

据直隶总督温承惠奏称："永定河南、北两岸土堤性系纯沙，自嘉庆六年［1801］异涨以后，更形卑薄。上年七月初间，水长至二丈零一寸，遂至高过堤顶，南、北两岸漫溢多处。经此一番夺溜之后，河形益显淤积，而堤身为异涨冲刷，更形残缺卑薄。今春必须大加疏培，以御大汛。现据新任道员李逢亨撙节估计，以上年盛涨水痕为准，如堤顶高于水面一二尺者，暂缓加培，其堤面过水及离水仅止数寸者，必须急为修治。查，南岸七汛、北岸八汛，除距河过远之处应从缓办外，其临河紧要处所，或加内外帮，或加高堤顶内馇，或加埽靠，或用好土包淤。又，南六工对面，老坎兜湾过水，有碍新工，应行挑挖。又，北四、五、六等新工处所被冲，顺堤沟槽跌塘过大，恐遇盛涨冲刷，堤身吃重。拟于上面添估拦水斜坝，下面挑挖倒沟，俾免浸注之患。又，石景山东岸第九、第二、十九、二十一等号，上年异涨溃塌，应修石工四段，另筑拦水坝一道，俾资捍卫。通共撙节估计，需用例价银四千五百四两零。臣亲历各工，挨次覆加详勘，实系急须办理之工。所需银两，查大工用剩项下尚敷动支，请即如数拨给。责成该道李逢亨，董率各厅、汛员弁，择吉兴工，分投赶办，务于大汛前，一律告竣。再，上年水旱各口新工处，添下埽段较多，本年大汛修防尤为紧要。不特新埽尚须加镶，即旧有埽段经异涨冲激之后，亦多残损蛰陷，必须加镶拆修。额设岁、抢修料物，实属不敷。现据该道李逢亨禀请领银八千两，购料一百万束，以资应用。臣悉心察度，亦属实在情形。仰恳圣恩俯准，赏添办料银八千两，俾修防益臻严密。此项银两，亦请于大工用剩项下支销，下年不得援以为例"，等因。嘉庆十六年［1811］正月二十六日，奉朱批："工部速议具奏。钦此。"

臣等查，永定河南、北两岸堤工，向无额设加培银两。近年以来，虽经该督历次奏请，另案加培，止择要补苴，并未普律全修。今据奏称："近来河底日渐淤高，堤身日形卑矮。上年七月间，南、北两岸漫溢之后，河形益显淤积。而堤身为雨涨冲刷，更形残缺单薄。必须大加疏培，以御大汛。又，石景山东岸应修石工四段，并添筑拦水坝二道，俾资捍卫"，等语。自系实在情形，应如该督所请办理。其通共估需例价银五万四千五百四两零，亦应准其在于大工用剩项下动支。该督务饬承办各员，工归实用，毋任稍有浮冒。仍照例造具估册，绘图贴说，送部具题核办。

至奏称："新旧埽段较多，额设岁、抢修料物不敷，请购料银八千两，在于大工用剩项下支销，下年不得援以为例"，等语。臣等查，永定河岁、抢修旧额银二万二千两。嘉庆七年［1802］，经钦差侍郎那彦宝奏请，于定额之外增添银二万二千两。嘉庆十四年［1809］，复经该督温承惠奏，蒙圣恩，加赏银五千两作为定额，并奉上谕："嗣后，岁、抢修不得于额定之外复有增添。钦此。"钦遵在案。今据奏请加银八千两，与前奉谕旨不符。但据奏称新旧埽段较多，额设岁、抢修料物实属不敷。其请添银八千两，下年并不援以为例。可否此次准其加增之处，出自皇上天恩。所有臣等核议缘由，理合恭折具奏。伏乞皇上睿鉴。谨奏。（奉上谕。恭录卷首。）①

嘉庆十六年［1811］二月，直隶总督臣温承惠奏《为敬陈永定河购料情形再恳圣恩事》

窃臣前奏，勘估永定河加培工程，并请赏添买料银八千两，以资修防之用。兹准部咨，奉上谕："永定河南、北两岸上年漫溢之后，现须大加疏培，以御盛涨。又，石景山东岸亦有应添要工，皆系亟须办理。所有温承惠奏，共需银五万四千五百四两，着准其在大工项下动支，督饬承办各员实力妥办。其另请于岁、抢修项下添银八千两之处，虽据该督奏称，下年不得援以为例，但永定河岁、抢修银两，从前那彦宝已奏明，于旧额二万二千两之外，添至一倍[6]。又据该督奏请五千两，并据声称作为定额，今甫隔年余，即续有加增。安知来年，该督不又托词多请？殊非慎重经费之道。着不准行。钦此。"臣跪诵之下，仰见我皇上慎重要工，仍寓核实综

---

① 温承惠在嘉庆十六年正月的奏折中提请增加八千两购料银一项，未获工部议准，推诿皇帝裁夺。卷首收录嘉庆十六年二月上谕，皇帝下旨"着不准行"。同年二月温承惠再次奏请，皇帝才再下谕旨，批准。前后三封奏议，两道上谕为八千两购料银之争，可见当时清政府财政状况已相当困窘，另一方面也反映清政对河防经费使用审批制度的严格。

计之至意。

伏查，永定河南、北两岸额设岁、抢修银二万二千两。迨嘉庆六年［1801］大工之后，经钦差那彦宝等查明，加增新埽二千余丈，较旧设埽工多至一倍有余。议请于岁、抢修原额之外，酌增银二万二千两，奏蒙谕允。嗣后各工埽段岁有加增，料价日昂。额设银两，益觉购办维艰。前经升任道员陈凤翔禀请，援照东、南河之例：请加价值。臣以需费过多，于嘉庆十四年［1809］奏请，于每年额销银两外，加增银一万两，仰蒙恩赏银五千两作为定额。圣明廑念河防，未雨绸缪之计已极周备。惟上年秋间水势异涨，南、北两岸漫溢多处，所有水、旱各口新工处所添下埽段较多，现在即须加镶。其河身淤过处所，旧埽多须拆做。加以本年大汛修防，尤为紧要，额设料物实属不敷。是以奏恳圣恩，赏银八千两，俾得多购料一百万束贮工，以资应用。此原系善后工程内应办之事，并非因岁、抢修料物不敷，又请加增。臣前次折内未经声叙明晰，钦奉谕旨驳饬。下忱悚仄难名，当即钦遵。转行去后，兹据永定河道李逢亨禀称："上年两岸水、旱各口新工，计添新埽一百三十余段，系就彼时水势浅深情形镶做。刻下尚系平水，已须加镶。其旧有埽段，亦因上年秋间漫口，河淤干涸，朽腐蛰陷者更复不少。此时即须动用额设料物，加镶拆修，以重防守。查，料物仅此定额，而现在需用过多，将来大汛时，势必接济不及。关系非轻，切实禀请具奏。并查闻各汛埽段数目"，呈送。前来。臣查，现在南、北两岸新旧埽工，共长六千六百余丈，较之钦差那彦宝等查办之时，又添至二千数百丈。险工林立，在在均关紧要。况当去秋堵筑漫工之后，今年伏、秋大汛，尤宜加意预防。势不得不添办料物，以期有备无患。合无再恳皇上格外天恩，准臣前奏，赏发买料银八千两，俾得宽为购备，以济工需。至此[7]项料物，臣即责成该道李逢亨采买。俟买竣具报后，臣亲往验收，实贮工所，断不稍有虚糜浮冒。仰赖圣主洪福，三汛安澜。后如有余存料物，仍可留为下年岁修抵用。至此次请发料银，原为上年堵筑漫口善后工程而设，臣不敢援以为例，来年复行多请。亦不敢任工员混冒，自蹈糜帑负恩之重咎。如蒙俯允，此项银两仍请于大工用剩项下支销。臣因大汛防守要工起见，不揣冒昧，谨再恭折奏恳。伏乞皇上睿鉴训示。谨奏。（奉朱批："另有旨。钦此。"）

嘉庆十六年［1811］七月，直隶总督臣温承惠奏《为永定河两岸各汛应请添设额外外委以资差遣而裨工务仰祈圣鉴事》

窃照永定河营员弁，除都司、守、协备、千总、把总外，向设经制外委十二名，额外外委四名。两岸工段绵长，每值大汛之期，应派该弁等率领河兵协同防守，并随时分委。查看各汛工程，惟额外仅止四名，为数较少。向年在于目兵挑选数人，由总督及该道衙门给与外委虚顶戴，俾其率兵防守，呼应较灵。自臣莅任后，因体制未符，当经裁革。第额外人少，既不敷委用，且遇有经制缺出，又不敷考补。现据永定河道李逢亨禀请添设，前来。臣查，永定河南、北两岸共十五汛，每汛应设额外外委一名，以资协防。除旧设四名外，应请添设十一名，即于在工年久、熟悉工程之目兵内选充，仍在额设兵数之内。所食粮饷，亦仍照该汛额设目兵按名关领，无须另行增添。而差遣足资委用，实于工务有裨。理会恭折具奏。伏乞皇上睿鉴训示。谨奏。（奉朱批："依议。钦此。"）

嘉庆十七年［1812］正月，直隶总督臣温承惠奏《为永定河下口情形急须加培办理仰祈圣鉴事》

窃照，永定河三角淀为全河尾闾，河流向由条河头、葛渔城达淀，归大清河入海。迨后，河势北趋，葛渔城等处淤如平陆，水由北八工之黄花店下注。近年以来，南淤北漾。每遇大汛时，北八工自二十号以上，河流逼近堤根。上年秋汛后，全河大溜忽于该工九号兜湾侧注，逼成横流。而八号以至二号，又有支河进注。是北八工一汛除头号外，多系险工，迥异向时形势。伏读高宗纯皇帝《特御制戊申观永定河下口诗》云："幸此卅[8]年来，无大潦为咎。然五十里间，长此安穷久？注云：自乙亥改移下口以来，此五十里之地不免俱有停沙。目下固无事，数十年后，殊乏良策。未免永念惕然也。"仰见圣谟广运，烛照将来，了如指掌，臣实深钦服。

查，下口本系以埝作堤，甚为卑薄。历年仅令兵夫修补，并无加培公项。一交大汛，雨水夹堤，无从取土。该工距东安县城仅止数里，城郭田庐，均关紧要。似此河势情形，急须速为筹办。当经饬令永定河道李逢亨详细勘估。兹据该道禀称："请将北八工自二号起至二十一号头止，大堤内、外帮分别加高培厚，以资捍卫。然全河溜势俱由九号堤根侧注，绵长十余里。若普律全加埽镶，需费甚巨。拟于九号迤上，对面旧淤河形挑挖引河。一面于九号横流上游，估做拦水草坝，挑溜东行。

复接续草坝至十一号，估做圈堤。并做防风，以防水势泛衍，俾得引溜仍归旧河。又于二号至八号，十二号至二十一号，共做挑水土坝十四道。并储备料物，以便临时相机应用。共按例价，估银一万九千九百余两"，开单禀请奏办，前来。臣覆加确核，均系亟应赶办之工。所估银数尚无浮冒。谨开具工段丈尺、土方银数清单，恭呈御鉴。如蒙圣恩俯允，此项应需银两，即于藩库动支，如数拨给。责成该道李逢亨，董率该厅、汛员弁，择吉兴工，分投赶办，务于大汛前一律告竣，毋许稍有草率偷减。至下口河势，渐形高仰，容臣于收工时亲加察看。如有应需疏浚之处，另行熟筹，请旨办理。为此恭折具奏，伏乞皇上睿鉴训示。谨奏。（奉朱批："另有旨。钦此。"）

嘉庆十八年［1813］八月。直隶总督臣温承惠奏《为恭报秋汛安澜仰祈圣鉴事》

窃照，本年永定河于六月初旬，并伏、秋大汛期内，河水叠经盛涨，该道、厅等督率抢护平稳，顺轨安澜。经臣节次奏闻，在案。兹据该道李逢亨禀称："自八月初旬以来，全河溜多侧注，而秋水搜根，埽镶易于蛰陷。复据各汛纷纷报险，南上迅六号尾溜势横趋，刷动旧埽。赶下新埽三段，买土买料，抢镶出水。并于上游添下裹头埽一段挡护。又，北下汛十五号旧埽蛰陷二段，北二工六、七号旧埽蛰陷六段，均赶紧加镶，签桩稳固。又，北三工十七、八号溜刷堤根，颇形吃重。前次伏汛所添新埽之上，大溜上提，堤根已溃。复于该二号各添新埽二段，连夜抢镶，又经塌陷。复买土料，赶紧签桩追压，始得平稳。又，南四工因对岸兜湾，将溜挑向横趋顶冲。第四号埽镶陷三段。亦经加镶，连签大桩保护。又，南二工十二、十九等号，迎溜扫湾之处，埽镶蛰陷七段，随时抢镶完固。又，南下汛十号，溜势搜根，旋镶旋蛰。随在上游，抢下边埽二段，将溜势挑出，不至受险。此外南五、南六、北四、北五等工埽段，先后报蛰，均令随时镶护。北七、北八工草土各坝刷埽，悉已加高。其子埝卑薄之处，买土加培堤根，并扎把签钉，足资挡护。兹届白露之期，河水消落，溜走中泓。石、土各堤并闸坝等工，悉臻稳固"，等情。前来。

臣查，永定河修防紧要，荷蒙皇上节次发帑疏培，俾堤岸高厚，河漕宽深。近年大汛期内，足资捍御宣泄。本年未经入伏，河水即已长发，及逢伏、秋两汛，节次盛涨出险。仰赖圣主鸿庥，神功默枯，得以庆洽安澜。臣盛颂之余，弥深寅惕。理合恭折具奏，并将伏、秋汛内，新添埽段丈尺银数，另缮清单，敬呈御览。伏乞皇上睿鉴。谨奏。

嘉庆十八年 [1813] 六月，直隶总督温承惠奏《为遵旨委员查勘恭折复奏仰祈圣鉴事》

窃照，步军统领衙门具奏："武清县民李珍以永定河下口北九工河堤开口，贺老营河道淤塞，以致东安、武清二县被水，赴京呈请补筑挑挖"等情一案，奉旨："永定河下口堤工，着交温承惠遴员踏勘。应否挑筑，秉公查办。等因。钦此。"将李珍咨解到臣。随经饬委永定河道李逢亨，率务关同知田宏猷等，并带同原告李珍驰往该处，勘明查议，具详前来。

臣详查，旧案及道等现勘情形，缘永定河下口北九工，向设主簿治管辖汛务。旋于嘉庆十年 [1805] 前督臣裘行简任内，因所管堤埝无关紧要，奏准将该主簿移驻北岸头工。以北九工汛务，改归北七、八两汛分管。该处旧有堤埝，历来俱由本汛河兵修理，并无额设岁修钱粮。而全河水势，内由条河头通南葛渔城一带达淀，归大清河入海。迨后，河势北趋，葛渔城等处淤如平陆，水由北八工之黄花店下注。近年南淤北漾，每遇大汛，溜逼堤根。经臣于嘉庆十七年 [1812] 奏准，自北八工第二号起，至二十号止，将旧有堤埝一律加高培厚。并挑挖引河，暨添做拦水草坝等工，以挑溜势向南，直走中泓。其自二十一号起，至二十四号止，计长四里有余，系河身尾闾逼近母猪泊，为众水出路。若将旧有残缺堤埝一并接筑，并添做埽段，不但需费甚巨，且水涨时高出堤顶，水落时亦仍由工尾倒漾。外帮又有减河，水势趋注，堤身腹背受敌，断难经久。是以节据该道详明，毋庸修筑。至贺老营在南岸六工，距天津海口一百余里，悉系高阜之地。若挑挖引河，不但需项甚多，难以兴举，且掘堤放水，该处数百村庄难免被其淹浸。是李珍所请，将北九工堤偿补筑，并于贺老营挑挖引河之外，均难照办。臣复提讯李珍，据称："伊实未深悉该处河道情形，只因大汛长水，地亩间被淹浸，冒昧赴京呈诉。今蒙道、厅带同查勘指示，业已明悉，不敢再行固执"，等语。查，李珍未悉河道情形，妄以私见，赴京越诉，殊属不合。应照"不应重律"，杖八十，折责发落。交原籍地方官收管，无任复出滋事。理合将遵旨委员查勘缘由恭折复奏。伏乞皇上睿鉴训示。谨奏。（奉朱批："该部知道。钦此。"）

（嘉庆）永定河志

嘉庆十九年［1814］闰二月，直隶总督那彦成奏《为永定河石、土各工亟须择要加培恭折具奏请旨办理以要工事》

窃照，永定河保障京畿，工程最关紧要。全赖石、土各堤，以资钤束。据永定河道李逢亨禀称："上年伏、秋盛涨，拍岸盈堤。现在细察情形，石景山石工叠经冲刷，多有脱落之处，必须补修加砌石子埝。南、北两岸土工，自嘉庆十六年［1811］间段加培，时逾三载。车马往来，风雨剥蚀，内帮多有冲刷，外帮多有残缺之处，是以愈形卑薄。三角淀下口水缓沙停，河底淤高，堤身愈矮。连年河溜北趋，每逢盛涨，水高堤顶。若不择要加培，均为可虑。当即率同厅、汛各员，周历查勘。工段绵长，惟择其必不可缓之工。石景山补修石堤，加砌石子埝。南、北两岸下口，或加培内外帮，或加高堤顶，或筑越埝，或做挑水坝。撙[9]节估计，共需例价银一万九千七百一十七两二钱二分九厘"，等情。当经前署督臣章煦，饬委通永道张五纬，覆加勘估。委系实在情形，并无浮冒。并饬据藩司素[10]纳核明，呈覆前来。谨开具工段丈尺、土方银数清单，敬呈御览。如蒙俞允，此项应需银两，即在永定河道库贮钱粮内如数拨给。责成该道李逢亨，董率各厅营汛员弁，择吉兴工，分投赶办，务于大汛前一律告竣。奴才随时严加稽察，如有草率偷减情弊，立即据实严参。仍俟验收后，造具细册题销，以昭核实。为此恭折具奏。伏乞皇上睿鉴训示。谨奏。
（奉朱批："工部速议具奏。钦此。"）

嘉庆十九年［1814］三月[11]，工部谨奏《为遵旨速议具奏事》

嘉庆十九年三月初一日，军机处交出直隶总督那彦成奏称："永定河上年伏、秋盛涨，泊岸盈堤。现在石景山石工叠经冲刷，多有脱落之处，必须补修，加砌石子埝。南、北两岸土工，自嘉庆十六年［1811］间段加培，时逾三载。车[12]马往来，风雨剥蚀。内帮多有冲刷，外帮多有残缺，愈形卑薄。三角淀下口水缓沙停，河底淤高，堤身愈矮。每逢盛涨，水高堤顶。若不择要加培，均为可虑。当即率同厅、汛各员，周历查勘，工段绵长，惟择其必不可缓之工。石景山补修石堤，加砌石子埝；南、北两岸下口，或加培内外帮，或加高堤项，或筑越埝，或做挑水坝。撙节估计，共需例价银一万九千七百十七两二钱二分九厘。委系实在情形，并无浮冒。谨开具工段丈尺、土方银数清单，敬呈御览。如蒙俞允，此项应需银两，即在永定河道库贮钱粮内如数拨给。责成该道李逢亨，董率各厅营汛员，择吉兴工，分投赶办，务于大汛前一律完竣"，等因。嘉庆十九年［1814］三月初一日，奉朱批："工部速议具奏。钦此。"

臣等查，永定河南、北两岸堤工，除每步抢修例有额定银数。此外，遇有紧要工程，俱由该督随时察看情形，专折奏明办理。今据该督奏称："石景山石工脱落，南、北两岸土堤，自嘉庆十六年［1811］间段加培，时逾三载，风雨剥蚀。内帮多有冲刷，外帮多有残缺，愈形卑薄；三角淀下口河底淤高，每逢盛涨，水高堤顶。若不择要加培，均为可虑"，等语。臣等检查旧案，永定河南、北两岸土堤，及石景山石工，自嘉庆十六年［1811］奏明，间段加培后，迄今三载，并未奏请兴修。此次该督奏请，补修石景山石堤、加砌子埝，及南、北两岸土堤，并三角淀下口加培，内外帮加高，堤顶筑做越埝、挑水坝等工，自系实在情形，均应如所奏办理。所有署各工，通共估需例价银一万九千七百十七两二钱二分九厘，亦应准其在于永定河道库贮钱粮内，如数拨给。应令该督严饬承办各员，核实办理。务于大汛前一律完竣，以御盛涨。仍照例造具估册，绘图贴说，送部具题查核。所有臣等核议缘由，理合恭折具奏。伏乞皇上睿鉴。谨奏。（奉旨："依议。钦此。"）

嘉庆十九年［1814］闰二月，直隶总督那彦成奏：

再查案。据永定河道李逢亨禀称，"上年六月间，北六工旧堤因长水冲缺，经该处贺尧营等村民人以力难补筑，禀请动帑办理，等情。随检查旧卷，并石刻碑记内载，乾隆十年［1764］间，经前任总督方观承奏请，圣驾亲临指示机宜，于北岸六工贺老营开堤放水，改为下口入沙家淀，会凤河入大清河。以南坦坡埝为南堤，北越埝为北堤。中宽四五十里，任其荡漾，悉为散水匀沙地面，等因。查，北六工原编二十号，历来估工，总至八号而止。缘八号以东即接北七工头号，迤下即属下口，原可不必修防。又因八号至十号可作北七工之挑水坝。每年仍令官兵防守，其余任其荡漾。贺尧营村坐落十六号，向不在修防之列。惟因左近村民，图利种河滩地亩，惟恐淹浸，间或集夫修筑，以资保护，历年亦听其便。现因涨漫埽堤，未便请动官项，致滋糜费"，禀请核示。前来。奴才查，该处有南坦坡埝为南堤，北有北越埝为北堤，此堤居中，坐落河心。若逢盛涨，水由堤尾倒漾，前后一片汪洋，修之无益。至河内村庄，原应移居堤外。乃小民图种滩地之利，未免安土重迁，亦止可听其自为，设法防护。此段堤工，自十号以下，向不在估修之内，自应永远停修。并禁止该村民不许补筑，致遏水道，以省糜费而重河防。除批饬遵照外，理合附折奏闻。

谨奏。（奉朱批："览。钦此。"）

嘉庆十九年［1814］七月二十六日，直隶总督那彦成奏《为恭报秋汛安澜仰祈圣鉴事》

窃照，本年永定河伏、秋汛内，节次长水，经该道、厅等督率抢护平稳，均经奴才恭折奏闻，在案。兹据该道李逢亨禀称："七月初五日以后，全河溜多侧注，且秋水搜根，埽镶易于蛰陷。兹复据各汛纷纷报险。南上汛第十四号溜刷埽根，陡蛰四段。赶紧买土买料，加镶平稳。南下汛第十一号，埽镶蛰陷，入水三段，当即抢镶稳固。南三工第六号，河心淤出高滩，河流渐近堤根。当于内、外帮加高培厚，抢下防风，以资抵御。北二工第五号，河流横趋，第二、三、四、五段，陡蛰入水，随镶随蛰。不分昼夜，赶紧压土加桩，始臻平稳。南二工第二十号，河流兜湾，溜搜埽根，蛰陷三段，赶紧抢镶。该处水深一丈六七尺，随镶随蛰。幸料物充足，人心踊跃，直至次日天明，始获抢镶稳固。今届白露之期，溜走中泓，河流顺轨。石上堤埽、闸坝各工，悉臻稳固"，等情。前来。奴才查，永定河修防紧要，仰蒙圣主节次发帑疏培，俾堤岸高厚，河港宽深，足资捍御。本年伏、秋大汛期内，节次长水出险，幸赖皇上鸿庥，河神灵佑，得以庆洽安澜。奴才感幸之余，益增凛惕，理合恭折具奏。并将秋汛期内，新添埽段丈尺银数，开具清单，敬呈御览。伏乞皇上睿鉴。谨奏。

再，本年永定河伏、秋大汛期内，节次盛涨出险。经该道李逢亨督率厅、汛各员，及派委协防各员，并都司谢成等，昼夜在工认真修治，实力巡防，均能不辞劳瘁。兹择其尤为出力各员，另缮清单，敬呈御览。可否量予鼓励之处，出自天恩，理合附折奏恳。谨奏。（奉上谕。恭录卷首。）

嘉庆二十年［1815］二月，直隶总督那彦成片奏：

再查，永定河下口之水，向由葛渔城东南，流至三河头，入大清河。嘉庆六年［1801］以后，水势渐向北趋，将凤河东堤冲有缺口数处，其水改从凤河东堤以外行走，亦归大清河。节经前任永定河道王念孙等勘禀，毋庸堵筑，以资宣泄。上年冬间，据该道李逢亨面禀，有马家等村民人，在凤河东堤外私筑土埝一道，应行拆毁。奴才以该处缺口，实在应否堵筑，土埝应否拆毁，面谕该道勘明禀办。兹据该道禀称："查明该处缺口，已经深宽，若欲堵筑，非四五万金不可。且缺口适当迎溜顶冲，堵合之后，一遇汛水涨发，必致复被冲缺，实属徒费帑项，于事无益，仍请毋庸堵筑。至下口为永定河之尾闾，今凤河又系尾闾之尾闾，必须通畅，庶可迅消盛涨。今马家口等村民人于此处筑埝，阻遏河流，是下壅也。下壅即恐上溃，于全河颇有关系，应即拆毁，"等情。具禀。核示。前来。奴才查凤河东堤，自嘉庆六年[1801]被冲缺口以来，迄今十有余载。水性就下，已成全河尾闾。且地处顶冲，堵筑之后，必致复被冲缺，应请毋庸堵筑。并将马家口等村民人于凤河东堤之外私筑土埝，立即饬令永定河道李逢亨，会同天津道张五纬、新任通永道祝庆承等，即日亲身前往，督押拆毁，以防阻遏。除分饬遵照外，理合附折奏闻。谨奏。（奉朱批："览。钦此。"）

（嘉庆）永定河志

［卷三十校勘记］

〔1〕"贯"今本以文意改为"并"。按"贯"字有连续、习惯、穿透等多意，故"贯无"句可理解为连续多起漫溢，没有慌报灾情的情况。不当改"并"。故仍用"贯"。

〔2〕原本"俻"今本改作修，无据。按"俻"为"备"的异体字，故从原本作"俻"，但改异体字"俻"为通用字"备"。

〔3〕"镶"原本为"厢"，为当时习惯用字。从今本改"厢"为"镶"。

〔4〕原本为"参将"，今本脱"参"字，从原本增补"参"字。

〔5〕今本脱"所"字，据原本增补。

〔6〕原本"倍"字误为"培"，改正为"倍"。

〔7〕"此"字误为"九"，从原本改为"此"。

〔8〕此"卅"字原本误为"州"，卷首录原诗亦为"卅"。故改"州"为"卅"。

〔9〕"撙"字，原本误为"樽"。按"撙节"意为节约，节省。根据文意改"樽"为"撙"。

〔10〕此处衍一"袁"字。据原本删除。

〔11〕原本无"嘉庆十九年[1814]三月"。不符奏议格式，今本增补。

〔12〕"车"误为"驾"。据原本改为"车"。

卷三十一　附　录

古　迹

《通典》：隋大业七年［611］，征高丽，遣诸将于蓟城南桑干河上，筑社、稷二坛。

《通鉴》：隋大业八年［612］春正月，敕四方兵皆集涿郡。宜于桑干水上，类上帝于临朔宫南，祭马祖于蓟北。[①]

《唐书·韦挺传》：挺遣安州司马王安德，行渠作漕舻转粮。自桑干河抵卢思台，行八百里，渠塞不可通。（顾炎武《北平古今记》按：今京城西三十里卢师山，相传为隋沙门卢师驯伏青龙之处，以《唐书》考之，当即卢思台。师乃思之讹也。）

《宋史》：端拱二年［989］，宋琪疏：从安祖寨西北，有卢师神祠，是桑干出山之口，东及幽州四十余里。赵德钧作镇之时，欲遏西冲，曾堑此水。河次半有崖岸，不可轻渡。

《辽史·地理志》：宋王曾上契丹事。幽州南门外永平馆南，即桑干河。

范成大《石湖集》：卢沟去燕山三十五里，宋敏求谓之卢菰河，即桑干河也。

张舜民《使辽录》：过卢沟河，伴使云：恐乘桥危，以车渡，极安而速济。不晓其法。

许亢宗《奉使行程录》：卢沟水极湍激，每候水浅深，置小桥以渡，岁以为常。近年于此河两岸造浮梁，建龙祠，仿佛如黎阳三山制度。

《金史·河渠志》：明昌三年［1192］三月，卢沟桥成，敕命名"广利"。有司谓车驾之所经行，使客商旅之要路，请官建东西廊，令人居之。上曰："何必然，民

---

① 类，祭祀名，类的本字为禷。古代以特别事故祭天或天神谓禷。与定时祭天的"郊"祭不同。此祭是为出征而祭上帝；马祖是指马神，即二十八宿中的房星，又称"天驷"。也和出征有关。

间自应为尔。"左丞守贞言："但恐为豪右所占。况罔利之人多止东岸，若官筑，则东、西两岸俱称，亦便于观望也。"遂从之。

《金史·礼志》：大定十九年［1179］，有司言卢沟河水势泛[1]决，啮民田，乞官司为封册神号。礼官以祝典不载，难之。已而特封安平侯，建庙。二十七年［1187］，奉旨，每岁委本县长官春、秋致祭如令。

《金史·徒单克宁传》：初，卢沟河决，久不能塞，加封安平侯。久之，水复故道。上曰："鬼神虽不可窥测，即获感应如此。"徒单克宁奏曰："神之所佑者，正也。人事乖，则勿享矣。报应之来，皆由人事。"上曰；"卿言是也。"

《元史·仁宗本纪[2]》：延祐年［1317］，卢沟桥、泽畔店、琉璃河并置巡检司。

《元史·惠宗[3]本纪》：至正十四年［1354］四月，造过街[4]塔于卢沟桥。

《元史·郭守敬传》："至元二十八年［1391］，有言滦河自永平挽舟逾山而上，可至开平。有言卢沟至麻峪，可至寻麻林[5]。朝廷遣守敬相视。滦河不可行，卢沟舟亦不可通。"

《明史·宣宗本纪》：七年［1432］十一月辛酉，初，行在户部右侍郎王佐言："通州至河西务，河道狭浅，港船动以万计，兼四方商旅舟楫往来，无港汉可泊。张家湾之西，旧有浑河，若疏浚，近京师一二十里更加开[6]广，潴为巨浸，令可泊船，公私俱便。"命都督冯斌、尚书李友植同佐审视。斌等以图进上览之，谓役重大，命姑止之。

刘侗《帝京景物略》①："山而石其骨者，皆有峰岩壁穴也。每踱山有声，应杖及履，琅然而弦，其下峰壁也；砰然而钟，其下岩洞也。即事涤凿，实罕人工，无有全乎人事者也。积土曰岳，潴水曰海，穿顽石曰洞天，迩身而远思，为寄焉而已。出阜成门而西二十五里，曰石景山。山故石耳，无景也。土人伐石，岁给都人，石田是耕，不避坚厚，久久，岩若，洞若焉。万历中，董常侍建元君庙，栖羽士，而石景山以著。山最上，金阁寺。寺最宜远眺，望苍黄一道如带南缀者，浑河也。浑河，古桑干水，从保安旧城过沿河口，过石港口，达卢沟。浑河，如云浊河也。卢沟，如云黑沟也。浊且黑，一水也。水雷殷而云涌，亦曰小黄河。河迅岸危，石不

----

① 《帝京景物略》明地方志，八卷。刘侗、于奕正合撰。列目一百二十九，内容包括北京园林寺观、陵墓祠宇、名胜古迹、山川桥堤、草木虫鱼，间及人物故事。原刊刻于明代，有清纪昀删削本。

得趾[7]，而桥之以板。行板者委身空中，无傍藉，踏踏闪闪无详步。而目下见水，水势慑目。桥则蜿蜒，强者欲趋，若前；惴者欲蹲，若后[8]。万历戊子年（十六年）［1588］九月十六日，驾还自寿宫，驻跸功德寺。明日，幸石景山，观浑河。上先登板桥，诸臣翼而趋。中流，顾问辅臣：'水从何来？'申时行对曰：'从大漠，经居庸，下天津，则朝宗于海矣。'上曰：'观此水，则黄河可知。'因敕河臣，亟修堤岸，毋妨漕计。诸臣顿首谢。"

蒋一葵《长安客话》①：卢沟桥，金明昌初建[9]，正统间重修。长二百余步，左右石栏刻狮子数百枚，情态各异。

陆嘉淑《辛斋诗话》：卢沟河畔，元有苻氏雅集亭。蒲道源诗："卢沟石桥天下雄，正当京师往来冲。苻家界侧敞亭构，坐对奇趣供醇浓。"又有野亭，见贡仲章《云林诗集》。

《畿辅通志》：卢沟桥在府西南三十里，每早波光、晓月，上下荡漾。为京师八景之一，曰"卢沟晓月"。

徐贞明《潞水客谭》②：口外诸山之水，自京西卢沟桥而下，经固安、永清，至于信安，汇于三角淀，达于直沽，入于海。良、涿九川之水，会于胡良河。自杨家务而下，经北乐店，东过辛店，至于信安。此霸州以北之水也。宣府、紫荆、白沟诸水，自新城而下，汇于茅儿湾，经保定玉带河，达于苑家口，至于信安、直沽，入于海。易、安、苑、肃、唐、螽九河之水，自雄县而下，东过茅儿湾，入于苑家口。山西五台之水，自河间而下，经任邱，汇于五官淀，亦入于苑家口。此霸州以南之水也。南、北二川，束狭淤浅，堤岸荡蚀，不足以容万派之流。水至，则弥漫无际，溢入文安、大城，积为巨浸，民不得耕。治之之法，不以壅，而以导；不先

---

① 《长安客话》八卷，明万历时蒋一葵（生卒年未详）著。蒋一葵字仲舒，别号石原。原籍武进（今属江苏）人。曾任广西灵川、临桂两县县令，后迁京师西城指挥使。所著《长安客话》是明人记载北京的地方文献中仅存几种之一。蒋氏曾经到处走荒台、寻断碑、访古迹，又于稗官野史中收集有关北京古迹、形胜、诗篇记载。通过实地寻访，参证文献编成此书。范围遍及当时皇都、郊垌、畿辅关镇（是今北京市郊及周边县市），为研究北京地方历史和地理沿革重要参考。有北京图书馆藏钞本，清宣统年间盛宣怀刊印本传世。

② 徐贞明［？—1590］明江西贵溪人，字伯继，号孺东。隆庆进士。万历三年［1757］任工科给事中，上书建议兴修河北水利，在北方推广水田种稻，可减东南漕运。后进官尚室少卿，会同抚按诸臣实地踏勘；不久兼监察御史领垦田使，召募民工在永平等地垦田三万九千余亩。兴修水利，计划为宦官、勋戚所阻，后离职回归故里。著《潞水客谭》，作于潞河旅途，以宾主答问为体裁，故名。《明史》本传备载其事并节录该书内容。

于决口，而始于下流。按：直沽之上有大淀，有小淀，有三角淀，广延六十七里，深止四、五尺。若因而增益之，又为之堤，以停蓄众水，而以委输于海。水有所受，然后浚治旧川，为长堤以束之高广，倍于前功，使水有所行。又多开支河，联络相属，使水有所分。见在洼淀不下数十处，各深而堤之，使水有所积。则虽有淫潦大川泻之，支河析之，诸淀储之，高堤防之，可以无患矣。

［卷三十一校勘记］

〔1〕"泛"字今本脱，据原本及《金史·礼志》增补。

〔2〕原本将《元史·仁宗本纪》误为《元史·百官志》，据《元史·仁宗本纪》改正。

〔3〕原本及今本将《元史·惠宗本纪》误为《元顺帝纪》，不符合正史体例。改为《元史·惠宗本纪》。

〔4〕"街"字原本脱，今本据原本上下文意及《元史·惠宗本纪》改。

〔5〕原本"寻麻林"，今本误改"荨麻林"。按"寻麻林"又称洗麻林，在今河北省万全县境。从《元史·郭守敬传》，改为"寻马林"。

〔6〕"开"原本为"开"，今本误改为充，据《明宣宗本纪》改。

〔7〕"趾"原为本"止"，今本改为"趾"。从今本。

〔8〕"若前"、"若后"今本误为"苦前"、"苦后"，据原本改正。

〔9〕此处今本衍一"成"字。据原本文意改删。但原本引文与《长安客话》原文有异，并非原文摘引。

卷三十二　附　录

碑记　治河摘要

碑　记

魏建成乡侯刘靖碑

[西晋] 司隶校尉　王　密

魏使持节、都督河道[1]北诸军事、征北将军、建城[2]乡侯沛国刘靖，字文恭[3]，登梁山以观源流，相漯水以度形势[4]，嘉武安之通[5]渠，羡奏民之殷富。乃使帐下丁鸿督军士千人，以嘉平二年［250］立遏于水，导高梁河，造戾陵遏，开车箱渠。其遏表云："高梁河水者出自并州，潞[6]河之别源也。长岸峻固，直截中流，积石笼以为主遏。高一丈，东西长三十丈，南北广七十余步。依北岸立水门，门广四丈，立水十丈。山水暴发，则乘遏东下；平流守常，则自门北入。灌田岁二千顷，凡所封地百余万亩。至景元三年［261］辛酉[7]，诏书以民食转广[8]，陆费不赡。遣谒者樊晨更制水门，限田千顷，刻地四千三百一十六顷。出给郡县，改定田五千九百三十顷。水流乘车箱渠，自蓟西北径昌平，东尽渔阳潞县，凡所润含[9]四五百里，所灌田万有余顷。高下孔齐，原隰底平，疏之斯溉，决之斯散。导渠口以为涛门，洒滮池以为甘泽，施加于当时，敷被于后世。晋元康四年［294］，君少子骁骑将军、平乡侯宏受命，使持节监幽州诸军事、领护乌丸校尉、宁朔将军。遏立积三十六载，至五年［295］夏六月，洪水暴出，毁损四分之三，剩北岸七十余丈，上渠车箱所在漫溢。追惟前立遏之勋，亲临山川，指授规略，命司马关内侯逄恽内外将士二千人，起长岸立石渠，修主遏，治水门。门广四丈，立水五尺。兴复载利，通塞之宜，准遵旧制，凡用功四万有余焉。诸部王侯不召而自至，襁负而事者，盖数千人。《诗》

579

载："经始勿亟"；《易》称："民忘其劳"，其斯之谓乎！于是二府文武之士，感秦国思郑渠之绩，魏人置豹祀之义，乃遐慕仁政，追述成功。元康五年［295］十月十一日，刊石立表，以纪勋烈，并记遏制度，永为后式焉。（《水经注》：鲍邱水入潞，通[10]得潞河之称矣。高梁注之水，首受㶟水于戾陵堰，水北有梁山，山有燕刺王旦之陵，故以戾名堰。水自堰枝分，东经梁山南，又东北，经刘靖碑记）。

（右碑旧在蓟县大城东门内。今无考。）

重修卢沟河堤记

正统元年［1436］十月 ［明］礼部尚书 张 昇

卢沟河在京西郭外，乃桑干河所经。原自云中桑干山，流至京师，横迤而南，又折而东。跨河有桥，并陕、河、蜀、赵、魏、番、羌悉出于是，乃京西要途也。其河通塞外云中，巨木、财货，公私所资，乃京西要津也。河合太行诸山之水，其流峻急。涨则动成冲突，散漫奔溃，漂庐舍，伤人畜，坏田畴园亩，不可为数。而往来之人阻滞旷日，患不可胜言，近年尤甚。上勤宵旰忧。正统元年［1436］春，有司以河决闻，两堤计十有一所，延袤千有二百丈。上惕然兴嗟，即命内官监太监萧公通、襄城伯李公郧、工部尚书曹公鉴，偕奉玺书往治之。乃遣官属，随地远近分治，役官兵三千，佣借工八百，肇于是年三月十一日。不数月，而堤就功成。缺者以完，坏者以复，横流者以息，修筑者以固。农有耕获之利，居无漂荡之虞，行无阻滞之忧。众喜而胥告曰：此河昔非不修也，然而随修而随坏者，无实功故也，岂有如今日之坚密而根固者乎？昔非不役众也，然而用力多而成功缓者，无要法故也，岂有如今日之役省而功速者乎？是皆公辈措画之宜，葺理之善，而笃励之精也。皆以手加额，而称颂之不容口。工已，又以桥北东堤故有河神庙，颓圮不支，无以扬虔而妥神，太监公谋欲新之，而树碑于是，以纪岁月。以请诏，曰："可。"于是河堤完固，而民得以无虞。庙宇焕然，而神得以安静。斯举也，非皇上忧民之切，诸公督理之勤，亦安能以成功耶？尚书公间过，属记于余。余喜而道之，且津要之地，众出之途，民生之系，当务之急，政不可后也，功尤可达也。乃不辞，而次第其语，以告诸来者。

（右碑在卢沟桥回龙庙）

固安堤记

正统三年 ［1438］ 七月　　　［明］ 大学士　杨　荣

天下之难治者，莫逾于水。而治水之先者，尤莫逾于京师。故大禹之迹，首在冀州，岂非以水之利害所系者大，而帝畿之内，宜慎其防，以为宏远之图也欤？卢沟之河，发源太原之天池，伏流至朔州马邑。从雷山之阳，发为浑泉，而为桑干河。雁门、应州、云中、山西诸水皆会焉，愈远益大。过怀来，行两山间，拘束龃龉而不得肆。至京城西四十里石景山之东，地势平而土脉疏，冲激震荡，迁徙弗[11]常。［三国］ 都督河北道诸军事、建成侯[12]刘靖，及子平乡侯宏，筑戾陵堰以防之。水患稍息后，人思其功，谓之刘师堰。历世既久，水势渐更。下流十五里，距卢沟不远有曰狼窝口，时复冲决漫流而东，浸没田庐，民弗安业。圣朝建北京，视河为襟带。永乐间屡常修筑，辄复颓地。今圣天子嗣位，命工部侍郎李庸、内官监少监姜山义往任厥事。复命太监阮公安、少保工部尚书吴公中总其事。且敕其务存坚久，勿为苟且，庶几暂劳永逸。群公效命，材谋具济。经始于正统元年 ［1436］ 冬，毕工于二年 ［1437］ 夏。凡用夫匠二万余，月给粮食以万计。累石重甃，培植加厚，崇二丈三尺，广如之，延袤百六十五丈，视昔益坚。既告成，赐名固安堤，命置守护者二十家。建神祠于上，有司以时修祀礼。凡督事者，悉赐钞币以劳之。其视筑戾陵堰，役费加倍而坚实亦过之。仰惟圣明至德，蟠际穹壤，而于京畿益图巩固，以宁济斯民于千万年。诸公亦能同寅协恭，用成厥功，盖可久可固，而利益于世者不小，皆所当书。于是叙其始末，俾勒诸石，庶后之人有考焉。

（石碑在卢沟桥回龙庙）

重修卢沟桥河堤记略

嘉靖□年　　　［明］ 袁　炜

卢沟襟带都城之西，顷年沙洲突起，下流填淤，水失故道，溃堤冲衢，走西南百余里。事闻，遣工部尚书雷礼、暨掌工部尚书徐杲，相度规画，条上事宜。上遂发帑银三万五千，敕太监张崇、侍郎吕光洵、指挥同知张铎、御史雷稽古董其役，仍令礼，月一往视。经始于嘉靖壬戌（四十一年）［1562］九月，报成于癸亥（四十二年）［1563］夏四月。凡为堤，延袤一千二百丈，高一丈有奇，广倍之，较昔修筑坚固什百矣。于是，臣礼请立石记其事，乃命臣炜为之记。

（右记见《袁文荣集》）

固安县修堤建龙王庙碑记

万历三年〔1757〕六月　　〔明〕都给事中　尤　懋

燕南诸郡邑，为九河下流，地势洼下，土壤轻脆，无高山大麓之限，横流易于冲决，贻民之害其来旧矣。三辅环京，固安尤为重地。川渎经入其境内者，一曰浑河，一曰清河。浑河去县北数里，东流至永清界，即古之桑干河是也。清河出县之西南，亘二十余里，合榆水入县境。平时伏流，各循故道。夹河之民，虽未借其利，而害未及之。迄于夏秋之交，积雨淋潦，洪涛迅奔，汪洋弥漫，潴而为渊，拥而为沙。蔽原塞野，莫知底止。即有咫尺退滩，可容耕佃，已转膏腴之旧，而为瘠薄之区。岁复岁焉，莫可谁何。浸以垫溺，……城郭，将来之势可畏也已。然水性剽悍，固不能使之挽回故道。修筑堤堰，以为民防，宁非司牧者之责，而济民之一术哉！乃兵宪钱公下车，未及观风问俗，视此有隐忧焉。始为檄谕，下其议于县令。时县侯李公直，以今之为害于境内者，莫如二河。栅堰防堤，何敢不力？顾今百姓困敝极矣，常征固已难之，重之经费，以扰农事，不将益难乎？今计惟议募工、雇值出以公帑，于勾稽版筑之间，而默寓赈恤抚摩之意。一方百姓闻之，无不欢呼称便者。乃遂条画，上之钱公。钱公大加叹称焉，〔即为具白都抚工公。报曰"可"〕[13]。侯方布令〔申谕[14]〕，〔出公贮趣办[15]〕雇直，而应募者殆数千百人。乃约以度工授金，标示法式，即卜日肇事。以督工官五十三人分工守视，即其所庐焉。侯则一日二日必至，有公事出则必至，即风雨不辍。于是赴工者大奋，事益集，筑益坚。无何，堤岸迤逦起，北障浑河三十四里许。动公贮以银计五百四十九两，以谷计五百石有奇。南障清河堤二十余里，其银谷费，俱侯特设处。工肇于万历三年〔1575〕三月三十日，告成于本年四月十七日。又其卒也，于浑河堤口创建一龙王神像，而岁时祠之。若谓茫茫川渎，必有以主之者。祈神之佑，河伯效灵，而永相吾民焉。夫以数百年未举之事功，而兴于一旦，以千百年无穷之大业，而成于期月。侯之上承德意，而下恤民情，可谓亟矣。又其器具用度，无一烦民，而出纳之间，不经史胥，故其制用有纪，民不知劳。诸治理始末，皆可以风告官守，而遂垂政模也。使后之为令者，得循其嗣，续而时举之。其所以裨补于此方之民者，岂其徵哉？是年春，余家居还朝，道经是邑。方渡浑水而异其堤垣之固，遂得侯言其梗概若此。因请余丈，以纪其事。余也乐观厥成，遂不量其鄙朴。〔即为具白都抚王公，报可[16]〕。僭为之记，以识其岁月云。

（右碑在固安北堤口古河神庙）

（嘉庆）永定河志

固安县创修重堤暨龙王庙碑记

万历四十三年［1615］六月　　［明］右副都御史　郭光复

固安之苦，浑河也。……古称桑干河是也。……卢沟桥下分两……漂悍喜迁。一过黄沙漫野，四十一年间，……数日暴……河水……堤平少顷建……而下射城西门。怒涛奔浪，吼雷战马，城几沼，而民几鱼矣。会今……侯孙公号太素，奉命从武清移兹邑，炯炯福……车即问俗，考政遍察利弊所在而兴厘之。自捐金，置办大小木料，虽竹头，木屑靡不广为储蓄，邑人不之知也。……月，庶品交饬，城工修缮之余，率群僚问诸水滨，曰旧堤崩陁，几成平地矣。安在一线土，足蔽此万顷波？盍再修一堤，重加保障，可恃以无恐也。亟立期会……锸畚夫役虽征之马头，而觅直悉出帑中金。复旦夕勤……以不常之格……是以欢声如雷。子来趋事，才十日而堤成矣。既而曰凭河有神，栖神有庙，与其弭患，而沈璧于中……若建祠而……于崇陛，况此神从至正始，业封为灵应洪济公，岂至今日而反成缺典？于是……前所储之材木，鸠工建庙，而塑之以像。计前后费二百五十金，成功三十日。倘明神呵护而然哉。堤长五百四十丈，高一丈八尺，厚阔狭不等。两旁密树以柳，计万余木，坚完倍昔。庙凡三楹，下有台，前厦，后又构禅堂三间，旁有树，围以垣。最前门大高，而取象昂其首，美哉！庙制乎栋甍宏丽，金碧辉煌，珠旒公……穹然高峙，两堤拥抱，如环带然，岂不巍巍形胜，足以妥神灵而邀崇贶哉。役竣，父老庆其成，刲羊击豕为歌舞之会。公合群僚而展拜其前，祝之曰："司民命者明有职，幽有神，职人忍厉民而祝神，神亦当鉴职而福民。自此泽润千里，浪偃重层，有灌溉而无虞奔射。惟神之灵，亦免职之戾。不然泛滥如故，冲决如故，啮田畛而漂庐舍，使民荡析于洪涛巨浪中，无论筑堤建祠之本意。而自顾庙貌，能无惭斯民血食乎？"于是酹酒于地，击鼓而颜其门，复记事于碑。记毕，系以歌曰：卷地长河古岸东，双堤迢递势如虹。蕊宫高插半天中，明德千年兮祀常丰。又歌曰："福星来此遁，长鲸白沫翻……柳，烟浓云气横。问谁垂荫兮，勒石永贞。"

（右碑在西惠济庙）

奉修固安县浑河堤岸碑记

康熙三十一年［1692］　涿州知州　秦毓琦

浑河之水，其派甚远。脉发天池，大于桑干，渐衍滨海。为京师之总汇，实天府之雄流，由来旧矣。岁在壬申［康熙三十一年1692］春二月，钦奉上谕："浑河堤岸，久未修筑，各处冲决，河道渐次北移。永清、霸州、固安、文安等处，时被水灾。为民生之忧，可详加勘察，估计工程，动正项钱粮修筑。不但民生永远有益，贫民借此工值亦足以赡养家口。钦此。"钦遵。直隶巡抚郭世隆率属亲履踏勘，查明浑河故道在固安、永清之北，向有旧堤七十二里。今河滩移徙，每遭冲决、常罹水患，此堤之亟宜修也。又查地势，北高南下，旧堤既修，北水无归，居民受患。永清东北，向有旧河五十四里，年久未浚，间有淤塞成途者。欲使顺流归淀，此河之亟宜浚也。确经估计，题明浚筑。飞檄遴员，迅赴分办，择日兴工。兹固安县属之堤六千八百七十九丈，爰奉饬委，即集村民父老，宣扬圣谕，酌量举行。夫兴修除患，本图乐利于久远；给值论工，更足赡养于斯日。圣天子因民之所利而劳之，因民之所劳而即利之，宸衷至意，溥被无遗。赤子幸生尧舜之世，居于畿甸之间，有不踊跃爱戴，欢呼从事者乎？今愚者殚其力，达者挚其心，胼手胝足登登然竞趋坚峻，勿事虚糜。一望新程，宛如带砺。不越月，而堤工告成。是役也，康熙三十一年［1698］四月十二日工兴，五月初五日事竣。计夫一十三万五千九百八十四工，给值银五千四百三十九两三钱六分。琦等躬际盛事，撰文刻石，冀与日星、海岳永垂天壤不朽。俾千万世后，登览是堤者，知圣朝无事不蒙恩也已。是为记。

（右碑旧在固安县十里铺河神庙，乾隆三十六年［1771］五月二十三日，将移于北岸二工新建河神庙竖立。舁至南三工六号上船，遇河水发沉溺。）

固安县太平庄东河神庙碑记

康熙三十九年［1700］八月　固安县知县　杨　龙

固安县北旧堤一道，东至龙王堂，永清县交界起，西至本县米各庄，宛平县交界止，共计长三十八里五分一厘七毫。康熙三十一年［1692］，奉旨发帑修筑。自本年二月内兴工，四月内告竣。经修官署县事三河县知县张鼐、署典史事永清县典史郎应璧、监修官涿州知州秦毓琦，康熙三十七年九月内，蒙前任抚院督令前任固安县知县修补，至三十八年［1699］三月竣工。详明抚院，交给河工分司，为南岸管理讫。

（右碑在南岸五工太平庄河神庙）

西惠济庙碑

雍正十一年 ［1733］　永定河道　定　柱

永定河发源山西太原之天池，伏流至朔州马邑。会雁门、云中诸水，经宣化府之怀来，夹山而下。曲折盘旋，而至京西宛平县境。土疏冲激，数徙善溃，颇坏田庐，为居民患。康熙三十七年 ［1698］，圣祖仁皇帝轸念滨河百姓，图维捍御之策，特命直隶巡抚于成龙筑堤浚河，以奠民业。由宛平之卢沟桥朱家庄，汇安澜城河，注西沽，以达于海。顾新河放水之后，溜急汹涌，两岸堤防多致坍卸，安澜城河口淤垫。是以康熙三十八年 ［1699］，圣祖仁皇帝亲幸永定河，相度地势高下情形，特授方略。于三十九年 ［1700］，自永清县郭家务以下地方，另开新河一道。改河口于霸州之柳岔口，而河患平矣。乃后，河身渐致淤高出水，又复壅滞。我皇上御极，念切苍生，兴修水利。雍正三年 ［1725］，怡贤亲王、大学士朱轼钦遵谕旨，历勘河形，悉心区画。自柳岔口引河流稍北，绕至王庆坨之东北入淀，使河水有所归宿。雍正九年 ［1731］，定柱恭膺简命，职任监司。下车三载，水流顺轨，岁庆安澜。滨河禾稼，悉获丰登。此由圣主德盛，故河神默佑，俾成厥功也。固邑城外，向建有东、西河神庙两座，柱因而敬葺之。神像庄严，殿宇崇焕矣。但明神供奉，不可不为远计。查，东庙有地五十亩，西庙有地连庙基共五十亩，只敷僧道饔飧之费，而岁需香火缺焉。钦惟我皇上于永定河上游石景山新建北惠济庙，御赐碑文、匾额，现在交部议拨香火地，圣心诚敬至密至详也。柱暨各属，均沐皇恩，神灵护佑。于固安东、西两庙，悉愿捐资，置"段德"名下入官地。并赎回旧地共三十顷，坐落永清县第六里柳坨、大惠家庄等村，与固安县之小西湖、张家场、吕家营等村。存取租息，缴存道库，为每岁香灯祭祖之需。稍展报享微忱，垂之永久。所有捐资各员弁姓名，揭诸碑阴。

（右碑在固安县城外西庙）

东惠济庙文

乾隆二十二年 ［1757］　永定河道　鲁成龙

永定本无定，乃我朝嘉赐之名，即古称桑干河也。溯其河源，由山右太原之天池，伏见经流，袤长几及千里。穿西山地界，而达石景山。过卢沟桥，水势奔突，迁徙靡常。国初以来，任其散涣，不事修防。迨中丞于成龙建议，创筑堤堰，疏浚并施。继经怡亲王同大学士朱轼兴修水利，浑流容衍，属之于淀，荡漾澄澈，归津入海。自石景山以至三角淀，绵亘二百余里，金堤屹立，安流循轨，保卫田庐。比来物阜民殷，兴歌乐利。且岁需帑金数万，工料所资，咸取给焉。每逢凌、麦、伏、秋诸汛，固资人事之修防，尤赖神明之显佑。是以附郭沿堤，敬建河神各庙，召募僧道，司其香火，甚盛典也。顾每年补葺祠宇，洎住持衣食需费累累。查，石景山南、北岸各庙，虽仅有香火地一顷至二三顷不等，租息入不敷出。夫以神灵赫奕，有感斯通，凡职任河防者，悉心经理，仰酬神贶。余巡视河道数载以来，浪净波恬，普庆安澜之福。每于朔望展谒，以及轮蹄阅历之处，思欲即其已成立局，更肇不朽之业。岁在丙子〔乾隆二十一年1756〕，查出河滩地一百六十余顷。具牍详请，每庙添拨地一顷至三四顷。嗣今以往，岁入充拓。僧道得所补葺有项，俾庙貌祀典攸赖，答神庥而垂久远，意在斯乎？诚恐阅时既久，复被豪强兼并，僧道侵渔。用是勒诸贞珉，庶后之览者，得以考焉。

（右碑在固安县城外东庙）

三角淀惠济庙碑

乾隆二十二年〔1757〕　永定河道　鲁成龙

永定河挟云平、上谷崇山峻岭之水，奔腾湍悍，环绕畿南数县，约束两堤之间。至三角淀而逶迤荡漾，渐次澄澈。由凤河注大清河，以入于海。是三角淀为河下游所恃，以停蓄而宣泄者也。下壅，则两岸辄虞淤垫；下游畅，则河底并资刷深。是以讲求河防，惟下口为急务。往昔下口屡移无常处。岁乙亥〔乾隆二十年〕，总督方观承相度形势，秉承睿谟，于北岸六工洪字二十号，作为全河尾闾，导之而波涛注，潴之而风浪恬。数年以来，水之出河而入淀也，循轨徐赴，无冲激之行。其由淀入凤河，以达海也。澹泊渊澄，有朝宗之势。绕埝村民，服畴力穑，共庆生成。余职司监河，周回巡视。睹水光天色，流既远，而气已静，恍见神明怡悦，金支翠节，隐见于清波滉漾中也。惟神功在生民，灵爽昭布，固无处而不通其盼蚃者。圣朝典秩有加，聿隆报祀。自石景、卢沟以及南、北两岸，皆建庙致祭，岁时展诚。而三角淀为水所归宿之乡，即神所妥绥之地，独无栋宇以致馨香，可乎？爰率所属，择孙家坨之高原建庙一所。内、正殿三楹，前后围房二十间。鸠工庀材，群力毕赴。经始于乾隆丁丑〔1757〕五月，越两月落成。庙貌斯崇，弦匏具举。余随直隶总督入庙瞻拜，肃虔将事。惟思益励精诚，永邀神贶。自兹以往，因水性为节宣，恒行机而利导。匀沙而沙宽，让地而地广。官弁兵夫，趋事其间，皆有定向而无歧虑。民生永赖宸念，以纾神之灵，长宁有既哉！因书其事，俾勒贞珉，以著兴建之意云。拨给香火地一段，计二顷，坐落永清县属安澜城北旧河身内。东至东安县交界，南至柳园，西至双营香火地，北至旧北岸十丈外。

（右碑原在北埝上汛孙家坨堤上。后碑裂）

禁河身内居民添盖房屋碑

乾隆十八年［1753］二月，直隶总督兼理河道臣方观承敬刊上谕，恭录卷首

南岸头工至六工河滩内村庄

南岸头工除高岭一村系在堤头山坡外。

宛平县属：

大宁村居民五十三户，瓦土房三百六十间。

南岸四工固安县属：

小仁厚庄居民四户，草房二十七间；

大仁厚庄居民四十八户，瓦土、草房一百五十九间；

白家新庄居民十三户。瓦土房三十九间。

南岸五工固安县属：

林子庄居民二十户，土草房七十一间。

南岸六工永清县属：

董家务居民二十三户，瓦土、草房五十三间：

惠元庄居民三十一户，草房一百十一间。

（右碑建南岸四工五号）

自北埝头起至范瓮口一带北埝以内村庄

东安县属：

淘河村居民二百一户，瓦土房一千七百八十三间；

于家堤居民一百一十八户，瓦土、草房四百二十八间；

葛渔城居民六百五十六户，瓦土房四千一百六十四间。

武清县属：

大范瓮口居民七十八户，瓦土、草房三百三十八间。

（右碑建北埝工头，今被淤）

下口南埝以内村庄

永清县属：

安澜城居民五十四户，瓦土、草房二百七间。

霸州属：

唐二铺居民一千一百五户，瓦土、草房三千五百四十九间；

黄家铺居民十三户，土、草房五十四间；

外郎城居民三十一户，瓦土、草房一百四十六间；

疙疸上居民一百三十二户，瓦土、草房七百七十五间；

王家铺居民七户，土、草房十四间；

毕家铺居民一户，土房十间。

东安县属：

外郎城居民三户，瓦土、草房三十五间；

得胜口居民一百四十五户，瓦土、草房七百三间；

王家圈居民四十六户，瓦土、草房一百九十九间；

东沽港居民二十三户，瓦土、草房二百八十八间；

马家口居民四十八户，瓦土房一百二十六间；

磨乂港居民一百十七户，瓦土房五百五十四间。

里安澜城居民一百二十八户，瓦土房四百四十二间。

武清县属：

东沽港居民一百八中，瓦土房二百七十九间；

小范瓮口居民一百四十六户，瓦土房四百八十一间；

王庆坨居民七百一户，瓦土房三千二百八十间；

明家场居民十户，草房二十九间；

辛庄居民四十户，瓦土、草房一百二间。

（右碑在南堤五号）

自范瓮口至凤河东堤北埝以内村庄

东安县属：

门家庄居民六户，草房十三间；

郑家楼居民三十一户，土、草房九十间。

武清县属：

（嘉庆）永定河志

刘家铺居民七户，土房二十六间；

西萧家庄居民三十七户，土、草房一百一十九间；

六道口居民二百三十七户，瓦土房八百三十二间；

敖子嘴居民六十三户，瓦土房三百三十五间；

李家铺居民五户。土、草房十五间；

王家铺居民十三户，土、草房二十七间；

又，光村居民五百十三户，瓦土房一千七百三十七间；

恒坝口居民一百二十七户，瓦土房七百八十二间；

陈家嘴居民五户，土、草房十五间；

西南庄居民五十户，瓦土房二百七十七间；

二光居民二十四广。土、草房七十八间；

东萧家庄居民十七户，土、草房五十四间。

天津县属：

安光居民一百零四户，土、草房三百七十五间；

双口村居民一百零六户，瓦土房四百七十九间。

（右碑建石各庄村前北埝上）

永定河事宜碑

乾隆三十八年［1773］　　　（抬头款式俱遵原刻碑文）

乾隆三十五、六两年［1770—1771］，永定、北运河水盛涨，决堤为患。钦命大学士两江总督高晋、工部尚书裴曰修、直隶总督周元理会同查办。发帑五十万两，兴举大工。永定一河，疏筑等工共用银十三万六千五百余两，于三十七年［1772］汛前工竣。三十七年春，皇上亲临永定河，自北岸二工九号渡河，循南岸二工至头工。驻跸黄新庄。恭谒西陵。由天津回銮，复至下口条河头，阅视全河。以河南巡抚何煟素习河务，现在扈从，命同尚书裴曰修、总督周元理，寻流而上，再加讲求，具议以闻。

巡抚何煟奏："永定河下口已蒙皇上指示，开展宽阔，疏导有方。既不阻下达之势，更可免侵运之虞。上游河身虽窄，而中泓每岁挑挖，一律深通，可以畅导其流。且有金门闸、求贤北村等灰坝，以分其出山汹涌之势。其六工现有之堤埝，随时增高培厚，捍卫有资。即此补偏救弊之中，实具永久安宁之道。守此成法，岁岁实力疏浚修防，可以永垂利赖。惟是疏导修防，原属治水不易之法，而人情厌常好异，每视为平淡无奇。诚恐数十年后或有妄为高论，别立奇谋，转致变坏成法，应请将现奉上谕及议定章程，摘叙简明条款，刊勒丰碑，昭示来兹，庆成法永垂勿替"，等因。具奏。经部议行，知照办理。

伏查，圣驾阅视永定河，皆有御制诗章，治河要议具载诗内，及屡次所奉谕旨，业已恭镌碑碣，树立堤顶，永昭法守。现在疏筑宣防，俱系恪遵圣训，随时请示办理。兹再摘叙简明章程，勒石记载，以垂不朽云。

一，石景山同知经管土、石堤工。自石景山起，东岸长二十二里八分，西岸长十四里，每年额设岁修银二千两。乾隆二十七年〔1762〕奏明，如有节省存贮，遇有不敷，于节存项内添补应用。三十七年〔1772〕大工，凡石工坍蛰损裂段落，一律补修完固。

一，南、北岸同知分管堤工。南岸长一百五十四里，北岸长一百五十五里四分。两岸原各辖九汛。乾隆十六年改移下口，裁去下三汛，南岸同知辖州判、县丞六员，北岸同知辖主簿、吏目六员。乾隆十五年〔1750〕奏准，沿河各汛均兼巡检衔，分辖附近十里村庄。三十七年〔1772〕大工，将两岸大堤间段加培，复添筑月堤。

一，两岸额设岁修银一万两，抢修银一万二千两。每于秋禾登场之时，两厅以各汛工程险易，酌估次年应需料物。开折送道核准，发银购办，存贮各工，以备次年凌、伏、秋三汛之用。按月造送月报，据实请销。

一，中泓。每年额设银五千两。凡有应行裁湾取直工程，预期估报。于河枯时赶办，均限汛前报竣。系动拨十里内民夫，每土一方，给银四分。三十七年〔1772〕大工，疏挑引河，每方给银七分。

一，闸坝工程。乾隆三年〔1738〕，南岸二工建金门石闸一座，金门宽五十六丈。乾隆六年〔1741〕，因坝面过高，不能泄水，海墁中路二十丈，落低一尺五寸。至三十五年〔1770〕，河身渐次淤高。微涨即过，复添建石龙骨一道，高二尺五寸。三十七年〔1772〕大工，补筑灰土坝。三十八年〔1773〕，圣驾临幸，谕令："添筑拦水草坝，俾水过有回溜之势。"伏汛时谕令："每过水后，即将金门及河流去路随时挑浚。务使积淤尽除，水道畅行。永远照此办理。钦此。"

一，南岸三工旧有北村草坝一座，北岸三工旧有求贤草坝一座，年久势须拆修。乾隆三十七年〔1772〕，大工兴举，遂改建灰坝，以资永久。金门各宽十六丈。并遵旨于金门迤上各建拦水草坝，亦使其回溜。过水后如有积淤，挑除净尽。

（嘉庆）永定河志

一，金门闸外引河。旧名牤牛河，至牛坨分为二股。一为牤牛支河，归中亭河；一为黄家河，入津水洼归淀。三十七年〔1772〕大工，将牤牛河暨黄家河一律挑浚。复于牛坨分流处，建成草坝一座，降水势三分归支河，七分归黄家河。北村坝外旧有引河，自米各庄归牤牛河。因形势向西不顺，改挑引河一道，自南柏村归牤牛河。北岸求贤坝减河一道，由北堤外入母猪泊。三十七年〔1772〕大工，间段挑浚深通。以上各引河，每年地方官于农隙时，劝民挑浚一次。

一，三角淀通判经管。南堤自冰窖村接南堤起，长七十九里一十四丈；北堤自小荆垡接北堤起，长四十九里一百二十八丈。两堤各分七、八、九工，设县丞、主簿分管。又，管辖淀河州判一员，专司疏浚下口，额设银五千两。每年着看水势，疏浚引河，归沙家淀凤河，入大清河达津。乾隆三十七年〔1772〕大工，将南北堤间段加培，由条河头毛家洼归水沙家淀。三十八年春〔1773〕，圣驾临幸，亲加指示。谕令将望河亭改为龙神庙。是年秋汛涨，河水改由条河头迤北落图庄南一带，归沙家淀。奏奉朱批："足见无定矣。现在用船多浚水沟，使水势向南一分，北堤即受一分之益。并将北堤埝筑高厚，以资抵御。"奉旨准行。

一，凤河东堤，长五十九里九分，专设外委经管，隶三角淀通判管辖。三十七年〔1772〕大工，挑深凤河，培筑东岸堤工。

一，添设浚船事宜。乾隆三十七年〔1772〕，奏设五舱浚船八十只、三舱船四十只，共一百二十只。按工分给，南岸共五舱船四十只、三舱船五只；北岸共给五舱船三十六只、三舱船五只，交两岸汛员经管。下口拨五舱船四只、三舱船三十只，系淀河州判并把总一员、外委一名经管。仍饬三角淀通判董率疏浚。每岁各汛将应挑淤嘴、淤滩，于水涨之后，确估造报。土多则照中泓之例，按方给价。惟两岸自麦秋至白露，计八十日，兵丁上堤防汛，不能撑驾船只。议准添雇民夫，驾船捞浚。所捞沙土，照每船丈尺折算，每方给银七分，即在额设中泓银内动支，分晰报销。

一，沿堤柳株。春融时河兵栽种。乾隆三十八年〔1773〕春，皇上阅视永定河，谕令两岸大堤内帮多种卧柳，以资捍御。当即钦遵办理。

一，河营官兵。乾隆四年〔1737〕，题设河营守备一员，辖石景山千总，南、北岸千总，共三员。南、北岸把总二员。三十七年〔1772〕，复设浚船把总一员。额设河兵共一千二百三十名，拨各汛疏浚修防。

（右碑竖道署仪门左）

治河摘要

（谨按：永定河水性湍急，挟拥泥沙，易淤善溃，素称难治。前代补苴之政，皆无足纪。国朝列圣，贻谋改河六次。宏规钜制，利赖民生。皇上绳武绍先，常廑睿虑，训示机宜。司河务[17]者，谨守成规，自可[18]安澜永奏。惟是治水之道，必当因时、因地以酌其宜，庶于修防有所裨益。）

伏读高宗纯皇帝御制《阅永定河》记云："在河，固无一劳永逸之方，在治河，实有后乐先忧之责也。"又御制《阅永定河下口，以示裴曰修、周元理、何煟》诗云："便征盈酌虚剂者，不过补偏救弊斯。"又御制《戊申观永定河下口》诗云"幸此卅年来，无大潦为咎。然五十里间，长此安穷久。"注云："自乙亥［1755］改移下口以来，此五十里之地不免俱有停沙。目下固无事，数十年后，殊乏良策，未免永念惕然也。"仰见圣谟广运，烛照将来，了如指掌，臣实深钦服。查，永定河自乾隆二十年［1755］改移下口以来，迄今计六十载。下口之河流，北淤南漾，南淤北漾，两堤之形势常多险工。此正当仰遵圣训，勤求良策之时也。逢亨备员永定河工十有五年，久荷高厚之恩，未有涓埃之报。夙夜黾勉，抚职自思，欲于补偏救弊之中，稍寓易危为安之策。今将节年身体力行，及平日所相度熟筹，行之可图永远者著之于左，以备采择。

一，岁修必期办妥，抢修即易为力也

秋汛安澜后，即按工程之平险，估料物之多寡，道库垫发钱粮，趁新料登场之时，及早购运到工。酌量险要处所，如式结实。堆垛、盖顶，必要双披水，紧密苫盖，庶不致雨水糜烂。汛后有余，还可留为下年之用。桩取条直，麻草足用，惊蛰防护。凌汛后即令栽柳，条宜粗壮，坑宜掘深，土直拍实，不令透风。外帮有减，不必虚应故事，惟于内帮多栽，可期茂密。草芽尚未萌生，急须查獾洞鼠穴。獾洞大而易见，鼠穴则小而且隐。常有离堤二、三丈，由地中钻穴，透出堤身者。倘遇盛涨，最为可怕。趁草未滋生时，务宜搜捕尽净，以后不时巡查为要。春日晴和，乘时拆修朽埽，加镶卑薄，层土层料，从容办理。一面多拧绳绠[19]苇绠，堆积土牛。春分后，查看河形，相度地势，裁湾取直，以顺水势。以上各工，统限于夏至前一律完竣。初伏前十日，拣派文武协防员弁，分赴各工防守。水有性情，堤有形势。工上若要出险，必先有形象，惟在汛员，每日早晚，由工头至工尾细看一遍。或平时有獾洞鼠穴，即时[20]搜捕填塞。或长水有迎溜扫湾，即调集兵夫，预备料物。倘有蛰动，即随时抢镶。即有走埽汇堤大险，亦不可慌忙。惟当多调兵夫，买土买料，极力抢护。一面分途调集上、下邻汛官兵，帮同办理，不可惜钱。汛员平时必须于领到防险粮时，宽为筹备，以济急需。安危呼吸之际，惟求将工程抢住。至用钱多少，无论上司不肯，令汛员赔累，而汛员保全功名身家，则所值者多矣。盖通工办得稳固，偶遇一处出险，则员弁兵夫并力抢护，易于为力。是抢修工程，全在岁修办理。通计伏、秋大汛，紧要不过两月。官食俸禄，兵食钱粮，偶遇风雨昏夜生工，即废寝忘食，竭力以抢办之，亦所应然。况两月之中，天晴不下雨，下雨不长水之日尚多乎！汛期内四防之中，风大则将预捆扫把系于堤内，随水上下，即可挡护。大雨恐有浪窝，则令兵夫于堤上越埝以御之，雨止再行填垫。夜则传筹以稽其勤惰，昼则易于巡查。司河务者，诚能常存敬畏，于岁修之时，即预计抢修之险。抢修之时能相度机宜，妥速办理，则安澜可为永庆矣。

一，埽以护堤，作法宜善也

永定河两岸土性纯沙，临河之堤非埽无以挡护。然不可轻下，恐引水生工。如溜势顶冲，必须下埽。先为预备绳缆桩撅，相度藏头之处。卷下埽段，长短合度。交接处，免留猫洞。串水埽底，收拾平整，免有树根旧桩，以致桥搁埽嘴胯角[21]。拨定先填埽眼，再用层料层土。镶垫高已过半，即下槽桩。每段或五根六根，签钉结实。复行加镶到顶，再签长桩，压以厚土。至埽之高矮，须相度河形。河面宽者不必太高，河面窄者埽必加高，与堤相平。兵夫人等切不可急于见工，或取土较远，用料多而用土少，以致埽不坚实。恐蛰埽时，有抽签之病。临河无不蛰之埽，平蛰陡蛰，甚至吃水，急于抢镶，总须料土应手。或挂骑马，或将桩头拌住镶干，则加以大桩，可期稳固。如有水串入埽后汇堤，谓之后汇。切不可急用土填，先将软草填塞坚实，出水[22]，再用料土加镶。一面于埽之上段找其进水之路，签以两三根大桩，截其水路，即可无虞[23]。至年久糟埽，内已空朽，徒镶埽面，最易误事。当春末夏初枯河之时，逐加查看。若系险要工段，即全行拆去，另卷新埽。若料物不甚充裕，朽埽太多，只须间段拆修。盖溜头着重处，不过二三段，惟将料物预备，临时抢镶，亦足济事。若埽虽糟朽成土，尚不空虚，即于埽外卷下新埽，包裹加镶，以旧埽作土心，如迈埽然。较拆埽又为加宽，挑出溜势，能护以下埽段。兼之胯角

593

下可以挂淤，常可取土。但迈^[24]埽如挑水坝迎溜吃重，宜多用长桩，加签二根若香炉脚，加五根若梅花样，可期稳固。第作迈埽与挑水坝，尤须察看河形，河面宽则得济，如河面窄，恐一挑溜，则对岸吃重，生工利此损彼，亦断不可行。下埽要得力，签桩宜合式，点桩须向里，若太外，恐埽一蛰动，即扒出无力，所以要靠山，要迎水，不可陡直。总之埽以护堤，桩以管埽，能讲求而善用之，则可永远巩固矣。

一，疏浚宜裁湾取直，节省钱粮，以备通融加培也

疏浚原治河不易之法，但永定河不能全恃疏浚。盖黄河力专其沙，可以自达于海。永定则下游有凤河、大清河清流横亘，其沙俱停叶淀、曹淀、沙家等淀。清水始会凤河入大清河，西沽达津入海。沙停则下游高仰，溃决堪虞。于是言治河者动^[25]云："上溃由于下壅，总以下口疏浚不力为病"。殊不知浑流湍激，挟沙而奔，其势莫遏。究之下口何能为上游害？查两岸中泓，额设疏浚银五千两。如果河形弯曲，有高滩。老坎横塞中泓，即可尽此钱粮。或详请另案，并力挑挖，亦属可行。如只淤滩沙嘴，河流不顺，宜于中泓裁湾取直，挑通而引导之，得有节省钱粮，即择堤之卑薄者加高培厚，于河防均有裨益。至下口自改移之后，中宽四五十里，原系散水匀沙，任其荡漾。然好处在此，可虑亦在此。盖地面宽阔，则水势平铺无力。溜到之处易以防护。所虑者水至此，无所约束，任其迁徙靡常，月异而岁不同。且水缓则沙停洼下之区，瞬息变为高滩。如欲就此挑挖，则动经数十里，无论无此钱粮。即使挑挖宽深，引河头亦好，而开放又合机宜。大溜直入，目前非不立见功效，无如下次盛涨，又改向他处走溜，甚或平漫汪洋，河形顿失。是专以疏浚施之下口，仅仅兴挑一河，而欲冀其长此安流顺轨也，势必不能。然下口之淤势日高，则堤身日薄。惟在随时相度，察其形势，顺其水性。多挖支河，俗谓之蜈蚣河，以分其势，以导其去路。一面仍须兼顾堤身，以防汕刷。如现今南淤北漾，则以疏浚节省之钱粮，择北堤子埝之卑薄者，加培高厚。倘他日北淤南漾，则以节省之钱粮，择南堤子埝之卑薄者，加培高厚。似此通融办理，庶可均保平安。且所淤尽属流沙，水到则渠自成。任其迁徙靡常，总不出乎中宽四五十里之间。即有侧注一岸之时，但业将堤埝加培高厚。对面又无所阻挡，水势自可平铺过去。况又有员弁兵夫，随时防护，足保无虞。是挑挖支河，加培堤埝，允为治下口之良策。任事者能勤加查勘，疏筑得宜，胸有定见，不拘泥于成法，不摇惑于人言，则于治河之道，为得其要矣。

一，加培堤工以垂永久也

设堤原以御水，卑则易漫，薄则易溃，理所固然。查，永定河历次漫溢，皆因岁修项下例无额设土工钱粮。间或奏请另案加培，亦属未能高厚。经风雨剥削，堤身日形卑薄，以致防守惟艰。从长计议，宜将各汛险工，于土性纯沙之堤段加高数尺，帮宽堤顶，约成十丈、八、九丈；其平工之土性较好，堤段酌量加高数尺，帮宽堤顶，约成五、六、七丈。择其缓急，分年次第兴修，每岁约计请银三万两。不过数年间，即可一律告竣。盖永定河水源，由千山万壑，一涌而来。其长固骤，其退亦速。试观伏、秋大汛，或水长二、三时，或半日至一日之久，无不消落者。堤既高，则漫可无虞。堤既厚，大溜冲刷，而水不久停，亦不患其全塌。况又有员弁，兵夫人等随时抢护，不过一半日之间，水已退去，即可平稳。是加培工成，数十年可保无患矣。

一，闸坝以备宣泄，急宜重修改建也

查，永定河南岸二工十四号，于乾隆三年［1738］，创建金门石闸一座。三十七年［1772］，于三工十一号，建筑北村灰坝一道。又于北岸三工第三号，建修求贤灰坝一道，皆所以宣泄盛涨之水，法至善也。迨至嘉庆六年［1860］，河水异涨，两岸漫溢，多处河底淤高，金门闸遂为流沙所压。以后河身渐高，则闸身愈低，以致龙骨海墁低于河身者，至五、六尺不等。一遇盛涨，不惟不敢启放，恐其夺溜，且须坚筑土埝，以抵御之。北村灰坝，其坝口逼近正河。河底淤高，则堤身愈低，易于过水，以致嘉庆十三年［1808］凌汛，几至夺溜。幸彼时督率员弁兵夫抢做土埝，赶下边埽挡护，始保无虞。是以历年来，皆系培修子埝，以资保陪北岸三工灰坝。因河势南趋，逐年河滩淤高，坝口距正河较远，即遇伏、秋盛涨，亦不能过水，是两岸闸坝此时全不得力。设遇盛涨，竟无一宣泄之路，甚为可虑。宜将金门闸龙骨海墁金埝升高六、七尺，若遇盛涨，听其自为分泄，则两岸堤埝不致十分吃重。至北村灰坝，既系不可启放，宜改建于南岸上头工第十号。即于坝口下挑挖引河一道，使水势迤东而出清河。既得地势，又不妨碍村庄，且于两岸上游各险工均有裨益。再，北岸之求贤灰坝，滩高河远，竟致不能过水，宜于下游挑成倒沟。若遇盛涨，使其倒漾过水，又不致引溜冲坝。惟须将旧坝补修坚整，足资捍卫。以上石闸、灰坝等工，估计约得数万金。倘能奏请兴办，可保一河两岸之工程，并足捍护附近之民田庐舍，所谓河工以费为省也。谨缕陈之，以备采择。

一，堤宜改直，以避险工也

堤直则水无阻遏，可冀顺流；堤曲则迎溜顶冲，易于冲刷。南北运河关乎漕运，必须河形湾曲，方资蓄水。永定则河流浑浊，舟楫不通，宜以直行畅顺为主。查，北岸下汛自第十五号起，至十六号上；北二工自十九号，至北三工头止；北三工自第十一号，至十五号内三十丈止；北五工自九号，至十一号止，以上各工堤段，俱系横亘河身。每遇大汛，溜势顶冲，且致对面南堤亦成横河，其形势最为可虑。宜于堤外改建直堤，庶可避两岸之险。且所需经费无多，易于办理。至筑成时，本年仍守旧堤。其新堤，必须经过大汛，雨水蛰实坚固，再将旧堤掘成倒沟，流入新河。既于新堤不甚吃重，且以旧堤所需之岁料，移为新堤防守之用，亦属有盈无绌[26]，化险为平，可谓事立功倍。至下口凤河东堤，经嘉庆六年［1801］异涨，所有艾南庄等处，俱已冲成缺口。有人议废此堤，留为永定河宣泄之路。但查，建设东堤，原为运河西堤保障，一任浑流荡漾，势必渐浸西堤。漕运攸关，不可不从长计虑。然欲仍旧堵筑缺口，先须挑挖正河，不但工程浩大，难以兴挑，且于永定河尾闾不畅，究非良策。唯于东堤之东，西堤之西，自艾甫庄缺口以上起，至桃花口斜埝止，接连新堤一道，计长四千六百八十余丈，约估需银二万两。庶于运河西堤得资卫护，而永定尾闾亦可畅行，诚一举而两得之。

一，任人贵专，不宜轻易生手也

永定河流无定，唯熟谙工程者，能看河道形势，知水性情[27]。汛员驻扎堤上，每日于工头至工尾查看一遍。平工遇有獾洞鼠穴，即搜捕填垫；险工遇有水势侧注，或扫湾顶冲，即于该处预备料物，或抢镶，或下埽，登时防护，不令生工。厅[28]员。于所属各汛，疏筑加镶岁修工程，时常稽查，不许偷减，务于汛前完竣。大汛则往来各汛，遇有险要，即督令汛弁相机妥速办理。道员不时周历两岸，留心查看河道水势，有宜预防生工者，即谆谕厅、汛[29]员弁，加意看守。汛协员弁中，有工程明白、实心出力者，即暗中记名，于秋汛安澜时，保举升擢，以示鼓励。不得以借径邀功者，滥列汛员中。择其熟谙河务，实心办工者，即由县丞、州判、州同逸升通判、同知。或才具出众，可升知县者，保升沿河知县，仍转升本河厅员。其厅员中有工程熟练，才品兼优，历任三年平安者，保举加知府衔；再历三年，如果出

（嘉庆）永定河志

力，即保升知府。既任知府，遇永定道缺出，即可以本河贤丞倅[30]出身，递升知府者，保举奏升河道。至河营武职，办工是其责任。省例，向来武弁缺出，由永定、天津、通永三道轮补。往往永定河熟悉工程之弁正资重用，忽调升外道之缺。而外道工程不明者，忽调升永定河缺。每至差池工程无济，自宜量为变通，方收实效。如遇外道缺出，例应永定河拔补。该弁熟悉工程，宜将此缺让外道武弁借补。俟永定河缺出，即以该弁补还。如遇永定河缺出，例应外道拔补。苟非熟习工程之弁，宜将此缺在永定河拣弁借补。俟外道缺出，再以外道应补之弁补还。若是则本河工程熟手，即可由外委、把总、千总递升协备、守备、都司。总之有治法，须有治人。司事者，苟能调度有方，得有熟手经理，斯临事自收指臂之助。况通工文武员弁，俱有升阶，谁不乐于驾轻就熟，立功向上，以期永庆安澜哉？

一，抢顶冲，最宜得法也

《治河方略》①云：“抢救之法，莫难于顶冲。其力专，其势迫[31]，迫治上游则直来，而不可遏截；治下游则碍堤，而不能展舒。”如堤内滩地尚相去大河百十余丈，或百丈，则相度水势所射之处，于内滩地内，离堤三四十丈，飞掘丈许深槽，卷故高丈许钉埽，先期埋入槽内，用桩签订。然河势直来，遇埽阴，必折而下流。其所埋钉埽须预拟形势，挨次自上游回转之处起，顺水之性。或百丈或七八十丈，下至稍可展舒处为止，庶临期不致仓卒；若离堤甚近，则即于大溜内，先用顺埽保护，一面仍于顺埽外，卷下钉埽，均照大溜长短，以定埽个多寡。俟水势稍湾，则或用挑坝鸡嘴，照治扫湾之法，自可保固。总之，扫湾顶冲之处，莫善于未险之前，先于堤外创筑月堤，以备不虞。实为事半功倍，至善良策。但月堤宜宽宜远，下水更宜长，以便转湾。不宜逼近大堤耳。三法俱善，但须看内滩尚宽，水势尚远，方能赶办。月堤亦须估计夫土，得有时日，始能抢筑。离堤甚近，大溜直冲埽段，亦不能下。全在审度形势，或对岸上游转湾处，有河头则急挖引河，以泄水势。急迫不能宽大，惟抽深沟，取其分溜，则险处便轻；再或形势顶冲，埽不能下，急于堤外帮掘挖深槽，埋下钉埽，签以大桩。背后赶筑戗堤，长短以水势为度。看来诸法，皆恐抢办不及，莫若先于险之前，相其着重埽段，多集后夫密密多钉长桩，层料层土，加镶高厚。临期再相度形势，设法抢救。调度有方，物料充足，钱粮应手，总

---

① 清靳辅著。见本书卷二十 445 页注。

可易危为安矣。

一，堵漏子，宜速且妥也

堤工当长水之时，忽然走漏，必系堤内有井穿洞穴。外面似无大坏，不知堤内已属空虚。一塞不止，则再塞，一覆不上，则再覆，甚至塞草包，掘堤顶。一阵手忙脚乱，将浮面些须老土蹂躏塌卸，则势如涌泉，不可复救。凡遇此走漏之处，须细看离河远近。有无顺堤河形，测量堤根水深若干。见有漩窝，即是进水之门。速令人下水踹摸。一经踹着，问明窟窿大小。如系圆方洞，则用锅扣住。令其用脚踹定，四面浇土，即可断流。如系斜长之形，一锅不能扣住者。应用棉袄等物细细填塞。或用口袋装土一半，两人抬下，随其形象塞之，仍用散土四面浇筑，亦可堵住。或临河一面不见进水形象，无从下手，只得于堤背后抢筑月堤。先以底宽八九尺，面宽四五尺，两头进土，中留一沟出水。俟月埝高出内滩水面二三尺，然后赶紧抢堵。如水流太急，扎一小枕拦之，里面再行浇土，更为稳当。仍须外面帮宽夯硪结实。俟里外水势相平，则不过水矣。倘大堤土性沙松，诸法抢办不及，竟至埽透者，不可惊慌。因彼时口门不过数丈。当于见漏时，先扎一枕，较内滩水深高一二尺。如水深三尺，枕高五尺，倘若竟埽透，即将此枕拦于口外，用橛钉住，使水流稍缓。一面多雇掀手，排立两堤头，将土粉下，二更令兵夫数人立于缺口下，连臂闭眼，齐力跳踹，以免迷目倾跌。所粉之土，实从人头上泼下，渐跳渐稠，亦可闭气。再，或有工处所埽下有猫洞串水内汇，埽台依然平整，堤坡先已缝裂，渐至桩尖。外奔水底，抽撤物料，崖塌埽刮，蛰陷无已。及堤内有獾窟、鼠穴，或冻土大块，玲珑其间，卒遇异涨之水冲刷坦坡，引水内注，致成漏洞。抢捡者亦不可慌乱，急令善水之人入水细细探摸，看猫洞在何处。一面于进水埽边密密签钉大桩，随蛰随镶；一面将裂缝堤坡顺埽掀挖。约及进水之处，尽去裂土，急以软草，如麦穰、豆秸之类，迎水填塞。待水流不溜，再用散草顺埽填塞，愈紧愈妙，切勿压土。俟垫平本埽，然后通身加镶压土。须外七里三，方为稳妥。总之，埽内宜软不宜硬。宜轻不宜重。轻软则水入沙停，合而为一；硬重则桥搁攻挤，必致内溃，莫可救援。是大堤走漏，为至险至急之事。虽智勇者，不能不惊心动魄。如能静以镇之，察其形势，施工抢救，亦可侥幸于万一。然临危济急，不如防患未形，若安澜纪要之签堤。果能实力奉行，堤工[32]夯筑坚实，既无罅隙，何致复有渗漏之事？且此种堵塞漏洞，全在人夫应手，一呼即至。倘黑夜遇之，须待远处招集，则耽延时刻，鲜不溃败者。

故防守大汛时，必应雇夫宿堤，或留可[33]缓之工，从容办理，借以养聚众人。更妙平日参看《治河方略》诸书，摘要体会，胸中既有主章，临期再相度机宜，及时妥办，自可化险为平矣。

一，[34] 合龙之法，宁备而不用也

伏、秋汛内，偶值风雨昏夜，人力难施，以致漫口，则须看大溜。如尚在正河，漫口不过分几分溜，急将两头盘作裹头，以防愈刷愈深，恐致夺溜。若漫口已经夺溜，则稍俟塌定，再作裹头，免致盘住复冲，徒滋糜费。口门既定，即于上游相度河头，挑挖引河，以泄水势。其河头不可离东坝台太远，远则放河时恐不得力；又不可太近，近则恐致搜后蛰塌东坝台。至挑水坝，宜作于引河头对面上游，挑大溜入引河。坝基之高下，亦须相度地势，宜于河头。既得之后，先将口门测量宽长若干丈，水深若干丈。水抬高时，至深若干丈。然后酌定坝基应宽若干丈，高水面若干丈尺，两坝进占若干。估计正料若干，杂料若干，上下迁埽料若干，并防备蛰埽抢险料若干。宁使有余，毋致不足。至择日兴工，先从两坝起手处，量定宽若干丈，蚀槽几尺。深作软镶为根高，上面层土层料，加镶到顶。临河作边埽，均宽若干丈，如法镶做；背后作土堤高宽若干丈，如法夯砑。盖永定河土性纯沙，软镶、边埽、背后堤，三者缺一不可。倘若图省工料，必致口门愈窄，水抬愈高，各处钻漏蛰塌，将抢险之不暇，何能合龙？亨于庚午嘉庆十五年［1810］秋守河间时，奉调至南下头工堵筑漫口。禀请准照前议三者兴办，遂得克期蒇事。惟埽厢全是料作，合龙后渗水在所不免。当于口门下筑一圈埝蓄水，赶作防风，名为水盆。以水抵水，内外相平，自可闭气。东、南两河合龙，总作二坝，以资擎托。惟永定只须圈埝水盆，尽足完事。然水势过猛，亦须扎枕合龙，此堵筑合龙之大概也。再，动工尤须审时。大汛期内，如遇分溜漫口，急宜堵筑，免致刷宽夺溜，酿成大患。如遇夺遛漫口，则又不可急于合龙。盖大汛时，料物未必充足。即勉强办得几分，倘又长水，仍复冲去。所谓与水争功，最为犯忌。莫若先筑旱口土工，俟秋汛后，相机挑挖引河。一面购买新料，趁此秋水绵弱，工料齐备，同心合力，如法赶办，自可一气呵成。至于分派掌坝、买料、收科、催办，引河稽查，动用料物，跑买土料钱粮，全在总理赞助得人。而总理之任怨任劳，则有不可名言者矣。总之，办工贵防患于未然。事后补苴，究属费力。安得司河务者，皆能常驻存敬畏，先事预防，竟置合龙之法于不用，以长享太平无事之福乎？

以上十条，有成法之中人或易忽者；有工程之间必须通融者；有为一时仓猝之备者；有为日后久远之图者。后之司河务者，于每岁修防之事，参酌而施行之。若改堤，若修闸坝，若加培堤工，或待兴举水利，或乘国帑充裕之时，次第以奏办之，未必非求永定河之一助也。

[卷三十二校勘记]

〔1〕此"道"字原本脱，据《水经注》收录《刘靖碑》原文增补。

〔2〕原文为"城"，今本亦作"城"，原刊本作"成"。《水经注》作为历史文献，〔1〕〔2〕二处均有误（详见卷四历代河防首页注说）仍其旧不改。

〔3〕"字文恭"三字原本、今本均脱，据《水经注》王先谦校注本增补。

〔4〕"形势"原本、今本误为"地形"，据《水经注》王先谦校注本改正。

〔5〕"通"字前衍一清字，据上书删。

〔6〕"潞"字，今本误改为"黄"，原本为"潞"，据上书确定为"潞"。

〔7〕此处景元三年，今本、原本皆误为景元二年，"辛酉"二字皆脱，据上书改补。

〔8〕"广"字，原本、今本皆误为"运"，据上书改为"广"。

〔9〕原本"含"字作"涵"，今本改为"含"，与《水经注》原文同。

〔10〕"通"字原本、今本皆脱，据《水经注》增补。

〔11〕"弗"字今本改为"靡"，从原本仍作"弗"。

〔12〕"〔三国〕魏都督河北道诸军事，建成乡侯"句中杨荣碑原文误为"后魏"，"建成乡侯"误为"建成侯"。在卷四历代河防首页注中已说明。

〔13〕、〔14〕、〔15〕、〔16〕〔〕内字句原本皆无，今本增补，不知何据，保留不动，谨记此。

〔17〕"务"字今本误为"备"。据原本改正为"务"。

〔18〕今本"可"字脱，据原本补。

〔19〕"缕"字今本误为"编"，据原本改为"缕"。

〔20〕"时"字今本脱，据原本补。

〔21〕"角"字今本脱，据原本补。

〔22〕水字后今本衍"无虞"二字，据原本删。

〔23〕"无虞"今本误为"无处"，据原本改正。

〔24〕但字后原本为"迈"，今本误为"若"。按"迈埽"为一种加大尺寸的埽个，用以挑大溜，起挡护堤身的作用。从原本改正。

〔25〕"动"字今本误为"劝"，从原本改为"动"。

〔26〕"绌"字今本脱，从原本增补。

〔27〕"情"字今本误为"性"，据原本改"性性"为"性情"。

〔28〕"厅"字今本误为"匠"。按"厅员"与下文"道员"对举，据原本上下意改"匠"为"厅"。

〔29〕"汛"字今本脱，据原本增补。

〔30〕"倅"字原本、今本皆误为"悴"，"悴"与上下文意不合，当为"倅"。清文牍中简称各府同知为丞，通判为倅。"丞"、"倅"均有副职、辅佐之意。

〔31〕"迫"字今本脱，据原本增补。

〔32〕"堤工"二字今本脱，据原本增补。

〔33〕"可"字今本误为"豆"，据原本改"豆"为"可"。

〔34〕"一"字，今本误为"飞"。按"一，"为标题编号，"一，"依原本改。

增补附录

清代官府文书习惯用语简释

清代诏令谕旨简释

清代奏议简释

清代水利工程术语简释

永定河流经清代州县沿革简表

　　《（乾隆）永定河志》、《（嘉庆）永定河志》和《（光绪）永定河续志》三部志书，是清代记载永定河文字最多、内容最丰富、涉及最全面的专业文献。其中重要的收录了当时有关治理永定河的大量皇帝谕旨，主要管理河务大臣的奏议和典章、制度等。书中涉及了当时官府行文的规矩、习惯，以及水利工程术语，令今人阅读多有不便。

　　在本套书整理过程中，我馆参与整理的专家学者和工作人员，针对三部书中集中涉及的不容易读懂和疑惑的行文及术语，查阅了大量的工具书和资料。借此，一并撰写成文，以"增补附录"之名增录于书后，仅供参考。

永定河文化博物馆
2012 年 12 月

清代官府文书习惯用语简释

清代，是中国历代封建王朝官府设置的集大成者，既有满族专设的一些府衙官称，同时继承了明代中原正统王朝的基本体制，因此官府衙署设置复杂，且不断创新发展。由于清代官府设置纷杂，本文难于遍举，只能对三部《永定河志》涉及的常见官府及行文习惯用语略加诠释。

一、清代官府的设置和分类

清代官府整体上分为朝内官和外官两部分。

朝内官：首述六部，次及九卿，大学士和王大臣等。六部当从"三省六部"说起。三省是指中央朝政的三个枢要官署，因文章篇幅关系不便尽溯其源，仅从唐宋说起。据宋朝王应麟《玉海》卷一二一《台省》："政归尚书，汉事也，归中书，魏事也；元魏时归门下……后世相承，并号三省。"（广陵书社 2003 年 7 月影印版）隋唐时，以三省长官尚书令、中书令、侍中为宰相，最终形成中央朝政以"三省六部"为中枢的国务管理体制。三省互为表里，相互制衡。中书省掌管皇帝诏令的起草、传达、宣布，即决策；门下掌诏令的审议、奏章签署，并有对诏令"封驳"权，即审议；尚书省掌诏令、政务实施，即执行。尚书省下设六部，唐朝正式定为吏部（掌管文官的选拔、任免、考绩），户部（掌土地、户籍、赋税、财政收支等），礼部（掌礼仪、祭享、贡举），兵部（掌武官选用、兵籍、军械、军令），刑部（掌国家法律、刑狱等事务），工部（掌工程、工匠、屯田、水利、交通等事务）。各部下设四司，故史称二十四司（宋以后各部司官远突破二十四司之数）。宋元丰年间前，以中书门下（政事堂）实际掌握国政，元丰年间改革官制，重振三省之职。到元朝废门下省，尚书省时废时立，以中书省代行尚书省事。六部改隶中书省，设左右丞相总揽朝政，六部尚书分掌政务。明洪武中，废丞相及中书省，六部独立。六部长官称尚书，侍郎副之。清沿明制，六部设满汉尚书各一员，满尚书位在汉尚书之上。下设左、右侍郎各一。尚书官一品，侍郎三品。同为一部之长官。因尚书、侍郎坐衙署大堂办公，均称堂官。各部堂官之下属称司官，满汉蒙各有定员，有郎中（四品）、员外郎（五品）、主事（六品）各员，七品以下称小京官。各衙署还有掌管翻译满汉蒙藏奏章文书的笔帖士（多为旗人），也属小京官之列。

在清朝，审议内外官员奏疏，须有一个部或几个部会商，六部与九卿会商，称议奏、会议。是否准许官员奏议所请称议复，有议准、议驳、毋庸议三种审议结论，皆由参与审议部院的资深主管司官一人草拟议复奏折，称作主稿。其余司官称帮稿。（有的部如户部、刑部的司官以汉郎中或员外郎充任者，直接称"主稿"。有的部，如吏部、礼部则称"汉掌印"，他们往往充当主稿。参见《清史稿·职官志一》）

九卿，历代不同，在明清又有大九卿和小九卿之分。如果称大九卿，包括前述六部，外加大理寺（掌复核外地奏劾、疑狱罪及京师百官的刑狱。主官称卿，下设少卿及丞等员属。），都察院（监察机关，清以左都御史、左都副都御史为主官，右都御使、右副都御使为总督、巡抚的加衔，下设吏、户、礼、兵、刑、工六科给事中，为最高监察弹劾、议参机关。），通政使司（简称通政司，长官为通政使，下设副使及参议等佐官，掌内外章奏、封驳、臣民密封申诉之件）。而列入小九卿的，明清有多种说法。其一光禄寺卿（掌管皇室膳食），鸿胪寺卿（掌少数民族首领的朝贺迎送、仪式典礼的赞导、相礼等事。），太卜寺卿（掌舆马及马政），太常寺卿（掌祭祀礼乐），国子监祭酒（国子监简称国子学，与太学同为国家最高学府，又兼教育管理机关，长官简称祭酒。）。翰林院掌院学士（翰林院是清朝人才储备之所，清大臣多出身于翰林院学士，其长官为掌院学士，下设侍读学士、侍讲学士，侍读、侍讲、修撰、编修、检讨、庶吉士等官。），宗人府宗令（掌皇家宗族事务，以亲王以下皇族充任，事务长有府丞、理事官等。），銮仪卫，是为小九卿；或以钦天监（掌天文历算）、顺天府尹、詹事府（太子属官、长官为詹事、少詹事、下设左、右春坊、司经局等。清代常为翰林院转升之地，多为三四品，无实职。）等入小九卿，此时大理寺、都察院、通政司则不在九卿之列，有清一朝并无明确规定。在清代上谕中常有"六部九卿议奏"，此处九卿是指小九卿。若上谕单指"九卿议奏"，则九卿是大是小不能确指。单凡有九卿参与议奏的议题多为朝政、河防的重大事项。九卿议奏的程序亦如前述，要形成议复奏折，呈皇帝裁夺。

清承明制，不设丞相，以内阁为名义上的最高国务机关。有三殿（保和、文华、武英）三阁（文渊、体仁、东阁）大学士入阁。权力掌握在满洲贵族手中。参与机要政务的多由皇帝指派，不一定为内阁成员，内阁权力渐趋低落。至雍正七年（1729）军机处成立后，内阁虽保留最高国务机关之名，而无其实。内阁设稽查钦奉上谕事件处（上谕档案存管）中书科（掌缮书诰敕、翻译满汉章奏文书），内阁实际成为上谕、奏疏议复的记录、存档、转发（仅限机密程度较低的"明发上谕"，机密程度高的上谕由军机处承办称"廷寄"。见后文）机关。

三殿三阁大学士，学士初无定制。乾隆十年（1745）后，定制入阁大学士各殿、阁，满汉各二员（保和殿不常设），协办大学士满汉各一人。大学士往往兼管各部尚书事，称管部，或录尚书事。入阁大学士资深者或视为首相，但无明文规定。军机处成立后，军机大臣权力日重，大学士仅为重臣的荣衔而已。

军机处，为雍正帝处理西北紧急军务和保密之需而建立，是辅佐皇帝处理军政事务的机构，设军机大臣。初无定员，多时六七人，由大学士、尚书、侍郎充任，（咸丰年间始有亲王为军机大臣）权力日重，超过内阁。僚属为小军机（或称军机章京），掌管缮写谕旨，记录档案，查核奏议等。到光绪年间，多达四班三十六人。凡重要军政奏报及密折，报由通政司，递至军机处，转呈御前。机密上谕下发由军机大臣直接承办，称廷寄。其封签写："军机大臣某字寄，某官开拆"。密封加印，由兵部捷报处递送，并有时限送达。（如四百里或六百里加急——指驿马日程）。一般上谕下发给内阁明发。

外官：包括各省地方的总督、巡抚、河道总督、漕运总督、提督、布政使、按察使及道府以上官员，也是官府文书收发主体。

总督，全称为："总督某处地方、提督军务、粮饷兼巡抚事"（《清史稿·职官志》三《总督》），为一省或数省最高军政长官。"总治军，统辖文武、考核官吏、修饬封疆"（《清通典》三三《职官典》十一《总督巡抚》）。清总督秩为从一品，多有右都御使加衔。其别称有总闻，制台，因统帅绿营兵而称督标（标为团级编制单位），兼右都御史而称总宪，或因兼兵部尚书而称部堂（自称本本堂），或尊称为大帅。

巡抚，清代省级地方政府长官，总揽一省的军政、吏治、刑狱等，地位略低于总督，但仍属平行。别称抚台、抚军、抚标，又例行兼衔右副都御史，也叫抚院和副宪。有时巡抚加总督衔。

承宣布政使司，明洪武九年（1376）改元行中书省为承宣布政使司。长官省称承宣布政使，又省称布政使。各府州县统辖于两京和十三省布政使，每司设左、右布政使各一员，为一省最高行政长官。后因设巡抚、总督，权位渐轻。清朝则正式定为总督或巡抚的属官，每省布政使一员。江苏省分设江宁、苏州布政使司，故为二员。布政使别称藩台、藩司，掌一省人事、财政，与提刑按察使司并称"两司"。与督（抚）、按察使合称一省之"三大宪"。其衙门通称藩署（亦可代指布政使）。

提刑按察使司，长官省称按察使。清承明制为一省司法长官，掌法律、刑狱，别称臬司。臬司衙门通称臬署，亦可代指按察使。

道，本为明清时在省与府之间设置的监察区。作为行政监察区的道，明清时发展为省级派出机构。清代又区分为分守地方道（省称分守道，由省布政司派驻）和分巡地方道（省称分巡道，由省按察司派驻）。位在督抚和府之间，一般为正三品。清代为治理永定河的需要，在直隶省设置永定河道，位在直隶河道水利总督与分司（厅）之间。乾隆十四年［1749］裁直隶河道总督，永定河道归直隶总督管理。原来设置天津分巡道、清河分巡道（大顺广分巡道）、通永分巡道，又都赋予兼管水利河防之责。（嘉庆《永定河志》卷十六奏议，雍正四年二月九卿议复，和硕亲王、大学士朱轼奏《为请设河道官员以专责成》折。）此处还有兵备道。其后分巡、分守、兵备道界线趋混，道遂为一级行政长官。

府，宋时中央官员任府一级地方行政长官为"权知某府事"，省称知府，明正式定名为知府，清相沿不改。府管辖州县。清顺天府和奉天府长官独称府尹。

州，宋派中央官员任州一级地方行政长官，称"权知某军、州事"，省称知州。明清正式为州级行政长官。州又分直辖于省的直隶州和辖于府的散州，前者略低于府，后者略高于县。

县，同前述，宋中央派任县级行政长官，称"权知某县事"，省称知县，明清正式定为县级行政长官为知县。

清代文献中，上自布政使下至知县，因各级行政长官使用的印信为正方形，故称为正印官。在《永定河志》中，称沿河的府、州、县的行政长官为"印河长官"，实指沿河正印长官。

府、州、县的属官和佐官通称佐贰，或称丞倅。府州的佐官同知，宋辽金时全称"同知某府事，同知某州事"，省称同知。明清相沿仍称同知，分掌督粮、辑捕、海防、江防、河防水利、屯田，分驻指定地点（如《永定河志》中提及"直隶南路同知，西路同知"等）。清州同知又称州同。

府、州的佐官通判，宋时始设于诸州府，称"通判某府事、通判某州事"，省称州、府通判。其职位略低于州府长官，为州、府长官副职。有与州、府长官连署公事和监察官吏之权。明清时通判定位州府长官的佐贰，分管州府事项与同知略同，权位较宋时为轻。清州通判别称州同，并专有管河州判、州同，隶属河道。

州属官吏目，唐宋有孔目之官，金元沿用。明于太医院（由医士升任）和州设吏目，分掌州出纳、文书、衙署事。清沿袭明制，州吏目专管辑捕、守狱及衙署等事。雍正年间又于永定河道下设管河吏目，后废为巡检。

县属官县丞、主薄，分管粮运、矿山、农田、水利、河防等事。以上沿河府、州、县的佐贰，丞倅官员，原为地方协同河务的官员，后调任永定河道，构成永定河道文官系列。

永定河道属官另有巡检官一职，原为州县掌管地方治安、镇压民众反抗的州、县属官，多设于远离州县城的市镇、关隘、河津要道。参见（清顾炎武《日知录》八乡亭之职）。永定河道设巡检是为掌管附堤十里村庄民伕的雇募、社会治安、协调河工与地方关系，因而永定河道所属厅汛的汛员，往往多兼巡检衔。

永定河武官系列，《永定河志》称之河营员弁。原为绿营兵调派至河工担任守堤、抢险重任，后专设河营兵，其体制与绿营大略相同。有都司、守备、协备、千总、把总、外委及额外外委各职，多为中低级武官充任。如都司四品，位在游击之下，守备五品，协备六品，千、把总七八品，外委九品、从九品。其中把总、外委，常随高级官员于行辕办差，称"随辕差委"。以上各官或由直隶总督、河道总督节制（详见《永定河志》职官表，在此不赘述）。

二、文书的称谓和分类

文书一词起源很早，在汉代史籍中已经出现。《史记·秦始皇本纪》引贾谊《过秦论》云："禁文书而酷刑法，先诈力而后仁义。"（本文引用二十四史，均为中华书局标点本，以下不再注明。）此外，文书是指诗书古籍。文书又指公文、案卷。《汉书·刑法志》："文书盈于几阁，典者不能偏睹。"由此引申出：文书是以文字为主要方式记录信息的书面文件，是人们记录、传递和贮存信息的工具。在此，文件和文书视为同义词，不涉及其现代形式。

文书也称简牍、文牍。前者是因古代在纸张未发明和普遍用于书写时，文书或写于绢帛、羊皮、树叶，或刻灼于龟甲牛骨、铭刻于铜器等之上，而春秋战国至魏晋时期，更多用竹木简牍来书写，因此后世将文书习称为简牍。后者专指官方文书，而私人书或信则称尺牍，书信用的竹木简一般长约一尺，故称。类此，绢帛用于书信则称尺素。

作为官方文书的专称"文牍"流传至清代，派生出一些词语：专管文书的人员称"文牍"、"文书"；又有"文案"一词。其一指公文归档备案，又指专管草拟文牍、掌管档案的幕僚为"文案",如"内文案"。

文牍经长期发展,演变形成多种文体类别,举其要大致有:

1. 诏令谕旨及奏议类。详见本志增补附录《清代诏令谕旨简释》、《清代奏议简释》,此处从略。

2. 上行公文类。下级官府或官员上报给高级官府官员的文书有:呈文、呈子,简称呈。呈有下级报上级之意。禀文,又称禀告、禀陈、禀帖、禀白、禀本,意为下对上言事,故有前列短语。清代,州县地方官员对上级报告有所请示的文书称详文,有时不便或不必见于详文的,便用禀帖。详文,详字本来有审慎、周备、知悉、说明诸意,作为官方文书是下级官员对上级长官报告请示。例如《(光绪)永定河续志》卷十五附录中,先后收录了:知县邹振岳《上游置霸节宣水势禀》、同知唐成棣、通判桂本诚《堪上游置坝情形禀》。请详又称申详,是指详细说明,请求示下的文书,例该志河道李朝议《酌添麻袋、兵米等项详》。下对上的公文中还有一种叫申文。申字有表达、表明、明白、重复诸意,因之对上公文多有申报、申请、申明、申详、申诉等词语,都是陈述情况、说明理由的文书。此种文书若向帝王陈述、申请就称作申奏。

3. 同级传递类。主要有咨文,一作谘文,省称咨或谘。咨字有征询、商量、访求之义。作为官方文书主要适用于同级官府或同品级官员。有时也用于对下属官员,或民间野老。咨文在同级间传递起到通知、知会、查询、商议等作用。

4. 檄文和移文类。檄文是古代官府用于征召、申讨的带有军事性质的文书;移文是晓谕、责备、劝说性质的文书,有时也与军事相关,与移文性质相近、作用略同,常并称"檄移"类。古代军情紧急时,檄文插上羽毛,需紧急传递,称作"檄羽",亦称"飞檄"。在清代河防文献中因总督、巡抚、河道总督等军政长官,常用"檄饬"、"飞檄"等词语下达河防命令。如《(光绪)永定河续志》卷十五附录了直隶总督李鸿章的《饬照堪钉志桩筑埝檄》。

5. 告示、露布、晓谕类。此类官方文书包括:布告,特指由官府发布,告知民众重大事项或禁令之类文书;露布,指不缄封、公开宣示内容的文书,如邸报(又称"宫门抄",是朝廷传知朝政和臣僚了解朝政的古代报纸。在明清之际已有刊印本。清代披露内阁明发上谕、臣僚奏议(密折除外),各部院、地方高级官员均可到宫廷门口抄录或由内阁抄出下发;露劾或称露章、弹章,指弹劾官员时,公开弹劾奏章的内容,迫使被弹劾官员服罪;晓谕,是告知、告诫各级官员的文书。上述露劾弹章也可归入"奏议类"。

6. 甘结、印结类。此类文书，本指古代司法诉讼案中由受审人出具自称所供属实或甘愿接受处分的文书。如南宋人宋慈《洗冤录》中说"仍取苦主，并听一干人等联名甘结。"（清光绪乙未［1895］上海醉经楼石印《四库全书》本）是为甘结一词最早出处。后也指写给官府的保证书。在清代文献中甘结是指由官府给当事人担保的文书。如出任河工的笔帖式，须由其所在旗藉都统出具担保印结"家道殷实"，方可赴任。这里所说印结，是指加盖官府印章的担保文书。如清制，凡外省人在京应科举考试、捐官，都需在京同乡京官出具保结——保证文书叫结，加盖六部官印，《清会典》事例四三《吏部投供验到》："初选官投互结，并同乡京官印结。"

7. 札（劄、扎）子类。札的本意是书写用的小木片，后也用来称书信，并逐渐成为对上级、对下属都可使用的一类公文。这类公文又分为两类，其一用于发布指示，又称堂帖，宋代由中书省或尚书省制定，凡非正式诏命发布的指令称作札子，领兵的各路统帅向部属发指令也称札子。此种称谓清朝也沿用。其二，臣子或部属向皇帝或长官上书议事称札子。扎子在后世主要用于下行文书，清朝河工文献中常见〝扎饬〞一语，即用扎子下达及时执行的命令。

8. 敕，制命、令、诰类。敕、也作勑、勅和饬。敕有告诫、命令、授职、勉励等多义。古代官府文书中常见的敕戒（又称教戒）、敕命（特指天命或帝王的诏令。又指明清赠六品以下官职的命令。）、敕授（唐时封三品以上为册（或策）授，五品以上称制授，六品以下称敕授）、敕令等用语。这些用语，多用于皇帝和高级官员对臣下及部属的命令。制、令多用于帝王对臣下，如皇帝的命令称为"制"，皇后及太子的命令称为"令"。命、令两字可合用如一，也可分用如前述。清朝部院、地方官员可用命令一词对下属发布指示、命令，但不能用"制"，因为从秦朝以来"制"成为皇帝专用词（参见《史记·秦始皇本纪》）。在清代河防文献中，敕、命、令多与札、檄连用，如札饬、札令、札命、檄敕、檄令等情况。此外，还有特别用于对官员及其亲属封赠的命令称为诰命，其中授与本人称"诰授"，推恩及于父母、祖父母、曾祖父母及妻，存者称"诰封"，逝者称"诰赠"。官吏受封的敕书称"诰敕"，而且有严格的定式，按品级填写，不得增减一字。（详见《永定河志》增补附录《清代诏令谕旨简释》）

三、各类官府文书中人称、官称和常见用语

各类官府文书的收发人或文书相关人，本人姓名之外，其称往在不同场合下有所不同。

1. 人称：

第一人称：我、吾、余、予，是自称单数形式；加上复数语尾，如等、辈、侪、人等字，有我等、我辈、吾侪、吾人，变为第一人称复数形式。现代汉语通称我们。

第二人称：你、尔、汝（也写做女，读 rú），加上复数语尾，如有你等、尔等、尔辈、汝等、汝侪、汝辈。现代汉语统称你们。

第三人称：他、伊（有时也作第二人称）；加上复数语尾，如他等、伊等。现代汉语统称他们。另外，伊字后加人字——伊人，指这个人；加等字——伊等，又有"这些人"之意。

2. 官称：清代官府行文或官方场合人们的称呼，为官称。有敬称和谦称之分。

敬称多不直接称呼对方，而说陛下（指皇帝，陛指宫殿的台阶丹陛）；殿下（指亲王或太子），阁下（指大学士，军机大臣、督抚等高级官员），麾下（高级将领），足下（平辈或同僚）。

谦称：对长官，我称"在下、下官、卑职或职"；我们，则称在下等、下官等、卑职等或职等；对皇帝，汉人官员自称臣、微臣或臣等；满、蒙、汉军旗人，自称奴才、奴才等。谦称中还有：窃，表示"我自己"或"我私下"；愚，"我以为"说成"愚以为"；"鄙人"（鄙本指边远小邑或郊外、郊野，鄙人，是自称郊野之人，与俗语"乡巴佬"同义。）同辈、同僚间谦称，还有仆、下走等语。同一年中科举举人、进士称同年，互称年兄。在清代河工文献中，常涉及内外官署、各级官员，其称谓既有全称（或本称）又有省称、别称、敬称、谦称、自称。

3. 对皇帝行文：有具奏、题奏（此特指书写奏疏。题奏，与题本、奏本二词合称有别）、题请、题参、参核、奏参、奏请等词语，都是指奏疏起草、誊清，形成正式文本。具、题二字本意就有书写形成之意。一般由官员本人书写，也有文案师爷、幕僚代笔。行文中常见，"奏闻在案"，"奏达圣听"，"谨奏以闻"……是表示奏疏通过通政司转呈内阁或军机处，再递送到皇帝御前。所谓在案，是指已经在通政司内阁、军机处记录存档。官员在奏疏行文末尾，往往套用一些"仰乞圣鉴"、"伏乞皇上睿鉴训示"、"伏候圣裁"、"谨奏"之类恭维用语。（详见《永定河志》增补附

录《清代奏议简释》)。

4. 下级对上级官府或官员行文：有具禀、具详、具陈、禀告等词语。都是写成正式文书（禀告可能是口头，也可用面禀一词）上呈（送达）。而上级官府、官员在转述收到此类官文书时，行文惯用"具禀（或具详）前来"。上级回复则称："来文（或来禀）已悉"，"接据来禀"。

5. 上级对下级官府或官员行文：有行文、行令、札饬、檄饬、飞檄等词语，表示发出命令、指示给下属。向皇帝或上司转述此类文书已发出，在上述词语后加"去后"等语尾。下级回复则称"札饬奉接"，"奉命"、"奉敕"等。

6. 平级官府、官员文书往来，多用咨文一语。如：（督抚）咨（文）到部院，（部院）咨（文）某督抚，行某督抚；行咨某部院，咨到某司，行咨某司，行咨顺天府尹。司指藩司（布政使）、臬司（按察使）。顺天府尹、藩司和臬司与督抚虽有品级差别，往来公文有时也用"咨"。在奏议或议复中，六部、九卿官员，若是建议由皇帝下谕旨时，请旨"行令该督抚"、"饬令该督抚"，或等皇帝示下"臣部行令该督抚"、"臣部饬令该督抚"。若是在奏议或议复中转述六部、九卿与督抚间公文往来，有"咨到督抚"，或"咨到部院"。上述文书的记录备案已如前述。

7. 清代官府文书中还有专用于行文开头的词语，如窃照、窃查、照得、查得等。在这类词语中，窃字是第一人称的谦称，意为"我私下"、或者为"我暗中"；照得、查得都有"经查察而得"之意。此类词语既可用于上行文书，也可用于下行文书和告示之中。例如照得一词，也称照对，自宋以来公文布告常用，宋以后专用照得。清代一般上行公文多用窃照、窃得，而下行公文多用照得。在《永定河志》中奏议、告示中不乏此类用法之例。

在清代官府文书中檄文、札饬、布告，还有特殊结尾用语，如切切此布、切切此令、切切特扎。切切，其意为急迫，多用官府文书告示的结尾。如《永定河续志》卷十五收录，永定河道朱其诏光绪五年《饬各协防委员点验兵数按旬结报扎》："转饬所属协防各员一体遵照，本道为慎重河务起见，万勿视为具文，自干未便，切切特扎。"即是一例。

清代诏令谕旨简释

清代的诏令和谕旨制度是我国古代封建帝王行文制度的继承和发展。本文仅对三部《永定河志》中经常出现的诏令谕旨类文书常用语加以简释。

一、诏令谕旨释义

诏令、谕旨为多义词，又为近义词，古代先是不分上下均可通用，自秦汉始为帝王专用词语。

1. 诏令

诏的本义是"告"，多用于上级对下属。如《周礼·春官·大宗伯》："诏大号，治其大礼，诏相王之大礼"。《礼记·曲礼》："出入有诏于国。"屈原《离骚》："诏西皇使涉予。"（《楚辞》时代文艺出版社 2001 年版 26 页）以上引文前二诏字义为告，后一诏字又多一"令"之义。东汉许慎《说文》中概而言之"诏，告也。"作为一种文体的诏书，在先秦也是泛指上级对下级的命令文告。秦汉以后才专称帝王的命令文书为"诏书"或"诏令"。《史记·秦始皇本纪》记载李斯等建议："臣等昧死上尊号，王曰'泰皇'，命为'制'，令为'诏'，天子自称曰'朕'。"注引蔡邕曰："制书，帝者制度之命也。其文曰：'制'；诏，诏书，诏告也。"《后汉书·光武帝本纪上》："辛未，诏曰：'更始破败，弃城逃走'。"李贤注引《汉制度》曰："帝之下书有四，一曰策书，二曰制书，三曰诏书，四曰戒敕……诏书者，诏，告也……"东汉蔡邕《独断上》也将皇帝的命令分为四类："一曰策书，二曰制书，三曰诏书，四曰戒书。"（《后汉书·光武帝本纪上》中华书局标点本）可知，诏令，诏书都是指皇帝的命令文告。秦汉以后相沿为定制，凡朝廷有大政事，大典礼，须布告臣民的称为诏书或诏令。由诏书派生出一系列词语："诏策"，用诏书征询臣下建议因书写在简策（册）上，故称诏策。"诏条"，诏书的条款。"诏对"，奉诏答对。"诏狱"，奉诏拘禁罪犯入狱。"诏谕"，诏书晓谕臣民。"手诏"，皇帝手书诏令，又称诏记。

2. 谕旨

谕字本义为上告下的通称，如"面谕"、"谕示"。《周礼·春官·讶士》："掌四方之狱讼，谕罪刑于邦国。"引申为理解、知道。唐白居易《买花》诗："低头独长叹，此叹无人谕。"谕又有使人知道、理解之义。汉司马相如《谕巴蜀檄》："故遣信使晓谕百姓以发卒。"（《史记·司马相如传》）。旨字有上级、尊长的意见、主张或命令之义，又特指帝王的诏谕。如《后汉书·曹褒传》："今承旨而杀之，是逆天心，顺府意也。"此处旨是指上级的主张。《汉书·孔光传》："数使录冤狱，行风俗，振赡流民，奉使称旨。"此处旨是指帝王的诏谕。故历代文献中奉旨、承旨、圣旨的多指帝王的诏谕。如用钧旨则是指长官的指示命令。

谕旨二字连用，是帝王对臣下的命令文告的通称；二字单独使用时，又各有特殊含义。清朝制度，凡是皇帝晓谕中外，京官侍郎以上，外官知府、总兵以上的任免、升降、调补的命令文告由军机处拟稿进呈，称作"谕"或"上谕"；而皇帝批答内外臣工的题本，（奏议区分为奏本、题本，可参见《清代奏议简释》。）如系例行公务，由内阁拟稿进呈称作"旨"。

二、几种特殊的命令文书

如前述，自汉以来帝王的命令文书区分为"策书"、"制书"、"诏书"、"戒书（即敕书）"。清朝也大体沿用此种分类。《光绪会典》卷二载："凡纶音下达者，曰制、曰诏、曰诰、曰敕，皆拟其式而焉。凡大典宣示百寮则有制词。大政事，布告臣民，垂示彝宪，则有诏有诰。覃恩封赠五品以上官，及世袭罔替者，曰诰命。敕封外藩、覃恩封赠六品以下官，及世袭有袭次者，曰敕命。谕告外藩及外任官坐名敕、传敕，曰敕谕。"（转引自陈同茂《中国历代职官沿革史》，百花文艺出版社2005年1月版）。

1. 制，又称制书。《后汉书·光武帝本纪上》李贤注引《汉制度》："制书者，帝制度之命，其文曰'制告三公'皆玺封，尚书令印重封，露布州郡也。"后历代相沿，凡行大赏罚，授大官爵，改革旧政，赦免降虏，都用制书。清代又泛称皇帝书写的诗、文，如御制诗、御制文等。

2. 策书，即册书。册的本义是用于书写的竹木简编连成册。古代帝王祭祀天地神祇的文书称册书。授土封爵、任免三公，也都要用册书。历代皇帝以封爵授予属国君长、少数民族首领、异姓王、宗族、后妃等都要举行册封仪式，在受封者面前宣读授予爵号的册文，连同印玺授予受封人。清代赐予亲王及其世子、以及他们的福晋的册为金质，封郡王及福晋用银质饰金的册，妃嫔有册无宝，册上鉴有封爵册文。册有时作策，册书实际上是策书的一个类别。

至于策问、对策、策试等词语中的策字，其含义与上述策书之策含义略有不同，是指政见的征询、应对以及仕人选举考试，这些活动都要用策（册）来书写，故都冠以策字。

3. 敕（饬、勅、勑）书，又称诫书，用于告诫、诫饰臣下及部属的文书。古代官长告诫部属、长辈告诫子孙都可称敕。敕又通假为饬，有整饬、警诫之义，常见敕正、敕身、敕戒等词语。后来才成为专称帝王的诏命为敕书。在清代河防文献中这些用法都有。

敕命，原指天命或帝王的诏令。明清时赠六品以下官职的命令文书称敕命。参见《清会典·事例十六·中书科建制》

4. 诰命（诰封、诰赠、诰授），诰的本意是上告知下，有又告诫之义。《尚书》中有《康诰》、《酒诰》等篇，即此类文书。由诰的告知、告诫衍生出的文书诰命是诏书的一个类别。清代授予五品以上官员的命令诏书称诰命。其中授予官员本身者称诰授。如推恩及于其父母、祖父母、曾祖父母及妻，存世者称诰封，已亡故者则称诰赠。如《（嘉庆）永定河志》编纂人李逢亨，死后诰赠为"兵部侍郎兼都察院右副都御使、总督河南、山东河道、提督军务加三级"，其父李莲村诰赠为"荣禄大夫，崇祀乡贤于兴安府（今陕西安康市）"。诰命涉及官员本人称命身，涉及其妻称命妇。清代诰命封赠命妇也有品级和称谓，一、二品称夫人，三品称淑人、四品称恭人、五品称宜人、六品称安人、七品以下称孺人，不分正从。

三、诏令谕旨的草拟、发布、记录和存档

如前所述，"凡纶音下达者，曰制、曰诏、曰诰、曰敕，皆拟其式而进焉"，所谓纶音是指帝王诏谕的总称，语出《礼记·缁衣》："王言如丝，其出如纶。"疏："王言初出微细如丝，及其出行于外其大如纶也。"后来称帝王的诏谕为丝纶。清制内阁为掌丝纶之地。每天钦奉上谕，由六部承旨，凡应发抄者，皆送内阁。由内阁记载纶音，所载事项分为三册：一为丝纶簿（详录圣旨），二为上谕簿（特降谕旨），三为外记簿（内外臣工奏折奉旨允行或交部院议覆者）。这三类诏谕分别由内

阁、六部相关官员草拟。如御制文拟撰，包括制、诏、诰、敕、册文、祝文、封号由内阁汉票签房承担。经诰敕房审核后，缮写定本，用宝（玉玺）颁发。

雍正年间军机处成立后，诏谕草拟、颁发的权限部分转归军机处。如官员上奏的文书，凡请旨定夺的由军机处办理，例行公务的题本仍归内阁办理。遇有重要政务、密折奏闻、皇帝难以裁夺的，或由军机处密议，或交部院议覆后，或由军机处主稿，或由参与议覆的部院主稿，临时决定。在清代文献中常见"明发"和"廷寄"二词语，前者是指机密程度较低、或应公开露布的谕旨，可由内阁在邸报上公开发布，或由内阁抄出；后者是指重大军政要务、不宜公开的密旨，下发外官，采用"廷寄"。即由军机处办理，所发谕旨密封贴签，上写"承准大学士某某字寄，某某官开启。"交兵部捷报处限时（四百里、五百里、六百里加急）送达（四百里等指驿站马日行里程）。

京内官员的奏折经皇帝批阅（包括朱批、特旨、批覆）后应交在京各衙门知道或办理的，由军机处交内阁满票签处，再经满本房领出交红本处，每日由六科给事中（隶属都察院）来处领取，到科后抄发各衙门执行。故三部《永定河志》河防文献中常见"抄出到部"等语句。到年终，六科给事中缴回红本处，再经典籍厅入红本库（该库在皇史宬）存档。外官将军、督、抚的奏章及皇帝的朱批谕旨，均于年终按程序交内阁存档备案。后又建副本库，专贮藏题本。

清代奏议简释

为帮助普通读者阅读《永定河志》，现将有关奏议特别是清代奏议的相关知识简释如下：

一、奏、奏记和奏议

奏字的本意之一是："奉献"，包括进言、上书、呈进财务等。《尚书·舜典》："敷奏以言"（《尚书》，书海出版社2001年9月版）；司马迁《史记·廉颇蔺相如列传》："相如奉璧奏秦王"（《史记》中华书局1959年点校本）；《汉书·丙吉传》："数奏甘毳食物"（《汉书》中华书局1962年点校本）。

由奏有进言的含义引申为"奏记"。在汉朝一般朝官对三公、州郡的百姓或所属僚佐对主官呈进书面意见，叫做"奏记"。《后汉书·班彪传附子班固传》："时固始弱冠，奏记说（东平王刘）苍曰……"李贤注曰："奏，进也，记，书也。前《（汉）书》待诏郑朋奏记于萧望之，奏记自朋始。"《汉书·萧望之传》也记载"朋奏记望之"。奏记到魏晋南北朝仍沿用。如刘勰《文心雕龙》："公府奏记、郡将奏笺。"（《文心雕龙》清黄叔琳辑校本）。奏记、奏笺词义相同。

到了后代，奏记逐渐演变成一种文体，即臣属进呈给帝王的奏议（奏疏和奏章）的总称。包括：表、奏（书面、口头）、疏、议、上书、封事、弹章、对策、札子、条陈、条奏等。例如，李斯《谏逐客书》（《史记·李斯传》中华书局1959年点校本）、贾谊《治安策》（《贾谊集》上海人民出版社1976年排印本）、晁错《论贵粟疏》（《汉书·食货志》中华书局1962年点校本），诸葛亮《前出师表》（《诸葛亮集》中华书局1960年排印本）、李密《陈情表》（《昭明文选》中华书局1977年印本），都是古代奏章言事的名篇。

古代奏章呈递路程遥远，或需防泄密，对简牍奏章捆扎之处用胶泥封固，并加盖印章，谓之"泥封"，而用皂囊封缄的奏章称"封事"。清雍正朝设"密匣奏事"，因此泥封、密匣所封装的奏章都属于封事类（保密性强）的奏章。"弹章"是专指弹劾大臣的奏章。"对策"，又称"策问"，是应对皇帝征询臣下建议的奏章。如汉武帝时董仲舒的《天人三策》（见《汉书·董仲舒传》载）是其中的名篇。在历代文献中常见的"条陈"、"条奏"之类的奏章，例如在乾隆《永定河志》收录《元史

·河渠志三》载许有壬谏阻开金口河条奏，属于"逐条分晰"所言之事的奏章。而"札子"一语比较宽泛，进呈给皇帝议论朝政的奏章也可以称作"札子"，如苏轼《乞校正陆贽奏议进御札子》（见《宋学士文集》《四部丛刊》影印本），而下达所属官员的政令、指示也可以称作"札子"。这两种情形三部《永定河志》都有所见。

二、题本和奏本，通本和部本的区别

明清时期奏议有"题本"和"奏本"的区别。明制凡有军事、刑狱、钱粮、地方民务，大小公事的奏议，称"题本"，加盖官印；若属私事启请，如到任、升转、加级记录、代下属官员官谢恩赏等奏章，称"奏本"，而且不准用印。清朝也有"题本"、"奏本"之分，但不同时期侧重不同。清雍正三年（1725）开始重视题本，轻奏本。清初，府道及在京满汉官员的奏折可直接到宫门递交通政处，转内阁进呈御前。雍正十年，清廷因重要军政事务的奏折由内阁（设在故宫太和门外）传递，容易泄密，因而另外专设军机处（在隆宗门内）来处理机密军政要务。凡重要的题本由军机处转呈御前；而报送内阁转呈的题本多为例行公事，以及私事启请的奏本。到了清晚期光绪二十六年（1900）后，题本渐废而又转重奏本。

由题本一语还衍生出一系列奏议中习惯用的词语，如"具题"，具字有陈述、开列等意。具题是指缮写成正式的奏章文本；"题请"是"题本请旨"，或"题本请示"的省略语，"题参"，参又称参奏、参本，参有弹劾之意，其实施要经题本这道程序，故称题参。"保题"，即题本保奏。

在清朝，奏议还有通本和部本的区别。所谓"通本"是指凡各省的将军、督抚、提镇、学镇、顺天府尹，盛京五部（指清军入关后在盛京设户、礼、兵、刑、工五部留守衙门）等官员的奏议，须经过通政司转送内阁。而京官各部、院、府、寺衙门的奏章则称"部本"。一般通本到内阁以后因其无满文，须由汉本房翻译为满文，再转满本房校阅后与满汉文合璧的部本一并交汉票签处，由中书草拟票签，经侍读学士校对，送大学士审阅后，再交满、汉票签处缮写满、汉文正签，经内奏处进呈御览。皇帝批阅后，交批本处，由汉学士批汉字于正面，翰林满人中书批满字于背面，到此即成为可以下发执行的"红本"。随后由满本房领出，交红本处，再由六科给事中来处领取，回科后抄发各衙门执行。年终再由六科给事中收回交红本处，再转红本库分类（包括详细记录圣旨的为"丝纶簿"，特降谕旨为"上谕簿"，内外臣工奏议奉旨准行，及交部议覆者为"外记簿"）存档。以上是内阁处理奏议本章基本程序。

三、奏议的题目与奏章缮写的格式

奏议的题目由三个要素构成：即具题的年月日；具题人（包括官员个人；合词会奏的众官员；参与议奏的各部、九卿、大学士、总理王大臣等）；具题的事由。

其中具题人的资格有严格限定，并非任何一级官员都可具题奏章。我们查阅三部《永定河志》所收录的奏章，具题人绝大多数为四五品以上官员，很少有低品级官员具题。低品级官员陈述请求，报告事项，乃至感恩谢赏都要由高品级官员代奏。

具题人的称谓：自称臣，或臣等；他称该臣，该臣等；后者是转述他人奏章。二者不应混淆，若不加区分会造成不知何人所奏。

具题事由，在三部《永定河志》中所收录奏章简繁不一，其中长的多达数十近百字，其间夹杂着许多恭维皇帝的套语，短的只四个字，如"为奏闻事"，一般格式为"奏《为……事……》"，书名号前的奏字可有可无，如有当与具题人连属。例如"雍正四年十月和硕贤亲王、大学士朱轼奏《为敬陈各工告竣情形等事》"。一般以书名号内的文字（事由）为奏章的正题，它提示奏章的主要内容。

缮写奏章有很严格的要求，包括使用折页式稿本，正楷誊写，每行字数都有规定。其中最重要的是，遇到书写皇帝尊号、谕旨、宸章、朱批等文字内容，该行抬升三格，比其他行高出三个字，甚至与皇帝沾边的字词如"国帑"、"陵楯"也要抬一格，皇帝名讳用字要避开，称"避讳"，如"玄烨（康熙帝名）"的"玄"改写为"元"。"弘历（乾隆帝名）"的"弘"写成"弘"（缺末笔）；而具题人名讳前的臣字，要小写，并且避让于右侧，以显示对皇帝的尊崇。如有违反被视为"大不敬"而招致惩处。

四、有关奏议行文的用语举要

清代奏议中常见奏议文本送达用语有：其一，"'……'，等因，具奏前来。"'……'引语后的文字表示本奏折因上述原因具奏（题），送达某部（院），对部（院）来说为"前来"；其二，"内阁抄出到部"，是指由内阁发出的抄件或部（院）主动到内阁抄录件；其三，皇帝点名下达，即谕旨、口谕、朱批所指示的"该部知道"、"著该部议奏"。上述三种情况都离不开内阁记录、备案、抄件送达到部院，或发还给原题奏人等程序环节。

清代奏议结尾也有较为固定的套语，例举如下："……各缘由，理合谨先具折奏

（嘉庆）永定河志

闻，伏乞皇上睿鉴训示。谨奏。"或"……另行奏闻，理合附片陈明，伏乞恩鉴。谨奏。"；"所有臣等遵旨核议缘由，理合恭折具奏。是否有当，伏候训示遵行。为此谨奏。"如果奏折附有地图及其说明、代奏附片、核销账册、清单、保荐人名单等，都要在结尾中例行声明。"谨奏"表示奏议正文终结。上述附件随奏折文本报送。

关于"奉旨：依议、钦此"、"奉朱批：……"，此类语句如果出现在奏议正文当中（一般紧随其后会有"钦遵在案"等语句），这是具题人援引以前皇帝的批语，当属奏议正文。如果出现在奏议正文两行之间，红字（朱批，也写作硃批）字迹较小，则属于皇帝阅览时的批示语。在谨奏后出现当然属于批示。需要说明的是："奉旨""奉朱批"等字样显然是内阁记录存档时添加的，并非都是皇帝亲笔。

最后，奏议的原件，议复原件都要在内阁备案存档，而其抄件发还奏议具题人、议复具题人分别存档。奏议的全过程至此完结。

五、议奏的常用语

议奏是清廷对奏议的审议。参与审议的人和部门，一般有直接主管的部院、九卿、内阁、军机处、大学士、总理王大臣等，以会议形式对奏议内容进行审核、评议、提出是否准行的意见，供皇帝做最后决断。其过程称"议奏"，其结论称"议复"。也要写成奏章呈送御览裁夺。议复的结论有以下几种情况：

"议准"，同意具题奏章的请求，如"应如所请"，"应如所议行"等。如果议准得到皇帝首肯，行文称作："部复奏准"或"准部议复"。书于原奏末尾。

"议驳"，不同意具题奏折的请求，包括全部或部分驳回，称"议驳"。例如河工工程经费请旨报销，可能有部分经费"浮冒不实"，工部议复该浮冒部分"驳减"不准报销。其余部分"议准"。

"毋庸议"，即某项议题已有结论，或目前该问题不应列入审议范围，予以搁置，议复为"毋庸议"。有时还因具题奏章所提供审议的情况资料不全，要求补充全面，下次再审议。

因为参与议奏由多人或多个部门会议，议复的奏折需指定一人负责起草，该人称"主稿人"。一般由直接主管部门资深司官充当。

此外还有一种特殊处理奏议的方式，称作"留中"，即皇帝接到奏章既不直接批答，也不下交主管部院、内阁、军机处等议奏，留在御前，"以不处理为处理"，搁置此事。这是少见的处理方式。

清代水利工程术语简释

清代三部《永定河志》，行文中使用了当时通行的大量河工术语。现根据水利水电科学研究院水利史研究室所编《清代海河滦河洪涝档案史料》（中华书局 1981 年出版）一书附编的《清代档案中水利术语浅释》，结合三部志书，选编了部分术语词条。简释对一些词条文字有所增删或改动，有的词条予以合并，还酌情增添了少量书中常用的术语。

【汛期】河水季节性地盛涨称汛。永定河每年因为上游或本地降雨、融冰来水所引起的季节性涨水，其时期相对稳定一致。这些涨水时期称之为汛期。永定河每年的汛期分为凌汛、春汛、麦汛、伏汛和秋汛。

【汛长】即汛涨。指汛期的河水盛涨。

【汛水骤长】指汛期河水突然暴涨。

【异涨】指不常见的涨水，往往是多年不遇的河水盛涨。

【凌汛】指永定河在冬季或早春（通常在霜降后至次年清明前）时所发生的洪水。其主要原因和表现，一是因冰雪遇气温上升融化形成淌凌，冰块随水下流时，在河身浅窄处或闸坝前发生壅积，致使水位抬高，形成盛涨。一是因上游的下流冰块在下游遇到气温骤降，又被冻结，成为冰坝，堵塞流水，不能下泄，致使水位暴涨。当地把每年的河冰融化流动称之为"开河"。并有"开河不出冬，（冬至）至后七九中"的谚语，以及为开河举行祈祷仪式。永定河开河按流动水量及流速大小，被分为"文开河"和"武开河"。武开河常会导致凌灾。

【春汛】也叫桃汛，指清明前后桃花盛开的永定河春季涨水。

【麦汛】指夏季入伏前的涨水。永定河古名桑干河。前人（例如乾隆皇帝）曾误以为，桑干河名的由来，是因为桑椹成熟时，河水往往断流干涸一时。后来发现，许多年份，麦黄之时，也会出现夏水（叫麦黄水）涨发。这一汛期称为麦汛。

【伏汛】指夏季入伏后的涨水时期。这一时期，往往降雨较多较猛，使河水量骤增，形成涨水。

【秋汛】指立秋以后至霜降时期。这一时期，降雨较多较大，也会形成涨水。尤其是立秋后还有一个末伏时期，当降雨造成河水量过大时，便常形成秋季大汛。

【水志】又称制桩、立水。均指用于观测河流水位涨落的标尺，相当于现代的

"水尺"。现代一条河流的各个水尺的"零点"都是统一的，并且直接或间接地与海拔高程相联系。而旧水志的"零点"并不统一。即使是同一条河流，各个水尺的"零点"也是因地制宜，各不相关。旧式的水志、制桩、立水，仅仅测量该点位水面的相对涨落。嘉庆《永定河志》记载，在清代，永定河及上游干流沿途设有若干处水志，并据此建立了水情观测及传递、报告制度。

【签簿】观测河流水位涨落的纪录本。

【锹手】锹即锹。锹手即河工中的挖掘土方工人。

【土夫】即做土工的夫役。多指从事填土或供应运输土料的工人。

【山水陡发】永定河上游的桑干河发源于晋西北高原，中游流经北京西山，与平原河道的落差很大。昔日，当上游爆发山洪，倾泻直下，浪大流急，往往使下游平原地区发生洪涝灾害。陡发即从陡峭的高山上快速爆发激流。据史料记载，辽金以来，永定河多次因上游山水陡发成灾，祸及京师北京城和畿南州县。

【沥水】河水流域低洼地区因雨后蓄积难消的水称沥水，又叫沥涝。

【全河正溜】溜指水流，正溜指水的主流，全河正溜指永定河流水整体中的主流。永定河的平原河段河身宽阔，河中主流的水流速度一般大于两侧流速。

【溜走中泓】泓指深水。永定河主河槽一般较深。最深处多在主河槽的中部，叫中泓。河水主流顺着主河槽下流，称溜走中泓。溜走中泓在抗洪抢险中，是河防形势恢复正常的一种主要标志和用语。

【水势循轨】指河水顺着主河槽畅流。水势循轨在抗洪抢险中，是溜走中泓的表现方式。

【顺轨安流】指泛滥的河水经过抢护，顺着主河槽平稳流动，恢复正常。

【陡长平槽】指河水水面突然急剧上涨，迅速达到与河槽齐平的程度和形势。

【出槽】又叫出槽漫溢。清康熙三十七年（1698）兴筑堤防后，永定河在石景山以下为人造河道，河两岸所筑防堤分布在河滩地的外侧。如果河水大涨以后，溢出河槽，涌向河滩地漫流，逼近堤身，即叫出槽或出槽漫滩。

【水长平岸】河水在出槽、漫滩后继续上涨，达到岸堤堤身上半部，几乎与堤顶齐平，称为水长平岸。在非石堤河段，这是永定河洪水即将溃堤泛滥的危险标志。

【河溜顶冲】又叫顶冲大溜，指河水大涨时迎头直冲的汹涌主水溜。

【坐湾】河水运行过程中由于地势或堤埝的阻挡形成很大的弯曲河道，其影响水流的地势或堤埝所处地方称坐湾。

【兜湾】与坐湾相对的兜形河湾称兜湾。

【势坐兜湾，形同入袖】袖指滩地中的沟港、低洼处，在涨水灌入后不能回流，势坐兜湾，形同入袖，是说洪峰的冲击力造成较直的河段冲出兜湾，致使水流曲折，不易流出，好像入袖情形。

【扫湾】水流顺堤岸疾行，前遇兜湾阻拦，使水激成浪，冲刷堤岸，称为扫湾。永定河岸堤多沙土，扫湾往往造成溃堤。

【大溜上提】溜势改向上游称为上提，移向下游则称之为下坐或下挫。发生上提变化的原因，是永定河平原河道曲折，当大溜直射，崖岸坍塌处产生深湾，下游流水速度减缓，致使源源来水溜势汹涌，在深湾的上游直射堤岸。还有一种情况是，当深湾险处已被抢护，形成阻挡，迫使大溜迁移到上游，直冲堤岸。

【回溜】指水流在遇到堤坝等水工建筑物，或其他障碍物阻拦，或吸引后，发生向相反方向的回旋逆流。

【背溜】水流在转弯时，发生一侧水流的流向与主流相反，称为背溜。

【断溜】即水流断绝。永定河发生断溜的原因主要是：枯水季节，上游无来水；河水改道它流，废弃河道即断溜；河堤溃口（称为口门）被堵筑后，由溃口外流的水道也会断溜。

【顶阻不消】下流河水流入海、湖、淀或另一条河，在洪水涨发时，受海潮顶托，或由于湖、流入河河水面高涨的顶阻，使其无法顺利宣泄下注，即为顶阻不消。

【倒灌】支流汇入永定河或永定河汇入淀泊时，若遇永定河或湖泊水位高涨，顶阻上游来水，反而使正流河水或湖水发生倒流，进入支流或永定河逆而上溯。

【漫溢】即漫堤、漫顶、漫越、满溢。指河水盛涨，溢出河水槽，漫滩之后继续上涨，平漫过堤岸的顶部，但尚未冲开缺口。

【口门】抢险时指河堤被冲决的缺口被堵渐窄，尚未完全封堵的缺口仍然称之为口门。在水工建筑中也指在闸和滚水坝顶设置的过水通道。

【漫口】即河堤溃口、溢涨出水口的总称。永定河自兴筑堤防以来，河水流向受到人为约束。但在凌汛及洪水爆发时节，堤内河道不能容纳，水流漫过堤顶溢出，进而冲决成口。漫口有大有小。有时单处溃决，有的年份在上下游会发生多处漫口。

【决口】又叫冲决，也称溃口，即漫口的一种。是河堤被水冲开了的口子。决口是由于河堤堤身不能堵挡洪水，直接被冲开口子而发生。由于旧时永定河人工堤身多由泥土或草秸之类松散物料构成，往往不能抗拒溜水冲刷，发生决口及漫口。决口发生的原因是筑堤质量低劣，纯属责任事故，三部《永定河志》中，河工诸臣往往因此予以掩饰隐瞒，以逃避更严重的财政贪污及偷工减料的刑事责任追究，而多记作漫口，即所谓"人力难施"的不可抗力事件。它们所造成的共同后果是洪水冲垮堤防，夺路狂泻，在平原肆虐为祸，使永定河在历史成为一条洪水猛兽的害河。决口和漫口行洪，还往往使永定河发生全部或部分改道。

【漫漾】指河流发生漫溢、漫口、决口之后，水流继续保持高水位，向高处侵淫，形成大水荡漾的状态。

【旁溢】一是指河流上涨，河水不由原河床下泄，而是从旁侧的堤岸漫溢出去。另一义是指已溃口后，河水发生再次盛涨时，水流并不由该溃口下泄，而是选择了旁侧甚至对岸漫溢。

【掣溜】又称夺溜，即夺河。当河流发生溃口后，主流迁移离开了正河河道，改行新口，或者改行人为开辟的引河或新的河道。

【漫水流注】指发生漫口或决口后，流水离开原河道，通过漫口或决口向堤外的低洼处涌流，如注入一样。

【漫潆盈溢】指漫口或决口发生后，水势仍然很大，到处漫流，发生由此产生的逐渐的大面积满溢。盈为多之意。

【冲坍】由于洪水冲刷，致使堤坝或其他建筑物发生坍倒。

【冲塌】由于洪水冲刷，致使堤坝或其他建筑物发生坍塌倒落。这比冲坍造成的后果更严重一些。

【漫坍】由于大水漫涨的浸蚀，致使堤坝或其他建筑物发生逐渐坍倒。

【溜缓沙停】永定河古又名浑河，汛期上游来水泥沙含量极大。出山到达平原河段，河道陡然展开并变平缓。流速降低，致使携带的泥沙沿途停滞沉积。亦指洪水过后，主水势逐渐趋平缓，下流的沙泥沉停。

【浮淤】即淤滩边际和面表的漂浮物。指洪水过后，河滩地或滩地表面留下一层新的沉积物。有时，也把水流中悬浮的泥沙造成的淤滩称为浮淤。

【淀滩】即有较多存水的淤滩。指河槽之外，河堤之内，由于长期淤淀所产生的较大水坑或小湖泊的滩地。

【淤垫】溜缓沙缓导致河床或淀泊长期淤积，底部逐渐垫高，称为淤垫。历史上，永定河平原河段由于淤垫久之，河床抬升，成为为害成患的地上河。

【淤淀】溜缓沙缓形成的结果，是产生大量的淤积水淀。北京湾小平原及北京城所在冲洪积扇，就是永定河淤淀为主所造成的。

【壅淤】 又称聚成横埂。指在洪水或风浪作用下，湖边河口的所挟沙砾很快停积，相壅形成一个坎埂。

【沙嘴】 又名沙吻或滩嘴。指河湾对岸的滩地突进湾侧，形成钝尖。

【旱滩】 指河道中久不过水的滩地。昔日，永定河的河床两侧或河心，都有旱滩产生。河心旱滩又称心滩或沙洲。

【堤】 除天然形成的沙土堤外，主要是永定河自古以来最主要使用的一类人造防护设施的总称。人工堤又称堤防，筑堤用以约束水流。它建于河道或引水渠的一侧或两侧，用以阻挡洪水外泄，保障堤外地区的安全。历史上，也有堤防建在特定地区，以资防护，免遭水害。也有用来引导水流，或拦蓄贮水。永定河岸堤大多用泥土修筑，有的地段用石料砌筑或镶筑。

【缕堤】 指距离河槽较近的堤防。它用来约束河流，稳定平水时期的河槽，并防御一般性的洪水。与缕堤相对应的是遥堤。相比遥堤，缕堤大多较为低矮。

【遥堤】 遥堤又叫遥埝，指修筑在缕堤的外侧，距离河槽较远的堤防。遥堤通常比缕堤高大宽厚，形成第二道堤防，用以防备较大的洪水来临时，缕堤被溢决后的漫水。因为遥堤与河道之间堤距较远，形成的容水面积较大，致使水势减缓，由此来提高防御能力。

【重堤】 包括遥堤和夹堤两种。夹堤是夹在缕堤和遥堤之间的又一道堤防，目的是在顶冲危急时，防备缕堤失事后的洪水浸袭。

【月堤】 又叫圈堤、圈堰或套堤。在单薄或险工处的大堤背后，圈筑一道半月形的堤，称为月堤。月堤两端与大堤相接，用以增强这一段大堤的防御能力。尤其是在决口堵塞后，有时仍发生水流渗漏。为防止漏洞加大溃堤，前功尽弃，有一种补救措施是，在堤外再建一道半月形的堤埝，将堵口处进行又一道的堵截圈闭。

【老堤】 指相对于新筑堤，修筑时间较早的旧堤。包括一些废堤。

【隔淀堤】 清代的永定河下游进入天津、河北的淀泊地区。为约束水流和防止流沙进入湖淀，在邻湖与河道之间兴筑隔堤，称为隔淀堤。为防止永定河水与它河发生袭夺，有时也在两河之间建筑隔河堤。

【堤坦】 又叫堤坡、坦坡。通常把大堤两面的斜坡都称之为堤坦。但在《永定河志》中，有时也单指临河面堤坡。因为临河面坡比背坡平坦宽大得多。

【钦堤】 特指历代皇帝准许动用官费兴筑的堤防。自清代康熙三十七年（1698）

兴筑新河堤防之后至清亡，永定河两岸堤防，包括从卢沟桥逐渐上延至石景山北金口，都属于钦堤。与钦堤相对的是民堤。民堤由民间出钱出力修建，并由民众自行防守。而钦堤由官府组织防守，并用官费维护修补。

【民修土埝】属于民堤。它是民间自修自守的小土堤。自永定河修筑钦堤后，河道两侧的民修土埝均被取代。它仅存在于村边地旁。

【子埝】又叫堤上小埝。它是正堤，堤身较低，为防御盛涨，提高堤防高度，而在堤顶上加筑的小土埝。子埝经常是在涨水将平堤顶时，为防止漫溢及漫口，临时在堤顶上紧急加筑。

【碎石埝】用碎石堆砌成的堤埝。《永定河志》文中记载，石景山区的八角山长期大量开采碎石，用以堆砌堤埝。其后果是八角山几乎被逐渐削平而消失。

【后戗】当大堤或坝因单薄不足以防渗御险时，在堤坝背水面加帮土或石，用来支撑加固，称为后戗或外戗。后戗常比大堤或坝为低。用土筑者称后土戗。其中，如果大堤系石筑，则称石堤背后土戗。

【填土加硪】修堤等土工，在填新土时，每厚若干寸，需用夯硪等工具打实。并且要同样层层填土夯筑，直至完成。硪多为石质，形式多种。夯多为木质。

【层土层料】指进行修筑河工时，使用一层土一层料相间来增筑，循环作业。永定河水工使用的料又名料物，指芦苇、秸杆、树枝等。

【柴工、草工、砖工】以柴为主，杂以土石等修筑坝、埽等水工建筑，称柴工。同样，以草为主，并用木桩、土料修筑坝、埽等水工建筑，称为草工。草工所称的草有芦苇、秸杆、树枝等。使用砖来修筑堤、闸、坝，称为砖工。

【草闸】用草工、秸杆、柳枝临时修筑的闸。

【坝】又称作堰，是截河拦水的一类水工建筑物。根据用料及工用的不同，例如有灰坝、土坝、石坝、灰草坝等。旧时永定河工采用过多种坝型。

【灰坝】即三合土坝。三合土一般为石灰1分、黄土1分、沙1分，筛细和匀，填筑时加适量水。也有用石灰、黄土、江米汁、白矾和匀后用于筑坝。另外，筑坝用石或用草土、柴土的，则称石坝、草坝、柴土坝。草坝多用在临时工程。

【竹络坝】使用竹络修筑的坝体。络即笼，用毛竹篾编成。内装碎石，然后一个个挨次排彻成坝。

【柳囤坝】使用柳干、柳枝条编成囤形，但上无盖，下无底，大小高低依需要决定，通常为各数尺。囤内装石，垒筑成坝。

【滚水坝】一种坝顶能够让水流过的溢水坝。当上游的来水在坝前涨过坝顶时，便可以从此泄流而过，或称为坝面过水。建在河中的滚水坝可以拦蓄部分河水，抬高水位至一定高程。建在堤段间的滚水坝，坝顶低于堤顶，以便分泄洪水，防止堤坝漫溢、溃口。

【减水坝】是滚水坝的一种，二者在《永定河志》文中有时不加区分。但减水坝仅建筑在堤段之间，功能单一，为保护堤防整体安全，防止及减轻其他险情。减水坝坝顶常有控制，例如平时堵塞，需要时再行开启。也有人只把与坝顶齐平的滚水坝称为减水坝。

【金门】在水工建筑中把闸及滚水坝顶设置的过水通道（即口门）称之为金门或金口。抢险堵筑缺口时，把剩下的，准备一举堵塞的最后那道口门，叫作龙口，也叫金门。

【龙骨】大体相当于人或动物的"脊梁骨"。在旧时河工中，常用来指在堤坝建筑结构当中相当脊骨的那个部分。如在闸或减水坝的过水面，使用石料或三合土、灰土等砌筑的坝脊。

【海漫】《永定河志》文中又作海墁。在河工中，当闸或减水坝向下游的水流较急，为防止冲蚀河床，而在与口门上下游相接的迎水面和出水面，于河床设置的防护构筑物，目的是加固河床。大多用石料或三合土砌筑。闸、坝相接处称为护坦或坦水。联结护坦的是海漫。这二者作用相似。但护坦修筑更坚固。当闸或减水坝水流过急，而在更远处河床上也进行的加固砌筑，过去也叫海墁。

【雁翅】减水坝、闸、涵洞等的河渠两岸所砌的翼墙，分别与河床过水的海漫、护坦左右边缘联接，有时两侧的翼墙长度还超出它们的外缘。其形状犹如展开的雁翅双翼，故得名雁翅。位于下游出水口门的两侧翼墙，因修筑得更长一些，有时另称为燕尾。这也是因其形似而得名。

【坦水簸箕】设计、建造闸和减水坝口门的上下游设施，其迎水面和出水面都构筑得外宽内窄，包括海漫、护坦，连同其旁的翼墙，形状颇像簸箕一样。其迎水面的叫迎水簸箕，石料砌的叫石簸箕，三合土夯筑的叫灰土簸箕，粘土或一般泥土夯筑的叫素土簸箕。

【束水坝】在非汛时期，位于平原上的永定河河宽水浅。为便于此时的浚泥船操作，或利于河槽刷沙，在有的河段筑束水坝。束水坝从两侧向河中筑坝，或垂直于河岸，或向下游修筑，来约束河水尽行正槽。两侧坝头相对，称对坝或对口坝。根据需要，可建若干对。

【挑水坝】这种水工坝一头接河岸，另一端伸入河中。其作用是改变溜向或位置，挑溜下行，以利于防护坝基和保护下游岸堤。也有用埽来挑溜的。

【顺埽坝】一种用埽来建筑成的坝。这种坝的一端筑在旧河岸上，另一端斜伸入河中。因其与旧河岸夹角不大，并且是顺水流方向斜伸入河，所以叫顺埽坝。

【东西两坝】永定河的下游河流大体呈东西向。堤岸决口处，其断堤的上游一端通常在口门西侧，下游一端在口门东侧。堵口时，大多从断堤的东西两端分别向口门进筑堵坝。习惯上，这两端的堵坝便分别称为东、西两坝。对河势发生曲折改向的，"东西两坝"的名称不变。

【大小坝】堵口埽工坝的最简单做法，是从决口的口门一侧开始起筑，然后节节进占，直到与对面联结。这种做法叫"独龙过江"。所筑坝叫单坝。通常，构筑单坝同时从口门两侧向中间来接筑，合龙在中间。为保证堵口合龙成功，在决口大坝内侧的下游一二百丈内，同此再筑一道较小的坝。这称为二坝。这对大、二坝合称大小坝。

【正边坝】堵口埽工筑坝时，决口大坝又称正坝。同时，在正坝内侧上游不远处，更做一坝，用以逼溜，称上边坝。正坝内侧下游有时也做一坝，称下边坝。堵口埽工坝，合东西、大小（大、二）、正边，最多时需做五道。因做大小二坝时，都无同时再做下边坝的。在施工中，最常用的是做正坝、上边坝两道。其次是再加上小坝，共三道。在《永定河志》文中，有时可见，因大坝与二坝相距不远，也把它们分称为正、边坝。有时还可见，在无二坝时，也把边坝叫成二坝。

【坝台】在《永定河志》文中，有时把短坝称为坝台。有时则在埽工堵口时，用埽来连接断处的，也叫坝台。还有一种情况是，捆卷埽个筑坝时，在堤的将要相接处，先筑一个土平台，或架一个木平台，以备卷埽之用，称埽台，也叫坝台。

【土柜】堵口的正坝与边坝之间用土夯填，称为土柜。如果正坝与上下边坝均夯填，行文中即出现二边柜的说法。

【楞木】使用柳、榆等树的枝条编成圆囤，内放石块，进行修筑时，为联结柳囤，往往还要使用楞木。加固囤用的楞木，断面是正方或长方形。

【四路桩】在河工中，把1排称之为1桩。四路桩指第4排的桩木。以此类推。

【险工】指已经发生险情，必须紧急进行抢修的堤防工段。永定河险工通常发生在堤岸被洪溜顶冲及冲刷，发生坍落，有决口危险时，必须依托堤岸来抢修。

【抢筑】当水利工程出现危急状况，必须紧急处理。永定河在平原是人工河，依赖堤坝等进行约束。一旦出险，都必须火急修筑。在永定河年度经费中有一项抢修银。

【蛰裂】指水工建筑物（如闸坝）或构筑物（如埽工）因水流冲击和沉陷而发生的坼裂。

【埽工】埽是永定河河工在抢险、护岸、堵口、筑坝时大量使用的构筑物，又叫埽个。它是把树枝、秫秸秆、苇草等较为柔性的材料，其中夹杂大量泥土或碎石，用桩、橛、绳缆等捆扎而成。《永定河志》文中，依所使用的材料、用途、位置、做法和形状的不同，把埽分为很多种类。埽工原义指使用埽的水利工程。但在公文的行文中，习惯上也把埽或埽个写作埽工。反过来，行文中，有时也把埽工，以及用埽来进行抢护的险工、地段简称为埽。

【埽由】指尺寸较小的埽个。也简称为由。

【正埽】指筑埽工坝中，所下的形成坝身主要部分的埽个。它是相对于边埽而言。另外，在堵口时，正坝的埽也叫正埽。

【边埽】指紧靠主要水工建筑物所构筑的埽工。如紧贴堤崖的埽个，以及在埽工坝两边起辅助作用，都可称为边埽。它是相对于正埽而言。边埽有时可能由若干层埽个构成。有的边埽埽身较窄。另外，在堵口时，边坝的埽也叫边埽。

【关门埽】在抢修埽工大坝堵口时，把金门东西的两占（占即埽）称为金门占或关门占，也叫关门埽。这是因为，在合龙时，上边坝的最后两面要对下两埽，来实现闭口。这好像关门一样。关门埽也简称门埽。又因为关门埽恰在大坝合龙占（堵塞金门的一占）之前，两边又必须压护左右金门占，所以又被称作门帘埽。

【单埽】又名龙门埽。指堵筑决口，或堵塞支河、建筑围埝等堤坝上最后留下的缺口合龙时，所下的最后一埽。

【走埽、跑埽】走埽，即埽工发生移动。埽工被水冲走，称为跑埽。

【埽厢沉蛰】埽厢沉蛰指埽工走动。这里的埽厢泛指所下的埽及所厢的料，可以解释为埽工。埽上加埽，或加料，称之为加厢，即加镶的异写。当埽料腐朽，或被水流冲刷移动，引起沉陷的，都叫沉蛰，或蛰陷、蛰动。

【签桩】有两义。一是指较短小的桩木。另一义是钉桩，这里将签作为动词"钉"用。钉桩作为埽工，施工的几个步骤是：1. 下埽，即把埽个或由沉放入水中；2. 厢柴，即在放下的埽上填铺薪柴。《永定河志》文中，此类的厢字多为镶的误写；

628

3. 压土，即当厢柴高出水面后，在上面铺以厚土并予压实，或重复压土，使其层层加高；4. 签桩，指埽工用较长的木桩从上埽签入到下埽，或者直接插入水底，用以稳定加固埽身。

【软厢】埽工的一种施工方法。这种方法不是捆好埽个，搬运到施工处去沉放，而是在现场边做边沉放下埽。软厢最早可能仅使用在浅水处筑坝及抢险。从《永定河志》文中得知，清代中叶的永定河工中，软厢也用于堵口施工中的所谓进占，由此扩大其使用场合。软厢推广后，先捆大埽的做法被逐渐淘汰。

【软厢筑坝】软厢筑坝又叫捆厢，是先在堤上钉橛，再在每一橛系一条绳。用绳的另一头系在船上，船停在下埽处的浅水上。然后在绳上铺卷秸料成埽个。船松绳外移，埽个即沉入水中。最后在埽的上面用软草薪柴夹土，镶压出水。以此用来截流、缓溜。

【硬厢软厢】是硬厢埽和软厢埽两种手段的合称。硬厢埽工的做法是在厢工两侧各钉一排桩，用以联结加固。

【苇土软垫】芦苇柔软但韧性较强，用在埽工时具有一定的御水作用。因此，在埽与所护堤间，或在两个平放埽之间的缝隙处，常用苇草夹土来进行镶垫。这称之为苇土软垫。

【厢垫】在一层或几层埽上，用根梢颠倒的秸柴等散料夹土平垫，然后钉实，称为厢垫。

【抢厢】是水工汛期抢筑险情的一种。指埽段发生沉蛰，进行紧急厢垫处理。

【暗串鼠穴】堤身内部出现外面看不见的鼠穴通道，叫暗串鼠穴。暗串鼠穴会破坏堤身整体坚固，成为堤防隐患，甚至会造成溃堤的极大危害。

【两面受水浸激】指堤埝内外都遭受水的浸泡。这种危险多发生在多雨、大水年份，堤内水势汪洋，而堤外沥涝又不能排泄。

【土牛】在大堤顶上堆积的泥土堆。土牛平时作为储备，用于汛期抢险。

【买土】指购买抢险用土。分为购买牌子土和购买现钱土。牌子土又叫包方号土。包方指包筑一段堤坝等，预先估计土方量，统一确定给价标准，而不进行零碎计价。号土是在工地上，对运到一车或一筐，发给一个签或牌，作为付价凭证。每日按签、牌数量来结算给价。相反，购买现钱土是当紧急抢险时，对运到现场的每一车或一筐土，都当场单独给付土价。

【减河】即减水河。减河是在正河向外另开汊河，用来分泄洪水，以防止正河不能容纳洪水，而发生漫溢、溃口。永定河的减河进水口多建有泄水闸或滚水坝，以控制水量分泄。

【引河】在永定河水工中，凡进行裁湾取直、堵筑决口或改河等工程时，必须先在干涸的河槽内或在平地上，用人工开挖一条引水通路，由此引导主流改循此道。这种人工引水道称为引河。

【挑水护崖】在《永定河志》文中"崖"写作"厓"。指堤岸。通过埽或挑水坝来把溜挑开，以防止冲刷堤岸，称为挑水护崖。

【骑马】指一种用于埽工的十字架固件。用两根方约两寸，长四五尺的木桩钉成十字架，再用绳缆的一头系在十字木架中间，又立于埽工的迎水面或下水面。将绳缆的另一头系住堤顶的木橛。每镶料一二层（称为一坯、二坯），便安放一排，用来稳定埽身。这种十字木架便叫骑马。骑马的形制及用法各有不同，种类很多。

【大坝盘头金门】堵口埽工大坝的坝头盘有裹头，中留金门。盘头就是盘裹坝（断）头。盘裹头的做法是，在埽工的上水迎溜下斜横的埽个，包裹埽头。盘裹头其实就是金门占。这种盘筑法所筑质量，远比各占所筑坚实。

【合龙】指堵筑决口，或堵塞支河、建筑围埝等堤坝上最后留下的缺口，即俗称的龙口，使用埽占或其他物料截断龙口的水流。

【大坝兜子】就是堵塞大坝金门的兜子。堵口合龙时，合龙缆（又名合龙绠）以及上盖之龙兜（又名龙衣），组成承接所加埽料的兜子。

【挂缆合龙】在抢修堵口工程到将合龙时，要进行挂缆。即在金门两侧占上对头钉桩橛后，上挂绳缆称合龙缆，多至百余条。缆上盖以绳网，称为龙衣或龙兜。在网兜上加料进行厢（镶）埽，压土。逐渐松缆到底，直至最后堵合。挂缆合龙，就是指自挂缆到堵闭的这一系列工序。

【闭气断流】堵口合龙后，有时原缺口处还会渗漏乃至细流不断。这时一般还会再采用加筑埽工或月堤等，并填土阻塞。对较小的渗流，可用粘土等防渗材料来填筑后戗。这类办法称之为闭气。如果闭气成功，堤内河水不再渗流，即称为断流。

【跌塘、养水盆】在决口的口门外，因大溜迅急，时常冲刷出深塘。这称为跌塘。在堵口合龙后，对于这种跌塘的处理，有一种措施是筑堤来圈围，称为养水盆。养水盆的功用还在于，大坝堵口处发生渗漏细流，使盆内水位升高，便可以平衡大坝临河一侧的水压力。在适当时机对养水盆进行填筑，即可对大坝断流闭气。

【裁湾取直】即裁弯取直。依河流在平地上流动规律，会自然形成河道弯曲，称为河湾。不受约束的河湾，其发展是弯曲度越来越大，变成两弯相近的湾颈。湾颈的存在会阻碍河水流动，降低流速，极大地危害河道畅通。为畅通河道，可在上下湾颈之间人工挖通两端，取消弯段，开辟出新的径直河道。这称为裁湾取直，是永定河治理中使用的一种手段。有时，上下湾颈随弯曲的增大，其间越来越狭，会使两端自然联通。尤其是有时洪水会冲决湾颈，使上下两端自然联通。从而使弯段自然淤废，被新河道取代。这称为河道的自然裁湾取直。在北京的平原大地上，永定河古旧废道因自然裁湾取直，遗留了大量淤废的弯段。

【抽槽】 在未放水的引河中，或在干涸的河槽内挖一条或数条尺寸较小的引沟，用以引导水流，这称为抽槽。

【放淤】 利用永定河水泥沙含量大的特性，有计划地开挖淤沟，引导河水穿过堤岸，在预定地区减缓流速或停流，沉降泥沙，淤积于低洼或盐碱荒滩，来产生可供农业及居住的优良土地。这称为放淤。放淤还可用于填高堤后地区，加固堤防。

【迎溜上唇】 流水引河的引水河头，以及口门上游引溜处的滩唇，称为迎溜上唇，简称上唇。

【切滩】 用人工挖去河道旁的部分滩地，以利抗洪或引溜导水。这称为切滩。

【淤沟】 自正河中穿堤引浊水放淤的挖沟，以及所挖引出淤后清水的排放沟，均称为淤沟。

【汕口】 河沟之口因冲刷而扩大，称为汕口。淤沟之口因汕坍而扩大，称为汕坍淤口。

【垡船】 这是永定河工中所使用过的一种特制捞淤浚船，用作挖泥疏浚。原名清河龙式浚船。

【水利工程尺度】 清代永定河水利工程所使用的尺度单位，包括长度、宽度、高度、深度。所用的寸、尺、丈、里等单位，均为清代营造尺度。所折合的今制公制米（公尺）、市尺、里分别是：

1 营造寸 = 公制 0.032 米 = 市制 0.96 市寸

1 营造尺 = 公制 0.32 米 = 市制 0.96 市尺

1 营造丈 = 公制 3.2 米 = 市制 9.6 市尺

1 营造里 = 公制 0.576 公里 = 市制 1.152 市里

永定河流经清代州县沿革简表

（一）山西省

序号	今名	古名	沿革	备注
1	宁武县	楼烦国、楼烦县、石城县、敷城县、静乐县、宁化军、宁化州、宁武营、宁武府、宁武县	春秋战国楼烦国地＊汉置楼烦县属雁门郡，东汉及魏晋因之。北魏属肆州秀容郡石城县和敷城县地。隋楼烦郡静乐县地。唐属岚州静乐县。北宋至宁化军。元升为宁化州。明设宁武关、宁武营。清设宁武府，改宁武营为宁武县。民国初废府留县。现为忻州市辖县。境内西部管涔山分水岭为桑干河上游恢河发源地。	＊楼烦国为北狄游牧民族，春秋战国时在内蒙南部及山西北部与赵国为邻。战国赵武灵王攻占其地。秦末楼烦国服属匈奴。
2 3	朔州市区含：朔城区、平鲁区	马邑县、朔州、新城县、代郡、马邑郡、招远县、鄯阳县、朔县。中陵县、平鲁卫、平鲁县	秦置马邑县＊，治今朔州市地。北齐置朔州，治所新城县，在今朔州市西南。隋置代郡，旋改马邑郡，治所鄯阳。唐复名朔州，治所招远，后改名鄯阳＊治今朔州市。明以州治鄯阳为朔州。清朔州不辖县。民国初改为朔县。1985年朔县与平鲁县合并为朔州市，改称朔城区和平鲁区。恢河流经朔州市朔城区南部。 平鲁地汉置中陵县地，东汉后废。明置平鲁卫。清改为平鲁县。1985年改市后称平鲁区。桑干河河源＊之一源子河（又称元子河）流经朔州市平鲁区东境，入朔城区，与恢河汇流，以下称桑干河（曾称浴水、治水、灢水、湿水等名）。	＊马邑县故治在朔城东西四十里，清嘉庆元年（1796）废为乡。 ＊北齐置朔州辖招远县。隋之善阳、唐之鄯阳，实为北齐之招远。 ＊桑干河河源之一的古灢水（又称治水）发源于洪涛山（又称累头山），在朔城区东北马邑乡北十里。《水经注》以此为桑干河正源。

序号	今　名	古　名	沿　革	备　注
4	山阴县	汪陶县、桑干郡及桑干县、河阴县、忠州、山阴县、广武县	汉置汪陶县,治所在今山阴县东。辽置河阴县,治所在今山阴县西南。金改称山阴县,升为忠州。元、明、清山阴县治在今山阴县古城镇(一称山阴城,在桑干河南)。今县治在岱岳镇(桑干河北)。又,山阴县东有北魏置桑干郡和桑干县*。境内有广武城为汉置县地。现为朔州市辖县。桑干河、黄水河流贯县境中部。	*按《魏书·地形志》有载。此处据《水经注》及谭其骧《中国历史地图集》四。另有桑干县,见本表(三)河北省蔚县条。
5	应　县	剧阳县、金城县、应州、繁畤县	汉置剧阳县,晋省,故城在今应县东北。唐置金城县,并置为应州治所,即今应县治所金城镇。五代后唐仍旧。明省金城县入应州。民国初改应州为应县。现为朔州市辖县。桑干河、黄水河、浑源河(浑河)流经县境。	县城东有古繁畤城遗址,北魏置繁畤县地。
6	代　县	雁门郡、楼烦乡、阴馆县、代州、雁门县、代县*	战国赵国雁门郡地,秦仍置雁门郡。汉属楼烦乡地,后设阴馆县。东汉自善无县(今右玉县南)移雁门郡,未治,后废。北周移肆州未治,隋改为代州,治雁门县,后又改雁门郡。唐改为代州、又称雁门郡。宋改称代州雁门郡,金称代州。元雁门县省入代州。明废州为县,后又复为州。清仍为代州。民国改为代县至今。县境西北有雁门关,两山夹峙,形势险要。自古为戍守重地,故以雁门名郡县。现为忻州市辖县。 桑干河支流雁门关水发源于县西北境。	*以代名郡、县或国者另有:1.河北蔚县境有战国末代国,后为汉诸侯国,遗址代王城仍存;2.北魏初建代国在内蒙南部及山西北部;后改为魏国,都平城。后置代郡,后废,故城在今大同县东。

序号	今 名	古 名	沿 革	备 注
7	繁峙县	繁峙县、葰人县、繁峙郡、坚州、繁峙县、繁峙县	西汉置繁峙县,东汉末废。晋复置,故址在今浑源县西南。西汉置葰人县。又,北魏置繁峙郡及繁峙县,故址在今应东古繁峙城遗址。北周废繁峙郡县。隋复置繁峙县,故址在今繁峙县东六十里,后移治武周城。唐移置今繁峙县治。金升为坚州。明复为县,时讹为峙,属代州辖地。现为忻州市辖县。	北部山地有桑干河支流发源。
8	怀仁县	怀仁县、大同县、大仁县	辽置怀仁县,故城在今怀仁县西。金置怀仁县,移治今怀仁县治。明、清隶属大同府。清顺治六年(1649)移大同县,治于怀仁县之西安堡,怀仁县部分地区隶大同县。1954年与大同县合并为大仁县。1958年撤销并入大同市。1964年复置怀仁县。县治云中镇。现为朔州市辖县。	桑干河斜贯县境。
9 10 11 12	大同市城区 新荣区 南郊区 大同县	平城县、恒州、代郡、云州、大同团练使、大同节度使、云中县、大同府、云中府。平城县、云中县、大同县、大仁县	秦置平城县,(故址在今大同市城区北)。北魏置恒州、代郡,皆以平城为治所,并曾建都于此。唐置云州,大同团练使、大同节度使,皆以云中县为治。辽建西京,升为大同府。宋称云中府,后入金,置为西京大同府,清因之。民国废大同府留县。1949年由大同县析置大同市,建城区、新荣区、南郊区。 辽分大同府置大同县,(故址在今大同市城区北)。明清时为大同府治所。清顺治六年(1649)大同县移治怀仁县西安堡,怀仁县部分地区属焉。1954年大同县与怀仁县合并为大仁县,1958年撤销并入大同市。1964年复置大同县,县治在西坪镇。现为大同市辖县。	桑干河支流如浑河(下游玉河,今御河)、十里河＊流经大同市原府县境。 ＊十里河一名武州塞水,见左云县条。 桑干河支流御河流经大同市新荣区、大同市城区东部、南郊区东部和大同县西南部。

序号	今 名	古 名	沿 革	备 注
13	浑源县	崞县、繁畤县、云中县、浑源县、浑源州	汉置崞县(故址在今浑源县西,浑源河北),汉末废。汉置繁畤县(故址在今浑源县西南、浑源河南),汉末废。两县均属汉并州雁门郡。唐属云中县地,后分置浑源县。金于浑源县置浑源州,元省县入州。明、清时浑源州隶属大同府。民国改州为县。县治永安镇。现为大同市辖县。	北岳恒山在浑源县南。桑干河支流浑源河发源于恒山东南麓,西流至应县与桑干河相会。
14	左云县	武州县、云川县、云川卫、镇朔卫、大同左卫、左云川卫、左云卫、左云县	西汉置武州县(故城在今左云县北古城,一说在左云县南),属雁门郡。晋省。北魏复置,属代郡,隋省。金置为云川县,元废入大同府。明置镇朔卫,后改设为大同左卫,后又移云川卫并入,改称左云川卫。清初改为左云卫,又升为左云县。县治云兴镇。现为大同市辖县。 桑干河河源之一源子河(又称元子河)发源于县南境,东南流,又东流入朔州市平鲁区境。	桑干河支流十里河(又称武州塞水)发源于县西南,一说另有一源发源于内蒙古自治区和林格尔县菱角海;北流又东北流,入大同府境。
15	阳高县	高柳县、长清县、白登县、阳和卫、阳高卫、阳高县	汉置高柳县,在今阳高县西北,属代郡。汉末为代郡治,寻省。北齐废。辽置长清县。金改为白登县。明置为阳和卫,清初改称阳高卫,后升阳高县,属大同府。现为大同市辖县。	桑干河支流南洋河、白登河流经境内。
16	天镇县	阳原县、天成军、天成县、天成卫、镇虏卫、天镇卫、天镇县	汉置阳原县。唐置天成军。辽置天成县,金改为天城县。元省。明置天成卫和镇虏卫*。清合为天镇卫,后改卫为县,属山西大同府。今县治城关镇。为大同市辖县。 西洋河、南洋河流经县境。	*《大清一统志》:天成、镇远二卫,清合为天镇卫。《明史·地理志》与天成卫同治者为镇虏卫。

序号	今 名	古 名	沿 革	备 注
17	广灵县	平舒县、兴唐县、广灵县、狋氏县、广灵县	汉置平舒县*,故城在今广灵县西。唐为兴唐县。五代后唐置为广灵县。金改称广灵县,(一说辽置广灵县,误,据谭其骧《中国历史地图集》,辽仍为广灵县,今从其说。)元仍为广灵县。明清因之,属大同府。又,汉置狋氏县,在今广灵县西,属代郡,晋省。今广灵县治壶泉镇,为大同市辖县。 桑干河支流壶流河发源于县西,东流入河北省蔚县境。	*汉置平舒县有二,此为西平舒;东平舒县在今天津市静海县。另有一说汉置狋氏县在河北阳原县东南。

(二)内蒙古自治区

序号	今 名	古 名	沿 革	备 注
18	丰镇市	雁门郡、马邑郡、云州、大同府、大同路、兴和路、丰川卫、镇宁所、丰镇厅、丰镇县、正红旗察哈尔	汉雁门郡,东汉末年为鲜卑所据。隋属马邑郡,唐属云州,辽、金属大同府,元为大同路、兴和路地,明属大同府,为阳和、天成卫的边境。清康熙十四年(1675)迁察哈尔正红旗蒙古部众驻此。雍正十二年(1734)置奉川卫、镇宁所。乾隆十五年(1750)改设丰镇厅,代郡地。1912年改置为丰镇县。1990年改设为丰镇市,现为乌兰察布市辖县级市。丰镇县北部地区原为正红旗察哈尔牧地*。	*清康熙十四年(1675年)置察哈尔八旗,其中正红旗察哈尔部分牧地在今丰镇市北部。桑干河支流如浑河发源于丰镇市北部,南流入山西大同市境,称玉河(今名御河)。

序号	今 名	古 名	沿 革	备 注
19	太仆寺旗	太仆寺左翼旗牧场;太仆寺右翼牧群、太仆寺左右两旗、太仆寺联合旗	清初置太仆寺左翼牧群(一称牧场),太仆寺右翼牧群,后改为太仆寺左右两旗。1950年太仆寺左旗,与明安太仆寺右旗合并为太仆寺联合旗,1956年又将宝昌旗(今宝昌镇)大部分并入,改称太仆寺旗。现属西林格勒盟。	西洋河(古延乡水)源于原太仆寺右翼牧场。
20 21	察哈尔右翼前旗、察哈尔右翼后旗	正黄旗察哈尔、四子王旗	正黄旗察哈尔*为清康熙十四年(1675)置察哈尔八旗之一。现分属于察哈尔右翼前旗,察哈尔后翼右旗,在今乌兰察布盟东部。察哈尔右翼前中后三旗是1954年由正黄旗察哈尔、四子王旗及其它县地合并,分置三旗。现为乌兰察布市(盟)辖县级旗。	*察哈尔一语是蒙古语"边"的译音。东洋河(古于延水)发源于正黄旗察哈尔东部兆哈岭。
22	兴和县	兴和路、兴和厅	元为兴和路辖地。明废。清置兴和厅。1912年改为兴和县至今。现为乌兰察布市辖县。	洋河的三源东洋河、西洋河、南洋河皆出此县境。

(三) 河北省(上)

序号	今 名	古 名	沿 革	备 注
23	阳原县	阳原县、永宁县、弘州、襄阴县、西宁县	西汉阳原县地,故城在今天镇县南*,东汉省。辽置永宁县,兼为弘州治。金改县为襄阴县。元省县入弘州。明初废州,筑城名为顺圣西城,清改置西宁县。民国初改为阳原县。今县治西城镇。现为张家口市辖县。桑干河流经县中部。	*又有阳原故城在今阳原县南十里说。阳原县境还有汉置狋氏、道人二县在阳原县东南。

序号	今 名	古 名	沿 革	备 注
24	怀安县	夷舆县、怀安县、怀安卫。	汉夷舆县地＊。唐置怀安县，在今怀安县南。明废县置怀安卫，移治今治柴沟堡镇。清改置怀安县。现为张家口市辖县。东洋河、西洋河、南洋河在柴沟堡东先后相会，后称洋河。	＊怀安县境还有马城县，汉置晋废。
25	万全县	宁县、广宁、大宁、文德县、宣平县、万全右卫、万全县	汉属宁县地＊。唐文德县地。元宣平县地。明置德胜堡，移万全左卫于此，与万全左卫（在今怀安县东北今左卫镇）同为万全都指挥使司辖地。清初废卫置万全县。民国初移治张家口下堡。今县治在孔家庄镇。现为张家口市辖县。 洋河为万全县与怀安县界河。	＊故城在宣化县西北（张家口西）。晋置广宁郡，北魏因之，又名大宁郡。
26 27	宣化县 宣化区	广宁县、文德县、宣德县、宣德府、宣府左、右、前卫，宣化府、县	汉置广宁县，故城在宣化县西北（张家口），晋省。唐置文德县，金改称宣德县，并为宣德府治。元为宣德府治。明废宣德府，改置宣府左右前三卫，清改三卫为宣化府，置宣化县为府治＊。1949—1955年由宣化县析置宣化市，后并入张家口市，为张家口市辖区。1960—1963年复设为市，后又撤并，入张家口市辖区和辖县，至今。 桑干河、洋河流经县境。	＊宣化府、宣化县同城而治。又，宣化县东六十里有汉且居县故城，宣化县南鸡鸣山西十里有汉置茹县故城，二县东汉皆省。
28	张北县	张北县	明筑张家口堡，清置张家口厅，张北县1913年置县。现为张家口市辖县。	支流黑城川水（即今清水河）源于县境

序号	今名	古名	沿革	备注
29 30	张家口市桥东区、桥西区	张家口堡、张家口厅、万全县	明筑张家口堡,清置张家口厅,民国为万全县治。1928—1952年间为察哈尔省会。1939年设张家口市。1955年宣化市并入。现为张家口市城区。	支流黑城川水流经张家口市内东西两区之间,南入洋河。
31	蔚县	代国、当城县、雊瞀县、桑干县、灵丘县、安边县、兴唐县、灵仙县、蔚州、蔚州卫	战国代国地,今蔚县城东有代王城,为古代国旧址。当城县汉置,在今蔚县,晋以后废。雊瞀县,汉置晋废,在蔚县东。代王城北九十里为桑干县地,汉置,代郡治所,后郡治移至高柳,县属。隋灵丘县地。唐开元中分置安边县,天宝初自灵丘移蔚州来治,改安边县为兴唐县。五代后改县名为灵仙。明以州治,灵仙省入蔚州,并增置蔚州卫。清初蔚州卫改为县,后裁县留州。民国初改为蔚县。今县治在蔚州镇。现为张家口市辖县。	又,古蔚州有三:北魏置,治所在山西平遥;北周至唐,蔚州在山西灵丘;唐天宝后移蔚州至今蔚县。桑干河支流壶流河斜贯县中部。
32	涿鹿县	涿鹿县、下洛县、潘县、平原郡、永兴县、奉圣州、德兴府、德兴县、永兴县、保安州、保安县	汉在涿鹿县境置涿鹿(今涿鹿)县、下落县(今涿鹿西)、潘县(今涿鹿西南之保岱)。北魏置"侨郡"平原郡于涿鹿县东南。(异地重建同名郡,称侨郡)。唐置永兴县,为新州治所。辽改称奉圣州。金改为德兴府、德兴县。元又降为奉圣州,德兴县改称永兴县。旋改为保安州,保安县。明保安州、县俱废。后又复置保安州。清属宣化府。民国初改为保安县,后改为涿鹿县。今县治为涿鹿镇。现为张家口市辖县。	《史记·五帝本记》:"黄帝邑于涿鹿之阿"。今涿鹿县城东四十里有土城遗址,内有黄帝庙。明《涿鹿志》谓之轩辕城。桑干河流经县北境。洋河流经县东北与怀来县为界。

序号	今 名	古 名	沿 革	备 注
33	怀来县	沮阳县、泉上县、怀戎县、怀来县、妫川县、怀来卫	汉置沮阳县,北魏省,治地在今怀南县官厅水库南。泉上县,汉置,在怀来县地。北齐怀戎县地,故址在涿鹿县西南七十里,唐移治旧怀来县治,在今怀来县官厅水库地。辽改称怀来县,金改称妫川县,元复称怀来县。明改置怀来卫,清复置怀来县。现为张家口市辖县。	桑干河会洋河后与妫河在怀来东部相会,现没于官厅水库。以下进入北京市,称永定河。
34	尚义县	商都县、尚义设治局	1934年由商都县析,置尚义设治局。1936年改设为尚义县。现为张家口市辖县。	处洋河上游
35	崇礼县	张家口堡、张家口厅、崇礼设治局	明清为张家口堡、张家口厅地,1913年置张北县,1934年由张北县析,置崇礼设治局。1936年改设为崇礼县。现为张家口市辖县。	洋河支流清水河源于县境。

(四)北京市

序号	今 名	古 名	沿 革	备 注
36	延庆县	居庸县、夷舆县、妫川县、缙山县、龙庆州、延庆州	汉置居庸县,故城在今延庆县东,北齐废。夷舆县西汉置,后汉省,故址在延庆东北。唐置妫川县,唐末改称缙山县。元升为龙庆州。明初仍为龙庆州;后改称延庆州。清因之,隶属于宣化府。民国初改为延庆县,属河北省。1958年划归北京市。	境内妫河发源于县东北,西流入怀来县境,与桑干河相会,下游没入官厅水库。

（嘉庆）永定河志

序号	今 名	古 名	沿 革	备 注
37	门头沟区	古幽州、上谷郡、渔阳郡、广阳郡、广阳国.蓟县、沮阳县、怀戎县、广平县、广宁县、幽都县、矾山县、玉河县、宛平县	西周前古幽州地。春秋、战国属燕国上谷郡、渔阳郡。秦大部属上谷郡。西汉属广阳郡、国，东汉广阳国一度并入上谷郡，后复置广阳郡，区东部广阳郡蓟县，西部属上谷郡沮阳县。北齐西部属怀戎，东部仍属蓟县。唐天宝年间析蓟县置广平县，区大部分属广平县，部分仍属怀戎县。唐建中年间析蓟县地置幽都县，区东部属幽都县，西部仍属怀戎县。唐末刘仁恭控制幽州地区，改广平县为玉河县，区西部沿河城地区仍属矾山县，历五代、辽、金各朝。金天眷元年（1138）废玉河县并入宛平县，历元、明、清、民国。抗战时期，中国共产党领导下建立以斋堂为中心的抗日民主政权，先后设宛平县、昌宛县、昌宛房联合县，1944年改为宛平县。新中国成立前后，门头沟地区大部分属河北省宛平县，门头沟镇等东部地区属北京（平）市。1952年撤宛平县，并入北京市，组建京西矿区，1958年改为门头沟区至今。	桑干河出河北省怀来县境入门头沟区境，在西山峡谷穿行至卧龙岗出区。新中国成立后，称官厅以下为永定河[原自清康熙三十七年（1698）起，丰台区（原称宛平县）卢沟桥以下称永定河，以上称浑河。]现称全河为永定河，官厅水库以上称上游，仍用原河名，官厅水库至三家店为永定河中游，三家店以下，进平原地区达海，为永河下游。
38	石景山区	蓟县、幽都、广平县、玉河县、宛平县	原为宛平县地，沿革同门头沟区东部。1950年为北京市第十五区。1952年改为石景山区。永定河在石景山区麻峪分为两股，折向东南或南流，后又合汇南流，入丰台区境。为石景山区与门头沟区东部界河。 在元、明、清文献中，石景山往往称作石径山、石迳山、湿经山或孟门山等，石景山。金元开金河口，置闸门于山之北麓。	※魏晋时北京最早的大型水利工程戾陵堰、车厢渠在石景山境内之梁山区，一说即今老山。尚无定论。

增补附录

序号	今 名	古 名	沿 革	备 注
39	丰台区	幽都县、宛平县	唐代析蓟县地置幽都县。辽代改幽都县为宛平县。历金、元、明、清、民国,一直为宛平县地。1950年为北京市第十二区。1952年改为丰台区。卢沟桥、宛平城在区境内。丰台一说为金拜郊台。 永定河穿境而过。	清康熙三十七年(1698)自丰台区(原称宛平县)卢沟桥以下称永定河。
40	大兴区	蓟国、燕都、蓟县、广阳郡、广阳国、蓟北县、幽都府、析津府、大兴府、大兴县	周初蓟国地,在今北京城西南。春秋时为燕国都。秦置为县,属广阳郡。汉属广阳郡或国。辽初改为蓟北县,与幽都县同为幽都府治。后幽都府改为析津府。金贞元元年(1153)改析津府为大兴府,蓟北县为大兴县,与宛平县同为大兴府治。金定大兴府为中都,大兴与宛平同为附郭县、大兴管辖中都东部、宛平管辖中都西部。元至元二十一年(1284)改为大都路,大兴、宛平仍同为附郭县,并以丽正门(即今正阳门)为界,大兴管大都东部,宛平管大都西部。明、清为顺天府治,一府两县同城而治仍旧不变。1928年大兴县划归河北省。1958年划归北京市,2001年改设大兴区。	清朝时期宛平县南部连接涿州与固安一带。宛平县撤销后,大兴县以永定河与涿州、固安县为界。 元、明、清浑河(今永定河)多次于境内泛滥、改道,永定河水系的凉水河、风河也流经大兴县。

序号	今名	古名	沿革	备注
41	房山区	燕中都、良乡县、燕郡、蓟县、涿郡、固节县、万宁县、广阳县、奉先县、房山县	春秋属燕国中都。汉置良乡县属涿郡。北魏属燕郡。北齐省，并入蓟县，后又复置良乡县。隋属涿郡，唐一度改称固节县，又复称良乡县，治地在圣水河（即今大石河）东岸。后唐时移治阎沟（盐沟）东南，旧城遂废。金在旧城以西，今城关置万宁县，后更名为奉先县。元改称房山县。又，在良乡县东部有汉置广阳县，属广阳国，习称小广阳，唐时并入良乡县，故址在盐沟以东的广阳河畔，今有南、北广阳村即是。房山、良乡两县自元、明、清至民国同时并存。明清属顺天府，民国属河北省。1958年划归北京市。房山县改为周口店区，良乡县撤销，并入周口店区，1960年周口店区改为房山县，1986年改为房山区。	清康熙三十七年（1698）赐名永定河，一说起自良乡县之张各庄。永定河流经原良乡县东南，金门闸就在该处。圣水河、盐沟广阳河原为琉璃河上源和支流，属拒马河水系，清时永定河改道夺琉璃河河道东流，琉璃河及其支流成为永定河支流。
42	通州区	潞县、通州、通县、漷州、漷县	汉置潞县，属渔阳郡。金置通州，治所即潞县，辖地相当今通州区、三河县地。明又扩大至今天津市武清区、宝坻县地。清时通州不辖县。民国初改通州为通县，辖地缩小为今通州区。又通州东部有古漷县，原属汉泉州县地，辽置漷阴镇，后改为漷县，元升为漷州，明改为漷县，清废漷县并入通州，故城在通州东南漷县镇。通县1958年划归北京市。1997年改设通州区。	通州辖地有永定河水系的凉水河、大清河水系的凤河流经。

增补附录

（五）河北省（下）

序号	今　名	古　名	沿　革	备　注
43	涿州市	涿县、涿郡、涿州、范阳县、涿水郡	春秋燕国地。秦为上谷郡涿县；西汉为涿郡涿县。唐置涿州，改涿县为范阳县。宋称涿州涿水郡。金称涿州范阳县。明省范阳县，以涿州入顺天府，清因之。民国初改涿州为涿县，属河北省。1986年改设涿州市。东北偶永定河畔的长安城，是清直隶总督永定河汛期驻扎地，清朝时属宛平县，今属涿州市。为保定市辖县级市。	拒马河、白沟河流经县境。永定河流经县东境，为涿县与清宛平县的界河。
44	高碑店市	新城县、新泰州	战国时燕国督亢地。唐置新城县。五代后晋入辽国。元置为新泰州，后又复称新城。明清属直隶保定府。民国因之，属河北省。1996年撤销新城县，改设高碑店市，为保定市辖县级市。	白沟河纵贯市境中部，清时为永定河支流。
45	固安县	方城县、阳乡县、临乡县、固安州、固安县	汉置方城县，本为燕防城邑。北齐废故城在今固安县南。汉置阳乡县，侯国封邑，后汉省，故城在固安县西北。汉置临乡县，侯国封邑，后汉省，故城在固安县南五十里。隋于方城县故地置固安县，元升为固安州。明降为固安县，清因之。今县治为固安镇。现为廊坊市辖县。	地处北洋淀、文安洼北部，永定河流经北境与北京市相邻。
46	永清县	武隆县、会昌县、永清县	唐析安次县地置武隆县，后改称会昌县，再改永清县。明清属顺天府，县治为永清镇。现为廊坊市辖县。	永定河由县北境流过。

序号	今　名	古　名	沿　革	备　注
47	霸州市	霸州、霸城、永清郡、霸县	五代后周置霸州,三国称霸城。宋政和三年(1113)称永清郡,后长期称霸州。清雍正六年(1728)霸州由直隶州将为散州。民国二年(1913)改霸州为霸县。1990年撤县改为省辖县级霸州市,由廊坊市代管。	永定河流经霸州东北部。胜芳、杨芬港均为清代永定河治理的重要地点。
48	廊坊市安次区	安次县、安城县、东安州、东安县、安次县	西汉置安次县,故城在今廊坊市西北古县村。北魏改置安城县,唐初移治城东南五十里。后又移治西北常道城(现有北常道村),元升为东安州,故址在今廊坊西旧州乡。明初降州为县,属顺天府。清代沿之。因避浑河水患,移治今廊坊市安次区。1981年从安次县析廊坊镇,改设廊坊市。1983年撤销安次县并入廊坊市。1989年廊坊地区改称廊坊市,原廊坊市区改称安次区。	龙河、永定河、永定河故道贯穿市境。清朝永定河在境内改道多次。市境西南调河头乡旧名条河头。清初130来年,于此改道六次,河道南北摆动五六十里。

(六)天津市

序号	今　名	古　名	沿　革	备　注
49	武清区	雍奴县、泉州县、武清县	西汉始置雍奴县、泉州县,县治今武清东南大空城。东汉移治武清西北旧县村;或说移治北京通州区南境德仁务,晾鹰台即其城东门旧址。泉州县旧址在武清区治杨村西南城上村。东汉时移治武清区西北邱古庄(旧县村西北)。北魏省泉州县并入雍奴县。唐改雍奴县为武清县。明清因之,属顺天府。县治在今武清区西北城关镇。民国时武清县属河北省。1973年划归天津市。2000年撤县,改为天津市辖区。	永定河、永定河中泓故道、永定新河流贯区境。县西南王庆坨之三角淀为古雍奴薮中最大的淀泊。

序号	今名	古名	沿革	备注
50 51 52 54 54 55 56 57	天津市城区,含:北辰区、河北区、和平区、河东区、河西区、东丽区、津南区、塘沽区	天津卫、天津州、天津府、天津县。章武县、泉州县、静海县	汉为章武县、泉州县地,元为静海县地,明永乐年间置天津卫、天津左卫、天津右卫于此。清雍正年间撤并天津三卫,改置为天津州,后又升为天津府,并置天津县为府治。旧址在天津市狮子林桥西三汊口。清直隶总督、天津镇总兵等驻扎于此。民国初废府留县。1928 年改为直辖特别市,后改河北省辖市。1935 年改特别市。1949 年改为中央直辖市。	天津市城区仅列出永定河、永定新河及海河流经的市辖区。 市境内永定河、子牙河、大清河、南运河、北运河、五河交汇入渤海,历代为河防重地。

本表依据《汉书》、《后汉书》、《魏书》、《隋书》地理志（或地形志）、《元和郡县图志》、《辽史》、《宋史》、《金史》、《元史》、《明史》地理志及《天府广记》、《顺天府志》等书记载,并采用《辞海》、《辞源》、《中国古今地名大辞典》（商务印书馆香港分馆,1981 年重印本）相关辞条资料,参照谭其骧主编《中国历史地图集》（中国地图出版社,1982—1987 年版）,郭沫若主编《中国史稿历史地图册》（中国地图出版社 1990—1995 重印本）,《北京文物地图集》（北京市文物局编,科学出版社 2009 年 7 月版）,中国地图出版社山西、河北、内蒙、天津等省市地图（2005—2007 版）资料编订。编号顺序按永定河及主要支流流向排列。

跋

　　《永定河文库》的第一批三部清代《永定河志》的整理工作结束了，真正体会了一把古代文献整理工作之严谨费力。仅仅是版本的选择和校对，就用去了我们多半年的时间。校稿一共经过了六校，每一部书都校对了六个多月以上的时间，而且是加班加点。可以说，参加本次整理工作的同志们辛苦了。本馆奉献给读者的是三部经过认真、严谨、细致劳动的，通过精心整理、方便当代读者阅读使用的古代典籍。

　　本次整理最早起于2007年初，北京地方志办公室筹建北京方志馆，该办公室副主任谭烈飞先生约请北京著名水利专家原市水利局老局长段天顺先生校点乾隆《永定河志》，准备出版。段老考虑给新馆馆藏做点事，就爽快地答应下来，并于当年完稿。2011年夏天，永定河文化博物馆组织永定河源头考察，邀请北京地方志办研究室的副主任刘宗永同志参加，谈到收集和整理永定河资料文献议题。刘宗永回到单位，在向谭烈飞汇报时，谈到段老标点的书稿是否可以放到永定河文化博物馆出版。经过谭烈飞先生与段老协商同意，促成永定河文化博物馆2012年收集整理永定河资料文献——编辑《永定河文库》首批古籍计划的启动。

　　本志的出版，是门头沟区区委、区政府和各级领导坚强领导及支持的硕果，全书的整理工作不仅资金充裕，而且得到领导多次过问和关怀。

　　本志的出版，是集体劳动的结晶。本套志书的原刊印本复印、录入、标点、校对、注释、勘误和总审工作，除本馆自己内部的几名工作人员外，还在社会上聘请了一些专家和学者，包括北京市原水利局（现水务局）老局长、著名水利专家段天顺先生、北京市地方志编纂委员会办公室副主任研究员谭烈飞先生、该办公室研究室副主任刘宗永博士、中国水利部国际防沙研究所研究员蒋超先生、北京文博交流馆原馆长安久亮先生、北京永定河文化研究会原副会长刘德泉先生、原门头沟区文委整理嘉庆《永定河志》主要点校学者易克中先生和著名学者李士一、师菖蒲两位老先生等。

本套志书的出版，得到了学苑出版社领导和编辑们的大力支持和把关，请到了与该出版社长期合作的古籍专业录入排版公司和专业校对人员操作，保证了整理工作较高质量地顺利进行。

此外，本套志书的整理工作还得到了国家图书馆、北京大学图书馆、首都图书馆等单位和个人的大力支持。在此，我仅代表永定河文化博物馆，对于参加本套志书整理工作的各兄弟单位和各位先生学者以及支持单位和个人，表示衷心的感谢。

永定河文化涉及的古籍和科技资料丰富多彩，作为研究、收藏、展示和弘扬永定河文化的专业单位，为了尽到自己的社会职责，服务本地区和永定河流域社会经济、文化事业的发展进步，服务人民群众日益多样化的生活需要，我馆将依据自己单位的业务安排和本地区的工作需要，不断推出《永定河文库》更多的新书问世。欢迎社会各界踊跃提出新的课题建议和批评。

永定河文化博物馆馆长

谭勇

2012 年 12 月

（嘉庆）永定河志

图书在版编目（CIP）数据

（嘉庆）永定河志／（清）李逢亨纂；永定河文化博物
馆整理. —北京：学苑出版社，2013.5
　ISBN 978 - 7 - 5077 - 4267 - 1

　Ⅰ. ①嘉…　Ⅱ. ①李…②永…　Ⅲ. ①永定河 – 水利
史 – 清代　Ⅳ. ①TV882. 81

　中国版本图书馆 CIP 数据核字（2013）第 082868 号

责任编辑：洪文雄　杨　雷
封面设计：朝麦设计
出版发行：学苑出版社
社　　　址：北京市丰台区南方庄 2 号院 1 号楼
邮政编码：100079
网　　　址：www. book001. com
电子信箱：xueyuan@ public. bta. net. cn
销售电话：010 – 67675512、67678944、67601101（邮购）
经　　　销：新华书店
印　刷　厂：北京彩蝶印刷有限公司
开　　　本：880×1230　　1/16
印　　　张：42
字　　　数：766 千字
版　　　次：2013 年 5 月北京第 1 版
印　　　次：2013 年 5 月第 1 次印刷
定　　　价：280. 00 元（精装）